ABRÉGÉ DE BIOCHIMIE APPLIQUÉE

Grenoble Sciences

Grenoble Sciences poursuit un triple objectif :
- réaliser des ouvrages correspondant à un projet clairement défini, sans contrainte de mode ou de programme,
- garantir les qualités scientifique et pédagogique des ouvrages retenus,
- proposer des ouvrages à un prix accessible au public le plus large possible.

Chaque projet est sélectionné au niveau de Grenoble Sciences avec le concours de referees anonymes. Puis les auteurs travaillent pendant une année (en moyenne) avec les membres d'un comité de lecture interactif, dont les noms apparaissent au début de l'ouvrage. Celui-ci est ensuite publié chez l'éditeur le plus adapté.

(Contact : Tél. : (33)4 76 51 46 95 - e-mail : Grenoble.Sciences@ujf-grenoble.fr
Information : *http://grenoble-sciences.ujf-grenoble.fr*)

Deux collections existent chez EDP Sciences :
- la ***Collection Grenoble Sciences***, connue pour son originalité de projets et sa qualité
- ***Grenoble Sciences - Rencontres Scientifiques***, collection présentant des thèmes de recherche d'actualité, traités par des scientifiques de premier plan issus de disciplines différentes.

Directeur scientifique de Grenoble Sciences
Jean Bornarel, professeur à l'Université Joseph Fourier, Grenoble 1

Comité de lecture pour « *Abrégé de biochimie appliquée* »
- **Antoine Delon**, Professeur à l'Université Joseph Fourier, Grenoble 1
- **Guy Hervé**, Directeur de recherche au CNRS, Paris
- **Françoise Morel**, Professeur à la faculté de médecine de l'Université Joseph Fourier, Grenoble 1
- **Philippe Normand**, Directeur de recherche au CNRS, Lyon
- **Jean Pelmont**, Professeur émérite à l'Université Joseph Fourier, Grenoble 1
- **Paulette Vignais**, Directeur de recherche honoraire au CNRS, Grenoble

Grenoble Sciences reçoit le soutien du **ministère de l'Enseignement supérieur et de la Recherche et de la Région Rhône-Alpes**.
Grenoble Sciences est rattaché à l'**Université Joseph Fourier de Grenoble**.

Réalisation des figures et mise en pages : **Ariane Mandray** et **Valérie Szczupal**,
coordonnées par le Centre technique de Grenoble Sciences
Illustration de couverture : **Alice Giraud**, *d'après les éléments fournis par les auteurs*

ISBN 978-2-7598-0446-7

ABRÉGÉ DE BIOCHIMIE APPLIQUÉE

Abderrazak MAROUF
Gérard TREMBLIN

EDP SCIENCES

17, avenue du Hoggar
Parc d'Activité de Courtabœuf - BP 112
91944 Les Ulis Cedex A - France

Ouvrages Grenoble Sciences édités par EDP Sciences

Collection Grenoble Sciences

Chimie. Le minimum à savoir *(J. Le Coarer)* • Electrochimie des solides *(C. Déportes et al.)* • Thermodynamique chimique *(M. Oturan & M. Robert)* • CD de Thermodynamique chimique *(J.P. Damon & M. Vincens)* • Chimie organométallique *(D. Astruc)* • De l'atome à la réaction chimique *(sous la direction de R. Barlet)* • Spectroscopies infrarouge et Raman *(R. Poilblanc & F. Crasnier)* • Chemogénomique. Des petites molécules pour explorer le vivant *(sous la direction de E. Maréchal, S. Roy & L. Lafanechère)* • L'électrochimie. Fondamentaux avec exercices corrigés *(C. Lefrou, P. Fabry & J.C. Poignet)*

Introduction à la mécanique statistique *(E. Belorizky & W. Gorecki)* • Mécanique statistique. Exercices et problèmes corrigés *(E. Belorizky & W. Gorecki)* • La cavitation. Mécanismes physiques et aspects industriels *(J.P. Franc et al.)* • La turbulence *(M. Lesieur)* • Magnétisme : I Fondements, II Matériaux et applications *(sous la direction d'E. du Trémolet de Lacheisserie)* • Du Soleil à la Terre. Aéronomie et météorologie de l'espace *(J. Lilensten & P.L. Blelly)* • Sous les feux du Soleil. Vers une météorologie de l'espace *(J. Lilensten & J. Bornarel)* • Mécanique. De la formulation lagrangienne au chaos hamiltonien *(C. Gignoux & B. Silvestre-Brac)* • Problèmes corrigés de mécanique et résumés de cours. De Lagrange à Hamilton *(C. Gignoux & B. Silvestre-Brac)* • La mécanique quantique. Problèmes résolus, T. 1 et 2 *(V.M. Galitsky, B.M. Karnakov & V.I. Kogan)* • Description de la symétrie. Des groupes de symétrie aux structures fractales *(J. Sivardière)* • Symétrie et propriétés physiques. Du principe de Curie aux brisures de symétrie *(J. Sivardière)* • Physique des plasmas collisionnels. Application aux décharges haute fréquence *(M. Moisan & J. Pelletier)* • Energie et environnement. Les risques et les enjeux d'une crise annoncée *(B. Durand)* • Hydrothermalisme. Spéciation métallique hydrique et systèmes hydrothermaux *(M. Chenevoy & M. Piboule)* • Les roches, mémoire du temps *(G. Mascle)*

Exercices corrigés d'analyse, T. 1 et 2 *(D. Alibert)* • Introduction aux variétés différentielles *(J. Lafontaine)* • Mathématiques pour les sciences de la vie, de la nature et de la santé *(F. & J.P. Bertrandias)* • Approximation hilbertienne. Splines, ondelettes, fractales *(M. Attéia & J. Gaches)* • Mathématiques pour l'étudiant scientifique, T. 1 et 2 *(Ph.J. Haug)* • Analyse statistique des données expérimentales *(K. Protassov)* • Nombres et algèbre *(J.Y. Mérindol)* • Analyse numérique et équations différentielles *(J.P. Demailly)* • Outils mathématiques à l'usage des scientifiques et ingénieurs *(E. Belorizky)* • Méthodes numériques appliquées pour le scientifique et l'ingénieur *(J.P. Grivet)*

Bactéries et environnement. Adaptations physiologiques *(J. Pelmont)* • Enzymes. Catalyseurs du monde vivant *(J. Pelmont)* • Endocrinologie et communications cellulaires *(S. Idelman & J. Verdetti)* • Eléments de biologie à l'usage d'autres disciplines *(P. Tracqui & J. Demongeot)* • Bioénergétique *(B. Guérin)* • Cinétique enzymatique *(A. Cornish-Bowden, M. Jamin & V. Saks)* • Biodégradations et métabolismes. Les bactéries pour les technologies de l'environnement *(J. Pelmont)* • Enzymologie moléculaire et cellulaire, T. 1 et 2 *(J. Yon-Kahn & G. Hervé)* • Glossaire de biochimie environnementale *(J. Pelmont)*

L'Asie, source de sciences et de techniques *(M. Soutif)* • La biologie, des origines à nos jours *(P. Vignais)* • Naissance de la physique. De la Sicile à la Chine *(M. Soutif)* • Science expérimentale et connaissance du vivant. La méthode et les concepts *(P. Vignais, avec la collaboration de P. Vignais)* • Histoire de la science des protéines *(J. Yon-Kahn)*

La plongée sous-marine à l'air. L'adaptation de l'organisme et ses limites *(Ph. Foster)* • Le régime oméga 3. Le programme alimentaire pour sauver notre santé *(A. Simopoulos, J. Robinson, M. de Lorgeril & P. Salen)* • Gestes et mouvements justes. Guide de l'ergomotricité pour tous *(M. Gendrier)*

Listening Comprehension for Scientific English *(J. Upjohn)* • Speaking Skills in Scien tific English *(J. Upjohn, M.H. Fries & D. Amadis)* • Minimum Competence in Scientific English *(S. Blattes, V. Jans & J. Upjohn)* • Minimum Competence in Medical English *(J. Upjohn, J. Hay, P.E. Colle, J. Hibbert & A. Depierre)*

Grenoble Sciences - Rencontres Scientifiques

Radiopharmaceutiques. Chimie des radiotraceurs et applications biologiques *(sous la direction de M. Comet & M. Vidal)* • Turbulence et déterminisme *(sous la direction de M. Lesieur)* • Méthodes et techniques de la chimie organique *(sous la direction de D. Astruc)* • L'énergie de demain. Techniques, environnement, économie *(sous la direction de J.L. Bobin, E. Huffer & H. Nifenecker)* • Physique et biologie. Une interdisciplinarité complexe *(sous la direction de B. Jacrot)*

Table des matières

Abréviations, symboles et acronymes

aa :	acide aminé
ACCase :	acétylcoenzyme A carboxylase
ADN :	acide désoxyribonucléique
ADP :	adénosine diphosphate
AFSSA :	Agence Française de Sécurité Sanitaire des Aliments
AGE :	acides gras essentiels
AGPI :	acides gras polyinsaturés
AMP :	adénosine monophosphate
AMPc :	adénosine monophosphate cyclique
ARN :	acide ribonucléique
ARNr :	acide ribonucléique ribosomal
ARNt :	acide ribonucléique de transfert
ATP :	adénosine triphosphate
BHK :	cellules de reins de bébé hamster (*Baby Hamster Kidney*)
CAD :	alcool cinnamylique déshydrogénase (*Cinnamylic Alcohol Dehydrogenase*)
CCM :	chromatographie sur couche mince
CCR :	cinnamoyl-CoA réductase
CE :	communauté européenne
CHO :	cellules d'ovaires de hamster chinois (*Chinese Hamster Ovary*)
CLHP :	chromatographie liquide à haute performance
CoA :	coenzyme A
COSY :	*COrrelation SpectroscopY*
CPG :	chromatographie en phase gazeuse
CPL :	concentrés protéiques de lactosérum
D :	dextrogyre
Da :	Dalton
*d*ATP :	désoxyadénine triphosphate
*d*CTP :	désoxycytosine triphosphate
*d*GTP :	désoxyguanine triphosphate
DHA :	acide docosahexaénoïque (*DocosaHexaenoic Acid*)
*d*NTP :	désoxyribonucléotides triphosphate
DP :	degré de polymérisation
*d*TTP :	désoxythymine triphosphate
EARSS :	réseaux de surveillance européens de la résistance aux antibiotiques (*European Antimicrobial Resistance Surveillance System*)
EFSA :	autorité européenne de sécurité des aliments (*European Food Safety Authority*)
ELISA :	*Enzyme-linked immunosorbent assay*
EMC :	*Enzyme Modified Cheeses*
EMHV :	ester méthylique d'huile végétale
EPA :	acide eicosapentaénoïque (*EicosaPentaenoic Acid*)
ETA :	acide eicosatétraénoïque (*EicosaTetraenoic Acid*)

ETBE : ethyl-tertio-butyl éther
FAB : bombardement par atomes rapides (*Fast Atoms Bombardment*)
FAO : organisation des nations unies pour l'alimentation et l'agriculture (*Food and Agriculture Organization*)
FDA : agence sanitaire des aliments et des produits de santé pour les États-Unis (*Food and Drug Administration*)
F5H : férulate-5-hydroxylase
GC/IRMS : *Gas Chromatography/Isotope Ratio Mass Spectrometry* (chromatographie en phase gazeuse combinée à la spectrométrie de masse à rapport isotopique)
HAP : hydrocarbures aromatiques polycycliques
HDL : lipoprotéines de haute densité (*High Density Lipoprotein*)
HEK : cellules embryonnaires de rein humain (*Human Embryonic Kidney*)
HFCS : *High Fructose Corn Syrups*
HMBC : *Heteronuclear Multi-Bond Correlation*
HMQC : *Heteronuclear Multi-Quantum Correlation*
HPL : hydrolysat protéique du lactosérum
Ig : immunoglobuline
INRA : Institut National de Recherche Agronomique
IPL : isolat protéique de lactosérum
IR : spectroscopie infrarouge
IUPAC : union internationale de chimie pure et appliquée (*International Union of Pure and Applied Chemistry*)
Kd : constante de dissociation
kJ/g : kilojoule/gramme
Km : constante de Michaelis
α-La : α-lactalbumine
Lf : lactoferrine
β-Lg : β-lactoglobuline
λ : lambda
LDL : lipoprotéines de basse densité (*Low Density Lipoprotein*)
M : molaire (solution –)
MDS : médicaments dérivés du sang
MM : masse moléculaire
Mpb : méga paires de bases
N : normale (solution –)
NAD : nicotinamide adénine dinucléotide
NADP : nicotinamide adénine dinucléotide phosphate
nm : nanomètre
NOESY : *Nuclear Overhauser Effect SpectroscopY*
OCDE : Organisation de Coopération et de Développement Economique
OGM : organisme génétiquement modifié
OMS : Organisation Mondiale de la Santé
OMT : *O*-méthyl transférase
ORL : oto-rhino-laryngologie
Pa : Pascal

PAL : Phénylalanine Ammonia-Lyase
pb : paire de bases
PC : phosphatidylcholine
PCR : amplification en chaîne par polymérase (*Polymerase Chain Reaction*)
PE : phosphatidyléthanolamine
PEG : polyéthylène glycol
PGA: pénicilline G acylase
pHi : pH isoélectrique
Pi : phosphate inorganique
PI : phosphatidylinositol
pK_a : constante d'acidité
pK_b : constante de basicité
PM : poids moléculaire
P.O.U. : protéines d'organismes unicellulaires
ppm : partie par million
p/v : poids par volume
RMN : résonance magnétique nucléaire
Rubisco : ribulose 1,5 bisphosphate carboxylase/oxygénase
S : coefficient de sédimentation en unités Svedberg S (avec $S = 10^{-13}$ s)
SM : spectrométrie de masse
sp. : *species* (= espèce ; après un nom de genre, cette abréviation indique qu'il s'agit d'une espèce indéterminée ou quelconque)
TAL : Tyrosine Ammonia-Lyase
t/an : tonne/an
UE : Union Européenne
uma : unité de masse atomique
UV : ultraviolet
VIH : virus de l'immunodéficience humaine
VLDL : lipoprotéines de très basse densité (*Very Low Density Lipoprotein*)
Vmax : vitesse maximale
§ : paragraphe

PRÉFACE

Une biochimie appliquée a existé sur un mode empirique depuis la nuit des temps, car il s'agissait de conserver des ressources alimentaires sous forme fermentée, ou encore de tirer de la nature des substances jugées utiles : médicaments, drogues diverses, fibres et matières colorantes. Dans un passé plus récent, la nécessité d'améliorer les procédés et leurs applications n'a fait que stimuler le développement de la chimie biologique moderne. Il est intéressant par exemple de constater que les premières connaissances sur le métabolisme cellulaire ont profité des efforts pour mieux connaître la fermentation de la levure au cours de la fabrication de la bière.

Il s'est établi en moins de deux siècles un immense va-et-vient entre les analyses à caractère fondamental et les recherches appliquées, les unes profitant des autres. Les connaissances sur le fonctionnement des êtres vivants se sont accrues à un rythme exponentiel. Elles ont tiré profit du perfectionnement des méthodes d'extraction, d'analyse et de purification des produits naturels, jusqu'à l'explosion actuelle de la biologie moléculaire et de la génomique. On assiste parallèlement à une vaste diversification des procédés qui concerne l'agriculture, la médecine, la science des matériaux et de façon générale tous les secteurs d'activité intéressés par les ressources du monde vivant. Les avancées des connaissances en biochimie fondamentale ont inspiré la découverte de nouveaux procédés dont beaucoup participent à l'essor économique. Inversement les laboratoires bénéficient souvent des subsides de l'industrie. À cela s'ajoute l'apport essentiel des méthodes physiques et d'une instrumentation perfectionnée : cristallographie, résonance magnétique nucléaire et spectroscopies variées pour n'en évoquer que quelques-unes.

L'ouvrage de MM. Marouf et Tremblin offre un panorama à la fois vaste et détaillé sur plusieurs grands secteurs de la biochimie appliquée. L'expérience des auteurs dans le domaine scientifique et ses applications leur a permis de rassembler de très nombreux exemples de procédés, dont certains ont une importance capitale dans l'industrie ou dans le secteur biomédical. L'objectif était vaste et a nécessité un travail considérable. On trouvera ici une grande quantité de points de repère, et pourquoi pas, des idées de travail. Il intéressera étudiants, chercheurs, techniciens et ingénieurs dans divers secteurs de recherche où les acteurs sont de plus en plus spécialisés et ont parfois du mal à se projeter au-dehors de leur sphère étroite. J'ai eu plaisir à m'instruire en parcourant cet ouvrage, il en sera sans doute de même pour tous les lecteurs intéressés par le secteur appliqué, et je ne peux que conseiller de le découvrir.

Jean Pelmont

Avant-propos

L'objectif de cet ouvrage de biochimie appliquée est double :

- permettre au lecteur d'acquérir les connaissances les plus récentes sur les substances et les molécules naturelles exploitées par l'homme ;
- faire le lien entre la biochimie des substances naturelles et leurs applications dans des domaines variés comme l'agriculture, l'environnement, la production d'énergie, l'alimentation animale et humaine, la santé et de nombreux autres domaines plus proches du monde industriel (papeterie, cosmétique, agro-alimentaire, pharmacie, chimie, etc.).

L'ouvrage est divisé en six parties et en 16 chapitres. La première partie est consacrée aux substances issues du règne végétal (plantes terrestres).

En effet, les plantes fournissent un nombre considérable de molécules comme les glucides, les protides, les corps gras, les pigments, les arômes et une grande partie des substances actives des médicaments. Ces substances sont de nature à intéresser toutes sortes d'activités industrielles, pharmaceutique, agro-alimentaire, cosmétique, etc. La pharmacopée traditionnelle a toujours exploité les « vertus » des plantes médicinales, sans toujours en connaître les principes actifs. La plupart de ces biomolécules sont maintenant bien identifiées et par synthèse chimique, on est arrivé à en faire des « copies », souvent améliorées. Aujourd'hui, les substances naturelles sont privilégiées dans l'optique d'une utilisation raisonnée et durable des produits de la biosphère. Si les trois premiers chapitres traitent classiquement des glucides, des protides et des lipides végétaux, dans les trois chapitres suivants une attention particulière est portée aux huiles essentielles, à la lignine et aux lectines dont les applications sont de plus en plus nombreuses.

La deuxième partie, divisée en deux chapitres traite, d'une part, des polysaccharides des parois des algues et de leurs applications, dominées par le secteur de l'alimentation et de la santé, et d'autre part, des métabolites issus des microalgues et des cyanobactéries.

Les potentialités d'utilisation des végétaux ou des biomolécules qui en sont extraites, purifiées et/ou modifiées par voie enzymatique et chimique, les font « sortir » du domaine agro-alimentaire vers d'autres nouveaux secteurs industriels comme la production de biocarburants. Les méthodes d'étude (procédés d'extraction, techniques de purification, de séparation et de dosage) sont également présentées.

La valorisation des substances d'origine animale est passée en revue dans la troisième partie. Il s'agit notamment des dérivés sanguins, des sous-produits de l'industrie du lait et du fromage (lactosérum) et des ovoproduits.

Les produits issus des microorganismes, représentés principalement par les protéines et les antibiotiques sont abordés dans la quatrième partie.

L'utilisation des enzymes, secteur en plein essor, fait l'objet de la partie suivante. En raison de leurs rôles et de leurs applications technologiques bien caractérisées, les enzymes font l'objet d'études intensives et leurs modalités d'action sont de mieux en mieux connues. Par ailleurs, l'obtention de produits de qualité optimale suppose une bonne maîtrise de l'action de ces enzymes par la connaissance, non seulement de leur fonctionnement mais aussi de l'influence de certains effecteurs physico-chimiques tels que les conditions d'utilisation (température, pH, présence d'interférants, etc.). Des procédés industriels basés totalement ou partiellement sur les enzymes ont été mis au point. Les enzymes sont devenues, de ce fait, des auxiliaires technologiques incontournables. Les répercussions sur les plans économiques et environnementaux ne sont plus à démontrer. Le génie génétique, le génie enzymatique, le génie métabolique aidant, il est actuellement possible de produire des souches de microorganismes produisant des enzymes capables d'opérer dans les conditions très spécifiques de l'environnement industriel et/ou de synthétiser des métabolites originaux.

Dans cette cinquième partie les enzymes immobilisées, leurs différentes applications dans la transformation des matériaux biologiques et leur utilisation de plus en plus fréquente en bio-analyse sont présentées. Les récents progrès dans le domaine des capteurs enzymatiques sont aussi passés en revue de même que leurs utilisations actuelles.

Enfin, en raison de leur exploitation récente dans l'industrie et des perspectives économiques importantes, actuelles et à venir, les cultures de cellules végétales et animales, leurs contraintes et leurs applications sont présentées dans la dernière partie.

Un glossaire reprend les définitions des principaux termes et concepts faisant l'objet de l'ouvrage ; celui-ci est complété par un lexique anglais-français qui permettra au lecteur utilisant une documentation en langue anglaise de trouver rapidement les termes français correspondants.

Enfin, une section d'autoévaluation pour chacun des chapitres est insérée à la fin de l'ouvrage. Elle est destinée à aider les étudiants à contrôler l'acquisition de leurs connaissances afin de mieux préparer leurs évaluations.

Etant donné les développements très rapides et les innovations techniques continues dans le domaine de la biochimie appliquée, les références bibliographiques deviennent rapidement obsolètes. Nous avons d'abord essayé, dans la mesure du possible, d'intégrer les références les plus actuelles et les plus accessibles pour les étudiants, d'une part, et d'autre part, nous avons joint une webographie où les lecteurs le souhaitant, pourront trouver plus d'informations.

Cet ouvrage, caractérisé par un traitement plus conséquent des métabolites du règne végétal, se démarque de la majorité des ouvrages de biochimie disponibles actuellement où très souvent le végétal est un peu le laissé pour compte, avec parfois un petit chapitre sur la photosynthèse et la biochimie spécifique du chloroplaste en négligeant le métabolisme secondaire (très important chez le végétal). Pour beaucoup, la biochimie est essentiellement animale voire humaine, cet ouvrage devrait leur ouvrir de nouveaux horizons. Ainsi c'est volontairement que nous mettons en avant la biochimie du végétal et les nombreuses substances qui en sont extraites, pour certaines produites et dans tous les cas, abondamment et depuis longtemps utilisées par l'homme.

Cet ouvrage vient en complément de la biochimie fondamentale traitée dans d'autres ouvrages de la même collection et s'adresse principalement aux étudiants des cursus scientifiques (sciences de la nature et du vivant, écoles d'ingénieurs, etc.), aux étudiants des Licences et Masters de biologie, de biochimie, de biotechnologie, aux étudiants des IUT et des BTS à orientation biologique et biochimique, aux étudiants des nombreuses et nouvelles licences professionnelles dont une partie de la formation porte sur les applications de la biologie et de la biochimie, enfin aux cadres et aux chercheurs des industries agro-alimentaires et des sciences pharmaceutiques.

La formation de ces lecteurs potentiels étant très disparate, nous avons volontairement placé au début chaque chapitre quelques rappels des données générales de biochimie structurale et/ou métabolique indispensables pour comprendre la suite du document (évitant ainsi au lecteur le recours à un autre ouvrage plus général de biochimie). Toutefois quelques notions de base en biochimie structurale et métabolique sont malgré tout nécessaires voir indispensables pour aborder, sans difficulté, certaines parties de cet ouvrage. Par contre, certains sujets traités sont souvent difficiles d'accès, particulièrement en langue française. De ce fait, nous espérons que cet ouvrage comblera le manque dans ce domaine.

MODE D'EMPLOI

Le présent livre est un abrégé. Il est conçu pour diverses utilisations par le lecteur.

Une lecture au fil du texte permettra d'acquérir une vision générale de la biochimie appliquée. Des rappels de biochimie structurale ou métabolique au début de chaque chapitre définissent les prérequis. Des indications sur la marge de gauche situent les passages qui ne peuvent pas être sautés dans une première lecture. Les encarts apportent un plus sans être fondamentaux pour l'acquisition du corpus indispensable. Des autoévaluations permettent de situer sa progression.

Un certains nombre d'éléments sont disponibles en appui pour le lecteur : index de mots et d'espèces ; glossaire de définition des principaux termes et concepts (les mots du glossaire sont en gras dans le texte) ; liste d'abréviations, de symboles et acronymes ; annexes diverses.

Les outils précédents sont proposés pour une consultation ultérieure de l'ouvrage, ponctuelle ou plus structurée. Par exemple, un lecteur concerné par une technique et/ou une application trouvera dans l'abrégé une première série d'informations qu'il pourra compléter lors des études ou de recherches plus poussées dans les ouvrages cités dans la bibliographie ou dans d'autres ouvrages. Si son étude ultérieure utilise le web, la webographie fournie et le lexique anglais-français lui feront gagner un temps précieux.

REMERCIEMENTS

Les auteurs remercient vivement les nombreux correcteurs anonymes qui par leurs remarques pertinentes nous ont permis dans un premier temps d'amender fortement cet ouvrage et les membres du comité de lecture qui nous ont accompagné lors de la deuxième lecture.

C'est ensuite un plaisir de remercier Monsieur Jean Bornarel et les membres du comité d'édition, ainsi que les collaborateurs des éditions EDP Sciences pour la préparation de cet ouvrage. Nous remercions tout particulièrement Mme Laura Capolo, Mme Julie Ridard et Mme Valérie Szczupal avec lesquelles nous avons toujours eu d'excellents contacts et qui ont toujours suivi avec attention et grande efficacité (malgré la distance) la progression de cette publication. Nous remercions enfin M. Jean Pelmont qui a accepté en tant que biochimiste de nous rédiger une préface.

Nous sommes également vivement reconnaissants aux éditeurs qui nous ont permis de reproduire certains extraits d'ouvrages.

Gérard Tremblin remercie tout particulièrement ses collègues de l'Université du Maine (Le Mans) : Aurore Caruso, Virginie Mimouni, Lionel Ulmann (Maîtres de conférences) qui ont relu attentivement certaines parties de texte, Alain Rojo de la Paz pour ses photos, Pascale Gosselin (Chargé de recherche au CNRS) et Joël Bazin (Ingénieur) qui m'ont apporté leurs compétences sur des points très précis. Enfin, un remerciement tout particulier à ma collègue Annick Morant-Manceau (Professeur) qui m'a toujours apporté son soutien inconditionnel quels qu'aient été mes projets professionnels. G. Tremblin remercie enfin son épouse, Roselyne, pour avoir accepté sa présence permanente devant l'ordinateur durant de nombreux week-ends et périodes de vacances.

A. Marouf remercie ses collègues de l'Université d'Oran Es-Senia et son collègue Abdelkrim Cheriti (Professeur de Chimie à l'Université de Béchar) pour les discussions très utiles au cours de l'élaboration de cet ouvrage. Mes remerciements vont également à mes étudiants de post-graduation qui, par leur interactivité sur des points particuliers, m'ont permis d'améliorer certaines parties de mes cours. Mais, par-dessus tout, je remercie ma femme et mes quatre enfants qui, tout en conservant un bon moral, m'ont supporté pendant que j'écrivais ce livre, et auprès desquels j'ai toujours trouvé une source d'encouragements.

Les auteurs

PARTIE I

SUBSTANCES D'ORIGINE VÉGÉTALE

Chapitre 1 – Glucides

pages

Chapitre 2 – Protides

Chapitre 3 – Lipides

Chapitre 4 – Huiles essentielles

Chapitre 5 – Lignines

Chapitre 6 – Lectines

CHAPITRE 1 – GLUCIDES

1.1. INTRODUCTION

Anciennement appelés hydrates de carbone, saccharides ou plus communément sucres, les glucides représentent l'un des principaux composants de la matière vivante. Ils sont composés de carbone, hydrogène et d'oxygène, issus plus ou moins directement du dioxyde de carbone et de l'eau par **photosynthèse**.

L'importance des glucides pour les êtres humains est vitale. Nous les consommons directement sous forme d'aliments tels que le pain, la pomme de terre, le maïs, la betterave, etc. et, indirectement, lorsque nous mangeons de la viande, des œufs puisque les animaux se sont eux-mêmes précédemment nourris de glucides contenus dans les végétaux.

L'oxydation des glucides fournit une part majeure de l'énergie (17 kJ/g) nécessaire à l'entretien de la vie animale et régénère en même temps le dioxyde de carbone utilisable à nouveau en **photosynthèse** par les plantes vertes. Idéalement, les glucides doivent constituer 50 à 55 % de l'apport calorique totale, soit 5 g de glucides/kg de poids/jour.

Au-delà de leur rôle alimentaire, les glucides, natifs ou modifiés, interviennent dans des secteurs industriels les plus divers, en tant que matière première pour l'élaboration d'autres produits à **valeur ajoutée** ou en tant qu'**additifs alimentaires**.

1.2. CLASSIFICATION STRUCTURALE

Les glucides sont des composés carbonylés, soit cétoniques (appelés **cétoses**), soit aldéhydiques polyhydroxylés (appelés aldoses). Si ces composés (fig. 1.1) sont sous forme d'unités simples non hydrolysables, ils sont appelés oses ou monosaccharides, alors que si leurs molécules contiennent plus d'une unité, ils sont appelés osides ou saccharides : disaccharides, trisaccharides, et, en général, polysaccharides ou polyosides suivant leur nombre d'unités constitutives. Ces unités glucidiques ou monomères sont unis par des liaisons glycosidiques ou liaisons osidiques. Lors de **l'hydrolyse**, une molécule d'eau s'additionne aux fragments obtenus par la rupture de cette liaison.

Les osides se subdivisent en deux types de corps : les holosides et les **hétérosides** ou glycosides. Les holosides donnent à l'**hydrolyse** uniquement des oses ; le nombre d'oses peut être limité (2-10), ce sont alors des oligosides ou oligosaccharides, si le nombre d'oses est supérieur à 10, on parle de polyosides ou polysaccharides. Les hétérosides donnent un ou plusieurs oses accompagnés d'une molécule non glucidique : la génine ou aglycone.

- **glucides**
  - oses
    - aldoses et leurs dérivés *(ex. erythrose, glucose)*
    - cétoses et leurs dérivés *(ex. xylulose, fructose)*
  - osides
    - hétérosides *(ex. anthocyanes, saponosides)*
    - holosides
      - oligosides *(ex. saccharose, raffinose, verbascose)*
      - polyosides *(ex. amidon, cellulose, inuline)*

Figure 1.1 – Classification des glucides

1.3. OSES *(syn : monosaccharides, sucres simples)*

Glucides simples dont la molécule est une chaîne d'atomes de carbone comportant plusieurs fonctions alcool et une fonction réductrice carbonyle qui est soit aldéhydique, soit cétonique (fig. 1.2) ce qui permet de les séparer, respectivement, en aldoses (ex. rib**ose**, xyl**ose**, etc.) et **cétoses** (ex. rib**ulose**, xyl**ulose**, etc.).

Les oses sont dénommés également, d'après le nombre d'atomes de carbone de leur molécule, en trioses, tétroses, pentoses, hexoses, heptoses, etc. ayant respectivement 3, 4, 5, 6, 7, etc. atomes de carbone.

Ces noms peuvent être combinés : on parle parfois d'aldopentoses ou de cétohexoses. Les aldopentoses et les aldohexoses sont les plus répandus des oses. Le glucose est l'aldohexose que l'on rencontre le plus souvent.

La numérotation des atomes de carbone se fait à partir du carbone aldéhydique ou, chez les **cétoses**, de telle façon que le carbone cétonique ait le numéro le plus bas.

Tous les oses (excepté le dihydroxyacétone) contiennent un ou plusieurs atomes de carbone asymétriques. Les oses peuvent également se trouver sous forme cyclique en raison de l'interaction du groupe carbonyle avec le groupe **hydroxyle** sur le carbone 4 (pour former un **furanose**) ou sur le carbone 5 (pour former un **pyranose**) (fig. 1.3).

Le nom des oses est souvent précédé d'une lettre **D** ou **L** : ce préfixe indique que l'**hydroxyle** porté par l'un des atomes de carbone, le carbone 5 dans les hexoses, est orienté, à droite (D = **dextrogyre**) ou à gauche (L = **lévogyre**) de la molécule écrite selon la représentation de Fisher (fig. 1.4). La grande majorité des oses naturels appartient à la série D ; la **configuration** L est assez rare chez les sucres (L-rhamnose, L-fucose et L-arabinose).

La structure cyclique conduit à deux formes **isomères**, α et β. Pour un D-ose, la forme α est celle où l'**hydroxyle** anomérique se trouve en dessous du cycle et la forme β est celle où cet hydroxyle se situe au dessus du plan cyclique (fig. 1.4).

Le tableau 1.1 (voir p. 7) recense les principaux oses et dérivés d'oses rencontrés chez les plantes.

Les deux trioses, le glycéraldéhyde et le dihydroxyacétone sont des intermédiaires de la glycolyse et du cycle de Calvin.

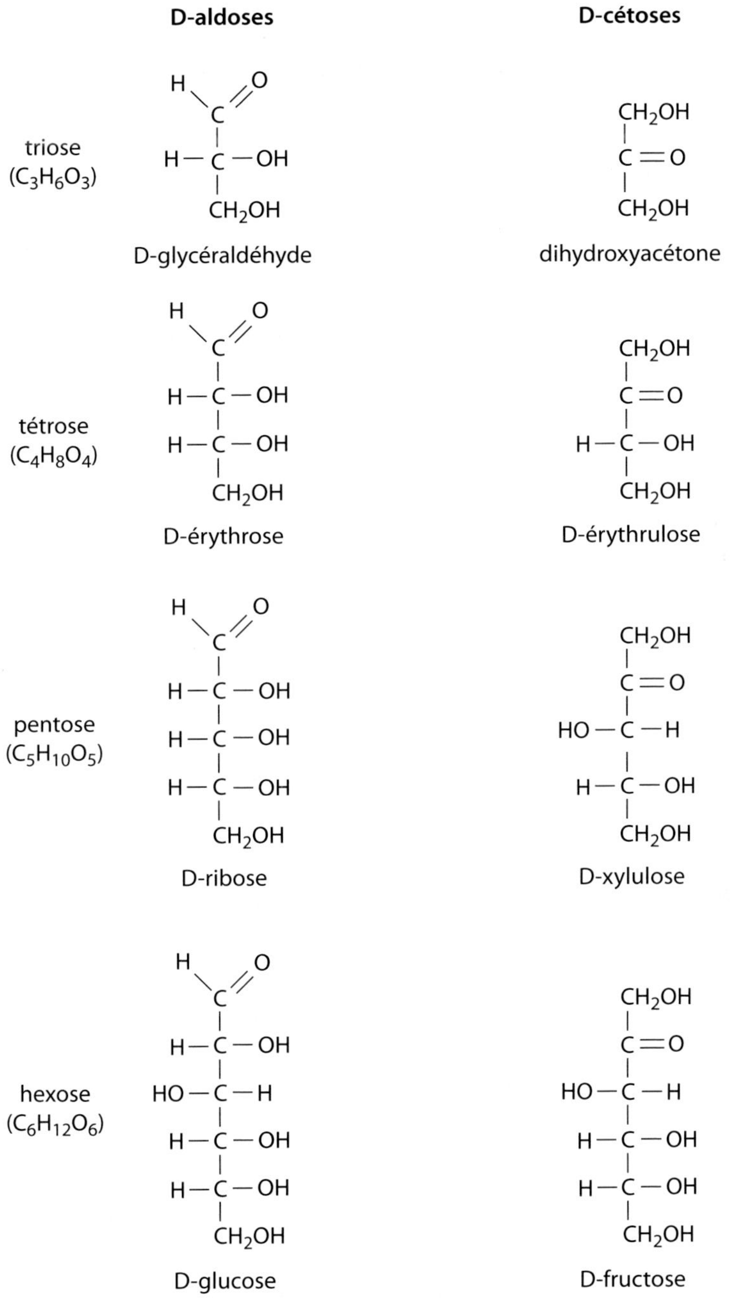

Figure1.2 – Séries des aldoses et des cétoses

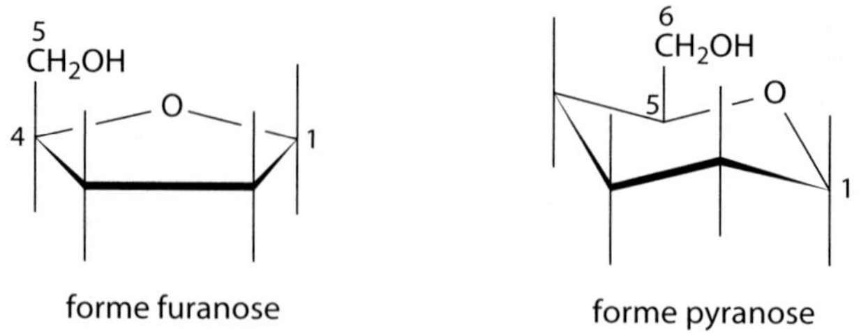

Figure 1.3 – Formes furanose et pyranose d'un ose

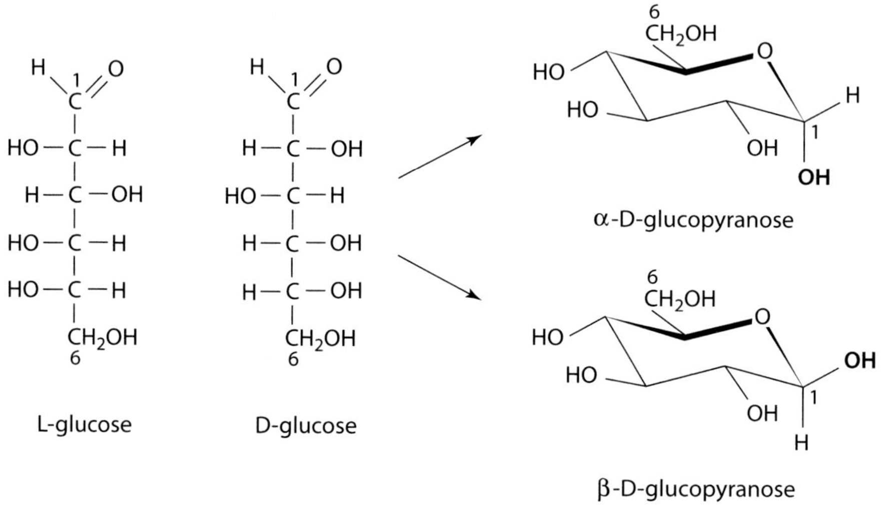

Figure 1.4 – Les deux formes D et L du glucose (représentation de Fischer, à gauche) et les deux isomères α et β (représentation de Haworth, à droite) du D-glucose

Dans la catégorie des tétroses, l'érythrose-4-phosphate est un intermédiaire essentiel dans la synthèse des composés **aromatiques** ou aromagenèse.

Les pentoses les plus importants, le ribose et le désoxyribose rentrent dans la constitution des acides nucléiques.

L'exemple de l'hexose le plus important et le plus commun dans la nature est le glucose. Les autres hexoses les plus courants sont le fructose, le galactose et le mannose. On les rencontre dans des structures polysaccharidiques (glucose dans l'amidon et la cellulose ; glucose, galactose et mannose dans les hémicelluloses), dans des structures hétérosidiques (glucose, galactose) et aussi à l'état libre dans de nombreux fruits et légumes (fructose, glucose) mais leur taux dépend de l'état de maturité et du mode de conservation du produit qui les contient.

Les désoxy-oses sont une autre catégorie d'oses que l'on rencontre surtout chez les végétaux et dans lesquels une ou deux fonctions alcool sont éliminées par réduction. On distingue (fig. 1.5) :

- les 6-désoxy-hexoses, comme le L-rhamnose (= 6-désoxy-L-mannose) qui est très répandu, puisqu'il rentre dans la constitution de polysaccharides hétérogènes et de très nombreux **hétérosides** ;
- les 2,6-didésoxy-hexoses, comme le D-digitoxose (= 2,6-didésoxy-D-allose), constituant de certains hétérosides cardiotoniques.

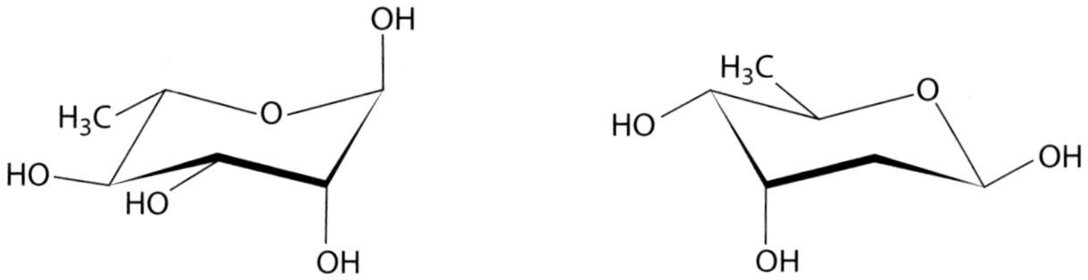

Figure 1.5 – Structure de deux désoxy-oses : L-rhamnose (à gauche) et D-digitoxose (à droite)

Tableau 1.1 – Principaux monosaccharides et leurs dérivés rencontrés chez les plantes

Groupe	Sous-groupe	Exemples	Formule brute
trioses		D-glycéraldéhyde • dihydroxyacétone	$C_3H_6O_3$
tétroses		D-érythrose • D-érythulose • D-thréose	$C_4H_8O_4$
pentoses		L-arabinose • D-xylose • D-ribose	$C_5H_{10}O_5$
pentuloses		D-xylulose • D-ribulose	
hexoses		D-glucose • D-mannose • D-galactose	$C_6H_{12}O_6$
hexuloses		L-sorbose • D-fructose • D-tagatose	
heptuloses		D-sédoheptulose	$C_7H_{14}O_7$
octuloses		D-glycéro-D-manno-octulose • D-glycéro-D-galacto-octulose	$C_8H_{16}O_8$
nonuloses		D-erythro-L-gluco-nonulose • D-erythro-L-galacto-nonulose	$C_9H_{18}O_9$
acides uroniques		acides D-glucuronique • acide-galacturo-nique • acide-mannuronique	$C_6H_{10}O_7$
polyols	pentitols	ribitol • D-xylitol	$C_5H_{12}O_4$
	hexitols	D-glucitol • D-mannitol • D-sorbitol	$C_6H_{14}O_6$
	heptitols	Perseitol	$C_7H_{16}O_8$
désoxy-oses	6-désoxy-hexoses	L-rhamnose • L-fucose • D-quinovose • D-désoxyribose	$C_6H_{12}O_5$
	2,6-didésoxyoses	D-digitoxose	$C_6H_{12}O_4$
oses aminés	hexosamines	glucosamine • galactosamine	$C_6H_{13}O_5N$
	N-acétylhexosamines	N-acétyl-glucosamine • N-acétyl-galactosamine	$C_8H_{15}O_6N$

Pour illustrer ce groupe de composés glucidiques, nous retiendrons ici un hexose d'une extrême importance, le glucose qui servira de modèle pour la série des aldohexoses.

1.3.1. GLUCOSE

Le glucose est l'un des premiers éléments de la synthèse des glucides dans les feuilles des végétaux lors de la **photosynthèse** et constitue la source d'énergie majeure dans le **métabolisme** cellulaire. Cette énergie est libérée tout au long d'une chaîne de réactions de dégradation faisant intervenir de nombreux corps intermédiaires, dont l'adénosine triphosphate (ATP).

Universellement présent dans le monde vivant, très abondant dans les fruits mûrs et le miel à côté de son **isomère**, le fructose, il rentre dans la constitution de nombreux oligosides (saccharose, maltose, etc.) et polysaccharides (cellulose, amidon) des végétaux. C'est notamment l'ose le plus abondant des **parois cellulaires**. Il est souvent lié à divers principes actifs sous forme de glucosides (ou **hétérosides**).

STRUCTURE ET PROPRIÉTÉS

Le glucose, de formule $C_6H_{12}O_6$, est un composé extrêmement soluble dans l'eau. On le trouve principalement sous forme **dextrogyre** (D-glucose). En solution aqueuse, le glucose peut exister sous la forme linéaire (dite aldéhydique), mais dans la plupart des cas, cet aldohexose existe sous deux formes cycliques (dites hémiacétaliques) principales et donc deux stéréoisomères : α-D-glucopyranose et β-D-glucopyranose différant uniquement par la **configuration** du carbone asymétrique créé, le carbone C-1 et où un atome d'oxygène relie les carbones 1 et 5 (notons que, de façon usuelle, les différents atomes de carbone du glucose sont numérotés dans le sens des aiguilles d'une montre. Ainsi, le carbone anomère est noté 1 et celui en position exocyclique porte le numéro 6). Ces deux structures (α et β) diffèrent par la position des groupements –H et –OH liés à un atome de carbone particulier de la molécule, le carbone 1. Elles sont appelées formes anomères (le carbone 1 est également appelé un carbone anomère).

APPLICATIONS

Industriellement, le glucose est obtenu par **hydrolyse** acide ou hydrolyse enzymatique (action conjuguée de l'α-amylase et d'amyloglucosidase) de l'amidon.

Il conduit, par **fermentation**, à l'éthanol, à certains acides organiques (lactate, succinate, propionate, acétate, butyrate, etc.) et à d'autres produits dérivés. La nature du produit final de la fermentation dépend du microorganisme impliqué et des conditions du milieu.

Sa déshydratation en milieu acide (qui conduit à l'hydroxyméthylfurfural, voir fig. 1.18), s'accompagne de la formation de nombreux **sous-produits**. Son isomérisation enzymatique (glucose isomérase **immobilisée** de *Streptomyces*) en fructose est utilisée à l'échelle industrielle (aux Etats-Unis, principalement) pour produire des sirops enrichis en fructose à partir de jus glucosés de maïs (HFCS, *High Fructose Corn Syrups*). Ils contiennent 42 à 90 % de fructose. Les HFCS-42 et HFCS-55 sont employés par les industries **agro-alimentaires** comme **édulcorants** dans les préparations liquides (boissons gazeuses, produits laitiers, crèmes glacées, pâtisserie, produits de boulangerie, etc.). Les HFCS-90 sont utilisés en pâtisserie et dans les aliments à faible pouvoir calorifique.

Directement assimilable, le glucose est un aliment énergétique important. Lors de traitements médicaux, il est injecté sous forme de soluté isotonique (5 %) ou hypertonique (10 à 50 %). Les solutions injectables (à 5 et 10 %) sont utilisées notamment pour prévenir des déshydratations. Les solutions injectables hypertoniques (à 15, 20, 30 et 50 %) sont destinées à la nutrition parentérale (apport calorique) et au traitement de l'hypoglycémie.

1.4. DIHOLOSIDES OU DISACCHARIDES

Groupe de glucides constitués de deux oses unis par une liaison glycosidique, de formule générale $C_{12}H_{22}O_{11}$. Deux types de diholosides peuvent être distingués : les diholosides réducteurs et les non **réducteurs**. Chez les premiers, la fonction réductrice d'un seul ose est impliquée dans la liaison osidique, alors que chez les seconds, cette dernière se fait entre les fonctions réductrices des deux oses. Un seul diholoside non réducteur a une importance industrielle : le saccharose.

1.4.1. SACCHAROSE

C'est le plus important des diholosides du règne végétal et le principal composé organique produit à l'état pur à grande échelle. On le trouve dans toutes les plantes qui font de la **photosynthèse** où il sert de source de carbone réduit et d'énergie facilement transportables.

Ce glucide, le premier composé non phosphorylé produit à la suite de la **photosynthèse**, constitue le squelette carboné à l'origine de tous les composés organiques retrouvés dans la plante. Ainsi, ses propriétés physico-chimiques, en particulier sa neutralité électrochimique, son inertie chimique et sa grande **solubilité** en milieu aqueux, en font un composé facilement exporté des feuilles où il est produit vers les autres organes de la plante. Il constitue, en effet, de loin, l'espèce moléculaire la plus abondante de la **sève** élaborée transportée dans les cellules vivantes du phloème.

STRUCTURE ET PROPRIÉTÉS

Le saccharose de formule $C_{12}H_{22}O_{11}$, de poids moléculaire 342, très **hydrophile**, est d'autant plus soluble dans l'eau que la température augmente. À 25 °C, la **solubilité** du saccharose est de l'ordre de 1,8 à 2 kg/L d'eau pure ; à 100 °C, elle atteint près de 5 kg de sucre pour la même quantité d'eau. Son **hydrolyse** est catalysée par les acides ou par une des deux osidases : l'α-glucosidase et la β-fructofuranosidase. Cette dernière **enzyme** appelée communément invertase, donne un mélange équimolaire des deux oses dont il est constitué : le D-glucose et le D-fructose (fig. 1.6). Son nom scientifique le précise mieux : α-D-glucopyranosyl (1-2) β-D-fructofuranoside.

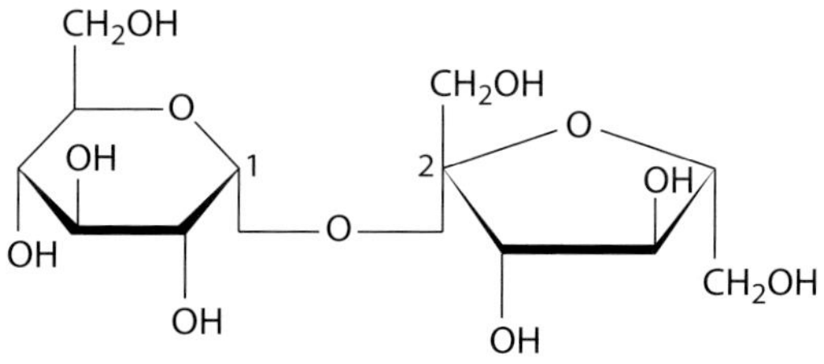

Figure 1.6 – Structure du saccharose

Le nom d'invertase vient du fait que l'**hydrolyse** du saccharose s'accompagne d'une inversion du signe du pouvoir rotatoire (fig. 1.7).

	saccharose (1 mole)	$\xrightarrow{\text{inversion}}$	glucose (1 mole)	+	fructose (1 mole)
$[\alpha]_D^{20°C}$ = pouvoir rotatoire	+ 66,5°		+ 52,7°		- 92,4°
			résultante - 19,7°		

Figure 1.7 – Inversion du pouvoir rotatoire lors de l'hydrolyse du saccharose

APPLICATIONS

Commercialement, il est produit principalement à partir des tiges de la canne à sucre (*Saccharum officinarum*, Poaceae vivaces) dont le jus en contient entre 13 et 20 % ou des racines tubérisées de la betterave sucrière (*Beta vulgaris*, Chenopodiaceae) dont le jus contient de 14 à 20 % de saccharose. Une troisième source de saccharose, de moindre importance au plan industriel, est constituée par la **sève** de l'érable à sucre (*Acer saccharum*, Aceraceae), arbre nord-américain dont la sève brute se charge au printemps de saccharose, par suite de l'**hydrolyse** des **polymères** de réserve des parenchymes ligneux. La production mondiale de saccharose est actuellement voisine de 140 millions de tonnes, un tiers environ provenant de la betterave, deux tiers de la canne à sucre.

L'**extraction** du sucre est effectuée selon des procédés industriels dans les sucreries. Le principe de l'extraction du sucre, qu'il s'agisse de canne à sucre ou de betterave, est quasi-identique et consiste à isoler le saccharose en éliminant, par étapes successives, les autres constituants de la plante : extraction du sucre des cellules végétales, séparation des impuretés (autres matières organiques et minérales), élimination de l'eau dans laquelle il est en solution, et enfin, **cristallisation**. On obtient ainsi du sucre blanc. Le sirop restant est soumis à de nouvelles cuissons qui donneront du sucre plus coloré, blond ou roux, du fait de réactions de caramélisation.

- **Extraction à partir de la canne à sucre**

Les tiges de la canne à sucre sont découpées en morceaux de 100 mm de longueur et 4 mm de section puis exprimées dans des moulins à cylindres horizontaux tournant lentement. Le jus obtenu (le **vesou**) est épuré de ses impuretés par **filtration**, débarrassé de ses protéines par chauffage et ensuite soumis à la **défécation** par la chaux (ou chaulage). L'addition de la chaux coagule la majeure partie des impuretés odorantes et colorées. Dans ce jus chaulé, on fait barboter du dioxyde de carbone : c'est la « carbonatation », qui provoque la **précipitation** de la chaux (sous forme de carbonate de calcium), entraînant avec elle les impuretés. Le jus est ensuite filtré afin d'éliminer les impuretés résiduelles, concentré par évaporation à pression réduite jusqu'à **cristallisation** (sucre cristallisé roux) puis séché. Un **raffinage** permet d'éliminer les impuretés résiduelles (sels minéraux, matières organiques) par refonte dans l'eau chaude, addition de chaux et de CO_2, filtration et recristallisation (sucre blanc cristallisé). Le liquide visqueux résiduel qui contient encore du saccharose et une petite quantité de sucres non-cristallisables, constitue la **mélasse**. Le **rendement** moyen est voisin de 115 kg de saccharose et 250-300 kg de **bagasse** par tonne de canne à sucre.

- **Extraction à partir de la betterave**

Les racines de betterave sont râpées ou coupées en rondelles ou en fines lanières (**cossettes**) de 1 à 2 mm d'épaisseur puis soumises à un jet d'eau chaude (70-80 °C) qui extrait le jus par diffusion (principale différence avec la canne à sucre). Le jus sucré est purifié par chaulage, pour précipiter les impuretés, suivi d'un traitement par le dioxyde de carbone pour précipiter l'excès d'hydroxyde de calcium partiellement dissous. Après **filtration**, le jus épuré est concentré par évaporation sous vide pour donner un sirop contenant 65 à 70 % de saccharose. Une purification supplémentaire, permettant d'atteindre un taux de sursaturation nécessaire à la croissance des cristaux existants, suivie d'un essorage et d'un séchage, aboutit à l'obtention du sucre blanc cristallisé (à 99,8 %). Le **rendement** moyen est voisin de 130 kg de saccharose et de 35-40 kg de **mélasse** à 48 % de saccharose par tonne de betterave.

• **Extraction à partir de la sève de l'érable**

Traditionnellement, la sève de l'érable à sucre est recueillie en pratiquant une entaille dans le tronc de l'arbre puis chauffée et brassée, ce qui provoque sa concentration mais aussi le développement d'une coloration et d'**arômes** caractéristiques du sirop d'érable. Aujourd'hui, l'introduction de l'**osmose inverse** se répand de plus en plus pour concentrer davantage l'eau d'érable, d'où une économie de combustible et de temps. Le sirop d'érable est composé presque exclusivement de saccharose (plus de 85 % de la **matière sèche**), d'hexoses et de polyosides divers et possède une teneur en eau de l'ordre de 35 % en poids. Sa composition et ses propriétés rhéologiques sont donc très voisines de celles du sirop de saccharose. L'arôme particulier du sirop d'érable est recherché dans certains produits de biscuiterie ou de pâtisserie.

Le sucre est commercialisé sous différentes formes : le sucre blanc est un sucre de betterave ou de canne contenant au moins 99,8 % de saccharose ; le sucre roux de betterave ou de canne contient 85 à 95 % de saccharose et certaines impuretés responsables de sa couleur et de son **arôme**. L'industrie sucrière offre aux consommateurs et aux industries utilisatrices de sucre une grande diversité de produits : sucre cristallisé, sucre en poudre, sucre glace, sucre en morceaux, pains de sucre, sucre vanillé, sucre fondant, sucre liquide, etc.

En dehors de sa consommation directe (sucre en bouche) dans l'alimentation, le saccharose est aussi utilisé dans les industries **agro-alimentaires** (près de 75 % de la production mondiale) et dans les industries chimiques et pharmaceutiques (environ 5 %).

Parmi les dérivés industriels du saccharose, les sucroglycérides sont obtenus par trans-**estérification** d'un glycéride naturel (suif, huile de palme, etc.) par le saccharose ; il se forme alors un mélange de mono- et diesters de saccharose et de mono- et diglycérides. Ces substances sont utilisées comme **émulsifiants** dans la fabrication des laits ré-engraissés pour les veaux ou d'autres aliments. Elles ne sont pas toxiques et sont assimilables.

Le saccharose est également une matière première, dont la **fermentation** produit l'éthanol, le butanol, la glycérine, les acides citrique, lévulinique et gluconique. C'est aussi un **ingrédient** de certains savons et peut être transformé en esters et en éthers, certains d'entre eux conduisant à des résines dures, insolubles et infusibles.

Le **sucre inverti**, obtenu par **hydrolyse** totale ou partielle du saccharose, existe soit sous forme d'un mélange 50 % de D-glucose et de 50 % de D-fructose (inverti total), soit en mélanges ternaires, équimoléculaires de saccharose/glucose/fructose. Il est utilisé, en remplacement du saccharose, comme anti-cristallisant, **stabilisant** de l'humidité et améliorant de texture pour la pâtisserie, la **viennoiserie**, la **confiserie**, la glacerie et la crème fouettée.

Dans le domaine pharmaceutique, le saccharose sert **d'excipient** dans la fabrication de nombreuses formes **galéniques** administrées par voie orale comme les sirops, les tablettes, les capsules médicamenteuses, etc. Il est aussi utilisé pour masquer l'amertume de certains médicaments.

1.5. DÉRIVÉS GLUCIDIQUES

Les dérivés glucidiques renferment, outre le carbone, l'oxygène et l'hydrogène, d'autres éléments comme les groupements carboxyliques, aminés, phosphate ou N-acétyl (fig. 1.8).

Les acides uroniques (acides D-glucuronique, D-galacturonique, etc.), produits d'oxydation des hexoses (la fonction alcool primaire est oxydée en acide carboxylique), n'existent pas sous forme libre (fig. 1.8) dans les aliments mais sont des constituants des hémicelluloses, des substances pectiques, des mucilages et des gommes.

Les sucres phosphatés, comme le fructose 1,6-diphosphate, sont des intermédiaires importants dans la respiration cellulaire et dans la **photosynthèse**. Les groupements phosphates sont attachés à un ou plusieurs groupements –OH du sucre (fig. 1.8).

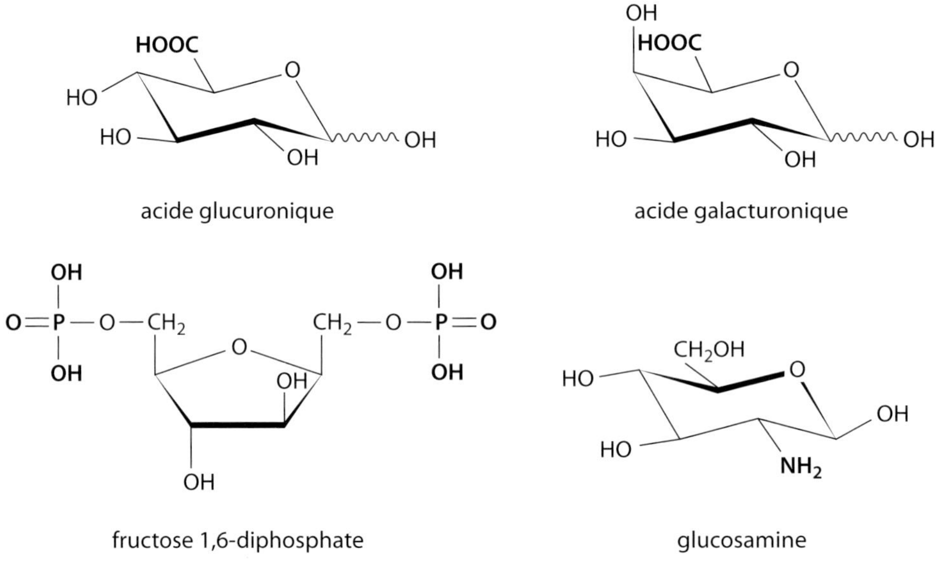

Figure 1.8 – Structure de quelques dérivés glucidiques

La chitine, constituant des parois de certains champignons, est formée principalement de dérivés de glucosamine (N-acétyl-D-glucosamine), sucre contenant un groupement aminé à la place du groupement –OH porté par le carbone 2 (voir fig. 1.8). Il s'agit d'un polyoside linéaire qui forme des microfibrilles semblables à celles de la cellulose. Les unités *N*-acétyl-D-glucosamine sont reliées entre elles par des liaisons glycosidiques β-(1→4). Son **hydrolyse** complète libère la glucosamine ou chitosamine alors que son hydrolyse ménagée génère le chitobiose formé par l'union de 2 molécules de glucosamine.

Notons que la chitine est particulièrement abondante dans les carapaces de crustacés (crabes, crevettes, etc.) et dans l'exosquelette des insectes. La chitine isolée de ces différentes sources possède des degrés différents de *N*-acétylation. Bien que les plantes ne produisent pas de chitine, elles sécrètent des chitinases en réponse à des attaques de champignons pathogènes.

APPLICATIONS

La chitine est, entre autre, utilisée comme pansement **bactéricide** pour soigner les plaies mais aussi dans la production d'emballages biodégradables.

Après **extraction** et *N*-désacétylation alcaline, on obtient le chitosane (fig. 1.9) qui, selon le degré d'**hydrolyse**, présente un caractère plus ou moins chargé (groupes amines libres ou sous forme ammonium). Contrairement à la chitine, le chitosane est hydrosoluble et ses groupements aminés peuvent être modifiés par différents substituants. Le chitosane et ses dérivés présentent diverses applications : pansement hémostatique rapide pour les blessures, support de **filtration** pour l'élimination de particules et divers ions, agent floculant, **additif alimentaire** à propriété hypocholestérolémiante (piège les graisses dans l'intestin et forme un gel indigestible qui sera éliminé par les voies naturelles, permettant aux graisses saturées de transiter par le système digestif sans être absorbées par l'organisme), **agent d'enrobage** pour les semences et les fruits (pour retarder la détérioration), fertilisant (apport d'azote), **fongicide** et **bactéricide**. Ces propriétés très diversifiées en font un produit actuellement en rapide développement et dont les principaux producteurs sont les États-Unis et le Japon.

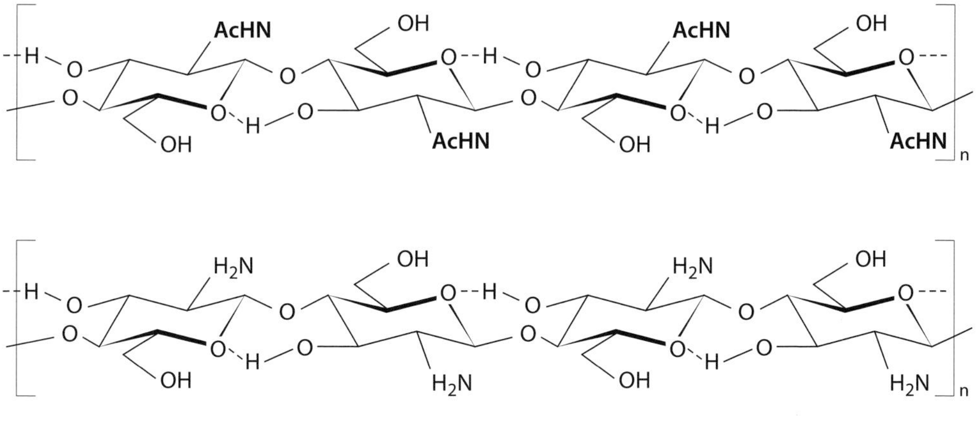

Figure 1.9 – Structure de la chitine (en haut) et du chitosane (en bas)
AcHN = groupement N-acétyl = –NH–CO–CH_3

Les polyols sont des dérivés des oses, également dénommés sucres alcools. Ils sont très répandus dans le règne végétal. Industriellement, ils sont produits par hydrogénation catalytique de divers sucres, ce qui entraîne la réduction de leurs fonctions aldhéhyde ou cétone en fonction alcool.

Le D-sorbitol est un polyol existant à l'état naturel dans les fruits comestibles de diverses Rosacées, en particulier dans celui du sorbier des oiseaux (*Sorbus aucuparia*), du prunier, du pommier ainsi que dans le thalle de certaines algues brunes.

APPLICATIONS

Le D-sorbitol est métabolisé lentement chez l'homme et mieux utilisé que le glucose par le diabétique en donnant la même quantité d'énergie (environ 17 kJ/g). De ce fait, il est utilisé comme agent **édulcorant** (encart 1), en substitut du saccharose pour les diabétiques (il est, en effet, converti en D-fructose, lequel est ultérieurement métabolisé en glycogène) (encart 2). Il est également utilisé en thérapeutique pour ses propriétés cholécystokinétiques. Toutefois, un excès de sorbitol dans le sang peut entraîner la cataracte.

Sur le plan technologique, d'autres caractéristiques ont fait du sorbitol une substance auxiliaire importante en industrie alimentaire et en particulier dans les produits de **confiserie**, où il remplace souvent le **sucre inverti**. On peut les résumer ainsi :

- effet **hygroscopique**, d'où son utilisation comme agent humectant pour fixer l'eau dans de nombreux produits (dentifrices, biscuiterie, **confiserie**, etc.). L'eau ne s'évapore que très lentement en présence d'une quantité suffisante de sorbitol ;
- résistance au chauffage ;
- effet retardateur sur la **cristallisation** du saccharose et du glucose ; les cristaux formés restent petits et non décelables dans la bouche. Cette action anticristallisante lui confère un effet cryoprotecteur dans les crèmes glacées tout en leur donnant une texture souple ;
- peu **édulcorant** (pouvoir sucrant d'environ 0,5 comparé au saccharose) ;
- viscosité relativement faible des sirops, facilitant leur utilisation.

Industriellement, il est obtenu par hydrogénation catalytique (fig. 1.10) sous pression ou par réduction électrolytique du D-glucose. Il se présente en général sous forme d'un sirop concentré à 70 %

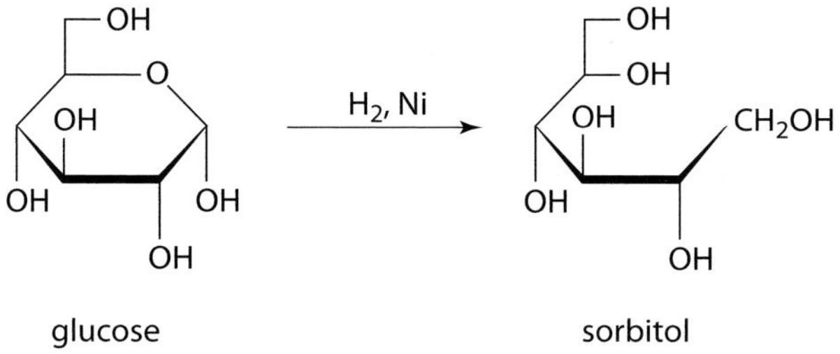

Figure 1.10 – Hydrogénation catalytique du glucose en sorbitol

Le D-mannitol existe à l'état naturel dans la manne (exsudation sucrée) du frêne (*Fraxinus ornus* L., Oleaceae) et en quantités importantes dans le thalle des algues brunes (laminaires).

ENCART 1 – POUVOIR SUCRANT

Le pouvoir sucrant d'une molécule se définit à partir d'une solution connue de saccharose (généralement à 30 g/L et à 20 °C) considéré comme **édulcorant** de référence. Dans ces conditions, le pouvoir sucrant du saccharose est défini comme étant égal à 1 ; celui du fructose est de 1,7 fois celui du saccharose alors que celui de l'Aspartame®, dipeptide constitué d'acide aspartique et de phénylalanine, est de 150 à 200 fois plus élevé (tab. 1.2).

Parmi les autres **édulcorants** naturels, figurent les polyols comme le xylitol, le sorbitol et le mannitol.

Tableau 1.2 – Pouvoir sucrant relatif (par rapport au saccharose) de quelques sucres naturels et édulcorants artificiels

Sucres naturels	Pouvoir sucrant relatif	Edulcorants synthétiques	Pouvoir sucrant relatif
lactose	0,3	cyclamate de sodium	30
D-glucose	0,5	aspartame	180
D-sorbitol	0,5	saccharine	400
D-mannitol	0,6		
D-xylose	0,67		
saccharose	**1,0**		
D-xylitol	1,02		
D-fructose	1,7		

APPLICATIONS

Le D-mannitol est préparé industriellement par épimérisation du D-glucose suivie d'une réduction ou par hydrogénation catalytique du D-fructose (fig. 1.11). Il peut aussi être obtenu par **fermentation** discontinue sous conditions d'aérobie en utilisant une souche conventionnelle de la **levure** *Zygosaccharomyces rouxii*.

Près de la moitié du D-mannitol est excrété dans les fèces et les urines, le reste est oxydé au niveau du foie. Etant rapidement filtré au niveau glomérulaire et ne subissant pratiquement aucune réabsorption tubulaire, il est à cet effet, par voie parentérale, un **diurétique** osmotique en fixant l'eau et l'éliminant ensuite avec lui. Il est également à la base d'un procédé d'exploration fonctionnelle du rein. À côté de ses utilisations en thérapeutiques (laxatif, ballonnement, états nauséeux, etc.), il est employé en alimentation humaine et comme **édulcorant** chez le diabétique. Son dérivé, le mannitol hexanitrate, est bien connu pour ses propriétés vasodilatatrices et est utilisé dans le traitement de l'hypertension.

Le mannitol est le moins soluble (18 %, à 25 °C) et le plus **hygroscopique** des polyols cristallisés. On peut l'utiliser comme agent de saupoudrage pour les gommes à mâcher sans sucre. Ses propriétés d'agent cryoprotecteur font du mannitol un excellent support de **lyophilisation**. C'est aussi un puissant **séquestrant** d'ions métalliques, particulièrement en milieu alcalin.

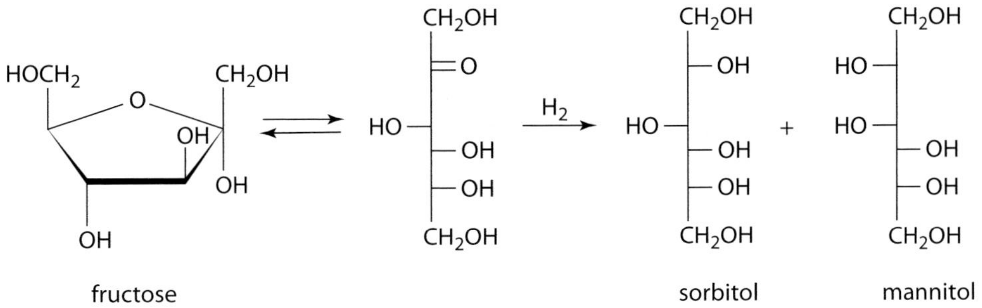

Figure 1.11 – Hydrogénation catalytique du D-fructose

ENCART 2 – INTERDÉPENDANCES MÉTABOLIQUES DANS LE DIABÈTE

L'organisme humain est un système complexe dont les processus biochimiques sont assurés par une infime quantité de molécules circulant dans le sang appelées hormones. Le pancréas, une glande enveloppée dans un repli de l'intestin, produit de l'insuline, une de ces hormones qui régule le taux du glucose dans le sang (fig. 1.12). Le glucose est un aliment vital pour l'organisme lorsqu'il se trouve en concentration normale (environ 1 g/L), mais il devient une menace lorsqu'il se trouve en concentration excessive.

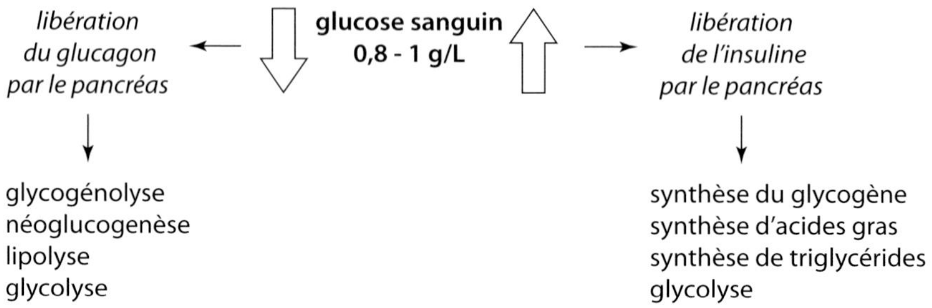

Figure 1.12 – Place centrale de la glycémie dans le métabolisme énergétique

Le glucose en excès dans l'organisme est stocké dans le foie sous forme de glycogène, afin de pouvoir être remis en circulation en cas de besoin. Chez un individu souffrant de diabète apparaissent des désordres métaboliques dont le plus important se produit lorsque le pancréas ne délivre plus assez d'insuline. Une personne est dite diabétique quand sa glycémie (teneur du sang en glucose) est de 1,26 g/L à jeun ou supérieure à 1,38 g/L deux h après un repas sucré.

On distingue deux principaux types de diabète, selon leur origine :

• Le diabète de type 1, dit diabète insulinodépendant, qui est la maladie chronique la plus courante chez des sujets jeunes, est une maladie auto-immune dans laquelle le système immunitaire de l'individu attaque et détruit les cellules bêta des îlots de Langerhans pancréatiques sécrétrices d'insuline. Il est donc dû à un défaut de sécrétion de l'insuline. Ce type de diabète nécessite un traitement à base d'injections d'insuline. Il concerne 10 à 15 % des diabétiques.

• Le diabète de type 2, dit non insulinodépendant, se déclare à l'âge adulte. Il est beaucoup plus fréquent puisqu'il concerne 85 à 90 % de tous les diabétiques. Dans ce diabète le pancréas produit suffisamment d'insuline, mais le corps a de la difficulté à l'utiliser en raison d'un défaut de sensibilité à l'insuline des tissus cibles. Ce type de diabète peut-être maîtrisé par un régime alimentaire adapté, des médicaments par voie orale et des exercices physiques systématiques.

La glycémie est régulée, d'une part, par l'apport alimentaire de glucose et, d'autre part, par la synthèse du glucose (mobilisation des réserves énergétiques) et son utilisation métabolique (stockage et dégradation). Comme le montre la figure 1.12, une élévation de la glycémie provoque l'intervention de l'insuline qui a pour effet de rétablir le taux normal de glucose dans le sang. Une baisse de la glycémie engendre la libération du glucagon qui provoque l'effet inverse.

Une partie des glucides est apportée sous forme simple (glucose, fructose, galactose, etc.) ou par les diholosides (saccharose, **lactose**, essentiellement), l'autre partie, en particulier ceux contenus dans les **féculents** comme les pommes de terre, est apportée sous forme, plus complexe, de polyosides (amidon). Ces derniers devront être hydrolysés avant d'être absorbés au niveau de l'intestin. En effet, seuls les sucres simples peuvent franchir la barrière intestinale et passer dans la circulation sanguine.

Les réponses glycémiques à des quantités identiques de glucides provenant de différents aliments sont différentes. La capacité des glucides alimentaires à élever le taux de glucose dans le sang est définie par un index glycémique, dont la valeur a été fixée à 100 pour le glucose pur ou les glucides très rapidement absorbés (ex. maltose, saccharose). L'index glycémique permet de définir le pouvoir hyperglycémiant d'un aliment et donc de comparer des aliments glucidiques sur la base de ce critère. Il est particulièrement intéressant pour les patients diabétiques qui doivent contrôler régulièrement leur glycémie. Une alimentation trop énergétique, c'est-à-dire trop riche en glucides rapidement absorbés et en lipides, favorise l'apparition de diabète de type 2. Pour un aliment, un index glycémique faible est donc un bon index glycémique. C'est le cas de la plupart des sources de glucides complexes (légumes secs, pâtes alimentaires, **céréales** complètes, voire certains fruits). Cependant, un même aliment aura un index glycémique différent selon la manière dont il est préparé, selon son mode de consommation (isolé ou au cours d'un repas mixte) ou encore en fonction des aliments auxquels il est associé.

Le fructose est absorbé plus lentement que le glucose et disparaît deux fois plus vite de la circulation sanguine. Il est métabolisé principalement dans le foie (par une voie spécifique dont la première étape enzymatique est catalysée par la fructokinase dont la vitesse est très supérieure à celle de la glucokinase et de l'hexokinase) et très peu par les reins, les muscles et les tissus adipeux. De plus, le **métabolisme** du fructose est essentiellement indépendant de l'insuline, contrairement à celui du glucose. Il produit, à quantités équivalentes, seulement une augmentation de la glycémie et une réponse insulinique moindres que celles du glucose, aussi bien chez les non-diabétiques que chez les diabétiques ayant une régulation « raisonnable ». L'insuline n'est pas nécessaire pour le métabolisme du fructose. Il s'en suit que le fructose est mieux toléré chez certaines personnes diabétiques. De plus, le fructose pris en petites quantités, favorise l'assimilation du glucose par le foie et donc l'accumulation de glycogène, probablement par stimulation de l'activité de la glucokinase hépatique. Cependant, l'effet négatif d'une prise importante de fructose conduit à une saturation de la voie glycolytique dont les intermédiaires deviennent des **substrats** de la synthèse des triglycérides : le dihydroxyacétone phosphate est converti en glycérol et l'acétyl-CoA entre dans la voie lipogénique pour donner des acides gras d'où une hypertriglycéridémie post-prandiale.

Le glucose est absorbé rapidement et totalement dans l'intestin. Ce transport, conditionné par les concentrations de glucose de part et d'autre de la membrane, est sous la dépendance de transporteurs membranaires du glucose qui sont considérablement stimulés par l'insuline. Les tissus qui utilisent le glucose sont très ubiquitaires et en dehors du foie, les muscles, l'intestin et surtout le cerveau, sont de très gros consommateurs.

Les réponses glycémique et insulinémique du saccharose sont comparables à celles du glucose.

Le D-xylitol se trouve dans de nombreux végétaux et spécialement les fruits. Sa production industrielle se fait par hydrogénation catalytique de D-xylose (fig. 1.13) qui provient lui-même de l'**hydrolyse** des xylanes (hémicelluloses) présents en quantités importantes dans le bois (ex. bouleau), la paille, les coques de noix de coco, les **rafles** de maïs et autres produits végétaux.

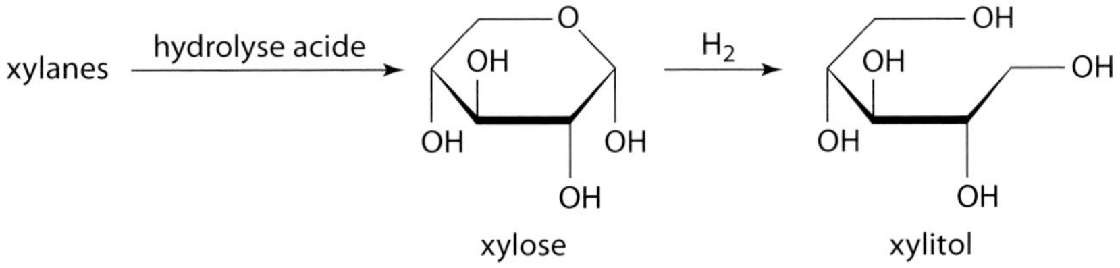

Figure 1.13 – Hydrogénation catalytique de D-xylose

Applications

Saveur sucrée (pouvoir sucrant le plus élevé de tous les polyols, pratiquement équivalent à celui du saccharose), goût rafraîchissant et propriétés anticariogènes font du xylitol un **édulcorant** de choix largement utilisé pour les **confiseries** sans sucre (gommes à mâcher, bonbons et dragées). Ses propriétés anticariogènes sont expliquées par le fait qu'il n'est pas fermentescible par les **bactéries** buccales et que sa consommation provoque une faible diminution du **pH** salivaire, ne descendant pas au-dessous du pH critique de 5,5 (seuil de **cariogénicité**). A quantités équivalentes, son apport calorique représente la moitié de celui du saccharose et ne provoque pas une montée de la **glycémie**. Il est, de ce fait, plus adéquat pour les diabétiques.

L'inositol est une molécule apparentée au glucose, que son autre nom hexahydroxycyclohexane ($C_6H_6(OH)_6$) caractérise mieux : ses 6 atomes de carbone forment un cycle et portent chacun un **hydroxyle**, ce qui explique sa grande **solubilité** dans l'eau.

Chimiquement, il existe neuf **isomères** de l'hexahydrocyclohexane, mais seul le *meso-* ou *myo-* inositol (fig. 1.14, à gauche et au centre), a une importance physiologique. Le préfixe *myo-* vient du fait qu'il a été isolé pour la première fois du muscle cardiaque. On le trouve également dans le cerveau, les muscles squelettiques. C'est un composant de nombreux phospholipides (phosphatidylinositol) rencontrés dans les membranes cellulaires et intervenant dans les mécanismes de signalisation (second messager) lors de l'action des hormones (messagers primaires) sur la surface des cellules cibles.

Chez les végétaux, l'inositol se trouve sous forme de dérivé hexaphosphorylé, l'inositol hexaphosphate (IP6) ou phytate (fig. 1.14, à droite), de formule brute $C_6H_{18}O_{24}P_6$, dans l'albumen des graines de **Céréales**, particulièrement dans le son de blé, de riz, de maïs, et dans diverses autres graines et produits végétaux (légumes secs, graines de sésame, certaines noix, etc.) où il constitue une importante réserve de groupements phosphates. On le trouve également sous forme de sels hydrosolubles (de sodium et de potassium) et de sels insolubles (de calcium et de magnésium). Ces derniers sont appelés également phytine. Lors de la germination, l'**hydrolyse** de la phytine par les phytases produit du myo-inositol libre (non phosphaté) et du phosphore inorganique (Pi) qui sera utilisé dans les divers processus de phosphorylation.

Cependant, l'absorption de certains minéraux (ex. fer, calcium, magnésium, zinc) dans le duodénum et l'ilium peut être compromise par la présence d'aliments contenant des quantités importantes en phytates. Ces derniers forment des complexes avec de nombreux minéraux dans le tractus gastro-intestinal et réduisent leur biodisponibilité.

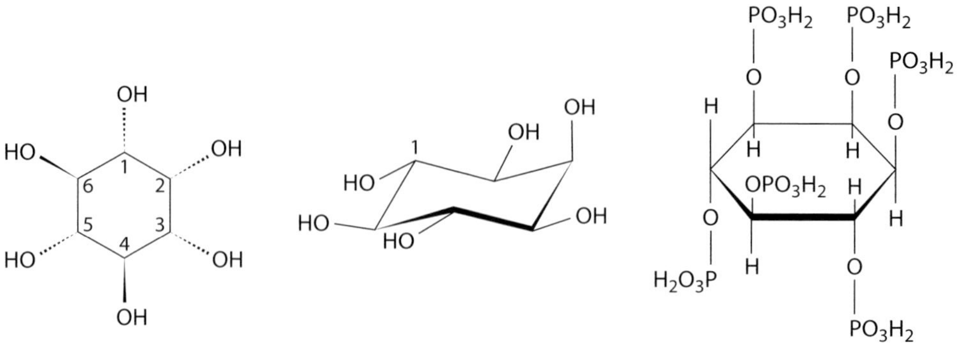

Figure 1.14 – Structure (à gauche) et conformation (au centre) du myo-inositol et structure de l'acide phytique (à droite)

APPLICATIONS

Le *myo*-inositol, souvent considéré comme une **vitamine** B8, est un facteur de croissance essentiel pour les cultures de tissus végétaux et pour beaucoup de microorganismes (**levures**). C'est aussi un **antioxydant** naturel, capable de réduire le **cholestérol**, d'inhiber l'agrégation des plaquettes, d'aider à la régénération des cellules du foie, de stimuler la sécrétion de l'**insuline** et d'inhiber le développement de certaines formes de cancer (sein, colon, prostate).

1.6. POLYSACCHARIDES

Les polysaccharides (ou polyosides, ou glycanes) sont des **polymères** linéaires ou ramifiés, formés par la condensation, avec élimination d'eau, d'un nombre élevé (de 10 à plusieurs milliers) de molécules d'oses ou de dérivés d'oses liés généralement par des liaisons glycosidiques entre le carbone 1 (anomère) de l'un et le carbone 4 ou le carbone 6 de l'autre molécule osidique. Si ces oses sont des hexoses, le polymère est appelé hexosane ; dans le cas de la condensation de pentoses (xylose, par exemple), on obtient des pentosanes.

Deux catégories d'hexosanes ont une grande importance dans la nature : les amidons qui permettent aux plantes d'emmagasiner de l'énergie (glucides de réserve) et la cellulose qui constitue le matériau de base des **parois cellulaires** (glucides pariétaux) de nombreux végétaux.

La troisième catégorie de polysaccharides naturels est celle des pentosanes, renfermant des unités pentoses.

Les polysaccharides peuvent être homogènes s'ils résultent de la condensation d'un même ose, ou hétérogènes s'ils sont le résultat de la condensation de différents types d'oses.

Les polysaccharides sont habituellement peu ou pas solubles dans l'eau.

1.7. GLUCIDES DES PAROIS

La **paroi cellulaire** est une caractéristique spécifique de la cellule végétale. C'est l'enveloppe la plus externe de la cellule. Elle la protège, maintient sa forme et sa rigidité, et s'oppose à une absorption excessive d'eau. À l'échelle de la plante, elle est responsable du port dressé des végétaux.

Mesurant de 0,1 à plusieurs micromètres, la paroi de la cellule végétale est beaucoup plus épaisse que la membrane plasmique.

Chez les plantes terrestres, la paroi (fig. 1.15) est essentiellement composée de **polymères** glucidiques, cellulose, hémicelluloses et pectines, de protéines pariétales et éventuellement d'autres composées de nature phénolique (lignine et subérine). La paroi est composée de trois parties :

- paroi primaire, de nature pecto-cellulosique, très **hydrophile** (jusqu'à 90 % d'eau) la paroi primaire n'existe seule que dans les cellules juvéniles. Elle est extensible, ce qui permet la croissance cellulaire (élongation) ;

- paroi secondaire, elle apparaît lors de la différenciation de la cellule. Elle est constituée de cellulose et d'hémicelluloses et est enrichie en composés phénoliques : lignine (pour renforcer la rigidité), cutine et subérine (pour l'imperméabiliser). Cette différenciation s'observe dans les cellules conductrices de **sève** du xylème (le bois) et dans différents tissus de soutien (sclérenchyme) ou de protection (liège). La paroi secondaire, souvent élaborée par apposition de couches successives, a une matrice résistante et durable qui fournit protection et soutien à la cellule ;
- lamelle moyenne, c'est la partie la plus externe de la paroi et elle est commune à deux cellules contiguës. C'est elle qui se forme la première et elle est constituée de matières pectiques qui jouent le rôle de ciment entre deux cellules.

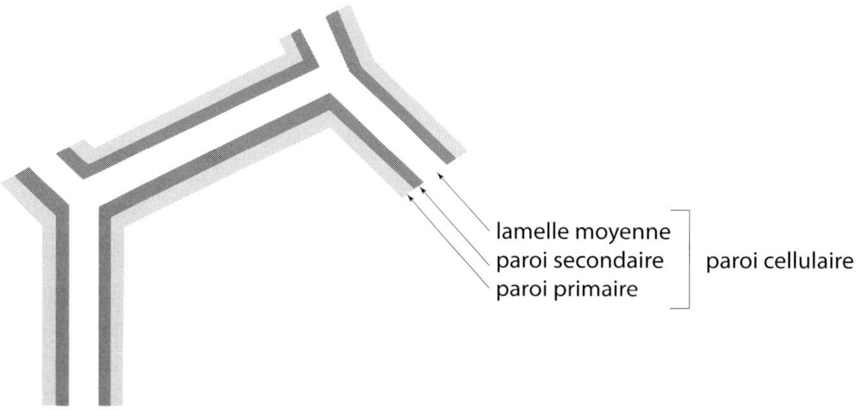

Figure 1.15 – Représentation schématique de la paroi des cellules végétales

1.7.1. CELLULOSE

C'est un **polymère** naturel qui joue un rôle essentiel dans la structure des plantes et c'est le constituant majeur des fibres végétales (coton, lin, chanvre, jute, ramie, etc.) et des végétaux utilisés dans l'industrie du papier. Dans le bois, principale matière papetière, elle représente 40 à 49 % de la **matière sèche** chez les **Résineux** ou **Conifères** (pin, sapin, épicéa) et 30 à 40 % chez les Feuillus (ex. peuplier, hêtre, charme).

La cellulose est la molécule organique la plus abondamment synthétisée sur la planète lors de la **photosynthèse.** On estime qu'un arbre produit environ 10 g de cellulose par jour et que la biosynthèse mondiale annuelle de cellulose est de 45 à 50 milliards de tonnes.

Synthétisée dans le cytoplasme des cellules végétales, la cellulose se dépose à l'extérieur de la membrane plasmique pour former les **parois cellulaires** et participe au soutien et à la rigidité des tissus.

La cellulose se trouve surtout dans la paroi secondaire, accompagnée par les lignines, mais aussi dans la paroi primaire de la fibre. La cellulose se trouve exceptionnellement à l'état presque pur dans les parois cellulaires des poils des graines de coton (95 ± 4 %), ce qui explique l'importance économique de ce produit naturel.

STRUCTURE ET PROPRIÉTÉS PHYSICO-CHIMIQUES

La cellulose est un homo**polymère** linéaire, de formule brute $(C_6H_{10}O_5)_n$, résultant de la polycondensation de molécules de l'anhydroglucopyranose (glucose sous forme pyranosique ayant perdu une molécule d'eau), contenant en moyenne 5 000 unités liées les unes aux autres par des liaisons glycosidiques de type β-(1→4) (substitution d'un groupe **hydroxyle** de l'hémiacétal d'un sucre avec un groupe hydroxyle d'un alcool d'un autre sucre) (fig. 1.16). La longueur de la chaîne semble varier d'une plante à une autre. Sa masse moléculaire est très élevée, de l'ordre de 500 kDa, elle peut atteindre 5 000 kDa. Deux unités d'**anhydroglucose** constituent une unité cellobiose (dimère fondamental).

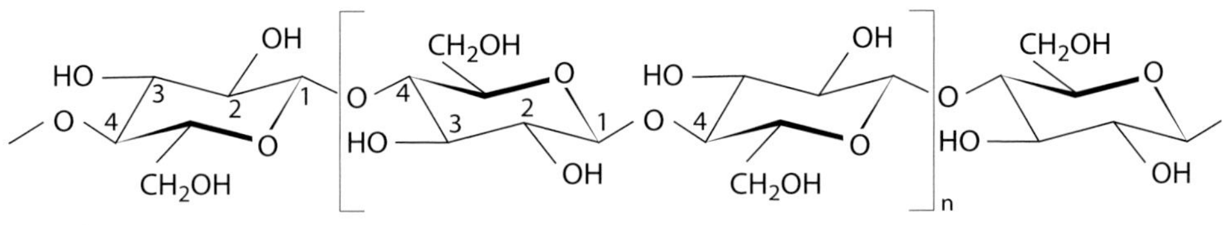

Figure 1.16 – Fragment du polymère de cellulose

En raison de sa richesse en groupements -OH (3 par unité structurale), la cellulose présente une grande affinité pour l'eau, on dit qu'elle est **hydrophile**.

Les caractéristiques physiques principales, en particulier l'insolubilité dans l'eau, résultent de la masse moléculaire très élevée de la cellulose et de l'interaction des **hydroxyles** qui forment une multitude de liaisons hydrogènes intra- et intermoléculaires faisant obstacle au passage du solvant. Il est possible d'utiliser des solvants faisant intervenir des sels métalliques tels que le lithium. Plus récemment, un nouveau solvant permettant de solubiliser la cellulose a été utilisé industriellement, il s'agit du N-méthylmorpholine-N-oxyde, qui est utilisée en présence d'une petite quantité d'eau. Il existe d'autres solvants de la cellulose parmi lesquels on peut citer des mélanges de type métal/solvants (hydroxyde de cuprammonium (liqueur de Schweitzer), hydroxyde de cupriéthylènediamine (CED) ou de cadmium éthylénediamine (Cadoxen). Il y a formation, dans ce cas, d'un complexe entre le cation métallique, le solvant et les fonctions **hydroxyles** de la cellulose.

Elle peut être hydrolysée par les acides minéraux forts (ex. acide sulfurique 70 % ou acide phosphorique). Son **hydrolyse** partielle donne du cellobiose (un diholoside) tandis que l'hydrolyse totale donne du D-glucose.

Les chaînes de cellulose se regroupent parallèlement en faisceaux dans la paroi primaire pour former des micelles groupées en microfibrilles. Leur cohésion est assurée par des liaisons hydrogènes entre les **hydroxyles** libres d'un glucose et les atomes d'oxygène d'un autre glucose de la chaîne adjacente (chaque unité **anhydroglucose**, à l'exception des unités terminales, comporte trois groupements -OH). Les fibres de cellulose sont construites à partir de l'agglomération de ces microfibrilles en fibrilles qui s'enroulent dans des directions opposées autour d'un axe central, ce qui donne un produit d'une résistance physique considérable. Elles sont noyées dans une matrice constituée d'autres molécules, généralement des hémicelluloses.

L'Homme et les animaux supérieurs ne possèdent pas de **cellulases, enzymes** capables de dégrader la cellulose en D-glucose contrairement à beaucoup de microorganismes. Les **ruminants** tels que le mouton, la vache ou le dromadaire qui se nourrissent d'herbes ou de feuilles, possèdent une microflore cellulolytique dans leur panse. Les celluloses apportées par les fibres végétales sont partiellement transformées en glucose dans le côlon ; celui-ci est en mesure de l'absorber. L'utilisation de la cellulose par les animaux est, cependant, réduite lorsque la plante vieillit, à cause de l'augmentation de la teneur en lignine de la paroi végétale.

APPLICATIONS

Les matériaux cellulosiques représentent la plus importante des sources de carbone organique rapidement recyclables dans la nature. Certains microorganismes aérobies ou anaérobies (champignons, **bactéries**) dits cellulolytiques, sont capables de digérer la cellulose. Les sucres formés (cellobiose, glucose) sont rapidement repris par d'autres microorganismes pour être transformés en acétate, formiate, lactate, éthanol et enfin en dioxyde de carbone.

Sur le plan technologique, la cellulose est principalement utilisée par l'industrie papetière qui consomme 95 % de la production mondiale, mais elle joue aussi un rôle important dans plusieurs autres domaines : textile, médecine, audio-visuel, **agro-alimentaire**, etc.

La séparation de la cellulose des autres constituants végétaux (lignine et hémicelluloses notamment) est une étape préalable dans la préparation des pâtes cellulosiques industrielles destinées soit à la fabrication de papiers, soit à des usages chimiques (acétate de cellulose, viscose, etc.). Lors de son **extraction**, la cellulose réagit différemment à certaines actions chimiques. Il s'en suit que l'on obtient différents types de celluloses suivant la nature des procédés d'extraction mis en œuvre. On distingue trois types de celluloses, plus ou moins en mélange (fig. 1.17) :

- la cellulose α, cellulose normale, résistante aux alcalis (insoluble dans NaOH concentré) et aux oxydants ;
- la cellulose β, assez facilement hydrolysable et qui est précipité par acidification par l'acide acétique ;
- la cellulose γ qui comprend les hémicelluloses facilement hydrolysables.

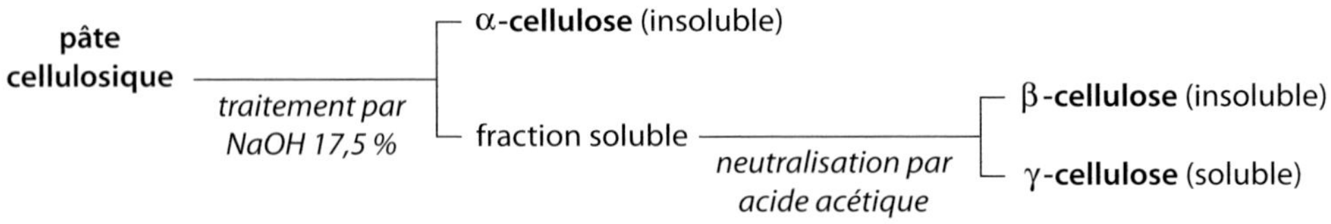

Figure 1.17 – Fractionnement de la cellulose par solubilisation différentielle

La connaissance de la proportion de ces différentes celluloses a une grande importance pour certaines applications industrielles. C'est ainsi que la fabrication de la Rayonne se fait à partir de la cellulose α.

Sur les groupements **hydroxyles** de la molécule, on peut additionner différents groupements pour obtenir un certain nombre de dérivés de la cellulose aux usages multiples :

- Les nitrates de cellulose ou nitrocelluloses sont les plus anciens dérivés cellulosiques obtenus industriellement. Ce sont des esters ($R-O-NO_2$) résultant de l'action de l'acide nitrique sur les groupements hydroxyles de la cellulose. On y distingue la mononitrocellulose, la dinitrocellulose et la trinitrocellulose. Les nitrates de cellulose ont été utilisés dans la fabrication des explosifs et du verre des pare-brises des voitures. Il s'agit d'un sandwich fait d'une feuille de nitrate de cellulose entre deux couches de verre. La feuille de nitrate de cellulose maintient ensemble les plaques de verre ; en cas d'accident, les morceaux cassés restent collés à la feuille de nitrate de cellulose. Elles sont utilisées aussi pour fabriquer des vernis et des textiles synthétiques. Le celluloïd, feuille plastique transparente et flexible, le collodion ou tétranitrate de cellulose, sont également préparés par nitratation de la cellulose.

- Les acétates de cellulose sont obtenus par acétylation totale (**estérification** des groupements **hydroxyles** par un mélange d'acide acétique, d'anhydride acétique et d'acide sulfurique) de la cellulose extraite du coton ou de la pulpe de bois et utilisés comme textile (fibres d'acétate). Ce sont les dérivés industriels le plus importants de la cellulose. Ils ont été utilisés dans la fabrication des pellicules photographiques et des bandes magnétiques. Les esters sont aussi appréciés pour leurs capacités filtrantes. Le marché dominant est celui des filtres à cigarettes et des membranes de séparation, notamment d'hémo**dialyse**.
- Les éthers de cellulose sont une autre catégorie de dérivés importants dans divers domaines. La carboxyméthylcellulose (CMC), obtenue par action de l'acide monochloracétique sur la cellulose, a une vaste gamme d'applications alimentaires (**épaississant** et **stabilisant**), agricoles, pharmaceutiques et industrielles. Elle est utilisée en papeterie pour le traitement des papiers en surface, comme échangeur d'ions (**chromatographie** d'échange d'ions) et aussi comme agent émulsifiant dans les jus de fruits, crèmes glacées, etc. Elle peut servir de liant pour les comprimés.

  Contrairement à la CMC, les hydroxypropylméthylcelluloses (HPMC) et les méthylcelluloses (MC) sont non ioniques et ont une **solubilité** dans l'eau limitée : solubles dans l'eau froide, mais insolubles dans l'eau chaude. Ceci leur confère une propriété unique pour des texturants alimentaires : ils gélifient à chaud.

  L'hydroxypropylcellulose et l'éthylméthylcellulose, également partiellement solubles dans l'eau, sont employés surtout comme **épaississants** et **émulsifiants** en industrie alimentaire, mais aussi dans des produits médicaux et cosmétiques, pour leurs propriétés filmogènes, cicatrisantes et de rétention d'eau.

  Carboxyméthylcellulose, méthylcellulose, éthylcellulose, hydroxycellulose sont employés dans la fabrication des colles, en particulier, pour l'encollage des papiers peints.
- Le xanthate de cellulose est préparé par action simultanée de la soude (~20 %, 18-20 °C) et du sulfure de carbone (20-30 °C) sur la cellulose, selon les réactions suivantes :

$$(C_6H_{10}O_5)n + nNaOH \longrightarrow (C_6H_9O_4ONa)n + nH_2O$$

$$(C_6H_9O_4ONa)n + nCS_2 \longrightarrow (C_6H_9O_4O\text{-}SC\text{-}SNa)n$$

  Le xanthate de cellulose hautement purifié, est de nouveau dissout dans la soude diluée, en donnant un liquide sirupeux, la Viscose, qui se coagule au contact des acides en donnant une substance transparente et brillante. On obtient ainsi les feuilles de cellophane (pellicule transparente) et les fils de Rayonne (fibres lisses), utilisés pour fabriquer les vêtements comme les chemises hawaïennes.

1.7.2. HÉMICELLULOSES

STRUCTURE ET PROPRIÉTÉS

Les hémicelluloses sont des polysaccharides hétérogènes existant dans les parois primaire et secondaire des cellules végétales tapissant et reliant entre elles les fibrilles de cellulose et se faufilant dans le réseau amorphe de lignine.

Elles se distinguent de la cellulose par la nature de ses éléments constitutifs. Alors que la cellulose donne uniquement du glucose à l'**hydrolyse**, les hémicelluloses donnent du D-mannose, du D-galactose, du D-xylose, de L-arabinose et, en plus faible proportion, du L-rhamnose et du L-fucose. L'acide D-glucuronique leur est souvent associé. Il s'agit donc d'un **polymère** hétérogène formé par condensation de ces oses qui se présentent sous la forme pyrannosique, sauf pour le L-arabinose qui est sous la forme furannosique.

Selon la nature de l'ose constitutif, on distingue différents types d'hémicelluloses :

- les hémicelluloses sont dites homopolysaccharides lorsqu'elles sont constituées d'un seul monomère (ex. homogalacturonane) ;
- par contre, elles sont du type hétéropolysaccharides (cas le plus fréquent) lorsque plusieurs monomères participent à la structure comme les L-arabino-D-glucurono-D-xylanes ou D-galacto-D-gluco-D-mannanes, etc. ;
- les hexosanes sont des polymères d'hexoses (oses à 6 atomes de carbones), $(C_6H_{10}O_5)_n$. En font partie : les D-mannanes (qui dérivent du D-mannopyrannose), les D-galactanes (dérivant du D-galactopyrannose) ;
- les pentosanes sont des polymères de pentoses (oses à 5 atomes de carbone), $(C_5H_8O_4)_n$. En font partie : les D-xylanes (dérivant du D-xylopyrannose), les L-arabanes (dérivant du L-arabinofurannose). La gomme arabique est riche en arabanes ;
- les méthylpentosanes dont les plus importants sont des **polymères** du rhamnose ou rhamnanes.

Les hémicelluloses représentent 20 à 30 % de la masse du bois de Conifères (bois tendres) et 27 à 40 % de celle du bois des Feuillus (bois durs). Cette proportion dépasse 30 % dans la paille et les **rafles** de maïs. La variabilité des hémicelluloses est aussi qualitative en fonction de l'origine végétale (Graminées, Feuillus, Conifères, etc.), en fonction de l'origine cytologique et en fonction de sa position à l'intérieur de la **paroi cellulaire** (lamelle moyenne, paroi primaire, paroi secondaire), mais aussi en fonction des conditions climatiques de culture et de la maturité des plantes. Les exemples qui suivent illustrent cette variabilité.

Les bois durs tropicaux comportent 11 à 18 % de pentosanes, alors que ceux des pays nordiques en ont 17 à 32 %, selon leur stade de maturité.

Les xylanes se rencontrent, en particulier, chez les Angiospermes (bois des Feuillus et dans les plantes annuelles). Ils représentent 20-25 % des bois durs, 7-12 % des bois tendres et jusqu'à 50 % des feuilles de certaines **Céréales** et Graminées (sorgho, canne à sucre, kénaf, etc.). Ils résultent de la combinaison d'unités de xylose, sous forme de xylopyrannoses, unis par des liaisons α-(1→4) et forment une structure linéaire ou faiblement ramifiée. Les divers xylanes diffèrent entre eux par la nature des chaînes latérales comprenant du L-arabinose ou de l'acide D-glucuronique, généralement 4-*O*-méthylé. Les arabinoxylanes représentent la composante majeure des **parois cellulaires** de l'albumen et des couches externes des graines de nombreuses Céréales commerciales.

Les mannanes sont rarement purs (sans autre substituant), mais le plus souvent, à côté du mannose, on trouve d'autres oses qui leur sont associés : glucose (glucomannanes), acide glucuronique (glucuronomannanes), galactose (galactomannanes), etc. Les glucomannanes et les galactoglucomannanes sont les constituants majeurs des hémicelluloses des parois secondaires dans les bois tendres mais mineurs dans les bois durs.

Les hémicelluloses se différencient de la cellulose aussi par le fait qu'elles sont solubles dans les solutions alcalines diluées (exemple, potasse 15 %) et l'eau bouillante mais insolubles dans les solvants organiques et la liqueur de Schweitzer. Comme la cellulose, elles forment des chaînes, souvent plus courtes et pouvant porter de courtes ramifications substituées.

APPLICATIONS

L'**hydrolyse** acide des hémicelluloses conduit aux monomères constitutifs comme le xylose, le glucose, l'arabinose, etc. La **fermentation** alcoolique des sucres ainsi formés, les transforme en divers produits comme des alcools (éthylique, butanolique) et des acides organiques (acétique, butyrique, lactique, etc.).

L'hydrolyse des hémicelluloses à l'aide de xylanases associées à l'acide férulique estérase est une opération industrielle permettant d'obtenir à moindre coût divers produits à **valeur ajoutée** tels que des monosaccharides et l'acide férulique, à partir de déchets lignocellulosiques à moindre coût.

La moindre stabilité des hémicelluloses en milieu acide est mise à profit industriellement pour effectuer leur **hydrolyse** à l'aide d'acides minéraux dilués ou d'acides organiques. Les pentoses obtenus sont extraits puis transformés en furfural (aldéhyde **aromatique**), les hexoses en alcool furfurylique (2-hydroxyméthylfurfural) (fig. 1.18). Ce dernier peut également être obtenu par hydrogénation du furfural.

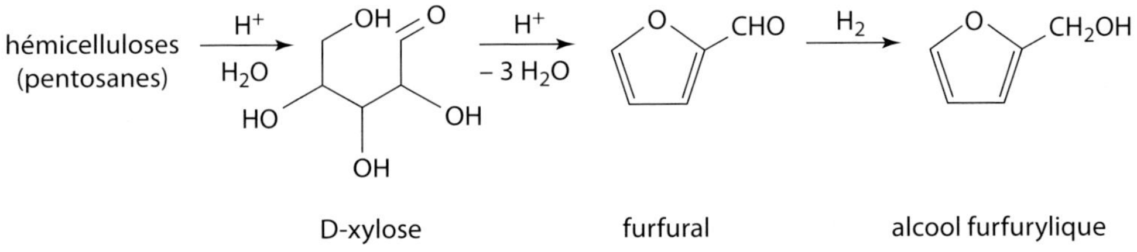

Figure 1.18 – Formation du furfural et du 2-hydroxyméthylfurfural en présence d'acides

Étant très réactifs, ces dérivés sont à l'origine de nombreux **polymères** de synthèse : nylons, polyesters, colles, résines furaniques (condensation du furfural avec le phénol), de **pesticides**, combustibles pour fusées, etc. Pour des raisons économiques, ces composés ne peuvent actuellement concurrencer les produits existants mais on cherche à exploiter leurs spécificités (conduction d'électricité, photosensibilité, thermorésistance) pour des applications particulières (fibres de verre, pièces d'avions et de freins pour les automobiles, etc.). Le furfural est aussi un excellent solvant sélectif utilisé en raffinage pétrochimique pour séparer les diènes (utilisés dans la fabrication du caoutchouc) des autres **hydrocarbures**.

1.7.3. PECTINES

1.7.3.1. STRUCTURE ET PROPRIÉTÉS

Les pectines (du grec *pêktos* = épaissi, figé) ou substances pectiques constituent un groupe de polysaccharides hétérogènes à teneur élevée en acide α-D-galacturonique (GalA).

La structure des pectines varie selon l'origine botanique, voire même cellulaire pour une même espèce. L'acide galacturonique peut être seul ou associé à d'autres oses. Un homogalacturonane (HG) est un **polymère** linéaire constitué d'unités α-D-GalA liées par des liaisons 1-4, tandis qu'un rhamnogalacturonane (RG) est constitué d'unités répétitives [→4)-α-D-GalA-(1→2)-α-L-Rha-(1→] auxquelles une variété de différentes chaînes glycaniques (principalement des arabinanes et galactanes) sont attachées aux résidus rhamnose. La longueur des chaînes est aussi variable.

Les pectines sont présentes sous forme insoluble (protopectine) dans la **paroi cellulaire** primaire des végétaux et en solution (acides pectiques ou acides pectiniques) dans le suc de certains fruits mûrs. Elles représentent 0,5 à 4,0 % du poids de la matière fraîche des plantes (tab. 1.3). Leur poids moléculaire moyen est d'environ 120 000.

Tableau 1.3 – Composition en pectines de quelques fruits et légumes
(D'après JAYANI R.S., SAXENA S. & GUPTA R. : Process Biochemistry, 40, Microbial pectinolytic enzymes: A review, 2931-2944, © (2005), avec la permission d'Elsevier)

Fruit/légume	Tissu	Substances pectiques (%)
pêches	matière fraîche	0,1-0,9
cerises	matière fraîche	0,2-0,5
pomme	matière fraîche	0,5-1,6
fraises	matière fraîche	0,6-0,7
banane	matière fraîche	0,7-1,2
pois	matière fraîche	0,9-1,4
pommes de terre	matière sèche	1,8-3,3
tomates	matière sèche	2,4-4,6
carottes	matière sèche	6,9-18,6
pulpe de betterave à sucre	matière sèche	10,0-30,0
pulpe d'orange	matière sèche	12,4-28,0

Les groupements carboxyles (C-6) des pectines peuvent être libres ou plus ou moins estérifiés par le méthanol. Les acides galacturoniques constitutifs peuvent être estérifiées en C-2 et/ou C-3 par de l'acide acétique. Elles se présentent sous forme de sels (pectates de calcium et magnésium) de l'acide pectique ou d'acide pectinique, selon leur degré de méthoxylation :

- les acides pectiques sont des polymères linéaires d'unités d'acide D-galacturonique (30 à 50), partiellement estérifiées par le méthanol (pectines peu méthoxylées) et liées par des liaisons glycosidiques α-(1→4), auxquelles sont associées certains oses (L-rhamnose, D-galactose, L-arabinose et D-xylose) ;
- les acides pectiniques (pectines hautement méthoxylées) présentent un degré de méthoxylation élevé (50 à 75 % des groupes carboxyles à l'état estérifié).

La caractéristique fondamentale des pectines est la formation d'un gel en phase aqueuse. Les propriétés de ce gel varient selon le degré d'**estérification** de la pectine. Ainsi, les pectines hautement méthoxylées, dites « à gélification rapide », forment rapidement un gel en milieu acide et en présence de sucres libres. Ce gel n'est pas réversible par chauffage en dessous de 80 °C.

Par contre, les pectines faiblement méthoxylées forment un gel en présence de cations divalents (calcium et magnésium), à **pH** proche de la neutralité et en présence d'une moindre quantité de sucre. Ce gel est réversible par chauffage à 60 °C.

Les protopectines forment les composés pectiques typiques de la lamelle moyenne et de la paroi primaire chez les plantes supérieures.

Leur **extraction** par **hydrolyse** chimique conduit à l'apparition de fragments inégaux, parce qu'on ne peut pas contrôler l'hydrolyse des liaisons covalentes. Chez les fruits mûrs, la protopectine peut être convertie en acides pectiques. Elle peut aussi être convertie par l'eau bouillante acidulée. La pectine est précipitée par les sels de fer et de plomb. Elle est mise en évidence en microscopie photonique par le rouge de ruthénium, en microscopie électronique après traitement par l'hydroxylamine et le chlorure ferrique.

1.7.3.2. ENZYMES PECTIQUES

Les **enzymes** pectolytiques sont classées suivant leurs points d'attaque (fig. 1.19). Les deux principaux groupes sont les pectinestérases (ou pectine-méthylestérases) et les dépolymérases.

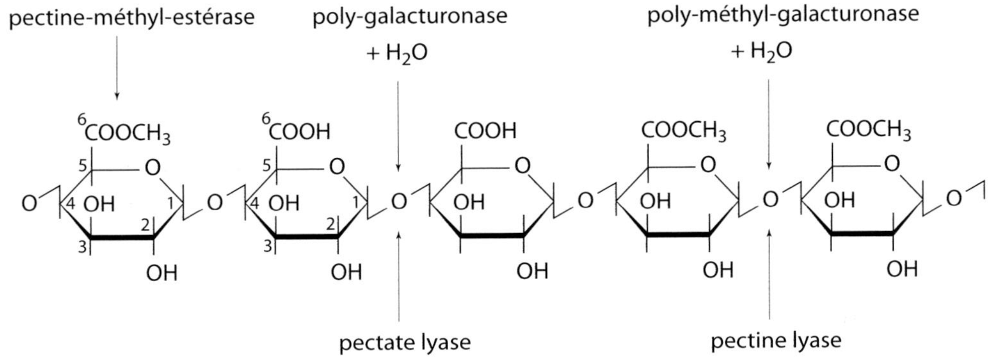

***Figure 1.19** – Fragment de molécule de pectine et points d'attaque des enzymes pectiques*

Les premières agissent sur les liaisons esters en produisant de l'acide pectique et du méthanol et se rencontrent chez les plantes et notamment dans les fruits du genre *Citrus* et de tomate. Elles sont également produites par de nombreux champignons et **bactéries**. Les dépolymérases regroupent les enzymes hydrolysant les liaisons glycosidiques. Ce groupe comprend :

- les polygalacturonases qui agissent par **hydrolyse** des liaisons α-(1→4) de l'acide pectique (acide polygalacturonique) ;
- les polyméthylgalacturonases qui catalysent l'hydrolyse des liaisons α-(1→4) des pectines estérifiées ;
- les pectate et pectine lyases qui agissent par trans-élimination. Les endo-polygalacturonases, produites dans les fruits mous, les champignons et certaines **bactéries**, agissent préférentiellement sur les pectates. Les exo-polygalacturonases, rencontrées principalement chez les plantes et les champignons, libèrent des monomères de galacturonate par l'attaque des extrémités du **polymère** sous forme de pectate.

Un troisième groupe d'**enzymes** est représenté par les protopectinases qui sont responsables de la solubilisation de la protopectine en pectine soluble.

APPLICATIONS

Les deux principales sources industrielles de pectine sont :

- les zestes de fruits de divers *Citrus* (Rutaceae) : citron, orange, pamplemousse ; les pectines constituent alors les **sous-produits** de la fabrication des jus de fruits ;
- les fruits de diverses Rosacées, en particulier du pommier (*Pyrus malus*) : les pectines sont extraites alors des **marcs** de pommes provenant de la fabrication du **cidre**.

Parmi les autres sources de pectines, on peut citer les poires, les cerises, les groseilles et les coings (fruits) ; les graines de tournesol, la carotte, l'écorce de betterave et la gentiane (racines).

Pour l'**extraction**, les fruits sont pressés, le résidu est traité par l'eau chaude (80 °C) acidulée. Après **filtration** ou **centrifugation**, la solution de pectine obtenue est précipitée par l'alcool ; la pectine brute est purifiée par redissolution dans l'eau chaude et **précipitations** répétées par l'alcool à degré croissant et se terminant par l'alcool pur qui élimine l'eau résiduelle. Les pectines peuvent être purifiées également par passage sur **colonnes échangeuses d'ions** qui éliminent des cations.

Une méthode récente d'**extraction** des pectines fait appel à la technique de cuisson-extrusion, dont l'effet majeur est une augmentation importante de la **solubilité** des pectines dans l'eau. Elle est moins polluante et garantit un **rendement** supérieur et à moindre coût à celui de l'extraction par voie acide à chaud décrite ci-dessus.

Dans l'industrie **agro-alimentaire**, la stabilisation des boissons lactées acidifiées est l'une des plus importantes applications des pectines qui, en se fixant aux particules de caséines, les empêchent de sédimenter. Les pectines sont largement utilisées pour leurs propriétés gélifiantes, émulsionnantes (confitures, gelées, crèmes glacées, boissons aromatisées, pâtes à tartiner, gommes à mâcher, etc.) et dans diverses autres domaines (encres, colles). Mondialement, la consommation annuelle est estimée à environ 45 000 t.

En raison de leur capacité à adsorber les toxines et de leur activité **bactériostatique**, les pectines sont utilisées comme agent protecteur de la muqueuse digestive en cas d'affections gastro-intestinales, de gastrites ou de diarrhées. Les pectines sont aussi utilisées pour freiner l'élimination trop rapide de substances médicamenteuses (ex. pénicillines retard, **insulines** retard) ou comme **gélifiant** dans la préparation de certaines pommades.

1.7.4. GOMMES

GÉNÉRALITÉS, STRUCTURE

Les gommes sont des produits végétaux glucidiques s'écoulant, soit naturellement, soit à la suite d'une blessure de l'écorce par les insectes ou les autres animaux, parfois après incision de l'écorce du tronc ou des branches de certains arbres ou arbustes dits gommifères appartenant essentiellement aux familles des Fabaceae et des Sterculiaceae. Toutefois, on en rencontre chez d'autres familles de plantes telles que des Rosaceae, en particulier au niveau de blessures sur le tronc des pruniers ou des cerisiers.

Ce sont des composés généralement inodores, fades, plus ou moins solubles dans l'eau, formant alors des solutions colloïdales ou des gels.

Les gommes se distinguent des mucilages du fait qu'elles s'exsudent à l'extérieur du végétal et se solidifient par dessiccation au contact de l'air, alors que les mucilages sont des constituants cellulaires normaux, préexistant dans des formations histologiques spécialisées (cellules et canaux) fréquentes dans le tégument externe des graines. Elles se distinguent également des résines parce qu'elles sont insolubles dans les solvants organiques.

Les gommes sont des macromolécules hétérogènes, de structure branchée, contenant des acides uroniques.

La gomme arabique, appelée aussi gomme acacia ou gomme du Sénégal, est un exsudat naturel ou provoqué, obtenu à partir de l'*Acacia senegal* et de l'*A. seyal* (Fabaceae) et d'autres espèces d'origine africaine se développant dans des régions semi-arides (du Soudan au Sénégal).

C'est un polyoside acide dont la chaîne principale est constituée de D-galactopyranose (45 %) relié par des liaisons β-(1→3), portant des unités de L-arabinofuranose et de courtes chaînes latérales contenant du D-galactose, du L-arabinose, du L-rhamnose, du D-xylose et de l'acide D-glucuronique. Le polyoside est souvent associé à une protéine où l'hydroxyproline, la sérine et la proline représentent près de 50 %. La proportion de la partie protéique par rapport à la gomme varie de 0,1 à 10 % selon les espèces d'*Acacia*.

La gomme arabique se trouve dans le commerce sous forme de poudre, de granules ou de cristaux plus ou moins ronds. La surface extérieure des cristaux est mate et fendillée et leurs cassures sont vitreuses. Leur couleur est jaune blanche à jaune brunâtre. La gomme arabique est fade et inodore et est très soluble dans l'eau.

La gomme de guar, de nature polysaccharidique, est extraite par broyage des graines d'une Fabacée, *Cyamopsis tetragonolobus*, originaire de l'Inde et du Pakistan. Elle est constituée de chaînes de β-D-mannose liés en 1→4 avec des ramifications d'une seule molécule de galactose liée α-(1→6).

La gomme tragacanthe ou adragante est un exsudat visqueux naturel ou provoqué par incision du tronc ou des branches de **Légumineuses** (*Astragalus gummifer* et d'autres espèces du même genre).

Elle est composée de deux fractions polysaccharidiques : la tragacanthine, constituée d'acide galacturonique, d'arabinose et de xylose et la bassorine (ou acide tragacanthique) contenant de l'acide D-galacturonique, du D-galactose, du D-xylose et du L-fucose. Ces deux fractions représentent, respectivement, 30-40 % et 60-70 %. Son poids moléculaire est de l'ordre de 800 000. L'acide D-galacturonique est partiellement méthylé.

La gomme karaya est un exsudat, naturel ou provoqué par incision du tronc ou des branches, de différentes espèces de *Sterculia*, surtout *Sterculia urens*, *S. villosa* ou du *Cochlospermum*.

La gomme karaya est constituée essentiellement de polysaccharides ramifiés, de masse molaire élevée, basés surtout sur le D-galactose, le L-rhamnose, l'acide D-galacturonique et l'acide D-glucuronique. La molécule est partiellement acétylée.

Dans le commerce, elle se présente sous la forme de poudre légèrement grise, voire rose brune ou de morceaux de différentes tailles.

APPLICATIONS

La gomme tragacanthe constitue un hydro**colloïde** utilisé, en technologie alimentaire comme additif pour sa viscosité aux environs de la neutralité, dans des produits alimentaires comme les sauces de type mayonnaise, des crèmes et desserts glacées, etc.

La gomme arabique est utilisée comme **agent de texture** pour ses propriétés hydrocolloïde, émulsifiante, épaississante et stabilisatrice dans de nombreux produits élaborés à chaud, par exemple en **confiserie**. C'est aussi un adoucissant très employé dans les maladies inflammatoires.

La gomme de guar est utilisée comme **additif alimentaire** pour ses propriétés hydrocolloïdales et épaississantes. D'autres industries comme la papeterie, le traitement des eaux, le textile, l'utilisent également.

La gomme karaya est utilisée comme **émulsifiant** et **épaississant**. Elle possède une odeur et un goût typiques d'acide acétique.

Diverses autres gommes d'intérêt commercial sont employées comme succédanés ou comme agents épaississants en thérapeutique digestive, telles la gomme du fruit du caroubier (*Ceratonia siliqua*) et la gomme du tamarin (*Tamarindus indica*).

1.7.5. MUCILAGES

GÉNÉRALITÉS, STRUCTURE

Les mucilages se rencontrent dans un grand nombre de végétaux et parfois en telle abondance que ces derniers sont appelés plantes mucilagineuses. Ce sont des produits formés durant la croissance normale de la plante mais ils ne sont pas situés à la surface des épidermes sous forme d'exsudats suite à une action bactérienne ou fongique ou suite à une blessure mécanique, comme c'est le cas des gommes. On les rencontre dans les organes les plus divers, dans les fleurs (mauve, guimauve), les feuilles (bourrache, capillaire, guimauve, aloès, pourpier), l'écorce (cannelle), les téguments des graines (moutarde blanche, coing, lin, fenugrec, plantain), les bulbes (oignon), les racines (guimauve), les fruits (caroubier), la pulpe de fruit (cacao), etc. Les mucilages se retrouvent également dans les exsudats racinaires de certaines plantes où ils jouent un rôle important dans les interactions plantes-microorganismes. La teneur en mucilage de ces différents organes varie selon les cultivars, la localisation géographique et les saisons. Chez certaines algues, particulièrement riches en mucilage, ces derniers font l'objet d'une **extraction** industrielle. On ne leur connaît pas de fonctions biologiques précises dans la plante, mais on considère qu'ils interviennent essentiellement dans l'économie de l'eau (cas des plantes terrestres) ou dans la diffusion de l'eau (cas des algues).

Chimiquement, les mucilages sont des composés apparentés aux gommes et aux pectines mais ils s'en distinguent par certaines propriétés physiques. Alors que les gommes gonflent dans l'eau et forment des solutions visqueuses colloïdales et que les pectines gélatinisent dans l'eau, les mucilages forment, en présence d'eau chaude, des **suspensions** colloïdales de consistance plus ou moins visqueuse se gélifiant en refroidissant. Ils contiennent les mêmes groupes de sucres que les gommes et les pectines, et se retrouvent souvent sous forme de sels d'acides. Les cations d'accompagnement sont principalement le calcium, le magnésium, le potassium et le sodium. Les acides les plus courants sont les acides uroniques et, principalement galacturonique, bien que d'autres comme les acides sulfoniques peuvent être rencontrés. Certains mucilages sont neutres et ne contiennent pas d'acides mais seulement des sucres simples reliés par des liaisons glycosidiques. Leur **hydrolyse** libère des pentoses et des hexoses ; l'arabinose, le galactose, le glucose, le mannose, le rhamnose et le xylose étant les plus communs. Par oxydation nitrique, ils donnent de l'acide mucique, formé aux dépens du galactose.

Les mucilages sont colorables par le rouge de ruthénium et identifiés habituellement par leurs propriétés physiques ou par spectroscopie infrarouge.

APPLICATIONS

Les principales sources industrielles de mucilages sont la mousse d'Islande (lichen), les graines de lin, de coing et l'écorce de l'orme pyramidal. Ils sont obtenus après broyage s'ils sont situés dans l'albumen, mais, le plus souvent, par **extraction** à l'eau ou à l'aide d'une solution de carbonate de sodium diluée quand ils sont trouvés dans le tégument de la graine. Ils sont purifiés par **précipitation** avec de l'alcool ou des solutions de sel et sont commercialisés en poudres. Les mucilages trouvent leurs applications dans les produits de beauté (lotions pour les mains et les cheveux), en médecine (**laxatifs** et diurétiques), en pharmacie (**émulsifiants**) et en industrie (**épaississants**, stabilisateurs d'**émulsions**, liants, impression sur textile et fabrication du papier).

D'un point de vue thérapeutique, ce sont des médicaments qui ne sont pas utilisés seuls, mais ils servent à lier certaines substances en les maintenant en **suspension**. Beaucoup d'espèces de la famille des Malvaceae doivent leur action émolliente et pectorale aux multiples cellules à mucilage qu'elles renferment. Les mucilages de la pulpe des feuilles de *Aloe vera* sont douées d'activité immuno-modulatrice. Les mucilages font partie des **fibres alimentaires** (encart 3).

1.7.6. CALLOSE

La callose est un homoglucane composé d'unités de β-D-glucopyranose reliées par des liaisons β-(1→3).

La callose ne fait pas partie de la **paroi cellulaire** végétale mais elle a une existence temporaire durant certains processus. C'est ainsi qu'on la trouve autour du tube pollinique durant la double-fécondation et dans le phragmoplaste au cours de la division cellulaire. Elle se dépose en hiver au niveau des cribles des tissus libériens servant au transport de la **sève** et se résorbe au printemps (ex. vigne). Elle apparaît aussi à la mort des cellules ou en cas de blessures (par obstruction des pores) faisant obstacle aux **bactéries** et champignons. On la trouve également dans les ornementations des spores de champignons.

Elle est colorable sélectivement en bleu par le bleu de méthyle ou le bleu d'aniline à **pH** 8, ce qui permet de la mettre en évidence par fluorescence.

Les champignons produisent une endo-1,3-glucanase capable de dégrader la callose.

1.8. GLUCIDES DE RÉSERVE

1.8.1. AMIDON

1.8.1.1. GÉNÉRALITÉS

Principale forme de réserve nutritive chez les végétaux, l'amidon est présent dans toutes les plantes à tous les niveaux, mais on le trouve préférentiellement dans les organes de réserve (graines, **rhizomes**, racines tubérisées) où il s'accumule servant alors au développement ultérieur de la plante ou fournissant un aliment à la jeune plantule lors de la germination. L'amidon est particulièrement abondant dans les graines de **Céréales** (blé, riz, sorgho, maïs, orge, avoine, seigle, etc.) et de **Légumineuses** (haricot, féverole, fève, pois, pois chiche, lentille, etc.), les racines tubérisées de pommes de terre ou de manioc. Sa teneur atteint fréquemment 70 % par rapport à la **matière sèche** dans les graines et les tubercules. Ces plantes sont dites **amylacées**.

L'amidon est synthétisé et mis en réserve dans le chloroplaste des tissus photosynthétiques lors de la **photosynthèse** durant la photopériode. On le trouve aussi en réserve dans des plastes spécialisés appelés amyloplastes dans les organes non photosynthétiques. Au cours de la journée, le carbone photo-assimilé est partiellement exporté sous forme de saccharose pour satisfaire la demande métabolique de la plante, l'excédent étant immobilisé sous forme d'amidon dans les tissus photo-assimilateurs, celui-ci sera consommé au cours de la nuit pour permettre la croissance de la plante.

En microscopie photonique, l'amidon de ces diverses plantes se présente sous forme de granules intracellulaires constitués de couches emboîtées concentriquement autour d'un point, le hile. Leur forme, leur taille (de 2 à 175 μm) et l'emplacement du hile sont caractéristiques de chaque espèce (tab. 1.4). Ils peuvent être ellipsoïdaux à hile excentré (amidon de tubercules), lenticulaires à hile centré (**Céréales** : blé, orge, seigle, etc.), polyédriques (maïs, riz) ou réniformes à hile central allongé ou étoilé (**Légumineuses**), dont le grand diamètre (2 à 150 μm) présente des longueurs variables selon leur provenance, mais ils sont chimiquement semblables.

Sous l'action de l'eau tiède, les grains se gonflent et leurs couches concentriques se séparent.

Tableau 1.4 – Taille (en μm) des grains d'amidon selon leur origine

Origine de l'amidon	Taille des grains d'amidon (en μm)
graines de chénopode	2
riz	2 à 5
patate douce	4 à 40
millet	5 à 20
manioc	5 à 35
haricot • sorgho • maïs	10 à 30
blé • orge • seigle	25 à 45
fèves • lentilles	40 à 70
pommes de terre	60 à 100

1.8.1.2. Structure et composition

L'amidon est un homo**polymère** du D-glucose dont les éléments monomères sont reliés par des liaisons glycosidiques entre les carbones 1 et 4. Il répond à la formule générale $(C_6H_{10}O_5)_n$ dans laquelle n est très grand.

En fait, l'amidon est constitué de deux **polymères** de structures différentes : l'amylose et l'amylopectine. Ces fractions peuvent être séparées au moyen de différentes techniques de solubilisation et de **précipitation**. Dans la plupart des cas, l'amidon contient de 70 à 80 % d'amylopectine, le reste étant constitué d'amylose.

Les amidons provenant de diverses espèces ou variétés de plantes diffèrent par les proportions relatives en amylose et amylopectine ; c'est ce qui explique les propriétés variables des amidons d'origines différentes. C'est ainsi que les amidons de certains génotypes de blé, de maïs, d'orge et de pomme de terre renferment de fortes proportions en amylose (jusqu'à 70 %), tandis que les amidons d'autres variétés de maïs (maïs cireux ou glutineux) sont presque entièrement constitués d'amylopectine (95 à 97 %). Une espèce végétale donnée peut même renfermer plusieurs amidons de composition différente. C'est ainsi qu'on rencontre, par exemple, des variétés de riz riches en amylopectine (riz collants) et des variétés riches en amylose (riz à grains détachés).

Dans l'amylose, les monomères de glucose forment une longue chaîne linéaire en hélice. Ces chaînes peuvent comporter de 200 à 6 000 unités d'α-D-anhydroglucopyranose associées par des liaisons $1 \rightarrow 4$.

L'amylopectine est un **polymère** plus complexe et ramifié en grappe (voir fig. 1.20), de 10 000 à 100 000 monomères par molécule. Il renferme une chaîne principale (chaîne C) à laquelle sont attachées, par des liaisons α-$(1 \rightarrow 6)$, des chaînes latérales (chaînes B) internes portant elles-mêmes d'autres chaînes latérales externes non ramifiées (chaînes A), de 24 à 30 monomères en moyenne unis par des liaisons $1 \rightarrow 4$. De ce fait, c'est l'une des plus grosses molécules biologiques.

1.8.1.3. Propriétés

L'amidon se présente sous forme d'une poudre blanche, insoluble dans l'eau. Etant donné leur structure peu rigide et très ramifiée, les granules d'amidon, mises dans l'eau bouillante, donnent une solution colloïdale et gélifiante à froid connue sous le nom d'empois d'amidon (la partie fluide est formée d'amylose, et la partie visqueuse d'amylopectine). Celui-ci résulte de l'hydratation des grains qui gonflent et peuvent atteindre jusqu'à 30 fois leur volume initial.

L'amidon ne réduit pas la liqueur de Fehling. À froid, il se colore en bleu-violacé en présence d'un réactif, le Lugol (iodo-iodure de potassium), ce qui le distingue des **dextrines** qui se colorent en rouge. Cette coloration disparaît sous l'effet de la chaleur.

L'amylopectine est moins soluble dans l'eau que l'amylose en raison de son poids moléculaire plus élevée et de sa structure ramifiée.

L'amidon est hydrolysé par les acides dilués et par des **enzymes** (amylases). L'**hydrolyse** acide totale fournit du D-glucose. Par hydrolyse acide contrôlée et action de la température, on obtient des fragments de poids moléculaire plus élevé, les **dextrines**, colorables par l'iode en violet (amylodextrines) ou en rouge (érythrodextrines).

Chez l'homme, l'amidon ingéré est hydrolysé enzymatiquement en plusieurs étapes au cours de la digestion. Amorcée dans la bouche par l'α-amylase de la salive qui coupe les liaisons α-(1→4) à n'importe quel point à l'intérieur des chaînes d'amylose et d'amylopectine en donnant des **dextrines** puis du maltose et du glucose. Seuls les points de branchement α-(1→6) restent intacts. L'**hydrolyse** se poursuit grâce à la β-amylase (que contiennent également les sucs pancréatiques) qui clive aussi des liaisons α-(1→4) et qui ne s'attaque qu'aux extrémités non réductrices de la molécule d'amidon, en ne libérant que du β-maltose. Ce dernier est à son tour hydrolysé en glucose par l'**enzyme** α-(1→6)-glucosidase ou isomaltase de l'intestin grêle. Le glucose passe ensuite dans le sang et est transporté vers le foie et les muscles où il est converti en un autre **polymère** du glucose, le glycogène et mis en réserve.

La réactivité des grains d'amidon aux amylases et donc leur **digestibilité** varie selon leur origine botanique. La teneur en amylose paraît corrélée à la digestibilité. Les traitements hydrothermiques (cuisson) qui entraînent le gonflement des grains, la perte de leur structure cristalline et le passage en solution d'une fraction de l'amylose, facilitent l'amylolyse.

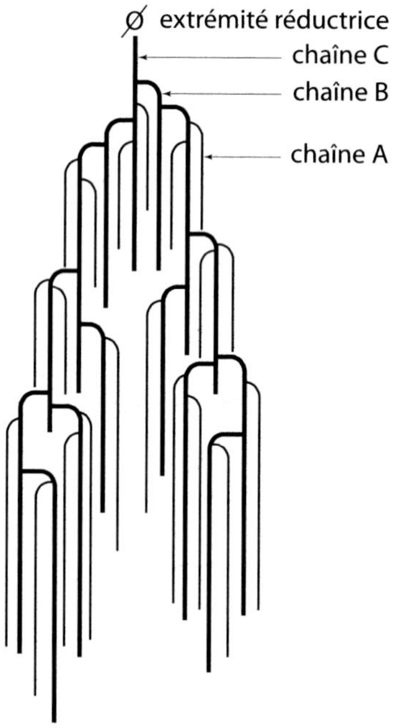

Figure 1.20 – Représentation schématique de la molécule d'amylopectine

Les chaînes A, non ramifiées, sont greffées par leur extrémité réductrice sur les chaînes B. Ces dernières sont substituées par leur hydroxyle en C-6 par les chaînes A et reliées par leur extrémité réductrice à la chaîne C. Cette chaîne C est la seule à posséder une extrémité réductrice libre.

(D'après ELIASSON A.C. et al. : Starch/Stärke. 1987. 5. 147-152. © Wiley-VCH Verlag GmbH & Co. KGaA. Reproduit avec permission)

APPLICATIONS

La production mondiale d'amidon dépend majoritairement des **Céréales**, surtout du maïs (représentant à lui seul, près de 80 % de la production mondiale) et, dans une moindre mesure, du blé (8 %). Viennent ensuite la pomme de terre (5 %), le manioc, l'avoine et le riz. La production d'amidon par les végétaux est importante et à titre indicatif, les **rendements** des principales plantes **amylacées** sont les suivants :

- 1 hectare de Céréales ayant un rendement de 60 quintaux fournit environ 4,5 t d'amidon,
- 1 hectare de pomme de terre avec un rendement de 40 t fournit 6,4 t d'amidon,
- 1 hectare de manioc avec un rendement de 60 t fournit 9,6 t d'amidon.

Une production mondiale d'amidon estimée à plus de 15 millions de tonnes justifie le développement d'une vaste industrie de transformation. En effet, il s'agit d'une matière première industrielle importante intervenant dans la fabrication d'une large gamme de produits (environ 600 produits différents) dont les principaux secteurs utilisateurs sont le secteur **agro-alimentaire**, la papeterie et cartonnerie, la chimie et la pharmacie et le textile (fig. 1.21).

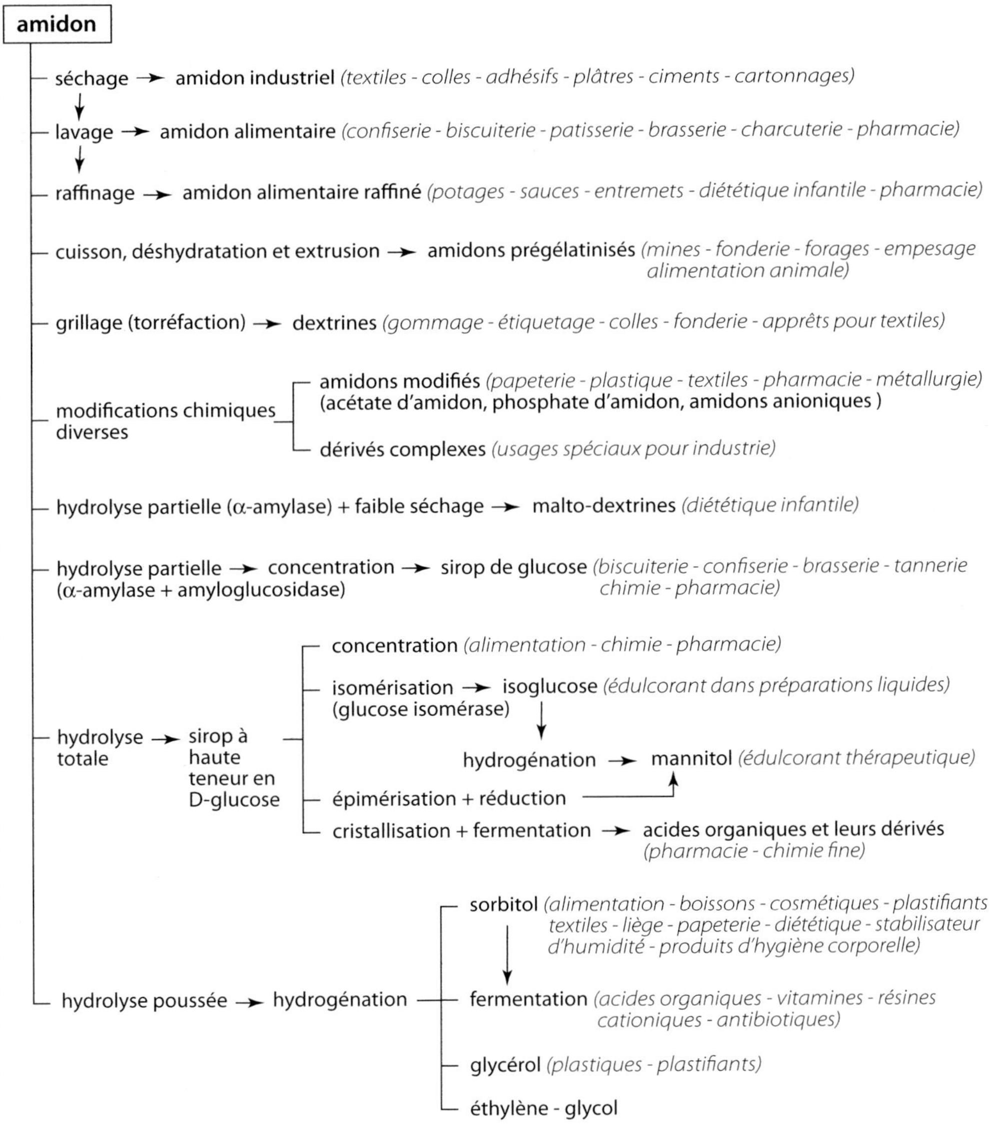

Figure 1.21 – Principaux dérivés résultant de la transformation de l'amidon et leurs principaux emplois *(D'après MERCIER C. & COLONNA P.: Biofutur, 73, Starch and enzymes: innovations in the products, processes and uses, 55-58)*

La caractéristique principale des dérivés d'amidon demeure la biodégradabilité, mais souvent, les propriétés **fonctionnelles** des **amidons natifs** ne remplissent que de manière imparfaite les conditions techniques d'application. C'est pourquoi, en technologie alimentaire, diverses techniques ont été développées afin d'optimiser les propriétés des amidons pour des utilisations particulières en industrie **agro-alimentaire** (amélioration de la **solubilité**, rétention d'eau, viscosité, gélification, stabilité aux hautes températures, etc.). Ces transformations peuvent être accomplies au moyen de techniques chimiques (**hydrolyse** partielle ou totale, oxydation, **estérification**, éthérification, hydrogénation, etc.) et/ou physiques (traitement hygrothermique, pendant un temps donné), extrusion (passage forcé à travers des orifices de faible diamètre), etc. La modification de la structure initiale de l'amidon peut aussi être obtenue par la variation des proportions respectives d'amylose et d'amylopectine (sélection variétale ou génie génétique).

L'**hydrolyse** enzymatique de l'amidon se produit dans la nature au cours de la germination de nombreuses semences dont les réserves sont principalement constituées d'amidon. On l'exploite ainsi depuis longtemps en brasserie grâce à l'amylase du malt germé qui est mélangée à l'amidon de pomme de terre à raison de 2 à 3 %. Actuellement, diverses **enzymes** sont employées pour obtenir différents produits commerciaux : des α-amylases bactériennes pour la liquéfaction de l'amidon, des glucoamylases pour la saccharification, des préparations mixtes pour la production de glucose, des α-amylases fongiques pour la production de maltose, etc. L'utilisation d'amylases d'origine fongique représente la solution potentiellement la plus intéressante dans ce domaine. Les cultures d'*Aspergillus niger*, plus faciles à optimiser et à contrôler, sont capables de convertir 85 à 90 % de l'amidon en glucose.

Une **hydrolyse** faible engendre des maltodextrines (dextrinisation). C'est l'une des plus importantes applications industrielles. Elle repose sur l'utilisation de l'α-amylase thermostable de *Bacillus licheniformis* ou *B. stearothermophilus*, capable d'opérer à des températures supérieures à 100 °C. Dans la pratique, l'**enzyme** est ajoutée à l'amidon en solution à 30 %. Après chauffage rapide à 105-110 °C pendant 5-10 min, la solution est mise à incuber à une température maintenue en dessous de 100 °C pendant 2 h. Les maltodextrines sont ensuite récupérées par **filtration** puis déminéralisées par passage sur **colonnes échangeuses d'ions** et, finalement, séchées. Déshydratées, les maltodextrines sont plus digestes que l'amidon ou les farines et sont utilisées dans les **aliments diététiques** infantiles. À forte concentration, elles forment des solutions très visqueuses, substituables aux matières grasses dans les produits dits « allégés » car ils sont miscibles aux lipides et donnent des mélanges moelleux.

La fabrication du fructose ou isoglucose, obtenu par isomérisation du glucose, est une des utilisations récentes de l'amidon. C'est le plus important des **édulcorants** fabriqués à partir de l'amidon de maïs ; son pouvoir sucrant est 1,7 fois celui du saccharose et est, de ce fait, très largement utilisé pour la production d'aliments et de boissons sans alcool. Le procédé consiste en une **hydrolyse** poussée de l'amidon (par action des α-amylases et des glucoamylases). Après **filtration** et purification, on procède à une isomérisation de ce glucose en fructose par passage dans un réacteur à glucose isomérase **immobilisée**. À ce stade, la concentration atteint 42 % en fructose, le reste étant du glucose et pour une faible part d'oligosides et de polyosides. Une purification ultérieure par **chromatographie** permet d'atteindre des concentrations plus élevées en fructose. La production d'isoglucose (sous forme de sirop) a trouvé un marché énorme et sans cesse croissant dans le domaine des boissons gazeuses où il se substitue au saccharose extrait de la betterave ou de la canne à sucre.

L'**hydrolyse** acide totale de l'amidon permet d'obtenir du D-glucose qui, transformé en sorbitol, conduit à la synthèse de l'acide ascorbique (**vitamine** C). En dehors de son utilisation en thérapeutique, ce dernier constitue également un additif alimentaire pour ses propriétés **acidifiantes** et **antioxydantes**.

La présence de groupements alcooliques sur le monomère anhydroglucopyrannose permet divers types de réactions qui ouvrent la voie aux amidons « modifiés » : amidons oxydés, amidons réticulés, amidons cationiques, etc.

- L'oxydation de l'amidon peut être effectuée par des oxydants tels que l'hypochlorite de sodium, le peroxyde d'hydrogène, le périodate, le permanganate ou le persulfate. L'oxydation par l'hypochlorite est la plus utilisée commercialement en raison de son faible coût. Cette réaction est très dépendante du **pH** ; elle est rapide à pH 7 et très lente à pH acide ou supérieur à 10. Elle conduit à la formation de groupements carbonyles et de groupements carboxyles réduisant la température de gélatinisation. Les amidons oxydés trouvent leur application dans le domaine alimentaire comme agents liants dans certains aliments.
  L'oxydation électrolytique de l'amidon aboutit à l'amidon dialdéhydique, employé pour l'amélioration des **pâtes à papier**, la préparation des colles et le tannage du cuir.
- L'estérification de l'amidon est obtenue par réaction de ses **hydroxyles** libres avec divers acides. Les acétates d'amidon, préparés par réaction avec l'anhydride acétique, sont employés comme **épaississants** dans les aliments cuits au four ou surgelés, dans les **pâtés** et les assaisonnements. La réaction avec l'anhydride succinique conduit au succinate d'amidon dont les groupements carboxyliques augmentent la capacité de rétention d'eau du produit final. Ce produit est employé comme épaississant dans les potages et certains aliments surgelés ou comme désintégrant dans des comprimés pharmaceutiques. Mélangé aux phosphates de sodium (monophosphate de sodium, trimétaphosphate de sodium, etc.), l'amidon devient fortement anionique et acquiert un pouvoir épaississant élevé exploité par l'industrie des cosmétiques.
- L'éthérification de l'amidon permet la transformation de ses **hydroxyles** libres en éthers à l'aide de groupements **alkyles** ($-C_nH_{2n+1}$, ex. méthyl $-CH_3$, éthyl $-C_2H_5$, propyl $-C_3H_7$, etc.) ou **aryles**. L'hydroxypropyl d'amidon est produit par réaction de l'amidon en solution alcaline avec l'oxyde de propylène à 50 °C. Les produits obtenus possèdent une meilleure stabilité à **pH** acide ou alcalin. Ils sont employés comme agents **épaississants** dans les sauces, **pâtés** et assaisonnements pour salades.
- Les amidons réticulés sont obtenus par l'établissement de liaisons covalentes entre les chaînes de macromolécules (fig. 1.22), plus résistantes que les liaisons hydrogène que l'on trouve à l'état naturel. Les amidons ainsi obtenus sont plus résistants à l'acidité, au cisaillement et à la température, mais sont également plus difficiles à cuire. Ceci signifie que le degré de réticulation devra être déterminé en fonction du procédé auquel l'amidon est destiné. Des amidons ayant des taux de réticulation plus ou moins importants sont proposés sur le marché.

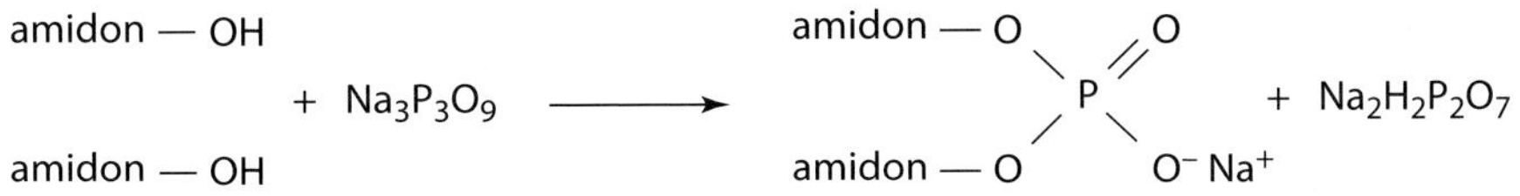

Figure 1.22 – Réticulation de l'amidon par le trimétaphosphate de sodium (formation d'un diester phosphaté)

- La fixation de groupements d'ammonium quaternaire sur l'amidon permet d'obtenir des amidons cationiques ayant une meilleure stabilité, ce qui les destine à certaines applications industrielles comme agents liants dans les **détergents** ou comme agents floculants en dé**pollution** des eaux pour l'élimination de l'argile, du dioxyde de titanium, du charbon ou du fer.

Dans le domaine pharmaceutique, les amidons officinaux extraits des caryopses de *Zea mays* L., d'*Oryza sativa* L., de *Triticum aestivum* L. ou des tubercules de *Solanum tuberosum* L. (sous forme de poudre blanche très fine) servent d'**excipients** dans la préparation de tablettes, de comprimés, etc. Par son action émolliente, l'amidon est utilisé contre les affections cutanées, soit en nature, soit sous forme glycérolée (préparation liquide dont le véhicule est le glycérol) d'amidon ou de pâte à l'oxyde de zinc.

Une des utilisations biotechnologique récente de l'amidon consiste à fabriquer des produits biodégradable (ex. films de paillage agricole fabriqués à partir d'amidons thermoplastiques) qui vont se dégrader facilement en milieu naturel. Ils sont utilisés aussi dans la fabrication de produits de consommation courante (sacs, emballages alimentaires etc.) que l'on jette après usage, en remplacement de produits conventionnels (dérivés du pétrole, surtout) non biodégradables et donc plus polluants.

Les amidons thermoplastiques sont constitués de deux tiers d'amidon de pomme de terre et d'un tiers de sorbitol, fabriqué industriellement à partir d'amidon de maïs.

Une autre application industrielle de l'amidon est son utilisation pour enrober les fils textiles, afin d'augmenter leur résistance au tissage et de donner un certain **apprêt** aux tissus.

Dans le domaine de la fabrication du papier, l'amidon pur trouve son utilisation comme liant pour assurer la cohésion des fibres de cellulose.

1.8.2. INULINE

GÉNÉRALITÉS, STRUCTURE

C'est un polysaccharide de réserve présent quasi-exclusivement chez certaines plantes (nombreuses espèces de la famille des Asteraceae, oignon, ail), dissous dans les vacuoles où il précipite par l'action de l'alcool absolu sous forme de sphérocristaux qui se déposent le long des **parois cellulaires**. C'est l'une des rares formes de stockage des glucides, facilement disponibles, chez les végétaux.

Sur le plan industriel, les sources les plus intéressantes sont les racines de chicorée (*Cichorium intybus*) et, dans une moindre mesure, le pissenlit (*Taraxacum officinale*), l'artichaut (*Cynara scolymus*), l'aunée (*Inula helenium*) et le **topinambour** (*Helianthus tuberosus*). La teneur en inuline varie de moins de 1 à environ 20 % du poids frais.

L'inuline est constituée d'une chaîne d'unités de D-fructofuranosyl (fructosane) liées par des liaisons glycosidiques de type β-(2→1) et d'une à deux molécules de D-glucopyranosyl placées au début de la chaîne (voir fig. 1.23). C'est donc un glucofructosane. Le degré de **polymérisation** de l'inuline est variable selon les espèces : de 2-12 chez l'oignon à 2-65 chez la chicorée, par exemple.

APPLICATIONS

Industriellement, l'**extraction** de l'inuline des racines de chicorée se fait par diffusion dans l'eau chaude. L'extrait brut est ensuite raffiné par des techniques similaires à celles utilisées dans les autres filières de l'industrie du saccharose et de l'amidon (ex. **chromatographie** d'échange d'ions, évaporation, séchage par pulvérisation, etc.).

L'inuline est un polyfructane à valeurs diététique et **agro-alimentaire** élevées. Elle est utilisée d'une part comme **fibre alimentaire** (encart 3) soluble ; d'autre part, son **hydrolyse** chimique ou enzymatique permet la production de sirop de fructose. Le fructose peut être utilisé pour l'alimentation parentérale. La résorption intestinale est lente et ne déclenche pas d'insulino-sécrétion ; son **métabolisme** est hépatique. Étant facilement soluble et éliminée dans l'urine telle qu'elle est injectée (elle n'est ni réabsorbée, ni emmagasinée), on l'emploie en physiologie expérimentale pour la mesure de la vitesse de filtration glomérulaire (qui est égale donc à la **clairance rénale** de l'inuline).

Par ailleurs, la consommation d'inuline améliore l'absorption du calcium et, par suite, la densité minérale des os pendant les périodes de croissance, ce qui laisse présager pour cette substance un avenir dans les futures stratégies préventives de l'ostéoporose.

L'inuline de chicorée forme une **émulsion** avec l'eau d'où son utilisation comme substitut de matières grasses dans l'élaboration des yoghourts et des crèmes glacées mais aussi dans de nombreuses autres préparations alimentaires.

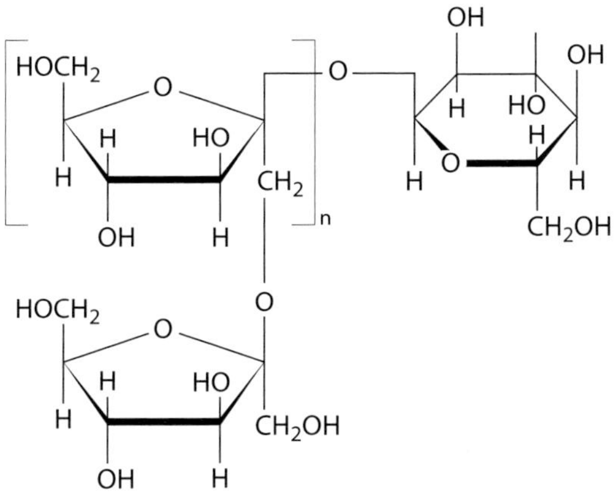

Figure 1.23 – Structure de l'inuline

ENCART 3 – FIBRES ALIMENTAIRES

Ensemble des substances d'origine végétale et qui, bien que comestibles, ne sont pas digérées par les **enzymes** du tube digestif. On y inclue aussi bien les polysaccharides des **parois cellulaires** végétales (cellulose, hémicelluloses, pectine) que les substances intracellulaires (inuline), les gommes et les mucilages. C'est donc plus un concept nutritionnel et physiologique qu'une catégorie définie de constituants chimiques.

Bien qu'il existe diverses définitions, les principaux attributs requis pour une fibre alimentaire peuvent être résumés comme suit :

1. composant de plantes comestibles,
2. substance glucidique (oligosaccharide ou polysaccharide),
3. résistance aux **enzymes** digestives humaines,
4. non absorbée par l'intestin grêle,
5. **hydrolyse** et **fermentation** (partielle ou totale) par les **bactéries** du colon.

Bien qu'elles ne soient pas absorbées dans l'intestin grêle, les fibres alimentaires subissent, toutefois, l'action variable des **bactéries** coliques anaérobies, qui aboutit à leur dégradation, plus ou moins intense.

Différentes classifications ont été proposées pour les fibres alimentaires, selon différents critères : **solubilité**, actions physiologiques, propriétés physiques, etc. En fonction de leur solubilité dans l'eau, elles peuvent être classées en deux catégories :

• fibres solubles (pectines, gommes, psyllium, inuline,) présentes en proportion élevée dans les fruits mûrs (agrumes, poires, pommes) et les légumes, certaines hémicelluloses (avoine, orge), mucilages (graines de lin, fenugrec, moutarde), alginates (algues) ;
• fibres insolubles (cellulose, hémicelluloses) qui composent la structure des feuilles, des graines entières (blé, maïs), des fruits, des racines, etc. Les lignines, bien que de nature non glucidique, sont habituellement rangées dans cette catégorie.

Les fibres sont aujourd'hui considérées comme une entité physiologique indispensable de la ration alimentaire. Leurs effets biologiques s'exercent à deux niveaux :

• Les fibres glucidiques insolubles (présentes, par exemple, dans le son) augmentent le bol alimentaire par absorption d'eau dans la lumière intestinale et produisent des fèces plus grosses, plus molles et plus faciles à éliminer, accélérant le transit intestinal. Les fibres solubles entraînent une augmentation considérable de la viscosité de leurs solutions et sont utilisées comme additifs alimentaires (cellulose méthylée, hydroxypropylméthyl cellulose) en tant qu'**épaississant** ou **gélifiant**.
• Sur le plan métabolique, les fibres solubles ou insolubles ont des effets hypolipidémiants, hypocholestérolémiants et diminuent les LDL plasmatiques. En ralentissant l'absorption intestinale de certains aliments, les fibres insolubles diminuent l'hyper**glycémie** post prandiale.

Les fibres alimentaires peuvent également être classées selon leurs propriétés physiques qui affectent la fonction du tractus gastro-intestinal et l'absorption d'autres constituants de l'alimentation comme les glucides, les graisses et les minéraux. Les principales propriétés physiques des fibres sont leur bonne capacité de rétention de l'eau, leur viscosité, leur capacité d'échange de cations et de fixation des acides biliaires, leur fermentescibilité par la flore microbienne du tractus gastro-intestinal et donc leur dégradabilité en molécules simples pouvant être assimilées.

En conclusion, la consommation des fibres régularise la fonction intestinale et améliore les fonctions digestives (notamment dans les cas de colopathies) et prévient du cancer du côlon et du rectum. Au niveau extra-digestif, les fibres réduisent l'incidence de l'obésité et des maladies coronariennes.

1.9. CYCLODEXTRINES

1.9.1. STRUCTURE

Les cyclodextrines sont des oligosaccharides constitués de 6 à 12 unités de glucose liées en position α-(1→4) et définissant un cycle (fig. 1.24). Les α-, β-, γ-, δ- et ε-cyclodextrines comportent respectivement 6, 7, 8, 9 et 10 unités de glucose. Seules les trois premières sont commercialisées. À l'état natif (non substitué), ces molécules hydrosolubles et résistantes à l'**hydrolyse**, présentent une cavité cylindro-conique, relativement **hydrophobe**, alors qu'elles sont très **hydrophiles** à l'extérieur. À partir des structures révélées par les rayons X, il apparaît que les groupements **hydroxyles** secondaires (C-2 et C-3) des unités glucopyranosiques sont localisés sur le bord le plus large de la cavité et l'hydroxyle primaire du C-6 sur l'autre bord, et que les atomes d'hydrogène en C-3, C-5 et l'atome d'oxygène de la liaison interosidique (1→4) sont tournés vers l'intérieur de la cavité.

La dimension de la cavité ainsi créée varie de 0,47 à 0,52 nm pour l'α-cyclodextrine, de 0,60 à 0,64 nm pour la β-cyclodextrine et de 0,75 à 0,83 nm pour la γ-cyclodextrine.

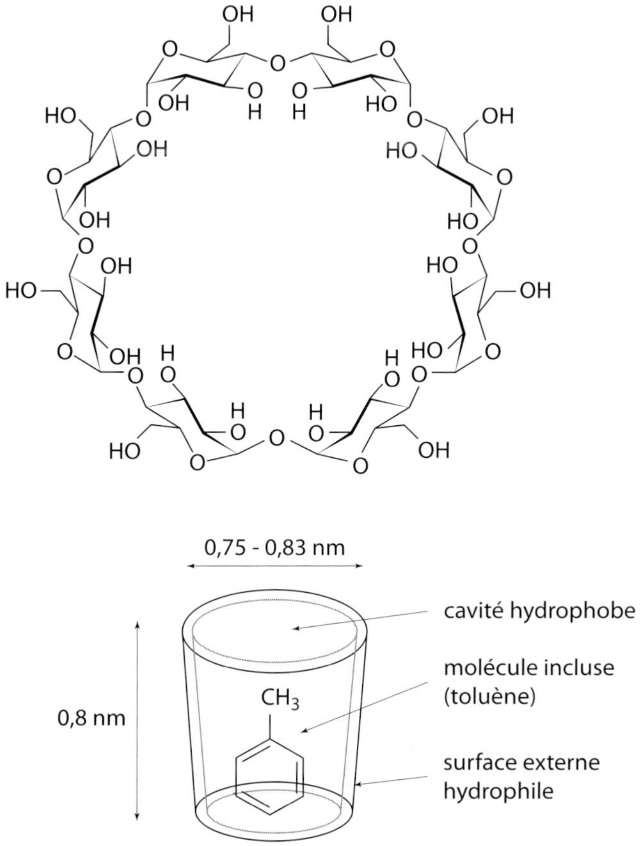

Figure 1.24 – Structure moléculaire de la γ-cyclodextrine (en haut) et représentation schématique de sa forme géométrique montrant la cavité cylindro-conique centrale (en bas)

1.9.2. OBTENTION

Les cyclodextrines sont produites industriellement par transformation microbiologique ou enzymatique de l'amidon ou de la cellulose en présence de l'**enzyme,** la cyclodextrine glucosyl-transférase ou cyclodextrine transglycosylase (CTGase), extraite de différents bacilles (*Bacillus macerans, B. circulans, B. megaterium* et *B. stearothermophilus*).

Différent types d'amidon peuvent être utilisés comme **substrat**, mais c'est l'amidon de pomme de terre qui est le plus utilisé pour la production de cyclodextrines. Les amidons de maïs et de blé sont également utilisés mais ils présentent une teneur trop élevée en amylose qui donne des **rendements** plus faibles que l'amylopectine.

1.9.3. FORMATION DU COMPLEXE D'INCLUSION

Grâce à leur caractère **amphiphile** (**hydrophobe** à l'intérieur, **hydrophile** à l'extérieur), les cyclodextrines sont capables d'inclure dans leur cavité apolaire des molécules hydrophobes pour former des complexes d'inclusion solubles dans l'eau.

Il est possible, de cette façon, de former des complexes d'inclusion avec une multitude de substances organiques, de sels ou d'halogènes, aux dimensions compatibles et donc de permettre une « **encapsulation** moléculaire » par simple agitation de la solution de cyclodextrines en présence de la molécule destinée à être incluse. De plus, cette inclusion n'est, en général, accompagnée, ni de la formation, ni de la rupture d'une liaison covalente.

Les cyclodextrines natives α, β et γ contiennent, respectivement, 18, 21 ou 24 groupements **hydroxyles** susceptibles d'être modifiés. Les hydroxyles les plus réactifs sont ceux en position C-6 ; les moins réactifs étant ceux en C-3. En raison de la disponibilité de ces multiples groupements sur leurs molécules constitutives, la fonctionnalité des cyclodextrines est grandement améliorée par modification chimique. Celle-ci permet d'obtenir divers dérivés aux propriétés physico-chimiques différentes de celles des cyclodextrines natives et d'élargir ainsi leurs champs d'applications. Ces modifications sont réalisées avec plusieurs objectifs : amélioration de la **solubilité** aqueuse, modification de la capacité de complexation, introduction de groupements à fonctions spécifiques souvent par substitution de certains hydroxyles.

FACTEURS AFFECTANT LA COMPLEXATION

Les interactions mises en jeu entre la cyclodextrine et la molécule incluse peuvent être de natures différentes, en particulier : interactions électrostatiques, interactions **hydrophobes** et liaisons hydrogènes. Il s'en suit que la rupture du complexe peut se faire aisément par méthode thermique, par **hydrolyse** enzymatique, par modification de **pH** ou par utilisation de solvants organiques.

▶ TEMPÉRATURE

La température a plusieurs effets sur la formation des complexes de cyclodextrines. La chaleur augmente la **solubilité** du complexe mais, en même temps, elle est susceptible de modifier sa stabilité. On doit donc souvent trouver un compromis de façon à éviter ces effets indésirables. Bien que la thermostabilité du complexe varie d'une molécule hôte à une autre, la majorité des complexes commencent à se rompre à 50-60 °C, tandis que certains complexes sont stables à des températures plus élevées, notamment si la molécule hôte est solidement liée.

Par ailleurs, les molécules volatiles peuvent s'évaporer durant la complexation, notamment si la chaleur est utilisée.

▶ pH

Le **pH** du milieu réactionnel est susceptible d'affecter, à la fois, l'état d'ionisation des molécules destinées à être incluses et de certains groupements qui pourraient exister sur les molécules de cyclodextrines. Il peut donc être utilisé aussi bien pour favoriser la complexation que pour la désorption des molécules liées aux cyclodextrines.

▶ **Solvant**

Le solvant le plus utilisé est l'eau dans laquelle la réaction de complexation est réalisée. Plus la cyclodextrine est soluble dans le solvant, plus les molécules deviennent disponibles pour la complexation. La molécule hôte doit être capable de déplacer le solvant de la cavité de la cyclodextrine si le solvant est complexé à cette dernière. L'eau, par exemple, est facilement déplaçable. Les molécules hôtes peuvent ne pas être solubles dans l'eau, ce qui rend la complexation soit très lente, soit impossible. Dans ces conditions, on utilise des solvants organiques pour les solubiliser. Les solvants ne doivent pas se complexer fortement à la cyclodextrine de manière à faciliter leur élimination ultérieure par évaporation. L'éthanol et l'éther diéthylique sont, de ce point de vue, de bons solvants.

Le solvant ne doit pas être en excès ; toute dilution des molécules entraîne un ralentissement de la vitesse de complexation.

Les solvants sont également utilisés pour la désorption des molécules hôtes complexées. Une molécule **hydrophobe** incluse peut avoir une plus grande affinité pour un solvant apolaire que pour la cavité d'une cyclodextrine.

▶ **Encombrement stérique**

Les trois cyclodextrines naturelles α, β et γ ont des diamètres internes différents et sont donc capables d'inclure des molécules de tailles différentes. Les cyclodextrines sont aptes à former des complexes d'inclusion avec des composés ayant une taille compatible avec les dimensions de leur cavité. Généralement, une seule molécule est incluse dans la cavité de la cyclodextrine, bien que dans le cas de quelques molécules de faible poids moléculaire, plus d'une molécule peuvent s'y fixer. La formation de complexes avec des molécules plus larges que la cavité peut être possible. Dans ce cas, plusieurs molécules de cyclodextrine peuvent se lier à la molécule « hôte ». Souvent, seulement une partie de la molécule pénètre dans la cavité pour former un complexe. En conséquence, les ratios molaires 1/1 ne sont pas toujours obtenus, surtout avec des molécules « hôtes » de poids moléculaire faible ou élevé.

La substitution des **hydroxyles** en positions 3 et 6 entraîne généralement un rétrécissement de l'ouverture de la cavité alors que la substitution en positions 2 et 6 entraîne un effet inverse.

Le nombre de substituant fixés sur les ouvertures de la cavité peut aussi affecter l'inclusion aussi bien positivement que négativement.

Applications

Les applications des cyclodextrines sont basées sur la possibilité d'héberger une molécule hôte à l'intérieur de leur cavité. Elles se diversifient de plus en plus et se rencontrent désormais dans les domaines agricole, alimentaire, cosmétique, chimique et pharmaceutique. Leur production industrielle à coûts modérés, leur disponibilité basée sur des produits agricoles abondants ainsi que leur caractère biodégradable confèrent à ces molécules de grandes potentialités économiques.

Les principales applications industrielles de l'inclusion par les cyclodextrines sont :

- la stabilisation des substances photosensibles, volatiles, d'**émulsions**, de composés **aromatiques**, etc.,

- la modification de la réactivité chimique d'une molécule par protection de certains de ses groupements fonctionnels,
- l'amélioration de la **solubilité** de substances peu ou pas solubles dans l'eau,
- la protection des molécules incluses contre l'oxydation,
- la protection des substances contre leur dégradation par les microorganismes,
- la désamérisation, **désodorisation** et dépigmentation de substances.

En technologie alimentaire, les cyclodextrines sont utilisées comme aides technologiques, par exemple, pour éliminer le **cholestérol** de produits comme le lait, le beurre et les œufs. L'intérêt de ces molécules réside également dans la possibilité d'inclure une molécule **aromatique** dans leur cavité centrale et de la stabiliser, surtout si le produit est destiné au stockage à long terme. La molécule incluse est ainsi mieux protégée contre les oxydations. L'ensemble, ajouté à un aliment, permet de libérer peu à peu les **arômes** qu'il contient, prolongeant leur perception. Elles sont utilisées aussi pour atténuer l'amertume et l'**astringence** de certains aliments (ex. soja) ou de boissons (ex. naringine et limonine des jus de fruits d'agrumes ou acide chlorogénique et polyphénols du café) et les odeurs désagréables.

Dans le domaine pharmaceutique, on utilise les cyclodextrines pour solubiliser, stabiliser, améliorer la biodisponibilité d'un principe actif, pour masquer le goût (amertume des médicaments pédiatriques) ou l'odeur désagréable d'un médicament, etc. Du fait de sa meilleure biodisponibilité, la même quantité de médicament produit un plus grand effet biologique quand il est administré sous une forme complexée à l'aide de cyclodextrines. Par conséquent, la quantité de médicament peut être réduite en maintenant le même effet thérapeutique ce qui est un avantage considérable. On peut, de cette manière, réduire les effets secondaires indésirables éventuels, souvent dus à des doses trop élevées ou à l'effet irritant des médicaments (cas des anti-inflammatoires, par exemple) sur le tractus digestif.

La **solubilité** de substances peu ou pas solubles dans l'eau (**vitamines**, hormones liposolubles, etc.) peut être ainsi considérablement augmentée par leur inclusion dans des cyclodextrines. C'est le cas, par exemple, du Piroxicam, un anti-inflammatoire commercialisé en Europe, sous la forme de son complexe d'inclusion avec la β-cyclodextrine sous le nom de Brexin® ; sa solubilité dans l'eau passe ainsi de 30 mg/L à 150 mg/L en présence de β-cyclodextrine.

Beaucoup de composés, sensibles à l'oxydation ou à la lumière (**vitamines**, ubiquinones, etc.), sont eux aussi stabilisés par inclusion dans les cyclodextrines. Cette inclusion pourrait constituer une forme **galénique** à l'avenir.

La **solubilité** des cyclodextrines naturelles dans les solutions aqueuses est relativement limitée. Pour remédier à ce problème, on a recours à la substitution des **hydroxyles** par différents types d'éthers. Parmi les dérivés d'intérêt pharmaceutique on trouve les composés suivants : 2-hydroxypropyl-β-cyclodextrine, 2-hydroxypropyl-γ-cyclodextrine, sulfobutyléther β-cyclodextrine, β-cyclodextrine méthylée, et certaines cyclodextrines branchées comme la glucosyl-β-cyclodextrine et la maltosyl-β-cyclodextrine. À titre d'exemple, la solubilité de la β-cyclodextrine dans l'eau est seulement de 18,5 mg/L à température ambiante, celle de son dérivé, la 2-hydroxypropyl-β-cyclodextrine, passe à plus de 600 mg/L dans les mêmes conditions.

Actuellement, plus d'une vingtaine de spécialités pharmaceutiques sont commercialisées sous la forme de complexes du principe actif avec une cyclodextrine. La possibilité de « convoyer » un principe actif par les cyclodextrines vers une cellule cible ouvre de nouvelles perspectives dans le traitement de certains cancers.

La parapharmacie et la cosmétologie mettent à profit les propriétés complexantes des cyclodextrines et les utilisent comme composants actifs de déodorants, pour la stabilisation et la diffusion contrôlée de parfums dans des articles de toilette.

Les cyclodextrines forment des complexes avec une grande variété de substances chimiques qui relèvent du domaine agricole tels que les herbicides, **insecticides**, **fongicides**, répulsifs, phéromones et substances de croissance. Des résultats intéressants ont été obtenus dans la protection des agrumes et de l'avocatier contre les maladies cryptogamiques causées par *Phytophtora*, en stimulant les réactions de défense par application au collet des plantes d'une préparation d'un lipide **éliciteur**, l'acide arachidonique enrobé dans des cyclodextrines. L'inclusion, dans les cyclodextrines, d'**insecticides** pyréthroïdes permet leur stabilisation et améliore les possibilités d'utilisation de ces produits qui sont sensibles au rayonnement ultraviolet et à l'oxydation. Cette technique permet aussi de prolonger la diffusion de phéromones, comme celles qui jouent un rôle dans l'attraction sexuelle des insectes **ravageurs** des cultures, ce qui en facilite la destruction.

Dans le domaine de l'environnement, il a été montré que la carboxyméthyl-β-cyclodextrine est capable de complexer des métaux comme le cadmium et des composés organiques toxiques tels que l'anthracène, le trichlorobenzène, le biphényl et le D.D.T. (dichlorodiphényl-trichloréthane). Ainsi, les cyclodextrines peuvent augmenter la biodisponibilité des polluants par effet de solubilisation et faciliter ainsi leur dégradation par la microflore du sol. Cette propriété permet d'envisager leur utilisation en décontamination des sites pollués.

Enfin, en chimie analytique et préparative, des cyclodextrines chimiquement liées à des supports solides (ex. le gel de silice, par l'intermédiaire d'une chaîne linéaire de 6 à 10 atomes de carbone) sont utilisées comme phase stationnaire pour la séparation d'énantiomères par **chromatographie** liquide à haute performance en modes phase normale ou phase inverse.

1.10. MÉTHODES D'ANALYSE

La structure chimique très hétérogène des glucides végétaux (variation qualitative et quantitative des monosaccharides constitutifs et/ou des types de liaisons dans le cas des oligo- et polysaccharides et la diversité des groupements non glucidiques lorsqu'ils sont présents, etc.) nécessite le recours à toute une panoplie de techniques chimiques et instrumentales pour sa détermination.

1.10.1. EXTRACTION

La préparation des glucides, qu'elle soit au niveau du laboratoire ou dans un but de production industrielle, débute par leur **extraction** de la matrice qui les contient. À l'échelle du laboratoire, l'extraction à partir des tissus végétaux est généralement précédée de l'élimination des substances interférentes comme les lipides et les lignines.

L'extraction des glucides solubles (oses et holosides à petites molécules et fructosanes) se fait habituellement à l'aide d'un alcool (éthanol à 80° ou méthanol) bouillant. L'eau froide en macération pendant plusieurs jours extrait de plus les gommes, les mucilages, les composés pectiques et les **tanins**. L'eau bouillante ou les acides minéraux dilués permettent d'extraire les composés précédents plus l'amidon tandis que la cellulose est extraite par des solutions alcalines diluées ou les acides minéraux concentrés.

L'extraction est suivie d'étapes de purification et de **fractionnement** afin de séparer le glucide désiré des composants non glucidiques comme les protéines et des autres molécules.

1.10.2. PURIFICATION

La purification des polysaccharides met souvent en œuvre une **précipitation** (parfois en plusieurs cycles) par addition d'un alcool hydrosoluble comme l'éthanol (au laboratoire) ou le 2-propanol (en industrie).

Actuellement, la méthode de choix pour séparer des glucides est la **chromatographie** liquide à haute performance (CLHP). Cette technique permet de séparer les oses et oligosides de **degré de polymérisation** (DP) ≤ 12, grâce à des phases susceptibles de supporter de hautes pressions, dans un temps court et avec une bonne résolution.

Les propriétés chimiques et physiques des divers oses, diholosides et triholosides ne diffèrent que très peu. La séparation des glucides par CLHP repose donc sur les différences de conformation, de **configuration** et de mode de liaison, et est plus difficile que les analyses des autres classes de composés. Aucune colonne ou méthode de CLHP ne permet, à elle seule, de séparer tous les glucides.

La chromatographie d'affinité est aussi un outil précieux pour l'isolement des glucides, qu'ils soient libres ou conjugués à d'autres composants. Elle se fait habituellement à l'aide de **lectines** greffées sur divers support chromatographiques (Sepharose, Ultrogel, etc.).

1.10.3. IDENTIFICATION ET DOSAGE

Parmi les très nombreuses méthodes de dosage des oses et oligosides neutres, les plus courantes sont les méthodes chimiques dont certaines ont été automatisées. Elles sont relativement rapides mais peu spécifiques. Ces méthodes chimiques reposent généralement sur la formation de produits de dégradation des glucides sous l'action des acides forts (ex. phénol sulfurique, orcinol sulfurique), en formant des chromogènes.

Le mode de détection usuel, la réfractométrie, est peu sensible mais il est possible de réaliser une détection photométrique complémentaire après complexation chimique.

L'amidon est dosé habituellement après **hydrolyse** acide, par une méthode polarimétrique qui n'est pas spécifique ou par voie enzymatique.

Les polyosides pariétaux peuvent être dosés par plusieurs méthodes :

- gravimétriques qui permettent, selon les cas, estimer les proportions respectives de cellulose, cellulose + lignine ou cellulose + hémicelluloses + lignine ;
- de **fractionnement** par **hydrolyses** acides progressives qui permettent de caractériser les constituants des **parois cellulaires** selon leur **solubilité** dans les solutions acides ;
- enzymatiques, consistant à isoler la **paroi cellulaire** par élimination successive de l'amidon (α-amylase), des protéines (pepsine, pancréatine) et des lipides (éthanol) ;
- il existe aussi des méthodes d'analyse très fines de la paroi cellulaire qui permettent de déterminer sa teneur en chacun des oses constitutifs de la cellulose, des hémicelluloses et des substances pectiques. Elles comprennent une **hydrolyse** acide des polyosides en oses et oligosides (DP ≤ 4), puis leur **dérivatisation** sous forme de dérivés volatiles.

L'analyse des produits d'**hydrolyse** des polysaccharides se fait ensuite habituellement par **chromatographie** sous ses différentes formes : couche mince (CCM), colonne, chromatographie en phase gazeuse (CPG), CLHP, etc. La chromatographie sur colonne est souvent utilisée pour des applications préparatives ; la CCM et la CPG sont particulièrement utiles dans les travaux analytiques. En CPG, les glucides sont analysés sous forme de composés silylés ou d'acétates d'alditols (fig. 1.25). Les esters méthyliques sont les plus utilisés à cet égard mais ce sont les esters poly-*O*-triméthylsilyl (TMS) qui donnent les meilleurs résultats.

Les pentosanes peuvent être déterminés après leur **hydrolyse** en pentoses. En conditions acides, ces derniers donnent naissance au furfural (voir fig. 1.18) qui est isolé du milieu réactionnel par **distillation.** Le furfural réagit avec l'orcinol-chlorure ferrique en donnant un complexe très coloré absorbant à 630 nm.

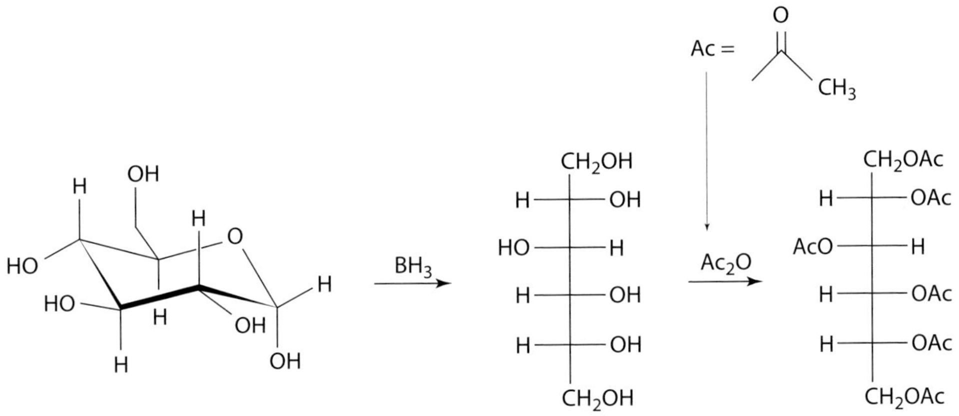

Figure 1.25 – Obtention des acétates d'alditols

BH_3 : borohydrure, Ac_2O : anhydride acétique

1.10.4. Analyse structurale des polysaccharides

L'analyse structurale d'une molécule ne peut être envisagée que si un degré de pureté acceptable est atteint.

Diverses techniques spectroscopiques sont mises en œuvre en vue de la caractérisation des composés glucidiques dont les plus importantes sont la résonance magnétique nucléaire (RMN) et la spectrométrie de masse (SM). Dans le cas des polysaccharides, l'analyse structurale nécessite l'utilisation conjointe de méthodes spectrales et de méthodes chimiques (**hydrolyse**, **dérivatisation**, dégradations contrôlées du **polymère** et de ses dérivés, etc.).

L'analyse structurale permet la détermination :

- de la composition qualitative en monosaccharides,
- des types de liaisons,
- de la conformation des molécules (**pyranose** ou **furanose**),
- des **configurations** anomériques (configuration de l'atome de carbone 1 (C-1) d'un aldose ou de l'atome 2 (C-2) d'un **cétose**,
- de la présence et de la position des substituants,
- du **degré de polymérisation**/poids moléculaire.

Cette grande variabilité dans les structures a pour corollaire une certaine diversité dans les méthodes, mais on peut décrire une démarche générale.

La détermination de la composition en monosaccharides débute par une hydrolyse acide. Les monosaccharides libérés sont déterminés, aussi bien qualitativement que quantitativement, par CLHP ou par CPG après leur conversion en dérivés volatiles, thermostables.

Les liaisons sont déterminées par méthylation qui révèle leur position, la conformation des cycles et la nature des monosaccharides. Dans ces conditions, tous les groupes **hydroxyles** du polysaccharide sont convertis en éthers méthyliques. L'**hydrolyse** du polysaccharide complètement méthylé démasque les groupes hydroxyles impliqués dans des liaisons glycosidiques et les révèle sous forme libre (non méthylée).

La détermination des séquences de monosaccharides se fait plus aisément après dépolymérisation partielle du polysaccharide en oligosaccharides au moyen de glycosidases spécifiques et/ou **hydrolyse** acide.

Les glycosidases se répartissent en deux catégories :

- Les endoglycosidases coupent des liaisons glycosidiques intramoléculaires et libèrent ainsi des oligosaccharides dont la structure primaire peut être déterminée dans une seconde étape. Ces **enzymes** n'apportent toutefois que des informations très limitées sur la structure primaire des oligo- et polysaccharides.
- Les exoglycosidases libèrent des monosaccharides en s'attaquant à l'extrémité non-réductrice des chaînes glycosidiques. En réalisant une dégradation récurrente des chaînes glycosidiques, ces **enzymes** permettent, non seulement, de contrôler si l'**hydrolyse** des oligosaccharides est totale et de déterminer la structure primaire de ces derniers, mais aussi de définir les anoméries α et β de la liaison des monosaccharides libérés.

CHAPITRE 2 – PROTIDES

2.1. INTRODUCTION

Sous le nom générique de protides, on inclut les protéines, des substances de nature protéique telles que les **enzymes**, les acides aminés, et tous les composés donnant par **hydrolyse** un ou plusieurs acides aminés.

Les peptides englobent les produits (naturels ou synthétiques) formés par l'union de plusieurs acides aminés et dans lesquels la liaison, dite peptidique (–CO–NH–), a lieu par perte d'une molécule d'eau entre un groupement aminé d'une molécule et un groupement carboxylique d'une autre (fig. 2.1) :

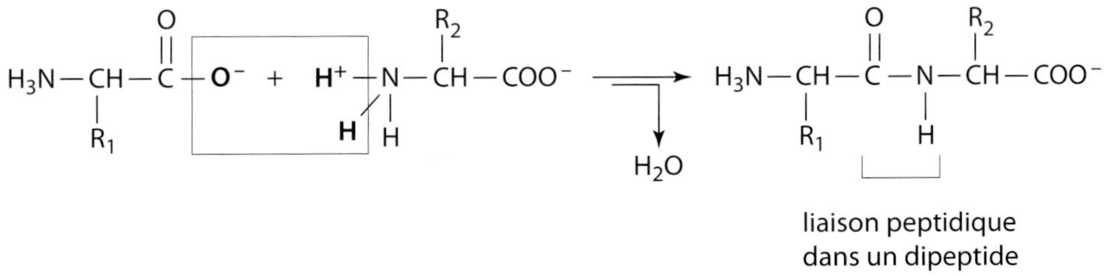

Figure 2.1 – Formation d'une liaison peptidique

R_1 et R_2 représentent les chaînes latérales de deux acides aminés.

On distingue des di-, tri-, tétra- et polypeptides selon le nombre de molécules d'acides aminés entrant dans leur combinaison.

Les protéides incluent tous les autres protides qui se subdivisent en holoprotéides, qui ne donnent par **hydrolyse** que des acides aminés, et en hétéroprotéides, qui contiennent en outre, des éléments non protidiques de nature variable (ex. **glycoprotéines** associées à des glucides ; phosphoprotéines contenant de l'acide phosphorique ; **lipoprotéines** associées à des lipides ; chromoprotéines associées à des pigments ; nucléoprotéines associées à un acide nucléique).

Les protides sont constitués essentiellement de quatre éléments : le carbone, l'oxygène, l'hydrogène et l'azote, mais peuvent contenir aussi d'autres éléments tels que le phosphore, le soufre, etc.

2.2. ACIDES AMINÉS

Les acides aminés sont des éléments azotés constitutifs de toutes les protéines, caractérisés par une chaîne (de nature variable) portant au moins une fonction carboxylique sur le carbone terminal et une fonction amine sur le carbone asymétrique (sauf pour la glycine) selon la formule générale (fig. 2.2) :

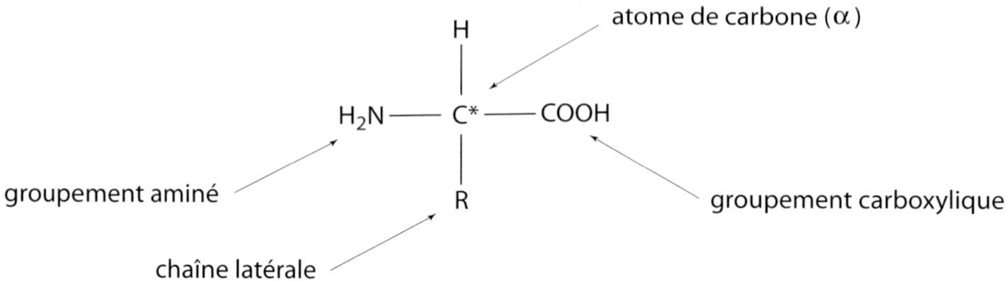

Figure 2.2 – Formule générale d'un acide aminé

R représente une chaîne latérale variable qui différencie les acides aminés les uns des autres.

2.2.1. PROPRIÉTÉS GÉNÉRALES

Du point de vue stéréochimique, la molécule possède au moins un atome de carbone asymétrique (C*) en α du groupe carboxyle. Elle est donc chirale et peut présenter deux énantiomères.

Près de 300 acides aminés naturels ont été isolés et identifiés mais seulement une vingtaine sont des composants des protéines naturelles (voir tab. 2.1). Ils sont tous sous la forme de L-stéréoisomère. Les acides aminés peuvent s'assembler deux par deux, en libérant une molécule d'eau. Ils forment alors un dipeptide. Mais le plus souvent, ils s'associent en chaînes ou polypeptides. Si les chaînes sont très longues, les polypeptides sont appelés protéines. Ce sont les proportions relatives de chacun d'eux, leur ordre d'enchaînement (séquence), leur agencement dans l'espace qui confèrent à une protéine donnée ses propriétés biologiques, nutritionnelles et/ou **fonctionnelles** particulières.

Ils sont solubles dans les solvants polaires tels que l'eau et l'alcool mais insolubles dans les solvants apolaires tels que l'éther, l'hexane ou le benzène. Les acides aminés ont deux types de groupements ionisables. Au **pH** isoélectrique (variable selon l'acide aminé), ils prennent la forme d'ion dipolaire ou ion mixte (fig. 2.3) :

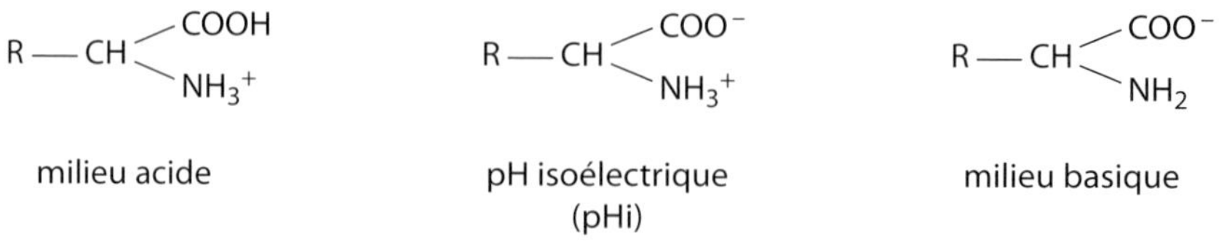

Figure 2.3 – Ionisation des acides aminés selon le pH du milieu

Certains acides aminés, de structure plus complexe, comportent soit deux fonctions amines et une fonction acide (acides aminés basiques), soit deux fonctions acides et une fonction amine (acides aminés acides). On connaît aussi des acides aminés soufrés (fréquents chez les Brassicaceae), hétérocycliques, **aromatiques**, etc.

À ces acides aminés protéiques classiquement connus, est venu s'ajouter un autre acide particulier, incorporé durant la traduction, c'est la sélénocystéine (en abrégé Sec) dans laquelle l'atome de soufre de la molécule de cystéine est remplacé par un atome de sélénium (fig. 2.4). Cet acide aminé est rencontré notamment chez le genre *Allium* (oignon, ail), mais aussi chez des **bactéries** où il fait partie de certaines **enzymes** comme la formate déshydrogénase et la glutathion peroxydase.

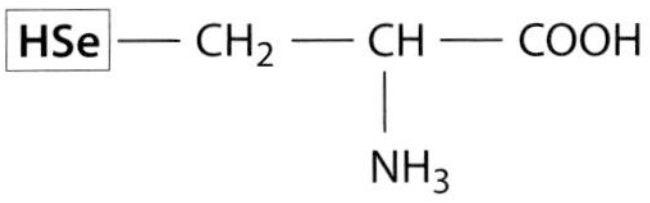

Figure 2.4 – Sélénocystéine

Tableau 2.1 – Acides aminés constitutifs des protéines

Chaque acide aminé est désigné par un nom trivial et un nom systématique.

Nom/ abréviation	Nom systématique	Formule
Acides aminés neutres (un groupe aminé et un groupe carboxylique)		
glycine/ Gly, (G)	acide aminoacétique	$CH_2\,(NH_2)\,CO_2H$
alanine/ Ala, (A)	acide α-aminopropionique	$CH_3\,CH\,(NH_2)CO_2H$
valine/ Val, (V)	acide α-aminoisovalérique	$(CH_3)_2\,CHCH\,(NH_2)CO_2H$
leucine/ Leu, (L)	acide α-aminoisocaproïque	$(CH_3)_2\,CHCH_2\,CH\,(NH_2)CO_2H$
isoleucine/ Ile, (I)	acide α-amino-β-méthyl-n-valérique	$(C_2H_5)(CH_3)\,CH\,CH\,(NH_2)\,CO_2H$
phénylalanine/ Phe, (F)	acide α-amino-β-phénylpropionique	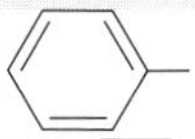 $CH_2\,CH\,(NH_2)\,CO_2H$
tyrosine/ Tyr, (Y)	acide α-amino-β-(p-hydroxyphényl) propionique	HO 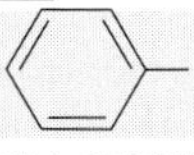 $CH_2\,CH\,(NH_2)\,CO_2H$
sérine/ Ser, (S)	acide α-amino-β-hydroxypropionique	$HOCH_2\,CH\,(NH_2)\,CO_2H$
cystéine/ Cys, (C)	acide α-amino-β-mercaptopropionique	$HSCH_2\,CH\,(NH_2)\,CO_2H$
thréonine/ Thr, (T)	acide α-amino-β-hydroxy-n-butyrique	$CH_3\,CHOHCH\,(NH_2)\,CO_2H$
méthionine/ Met, (M)	acide α-amino-γ-methylthio-n-butyrique	$CH_3S\,(CH_2)_2\,CH\,(NH_2)\,CO_2H$
tryptophane/ Trp, (W)	acide α-amino-β-indolpropionique	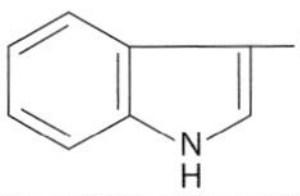 $CH_2\,CH\,(NH_2)\,CO_2H$

Tableau 2.1 (suite) – Acides aminés constitutifs des protéines

Chaque acide aminé est désigné par un nom trivial et un nom systématique.

Nom/ abréviation	Nom systématique	Formule
Acides aminés neutres (un groupe aminé et un groupe carboxylique)		
proline/ Pro, (P)	acide pyrrolidine-α-carboxylique	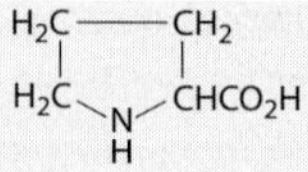
asparagine/ Asn, (N)	acide 2-aminosuccinique 4-amide	$NH_2\,CO\,CH_2\,CH\,(NH_2)\,CO_2H$
glutamine/ Gln, (Q)	acide 2-aminoglutaramique	$NH_2\,CO\,CH_2\,CH_2\,CH\,(NH_2)\,CO_2H$
Acides aminés acides (un groupe aminé et deux groupes carboxyliques)		
acide aspartique/ Asp, (D)	acide α-aminosuccinique	$HO_2\,C\,CH_2\,CH\,(NH_2)\,CO_2H$
acide glutamique/ Glu, (E)	acide α-aminoglutarique	$HO_2\,C\,CH_2\,CH_2\,CH\,(NH_2)\,CO_2H$
Acides aminés basiques (deux groupes aminés et un groupe carboxylique)		
arginine/ Arg, (R)	acide α-amino-δ-guanidino-n-valérique	$HN=C(NH_2)-NH\,CH_2\,CH_2\,CH_2\,CH\,(NH_2)\,CO_2H$
lysine/ Lys, (K)	acide α, ε-diaminocaproïque	$NH_2\,CH_2\,CH_2\,CH_2\,CH_2\,CH\,(NH_2)\,CO_2H$
histidine/ His, (H)	acide α-amino-β-imidazolepropionique	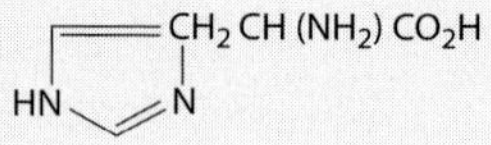

La forme dipolaire peut, en milieu acide, accepter un proton (H^+) sur le groupement COO^- ; elle peut aussi en milieu alcalin, perdre un proton H^+ du groupement NH_3. L'acide aminé a donc un caractère **amphotère**.

APPLICATIONS

Les acides aminés présentent des applications très variées, en particulier :

- Alimentation humaine : par exemple, le monoglutamate de sodium est un **exhausteur de goût** utilisé en alimentation humaine pour atténuer les **saveurs** acides. Il est présent dans les tissus végétaux et animaux (champignons, blé, lait en sont particulièrement riches). Le glutamate est employé dans les potages déshydratés et en boîte, les plats surgelés ou préparés, les sauces, etc.
- La demande de glycine, utilisée dans les aliments pour ses propriétés **bactériostatiques**, antioxydantes et émulsifiantes, d'alanine pour aromatiser les aliments et de cystéine pour améliorer la texture du pain, a aussi contribué au développement de leur production.
- **Supplémentation** des **rations** alimentaires des animaux domestiques par des acides aminés présents en trop petites quantités dans la majorité des plantes consommées (méthionine, lysine).
- Cosmétologie : la cystéine est un revitalisant de la peau et des cheveux.
- Pharmacie : l'emploi des acides aminés est de plus en plus fréquent en thérapeutique. La glutamine et l'histidine sont utilisés dans les traitements des affections gastriques (ulcères) ; la citrulline et l'ornithine dans les affections hépatiques.

- Certains sont utilisés pour leurs effets particuliers : la L-(3,4-dihydroxyphényl)-alanine ou L-DOPA est le **précurseur** (fig. 2.5) physiologique de la dopamine (3,4-dihydroxyphényl-éthylamine) qui est un neurotransmetteur ayant un rôle important au niveau du cerveau ; sa déplétion dans certaines régions du cerveau est la cause de la maladie de Parkinson. Par sa présence, elle atténue la rigidité et les tremblements des malades.
  La dopamine est présente naturellement dans la banane (*Musa sapientum*, Musaceae), le genêt (*Cytisus scorparius*, Fabaceae) et chez certaines algues (*Monostroma fuscum*). Elle se rencontre également chez l'Homme et les animaux, où elle joue un rôle de neurotransmetteur au niveau du cerveau. Il s'agit d'une molécule intermédiaire dans la synthèse des catécholamines (noradrénaline et adrénaline) (fig. 2.5). Elle possède des propriétés adrénergique, sympathomimétique et vassopressive. La dopamine a également une action anti-prolactine.

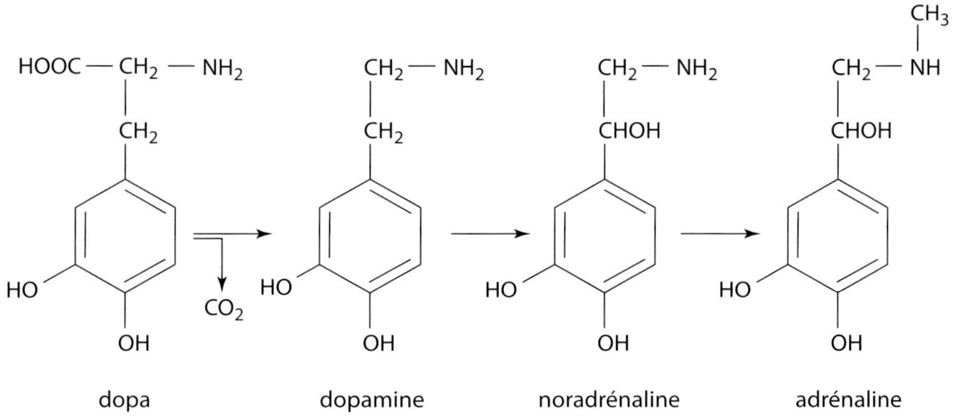

Figure 2.5 – Voie de biosynthèse simplifiée des catécholamines

  La 4-hydroxyisoleucine, acide aminé non conventionnel isolé à partir des graines du fénugrec (*Trigonella foenum-graecum* L.), possède des propriétés insulino-stimulantes particulièrement intéressantes : il est capable de réguler la **glycémie** chez le rat. Cette molécule, qui n'existe ni chez l'homme, ni chez l'animal, et dont les propriétés insulino-stimulantes ont été mises en évidence dès 1991, a fait l'objet de plusieurs dépôts de brevet internationaux. Le mécanisme d'action de cette molécule antidiabétique est différent de celui des seuls agents insulino-stimulant utilisés actuellement dans le traitement de cette affection, les sulfonylurées. En effet, la 4-hydroxyisoleucine, en agissant sur les cellules β pancréatiques, stimule la sécrétion d'**insuline** uniquement lorsque la concentration en glucose du milieu augmente : elle permet ainsi d'éviter les accidents hypoglycémiques observés lors de la prise des sulfonylurées.
- Les acides aminés peuvent également servir de matières premières pour la synthèse de produits divers : peptides pharmaceutiques, agents chélatants (cystéine) et agents **surfactants** (acides aminés *N*-acylés) et **édulcorants**. Cette dernière catégorie est représentée par l'aspartame qui est un dipeptide (L-aspartyl-L-phénylalanine) dont le pouvoir sucrant est de près de 200 fois celui du saccharose qu'il remplace souvent dans les boissons et les aliments à basses calories.

Méthodes de production :

La production industrielle des acides aminés fait intervenir diverses méthodes :
- synthèse chimique (méthionine),
- extraction à partir des produits naturels (comme les farines de soja). C'est le cas de la tyrosine, la leucine, la cystéine, etc.,

- synthèse biochimique :
  - par culture microbienne : transformation, par un microorganisme, d'une source de carbone en un acide aminé (acide L-glutamique, L-lysine, L-phénylalanine, L-thréonine, L-tryptophane, L-histidine, L-sérine, L-valine). Les matières premières utilisées pour la culture sont assez diverses : acide acétique, **mélasse** de canne à sucre ou de betterave. La culture se fait dans des réacteurs de grande capacité (60 à 300 m^3). À la fin de la culture, les cellules bactériennes sont éliminées par **centrifugation** et l'acide aminé est purifié, soit par **précipitation** au point isoélectrique, soit par **chromatographie** d'échange d'ions. Dans le cas de la production d'acide glutamique (acide aminé produit à la plus grande échelle), des souches bactériennes de l'espèce *Corynebacterium glutamicum* ainsi que des souches génétiquement modifiées de l'espèce bactérienne *Escherichia coli* sont les microorganismes les plus souvent utilisés ;
  - par **bioconversion** : transformation, par voie enzymatique, d'un précurseur en un acide aminé : acide L-aspartique (à partir du fumarate et de NH_4^+), glutamine (à partir du glutamate), L-tryptophane (indole + pyruvate + NH_3), L-DOPA (à partir de la phénylalanine).

2.2.2. ACIDES AMINÉS INDISPENSABLES

On désigne ainsi 8 des 20 acides aminés de base que l'organisme humain et les Vertébrés supérieurs ne peuvent pas synthétiser ou qu'ils synthétisent trop lentement par rapport aux exigences continues de la protéogenèse (tab. 2.2). L'histidine (qui ne figure pas dans cette liste) est dite semi-indispensable : elle est d'autant plus indispensable que la vitesse de croissance est plus rapide, comme chez le jeune enfant, mais devenant un acide aminé banal chez l'adulte. Les **acides aminés indispensables** doivent impérativement être fournis dans l'alimentation, et ce en quantité adéquate pour permettre la synthèse protéique nécessaire à la croissance mais également au renouvellement incessant des protéines de l'organisme.

Les **acides aminés indispensables** interviennent à divers niveaux, notamment dans la synthèse de neurotransmetteurs cérébraux et dans le renouvellement des fibres musculaires. La **carence** en un seul des acides aminés indispensables a des répercussions plus graves, particulièrement chez le jeune enfant, qu'une restriction protéique globale. Une protéine aura donc une valeur biologique d'autant meilleure qu'elle apportera les acides aminés en proportions équilibrées et en particulier les acides aminés indispensables.

L'homme trouve quotidiennement les **acides aminés indispensables** dans le lait, la viande, le poisson et les œufs qui en sont riches mais en quantités plus ou moins importantes (tab. 2.2). Le riz est riche en certaines protéines ainsi que certains légumes (haricot, pois). Le maïs, le blé et le seigle sont des **Céréales** qui contiennent également des quantités notables de protéines végétales où l'on trouve certains acides aminés indispensables, mais les Céréales comme les **Légumineuses** sont souvent déficitaires en un ou plusieurs acides aminés indispensables (en lysine et en méthionine respectivement).

On ne peut donc pas parler de besoins absolus en acides aminés mais de besoins relatifs. Dans une alimentation normale, plusieurs protéines sont consommées à la fois et c'est l'ensemble des acides aminés qui en résulte qui sera utilisé pour les synthèses.

Tableau 2.2 – Principales sources d'acides aminés indispensables

Acides aminés	Sources
isoleucine	fromages à pâte dure • lait, levure de bière • saumon • viandes rouges • volailles
leucine	blanc d'œuf • fromages à pâte dure • foie de veau • lait • légumes secs • levure de bière
lysine	fromages • foie de veau • lait • légumes secs • levure de bière • viandes rouges
méthionine	blanc d'œuf • lait • levure de bière • poissons de mer • volailles
phénylalanine	farine de soja • fromages • graines de céréales • lait • levure de bière • volailles
thréonine	fromages • lait • légumes secs • levure de bière • saumon • viandes rouges
tryptophane	blanc d'œuf • foie de veau • lait • levure de bière • viandes • volailles
valine	fromages • lait • légumes secs • levure de bière • viandes • volailles

2.3. PROTÉINES

2.3.1. DÉFINITIONS

Les protéines sont un groupe de composés organiques constitués d'une (ou de plusieurs) chaîne d'acides aminés liés par des liaisons peptidiques.

Si le nombre d'acides aminés est de 2, on parle de dipeptides. Un oligopeptide est constitué de 2 à 10 acides aminés. Les polymères constitués d'un nombre d'acides aminés allant jusqu'à 100 sont appelés peptides. Si ce nombre atteint 10 000 unités ou plus, on parle de polypeptides. Les protéines sont constituées d'un ou plusieurs polypeptides.

Acides aminés ⟶ peptides ⟶ polypeptide(s) ⟶ protéine

2.3.2. STRUCTURE

Les protéines sont de formes physiques diverses selon leur organisation dans l'espace ou structure. Celle-ci elle est définie par quatre niveaux :

- L'ordre d'enchaînement des acides aminés qui forment les chaînes peptidiques constitue la structure primaire qui donne à chaque protéine son caractère propre. Tout enchaînement d'acides aminés comporte nécessairement un acide aminé dit N-terminal porteur d'un groupe aminé libre et un acide aminé dit C-terminal porteur d'un groupe carboxyle libre. La cohésion de cette chaîne d'acides aminés est assurée par des liaisons peptidiques formées par la réaction entre ces groupes (voir fig. 2.1). Cette séquence est aujourd'hui bien connue pour de nombreuses protéines.
- La structure secondaire correspond à la disposition dans l'espace de cette chaîne linéaire de base (en hélice α, en feuillets plissés, etc.). Elle résulte de l'établissement de liaisons hydrogène, de ponts disulfures et de liaisons **hydrophobes** entre les groupements de la chaîne elle-même et qui confèrent à la molécule la plus grande stabilité possible.

- La structure tertiaire résulte du repliement de la chaîne sous l'influence des interactions et des diverses liaisons intermoléculaires (ponts disulfures, interactions ioniques, liaisons hydrophobes, liaisons hydrogènes et forces de Van der Waals) dans un espace tridimensionnel. Ce repliement lui confère une conformation unique dans l'espace. Elle est conditionnée à la fois par la séquence primaire, le contenu en acides aminés polaires et non polaires ainsi que le solvant.
- La structure quaternaire n'intervient que lorsqu'il existe des associations spécifiques entre différentes chaînes polypeptidiques, semblables ou différentes, par des liaisons non covalentes (liaisons hydrogènes, interactions hydrophobes), pour aboutir à un ensemble fonctionnel plus complexe. Ces chaînes prises isolément, ne possèdent pas d'activité biologique. Chaque chaîne polypeptidique élémentaire est appelée sous-unité et l'on rencontre une grande variabilité dans leurs combinaisons possibles ; les formes les plus fréquemment rencontrées sont les dimères, les tétramères, les hexamères et les octamères. On réserve le nom d'oligomères aux protéines constituées d'un nombre limité de sous-unités, pour les distinguer des **polymères** dans lesquelles le nombre de sous-unités peut être très grand. La plupart des **enzymes** endocellulaires sont oligomériques.

C'est, en définitive, la structure primaire qui détermine les autres structures. Le remplacement d'un acide aminé par un autre a donc des retentissements au niveau des autres types de structure.

2.3.3. Modifications post-traductionnelles

Après la traduction d'un ARN messager en protéine (c'est-à-dire après la synthèse du polypeptide), celle ci subit une maturation post-traductionnelle au cours de laquelle des changements sont apportés à sa structure. Il peut s'agir, par exemple, de modifications des chaînes latérales ou de la formation de liaisons entre résidus (pontages). La protéine peut être associée à d'autres protéines ou à diverses molécules comme des glucides, par exemple (ce qui donne naissance à une **glycoprotéine**).

De même, au cours de son transfert entre différents compartiments cellulaires, la protéine peut subir une série de transformations biochimiques la modifiant profondément, de telle sorte que la protéine finale est bien différente de la molécule préalablement codée par le gène. Dans 95 % des cas, la protéine finale a une structure plus ou moins modifiée par rapport à celle de la chaîne néo-synthétisée. Ces modifications ont un rôle biologique souvent crucial car elles contribuent à la régulation de l'activité de la protéine, ainsi qu'à sa localisation. Elles peuvent affecter les propriétés intrinsèques du polypeptide sur différents plans : conformation, stabilité, assemblage, activité, régulation, reconnaissance, transport, localisation, **translocation**, etc.

Les types de modifications biochimiques sont nombreux ; les plus connus sont : la formation de liaisons intra- ou intermoléculaires, la glycosylation, l'hydroxylation, la phosphorylation, la méthylation, la prénylation, la sulfatation, l'iodination, la carboxylation, l'acylation, l'ubiquination, l'excision d'un fragment par une peptidase, etc.

2.3.4. DÉNATURATION

La dénaturation est un phénomène physico-chimique se traduisant par une modification, plus ou moins importante, de la structure native tridimensionnelle (organisation structurale dans l'espace) d'une protéine (ou de tout autre macromolécule), par rupture de certaines liaisons faibles responsables des structures secondaire et tertiaire avec conservation de la structure primaire (donc sans rupture de la liaison peptidique). La destruction de la structure quaternaire empêche la protéine d'exercer sa fonction.

Elle peut être partielle (modification restreinte se traduisant par une baisse d'activité) ou totale, réversible (après suppression des agents qui l'ont provoquée) ou irréversible.

Dans le cas des protéines, les forces qui stabilisent cette structure sont les liaisons hydrogène, les attractions électrostatiques et les interactions hydrophobes entre les chaînes latérales d'acides aminés. La dénaturation des protéines résulte en une diminution de leur **solubilité** (démasquage des groupes **hydrophobes**), une modification de leurs propriétés biologiques et **fonctionnelles** des protéines (ex. inactivation des **enzymes**) et une sensibilité accrue aux protéases. De ce fait, selon les cas et les fonctions que l'on souhaite lui voir remplir, la dénaturation d'une protéine doit être impérativement évitée (ex. pour le maintien d'une activité enzymatique, de propriétés immunologiques) ou au contraire, plus ou moins complètement réalisée (ex. pour l'augmentation de ses propriétés visqueuses, de son pouvoir gélifiant).

La dénaturation d'une protéine se produit sous l'action de facteurs variables dont les principaux sont résumés dans le tableau 2.3 ci-après.

2.3.5. DIVERSITÉ ET FONCTIONS BIOLOGIQUES

Suivant leur origine botanique et leur fonction physiologique dans la plante, les protéines végétales se caractérisent par une très grande diversité de structures et de propriétés physicochimiques. Les protéines se présentent donc sous des aspects physiques différents (ex. protéines fibreuses, globulaires). Elles sont parfois capables de s'associer à d'autres constituants (voir tab. 2.4, p. 59). Elles peuvent se trouver en solutions, en solutions colloïdales ou rester sous forme insoluble (ex. **gluten**, globulines, etc.). Les solutions colloïdales de protéines précipitent par addition d'un électrolyte.

Dans la cellule végétale, on distingue :

- Les protéines solubles, en **solution** colloïdale ou insolubles, suivant les milieux dans lesquels elles se trouvent, assurent à ces derniers leur stabilité (propriétés tensio-actives), leur homogénéité et leur texture grâce à leurs propriétés épaississantes, liantes, gélifiantes, etc. Au niveau cellulaire, des protéines hydrosolubles sont présentes dans le cytosol, dans le stroma des chloroplastes, dans la matrice mitochondriale et dans le nucléoplasme. L'une des plus importantes par son rôle d'**enzyme** essentielle dans la fixation du dioxyde de carbone lors de la **photosynthèse** et des plus abondantes est la ribulose bisphosphate carboxylase/oxygénase (RuBisCO). Localisée dans les chloroplastes, elle représente 40 à 80 % des protéines foliaires totales solubles du soja, de la luzerne et de la plupart des **Céréales**.

- Les protéines insolubles, de poids moléculaire généralement élevé (ex. extensine de la **paroi cellulaire**), constituent la trame moléculaire de base du hyaloplasme, des structures nucléaires, de la substance fondamentale ou stroma des mitochondries et des

Tableau 2.3 – Principaux agents dénaturants des protéines

Nature	Facteur incriminé	Effets
agents physiques	chaleur	• agrégation de protéines (floculation) et dénaturation irréversible, par rupture des liaisons faibles qui stabilisent la conformation de la protéine. C'est le facteur le plus souvent impliqué, la thermosensibilité des protéines variant suivant de nombreux facteurs : nature et concentration de la protéine, pH, présence de certains facteurs protecteurs, etc.
	froid	• inactivation d'enzymes • agrégation et précipitation • dissociation d'oligomères ou réarrangement
	radiations	• captation des radiations ultraviolettes par les acides aminés aromatiques, avec par exemple rupture des ponts disulfure • formation d'espèces chimiques très réactives (radicaux libres) susceptibles d'altérer la structure de la molécule (fragmentation de la chaîne peptidique, agrégation, modification d'acides aminés, etc.) sous l'effet des radiations ionisantes (rayons X, rayons γ, etc.)
	traitements mécaniques	• dénaturation, par exemple des hélices α, sous une agitation prolongée ou forte ou sous l'action des ultra-sons • surchauffe de l'extrait et dénaturation sous l'effet d'une homogénéisation ou d'une centrifugation
agents chimiques	acides et bases	• dénaturation sous l'effet des pH extrêmes (acides ou alcalins) en modifiant les charges des groupements ionisables, créant des répulsions électrostatiques intramoléculaires très fortes, d'où déplissement de la protéine
	détergents	• dénaturation fréquente des protéines de façon irréversible sous l'action des détergents anioniques (ex. dodécylsulfate de Na, sarkosyl) en créant des interactions avec des molécules d'eau et la rupture de nombreuses liaisons faibles intramoléculaires, d'où un déplissement, et un démasquage de zones hydrophobes qui se tournent alors vers l'extérieur
	solvants organiques	• déstabilisation par modification des interactions hydrophobes par la plupart des solvants organiques (alcool, acétone)
	oxydants et réducteurs	• formation de liaisons disulfures sous l'effet des oxydants (ex. oxydation des cystéines en cystines) alors que les réducteurs (ex. dithiothreitol, β-mercaptoéthanol) les coupent
	sels et ions	• accélération des réactions d'oxydation des protéines sous l'effet de certains ions métalliques
	agents chaotropiques	• fragilisation des liaisons hydrogènes et accroissement de la solubilité des chaines latérales apolaires lorsque des agents comme le perchlorate de lithium, l'urée, le chlorure de guanidine sont utilisés à concentrations élevées

chloroplastes. Associées à des lipides, elles participent à l'architecture de tous les systèmes membranaires : plasmalemme, réticulum endoplasmique, enveloppe nucléaire, appareil de Golgi, membranes interne et externe des mitochondries et des plastes.

- Les protéines globulaires, capables de se fixer ou de s'associer à d'autres éléments, sont souvent douées d'activité biologique plus ou moins caractéristique de tel ou tel compartiment cellulaire (ex. **enzymes**, protéines de transport, etc.). Dans les cellules, presque toutes les réactions chimiques sont catalysées par des enzymes. On en connaît, à ce jour, plus de 2000 types différents découverts dans les différents organismes vivants, chacun capable de catalyser une réaction spécifique. Ainsi, une enzyme qui **hydrolyse** le maltose est totalement inefficace envers la cellobiose. Ceci explique, par exemple, pourquoi les **ruminants** digèrent la cellulose alors que l'homme en est incapable. Certaines de ces protéines doivent leur activité à un groupe prosthétique (**coenzyme**).
- Les protéines de réserve, protéines majeures sans activité biologique, généralement de poids moléculaire élevé et plus ou moins solubles. Les organes de dissémination (bulbes, graines, tubercules) de nombreuses plantes mettent en réserve des protéines nutritives qu'elles mobilisent dès les premiers stades de la germination. Ces réserves assurent l'autonomie des organes dispersés à l'occasion de leur réactivation (conditions favorables).

Cette diversité d'aspects, d'associations, de **solubilités**, etc., se traduit par des différences importantes de propriétés **fonctionnelles** naturelles qui font des protéines les constituants chimiques les plus importants des organismes vivants, présentes dans toutes leurs cellules et dans tous les liquides biologiques.

Pour croître, entretenir ses divers tissus et assurer le bon fonctionnement de ses divers organes comme celui de son système de défense, l'organisme animal doit synthétiser toute une panoplie de protéines. Pour satisfaire cette nécessité, il doit consommer des aliments protéiques, issus à la fois du monde animal et du monde végétal. Les protéines doivent constituer 15 % de la **ration** calorique totale, soit 1 g de protéines/Kg de poids/jour.

Tableau 2.4 – Principales classes de protéines, selon leur composition

protéines simples (holoprotéines)	albumines • globulines • glutélines • histones • prolamines
protéines conjuguées (hétéroprotéines)	chromoprotéines • flavoprotéines • glycoprotéines • lipoprotéines • métalloprotéines • nucléoprotéines • phosphoprotéines • porphyrinoprotéines

2.3.5.1. Protéines de réserve

Les protéines végétales se trouvent en quantités plus ou moins importantes dans les tubercules (ex. pomme de terre), certaines racines (ex. manioc), les feuilles (ex. luzerne) mais elles sont le plus souvent extraites des graines des **protéagineux** (pois, féverole, haricot, lentilles, lupin, etc.), des oléagineux (soja, arachide, colza, tournesol, etc.) ou de **Céréales**. Ces dernières couvrent la moitié des besoins protéiques dans l'alimentation humaine et animale, malgré une composition déficitaire en acides aminés essentiels. Le manque de lysine dans les Céréales peut être compensé par celle présente dans les **Légumineuses**.

Une protéine présente dans une graine en quantité supérieure à 5 % est considérée comme une protéine de réserve. Chez les végétaux, ces protéines de réserve qui sont d'une grande importance, tant pour la plante elle-même au moment du développement de l'embryon lors de la germination que pour l'alimentation humaine ou animale, constituent dans la cellule des graines de nombreux éléments figurés, appelés corpuscules protéiques ou grains d'aleurone, dont la forme et la structure sont souvent caractéristiques d'une espèce donnée.

Chez les **Légumineuses**, les protéines de réserve sont principalement constituées de globulines (60 à 90 %) et de prolamines (10 à 20 %) ; certaines espèces contiennent, en outre, une fraction gluténines (< 15 %) (fig. 2.6).

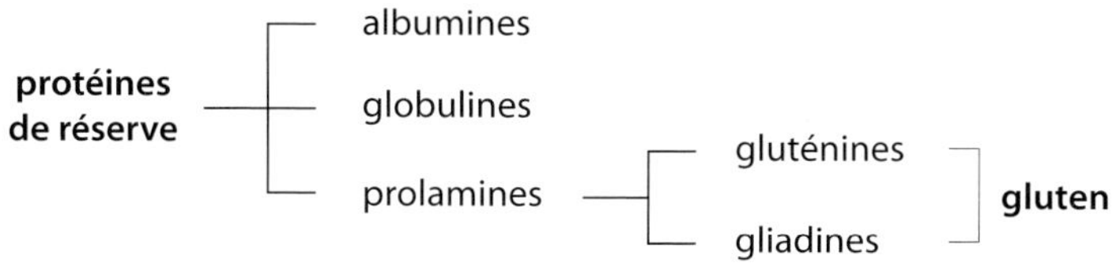

Figure 2.6 – Principales classes de protéines de réserve chez les plantes

Prolamines et gluténines dominent chez les Monocotylédones. Chez les Graminées (Poaceae), par exemple, elles atteignent respectivement la proportion de 40-60 % et de 20-40 % du total des protéines de réserve. Ces deux types de protéines se distinguent par leur **solubilité** et leur composition en acides aminés : les prolamines sont solubles dans l'alcool à 70 % en présence d'agents réducteurs et sont riches en proline et en glutamine. Les gluténines sont solubles dans des solutions alcalines ou acides diluées et renferment une forte proportion d'acide glutamique.

Les prolamines ont reçu des appellations en rapport avec la céréale d'où elles sont extraites. Ainsi, les prolamines majoritaires du blé, de maïs, de seigle, de l'avoine et d'orge sont appelées respectivement, gliadine, zéine, sécaline, avénine et hordéine. Elles sont synthétisées une dizaine de jours après la pollinisation et s'accumulent uniquement dans l'albumen. La régulation de l'expression de leurs gènes est essentiellement transcriptionnelle. Contrairement aux globulines qui sont constituées de protéines de réserve de la graine, les prolamines regroupent la plupart des protéines qui présentent une activité biologique. Ainsi, dans le cas des **Légumineuses**, cette fraction est constituée d'**enzymes** (lipoxygénases, uréase, amylase), de **lectines** (hémagglutinines) et d'inhibiteurs d'enzymes (facteurs antitrypsiques). Les graines de soja présentent une teneur plus élevée que celles des autres Légumineuses en hémagglutinines et en facteurs **antitrypsiques**.

APPLICATIONS ALIMENTAIRES ET INDUSTRIELLES

En technologie alimentaire, les propriétés **fonctionnelles** des protéines sont exploitées, selon les cas, pour maîtriser et adapter l'hydratation, la texture, la viscosité, l'**arôme**, l'homogénéité et la stabilité des aliments élaborés (tab. 2.5).

Les protéines purifiées de soja et de pois (viciline), par exemple, sont des agents tensioactifs remarquables. Ces protéines à l'état natif ont un **pouvoir moussant** important et conduisent à des mousses et des **émulsions** stables. Aux concentrations comprises entre 8 et 14 %,

Tableau 2.5 – Exemples d'utilisation des protéines

Traitement	Domaine d'utilisation	Traitement	Domaine d'utilisation
hydrolyse	pharmacie chimie fine alimentation acides aminés	émulsifiants	produits laitiers pâtés
traitement chimique	vernis textiles artificiels pharmacie	concentration	alimentation humaine
coagulation	alimentation animale	extrusion	alimentation humaine
gluten	boulangerie	filage	alimentation humaine
protéines « gluten »	alimentation animale (aviculture)	acylation	fixation d'acides gras
gélifiants	conserves de viandes		

les globulines de soja gélifient après traitement thermique (80-85 °C, 30 min) puis refroidissement (4 °C, 60 min.). Les propriétés gélifiantes de la glycinine varient selon les variétés de soja et la fermeté du gel semble liée à la proportion de certaines sous-unités. La ß-conglycinine gélifie dès 70 °C. Après refroidissement, la structure du gel est plus dense et le gel plus ferme. La napine (albumine de réserve du colza) présente une bonne capacité moussante et permet de générer des mousses très stables.

Les principales qualités nutritives et technologiques des farines dépendent des protéines de réserve qui, dans le grain de blé, par exemple, sont constituées principalement de gliadines et de gluténines. Les premières sont des molécules monomériques (30-75 kDa) divisées en quatre sous-groupes, α-, β-, γ-, et ω-gliadines selon leurs mobilités électrophorétiques. Par contre, les gluténines forment des structures polymériques suite à l'établissement de liaisons disulfures intermoléculaires. Elles sont divisées en deux groupes d'après leur mobilité électrophorétiques sur un gel de polyacrylamide-SDS : gluténines à haut poids moléculaire (G-HPM) et gluténines à bas poids moléculaire (G-BPM), reliées également par des ponts disulfures. La qualité de la cuisson de la pâte à pain est basée principalement sur la composition qualitative et quantitative des G-HPM et des G-BPM et des gliadines. L'interaction des gliadines et des gluténines, en présence d'eau, aboutit à la formation d'une masse cohérente, insoluble et viscoélastique, le **gluten**. Ce dernier favorise également la rétention du dioxyde de carbone produit durant la **fermentation** des sucres par la **levure**. Ces propriétés sont très largement mises à profit dans la panification et les autres industries céréalières mais aussi lorsque l'on ajoute le gluten dans des formulations alimentaires diverses pour ses propriétés texturantes et adhésives. De plus, les propriétés nutritionnelles de ces protéines permettent d'accroître et de mieux équilibrer la valeur alimentaire des produits diététiques.

Par contre, l'ingestion de **gluten** est aussi la cause de la maladie cœliaque, chez certains sujets prédisposés (voir encart 4).

Les protéines végétales sont commercialisées sous forme de concentrats, d'isolats ou d'hydrolysats :

- Concentrat :

  Produit protéique issu de sources diverses (ex. concentrats de soja, de pois, etc.). Il se caractérise par :

  - sa teneur moyenne en protéines qui, selon son origine, peut varier entre 45 et 85 % maximum,

- son mode d'obtention. Son enrichissement en protéines est obtenu par l'élimination des composants non protéiques de la matière première (ex. élimination des lipides, des sucres, des matières minérales) et non par extraction sélective directe comme pour les isolats.

Au point de vue nutritionnel, les concentrats sont presque entièrement exempts de facteurs anti-trypsique et autres facteurs antinutritionnels du fait du processus de fractionnement utilisé (acides, température, etc.).

❖ Hydrolysat :

Mélange de molécules de taille plus ou moins importante (ex. polypeptides, oligopeptides, acides aminés) résultant de l'hydrolyse des macromolécules complexes (protéines, polysaccharides, etc.) par actions d'agents chimiques (acides, alcalis) ou d'agents biologiques (enzymes).

Au plan nutritionnel, l'hydrolysat présente des avantages certains par rapport à la macromolécule dont il est issu ; étant beaucoup plus facilement assimilable, il sert très souvent dans la fabrication de préparations alimentaires destinées à des malades souffrant de troubles digestifs.

Au plan des propriétés fonctionnelles, les hydrolysats ont souvent des qualités gustatives particulières, d'où leur emploi en tant que renforçateurs de goût.

Certains d'entre eux (ex. hydrolysat de protéines de soja) ont également des pouvoirs émulsifiants accrus mais leurs capacités gélifiantes sont atténuées sinon détruites.

❖ Isolat :

Produit protéique issu de sources diverses (ex. soja, pois, etc.), se caractérisant par :

- une teneur élevée en protéines (de 80 à 95 %),
- son mode d'obtention. Sa richesse en protéines est obtenue par extraction sélective de celles-ci à partir du milieu plus ou moins complexe dans lequel elles se trouvent. L'isolement des protéines végétales est rendu difficile par leurs liens étroits avec les autres composants non protéiques. Cela nécessite d'avoir recours à diverses étapes d'extraction, de filtration ou de centrifugation, de purification et enfin de dessication.

ENCART 4 – MALADIE CŒLIAQUE

La maladie cœliaque, connue également sous le nom d'entéropathie induite par le **gluten**, est la cause la plus fréquente de malabsorption généralisée d'aliments, provoquée par une atrophie des villosités, qui affecte en particulier la muqueuse de l'intestin grêle proximal, chez les sujets prédisposés. Elle résulte d'une hypersensibilité à un constituant du gluten, la fraction α-gliadine (prolamines), présente dans certaines **Céréales** panifiables comme le blé, le seigle, l'orge, l'avoine, leurs dérivés industriels (à l'exception de ceux certifiés sans gluten) et aux produits élaborés à partir de ces espèces. Par conséquent, une restriction absolue s'impose (régime sans gluten) durant la vie entière. Chez les personnes sensibles, les symptômes se manifestent dans les 12 h qui suivent la consommation de gluten. La sévérité de l'atteinte est très variable. Elle peut se manifester dès la petite enfance avec un ralentissement du développement, une faiblesse générale, un amaigrissement et une distension abdominale, mais aussi plus tardivement dans l'enfance (avec retard de croissance, anémie, rachitisme, douleur abdominale) ou à l'âge adulte (typiquement par des diarrhées, une perte osseuse et un inconfort abdominal). L'exclusion totale du gluten de l'alimentation conduit à une reprise de la croissance des villosités intestinales et à la disparition des symptômes.

La maladie cœliaque est souvent associée à une élévation des aminotransférases et à la présence d'**anticorps** anti-gliadine et antitransglutaminase tissulaire qui sont des marqueurs de la maladie. La détermination de leur taux dans le sang est à la base d'un test sérologique de diagnostic de la maladie. Les taux d'aminotransférases élevés se normalisent après un régime sans **gluten**.

Au plan nutritionnel, toutes les protéines alimentaires végétales n'ont pas la même aptitude à satisfaire les besoins en azote et en acides aminés nécessaires à la croissance et l'entretien de l'organisme. Contrairement à la plupart des protéines animales, leur **digestibilité** par l'homme est moindre et elles sont déficientes en certains **acides aminés indispensables**. De plus, les protéines des **protéagineux** tout comme celles des oléagineux sont fréquemment associées à un bon nombre de **facteurs antinutritionnels** (ex. **tanins, facteur anti-trypsique**, **lectines**, etc.) – voire parfois toxiques – ce qui les rend non assimilables pour l'homme et certains animaux (ex. **tourteaux** de soja). Pour être utilisables en tant qu'**ingrédients** alimentaires, ces protéines doivent impérativement être débarrassées de ces composants toxiques par traitement chimique ou thermique. Dans le cas d'un traitement thermique, il est nécessaire de porter la plus grande attention aux conditions opératoires si l'on ne veut pas induire les réactions de Maillard (encart 5), responsables de la diminution de la valeur nutritive de ces protéines.

Le tableau 2.6 ci-après donne les principaux facteurs antinutritionnels et agents toxiques rencontrés chez les plantes.

À noter encore que les **Légumineuses** fourragères renferment des facteurs, vraisemblablement des protéines solubles, qui provoquent la météorisation (gonflement de l'abdomen par accumulation de gaz). Cependant, certaines Légumineuses, comme le sainfoin, ne provoquent pas ce phénomène.

Encart 5 – Réactions de Maillard

Les réactions de Maillard, du nom du médecin et chimiste nancéen, Louis-Camille Maillard (1878-1936) qui les a décrites et expliquées en 1912, désignent un ensemble très complexe de réactions qui se produisent entre sucres réducteurs et acides aminés lors des traitements thermiques, ou le stockage de longue durée d'aliments renfermant ces deux composants ; elles aboutissent à la formation de nombreuses molécules aromatiques ainsi que de composés polymérisés bruns et noirs (mélanoidines) insolubles et modifiant d'autres qualités organoleptiques comme l'odeur et la saveur.

Parmi les glucides contenus dans les aliments, ce sont les pentoses qui présentent la plus forte réponse à la réaction de Maillard. Par ordre de réactivité décroissante, on trouve : ribose > xylose > arabinose > mannose > fructose > glucose. Les diholosides réducteurs (maltose, lactose) sont encore moins réactifs que les hexoses.

Parmi les acides aminés, c'est en particulier la lysine qui, par son groupement ε-aminé, présente une forte réponse à la réaction de Maillard, ce qui peut entraîner sa non disponibilité.

Selon les cas, les réactions de Maillard peuvent être souhaitées pour le développement de couleurs et d'arômes ou, au contraire, affecter négativement la qualité organoleptique et nutritionnelle du produit.

Ce sont les réactions de Maillard qui sont à l'origine de la coloration brune plus ou moins intense des biscuits, du pain, des gâteaux, des viandes rôties, des pommes de terre frites, des fèves de cacao torréfiées.

Par contre, les réactions de Maillard, peuvent, selon les conditions de température et de pH, favoriser la dégradation de l'acide ascorbique. Ceci est particulièrement fréquent dans les jus de fruits industriels.

2.3.5.2. PROTÉINES MEMBRANAIRES

Bien qu'elles représentent environ 1/3 des protéines totales d'une cellule typique et qu'elles jouent un rôle important dans de multiples processus biologiques, à peine 1 % des structures des protéines membranaires est connu comparé à plus de 45 000 structures de protéines solubles répertoriées dans les banques de données. La raison principale de ce

Tableau 2.6 – Facteurs antinutritionnels associés aux protéines végétales

Facteur	Plante	Principale action	Détoxification
phytates	légumineuses	chélation d'éléments minéraux	solubilisation (eau, acide) ▪ hydrolyse à l'aide de phytases
lipoxygénases	légumineuses ▪ pommes de terre	destruction de la vitamine A	traitement thermique (> 60 °C)
acide ascorbique oxydase	pois	oxydation de la vitamine C	traitement thermique
α-galactosides	légumineuses	agents de flatulence	solubilisation (eau, eau-alcool)
inhibiteurs trypsiques	haricots ▪ pois ▪ soja ▪ luzerne	inhibition de la trypsine et de la chymotrypsine	traitement thermique
alcaloïdes	lupin	problèmes neurologiques ▪ action tératogène	solubilisation (eau, solvants apolaires, acide)
acides aminés toxiques (β-cyanoalanine, acide diaminobutyrique ▪ acide diaminopropionique)	gesse (*Lathyrus sativus*)	problèmes neurologiques (lathyrisme) ▪ problèmes métaboliques osseux	cuisson
hétérosides cyanogènes	manioc ▪ sorgho ▪ vesce	goitrogène	cuisson prolongée
tanins	haricots	astringent au goût ▪ complexation de protéines ▪ inhibition d'enzymes ▪ anti-vitaminique	
gossypol	coton	œdème ▪ hémorragies	addition de sulfate de fer (II)
glucosinolates	colza	goitrogène ▪ carcinogène ▪ altèrent le goût	solubilisation (eau, eau-alcool)
vicine et convicine	haricots	anémie hémolytique	traitement thermique
lectines	haricots ▪ pois ▪ soja ▪ luzerne	agglutination des globules rouges ▪ diminution de l'absorption	traitement thermique
saponines	pois ▪ soja ▪ luzerne	amertume ▪ hémolyse ▪ complexation de protéines alimentaires	solubilisation (eau) ▪ traitement thermique
divers polyphénols	haricots ▪ fèves ▪ luzerne ▪ colza ▪ soja ▪ tournesol		solubilisation (eau, eau-alcool)

paradoxe vient de la difficulté d'isoler ces protéines incorporées dans la bicouche lipidique des membranes biologiques. En effet, leur isolement ne peut être accompli que par l'utilisation d'un **détergent**, plus ou moins drastique, pour les solubiliser. Des centaines de types de détergents sont disponibles et leur choix est déterminé par leur capacité à extraire la protéine ciblée tout en préservant sa stabilité et sa pureté.

Les protéines membranaires peuvent être classées en deux grands types (fig. 2.7) :

- Transmembranaires : ce sont des protéines qui traversent complètement la membrane et dont les deux extrémités sont en relation directe avec, d'une part le milieu intracellulaire et, d'autre part, le milieu extracellulaire. Ce type étant le plus fréquent. L'extrémité N-terminale peut être orientée soit vers la face cytoplasmique, soit vers le milieu extracellulaire. Un cas particulier de protéines transmembranaires est celui où la même chaîne polypeptidique traverse plusieurs fois la membrane, en « serpentin ». Leur extraction nécessite la cassure de la membrane à l'aide d'un détergent fort, un solvant hydrophobe ou un agent chaotropique (ex. urée, KSCN).
- Périphériques : ce sont des protéines dont l'attache se fait à la superficie de la membrane, soit par des liaisons électrostatiques, soit par l'intermédiaire d'autres protéines membranaires. Elles sont donc orientées, soit vers l'intérieur de la cellule, soit vers l'extérieur. L'extraction de ces protéines se fait, en général, par simple augmentation de la force ionique ou par l'utilisation d'un agent chaotropique. L'intérieur et l'extérieur de la membrane sont différents en ce qui concerne leurs protéines.

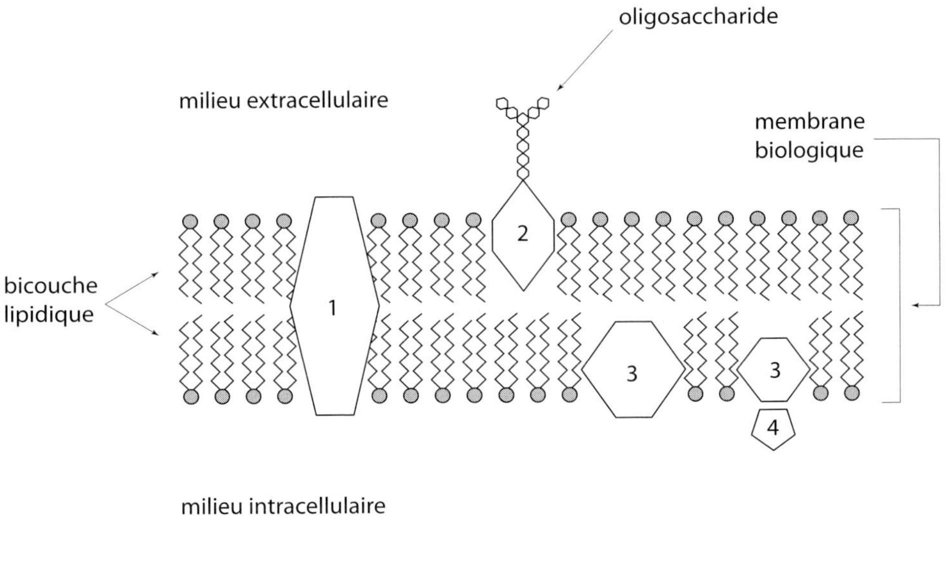

Figure 2.7 – Structure schématique d'une membrane biologique typique d'Eucaryote

1 : protéine transmembranaire, 2 : glycoprotéine portant un oligosaccharide dirigé vers le milieu extracellulaire, 3 : protéines périphériques situées vers l'intérieur de la cellule, 4 : protéine périphérique fixée sur une autre protéine membranaire

Les protéines membranaires peuvent avoir au niveau cellulaire des fonctions variées dont les plus importantes sont liées à leur localisation à la frontière entre deux milieux différents :

- Récepteurs des hormones : lorsqu'ils sont situés sur la membrane, ils assurent le lien entre l'extérieur et l'intérieur de la cellule. En se fixant spécifiquement à une hormone, ils transfèrent les messages qui déclenchent une réaction spécifique au niveau cellulaire, voire dans l'organe ou dans l'organisme entier.
- Canaux ioniques : ce sont des protéines oligomériques dont les sous-unités sont assemblées de manière à former un canal traversant la membrane et que des ions spécifiques (Na^+, K^+, Ca^{2+}, Cl^-, principalement) peuvent emprunter, selon les besoins de la cellule. C'est donc un système régulé.
- Transporteurs : contrairement aux canaux ioniques, les transporteurs assurent le transport de certains ions mais en utilisant de l'énergie (transport actif). Ainsi, les ATPases membranaires sont à la fois des **enzymes** et des transporteurs. L'activité enzymatique concerne soit l'**hydrolyse**, soit la synthèse des molécules d'adénosine-triphosphate (ATP). Le transport des ions de part et d'autre de la membrane constitue l'autre fonction des ATPases. L'énergie nécessaire à ce transport provient de l'hydrolyse de l'ATP en ADP. Il en existe plusieurs classes, selon l'une ou l'autre des activités enzymatiques et selon le type d'ion transporté.
- Enzymes : les protéines kinases sont des **enzymes** impliquées dans l'activation d'autres protéines par phosphorylation. Elles sont elles-mêmes activées en se liant à des substances spécifiques.

Chez les plantes, les principales réactions de la **photosynthèse** sont catalysées par des protéines membranaires, réunies en unités fonctionnelles, appelées, « antennes collectrices » qui sont des composantes des photosystèmes ou unités photosynthétiques. Elles sont constituées de protéines particulières ayant la propriété d'établir des liaisons stables avec les pigments photosynthétiques. Elles sont responsables de la capture efficace des photons et elles transmettent l'énergie d'excitation au centre réactionnel.

Ces antennes, incluses dans la membrane des thylakoïdes, constituent les complexes collecteurs de lumière (*Light Harvesting Complex*, LHC) dont les principales sont dénommées LHC I et LHC II. Ces protéines sont liées à la chlorophylle *a* et à la chlorophylle *b* dans des rapports variables. La LHC II est une protéine très abondante sur terre (seconde place derrière la RuBisCO). Sa structure fine a été établie par cristallographie aux rayons X.

2.4. MÉTHODES D'ÉTUDE GÉNÉRALES DES PROTIDES

2.4.1. EXTRACTION

L'extraction des acides aminés libres peut se faire, dans la plupart des cas, simplement à l'eau, puisqu'ils sont hydrosolubles.

L'extraction des protéines est souvent plus délicate à réaliser que celle des lipides ou des sucres car leurs molécules ont des structures complexes, hétérogènes, parfois en association stable avec des **polymères**, ce qui impose de nombreuses contraintes. En premier lieu, leurs structures natives sont difficiles à maintenir sans altération, plus ou moins importante, de leurs propriétés **fonctionnelles**. Risque d'oxydation, complexation avec les polyphénols, **hydrolyse** par les protéases endogènes et **dénaturation** physique (température élevée, notamment) ou chimique (certains solvants organiques, **pH**) sont autant de contraintes dont il faudra tenir compte, en les protégeant, lors de leur extraction.

La première phase d'extraction des protéines peut se faire par différentes méthodes dont les plus courantes sont résumées dans le tableau 2.7.

Tableau 2.7 – Méthodes d'extraction des protéines

Méthode	Principe/procédure
lyse cellulaire	en mettant les cellules dans une solution hypotonique, on crée un choc osmotique qui, en permettant à l'eau d'entrer dans la cellule, la fait gonfler jusqu'à ce que les membranes se rompent et libèrent leur contenu dans le milieu
congélation-décongélation	des cycles de congélations (azote liquide) et de décongélations répétés brisent les membranes cellulaires
digestion enzymatique	l'action conjuguée et simultanée de cellulases et de pectinases désagrègent les parois pecto-cellulosiques et libèrent des cellules dénudées (protoplastes) qu'on peut faire éclater, par la suite, par simple choc osmotique
déchiquetage mécanique	les appareils utilisés coupent et cisaillent les tissus avec des lames rotatives tournant à grande vitesse. Cette technique est particulièrement utilisée pour des tissus trop fibreux, difficiles à homogénéiser autrement (feuilles, tiges, graines, etc.)
broyage	divers dispositifs sont utilisés pour broyer le matériel biologique : mortier, Potter manuel ou motorisé
lyse mécanique	des agents abrasifs (poudre de diatomée, sable siliceux, particules de céramique, etc.) sont agités fortement en présence des cellules ou tissus qu'on veut lyser
décompression explosive	des cellules pressurisées au gaz (azote) sont brutalement décompressées pour briser les parois résistantes
traitement aux ultrasons	les ondes ultrasoniques causées par un générateur brisent les cellules et en libèrent le contenu

Quelle que soit la méthode d'extraction adoptée, la solution protéique doit être maintenue dans un **tampon** dont les caractéristiques sont compatibles avec la stabilité des protéines (**pH**, force ionique, sels, **antioxydants**, etc.).

L'aptitude à l'extraction est très variable d'une protéine à l'autre. Elle dépend, notamment, de leur état et de la méthode d'extraction elle-même qui doit être choisie en fonction de l'objectif et du degré de pureté souhaité.

- **État de la protéine**

  Des protéines solubles (albumines, globulines) et des protéines insolubles (protéines membranaires, pariétales, habituellement engagées dans des liaisons avec des polyphénols) peuvent coexister dans un même extrait. Leur libération implique des traitements chimiques (par exemple, utilisation d'extractants spécifiques) ou enzymatiques.

La précipitation par variation de la force ionique ou du pH doit prendre en compte la polarité de la protéine. Celle-ci dépend du nombre de groupes polarisés par rapport aux chaînes hydrophobes, ainsi que de la structure spatiale.

► MÉTHODES D'EXTRACTION

L'extraction peut être conduite selon l'une des deux approches suivantes :

▷ Méthodes d'enrichissement

Quatre étapes principales :

• dispersion des différents éléments par traitement mécanique (concassage, agitation, etc.) pour faciliter le **fractionnement** ;

• traitement thermique (50 à 140 °C, durée variable) visant à solidifier une phase (thermocoagulation) ou, au contraire, à la fluidifier (fonte des graisses) ;

• extraction proprement dite de la phase solide protéique, la phase liquide contenant les lipides fondus et l'eau, par pressage, **filtration** ou **centrifugation** ;

• séchage pour éliminer l'eau et extraction solide-liquide des lipides.

▷ Méthodes d'isolement

L'isolement nécessite d'abord une mise en solution, puis une **extraction** par **précipitation** et extraction solide/liquide, une **filtration** en fonction de la taille moléculaire, une fixation sur un support « actif » puis une élution sélective. Trois paramètres doivent être pris en considération :

• rendement (quantité de protéines extraites/quantité de protéines à extraire) souvent faible pour les protéines végétales (excepté le soja qui contient des globulines solubles) ;

• sélectivité (degré de pureté et d'homogénéité, rarement recherché en industrie **agro-alimentaire**) ;

• coût de l'extraction, en fonction de la vitesse (quantité de protéines/unité de temps) et de la concentration de l'extrait.

À noter que le rendement et la sélectivité sont rarement compatibles.

La mise en solution est le plus souvent effectuée par voie chimique ou, dans certains cas, par voie enzymatique. Cette deuxième méthode est coûteuse et son emploi est limité à certaines protéines.

La solubilisation par voie chimique fait intervenir au moins trois facteurs : **pH**, force ionique et température :

• pH : son choix dépend du **pHi** de la (ou des) protéine(s) désirée(s). L'extraction est souvent meilleure à pH légèrement alcalin ;

• force ionique : effet positif marqué sur la **solubilité** à proximité du pHi, effet négatif aux pH extrêmes. Certaines protéines membranaires peuvent être solubilisées dans des conditions relativement douces ; par exemple, à l'aide d'une solution de force ionique élevée (NaCl 1M) ;

• températures : les températures basses sont souvent préférées (moins dénaturantes, elles limitent le développement microbien).

Dans le cas des protéines membranaires ou pariétales, il est nécessaire d'ajouter au milieu d'extraction un **détergent** ionique doux (ex. SDS dilué) ou neutre (Triton X-100,

Nonidet) pour les libérer. Les débris cellulaires sont séparés par **centrifugation** ; la phase soluble est recueillie et soumise à divers traitements. L'extrait ainsi obtenu est ensuite clarifié, le plus souvent par **filtration** ou centrifugation, pour éliminer les grosses particules peu ou mal broyées ou encore pour obtenir la fraction cellulaire contenant la protéine recherchée.

2.4.2. SÉPARATION ET PURIFICATION

Que le but soit analytique ou préparatif, les mêmes principes généraux et les mêmes équipements s'appliquent à la séparation des acides aminés et des protéines.

En préalable à toute séparation préparative d'un mélange quelconque, un essai analytique sur le même mélange est réalisé en vue de mettre au point les conditions d'une bonne séparation ultérieure.

2.4.2.1. ACIDES AMINÉS

Il existe un système de **fractionnement**, complètement automatisé, qui permet de séparer, d'identifier et de doser quantitativement tous les acides aminés d'un hydrolysat protéique en 2 à 4 h. Les acides aminés en solution acide sont déposés sur la **colonne échangeuse d'ions**, de sorte que tous soient d'abord retenus sous forme $R\text{-}NH_3^+$. On réalise ensuite un gradient d'élution où le **pH** et la force ionique augmentent peu à peu. Les acides aminés sont élués les uns après les autres et mélangés automatiquement à la ninhydrine (qui réagit avec leurs fonctions NH_2) à la sortie de la colonne puis le tout est conduit à un bain marie où la réaction colorée a lieu. L'intensité de la coloration (absorbance) est lue grâce à un colorimètre à 570 et 440 nm. Cette dernière longueur d'onde est utilisée pour déceler uniquement la proline et l'hydroxyproline. Le chromatogramme apparaît sur un enregistreur qui peut être combiné à un intégrateur des surfaces sous les pics. L'ensemble des opérations est automatisé dans les appareils spécialisés appelés « auto-analyseur d'acides aminés » dont la sensibilité est de l'ordre de 10 nanomoles d'acides aminés.

2.4.2.2. PROTÉINES

La séparation des protéines fait appel à diverses techniques qui permettent d'éliminer la majorité des impuretés présentes dans un extrait : **précipitation** différentielle, **dialyse**, **centrifugation**, séparation par **chromatographie**, etc.

La précipitation des protéines est un phénomène physique dû à l'agrégation de leurs molécules. Elle se produit au sein d'un milieu liquide lorsque les protéines qu'il contient ont été rendues insolubles par floculation.

Elle peut se faire de différentes manières :

- Précipitation isoélectrique. Chaque type de protéine a un **pHi** caractéristique qui détermine son comportement en solution : à ce **pH**, elle a un minimum d'attrait pour l'eau du milieu dans lequel elle se trouve et donc une **solubilité** moindre. Cette capacité d'hydratation minimale peut entraîner sa floculation et par suite, sa précipitation presque totale. Dans un milieu protéique complexe, cette particularité est utilisée pour effectuer l'extraction sélective d'un type donné de protéine.

- À l'aide de solvants organiques : limitée à l'utilisation de l'acétone et de l'alcool éthylique.
- À l'aide de **polymères**. Ex. polyéthylène glycol (PEG).
- Par coprécipitation avec des agents adsorbants, puis élution : les sels minéraux neutres comme le sulfate d'ammonium conviennent bien. Ajouté en solution très concentrée ou à l'état solide, il diminue la quantité d'eau disponible pour solvater les protéines et provoque leur précipitation ou **relargage**. La précipitation différentielle au sulfate d'ammonium est l'une des méthodes qui se prêtent le mieux à de gros volumes. C'est pourquoi on l'utilise très souvent immédiatement après l'homogénéisation pour se débarrasser de la majeure partie des contaminants.

La purification se poursuit habituellement par une ou plusieurs techniques chromatographiques dont il existe une très grande diversité de combinaisons phase stationnaire-phase mobile, aptes à résoudre pratiquement tous les cas, mettant à contribution diverses propriétés physico-chimiques des protéines (tab. 2.8).

À cette universalité, les techniques chromatographiques ajoutent en plus une plus grande sensibilité et, souvent, une bonne précision, permettant d'obtenir des protéines parfaitement pures dont on peut ensuite étudier l'activité chimique et/ou biologique.

Tableau 2.8 – Caractéristiques des principales méthodes chromatographiques utilisées pour la purification des protéines

Méthode chromatographique*	Critère de séparation	Résolution
chromatographie d'exclusion moléculaire	taille moléculaire	faible
chromatographie d'adsorption	polarité	moyenne
chromatographie d'interaction hydrophobe	polarité	moyenne
chromatographie de partition	solubilité	moyenne
chromatographie d'échange d'ions	charge électrique	moyenne
chromatographie d'affinité	spécificité biologique	très élevée
chromatographie liquide à haute performance (CLHP)	différent selon le type de phases chromatographiques utilisées	très élevée

** Pour chacune de ces méthodes, il existe de nombreuses combinaisons de phase stationnaire-phase mobile.*

Habituellement, dans les premières étapes de purification, on utilise des techniques adaptées à la manipulation de gros volumes mais ayant une faible résolution. Ensuite, au fur et à mesure des étapes, on utilise des techniques de plus en plus spécifiques qui sont souvent applicables à des préparations de volume réduit. Le choix d'une technique est donc aussi déterminé par la quantité d'échantillon à traiter.

La **chromatographie** sur couche mince (CCM), la chromatographie gaz-liquide, la chromatographie liquide haute performance (CLHP), la chromatographie d`affinité, l'**électrophorèse** sur gel de polyacrylamide, l'électrophorèse capillaire et la focalisation isoélectrique nécessitent de très petits volumes de protéines concentrées.

Les **chromatographie** d'exclusion moléculaire et d'échange d'ions sont plus polyvalentes et peuvent être appliquées à des volumes d'échantillon plus volumineux (échelle industrielle) tout en ayant un assez bon pouvoir de résolution.

La complexité de la matrice initiale exige presque toujours l'utilisation de procédures à étapes multiples pour l'obtention d'une grande pureté. Le succès d'une telle procédure, apprécié en fonction de la pureté, de la récupération du produit actif, de la durée totale du processus et de son coût, dépend principalement de l'efficacité de la stratégie de purification adoptée.

En effet, l'obtention d'une récupération totale est rarement atteinte par les méthodes individuelles de séparation, moins il faut d'étapes différentes, meilleure est la récupération. Le nombre d'étapes de purification et le temps d'exposition dépendent tous deux du pouvoir de résolution atteint. Ainsi, la CLHP assure une meilleure résolution et des durées d'expérimentation plus réduites que les méthodes classiques sur gels mous (Sephadex, Sépharose, etc.). Cela est particulièrement important lorsque l'on traite des protéines **labiles** qui ne supportent pas les durées d'exposition trop longues.

2.4.3. CARACTÉRISATION

La caractérisation des acides aminés ou des protéines fait partie intégrante de nombreux domaines tels que la biochimie analytique, structurale, métabolique, clinique et alimentaire.

2.4.3.1. ACIDES AMINÉS

Il existe des réactions caractéristiques basées sur la complexation des acides aminés avec des réactifs plus ou moins spécifiques :

- Réaction à la ninhydrine et formation du pourpre de Ruhemann (fig. 2.8) dont l'absorption maximale se situe à 570 nm. Cette réaction est à la base d'un dosage quantitatif des acides α-aminés à des teneurs de l'ordre du µg.

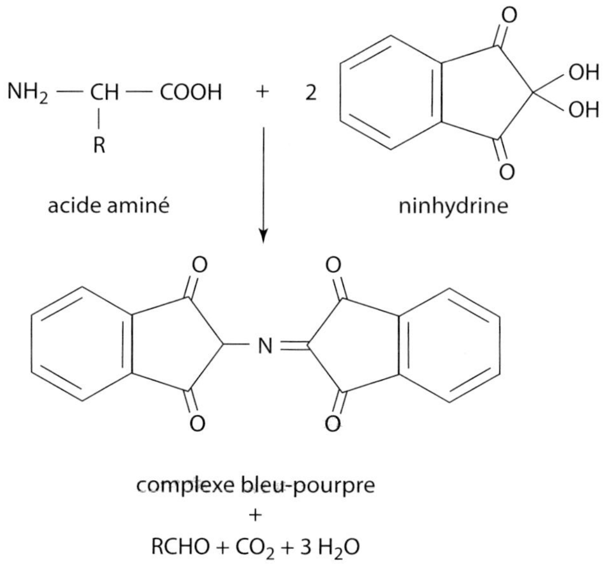

Figure 2.8 – Réaction de la ninhydrine avec les acides aminés

▶ Réaction à la fluorescamine, réactif plus sensible formant un complexe avec les acides aminés tout comme les amines et pouvant déceler des nanogrammes d'un acide aminé.

Les réactions suivantes peuvent être également utilisées pour caractériser les protides :

▶ Réaction du biuret : l'addition de quelques gouttes de sulfate de cuivre à une solution contenant des protides en milieu alcalin génère un complexe bleu violacé caractéristique, absorbant à 540 nm (fig. 2.9). Cette réaction se produit aussi avec le biuret (NH_2-CO-NH-CO-NH_2) d'où son nom. Elle serait due à l'établissement de liaisons de coordination entre les ions Cu^{2+} et les liaisons peptidiques -CO-NH- de la molécule protéique. Elle se produit donc avec les chaînes polypeptidiques et également avec l'urée, les polyamides, les polyimides. Les acides aminés n'interfèrent pas.

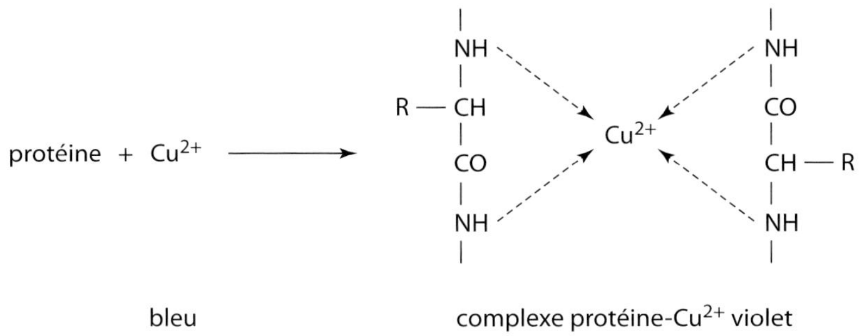

Figure 2.9 – Complexation des ions cuivriques avec les liaisons peptidiques dans la réaction du biuret

▶ La réaction xanthoprotéique permet de mettre en évidence des substances protidiques contenant les α-acides aminés, tyrosine et tryptophane. L'addition de l'acide nitrique à chaud à une solution protidique (introduction du groupe NO_2 sur le noyau benzénique contenu dans les deux acides aminés précédents) provoque le virement de sa teinte au jaune orangé (fig. 2.10).

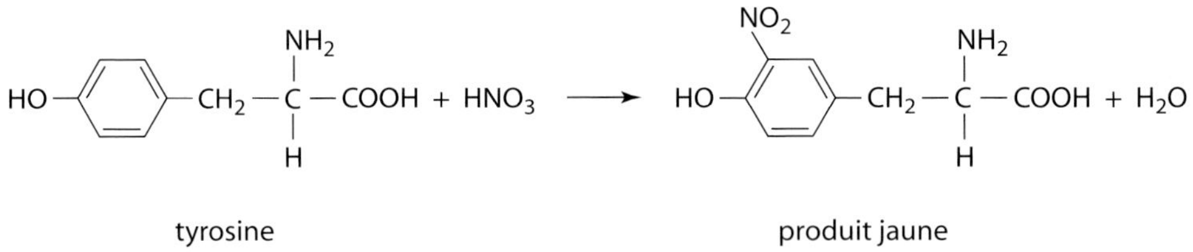

Figure 2.10 – Réaction xanthoprotéique

▶ Réaction de Millon : sous l'action du réactif de Millon (solution mercurique dans l'acide nitrique concentré), les matières protéiques, contenant de la tyrosine, donnent un précipité rouge brique à l'ébullition.

Les acides aminés peuvent être caractérisés par spectrophotométrie (certains absorbent dans l'ultraviolet à 230 nm et 280 nm), par séparation selon les procédés de **chromatographie** de partage sur papier, sur couches minces, sur colonnes, en phase gazeuse (après leur **estérification**) ou par **électrophorèse**.

2.4.3.2. *Protéines*

Les réactions générales précédentes peuvent être également utilisées pour caractériser les protéines.

La séparation et la caractérisation des protéines se font le plus souvent, par **électrophorèse** mono- ou bidimensionnelle sur gel de polyacrylamide ou par focalisation isoélectrique, méthodes fondées sur les propriétés électriques des protéines.

La stratégie générale de détermination de la structure primaire comprend plusieurs étapes successives dont les principales sont :

- séparation des chaînes peptidiques individuelles dans le cas d'une protéine oligomérique ;
- détermination de la composition en acides aminés libérés par **hydrolyse** totale acide (HCl 6 M, 120 °C, 12 h), alcaline (NaOH 2-4 M, 100 °C, 4-8 h) ou enzymatique (**trypsine** et/ou d'autres protéases). Cette détermination se fait habituellement au moyen d'un auto-analyseur automatique d'acides aminés ;
- passage dans un séquenceur, automatique, qui permet de déterminer l'ordre des acides aminés à partir du résidu N-terminal, selon l'une des réactions suivantes :
  - la méthode de dégradation récurrente (réaction d'Edman au phényl isothiocyanate) qui permet une libération d'un nouveau polypeptide, ayant un acide aminé de moins que le précédent, et l'acide aminé N-terminal sous forme de dérivé PTH (phénylthiohydantoïne de l'acide aminé séparé). On peut ainsi connaître de proche en proche la composition complète de la molécule. Cette technique a été automatisée ;
  - la réaction de Sanger qui permet le repérage de l'acide aminé N-terminal par le dinitrofluorobenzène et la formation d'un dérivé, le dinitrophényl-acide aminé (voir fig. 2.11). L'**hydrolyse** de la protéine libère ensuite ce dérivé caractéristique et identifiable par **chromatographie** ou par **électrophorèse**.

La spectrométrie de masse (SM) est une méthode spectroscopique permettant l'analyse des ions ou radicaux résultant de la fragmentation d'une molécule. Les fragments chargés électriquement sont séparés selon leur rapport masse/charge (m/z) après accélération et déviation par passage dans un champ magnétique. Les données obtenues à l'aide de ce procédé, sous forme de spectre de masse, font apparaître les différents types de fragments formés, ainsi que l'intensité de chaque raie (signal) qui est fonction du nombre d'ions du type correspondant. La détermination de la masse des fragments et leur comparaison avec les banques de données existantes permettent de reconstituer la structure de la molécule.

Classiquement utilisée pour déterminer la masse moléculaire des corps organiques, la SM permet également de déterminer leur structure et, donc de les identifier. Dans le cas des protéines, différentes techniques d'ionisation sont employées à cet effet et dont les principales sont : électronébulisation (*ESI*), bombardement par atomes rapides (*FAB*), ionisation par laser (*LI*), désorption-ionisation laser assistée par matrice (*MALDI*) et *MALDI-TOF* (*TOF* : *time of flight* ou temps de vol). Dans cette dernière technique, l'échantillon est co-cristallisé avec une matrice sur une plaque métallique. Cette matrice absorbe à la longueur d'onde du laser à azote, ce qui provoque le passage à l'état gazeux des cristaux analyte-matrice et conduit à la formation des ions qui « volent » dans le tube de vol. La masse d'un ion est mesurée en fonction du temps que met cet ion pour arriver jusqu'au détecteur (les petits ions volent plus rapidement que les gros). Ce temps est alors converti en masse sur charge (m/z).

La conformation (structures tertiaire et quaternaire) des protéines est obtenue principalement par la cristallographie par diffraction des rayons X et la résonance magnétique nucléaire (RMN) bi- et tridimensionnelle. La première est effectuée sur des cristaux hydratés, la seconde sur des protéines en solution.

Les avancées récentes dans la SM ont conduit à l'application de l'ionisation par électronébulisation couplée à la **chromatographie** liquide ou à l'électrophorèse capillaire pour l'analyse des protides. Depuis son introduction à la fin des années 1980, la SM par la méthode MALDI a constitué la technique majeure pour l'analyse de **polymères** biologiques tels que les peptides, les protéines, les glucides et les oligonucléotides.

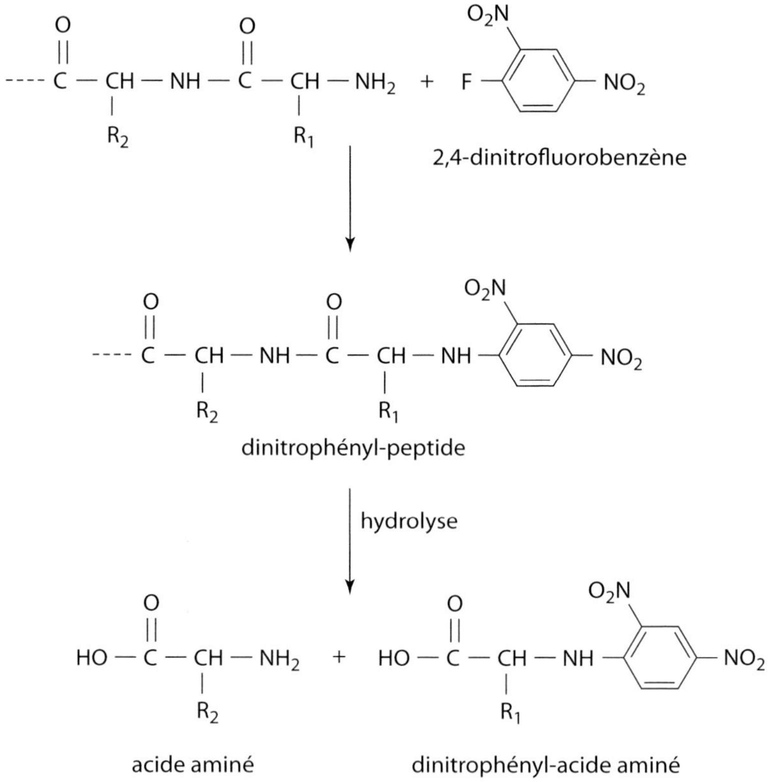

Figure 2.11 – Principe de la réaction de Sanger

2.4.4. DOSAGE

Le dosage des protéines peut être envisagé comme but en soi ou comme moyen de suivi de l'efficacité d'un protocole de purification de protéines. Dans ce dernier cas, il est effectué après chaque étape de purification. En fonction de la nature de la protéine d'intérêt, la méthode de dosage utilisée peut être simplement titrimétrique, colorimétrique, spectrophotométrique ou enzymatique, immunologique, biologique, etc. La détermination de la quantité totale de protéines est aussi nécessaire pour évaluer le **rendement** des différentes étapes de purification.

Il existe de nombreuses méthodes de dosage, basées sur diverses caractéristiques spectrales ou réactionnelles des acides aminés constituant les protéines. Le choix d'une méthode dépendra, avant tout, des caractéristiques recherchées (précision, sensibilité, rapidité, possibilité de récupérer l'échantillon après dosage, etc.), puis de la facilité de mise en œuvre ainsi que des conditions de dosage (ex. quantité de protéines à doser, présence de substances interférentes dans l'échantillon).

2.4.4.1. DOSAGE TITRIMÉTRIQUE

Cette méthode consiste à mesurer la quantité d'azote organique total d'un échantillon. Selon la nature de l'échantillon analysé, il existe un facteur de conversion de l'azote total en protéines totales. Sa mise en œuvre nécessite deux étapes successives : une minéralisation de la matière organique suivie d'une titration de l'azote (méthode de Kjeldahl).

2.4.4.2. DOSAGES COLORIMÉTRIQUES

La quantification des protides se fait, dans ce cas, par diverses réactions colorées, suite à la complexation des protéines avec certains réactifs (ex. ninhydrine, bleu de Coomassie, réactif de Folin-Ciocalteu, etc.). Ces méthodes sont simples et ne nécessitent pas de moyens lourds mais l'inconvénient est que tous les acides aminés ne réagissent pas de la même manière à ces réactifs (ex. dans le cas de la ninhydrine, seulement 10 % de la proline est dosée dans les conditions standard). De plus, le développement de la réaction de complexation (et donc de la couleur) dépend souvent de la température et de la durée d'incubation. Il est donc nécessaire d'effectuer les dosages sur les témoins et les essais en parallèle et strictement dans les mêmes conditions opératoires pour avoir des résultats reproductibles. Dans de nombreux cas, les réactifs et les espèces chimiques, présents dans le **tampon** du milieu réactionnel, interfèrent avec le dosage.

Dans la méthode de Lowry, basée sur la réaction du biuret (voir plus haut), la coloration est due à l'addition du réactif de Folin-Ciocalteu à la solution protéique en présence d'ions cuivre (sous forme de sulfate de cuivre). Il se forme alors un complexe d'acides phosphotungstique et phosphomolybdique de couleur bleue absorbant entre 720 et 750 nm. La couleur du mélange est stable après 10 min mais elle est sensible au **pH** (optimum entre 10 et 10,5).

La méthode de Bradford, basée sur l'utilisation du bleu de Coomassie G250, est souvent préférée en raison de sa simplicité, de sa rapidité et présentant moins d'interférences que la méthode de Lowry. Le bleu de Coomassie (fig. 2.12), en réagissant avec les acides aminés basiques (notamment l'arginine) et **aromatiques**, forme un complexe stable par interactions non covalentes absorbant à 595 nm.

Certaines interférences observées avec la méthode de Lowry peuvent être évitées par l'utilisation de l'acide bicinchoninique. Ce dernier réagit avec les complexes de Cu^{2+} et de protéines de façon très similaire à la réaction du biuret. Il se forme alors des complexes qui prennent une couleur pourpre typique et stable. Cette méthode sensible et rapide convient bien pour des concentrations de 0,1 à 1,2 mg/mL dans sa version standard et pour des concentrations de 0,5 à 10 µg/mL en version microméthode. La réaction n'est pas affectée par la présence de détergents comme le **Triton**, le SDS ou le Tween 20 jusqu'à une concentration de 1 %.

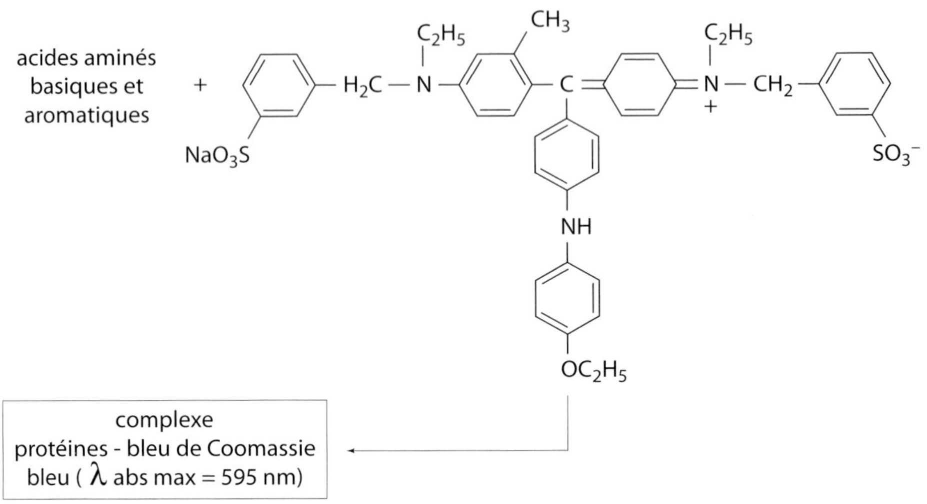

Figure 2.12 – Réaction du bleu de Coomassie avec les protéines

2.4.4.3. MÉTHODES SPECTROPHOTOMÉTRIQUES

Tous les acides aminés absorbent dans l'ultraviolet lointain (longueur d'onde inférieure à $\lambda = 220$ nm), ce qui a peu d'intérêt. Le tryptophane, la tyrosine et la phénylalanine ont un maximum d'absorption caractéristique à 278, 275 et 260 nm, respectivement. Le premier a une absorbance 4 fois plus importante que la tyrosine et 20 fois plus importante que la phénylalanine. Cette propriété est exploitée pour une évaluation quantitative des protéines à l'aide d'un spectrophotomètre UV à 280 nm, sans dérivatisation. Cette méthode non-destructive est relativement sensible (50-100 µg), simple et rapide, ce qui la rend particulièrement utile pour suivre l'élution des protéines lors d'une séparation chromatographique. Cette élution peut aussi se faire après dérivatisation (pré-colonne ou post-colonne) des acides aminés avec un réactif fluorescent ou absorbant les UV. Ce type de dosage peut sous-estimer la concentration réelle dans le cas de protéines contenant peu d'acides aminés **aromatiques**. Des interférences sont aussi possibles avec les acides nucléiques qui absorbent à une longueur d'onde très proche (260 nm).

Le tableau 2.9 résume les principales méthodes d'étude des protéines.

Tableau 2.9 – Principales méthodes d'étude des protéines

Paramètre recherché	Méthode utilisée
poids moléculaire	• électrophorèse sur gel de polyacrylamide en condition dénaturante (SDS) • électrophorèse sur gradient d'acrylamide en condition non dénaturante • chromatographie d'exclusion moléculaire • spectrométrie de masse • centrifugation différentielle
composition en acides aminés	• séquençage
conformation	• cristallographie aux rayons X • RMN
purification	• précipitation par des sels, par solvants organiques, par pHi • ultrafiltration sur membranes • partage contre solution de polymère (PEG) • électrophorèse préparative sur gel de polyacrylamide • focalisation isoélectrique • chromatographie sur différents supports en colonne
teneur en protéines [ ] = *domaine de sensibilité*	• méthode de Kjeldahl • turbidimétrie • méthode de Biuret [1 à 5 mg/mL] • absorption UV à 280 nm [0,2-2 mg/mL] • ninhydrine [0,1-1 mg/mL] • méthode de Lowry (Folin•Ciocalteu) [0,01 à 1,5 mg/mL] • bleu de Coomassie (Bradford) [méthode standard : 25-200 µg/mL ; microméthode : 5-40 µg/mL] • acide bicinchoninique (BCA) [méthode standard : 10-1200 µg/mL ; microméthode 0,5 à 10 µg/mL] • or colloïdal [20-200 ng/mL] • nitrate d'argent [10 à 100 ng/mL]

2.4.5. PROTÉOMIQUE

Le génome ne reflète pas fidèlement la structure et la diversité des protéines fonctionnelles à un moment donné puisque celles-ci subissent, après leur synthèse, des modifications post-traductionnelles susceptibles de les rendre totalement différentes de leur état d'origine.

À la différence du génome qui est constant dans toutes les cellules d'une espèce donnée, le protéome est hautement spécifique de chaque type cellulaire. Les différentes cellules expriment différents ensembles de protéines faisant partie du protéome général d'un organisme. En outre, il est bien connu que les modifications post-traductionnelles sont affectées par l'état de développement et l'état physiologique de la cellule. Par conséquent, même si tous les gènes d'un génome ont été séquencés et traduits en protéines, il restera à identifier et caractériser les diverses formes fonctionnelles de chaque protéine dans un type cellulaire et des conditions donnés.

L'analyse protéomique ou simplement la protéomique est une approche qui a pour but d'identifier et de caractériser l'ensemble des protéines exprimées (ou protéome, par analogie au génome) dans une cellule, un tissu ou un organisme vivant, dans un environnement et un moment (toutes les protéines ne sont pas synthétisées en même temps) donnés ainsi que les interactions protéine-protéine au sein de cet organisme.

TECHNIQUES ET OUTILS

L'analyse protéomique repose sur deux principales techniques très puissantes, l'électrophorèse bidimensionnelle et la spectrométrie de masse (SM) (fig. 2.13).

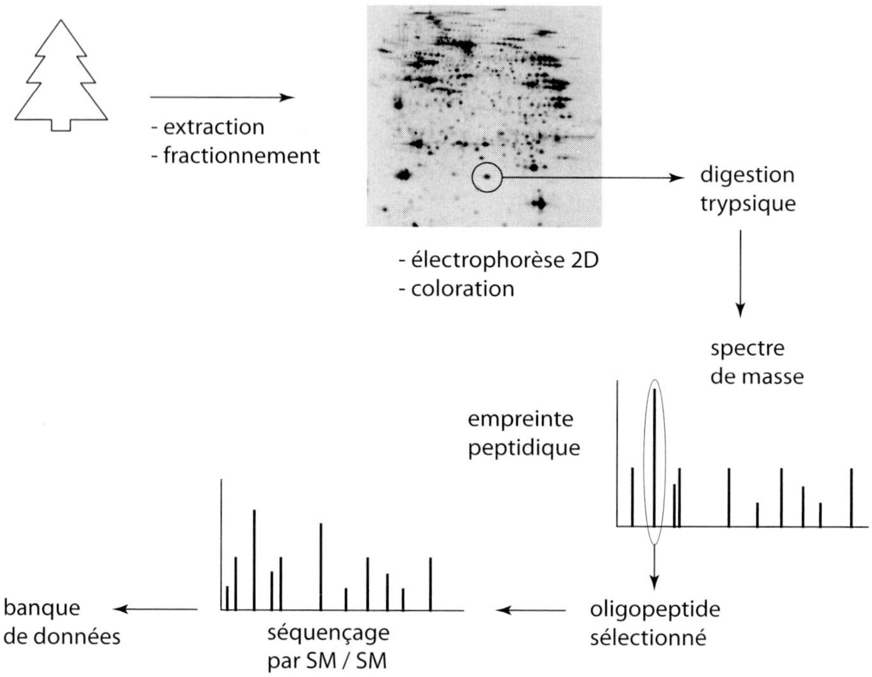

Figure 2.13 – Stratégie générale de l'analyse protéomique

Les protéines extraites d'un tissu choisi sont soumises à une électrophorèse bidimensionnelle sur un gel de polyacrylamide. La protéine d'intérêt identifiée sur le gel est ensuite excisée, éluée puis digérée à l'aide d'une protéase. Les peptides résultants sont analysés par spectrométrie de masse (SM), ce qui permet d'obtenir une empreinte peptidique spécifique de la protéine. A partir du spectre de masse, un oligopeptide donné peut être sélectionné pour être analysé dans un second spectromètre de masse, placé à la suite du premier, c'est la SM en tandem (SM/SM).

L'analyse protéomique consiste en la séparation des protéines d'un extrait cellulaire par électrophorèse bidimensionnelle sur gel d'acrylamide, coloration des gels puis analyse des images obtenues. Les spots protéiques d'intérêts sont ensuite excisés sur un robot puis digérées avec une **enzyme** (**trypsine**). Les fragments peptidiques sont ensuite identifiés à l'aide d'un spectromètre de masse.

L'**électrophorèse** bidimensionnelle est une technique permettant de séparer des mélanges plus ou moins complexes de protéines sur des gels de polyacrylamide. Dans la première dimension, les protéines sont séparées dans un gradient de **pH**. Chaque protéine migre jusqu'à une certaine position dans le gel où sa charge nette s'annule (c'est le point isoélectrique, propre à chaque protéine) puis s'arrête ; cette technique est appelée focalisation isoélectrique. La deuxième dimension consiste à séparer les protéines également dans un gel d'acrylamide contenant du dodécylsulfate de sodium (conditions dénaturantes). Dans ces conditions, la séparation se fait en fonction des masses moléculaires relatives des sous-unités dont sont constituées ces protéines.

En associant ces deux paramètres, à la fois caractéristiques d'une protéine donnée mais également indépendants l'un de l'autre, l'**électrophorèse** à deux dimensions (méthode très sensible) est capable de traiter des mélanges complexes qui contiennent plus de 1 000 protéines différentes et est très sensible ; les protéines peuvent être détectées au niveau du femtomole (10^{-15} mol/L). Les images, captées par un scanner de gel, sont traitées à l'aide d'un logiciel d'analyse d'images dédié à la protéomique et qui facilite la comparaison de la carte obtenue avec celles des bases de données. Il existe actuellement des bases de données qui répertorient des collections de modèles d'électrophorégrammes obtenus pour différents types cellulaires. Les données répertoriées dans ces banques donnent aussi des informations comme les masses moléculaires des protéines et leurs **pHi**.

Le couplage de la **chromatographie** liquide capillaire avec la SM permet la détection des peptides pour des quantités de l'ordre de quelques femtomoles. Des informations sur la séquence des peptides peuvent également être obtenues grâce à l'utilisation de SM en tandem (SM/SM). Le premier spectromètre est utilisé pour séparer, en fonction du rapport m/z, les oligopeptides d'un digestat de protéines et de les sélectionner individuellement pour l'analyse suivante. L'oligopeptide ionisé et sélectionné est ensuite dirigé vers le second spectromètre après sa fragmentation par collision avec des molécules d'hélium ou d'argon. La fragmentation se faisant préférentiellement au niveau des liaisons peptidiques, les fragments résultants représentent les différents acides aminés de l'oligopeptide, différant en masse de 56 unités de masse atomique (masse du squelette NH–CH–CO) ajoutées à la masse de la chaîne latérale R qui varie de 1 à 130 uma (unités de masse atomique), respectivement pour la glycine et le tryptophane.

APPLICATIONS

De par leur puissance analytique, les nouvelles approches protéomiques, basées sur les avancées récentes de l'électrophorèse bidimensionnelle, associées à celles de la SM et à d'autres techniques, occupent une place grandissante dans différents domaines de la biologie. En effet, en permettant de séparer, détecter (avec un seuil de détection de l'ordre de la femtomole) et analyser très rapidement des protéines directement à partir d'un échantillon de protéines, l'analyse protéomique ouvre plusieurs champs d'applications :

- Les résultats de la protéomique permettent d'obtenir des informations fonctionnelles sur les protéines d'une cellule, d'un tissu, d'un organe ou d'un organisme complétant ainsi l'analyse génomique. Par exemple, l'analyse de profils d'expression obtenus à partir de différents extraits protéiques provenant d'organismes stressés ou malades et témoins permet la mise en évidence de protéines marqueurs (spécifiques du stress donné ou de la pathologie) ainsi que leur purification et leur caractérisation. Elle permet donc de voir comment l'information génétique est réellement exprimée dans une situation donnée. La fourniture d'une grande quantité de marqueurs protéiques liés à des fonctions particulières permet la réalisation de sélection assistée par marqueurs pour des caractères de qualité ou de valeur des protéines.

- La possibilité de visualiser simultanément plusieurs centaines, voire plusieurs milliers, de protéines, permet d'étudier les protéomes d'extraits totaux de cellules, de tissus, d'organes ou d'organismes, afin d'en identifier tous les composants, soit dans un cadre d'inventaire, soit dans le cadre d'une analyse différentielle.
- L'analyse protéomique se révèle particulièrement efficace pour différencier deux espèces protéiques ne variant que très peu par leurs masses moléculaires ou leurs charges, elle permet de visualiser les différentes isoformes spécifiques d'un état particulier de développement ou le produit de modifications post-traductionnelles.
- L'authentification des aliments et la détection des fraudes.

CHAPITRE 3 – LIPIDES

3.1. DÉFINITION, GÉNÉRALITÉS

Les lipides sont une catégorie de substances naturelles qui, avec les glucides, les protides, l'eau et d'autres éléments, constituent la matière vivante. Au sens strict, le terme de lipide, désigne des composés dérivant d'acides organiques particuliers, les acides gras, peu ou pas solubles dans l'eau mais solubles dans les solvants organiques (hexane, éther, chloroforme, benzène, toluène, tétrachlorure de carbone, etc.). Au sens large, les lipides englobent également des composés à base d'isoprène (isoprénoïdes), unité en C-5.

Les lipides sont très abondants aussi bien chez les animaux que chez les végétaux. Chez ces derniers, ils constituent des matières de réserve accumulées surtout dans les graines (ex. lin, colza, tournesol, arachide, coton) et aussi parfois, en quantités importantes, dans la pulpe de certains fruits (ex. péricarpe de l'olive) et même dans les racines et tiges de certaines espèces. Ils constituent quelle que soit leur origine des sources industrielles d'huiles ou de graisses. Les algues (algues vertes, diatomées, etc.) peuvent aussi accumuler des lipides, pouvant même représenter jusqu'à 65 % de leur masse sèche.

Les lipides sont aussi, avec les protéines, les constituants majeurs des membranes biologiques des organismes vivants. Dans les tissus végétaux, on retrouve certaines catégories de lipides très précisément localisés. Ainsi la cuticule, formée de cutines, recouvre habituellement les cellules épidermiques ; la subérine est souvent localisée à l'extérieur, elle imprègne, en particulier les parois du liège (suber), les **cires** se retrouvent dans certains tissus de revêtement.

3.2. CLASSIFICATION

Au point de vue chimique, les lipides sont composés de carbone, d'hydrogène et d'oxygène.

Selon la structure de leur squelette, les lipides peuvent être classés en (fig. 3.1) :

- Lipides simples, regroupant des composés à base d'acides gras, appartenant à la catégorie des esters, liés, par des liaisons covalentes, aux fonctions alcool du glycérol (glycérides ou acylglycérols) ou d'autres alcools supérieurs, tels l'alcool cétylique (cérides) ou un stérol (stérides), tel le β-sitostérol, l'ergostérol ou des alcools insaturés, tels le phytol (alcool phytilique) présent dans la chlorophylle ou la lycophylle (ou lycopène, pigment pourpre des tomates) qui est un dihydroxyalcool. La majorité des acides gras qui entre dans leur composition sont des acides à longue chaîne polycarbonée, saturés ou diversement insaturés.

- Lipides complexes renfermant, outre les éléments (acides gras et alcools) déjà cités, d'autres groupements : azotés, phosphorés, soufrés, osidique, etc. comme les phospholipides (phosphoglycérides) dont le plus simple d'entre eux est l'acide phosphatidique, les sphingolipides, les glycosylglycérides ou les glycolipides. Chacune de ces classes est elle-même divisée en plusieurs sous-classes regroupées en fonction de leur homologie structurale.

Selon leur réaction aux alcalis, les lipides se subdivisent en lipides saponifiables (donnant du savon lorsqu'ils sont traités avec NaOH ou KOH) et en lipides insaponifiables. Les premiers renferment les lipides à bases d'acides gras, les seconds correspondent aux lipides isopréniques. Ces derniers seront traités dans le paragraphe 3.5. – Isoprénoïdes.

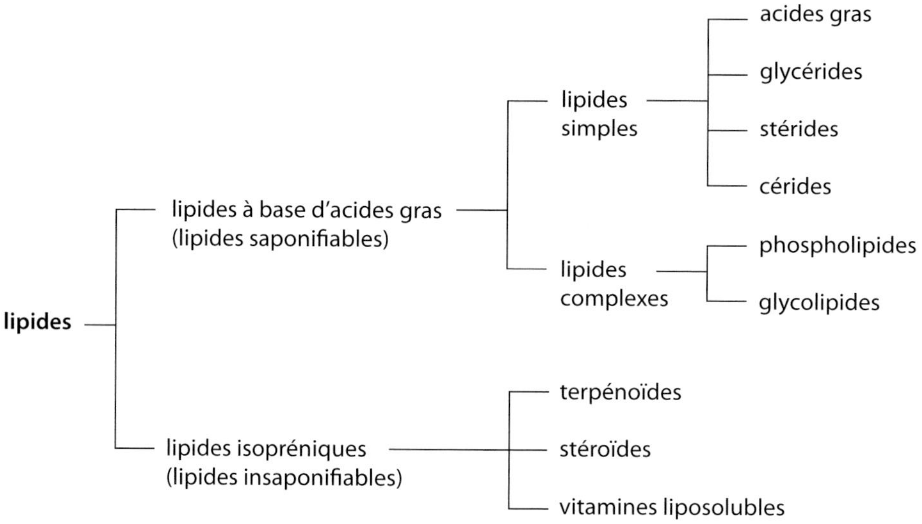

Figure 3.1 – Classification simplifiée des lipides

3.3. Lipides simples

3.3.1. Acides gras

3.3.1.1. Généralités

Les acides gras sont les constituants élémentaires des lipides *sensu stricto*. Ce sont le plus souvent des monoacides, acycliques, ayant dans leur chaîne hydrocarbonée un nombre généralement pair d'atomes de carbone, compris le plus souvent entre 4 et 20. Dans le règne végétal, à l'inverse du règne animal, la chaîne carbonée est non ramifiée. Cette partie de la molécule permet de différencier les acides gras dont on connaît près de 100 types dans le règne végétal.

Rarement présents à l'état libre, leur association avec un alcool, le glycérol, forme les glycérides (fig. 3.2). Inversement l'**hydrolyse** d'un glycéride libère du glycérol et un acide gras que l'on obtient sous forme d'un savon en présence de sels alcalins.

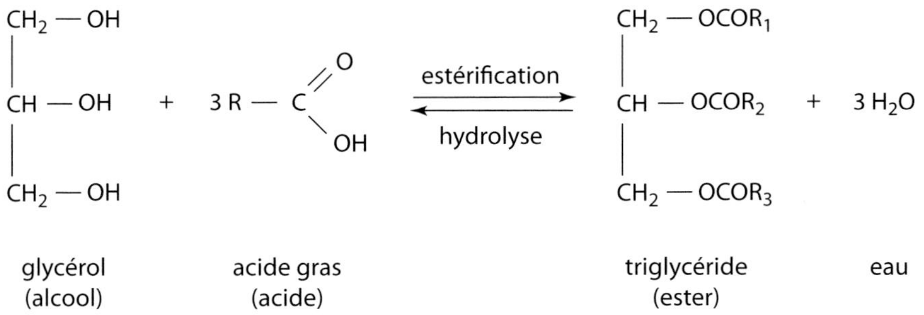

Figure 3.2 – Formation des triglycérides

3.3.1.2. PRINCIPAUX TYPES

La présence ou l'absence de double liaison dans la chaîne carbonée des acides gras permet de les répartir en deux types :

- Les acides gras saturés où tous les atomes de carbones sont réunis par des liaisons simples et, à l'exception du groupement carboxyle, toutes les autres valences sont occupées par des atomes d'hydrogène (fig. 3.3). Les acides gras sont, en général, constitués de 14 à 20 atomes de carbone (longues chaînes) ; les chaînes courtes (moins de 14 carbone) sont assez rares (ex. huile de coprah).

  Les acides gras saturés sont toujours minoritaires mais présents dans toutes les huiles.

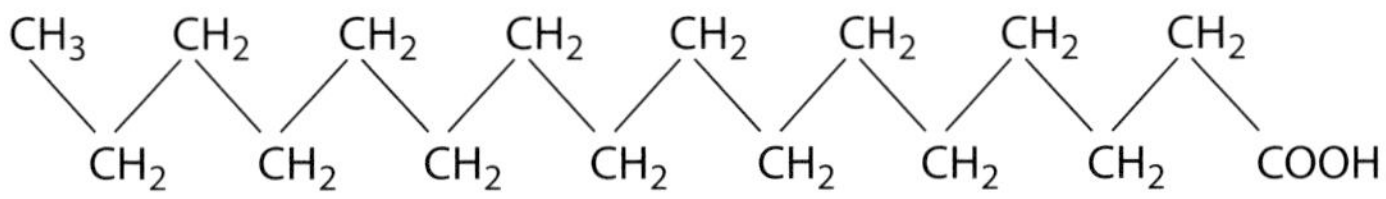

acide palmitique (acide hexadécanoïque)

Figure 3.3 – Structure d'un acide gras saturé (acide palmitique)

- Les acides gras insaturés, contenant une (acides gras mono-insaturés ou monoéthyléniques) ou plusieurs (acides gras polyinsaturés ou polyéthyléniques) liaisons éthyléniques (doubles liaisons) ou, plus rarement, acétyléniques (triples liaisons).

Dans les acides gras mono-insaturés, deux atomes de carbone adjacents sont unis par une liaison éthylénique ce qui donne naissance à une stéréo-isomérie (fig. 3.4) du fait que les deux hydrogènes portés par les carbones de la double liaison peuvent être placés soit du même côté d'un plan (*cis*), et c'est le cas le plus général pour les acides gras naturels, soit de part et d'autre (*trans*) par rapport à cette double liaison.

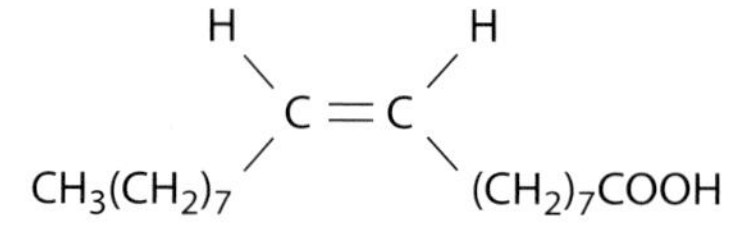

acide oléique
(*cis*-9-octadécénoïque)

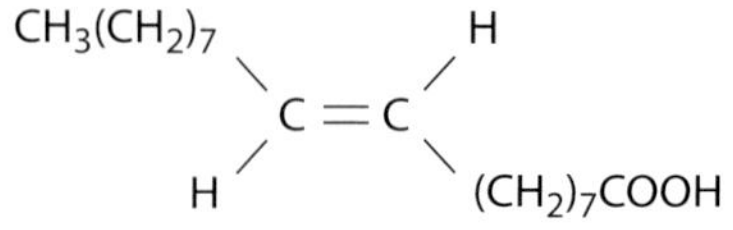

acide élaïdique
(*trans*-9-octadécénoïque)

Figure 3.4 – Stéréo-isomérie d'un acide gras mono-insaturé

> ***INCIDENCE MÉDICALE***
>
> Les **isomères** *cis* et *trans* ont des propriétés biologiques différentes. Beaucoup de travaux s'accordent à confirmer que la consommation d'acides gras *trans* peut affecter la distribution du **cholestérol** dans les **lipoprotéines** sériques, augmentant ainsi les risques de maladies cardiovasculaires. On pense que l'acide élaïdique (formé lors de l'**hydrogénation** partielle des acides linoléique et linolénique en vue d'obtenir la **margarine**) aurait une action plus hypercholestérolémiante que les acides gras saturés et serait impliqué dans l'apparition de certains cancers.

Une isomérie de position se rencontre également chez certains acides gras où la double liaison peut avoir une situation variable à l'intérieur de la molécule (acide α-éléostéarique : **isomère** conjugué de l'acide linolénique).

Enfin, les formes *trans* et les formes conjuguées, très rares à l'état naturel dans les lipides végétaux, peuvent apparaître au cours de l'oxydation ou durant certaines opérations de **raffinage** des huiles (**hydrogénation**, décoloration).

Dans les acides gras polyinsaturés, il existe plusieurs doubles liaisons. Ce sont des acides de 18 à 22 atomes de carbone avec 2 à 6 double liaisons. Ces dernières peuvent être :

- interrompues par un groupe méthylène (type malonique) : $-CH=CH-CH_2-CH=CH-$. Ex. acide linoléique,
- en position conjuguée : une seule liaison covalente entre deux double-liaisons,
- interrompues par deux groupes méthylène (type succinique).

Les deux derniers cas sont rares dans la nature.

3.3.1.3. NOMENCLATURE

On attribue à chaque acide gras un nom commun qui rappelle souvent son origine (ex. acide laurique, trouvé chez les lauriers) et un nom systématique (nomenclature IUPAC) qui précise mieux sa structure (nombre de carbones, d'insaturations, de substitutions) (tab. 3.1).

Dans la pratique courante, les acides gras saturés sont symbolisés par la formule simplifiée $C_{x:0}$ où x représente le nombre d'atomes de carbone de l'acide. Pour les acides gras insaturés, on utilise la formule $C_{x:n}$ où x représente le nombre d'atomes de carbone et n le nombre de doubles liaisons. La position de la double liaison est indiquée par le signe Δ suivi des numéros des carbones, le carbone porteur du groupe carboxyle est numéroté 1 (nomenclature chimique ou systématique) ou par le signe ω suivi des numéros des carbones par rapport au groupe méthyle (nomenclature usuelle des physiologistes et des nutritionnistes). Ex. $C_{18:2}\,\Delta^{9,12}$ pour l'acide linoléique et $C_{18:2}\,\omega^{6,9}$, pour le même acide (voir fig. 3.5).

Tableau 3.1 – Caractéristiques des acides gras les plus courants

Acides gras saturés				
Nom usuel	**Nom systématique (nomenclature IUPAC)**	**Nombre de Carbone**	**Point de fusion (en °C)**	**Principales sources**
acide caproïque	hexanoïque	6	– 3,9	palmiers • coprah
acide caprylique	octanoïque	8	16,5	palmiers • coprah
acide pélargonique	nonanoïque	9		acide gras mineur
acide caprique	décanoïque	10	31,3	Lythraceae (*Cuphea* spp.)
acide laurique	dodécanoïque	12	44,1	Lauracées (laurier) • cannelle • palmiste • coprah
acide myristique	tétradécanoïque	14	54	Myristicaceae (noix de muscade) et dans de nombreuses huiles (palmiste, coprah)
acide palmitique	hexadécanoïque	16	63,1	presque dans toutes les huiles végétales et animales
acide stéarique	octadécanoïque	18	69,5	dans de nombreuses huiles, en petites quantités
acide arachidique	eicosanoïque	20	76,5	arachide
acide béhénique	docosanoïque	22	80	graines de Légumineuses
acide lignocérique	tétracosanoïque	24	86	huile d'arachide
acide cérotique	hexacosanoïque	26	87,7	dans presque toutes les cires végétales
acide montanique	octacosanoïque	28	91	Id.
acide mélissique	triacontanoïque	30	93	Id.

Acides gras insaturés				
Nom usuel	**Nom systématique (nomenclature IUPAC)**	**Nombre de Carbone**	**Point de fusion (en °C)**	**Principales sources**
acide lauroléique	dodécénoïque	12		acide gras mineur
acide myristoléique	*cis*-9- tétradécénoïque	14		Myristicaceae (*Pycnanthus kombo*)
acide palmitoléïque	*cis*-9- hexadécénoïque	16	– 0,5	constituant mineur très répandu
acide oléique	*cis*-9- octadécénoïque	18	13,4	dans toutes les huiles végétales
acide élaïdique	*trans*-9- octadécénoïque	18	44	
acide pétrosélinique	*cis*-6- octadécénoïque	18		persil
acide linoléique	*cis*-9,12-octadécadiénoïque	18	– 5	très commun
acide α-linolénique	*cis*-9,12,15-octadécatriénoïque	18	– 11	ricin
acide γ-linolénique	*cis*-6,9,12-octadécatriénoïque	18	– 10	*Borago* spp. • *Onosmodium* spp.
acide arachidonique	*cis*-5,8,11,14-eicosatétraénoïque	20	– 49,5	graines de coton
acide érucique	*cis*-13-docosénoïque	22	33	Brassicaceae (colza, moutarde...)

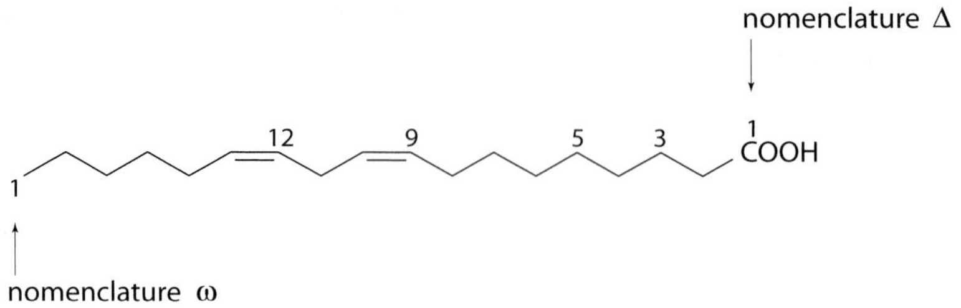

Figure 3.5 – Acide linoléique

On définit également des familles ; tous les acides gras qui ont, comme les acides linoléique, γ-linolénique et arachidonique, une première double liaison au niveau du carbone 6, en partant du groupe méthyle, font partie de la famille n-6 ou ω-6. La famille n-3 où ω-3 est représentée principalement par l'acide α-linolénique (fig. 3.6).

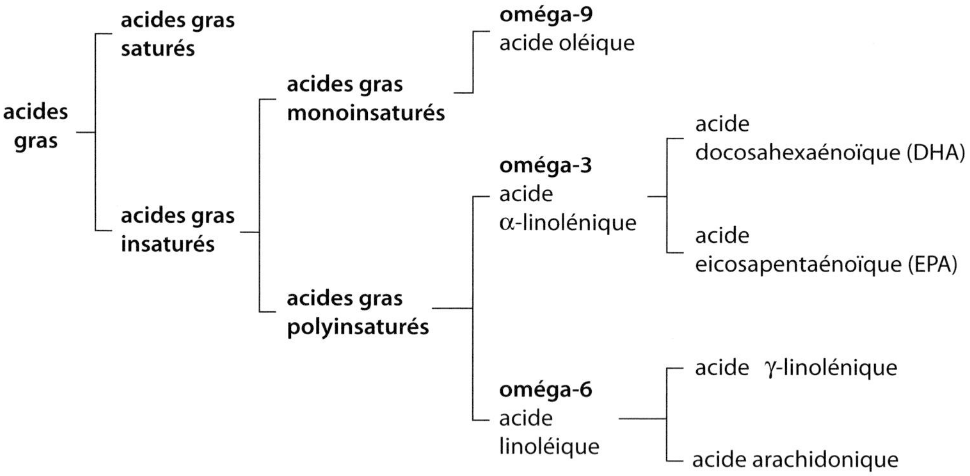

Figure 3.6 – Classification générale des acides gras

3.3.1.4. ACIDES GRAS ESSENTIELS (AGE)

Sous ce vocable, on désigne le plus couramment certains acides gras polyinsaturés qui ne sont pas synthétisés par l'organisme ou synthétisés en quantités insuffisantes et sont indispensables à la croissance et à l'activité physiologique normale des Mammifères. Ils doivent, par conséquent, être fournis par l'alimentation. Il s'agit des acides linoléique ($C_{18:2}\,\Delta^{9,12}$) et α-linolénique ($C_{18:3}\,\Delta^{9,12,15}$).

L'acide arachidonique ($C_{20:4}\,\Delta^{5,8,11,14}$), classé parfois avec les AGE, n'est synthétisé en quantité suffisante que par l'organisme jeune et bien portant. La capacité de synthétiser l'acide arachidonique diminuant avec l'âge, cet acide gras est donc considéré comme essentiel chez les personnes âgées. L'acide arachidonique est le principal **précurseur** des eicosanoïdes : prostaglandines, leucotriènes et thromboxanes (voir § 3.6. – Importance nutritionnelle et métabolique des lipides).

Les principales sources d'AGE dans l'alimentation sont les huiles végétales et certains poissons gras (ex. harengs). L'huile de tournesol contient 63 à 67 % d'AGE, dont 55 à 65 % d'acide linoléique. Les **margarines** riches en huile de tournesol contiennent entre 35 et plus de 50 % d'AGE. Les autres sources d'acide linoléique sont les huiles de carthame (73 %), maïs (57 %), soja (54 %), coton (50 %), sésame (40 %), arachide (29 %), colza (22 %), olive (8 %). Ils sont aussi présents dans l'huile de pépins de raisin, de noix, d'onagre, etc.

L'acide α-linolénique, beaucoup plus rare, est surtout apporté par l'huile de colza (8-10 %) et l'huile de soja (6-7 %) mais il est aussi présent dans les huiles de bourrache, de noix, de lin et chez les spirulines.

3.3.1.5. Propriétés physico-chimiques

La nature des **corps gras** dépend des caractéristiques chimiques des acides gras qui les composent. En effet, les acides gras dont la chaîne carbonée comporte plus de 6 atomes sont insolubles dans l'eau (= hydrophobes) et solubles dans les solvants organiques. Le caractère **hydrophobe** d'un acide gras croît avec la longueur de la chaîne hydrocarbonée.

Les **corps gras** contenant beaucoup d'acides gras insaturés sont liquides (point de fusion bas) à température ambiante (huiles), alors que ceux qui contiennent surtout des acides gras saturés sont solides à température ambiante (graisses). Leur point de fusion s'élève avec la longueur de la chaîne hydrocarbonée et, (pour une longueur donnée) diminue avec le nombre de doubles liaisons (tab. 3.2) ; il varie aussi avec la géométrie *cis* ou *trans* de leurs doubles liaisons. Le point d'ébullition des acides gras est également d'autant plus élevé que la chaîne carbonée est plus longue.

Tableau 3.2 – Influence de la longueur de la chaîne et du nombre de doubles liaisons sur la température de fusion des acides gras

Désignation	Nombre d'atomes de carbone	Nombre de doubles liaisons	Point de fusion (en °C)
acide butyrique	4	0	– 7,9
acide laurique	12	0	44,3
acide myristique	14	0	53,9
acide palmitique	16	0	63,1
acide stéarique	18	0	69,5
acide oléique (*cis*)	18	1	16,2
acide linoléique (*cis*)	18	2	– 5
acide linolénique (*cis*)	18	3	– 11

3.3.1.6. Acides gras substitués

De nombreux autres types d'acides gras de structure particulière, mais d'importance limitée quantitativement, sont rassemblés dans la figure 3.7 :

- Acides gras hydroxylés ou hydroxyacides dont l'exemple le plus connu est l'acide ricinoléique ($C_{18:1}$ Δ^9, 12OH), à chaîne droite, portant un groupement –OH en position 12. Il est le principal acide gras de l'huile de ricin (près de 90 % des acides gras totaux).

Il sert d'indicateur de la présence de cette huile dans des mélanges d'huiles alimentaires. Il est utilisé comme huile industrielle dans les peintures et vernis mais aussi dans les savons, les huiles hydrauliques et comme lubrifiant (après **hydrogénation**).

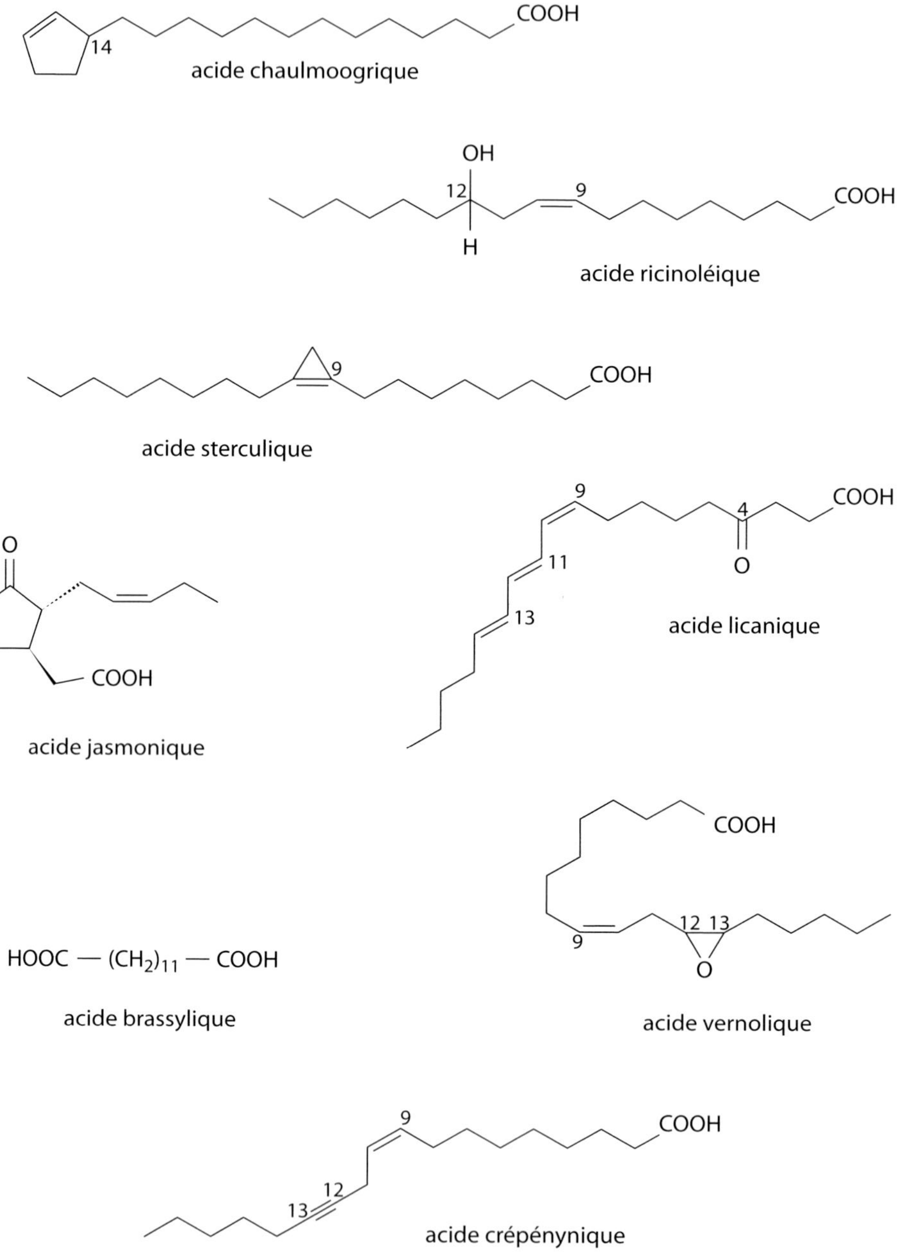

Figure 3.7 – Acides gras substitués

- Acides gras cétoniques ou cétoacides, caractérisés par la présence d'un ou de plusieurs groupements cétones (–CO) sur leur chaîne **aliphatique**. Ex. acide licanique (acide 4-oxo-9,11,13-octadécatriénoïque) fourni par les huiles de *Licania rigida* (Chrysobalanaceae) qui en contient jusqu'à 80 % et de *Afrolicania elaeosperma* de la même famille et qui en contient 44 %.
- Acides gras furaniques, caractérisés par la présence d'un hétérocycle furane à l'intérieur de la chaîne **aliphatique**. Ils sont présents dans certaines huiles végétales (soja, germes de blé, colza) mais aussi dans des fruits (fraises), des légumes (choux, pomme de terre) et des champignons. Etant photosensibles, ces acides gras furaniques sont souvent à l'origine de la détérioration des huiles qui les contiennent.
- Acides gras acétyléniques. Ex. acide crépénynique ($C_{18:2}$), découvert chez *Crepis foetida* (Asteraceae).
- Acides gras cyclopropéniques, caractérisés par un cycle à 3 atomes de carbone, cycle obtenu à partir d'une double liaison. Ex. acide sterculique ($C_{19:1}$), découvert chez *Sterculia foetida* (Sterculiaceae).
- Acides cyclopentaniques, comme l'acide jasmonique synthétisé à partir de l'acide linolénique. Connu pour son rôle dans la germination des semences, l'inhibition de la croissance et la promotion de la sénescence. L'acide jasmonique, dont la production est stimulée par une blessure ou une infection, joue aussi un rôle central dans l'expression de gènes de défense chez les plantes supérieures.
- Acides gras cyclopenténiques, portant un cycle à 5 atomes de carbone. Ex. acide chaulmoogrique et acide hydnocarpique caractéristiques des Flacourtiaceae.
- Diacides, ex. acide brassylique, à nombre impair de carbones, caractéristique des Brassicaceae, important produit utilisé dans l'industrie des parfums (sous forme de brassylate d'éthylène).
- Époxyacides, résultant de l'oxydation d'une double liaison. Ex. acide vernolique ($C_{18:1}$ Δ^9epoxy12,13) rencontré dans les huiles des graines de *Vernonia galamensis* et *Euphorbia lagascae* qui en contiennent 60 à 80 %.

3.3.1.7. Répartition

Les acides gras insaturés sont particulièrement abondants dans les huiles végétales (tab. 3.3) et les acides gras saturés, dans les graisses animales.

Tableau 3.3 – Sources alimentaires ou industrielles d'acides gras saturés et d'acides gras insaturés

Type d'acides gras	Source
saturés	beurre • crème de lait • gras de bœuf • gras de poulet • huile de palme, saindoux
monoinsaturés	huiles d'arachide, d'avocat, d'amandes, de noisettes, d'olive
polyinsaturés (type oméga 3)	huiles de colza, de noix, de soja, de lin, de poissons de mers froides • microalgues
polyinsaturés (type oméga 6)	huiles ou margarine de maïs, de pépins de raisin, de tournesol, de bourrache, d'onagre • microalgues

Les huiles végétales, fréquemment employées pour le traitement et la préparation des aliments, contiennent généralement des acides gras de longueur variable (entre 6 et 24 atomes de carbone), avec des quantités variées (tab. 3.4) d'acides gras saturés et insaturés portant des liaisons éthyléniques en **configuration** *cis*.

Les acides gras en C16 et C18 sont les plus répandus. C'est le cas de l'acide palmitique (C16) et des acides oléique et linoléique (C18) (tab. 3.4). Les acides gras à chaîne plus courte ou plus longue sont souvent caractéristiques de certains végétaux.

Tableau 3.4 – Acides gras les plus communs entrant dans la composition des triglycérides de certaines graines oléagineuses

Graines oléagineuses		Acides gras			
Espèces	**Nom commun**	**Acides saturés (en %)**		**Acides insaturés (en %)**	
Arachis hypogea (Fabaceae)	arachide	stéarique arachidique palmitique, etc.	4,3 5,9 6,3	linoléique oléique	21,8 61,1
Brassica campestris var. *oleifera* (Brassicaceae)	colza (nouveau)	stéarique palmitique	2,0 5,0	linolénique linoléique oléique	8,0 20,0 55,0
Glycine max (Fabaceae)	soja	arachidique stéarique palmitique	0,7 4,4 11,0	linolénique oléique linoléique	6,5 24,0 54,0
Gossypium hirsitum (Malvaceae)	coton	stéarique palmitique	1,9 21,9	oléique linoléique	30,7 44,9
Helianthus annuus (Asteraceae)	tournesol	stéarique palmitique	2,9 3,5	oléique linoléique	34,1 58,5
Juglans regia (Corylaceae)	noyer	stéarique palmitique	2,5 5,1	linolénique oléique linoléique	15,9 28,9 47,6
Linum usitatissimum (Linaceae)	lin	stéarique palmitique	3,5 5,4	oléique linolénique linoléique	9,9 38,1 42,6
Olea europaea (Oleaceae)	olivier	stéarique palmitique	4,0 6,0	linoléique oléique	7,0 83,0
Sesamum indicum (Pedaliaceae)	grains de sésame	stéarique palmitique	4,3 9,1	linoléique oléique	40,4 45,4
Zea mays (Poaceae)	maïs	stéarique palmitique	3,5 7,8	linoléique oléique	41,8 46,3

3.3.2. GLYCÉRIDES

Les glycérides ou acylglycérols résultent de l'**estérification** du glycérol (qui est un triol) par 1 (monoglycérides), 2 (diglycérides) ou 3 acides gras (triglycérides) (fig. 3.8).

Le nombre N de combinaisons possibles du glycérol avec n acides gras différents est :

$$N = 1/2\,(n^3 + n^2),\ \text{si } n = 3,\ N = 1/2\,(3^3 + 3^2) = 1/2\,(27 + 9) = 18$$

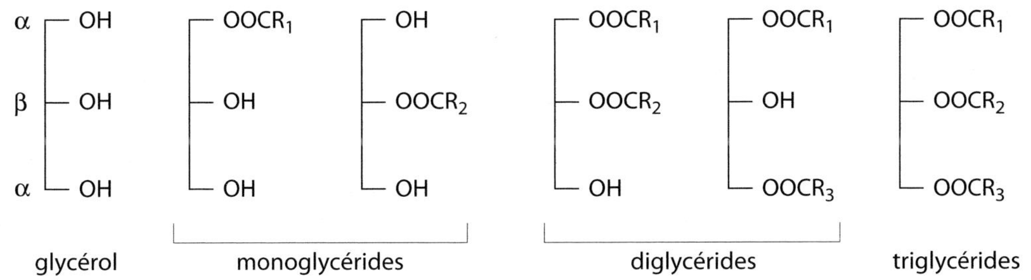

Figure 3.8 – Structures de glycérides

R1, R2 et R3, symbolisant des restes d'acides gras, peuvent être différents ou identiques.

Les glycérides peuvent être simples (homoglycérides) contenant des acides gras identiques, ou mixtes (hétéroglycérides) contenant des acides gras différents. Mais, dans la grande majorité des **corps gras**, les chaînes extérieures sont formées par des acides gras saturés et la chaîne interne par des acides gras insaturés. La répartition des acides gras sur les fonctions alcools peut être modifiée artificiellement par **interestérification** ce qui permet d'avoir des propriétés différentes (voir § 3.8.3.3. – Interestérification).

Les glycérides les plus abondants sont les triglycérides (ou triacylglycérols) principaux constituants (plus de 95 %) des matières grasses végétales et animales. Leur neutralité et leur hydrophobicité proviennent du fait que les polarités de tous les groupements **hydroxyles** du glycérol et des groupements carboxyles des acides gras s'annulent dans les liaisons esters. La majorité des glycérides constituent des gouttelettes lipidiques qui sont une forme habituelle de stockage des lipides dans les cellules (oléosomes des feuilles de blé, sphérosomes des cotylédons de **Légumineuses**). Les sphérosomes sont des gouttelettes entourées d'une membrane simple et renfermant les lipides de réserve des graines dans lesquelles ils peuvent représenter plus de 50 % de la **matière sèche**. Au cours du processus de maturation, la teneur en triglycérides des graines augmente. Certains fruits accumulent les triglycérides dans leur péricarpe : olive, avocat, etc.

Les triglycérides, dont les acides gras constitutifs sont à courte chaîne ou à chaîne insaturée, sont généralement des liquides huileux à la température ambiante, tandis que ceux qui possèdent des acides gras à chaîne longue et saturée ont une consistance solide. Cette dernière propriété est obtenue industriellement grâce à la réactivité des lipides particulièrement basée sur celle des chaînes d'acides gras, permettant l'**hydrogénation** (voir § 3.8.3.2. – Hydrogénation).

3.3.3. STÉRIDES

Les stérides sont des esters d'acides gras et de stérols, ou phytostérols, dans le cas particulier des végétaux. Ils sont naturellement présents dans les fruits, les légumes, les graines et les huiles végétales. (voir § 3.5.2. – Stéroïdes).

3.3.4. CÉRIDES

Egalement appelés **cires**, ce sont des esters d'un alcool **aliphatique** primaire à longue chaîne, appelé alcool gras (comportant de 16 à 36 atomes de carbone), et d'acides gras supérieurs (> 16 atomes de carbone). Les acides gras constitutifs sont généralement saturés. Ils sont présents aussi bien chez les animaux que chez les végétaux. Chez ces derniers, ils rentrent dans la composition d'un revêtement externe de la **paroi cellulaire** de l'épiderme de la tige, des feuilles et des fruits de certaines plantes, appelé cuticule, relativement imperméable à l'eau et aux gaz (rôle protecteur).

Beaucoup d'huiles végétales renferment des quantités, plus ou moins importantes, de **cires** (tournesol, maïs, colza, etc.) qui se solidifient et provoquent une certaine turbidité à cause de leur point de fusion élevé et parfois même à température ambiante. C'est le cas, notamment, des huiles extraites de graines dont les téguments sont riches en cires. La teneur en cires doit être réduite à moins de 10 **ppm** pour éviter un tel inconvénient.

3.4. LIPIDES COMPLEXES

On distingue les phospholipides (contenant de l'acide phosphorique) et les glycosylglycérides ou glycolipides (liés à un ou plusieurs résidus glucidiques).

3.4.1. PHOSPHOLIPIDES

Cette catégorie de lipides comporte 2 grands groupes : les glycérophospholipides et les sphingolipides.

3.4.1.1. GLYCÉROPHOSPHOLIPIDES

Ce sont des 1,2-diglycérides d'acides gras où la fonction primaire du glycérol en C-3 est estérifiée par l'acide phosphorique lui-même lié par une autre liaison ester, avec le groupement **hydroxyle** d'un second alcool pouvant être : l'éthanolamine, la choline, la sérine, le glycérol ou l'inositol ; les deux autres fonctions alcool du glycérol (en C-1 et C-2) étant estérifiées, chacune, par un acide gras (fig. 3.9). Ils dérivent de l'acide phosphatidique et sont désignés par le préfixe « phosphatidyl » suivi du nom de l'alcool. Par exemple, les principaux phospholipides des graines des **céréales** sont la phosphatidylcholine (PC), la phosphatidyléthanolamine (PE), et la phosphatidylinositol (PI). Dans les huiles végétales, les deux phospholipides courants sont également les PE et les PC (appelées également céphalines et lécithines, respectivement).

Les glycérophospholipides sont les constituants majeurs des membranes de toute cellule vivante (plasmalemme, mitochondries, chloroplastes, etc.) et jouent un rôle essentiel dans le maintien de leur intégrité.

Les glycérophospholipides manifestent un comportement **amphiphile** à l'égard de l'eau. Leurs queues formées d'**hydrocarbures** sont **hydrophobes**, tandis que le groupement phosphate (porteur d'une charge négative à pH 7) et les molécules polaires (alcools) qu'ils portent forment une tête **hydrophile** miscible avec l'eau. Cette propriété explique

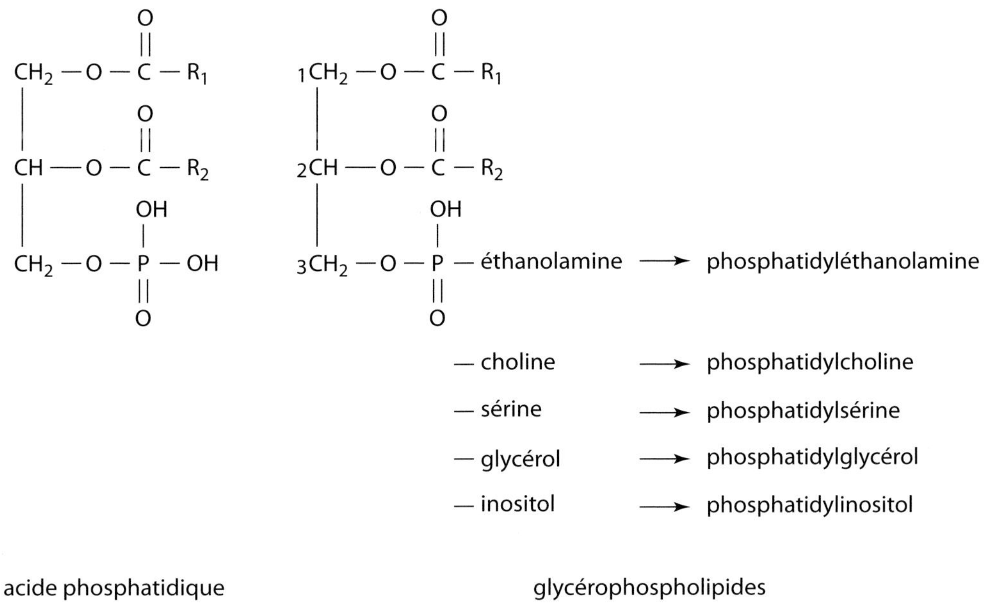

Figure 3.9 – Nomenclature de quelques glycérophospholipides importants

Les groupements R représentent les parties lipophiles des chaînes carbonées d'acides gras. Ils peuvent être différents ou identiques. La majorité des acides gras sont des acides gras à longue chaîne, saturée ou diversement insaturée.

l'organisation des membranes biologiques en bicouche lipidique : les têtes polaires sont tournées vers le milieu aqueux extracellulaire, les queues apolaires se font face (dirigées vers l'intérieur de la membrane) (fig. 3.10).

La PC a été le premier phospholipide découvert. Il existe plusieurs PC différant par leurs acides gras.

Les PC végétales renferment, à côté de la choline, soit des acides gras insaturés (tels que les acides oléique, linoléique, linolénique), soit un acide gras insaturé et un acide gras saturé (ex. acide stéarique).

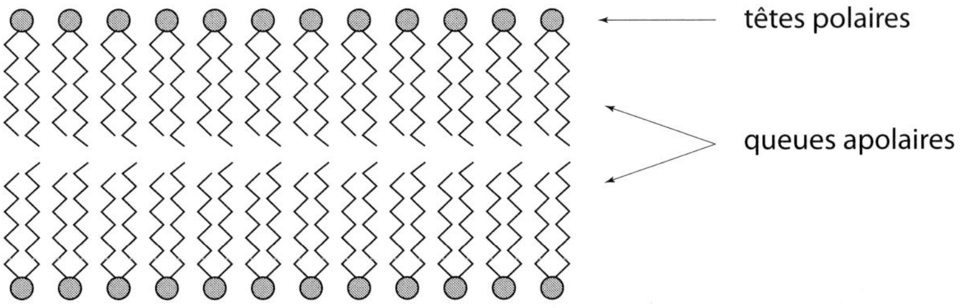

Figure 3.10 – Organisation de la bicouche lipidique des biomembranes

La PC constitue le **substrat** qui convient le mieux aux phospholipases A, C et D (voir fig. 3.28). Ces **enzymes** ont été utilisées pour mettre en évidence la distribution des acides gras dans les PC naturelles. On a ainsi pu montrer que, dans de nombreux cas, la position 1 du glycérol est occupée par des acides gras saturés et la position 2 par des acides gras insaturés.

Les PC se trouvent dans certains aliments d'origine animale (jaune d'œuf, cœur de bœuf, produits laitiers, etc.), mais elles abondent surtout dans les germes de **Céréales**, les huiles végétales pressées à froid où elles sont plus ou moins riches en acide gras insaturés. La PC du soja peut contenir jusqu'à 85 % d'acides gras polyinsaturés et surtout de l'acide linolénique (en moyenne, 57 %). Celle des huiles de noix, de noisette et de colza sont aussi riches en acide linolénique.

APPLICATIONS

Les PC commerciales sont l'un des **sous-produits** les plus importants de l'industrie de transformation des huiles végétales en raison de leurs **propriétés fonctionnelles** et de leurs larges utilisations dans divers produits alimentaires. Elles sont généralement blanchies à l'aide de peroxyde d'hydrogène, avant ou après leur séchage. Le processus de dégommage de l'**huile brute** peut affecter la qualité des PC. En effet, la plupart des additifs employés pour faciliter le dégommage sont habituellement néfastes pour les PC. C'est l'agent **tensioactif** naturel le plus utilisé à grande échelle. Actuellement, le soja est la principale source de PC utilisée en industrie **agro-alimentaire** : **margarinerie**, chocolaterie, savonnerie, etc. Les PC sont alors récupérées lors du dégommage à l'eau de l'huile de soja. Elles peuvent également être obtenues, de la même façon, à partir d'autres graines oléagineuses, telles que le maïs, le coton, l'arachide et le tournesol, mais la rentabilité est plus faible et la qualité moins bonne dans ce cas.

Parmi les applications des PC de soja dans des produits alimentaires, on peut citer :

- la complexation des protéines. La capacité à complexer les protéines de la farine (gluten) constitue la base de l'utilisation des PC dans le conditionnement de la pâte de pain. Les proportions habituellement utilisées varient de 0,25 à 0,6 % du poids de la farine ;
- la complexation de l'amidon. La complexation des PC avec de l'amidon forment des vésicules ou des liposomes présentant d'excellentes propriétés contre le rassissement du pain ;
- le substitut de jaune d'œuf. Les PC possèdent les mêmes caractéristiques émulsifiantes que le jaune d'œuf dans les gâteaux et d'autres produits alimentaires.

3.4.1.2. SPHINGOLIPIDES

Les sphingolipides diffèrent des glycérophospholipides par le fait que leur structure comporte, à la place du glycérol, la sphingosine (ou une base apparentée), un alcool aminé à chaîne grasse en position 1, lié à un acide gras en position 2 par une liaison amide et la fonction alcool étant estérifiée en C-3 par l'acide phosphorique qui est uni par son autre liaison ester à des structures variées (choline, ou un ou plusieurs résidus osidiques) (fig. 3.11). Les premières classes de sphingolipides ont été nommées en faisant référence aux tissus d'où elles ont été isolées, en général des tissus neuraux comme les cérébrosides. Ensuite, on en a trouvé dans toutes les cellules **eucaryotes** et plus particulièrement dans les membranes de l'appareil de Golgi et des lysosomes.

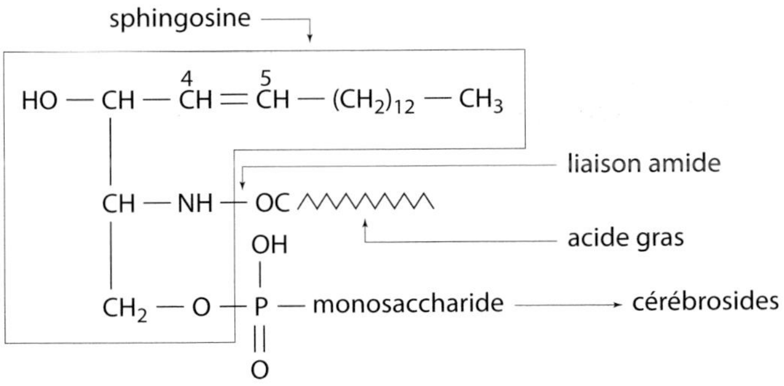

Figure 3.11 – Structure d'un cérébroside typique

Chez les végétaux, la sphingosine est remplacée par un dérivé, la 4-hydroxydihydrosphingosine ou 4-hydroxysphinganine qui ne diffère de la première que par l'absence de la liaison éthylénique en position 4.

3.4.2. GLYCOLIPIDES

Ce sont des lipides membranaires qui prédominent dans les cellules végétales et dans lesquels les groupements de l'extrémité **hydrophile** sont constitués d'un mono- ou oligosaccharide, tandis que la partie *hydrophobe* est constituée d'un acylglycérol.

Les glycosyl-diacylglycérols contiennent un sucre lié par une liaison glycosidique à l'hydroxyle en C-3 d'un diacylglycérol (fig. 3.12). Deux diacylglycérols dominent parmi les lipides végétaux : les galactosyl- et les quinovosyl-diacylglycérols qui se rencontrent dans toutes les formes de plastes. Le 1,2-di-*O*-acyl-3-*O*-β-D-galactopyranosyl-glycérol est le précurseur des galactosyl-diacylglycérols supérieurs formés par l'addition séquentielle de résidus galactopyranosyl au *O*-6 du précédent résidu. Ces galactosyl-lipides sont les glycosyl-diacylglycérols dominants chez les plantes. Cependant, le glucopyranosyl existe aussi dans les lipides végétaux, comme c'est le cas du 1,2-di-*O*-acyl-3-*O*-D glucopyranosyl-glycérol dans le tégument du grain de riz. Les chloroplastes contiennent également des glycolipides sulfatés, porteurs d'un groupement sulfonique en position 6 (fig. 3.12).

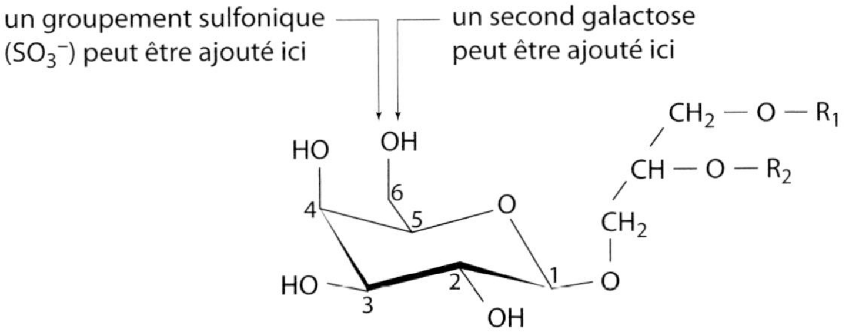

Figure 3.12 – Structure d'un monogalactosyl-diacylglycérol

R_1 et R_2 désignent des acides gras.

La fixation d'un groupement sulfonique en position 6 donne un sulfonate anionique.

Les glycosyl-diacylglycérols sont les lipides polaires (présence de résidus glucidiques dans leurs molécules) les plus abondants dans la nature.

3.5. ISOPRÉNOÏDES

Les isoprénoïdes partagent avec les autres lipides la propriété d'insolubilité dans l'eau et de **solubilité** dans les solvants organiques et se distinguent des autres classes de métabolites secondaires par leur origine commune. Leur unité structurale de base est l'isoprène ou 2-méthyl-1,3-butadiène : $CH_2{=}C(CH_3){-}CH{=}CH_2$. Ces unités sont assemblées d'abord en une chaîne insaturée qui est ensuite modifiée par oxydation, réduction ou élimination de carbone. Chez la majorité des plantes étudiées, le **précurseur** universel de tous les isoprénoïdes est l'acide mévalonique qui se forme à partir de l'acétyl-CoA (voir fig. 3.17). Une autre voie conduisant à la formation du pyrophosphate d'isopenténylmais passant par le 2-*C*-méthyl-D-érythritol-4-phosphate, a été établie chez diverses **bactéries** ainsi que chez une algue verte (*Scenedesmus obliquus*).

Les isoprénoïdes constituent la plus grande famille de métabolites secondaires chez les plantes. Plus de 20 000 isoprénoïdes ont été isolés et caractérisés à l'heure actuelle et la liste ne cesse de s'agrandir, ce qui dépasse tout autre groupe de produits végétaux. On y inclut les huiles essentielles, les résines, les stéroïdes et des **polymères** comme le caoutchouc.

Les petites molécules sont isolées principalement des plantes (où elles sont responsables de l'odeur caractéristique du géranium). Les molécules d'isoprénoïdes les plus grandes incluent le phytol, (constituant de la chlorophylle), les caroténoïdes, le caoutchouc, etc. et sont surtout abondantes chez les végétaux. Certains isoprénoïdes importants ont aussi été isolés de sources animales (ex. le squalène extrait de l'huile de foie de requin).

L'extrême diversité des structures et des propriétés physico-chimiques confère aux isoprénoïdes des activités biologiques très variées. En plus de leurs vertus **organoleptiques** bien connues (substances odorantes, amères, colorées), de nombreux isoprénoïdes sont doués d'actions biologiques et pharmacologiques : laxatifs, antimitotiques, substances de croissance, **vitamines**, etc.

Au sens strict, on réserve le terme de terpènes (du nom de l'arbuste méditerranéen le térébinthe) aux **hydrocarbures** insaturés mais certains composés possédant des fonctions oxygénées, dans leurs groupes substitués (alcool, aldéhyde, lactone, etc.) attachés au squelette de base, sont également considérés comme des composés terpéniques. Certains ont une structure acyclique, d'autres comportent un ou plusieurs cycles et une ou plusieurs doubles liaisons. De ce fait, le terme de terpènes devient inapproprié pour inclure ces composés ; le nom de terpénoïdes est plus générique et tend à remplacer la précédente appellation. Nous utiliserons, donc, l'une ou l'autre appellation, selon le contexte.

Les autres dérivés comportant un noyau stérane sont appelés stéroïdes.

3.5.1. TERPÉNOÏDES

La nomenclature utilisée a pour base une unité terpénique en C10 ; les différents terpénoïdes sont obtenus par l'addition de nouvelles molécules C5.

Le tableau 3.5 résume la nomenclature adoptée pour les différentes classes de terpénoïdes. Les terpénoïdes inférieurs sont caractérisés par leur volatilité et leur odeur piquante intense.

Tableau 3.5 – Nomenclature des différentes classes de terpénoïdes

Nom	Précurseur	Localisation
C10 : monoterpénoïdes	pyrophosphate de géranyle	huiles essentielles ▪ pétales
C15 : sesquiterpénoïdes	pyrophosphate de farnésyle	huiles essentielles ▪ résines ▪ pétales
C20 : diterpénoïdes	pyrophosphate de géranyl géranyl	huiles essentielles ▪ résines
C25 : sesterterpénoïdes	pyrophosphate de géranyl farnésyl	huiles essentielles ▪ résines
C30 : triterpénoïdes	squalène	résines ▪ cires des feuilles
C40 : tétraterpénoïdes	phytoène	tissus verts ▪ racines ▪ pétales
Cn : polyterpénoïdes (n = 9 à 10^5)	pyrophosphate de géranyl géranyl	latex ▪ cires des feuilles

3.5.1.1. MONOTERPÉNOÏDES

Ce sont des substances largement distribuées dans le règne végétal puisqu'elles constituent la majeure partie des huiles essentielles qui sont présentes en quantité appréciable chez 60 familles végétales soit environ 2 000 espèces. Les monoterpénoïdes sont légèrement volatiles (d'où leur appellation d'huiles éthériques).

Les monoterpénoïdes peuvent être linéaires (ex. myrcène), monocycliques (ex. menthol, limonène) ou bicycliques (ex. pinène) (fig. 3.13). La plupart de ces composés possèdent des centres asymétriques et sont donc optiquement actifs. Dans la nature, on ne retrouve fréquemment qu'un seul des stéréoisomères.

Parfois simplement formées dans le cytosol, ces huiles se rassemblent en gouttelettes ou s'accumulent dans les vacuoles des cellules épidermiques ou du mésophylle de nombreux pétales, ou encore dans des cellules oléifères. Quand la température est élevée, ces essences traversent la **paroi cellulaire** et la cuticule sous forme de vapeur (parfum de fleurs). Mais souvent, des cellules glandulaires les éliminent activement dans des compartiments intercellulaires ou les rejettent vers l'extérieur du végétal ; ex. le menthol (monoterpène monocyclique) émis par les poils sécréteurs de la menthe.

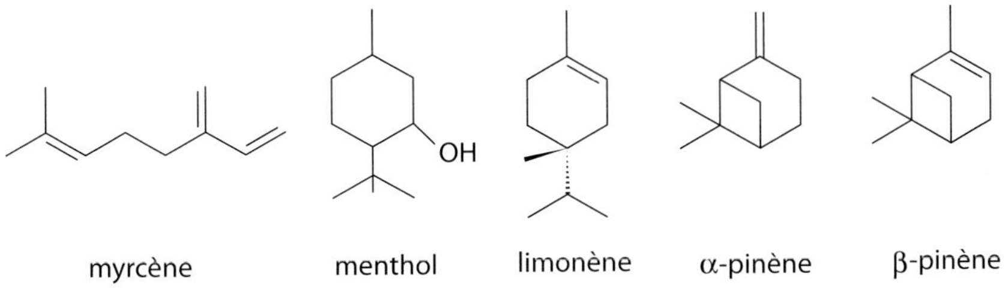

Figure 3.13 – Structures de quelques monoterpènes
Les substituants figurés représentent des méthyles.

APPLICATIONS

Les fonctions des monoterpènes sont multiples. Certains protègent les végétaux contre les insectes et les animaux, inhibent la croissance bactérienne et/ou fongique (usages thérapeutiques) et attirent les insectes pollinisateurs mais aussi les prédateurs des ravageurs par leurs composés **aromatiques** (limonène et géraniol, par exemple). Au contraire, d'autres sont toxiques pour les insectes. C'est le cas des pyréthroïdes des feuilles et des fleurs de certains chrysanthèmes (*Chrysanthemum* spp.). Ces composés neurotoxiques entraînent une hyperactivité, des mouvements désordonnés, voire la paralysie de l'insecte. Ils présentent l'avantage de se dégrader dans la nature et d'être dépourvus de toxicité vis-à-vis des Mammifères. Le myrcène, un des principaux monoterpènes de la résine des Conifères, est utilisé par certains insectes pour la production de phéromones.

Le menthol, un des constituants de l'essence de menthe, est très utilisé dans les industries **agro-alimentaire**, pharmaceutique et cosmétique, pour son **arôme**. L'α-pinène, un des constituants de l'essence de térébenthine, constitue 20 % de la résine du pin. Il est utilisé comme solvant et pour synthétiser le camphre. Son **isomère**, le β-pinène, possède des propriétés antiseptiques.

3.5.1.2. SESQUITERPÉNOÏDES

Constitués par assemblage de trois unités isoprènes, et donc de 15 atomes de carbone (fig. 3.14). Ils peuvent être acycliques (ex. farnésol), monocycliques (ex. acide abscissique, humulène) ou bicycliques (ex. cadinène, santonine). Ces deux derniers types sont les plus fréquents. D'autres structures peuvent être rencontrées comme des époxydes ou des lactones.

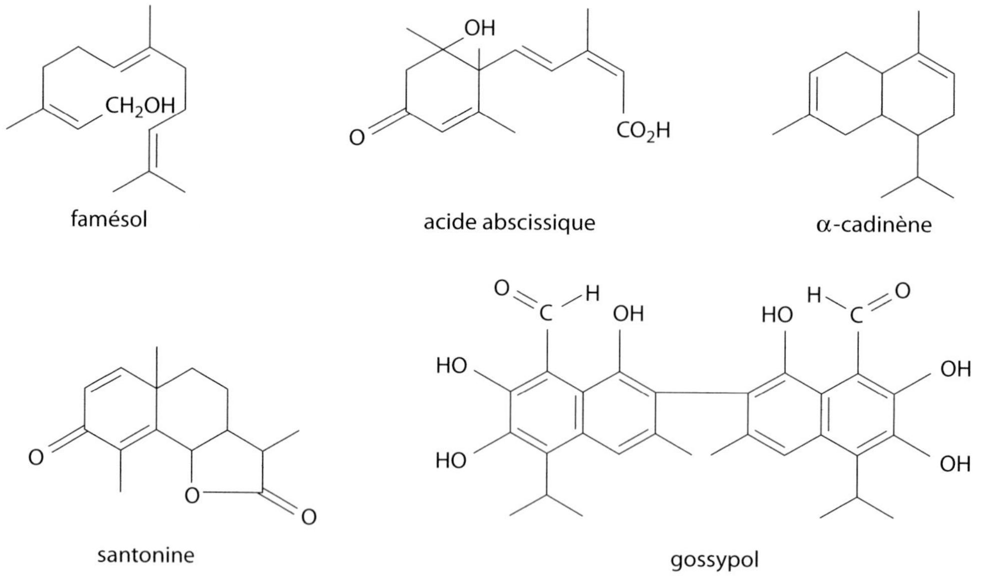

Figure 3.14 – Structures de quelques sesquiterpènes
Les substituants figurés représentent des méthyles.

APPLICATIONS

Des dérivés du farnésol, présents chez plusieurs familles de plantes, manifestent des effets analogues à ceux de l'hormone juvénile principale des insectes : ils maintiennent l'état larvaire en bloquant la métamorphose de l'insecte en contact avec ces produits.

Comme les monoterpénoïdes, les sesquiterpénoïdes jouent des rôles écologiques très importants. De nombreux sesquiterpénoïdes, principalement des lactones, sont considérés comme des agents protecteurs contre les herbivores. Ce sont des substances amères caractéristiques des plantes de la famille des Asteraceae (chicorée, absinthe). On les trouve dans les poils glandulaires de certaines espèces comme le tournesol. Le gossypol (fig. 3.14), un dimère sesquiterpénoïque, est un autre exemple de composé protecteur, responsable de la résistance de certaines variétés de coton et des genres proches de Malvaceae vis-à-vis de nombreux pathogènes (insectes, champignons et **bactéries**). Sa toxicité serait due à sa complexation avec des protéines ou des **enzymes** du tube digestif du prédateur, réduisant ainsi leur **digestibilité** ou leur activité.

Les sesquiterpénoïdes des orchidées jouent un rôle dans l'attraction des insectes pollinisateurs.

L'acide abscissique est une phytohormone présente entre autres dans les bourgeons et les graines en dormance.

Certaines plantes (menthe poivrée, citron, basilic, sauge, etc.) contiennent des mélanges de monoterpènes et de sesquiterpénoïdes, appelés huiles essentielles (voir Chapitre 4 - Huiles essentielles), responsables de l'odeur caractéristique de leurs feuilles.

3.5.1.3. DITERPÉNOÏDES

Les diterpénoïdes dérivent biosynthétiquement du géranyl géraniol. Ils peuvent être acycliques (ex. phytol de la chlorophylle), monocycliques (ex. vitamine A), bicycliques (ex. acide agathique), tricycliques (ex. acide abiétique), tétracycliques ou macrocycliques (fig. 3.15) et beaucoup de diterpénoïdes possèdent un système de cycles supplémentaires dans leur chaîne latérale ou sous forme de substitut ester.

APPLICATIONS

En général non volatils et donc présents dans les résines, les diterpènes peuvent avoir de multiples fonctions et applications :

Le phytol se trouve sous forme estérifiée dans la structure de la chlorophylle.

La vitamine A est nécessaire à la croissance et à la vision. Elle provient de la coupure oxydante du carotène (voir fig. 3.15 et 3.18). L'acide rétinoïque, obtenu par oxydation de la fonction alcool primaire de la vitamine A, est un agent antitumoral.

De nombreux diterpénoïdes sont réputés comme étant des toxines vis-à-vis des herbivores. Les résines de plantes dont celles des Conifères et de certains arbres tropicaux appartenant à la famille des Fabaceae, contiennent souvent des quantités importantes de diterpènes tels que l'acide pimarique et l'acide abiétique (fig. 3.15). Ce dernier est le constituant principal (80 %) de la résine de pin. Son utilisation principale est, entre autres, l'encollage du papier, ainsi que la préparation de vernis et de savons de **blanchiment**.

Les diterpènes de la résine du pin sont le facteur clé de la résistance au ravageur *Dendroctonus frontalis*.

Les gibbérellines (fig. 3.15), classe d'importantes substances de croissance chez les végétaux, de squelette *ent*-gibbérellane tétracyclique, dérivent des diterpénoïdes. Elles stimulent la croissance en longueur et les divisions cellulaires de certains tissus, entre autres actions. La première gibbérelline découverte le fut par Kurosawa en 1926 chez *Fusarium heterosporum*.

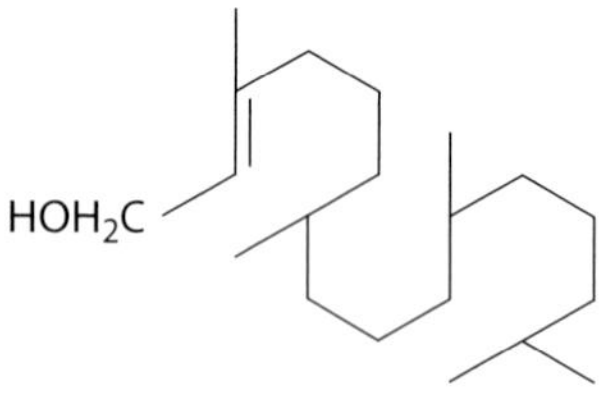

phytol (constituant
de la chlorophylle)

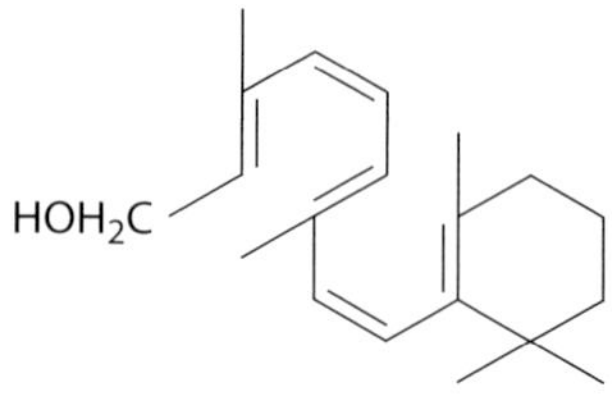

vitamine A

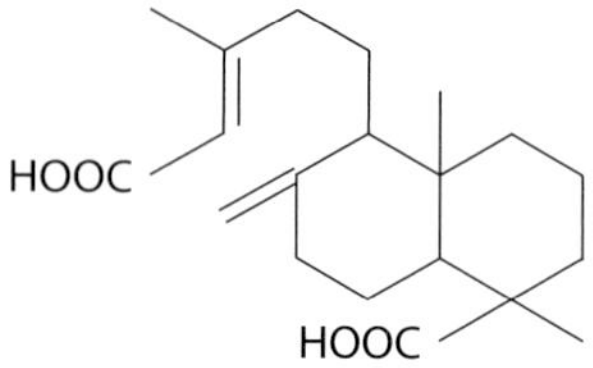

acide agathique
(conifères)

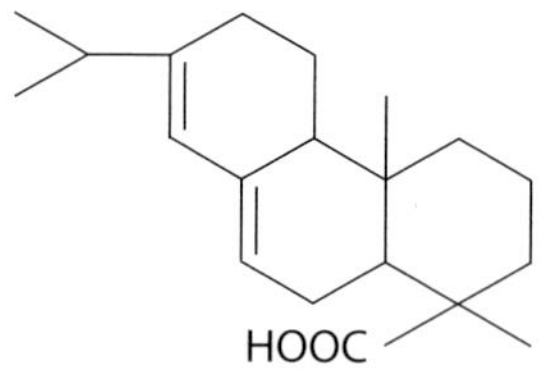

acide abiétique
(conifères)

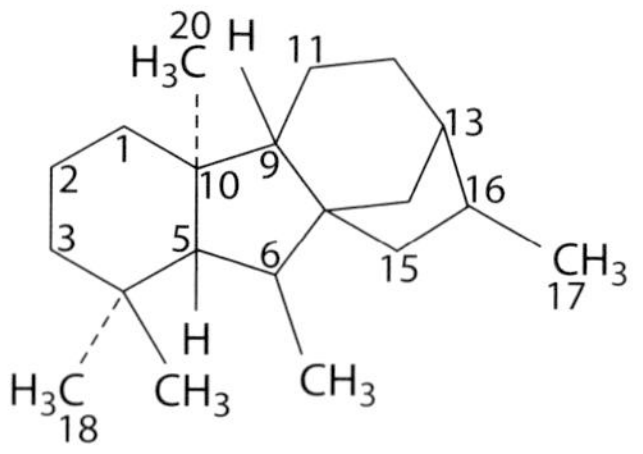

structure moléculaire de base
des gibbérellines

Figure 3.15 – Structures de quelques diterpènes importants

3.5.1.4. *TRITERPÉNOÏDES*

Ils incluent une variété de composés en C30 de structures très apparentées, se trouvant à l'état libre (acide oléanolique) ou sous forme d'hétérosides (certains saponosides). Leur structure générale, tétra- ou pentacyclique (voir fig. 3.16), rappelle celle des stéroïdes dont ils ne diffèrent que très peu à tel point qu'il n'est pas aisé de faire la distinction entre ces deux groupes : pour beaucoup d'auteurs, une divergence au niveau biosynthétique (voir fig. 3.17) serait à l'origine de leur séparation. Les triterpénoïdes et les stéroïdes sont formés biosynthétiquement à partir de l'acétyl CoA par la même séquence de réactions jusqu'à l'obtention du squalène ; ce dernier étant le dernier intermédiaire commun dans cette voie de biosynthèse.

3.5.1.5. *TÉTRATERPÉNOÏDES*

Constitués de molécules à 40 atomes de carbone, les tétraterpènes sont à l'origine des caroténoïdes (du grec *karôten* = carotte), composés biologiques importants, ainsi que des acides caroténoïdiques, moins nombreux et moins abondants. Ce sont des composants largement répandus, présents à la fois chez les végétaux et les animaux, mais ils ne peuvent

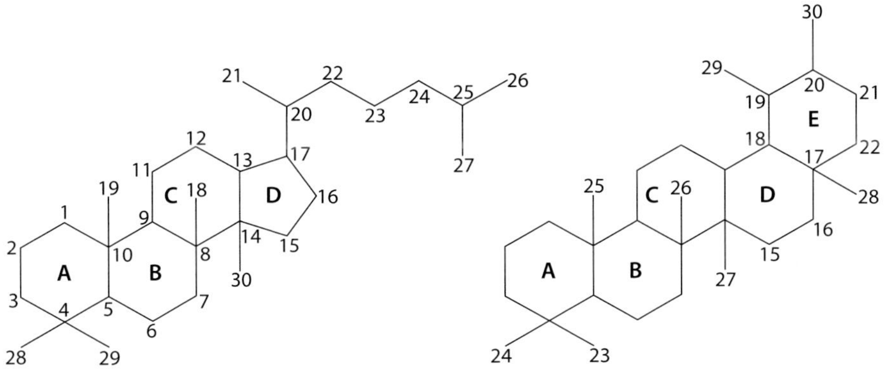

triterpène tétracyclique triterpène pentacyclique

Figure 3.16 – Structure générale des triterpènes
Les substituants figurés représentent des méthyles.

être synthétisés que par les végétaux, les champignons et les **bactéries**. Chez les végétaux, on les rencontre surtout dans les fruits (citrons, pêches, abricots, oranges) et dans les légumes (tomates, carottes, etc.). Dans les chloroplastes, les caroténoïdes et leurs dérivés hydroxylés, les xanthophylles (du grec *xanthos* = jaune et *phyllon* = feuille), jouent un rôle important dans la phase photochimique de la **photosynthèse** comme pigments accessoires au niveau des antennes collectrices de l'énergie lumineuse.

Plus de 700 caroténoïdes ont été identifiés. Leurs couleurs, jaunes, oranges, brunes ou rouges, sont dues à la présence dans leurs molécules d'un grand nombre de doubles liaisons conjuguées (voir fig. 3.18) ; ils absorbent fortement la lumière dans le bleu et l'ultraviolet. En automne, lorsque la chlorophylle est détruite, ce sont eux qui, avec les anthocyanes, sont responsables de la coloration des feuilles. On les rencontre également souvent dans les tissus non chlorophylliens (champignons), dans les **bactéries** et dans les algues. Les caroténoïdes participent à la coloration des fleurs, des fruits, des racines, etc., en jaune, orange ou en rouge (ex. la racine de la carotte est riche en carotène, la tomate et le poivron sont riches en lycopène).

Contrairement aux caroténoïdes des chloroplastes qui sont assez semblables pour l'ensemble des plantes supérieures (β-carotène, lutéine), ceux des chromoplastes présentent une grande variété de structures (lycopène de la tomate, zéaxanthine du maïs, violaxanthine de la violette, rhodaxanthine de l'if, diatoxanthine des diatomées, etc.). Les caroténoïdes sont le plus souvent des molécules symétriques. Les doubles liaisons permettent de nombreuses configurations *cis-trans*, mais les caroténoïdes ont, dans leur ensemble, une configuration entièrement *trans*. Les principaux types structuraux de caroténoïdes comprennent (voir fig. 3.18) :

- des hydrocarbures comme le lycopène dont les unités isopréniques terminales ne sont pas cyclisées et les carotènes, avec un ou deux cycles terminaux non oxygénés ;
- les xanthophylles, dérivés cyclisés et oxygénés des carotènes. Les **hydroxyles** confèrent à ces dernières une polarité plus marquée que celle du β-carotène ou du lycopène ;
- des époxydes comme la violaxanthine ;

▸ des dérivés furaniques comme les flavoxanthines.

En raison de leur caractère **lipophile**, leur **extraction** s'effectue à l'éther de pétrole (parfois à l'aide de chloroforme ou d'alcools). Leur **fractionnement** est également possible en utilisant les différences de **solubilités** dans les solvants des différentes catégories de caroténoïdes entre une phase supérieure éthéro-pétrolique et une phase inférieure contenant 90 % de méthanol et 10 % d'eau. Les esters de xanthophylles et les **hydrocarbures** caroténoïdes se retrouvent également dans la phase supérieure ; les xanthophylles libres dans la phase inférieure.

La meilleure méthode analytique et préparative de séparation des groupes de caroténoïdes s'avère être la **chromatographie** en phase inverse non aqueuse qui sépare aussi bien les **isomères** de structure du carotène que les isomères *cis-trans* du β-carotène.

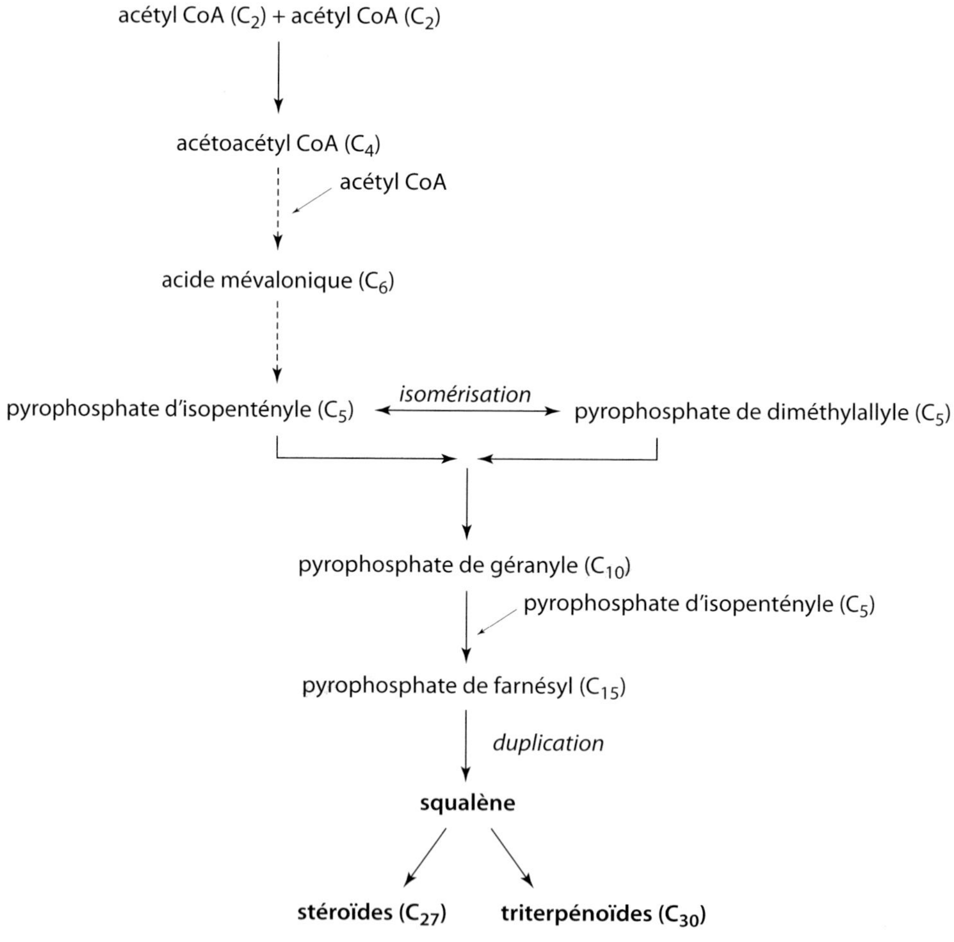

Figure 3.17 – Biosynthèse des triterpènes et des stéroïdes
Cx désigne le nombre d'atomes de carbone de la molécule.

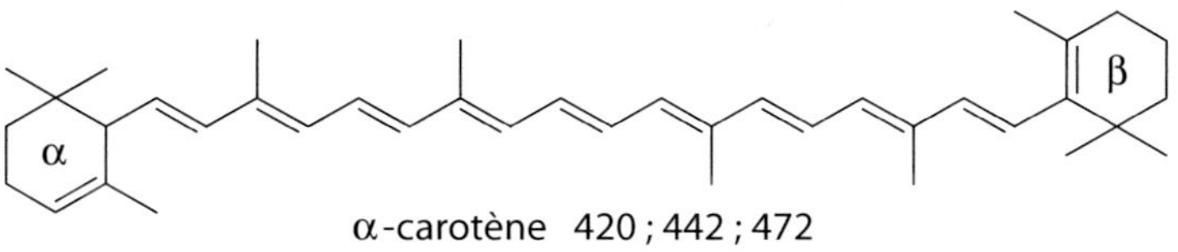

α-carotène 420 ; 442 ; 472

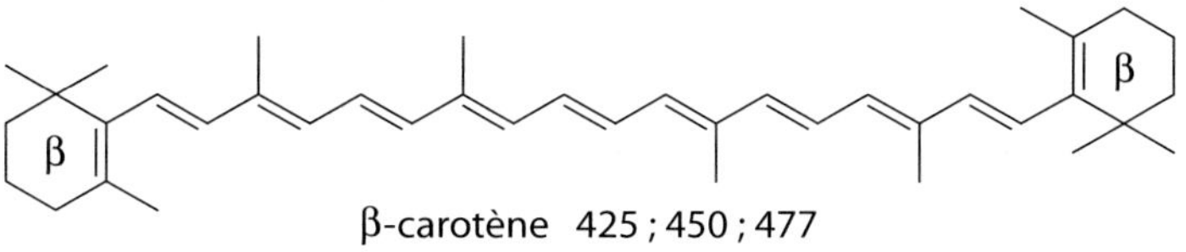

β-carotène 425 ; 450 ; 477

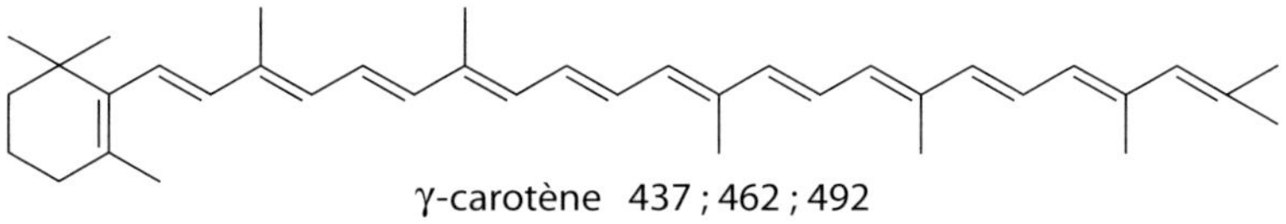

γ-carotène 437 ; 462 ; 492

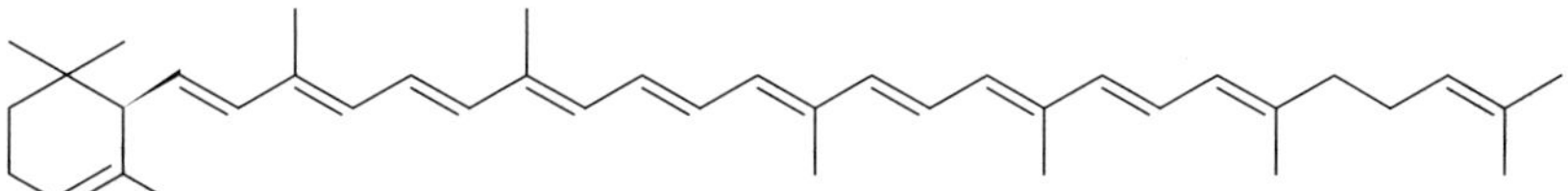

δ-carotène 428 ; 458 ; 490

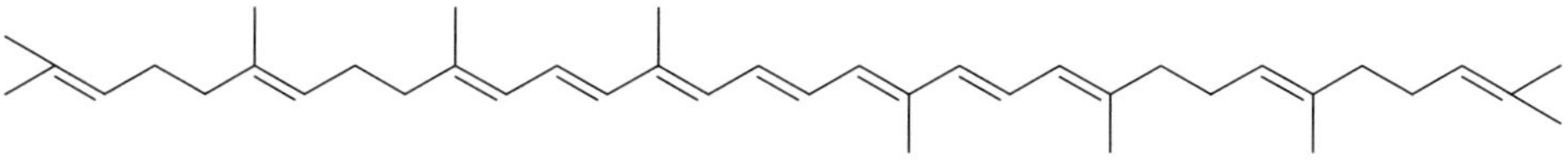

ζ-carotène 380 ; 400 ; 425

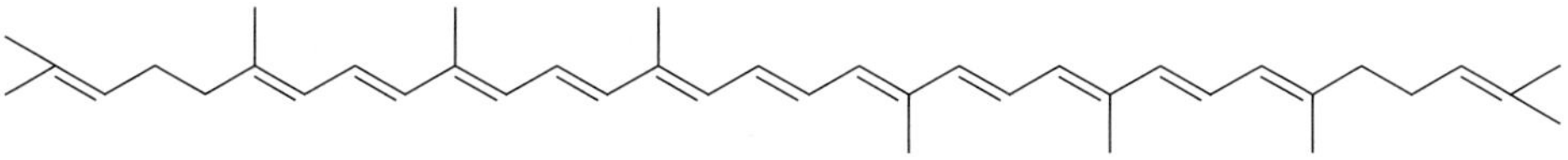

lycopène 448 ; 473 ; 504

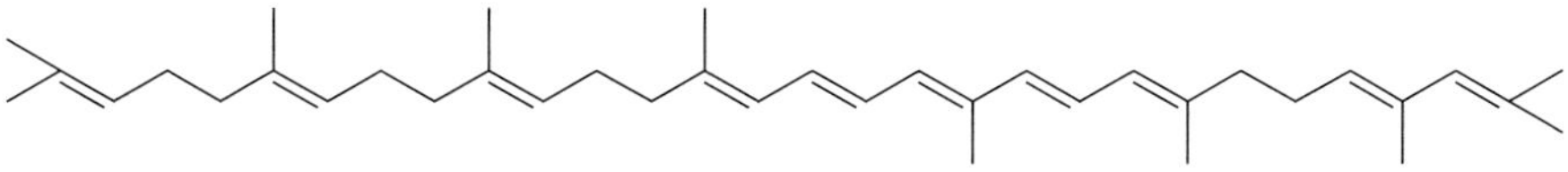

phytofluène 331 ; 347 ; 366

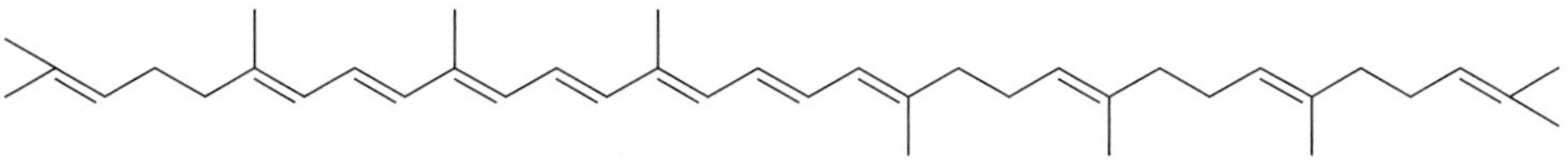

7,8,11,12-tétrahydrolycopène 374 ; 395 ; 420

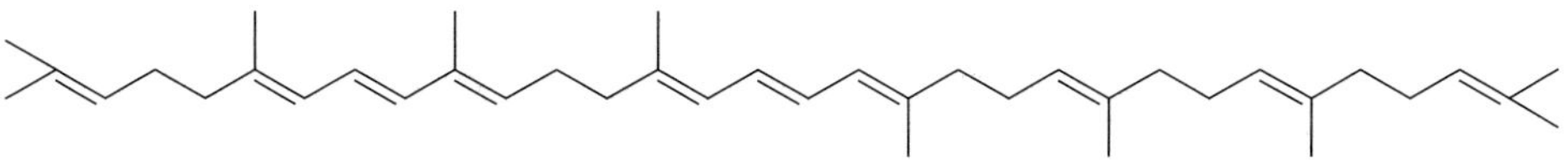

phytoène 276 ; 286 ; 297

Figure 3.18 – Principaux caroténoïdes végétaux

Les substituants figurés représentent des méthyles.

Les chiffres indiquent les longueurs d'onde au maximum d'absorption dans l'hexane.

Les propriétés d'absorption lumineuse des caroténoïdes diffèrent selon le nombre de liaisons conjuguées. Ils absorbent les radiations bleues et bleu-violettes du spectre de la lumière solaire. La figure 3.18 montre plusieurs structures de caroténoïdes et leurs différentes longueur au maximum d'absorption dans l'hexane :

Les carotènes α et β sont très fortement colorés en orangé. Le β-carotène, le plus répandu d'entre eux, est présent dans les chloroplastes, associé à la chlorophylle. Il colore certains fruits (ex. tomate) ou racines (ex. carotte).

Le carotène α et le carotène β se distinguent par la position de leurs doubles liaisons aux extrémités cyclisées des molécules (cycles ioniques α et β).

APPLICATIONS

Le carotène β constitue la provitamine A des Mammifères ; sa **carence** provoque la cécité nocturne ou héméralopie. La fonction provitaminique ne s'exerce chez l'homme que dans les limites des besoins physiologiques et une surcharge caroténique ne provoque nullement l'hypervitaminose A. Son action biologique ou thérapeutique est la même que celle de la vitamine A, mais elle est environ 2 fois moins importante. En outre, il inhibe la carcinogenèse. Dans les huiles végétales (certaines variétés d'huiles de palme peuvent en contenir plus de 0,1 %), il est particulièrement sensible à la chaleur et à l'oxydation. Il est transformé en un composé incolore par hydrogénation.

Les carotènes sont également utilisés dans la formulation de produits cosmétiques destinés au bronzage en provoquant une coloration de la peau.

Les utilisations principales, outre les domaines pharmaceutique et cosmétique, sont alimentaires : **colorants** naturels de denrées alimentaires diverses (**charcuterie**, produits laitiers, condiments, potages, **confiserie**, crèmes glacées, pâtisserie, boissons, sirops, etc.).

La capsanthine, principal caroténoïde du paprika (*Capsicum annuum*) associée à un autre caroténoïde de la même plante, sont utilisées comme colorant alimentaire (saucisses, fromages, etc.). Cette association de pigments fournie dans la ration alimentaire des poules pondeuses (à raison de 16 mg/Kg) permet de colorer le jaune d'œuf.

Les xanthophylles (ex. zéaxanthine du maïs, lycopène de la tomate, etc.) sont des pigments particulièrement visibles en période automnale au niveau des feuilles à la suite de l'altération de la chlorophylle, permettant leur démasquage.

Leurs **hydroxyles** (fig. 3.19) peuvent être engagés dans des liaisons glycosidiques avec des sucres ou dans des liaisons esters avec des acides gras. Les propriétés de **solubilité** des molécules ainsi modifiées sont profondément marquées par le caractère **hydrophile** ou **hydrophobe** du substituant.

APPLICATIONS

En raison de leur pouvoir **colorant**, l'emploi des xanthophylles est autorisé en tant qu'**additifs alimentaires**.

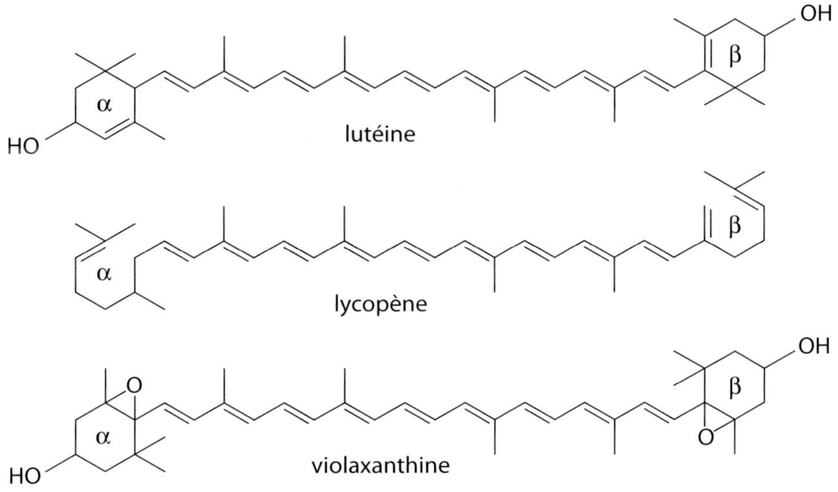

Figure 3.19 – Structures de quelques xanthophylles
Les substituants figurés représentent des méthyles.

3.5.1.6. POLYTERPÉNOÏDES

Les polyterpénoïdes ont une structure linéaire (fig. 3.20). Le caoutchouc et la gutta-percha, sont les représentants typiques de cette classe. Le caoutchouc est formé de 500 à plus de 5 000 unités isoprènes en chaînes non ramifiées aux doubles liaisons de **configuration** *cis*. Le caoutchouc et la gutta-percha se distinguent stéréochimiquement d'après la position (respectivement *cis* et *trans*) des groupements latéraux CH_3.

Ils sont contenus dans le latex des vaisseaux laticifères de nombreuses plantes appartenant à diverses familles : Moraceae (*Ficus*), Cucurbitaceae (*Cucurbita*, *Citrullus*), Euphorbiaceae (*Hevea brasiliensis*, *Euphorbia*), Apocynaceae (*Alstonia*, *Plumeria*), Asclepiadaceae (*Asclepias*, *Calotropis*), Asteraceae (*Anthemis*, *Taraxacum*) et Sapotaceae.

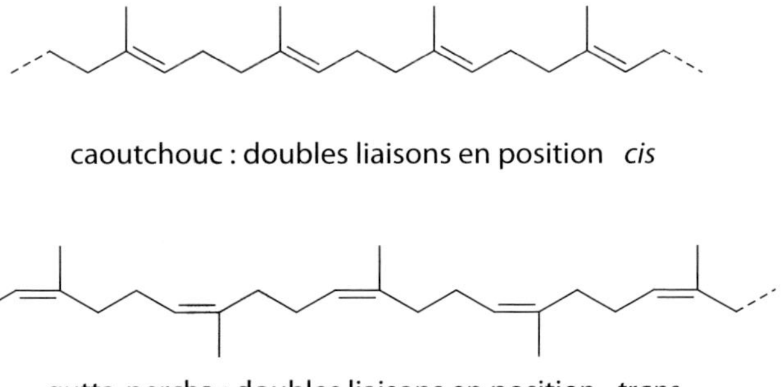

Figure 3.20 – Structures des principaux polyterpénoïdes

APPLICATIONS

L'*Hevea brasiliensis* d'origine amazonienne est cultivé dans toutes les régions tropicales et exploité pour son latex riche en caoutchouc. C'est un latex laiteux qui s'écoule du tronc de l'arbre lorsque l'on y pratique une saignée et se coagule au contact de l'air. Le latex séché est traité au souffre à des températures élevées lors d'une opération dite de vulcanisation qui permet de renforcer les qualités souhaitées du produit fini, et notamment l'élasticité, la résistance et la stabilité.

3.5.2. STÉROÏDES

Les stéroïdes sont des substances triterpéniques modifiées, classiquement regroupés avec les lipides. Ils se rencontrent chez la majorité des plantes et animaux. Plus de 300 stérols et composés apparentés ont été identifiés chez les plantes. On y inclut des composés très différents quant à leurs propriétés biologiques tels que les phytostérols et les phytostanols, le squalène, des hormones, des alcaloïdes, des saponines, des glycosides cardiotoniques et des ecdystéroïdes.

3.5.2.1. STRUCTURE GÉNÉRALE

Les stéroïdes renferment au moins un noyau stérol ou noyau cyclopentanoperhydrophénanthrène et portent en outre diverses fonctions ou insaturations, ainsi qu'une chaîne latérale **aliphatique** sur le carbone 17. Le **cholestérol** (voir fig. 3.21) est l'exemple type de cette catégorie de substances mais d'autres modifications, notamment, sur la chaîne latérale, conduisent à une grande variété de produits naturels. Alors que le cholestérol a une chaîne latérale composée de 8 atomes de carbone, les phytostérols les plus courants ont une chaîne latérale de 9 ou 10 atomes de carbone, sur un total de 28 ou 29 atomes de carbone. La chaîne latérale **alkyle** peut contenir également une double liaison (voir fig. 3.21).

La nomenclature chimique des stéroïdes est basée sur ce carbocycle avec sa chaîne carbonée latérale. Chaque **hydrocarbure** tétracyclique parent porte un nom spécifique. Les stéroïdes sont numérotés et les cycles nommés comme le montre la figure 3.21. En général, tous les stéroïdes végétaux portent un **hydroxyle** en C-3.

Chez les végétaux, ils se trouvent à l'état libre ou combiné à des glucides (oses ou oligosaccharides) sous forme d'hétérosides, habituellement par l'intermédiaire de l'**hydroxyle** en C-3 (ex. digitonine, ouabaïne). On les trouve également sous forme d'esters d'acides gras associés à des glucides. Dans les huiles alimentaires, ils sont souvent libres ou estérifiés. Ces esters se rencontrent aussi bien dans les membranes biologiques que dans les fractions cellulaires solubles.

3.5.2.2. PHYTOSTÉROLS ET PHYTOSTANOLS

Les phytostérols regroupent l'ensemble des stérols caractéristiques des plantes. Ils constituent, en commun avec divers lipides, les membranes des cellules végétales, jouant un rôle important dans le contrôle de la fluidité et de la perméabilité membranaires.

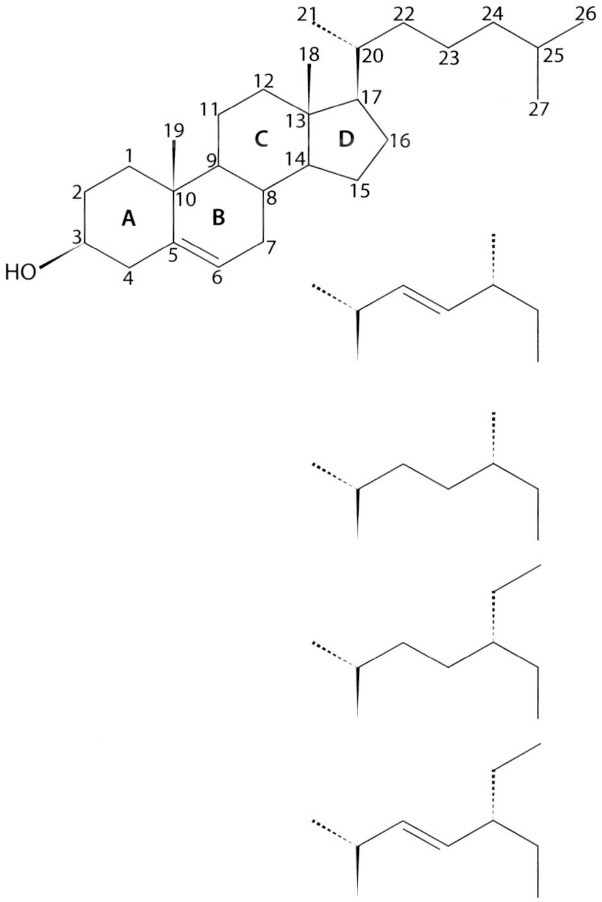

cholestérol

brassicastérol

campestérol

sitostérol

stigmastérol

Figure 3.21 – Structures du cholestérol et de quelques phytostérols importants (seule la chaîne latérale est indiquée)

On les trouve dans les graines, les noix et les légumes. Les huiles végétales sont les sources naturelles les plus riches en phytostérols. Les teneurs les plus élevées se rencontrent chez le maïs, le colza, le soja et le tournesol. Plus de 100 types de phytostérols ont été rapportés chez les végétaux, mais les plus importants dans les huiles sont représentés par le sitostérol, campestérol, sigmastérol, Δ^7-stigmasténol, Δ^5-avénasténol, Δ^7-avénasténol. Le brassicastérol est le stérol caractéristique de la famille des Brassicaceae (colza). D'autres stérols, de moindre importance quantitative, peuvent se trouver dans certaines huiles végétales : $\Delta^{7\text{-}9}$-stigmatadiénol, fucostérol, ergastérol, etc. Le cholestérol, **précurseur** de nombreux stéroïdes animaux, existe à l'état de traces chez les végétaux.

Les phytostérols des huiles végétales se rencontrent principalement sous forme de stérols libres ou estérifiés par un acide gras au niveau de l'**hydroxyle** en C-3, notamment par les acides oléique et linoléique (voir § 3.3.3. – Stérides) ou glycosylés par un ou plusieurs oses, en chaînes linéaires ou branchées comme dans le cas des saponines.

Du point de vue structural, les phytostanols sont très semblables aux phytostérols, excepté qu'ils sont entièrement saturés, alors que les phytostérols ont au moins une double-liaison dans leur structure. Ils résultent de l'hydrogénation des phytostérols lors de leur transformation en produits à usage commercial, en utilisant des **catalyseurs** comme le palladium, le platine, le cuivre ou le nickel.

Les phytostanols sont mineurs dans les huiles végétales.

PROPRIÉTÉS BIOLOGIQUES ET APPLICATIONS

Chez les animaux, les stéroïdes sont indispensables au fonctionnement de l'organisme (hormones sexuelles, acides biliaires, etc.). Le rôle structural des stérols dans les membranes végétales est analogue à celui du **cholestérol** dans les cellules animales. La membrane plasmique possède le plus important rapport stérols/phospholipides. Les membranes chloroplastiques contiennent seulement une faible quantité de stérols libres. Certains phytostérols jouent également un rôle important dans le développement de la plante.

En outre, il est bien connu que les phytostérols diminuent le taux de cholestérol sanguin (cholestérolémie) qu'il soit alimentaire ou d'origine endogène. L'étroite similarité structurale des phytostérols avec le cholestérol leur permet d'être incorporés dans les membranes cellulaires et de bloquer l'absorption intestinale du cholestérol par inhibition compétitive. De plus, les phytostérols ont une meilleure **solubilité** que le cholestérol dans les micelles biliaires au niveau de l'intestin grêle. De ce fait, ils forment de complexes phytostérol/cholestérol, ce qui réduit son absorption et augmente son excrétion.

Les esters de phytostérols hydrolysés dans l'intestin grêle, sont capables de réduire le taux du cholestérol et des LDL du plasma sanguin d'environ 14 % mais n'ont pas d'effet significatif sur le taux des HDL. On estime qu'une consommation quotidienne de phytostérols est susceptible de réduire le risque de maladies cardiovasculaires jusqu'à 40 %, selon l'âge et suivant d'autres facteurs. Cependant, les phytostérols en excès (plus de 3 g/jour) ont l'inconvénient de réduire l'absorption des carotènes alpha et beta et de la vitamine E ce qui conduit à limiter la prise quotidienne de phytostérols à environ 200 à 400 mg. Aux Etats-Unis et en Europe, les esters de phytostérols et de phytostanols (combinés à des acides gras) sont couramment incorporés dans divers produits alimentaires comme les **margarines**, les sauces salades, les yogourts, etc. Ils sont aussi commercialisés sous forme de capsules.

Le β-sitostérol est utilisé pour le traitement de l'hypertrophie bénigne de la prostate.

3.5.2.3. ECDYSTÉROÏDES

D'autres stéroïdes, appelés ecdystéroïdes, ont des structures analogues aux hormones de la mue des insectes, mais parfois beaucoup plus biologiquement actifs. On distingue les zooecdystéroïdes des phytoecdystéroïdes selon l'origine de la molécule, mais de nombreux composés sont communs aux deux règnes.

Ces composés constituent une vaste famille comportant plus de 300 composés dont l'ecdystérone, hormone active de mue et métamorphose, existe dans plus de 100 familles végétales.

Chimiquement, ils se caractérisent par une double liaison en 7, une cétone en 6 et un α-**hydroxyle** en 14 (fig. 3.22). La majorité d'entre-eux porte un hydroxyle en 3, comme c'est le cas de leurs **précurseurs** stéroïdes. Autour de cette formule générale s'articulent de nombreux dérivés dont les variations portent, par exemple, sur :

- le nombre d'atomes de carbone (variant de 19 à 29),
- la présence d'un 3-β-OH, d'un 3-α-OH ou d'un groupement 3-oxo,
- la présence de groupements hydroxyles sur le noyau stéroïde (en C-1, C-2, C-5, C-11, C-19),
- la présence de groupements **hydroxyles** sur la chaîne latérale (quand elle est présente) en C-20, C-22, C-23, C-24, C-25 et C-26/27,
- l'acylation par des acides organiques ou/et la glycosylation.

La présence de nombreux groupements –OH, leur confère leur polarité.

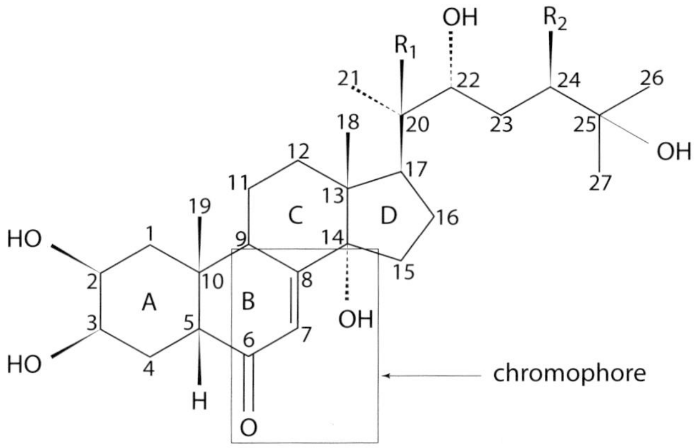

ecdysone : $R_1 = R_2 = H$; 20-hydroxyecdysone ; $R_1 = OH$, $R_2 = H$

Figure 3.22 – Structure de l'ecdysone et de son dérivé actif, le 20-hydroxyecdysone

Applications

Chez les végétaux, la biosynthèse des phytoecdystéroïdes peut être déclenchée suite aux dommages causés par les insectes phytophages. Leur ingestion par ces derniers interrompt leur cycle de mue, inhibe leur développement, leur croissance et leur reproduction et provoquent leur mort. Ils ont un effet anti-appétant efficace sur certaines espèces dont les récepteurs sensoriels sont sensibles à la présence de la 20-hydroxyecdysone, le plus répandu de ces composés. Toutefois, certains insectes polyphages sont insensibles aux phytoecdysones ou possèdent des **enzymes** capables de les dégrader. L'utilisation de ces composés dans la lutte contre certains ravageurs de plantes est un domaine de recherche très actif, étant donnée leur innocuité pour les Mammifères.

3.5.3. *Vitamines liposolubles*

Les vitamines sont des substances organiques sans valeur énergétique propre, présentes en quantité infinitésimale dans les aliments et requises par l'organisme à très petite dose pour le maintien de ses fonctions métaboliques vitales (croissance, contrôle des activités enzymatiques, équilibre de l'organisme, etc.).

Les animaux sont incapables de synthétiser les vitamines qui doivent leur être fournies par les plantes (sons et germes de **Céréales**, légumes, fruits verts, etc.), la **flore intestinale** ou divers produits d'origine animale (lait, viande, foie, cervelle, jaune d'œuf, etc.) dont ils se nourrissent (voir tab. 3.6, p. 113).

Les vitamines appartiennent à des classes chimiques très différentes ; on les classe habituellement en hydrosolubles et liposolubles suivant leur **solubilité** dans l'eau et les **alcalis** ou dans les solvants organiques (benzène, hexane, éther, etc.). Cette classification ne repose sur aucun caractère structural ou fonctionnel.

Sous le vocable de vitamines liposolubles, on réuni quatre vitamines : A, K, E et D. Du point de vue structural, les vitamines A et E sont rattachées aux terpénoïdes ; K aux naphtoquinones et D aux stéroïdes.

La vitamine A joue un rôle principal dans la vision. Elle se forme dans l'organisme (surtout le foie) par oxydation de la provitamine A, d'origine végétale, notamment les carotènes α et β (fig. 3.23), ce dernier fournissant 2 fois plus de vitamine A que le premier. La vitamine A et son **précurseur** sont détruits aux fortes températures et sont sensibles à l'oxydation par les lipoxydases, présentes par exemple dans les graines de soja crues. Elle est facilement oxydable par les peroxydes d'acides gras. Les **antioxydants**, tels que les tocophérols, protègent en partie la vitamine A contre l'oxydation.

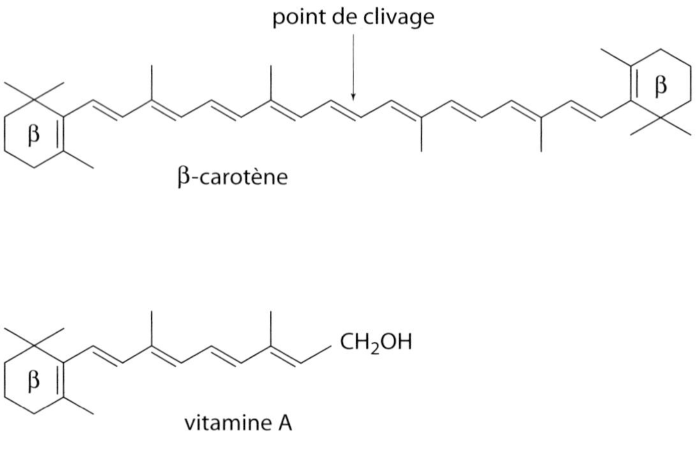

Figure 3.23 – Transformation du β-carotène (tétraterpénoïde) en vitamine A (diterpénoïde)
Une scission oxydative par une dioxygénase fournit deux molécules de vitamine A.

La vitamine K (fig. 3.24) est douée de propriétés coagulantes. Il en existe deux principales formes : K_1 et K_2. La première se trouve dans de nombreuses plantes, particulièrement dans les légumes verts à feuilles (épinards, choux verts, etc.) ; la deuxième est synthétisée par la **flore intestinale**.

La **carence** en cette vitamine entraîne une tendance aux hémorragies due à l'incapacité de l'organisme à synthétiser la prothrombine, **précurseur** inactif de la thrombine nécessaire à la **coagulation** du sang.

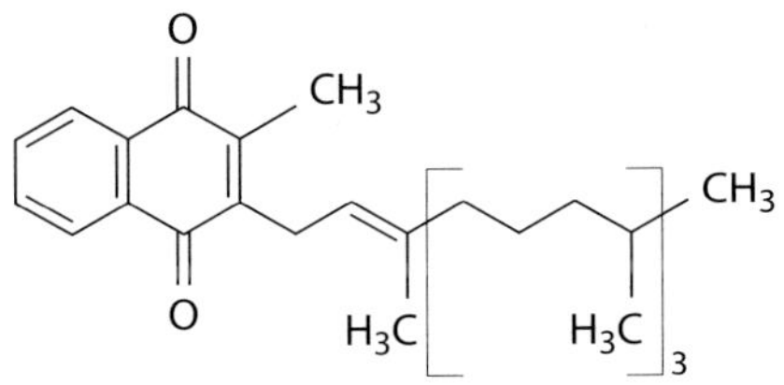

Figure 3.24 – Structure de la vitamine K

La vitamine D désigne, en fait, un groupe de vitamines dérivées des stéroïdes et dont les plus importants sont la vitamine D2 (ergocalciférol) et la vitamine D3 (cholécalciférol) (fig. 3.25). Le **précurseur** de la vitamine D2 est l'ergostérol, obtenu à partir des plantes. La vitamine D3 est la forme de vitamine D obtenue à partir du 7-déhydrocholestérol des tissus animaux (peau, foie et rein, successivement) sous l'action des radiations ultraviolettes du soleil.

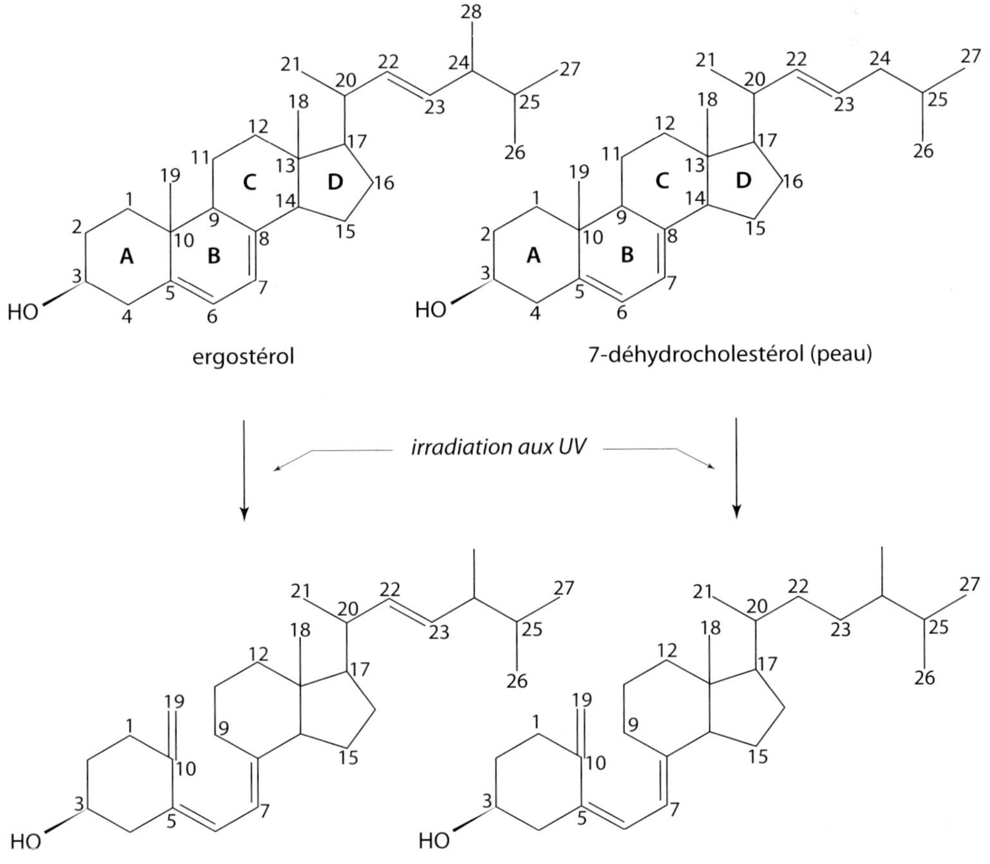

vitamine D2 (ergocalciférol) vitamine D3 (cholécalciférol)

Figure 3.25 – Précurseurs de la vitamine D

Elle intervient dans le **métabolisme** phospho-calcique et la formation des os. Une **carence** en vitamine D est responsable du rachitisme chez les enfants (mauvais développement du squelette) et augmente l'ostéoporose chez les personnes âgées.

La vitamine E joue un rôle dans la fécondation et s'oppose aux processus oxydatifs, notamment à l'oxydation des acides gras insaturés. En réalité, la vitamine E, appelée également tocophérols, est un nom générique qui regroupe des **antioxydants** naturels relativement abondants dans les huiles végétales. La grande stabilité de ces dernières, dans les conditions d'oxydation, est due à la présence d'un taux élevé d'antioxydants naturels, dont les plus importants sont les tocophérols. Les tocophérols caractérisés sont au nombre de huit composés homologues : α- ,β- ,γ- ,δ- , ε- , ζ1-, ζ2 -, et η-tocophérol (fig. 3.26).

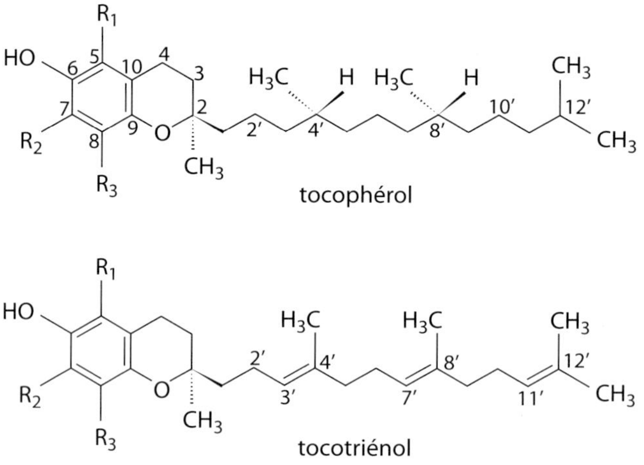

groupes méthyles	tocophérols	tocotriénols
$R_1 = R_2 = R_3$	α	ε
$R_1 = R_3$	β	ζ_1
$R_2 = R_3$	γ	ζ_2
R_3	δ	η

Figure 3.26 – Structures des tocophérols naturels

Les quatre premiers tocophérols ont une structure de benzopyranol substitué par une chaîne saturée composée de trois unités isopréniques. La fonction **hydroxyle** est en position 6, sur le cycle **aromatique** et en *para* de l'atome d'oxygène hétérocyclique. Les divers tocophérols se différencient entre eux par le nombre et la position de groupements méthyle sur le cycle aromatique. L'α-tocophérol possède trois groupes méthyles fixés sur le noyau hydroxychromane en 5, 7 et 8, tandis que le β et le γ n'en ont que deux respectivement en 5, 8 et 7, 8 et le δ un seul en 8.

Les quatre autres, appelés tocotriénols, sont proches des tocophérols mais leur structure chimique diffère par leur chaîne isoprénoïde qui comporte des doubles liaisons en 3', 7' et 11'.

Tocophérols et tocotriénols sont parfois regroupés sous le terme de tocochromanols. Bien qu'*in vitro*, les tocotriénols démontrent une meilleure activité antioxydante que les tocophérols, leur action biologique *in vivo* est moindre car ils sont présents en plus faible quantité dans les tissus.

Les tocophérols sont des substances liposolubles, pratiquement insolubles dans l'eau et extractibles par les solvants organiques. Ils se présentent sous forme d'huiles visqueuses légèrement colorées en jaune.

Les tocophérols se trouvent dans les aliments essentiellement sous la forme libre. Les huiles végétales en sont les aliments les plus riches. Ils sont un des composants des insaponifiables des huiles, fraction non constituée de triglycérides, isolable par **extraction** dans un solvant après transformation des acides gras en savons hydrosolubles.

La forme la plus active biologiquement est l'α-tocophérol suivie des formes β et γ qui représentent chacune la moitié de l'activité de la forme α. La principale source de la forme α est l'huile d'amande, d'olive vierge et de tournesol. La forme β est la plus abondante dans l'huile de germes de blé ; la forme γ est présente dans l'huile de graines de coton.

APPLICATIONS

En industrie **agro-alimentaire**, les tocophérols sont autorisés à titre d'**additifs alimentaires** (**antioxydants**) qu'ils soient naturels extraits d'huiles végétales ou synthétiques.

On les utilise également en pharmacotechnie pour les mêmes propriétés, souvent en synergie avec l'acide ascorbique.

Tableau 3.6 – Vitamines liposolubles rencontrées chez les végétaux

Vitamines	Appellations et variantes	Sources
A	rétinol • axérophtol • vitamine antixérophtalmique	légumes (tomate, carotte, poivron, épinard, laitue) • fruits
D	vitamine antirachitique D2 = ergocalciférol ; D3 = cholécalciférol	champignons absente des autres produits végétaux
E	tocophérol • vitamine de fécondité	huiles de germes de blé, d'arachide, d'olive, de soja, de cresson
K	K1 = phylloquinone, 1,4-naphtoquinone ; K2	légumes verts (épinard) • tomate • fruits (fraise)

3.6. IMPORTANCE NUTRITIONNELLE ET MÉTABOLIQUE DES LIPIDES

Le rôle des lipides est à la fois plastique et énergétique. Ils représentent pour l'organisme une forme de réserve de l'énergie. Un g de lipide fournit 38 kJ, soit deux fois plus qu'un g de glucide (17 kJ) ou de protéine. Les calories alimentaires en excès sont utilisées à la synthèse des graisses. En conséquence, les lipides de la ration alimentaire ne devraient pas représenter un apport énergétique supérieur à 33 % de l'apport énergétique global. Leur qualité nutritionnelle tient au fait qu'ils contiennent une grande variété d'acides gras saturés, monoinsaturés ou polyinsaturés dont certains (acides gras essentiels) ne pouvant pas être synthétisés par l'organisme, doivent donc être apportés par l'alimentation.

De par leur diversité de structure, les lipides ont des fonctions métaboliques multiples.

Les AGE possèdent des doubles liaisons placées sur les atomes de carbone 9 et 12 (pour l'acide linoléique) et 9, 12 et 15 (pour l'acide linolénique), comptées à partir de l'extrémité de la molécule qui porte le groupement carboxyle (nomenclature Δ). L'Homme comme l'animal, sont pourvus d'**enzymes** permettant de synthétiser des acides gras saturés allant jusqu'à 18 atomes de carbone, mais leur **métabolisme** cellulaire est incapable d'insérer des doubles liaisons en positions 12 et 15 et ne peut donc synthétiser aucun des deux acides correspondants. Toutefois, les animaux sont capables d'ajouter d'avantage de doubles liaisons aux AGE en les introduisant entre les doubles liaisons d'origine et le groupement carboxyle ; simultanément, la chaîne de carbone s'allonge du côté du carboxyle par des désaturations complémentaires. Ce processus métabolique produit des dérivés à chaîne longue à 20 et 22 atomes de carbone avec 3, 4, 5 et 6 double liaisons (fig. 3.27). Il en

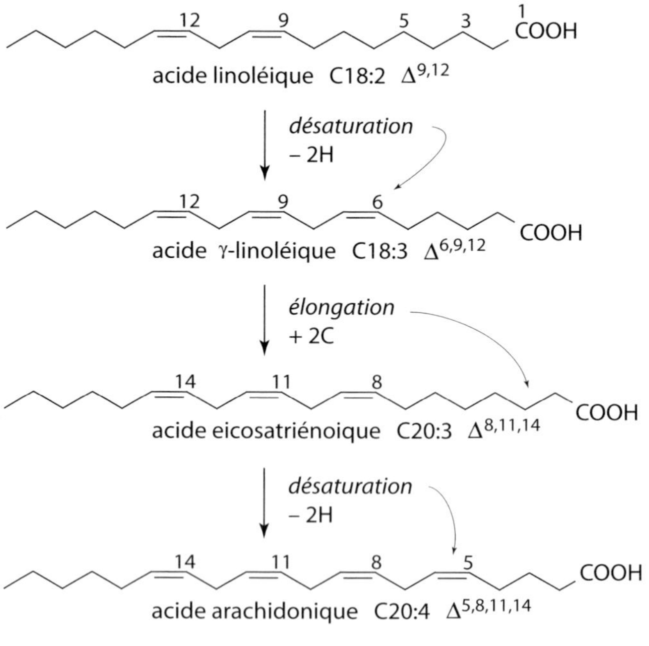

Figure 3.27 – Biosynthèse de l'acide arachidonique à partir de l'acide linoléique

résulte deux familles d'acides gras essentiels (les familles n-6 et n-3) qui exercent des fonctions vitales pour les cellules et l'organisme : multiplication et différenciation cellulaires, reproduction et croissance, élaboration des structures cellulaires ainsi que la synthèse des prostaglandines, des thromboxanes et des leucotriènes.

Chacune des deux familles donne naissance à un autre acide gras polyinsaturé en C18 d'importance quantitative mineure, qualitative variable, et à quatre acides gras hautement insaturés en C20 et plus, par un système commun, concurrentiel, d'élongases et de désaturases. Les acides gras à 20 et 22 atomes de carbone des familles n-6 et n-3 sont de préférence incorporés dans les phospholipides des membranes cellulaires où ils jouent un rôle structural et fonctionnel important, en particulier au niveau de la fluidité membranaire.

Dans notre organisme, le transport des lipides est assuré par les **lipoprotéines**.

3.7. IMPORTANCE MÉDICALE

Les lipides d'origine animale sont riches en acides gras saturés. Or, il est médicalement établi que les acides gras saturés provoquent des troubles cardio-vasculaires chez l'homme par l'augmentation du processus d'athérosclérose qui rétrécit les artères. Les acides myristique, palmitique et stéarique sont particulièrement **athérogènes** et favorisent l'augmentation de la cholestérolémie et l'agrégation plaquettaire.

À quelques exceptions près, et contrairement aux lipides d'origine animale, ceux d'origine végétale contiennent surtout des acides gras insaturés de deux types : monoinsaturés (acide oléique) et polyinsaturés. Ces derniers, sources d'**acides gras indispensables**, dont l'acide α-linolénique (n-3, ω-3) et surtout linoléique (n-6, ω-6) possèdent des activités hypocholestérolémiante et antithrombogène, et sont essentiellement apportés par les huiles végétales. C'est la raison pour laquelle il est particulièrement recommandé de privilégier des matières grasses végétales dans l'alimentation animale et humaine. On obtient ainsi des effets protecteurs parmi lesquels une baisse du **cholestérol** sanguin. L'apport d'acides gras polyinsaturés impose un apport simultané d'α-tocophérol (vitamine E) nécessaire en raison de sa propriété antioxydante.

Une déficience d'acide linoléique dans l'alimentation a pour conséquence une dermatite squameuse (perte excessive d'eau par la peau), une diminution de la croissance, une diminution de la fertilité et une cicatrisation plus difficile des plaies. Une déficience en acide α-linolénique s'accompagne d'une faiblesse générale et de troubles de vision.

Les multiples propriétés des acides gras sont aujourd'hui reconnues et ils peuvent désormais constituer le principe actif à l'origine des certaines prescriptions. Les acides gras insaturés de la famille n-6 exercent des effets hypocholestérolémiants, et ont un rôle de régulation vis-à-vis des systèmes plaquettaire, reproducteur, épidermique et immunitaire. Les acides gras de la série n-3 exercent un rôle primordial dans la structure et le fonctionnement des systèmes visuels et nerveux. Leurs effets hypotriglycéridémiants complètent ceux des acides gras de la famille n-6 pour la protection contre les maladies cardio-vasculaires. L'apport d'acide docosahexaénoïque (DHA, 22:6, n-3) est particulièrement important chez le nourrisson lors de la phase de développement cérébral.

3.8. LIPOCHIMIE

La lipochimie décrit l'ensemble des transformations chimiques appliquées aux huiles et aux graisses.

La technologie de la lipochimie permet d'extraire les acides gras présents dans les **corps gras** naturels (sous forme de triglycérides) et de les transformer en produits spécifiques. Aujourd'hui, l'emploi de la lipochimie couvre la majorité des secteurs industriels. Les matières premières qu'elle utilise proviennent essentiellement de l'agriculture (ressources importantes et renouvelables). Près de 10 % de l'huile extraite dans le monde sont utilisés pour la fabrication de produits chimiques organiques et de matériaux apparentés.

3.8.1. OBTENTION DES HUILES VÉGÉTALES

Les huiles végétales alimentaires sont extraites de graines ou de fruits. Les plus courantes sont les huiles de soja (*Glycine hispida*, Fabaceae), de tournesol (*Helianthus annuus*, Asteraceae), de colza (*Brassica napus*, var. *oleifera*, Brassicaceae), d'arachide (*Arachis hypogea*, Fabaceae), de **palmier à huile** (*Elaeis guineensis*, Arecaceae) qui fournit à la fois l'huile de palme et l'huile de **palmiste**, d'olivier (*Olea europaea*, Oleaceae) et l'huile de **coprah** fournie par le cocotier (*Cocos nucifera*, Arecaceae). Les plus utilisées, renferment des acides gras saturés et insaturés en proportions variables (tab. 3.3). Il est à noter que les huiles d'une même espèce ne présentent pas forcément la même composition, celle-ci variant avec les conditions environnementales stationnelles, notamment la latitude et le climat, avec l'état et la maturation à la récolte.

L'obtention des huiles alimentaires comprend deux grandes étapes : **extraction** par trituration et pressage de la matière première. Elle peut être actuellement combinée à la dissolution de l'huile dans un solvant organique. Les **huiles brutes** ainsi obtenues contiennent encore de nombreuses impuretés, en proportion minoritaire, mais qui peuvent donner un mauvais goût, une mauvaise odeur, un aspect indésirable, altérer les **propriétés fonctionnelles** et peuvent même être toxiques, d'où la nécessité de procéder à diverses opérations de **raffinage**, deuxième étape de la fabrication. Le raffinage aboutit à un produit d'odeur et de goût neutres ; il est la condition indispensable à la bonne conservation **organoleptique** d'un **corps gras** modifié.

- Extraction par pression : réalisée à l'aide d'une presse hydraulique ou, mieux encore, à l'aide d'une presse à vis sans fin. Avant leur pressage, les graines oléagineuses riches en protéines subissent un gonflement et éclatement dans des « chauffoirs » à 90 °C afin de libérer l'huile en détruisant les structures cellulaires et en coagulant les protéines.
- Extraction par solvant : appliquée aussi bien aux graines intactes qu'aux graines partiellement déshuilées par pressage. Actuellement, la majorité des procédés d'extraction des huiles végétales utilise l'hexane (C_6H_{14}) (point d'ébullition : 68-70 °C, densité : 0,68). L'extraction est menée communément par percolation de l'hexane sur les graines grossièrement broyées, à une température inférieure à 60 °C. La phase organique renfermant l'huile est alors séparée du résidu déshuilé (**tourteau** de **distillation**), destiné en général à l'alimentation animale. L'extraction de l'huile à l'aide d'un solvant est plus efficace que la pression ; le taux de récupération de l'huile variant de 95 à 99 %.

- Une étape de **distillation** qui permet de séparer l'huile extraite de l'hexane, qui est recyclé.
- Raffinage : celui-ci permet d'obtenir un produit sans couleur, sans odeur, de goût neutre, plus résistant à l'oxydation, débarrassé de ses substances toxiques ou nocives et adapté à l'emploi désiré (voir tab. 3.7). Il comprend cinq opérations, qui sont successivement :

  ▷ 1 - *La démucilagination et le dégommage* ou élimination des mucilages et des gommes ainsi que les lécithines, les protéines et autres constituants naturels des graines. Il existe différents types de protocoles de dégommage parmi lesquels le dégommage à l'acide et le dégommage enzymatique.
  Après leur floculation à l'eau chaude **acidulée** (habituellement par l'acide phosphorique mais aussi, parfois, par l'acide citrique, l'acide acétique ou l'acide oxalique), les mucilages et les substances colloïdales sont éliminés par **centrifugation**. L'efficacité de chaque acide dépend de l'huile utilisée.
  Le dégommage enzymatique des huiles végétales est une méthode plus récente. Sous l'action de la phospholipase A1 (fig. 3.28) (ex. Enzymax®, d'origine microbienne), les phospholipides non hydratables (sels de calcium et de magnésium de l'acide phosphatidique et de la phosphatidyléthalonamine) sont convertis en lysophospholipides et d'acides gras libres, insolubles dans l'huile, et séparés par **centrifugation** continue. Les phosphatides hydratables (phosphatidylcholine et phosphatidylinositol) sont séparés de l'huile avec l'eau. La **démucilagination** enzymatique convient à la majorité des huiles végétales (à l'exception de celles du coton ou de maïs) et permet d'atteindre des taux de phosphore résiduel inférieurs à 5 **ppm**.
  La phospholipase A2 est également utilisable pour l'élimination des gommes. Elle agit sur les lécithines et autres phospholipides en enlevant l'acide gras en position 2 (fig. 3.28), ce qui forme des lysophospholipides plus solubles dans l'eau que les phospholipides utilisés comme **substrats**.

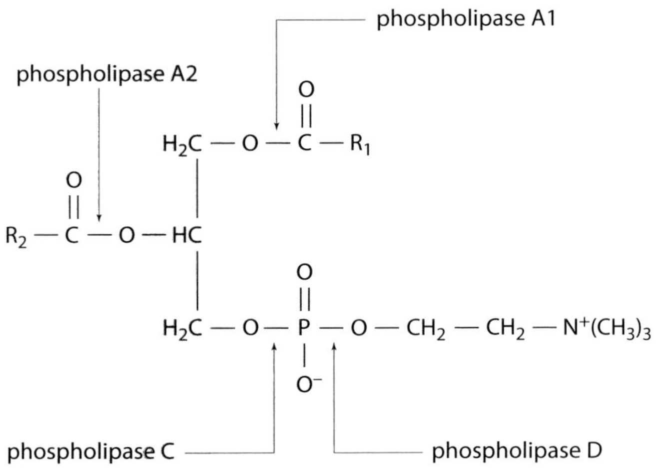

Figure 3.28 – Sites d'actions des différentes phospholipases sur une lécithine

▷ 2 - *La neutralisation* des acides gras libres et phospholipides résiduels par **précipitation** alcaline (hydroxyde de sodium dilué) à chaud, sous forme de savons éliminés par **centrifugation** ou **filtration** :

$$R\text{–}COOH + NaOH \longrightarrow R\text{–}COONa + H_2O$$

Les acides gras libres peuvent provenir de l'activité des lipases, initialement présentes à la surface des graines, qui passent dans l'**huile brute** au cours des opérations de pressage et d'extraction. L'action de ces **enzymes** étant favorisée par la présence d'eau, celle-ci ne devrait pas dépasser une teneur de 0,2 % dans les huiles brutes. La neutralisation des acides gras libres par la soude, n'est viable économiquement que pour les huiles moyennement acides (celle de tournesol, par exemple) ; elle entraîne des pertes pour les huiles fortement acides par leur **hydrolyse** alcaline.

▷ 3 - *La décoloration* par **filtration** afin d'éliminer la plupart des pigments colorés résiduels (caroténoïdes, chlorophylle, gossypol) qui nuisent à la bonne conservation de l'huile. Elle se fait habituellement sur des terres adsorbantes, du charbon actif, des silicates d'aluminium ou des combinaisons de ces substances.

▷ 4 - *Le décirage* consiste à éliminer les **cires** contenues dans les huiles végétales et qui peuvent être insolubles à température ambiante. Il peut être réalisé par **filtration** ou par **centrifugation** après **précipitation** des cires par refroidissement rapide (5 à 6 °C).

▷ 5 - *La désodorisation* (élimination des aldéhydes et des cétones, responsables d'odeurs et de goûts désagréables) par entraînement à la vapeur d'eau (200-250 °C) sous pression réduite. Les produits odorants entraînés sont condensés dans des pièges refroidis. Les traces de métaux, susceptibles de catalyser les réactions d'oxydation lors du stockage des huiles, sont éliminées par chélation à l'aide d'acide citrique. Après refroidissement, les métaux chélatés sont éliminés par **filtration**. L'huile purifiée, de couleur claire doit être soigneusement protégée contre l'oxydation des acides gras insaturés par l'oxygène et la lumière. Ce traitement conduit à une huile dite « alimentaire », raffinée et stable.

Bien que dans certains cas, les opérations de **raffinage** des huiles éliminent ou réduisent la teneur en certaines substances indésirables (aflatoxine de l'huile d'arachide, isothiocya-

Tableau 3.7 – Principales opérations de raffinage des huiles végétales

Opération	Conditions	Composés éliminés
démucilagination et dégommage	eau à 70-80 °C + H_3PO_4 + centrifugation ou phospholipases	mucilages • phosphatides glycolipides • protéines
neutralisation	• méthode chimique : addition de soude • méthode physique : distillation	acides gras libres • phosphatides • résiduels • aflatoxines • pesticides organophosphorés
décoloration	adsorption des pigments sur charbon actif, terres adsorbantes ou d'autres matériaux	pigments caroténoïdes et chlorophylliens • gossypol • savons • hydrocarbures
décirage	refroidissement rapide suivi de filtration ou de centrifugation	cires
désodorisation	entraînement à la vapeur d'eau (240-250 °C) sous vide, pendant 30 min.	acides gras libres • composés plus volatiles que l'huile (aldéhydes, cétones) • peroxydes et produits de dégradation • stérols et tocophérols • pesticides organophosphorés

nates de l'huile de colza, gossypol de l'huile des graines de coton, peroxydes, etc.), elles peuvent également réduire ou détruire certains éléments nutritifs (caroténoïdes, tocophérols, etc.).

D'un point de vue qualitatif, chaque huile possède ses propres spécificités. Cette différenciation provient de leur profil en acides gras qui détermine leurs aspects (fluides ou concrets) mais surtout les destine à des utilisations relativement ciblées.

3.8.2. *FACTEURS FAVORISANT L'ALTÉRATION DES HUILES*

Les huiles sont particulièrement sensibles à l'oxydation, réaction qui génère des composés altérant les qualités **organoleptiques** (goût et odeur, notamment), la qualité nutritionnelle du produit et qui favorise le développement de microorganismes aérobies. Leur durée de vie est donc déterminée par l'ampleur de ces réactions d'oxydation auxquelles elles peuvent être soumises. Dans le cas des lipides, ces réactions se traduisent notamment par l'ouverture des doubles liaisons et fixation d'atomes d'oxygène. Les **substrats** des réactions d'oxydation sont principalement les acides gras insaturés qui s'oxydent, en général, d'autant plus vite lorsqu'ils sont libres et très insaturés. En effet, les acides polyinsaturés à longue chaîne, parce qu'ils se prêtent aux réactions radicalaires, sont particulièrement visés. L'acide linolénique ($C_{18:3}$), par exemple, a un taux d'oxydation 25 fois plus élevé que celui de l'acide oléique ($C_{18:1}$) et deux fois plus rapide que celui de l'acide linoléique ($C_{18:2}$).

Les principaux facteurs à l'origine de ces réactions d'oxydation sont, en particulier :

- La température. Les acides gras saturés ne s'oxydent qu'à une température supérieure à 60 °C, tandis que les acides polyinsaturés s'oxydent même lorsque l'on entrepose des aliments à l'état congelé. De même, les températures atteintes (généralement 150 à 220 °C) lors de la **friture** de certains aliments, sont susceptibles d'accélérer les réactions d'oxydation, voire même d'induire des coupures des molécules constituant l'huile. La résistance des huiles à la chaleur est variable : il existe pour chacune d'elles une température critique (également appelée « point de fumée ») à ne pas dépasser, au delà de laquelle les huiles produisent des composés toxiques, irritants pour les muqueuses digestives et qui oxydent les caroténoïdes et les vitamines A et E. Par ailleurs, à une température supérieure à 300 °C, le glycérol est transformé en acroléine, substance irritante et toxique. Fort heureusement, cette température n'est atteinte qu'exceptionnellement, les fritures « maison » dépassant rarement 250 °C et celles des collectivités ne dépassant pas 170 °C.
- L'air. L'oxydation des acides gras insaturés par l'oxygène de l'air génère des peroxydes qui se décomposent ultérieurement en dérivés carbonylés aldéhydes et cétones (responsables de l'odeur de rance) et en divers produits oxygénés (alcools, acides, etc.).
- L'humidité. Sa présence facilite l'**hydrolyse** des lipides générant des acides gras libres et donc une acidité de ces produits.
- La lumière. Certaines huiles, comme celles du tournesol, d'olive ou de germe de maïs, supportant mal l'exposition à la lumière, doivent être conditionnées en flacons opaques.
- Les contaminants. Ils peuvent être des pigments ou des gommes résiduels, des ions métalliques, des traces de **détergents**, etc. Beaucoup de métaux sont des prooxydants

qui exercent un effet catalytique marqué en accélérant la dégradation des lipides, mais certains sont plus actifs (ex. cuivre, fer) que d'autres. Ils peuvent provenir du contact avec des équipements utilisés durant le traitement des huiles ou leur stockage.

- Le temps. L'impact des réactions oxydatives est d'autant plus important que le temps d'exposition aux précédents facteurs est plus long.

Le principal problème posé par ces réactions réside dans la formation des peroxydes qui sont des molécules cancérigènes et de composés volatils qui donnent au **corps gras** un goût et une odeur désagréables (**rancissement**) ce qui le rend impropre à la consommation. C'est la raison pour laquelle les corps gras doivent être conservés au frais, à l'abri de l'air et de la lumière.

Certaines huiles végétales résistent mieux à l'oxydation que les graisses animales, caractère en partie lié à la présence de composés possédant des propriétés anti-oxygène. L'un d'entre eux, l'hydroxytyrosol, isolé à partir d'huile d'olive à un taux de l'ordre de 1/1000, a un pouvoir antioxydant quatre fois supérieur à celui d'un **antioxydant** de synthèse tel que le BHT (butylhydroxytoluène), que ce soit sur les **corps gras** animaux ou sur les huiles végétales.

3.8.3. TRAITEMENTS DE TRANSFORMATION

La réactivité des lipides, particulièrement basée sur celle des chaînes d'acides gras, est exploitée industriellement pour effectuer des réactions d'halogénation, d'**hydrogénation** et des réactions de fixation. De même, la réactivité de la fonction acide ou ester permet la mise au point de diverses techniques de transformation qui, en intervenant sur la structure des huiles, en modifient leurs particularités, ce qui les destine à des applications ciblées.

3.8.3.1. FRACTIONNEMENT

Ce procédé est effectué dans le but de séparer puis de récupérer individuellement les différents constituants des huiles et des graisses en fonction de leurs points de fusion. En effet, les huiles sont des mélanges complexes de molécules (principalement des triglycérides) à points de fusion parfois très différents. Quand une huile est chauffée à son point de fusion puis refroidie lentement jusqu'à ce que les molécules aux points de fusion les plus élevés se solidifient et forment des cristaux, les autres molécules de l'huile restent à l'état liquide. En séparant la partie solide (stéarine) de la partie liquide (oléine), par **filtration**, le produit initial est alors divisé en deux fractions aux **propriétés fonctionnelles** et technologiques différentes de celles de l'huile d'origine, permettant des usages différents. Ainsi, les glycérides riches en acides gras saturés (point de fusion élevé) seront séparés des glycérides riches en acides gras insaturés (point de fusion bas).

Plusieurs fractionnements successifs peuvent être effectués de cette manière, aboutissant, à chaque stade, à deux fractions qui diffèrent par leurs points de fusion. La méthode ainsi décrite est appelée **cristallisation** fractionnée. Une deuxième méthode utilisée à l'échelle industrielle est le fractionnement par solvant ou **extraction** liquide-liquide. Dans ce cas, l'huile est diluée avec un solvant approprié (par exemple hexane, acétone ou furfural) qui est ensuite éliminé avec soin.

3.8.3.2. HYDROGÉNATION

La fluidité des huiles est liée à leur richesse relative en acides gras insaturés. Le point de fusion des acides gras est d'autant plus élevé que la chaîne est plus longue. La présence de doubles liaisons dans un acide gras abaisse son point de fusion par rapport à celui de l'acide gras saturé correspondant (voir tab. 3.2). En utilisant un procédé catalytique (en présence de sels de cuivre ou de nickel), on réalise la fixation d'hydrogène sur certaines des doubles liaisons –C=C– présentes dans certaines huiles : le produit final est un **corps gras** ayant de nouvelles fonctionnalités et dont la consistance est solide ou semi-solide (beurre, **margarine**) à température ambiante (point de fusion élevée). Cette méthode est devenue un processus industriel utilisé par les transformateurs d'huile et les fabricants d'aliments pour « durcir » les huiles et les stabiliser (la chaîne saturée présente une relative inertie chimique) en vue de leur utilisation en margarinerie. Certaines huiles (de colza et de soja, en particulier) sensibles à l'oxydation sont également hydrogénées afin de les stabiliser et de limiter le rancissement en abaissant leur taux d'acide linolénique : ce traitement permet l'utilisation de ces huiles pour la friture. Selon l'usage auquel le produit final est destiné, l'hydrogénation peut être totale ou partielle. Dans le premier cas, tous les acides gras insaturés sont transformés en acides gras saturés ; dans le second, seule une partie des acides gras est hydrogénée. Dans l'huile de colza par exemple, on ramène habituellement le taux d'acide linolénique de 9 % à 1 %. Cependant, l'hydrogénation, en générant des **isomères** géométriques *trans*, perçus comme étant impliqués dans des maladies d'athérosclérose (propriété partagée avec les acides gras saturés), et entraîne également une déperdition d'acides gras essentiels et des pigments caroténoïdes éventuellement présents. Les huiles hydrogénées ont également des **flaveurs** anormales : goût cireux, de plastique ou fruité. Actuellement, on a recours à l'**interestérification** ou à des huiles dont la composition en acides gras a été modifiée par des techniques de sélection classiques ou par génie génétique.

3.8.3.3. INTERESTÉRIFICATION

Les propriétés physiques (point de fusion, viscosité) d'une huile dépendent de la manière dont les acides gras sont positionnés sur les fonctions alcool de la molécule de glycérol. Par conséquent, ces propriétés peuvent être affectées en modifiant leurs places. Cette méthode repose sur le fait que la liaison glycérol-acides gras est rompue à température élevée (160 °C), en présence d'un **catalyseur** convenable (soude ou méthoxyde de sodium). Dans ces conditions, les acides gras, libérés de leurs positions, se fixent ensuite au hasard sur les trois **hydroxyles** du glycérol (interestérification libre ou randomisation). L'opération peut être conduite sur une huile pure (elle-même constituée de différents triglycérides) ou sur un mélange de plusieurs huiles ou encore en présence d'acides gras ω-3 (EPA, DHA) ou ω-6 (acide γ-linolénique).

En utilisant des **catalyseurs** biochimiques (lipases), il est possible également de procéder à une interestérification « dirigée » en favorisant les combinaisons d'acylglycérols que l'on veut produire ou en éliminant ceux à bas point de fusion au fur et à mesure de leur formation. L'avantage du procédé enzymatique est qu'il se déroule dans des conditions douces, n'exige pas d'équipements lourds et coûteux, et qu'il produit moins de co-produits. De plus, la purification des produits est plus aisée. A cet effet, différentes lipases ayant des spécificités variables, sont actuellement disponibles, mais la plupart d'entre elles sont spécifiques des positions 1 et 3. Ces **enzymes** peuvent être soit ajoutées directement à l'huile, soit **immobilisées**.

L'interestérification n'engendre, généralement, aucune répercussion sur le plan nutritionnel ; la structure des acides gras n'est pas altérée et la formation d'**isomères** *trans* est évitée. Elle constitue, de ce fait, une alternative à l'**hydrogénation**.

3.8.3.4. TRANSESTÉRIFICATION

La transestérification (appelée également alcoolyse) consiste à redistribuer les différents acides gras d'un ester (ex. triglycéride) sur les trois fonctions **hydroxyles** d'un alcool (ex. glycérol) pour donner d'autres esters. La réaction se fait en présence d'éthylate ou de méthylate de sodium ou les hydroxydes de sodium, de potassium ou de calcium à 200-260 °C sous vide. On obtient finalement, à l'équilibre, un mélange de monoesters, de diesters et de triesters, selon une loi statistique (fig. 3.29). Cette technique permet de préparer avec de l'huile de tournesol et de l'huile de palme totalement hydrogénée une **margarine** ne contenant pas d'acides gras *trans*.

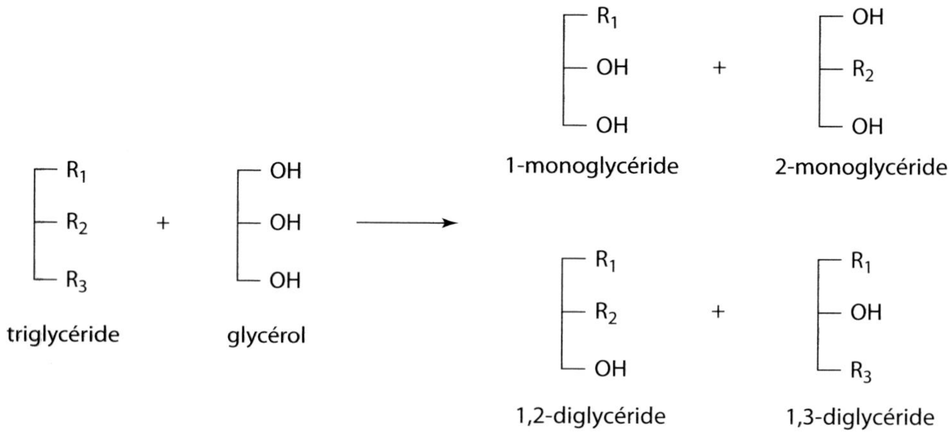

Figure 3.29 – Représentation schématique de la réaction de transestérification entre un triglycéride et le glycérol et la formation de mono- et di-glycérides

Cette réaction implique l'exécution séquentielle de réactions d'hydrolyse (ou glycérolyse) et de réestérification. Les groupements R_1, R_2 et R_3 sont des chaînes d'acides gras de 8 à 14 atomes de carbone.

3.8.3.5. SAPONIFICATION

L'**hydrolyse** alcaline (potasse ou soude) à chaud des glycérides (esters) conduit au glycérol (alcool) libre et au savon (sel d'acide gras) ainsi qu'à des molécules qui n'ont pas réagi et qui forment la matière insaponifiable d'une matière grasse. Ce processus, utilisé depuis très longtemps dans la fabrication du savon, est appelé saponification (fig. 3.30).

Les savons à base de potasse sont dits mous, et ceux à base de soude ou de chaux sont dits durs. Ce sont des composés bipolaires. Mis en solution, le groupe **hydrophile** ($-COO^-$) est plongé dans l'eau, alors que le groupe **hydrophobe** (–R) est poussé hors de l'eau. Cette orientation des molécules de savon à la limite entre les deux phases fait baisser la tension superficielle tandis que le pouvoir mouillant et le **pouvoir moussant** de la solution savonneuse et son pouvoir détersif s'améliorent.

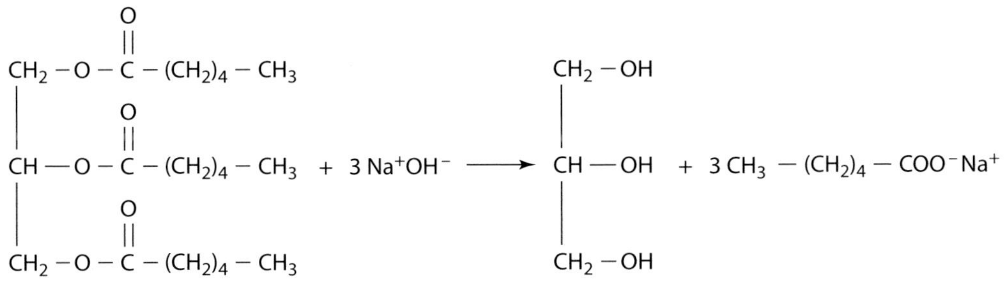

palmitine | glycérol | palmitate de sodium = savon

Figure 3.30 – Réaction de saponification

Ex. la palmitine est un triglycéride qui réagit avec la soude pour donner le palmitate de sodium et du glycérol.

Les chaînes courtes fournissent au savon son pouvoir **détergent** et moussant alors que les chaînes longues lui donnent sa structure et sa dureté. Les chaînes polyinsaturées ne peuvent pas être utilisées dans la fabrication d'un savon solide mais une certaine quantité est indispensable dans les savons liquides. Seules les chaînes saturées et monoinsaturées (acide oléique) sont susceptibles d'être utilisées.

Le pouvoir détersif des savons résulte de leur tensio-activité : faculté d'abaisser très sensiblement la tension superficielle de l'eau, provoquant le mouillage des surfaces (ou des particules) concernées et favorisant la formation d'**émulsions**, de **suspensions**, etc.

APPLICATIONS ALIMENTAIRES ET INDUSTRIELLES

Les huiles végétales sont essentiellement constituées de triglycérides et leurs propriétés sont liées à :

- la nature des acides gras qui les composent et leur position,
- la longueur de la chaîne carbonée,
- leur degré d'insaturation (saturés, mono-, ou polyinsaturés) et à la position et à la nature de la double-liaison (*cis*, *trans*),
- la présence de groupements fonctionnels autres que carboxylique (OH, époxydes, etc.) ou de cycles (furane, cyclopentane, etc.).

Cette diversité structurale a pour corollaire une diversité fonctionnelle. Des huiles déjà citées pour leur usage alimentaire sont également utilisées dans l'industrie agroalimentaire comme les huiles de soja, de **coprah**, de colza, de lin, ainsi que de **palmiste**. Une huile extraite du ricin (*Ricinus communis*, Euphorbiaceae) est cependant destinée uniquement aux applications industrielles.

Parmi les deux secteurs de consommation des huiles et graisses (alimentation humaine et animale, industrie), la consommation industrielle connaît le taux de croissance le plus élevé.

L'utilisation des huiles végétales dans les divers secteurs non alimentaires s'effectue en fonction de leurs propriétés chimiques.

On peut distinguer schématiquement trois grandes catégories d'huiles végétales :

- les huiles de palme (obtenue à partir de la pulpe du fruit mûr du **palmier à huile**, *Elaeis guineensis* et *E. oleifera*) et de **coprah** (obtenue à partir de l'albumen séché de la noix de coco, *Cocos nucifera*) qui contiennent surtout des acides gras saturés ;

- l'huile de **palmiste** (obtenue à partir de la graine du **palmier à huile**), l'huile de coco (obtenue à partir de l'ensemble pulpe + lait de la noix de coco), de colza nouveau, d'arachide et d'olive qui contiennent surtout des acides gras monoinsaturés (ex. acide oléique) ;
- les huiles fluides : soja, tournesol, maïs, pépins de raisin qui renferment surtout des acides gras polyinsaturés en C18.

Les deux premières catégories, appelées huiles concrètes, sont utilisées en proportion importante et croissante à des fins non alimentaires alors que les huiles fluides (ou tempérées) peuvent être qualifiées d'huiles alimentaires.

La principale caractéristique de l'huile de palme est sa richesse en provitamine A, son activité vitaminique va de 650 à 1150 UI/g d'huile : 5 à 10 g couvrent le besoin journalier de l'adulte. Elle est formée en majorité des glycérides d'acide palmitique (C16:0) et oléique (C18:1) avec 10 % d'acide linoléique (C18:2). Ses caractéristiques physiques comme huile végétale semi-solide en font un constituant intéressant pour les **margarines**, les shampooings et les **confiseries**.

Elle peut être fractionnée par **cristallisation** et séparée en une oléine, plus liquide et une stéarine solide à plus haut point de fusion.

L'huile de palme et l'oléine sont particulièrement utilisées dans la cuisson (180 °C) des aliments à l'échelle industrielle « *fast-foods* ». Elles résistent mieux que toute autre huile à ce traitement car elles n'ont pas d'acide linolénique (C18:3) et 10 % seulement d'acide linoléique (C18:2). De plus, elles contiennent des tocophérols (vitamines E), **antioxydants** naturels qui résistent à la température, stabilisant ainsi l'huile contre le **rancissement** au cours du traitement et du stockage et prévenant la déperdition des acides gras essentiels.

L'huile de palme donne un savon de bonne qualité grâce à des acides gras de différentes longueurs de chaîne. Elle s'est imposée sur le marché mondial comme une huile bon marché et de qualité avec près de 16 % de la consommation mondiale.

L'huile de **coprah** est utilisée comme matière première en savonnerie et en margarinerie (Végétaline®).

L'huile de **palmiste** possède une composition très proche de celle de l'huile de coco. C'est une huile contenant 48 % d'acide laurique (C12:0) et 15 % d'acide myristique (C14:0). Son utilisation est en plein développement et concurrence l'huile de coco. Elle convient parfaitement pour les enrobages chocolatés ou pour les crèmes artificielles. Les huiles de palmiste et de coco sont les seules sources importantes d'acides gras saturés à chaîne courte utilisable dans l'industrie lipochimique. Si l'huile de palmiste est moins employée, c'est à cause de son **fractionnement** moins rentable par **distillation** fractionnée des acides gras en C8 et C10 et sa teneur plus élevée en C18.

L'huile d'arachide, d'un intérêt nutritionnel plus faible que les huiles polyinsaturées, est cependant une bonne source d'acide linoléique (13 à 43 %). La résistance à la chauffe compense ses faiblesses nutritionnelles.

L'huile d'olive, reconnue pour ses propriétés gustatives, supporte sans dommage la cuisson jusqu'à 210 °C.

L'huile de soja est une excellente huile pour salades et crudités car, bien que riche en acides gras polyinsaturés et en acide linoléique essentiel, sa teneur en acide linolénique de 5 à 11 % la restreint à des usages d'assaisonnement. En effet, l'altération de cette huile (comme celle, d'ailleurs, des autres huiles polyinsaturées) par oxydation, au cours des **fritures** est importante. Elle reste, et de loin, le premier **oléagineux** à être consommé dans le monde. Viennent ensuite les huiles de colza et de tournesol.

L'huile de maïs est utilisée en alimentation mais aussi dans diverses applications industrielles (peinture, vernis, savonnerie, etc.).

D'autres huiles sont utilisées dans les plastiques et les **polymères** en quantités limitées, telle l'huile de colza riche en acide érucique. Cette dernière, additionnée en faible proportion (5 à 10 %) à des huiles minérales d'origine pétrolière, entre dans la composition des huiles de coupe destinées à la métallurgie. Le pouvoir lubrifiant élevé de ses acides gras à chaîne longue (18 atomes de carbone), la destine à des utilisations comme lubrifiant pour des machines utilisées en extérieur, susceptibles de subir des pertes accidentelles dans la nature et comme fluides hydrauliques. Elle est biodégradable et sans toxicité pour l'environnement. Pour la rendre impropre à la consommation, elle est dénaturée, généralement par addition d'aniline (2 %), produit **aromatique** azoté très toxique, donnant à l'huile un goût et une odeur désagréables.

Les graines de colza destinées à l'**agro-alimentaire** humain doivent être exemptes d'acide érucique. Depuis que les méfaits de l'acide érucique sur le système cardio-vasculaire ont été établis, et grâce aux techniques génétiques, des variétés « 0 » (sans acide érucique) sont apparues sur le marché, puis des variétés, dites, double « 0 », contenant encore de plus faibles taux d'acide érucique et de glucosinolates (facteurs antinutritionnels). Aujourd'hui, l'huile de colza commercialisée est presque totalement dépourvue (0-0,3 %) d'acide érucique qui dans les variétés traditionnelles précédemment utilisées, représentait autour de 40 à 45 % de l'ensemble des acides gras.

Les utilisations spécifiques de l'acide érucique et de ses dérivés sont nombreuses et dans des domaines divers. Sa longue chaîne mono-insaturée donne lieu à de nombreuses applications en lipochimie : lubrification, production d'agents fluidifiants pour le pétrole et d'adoucissants textiles ou encore d'agents d'érucamides, bases de **polymères** techniques, d'anti-mousses et de **détergents**. La coupure de l'acide érucique par oxydation de sa double liaison donne naissance à l'acide pélargonique à 9 atomes de carbone et l'acide brassylique à 13 atomes. À côté de l'utilisation de ces deux molécules pour la fabrication de détergents et de savons qui nécessitent des chaînes courtes (C6 à C14), l'acide brassylique, un diacide déjà utilisé en parfumerie, peut servir de molécule de base au développement du Nylon 13, par polymérisation.

L'ester méthylique de colza, le Diester, a des caractéristiques physico-chimiques comparables à celles du gazole routier (tab. 3.8). Il s'utilise pur ou en mélange en toutes proportions à du gazole comme biocarburant de moteurs diesel et ne nécessite aucune modification des véhicules. Il peut être également mélangé à du fuel domestique comme biocombustible. Diester® – contraction de Diesel et ester – est une marque déposée par SOFIPROTEOL, l'établissement financier de la filière française des huiles et protéines végétales. Il présente diverses propriétés : forte biodégradabilité (plus de 98 % en 21 jours), non toxique, plus faibles émissions de dioxyde de carbone, de monoxyde de carbone et de dioxyde de soufre. La transformation de l'huile de colza en Diester s'obtient en la faisant réagir avec du méthanol (transestérification par le méthanol ou méthanolyse) en présence d'un **catalyseur** alcalin. La réaction se produit à température modérée (50 °C environ).

1 tonne d'huile + 100 kg de méthanol = 1 tonne de Diester + 100 kg de glycérol

$$C_3H_5(OOCR)_3 + 3\,CH_3OH \longrightarrow 3\,RCOCH_3 + C_3H_5(OH)_3$$

triglycéride méthanol ester méthylique glycérol

La méthanolyse est un procédé qui pourrait être appliqué à beaucoup d'autres huiles végétales (comme les huiles de soja, de palme, de tournesol, de lin, de coton et de **coprah**). Une augmentation très forte de la production de ce genre de biocarburant est prévue dans un proche avenir.

Les esters d'acides gras de colza ou de tournesol sont également utilisés dans les encres offset en substituts des distillats pétroliers pour répondre à des considérations écologiques.

Tableau 3.8 – Caractéristiques techniques du Diester

(D'après PROLEA - Partenaires Diester, Fiche info N°1 - mai 2008, avec permission)

Caractéristiques	Gazole	Diester®
densité à 15 °C	0,83 à 0,86	0,88
point éclair (°C)	> 55	188
indice de cétane	51	51
TLF (°C)	< −15	−12 à −15
PCI (MJ/l)	35,3 à 36,3	33,2
viscosité à 40 °C (mm²/s)	2 à 4,5	4,5
oxygène	0	11%

Indice de cétane : aptitude à l'auto-inflammation.
TLF : Température Limite de Filtrabilité (peut être améliorée chimiquement).
PCI : Pouvoir Calorifique Inférieur = quantité de chaleur dégagée par la combustion.
Point éclair : température à partir de laquelle les vapeurs dégagées sont inflammables.

L'auto-oxydation et la polymérisation sont caractéristiques de certaines huiles végétales composées de glycérides très insaturés. L'industrie utilise ces propriétés pour préparer de l'huile cuite, des peintures et des vernis (mélange d'huiles et de résine), particulièrement pour les surfaces extérieures. L'huile cuite est fabriquée à partir d'huiles riches en esters d'acides linoléique et linolénique. Ces huiles, capables de sécher à l'air lorsqu'elles sont déposées en couche mince, sont appelées siccatives : huile de lin, d'œillette, de noix, de chènevis, de tournesol, etc. Elles sont sombres et visqueuses, sèchent à l'air en formant une pellicule souple et luisante. Au cours de ce séchage, les huiles sont oxydées par l'oxygène atmosphérique. Ce processus est accéléré par addition de siccatifs (oxydes ou sels de cobalt, manganèse, plomb).

L'huile de lin est utilisée dans les revêtements protecteurs (peintures, vernis et laques), les encres d'imprimerie et les revêtements anti-écaillage pour le béton. La linoxine, **polymère** oxydé de l'huile de lin (pâte épaisse et élastique) s'emploie pour fabriquer du linoléum et des toiles cirées.

Une grande part des huiles et des graisses utilisées dans l'industrie chimique est transformée par l'industrie de la lipochimie. Celle-ci a pour activité principale de scinder les triglycérides des huiles et des graisses naturelles en acides gras et glycérol et de transformer ces acides gras en produits utilisables en chimie.

On distingue deux catégories dans les produits de la lipochimie :
- les produits de base : acides gras, esters méthyliques, alcools gras, amines grasses et glycérol ;
- les dérivés de ces produits de base : amides grasses, composés ammoniacaux quaternaires, etc.

Les acides gras et esters méthyliques sont principalement utilisés en tant qu'intermédiaires dans la production de nouveaux composés lipochimiques (alcools gras, esters, amines, amides, sels métalliques, esters de sucre etc.). Ils sont aussi utlisés à l'état brut. Les débouchés directs des acides gras sont multiples (savons, **détergents**, lubrifiants, peintures et encres, textiles, caoutchouc, etc.). En revanche, une des rares applications directes des esters méthyliques est la production d'un carburant, substitut du gazole (voir plus haut). Enfin, le débouché principal des alcools gras est le marché des **tensioactifs** pour leurs propriétés détergentes.

Les lubrifiants sont formulés à partir d'huiles de base auxquelles on ajoute des additifs permettant une protection maximum en fonction des besoins requis. Les huiles naturelles peuvent être utilisées en tant qu'huile de base ou en tant qu'additifs (1 à 3 %). Pour les lubrifiants industriels (huile de coupe, huile hydraulique, huile pour forage en mer, etc.), on utilise également des esters d'acides gras à chaînes longues monoinsaturées (C12 à C22), très appréciés pour leur fluidité importante, leur oxydabilité plus faible et leur plus grande stabilité. Les huiles végétales (ou leurs dérivés) les plus couramment utilisées dans l'industrie des lubrifiants sont : l'huile de ricin (hydrogénée), les huiles de **coprah** et de **palmiste**, l'huile de tournesol riche en acide oléique et l'huile de colza normale et érucique.

L'huile de ricin est très majoritairement (90 %) composée de triglycérides d'un acide gras en C18, l'acide ricinoléique, accompagné d'autres acides gras, également en C18 : oléique (3 %) et linoléique (3-4 %). Chauffés, ces acides se cassent en deux chaînes à 7 et 11 atomes de carbone : Le C7, ou oenanthaldéhyde (à l'odeur de vin), et le C11, ou acide 10-undécénoïque (fig. 3.31), également fabriqué par le corps humain, puisqu'il est présent dans la transpiration, les larmes et les cheveux.

Le C7 entre dans la composition des verres Triplex des pare-brise et dans la formulation des lubrifiants pour les substituts des CFC. En plus de leur polyvalence, les formules à base de C7 ont le triple avantage de n'être ni toxiques, ni huileuses et d'être stables à des températures allant jusqu'à 200 °C. Elles peuvent donc être avantageusement utilisées pour la protection des circuits fermés et également pour la protection des tôles et des tubes d'acier contre la corrosion atmosphérique.

Le C11 et ses dérivés offrent cependant l'éventail d'applications le plus vaste grâce à sa molécule bifonctionnelle :

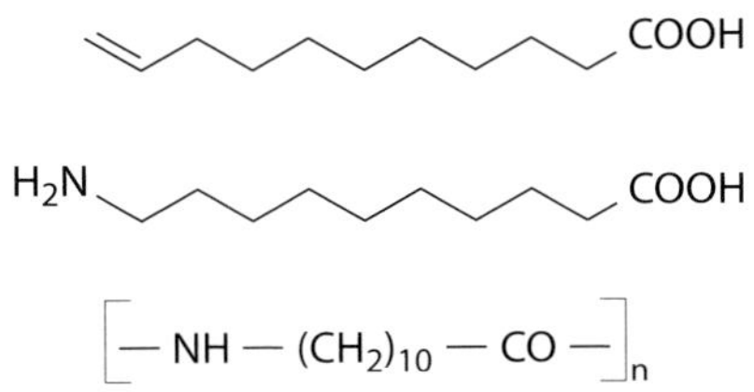

Figure 3.31 – Acide 10-undécénoïque (haut), acide 11-amino-undécanoïque (milieu) et monomère du polyamide 11 (bas)

Par amination de la double liaison terminale de l'acide C11, on obtient l'acide 11-amino-undécanoïque qui, par polycondensation, donne le polyamide 11 (voir fig. 3.31). Ce dernier, mieux connu sous le nom de Rilsan, est sans doute l'application du ricin la plus connue. Produit d'origine végétale, le Rilsan, comme le C7 et les autres dérivés du C11, est une matière renouvelable et non polluante. Possédant toutes les vertus d'un produit « vert », le Rilsan peut être extrudé, injecté, rotamoulé, déposé sur des supports auxquels il confère des propriétés complémentaires : anticorrosion, anti-usure, lubrifiant, etc. Mais ces vertus doublent lorsque le Rilsan est réduit en poudre. Celle-ci permet de réaliser des bains fluidifiés. Si l'on trempe une pièce métallique chauffée à une température supérieure à 250 °C dans un « bain » de Rilsan, ce dernier fond sur la surface de la pièce et y forme un film parfaitement étanche. C'est le procédé du « lit fluidisé ».

Ces intéressantes propriétés ont valu au Rilsan de nombreuses applications industrielles.

Il entre dans la composition de nombreuses peintures pour leur donner une résistance exceptionnelle aux chocs et à l'usure : on retrouve le Rilsan sur les claviers d'ordinateurs, sur le toit des Renault Espace, les sous-vêtements. Il est aussi utilisé comme revêtement des conduites de distribution municipale d'eau, dans les tuyauteries des immeubles, etc.

Mais ses principaux marchés, ce sont les paniers de lave-vaisselle, les flexibles de freins des camions, les flexibles offshore, les tuyaux à gaz et pneumatiques, les câbles téléphoniques.

APPLICATIONS PHARMACEUTIQUES ET COSMÉTIQUES

D'autres huiles sont largement utilisées en industrie pharmaceutique et en cosmétique, soit comme **excipient** pour donner de l'onctuosité à des laits et des crèmes dermiques, des pommades ou des potions, soit comme source de substances actives ; ainsi les huiles d'amande douce (fournies par les graines mûres de *Prunus dulcis* variété *dulcis* ou *amara*), d'arganier, de noisette, d'avocat, de ricin, de sésame, de karité et de cacao sont utilisées en cosmétologie et en dermatologie.

L'huile de lin est connue pour ses propriétés purgatives. C'est aussi une source abondante d'acides γ-linoléique et α-linolénique. Les huiles de germe de maïs, de soja, de tournesol, contenant des acides gras insaturés, sont conseillées en cas d'hypercholestérolémie et d'hyperlipémie.

3.9. MÉTHODES D'ÉTUDE

3.9.1. EXTRACTION

L'extraction des lipides est habituellement effectuée au moyen de solvants organiques apolaires, comme l'hexane ou l'isopropanol. D'autres solvants peuvent être utilisés pour des lipides particuliers. Ils incluent : l'éther diéthylique et le chloroforme pour des lipides neutres et les lipides de réserve ; l'éthanol ou le méthanol pour des lipides membranaires (plus polaires) ; le chloroforme-méthanol ; le chloroforme-méthanol-eau, etc.

L'extraction des lipides des végétaux est souvent rendue difficile à cause des lipases actives qui hydrolysent rapidement les glycolipides et les phospholipides et augmentent ainsi le taux d'acides gras libres dans l'extrait. Une macération préalable dans l'isopropanol permet d'inhiber ces **enzymes**.

3.9.2. MÉTHODES ANALYTIQUES GÉNÉRALES

3.9.2.1. MÉTHODES CHIMIQUES

▶ INDICE D'ACIDE

L'indice d'acide d'un **corps gras** correspond au nombre de mg d'hydroxyde de potassium (solution éthanolique de KOH) nécessaire pour neutraliser l'acidité libre contenue dans un g de corps gras dissous dans un mélange éther éthylique/éthanol, en présence de phénophtaléine.

L'indice d'acide est déterminé par dosage acido-basique direct ou indirect, à l'aide de potasse alcoolique de concentration connue, le corps gras étant mis en solution dans un solvant organique à une concentration voisine de 40 g/mL.

$$\underset{\text{acide gras}}{\text{R–COOH}} + \underset{\text{KOH}}{\text{OH}} \longrightarrow \underset{\text{carboxylate}}{\text{R–COO}^-} + H_2O$$

Le dosage direct a lieu en présence de phénolphtaléine : virage (entre pH 8,2 et pH 10,0) de l'incolore au rose.

Lors d'un dosage indirect, le **corps gras** est dissous dans un excès précis de potasse alcoolique. L'excès est dosé par une solution d'acide chlorhydrique de concentration connue, en présence de phénolphtaléine : virage du rose à l'incolore.

L'acidité d'un **corps gras** (**huiles brutes** ou raffinées, graisses, beurres, etc.) résulte de la présence des carboxyles appartenant à des acides gras libres dont la teneur augmente avec le temps de conservation. L'indice d'acide rend donc compte de l'altération hydrolytique des corps gras. Celle-ci est connue sous le nom de rancidité lipolytique. La lipolyse peut être le fait d'**enzymes** ou d'un traitement thermique, par exemple, lors du **raffinage**.

▶ INDICE DE PEROXYDE

L'indice de peroxyde d'un **corps gras** est le nombre de milliéquivalents d'oxygène contenus dans un kg de produit et oxydant l'iodure de potassium avec libération d'iode.

Sa détermination consiste à traiter le corps gras en solution dans de l'acide acétique et du chloroforme par une solution d'iodure de potassium qui, en en présence de peroxydes, libèrent l'iode. L'iode libéré est ensuite dosé par une solution titrée de thiosulfate de sodium.

L'indice de peroxyde renseigne sur la formation des composés primaires d'oxydation (peroxydes) en cours. Un **raffinage** soigneux se remarque à l'odeur et au goût neutres du **corps gras** traité. L'indice de peroxyde doit être aussi proche de zéro que possible et la teneur en acides gras libres doit correspondre à celle obtenue après le traitement de neutralisation. Cet indice n'est plus fiable pour les phases avancées d'oxydation à cause de la décomposition des hydroperoxydes formés en composés secondaires d'oxydation. Ainsi, un indice de peroxyde faible n'est donc pas forcément indicateur d'une absence d'oxydation. Aussi, il est recommandé en général d'associer plusieurs indices pour mesurer le degré d'oxydation d'un lipide

▶ INDICE D'ANISIDINE

Cet indice mesure la quantité d'aldéhydes présents dans les **corps gras**. L'autooxydation de ces produits au contact de l'air donne naissance à de nombreux dérivés oxygénés dont les aldéhydes, un des responsables du **rancissement** oxydatif. En réagissant avec l'anisidine, ces derniers donnent des composés colorés, dosés par spectrophotométrie.

Les indices d'acidité, de peroxydes et d'anisidine sont des paramètres habituellement déterminés en vue d'apprécier la stabilité des **corps gras** dans le temps. La présence d'acides gras libres, des indices de peroxyde et d'anisidine élevés, la présence de doubles liaisons conjuguées, témoignent de modifications oxydatives et donc d'un entreposage inadapté ou trop long.

▶ INDICE D'IODE

L'indice d'iode d'un **corps gras** (graisse ou huile) se définit comme le nombre de g d'iode qui peuvent se fixer (c'est à dire s'additionner sur les liaisons C=C) pour 100 g de produit.

L'indice d'iode est mesuré par addition au corps gras, d'un excès de monochlorure d'iode en solution (solution de Wijs) dans un mélange d'acide acétique et de cyclohexane. Après un temps donné de réaction, l'iode résiduel (n'ayant pas réagi) est titré par une solution de thiosulfate de sodium.

Cette méthode convient uniquement pour les huiles sans double-liaisons conjuguées.

L'indice d'iode n'est pas un critère de qualité de la matière grasse mais il renseigne sur le degré d'insaturation du **corps gras**. Seuls les composés insaturés (les plus oxydables) sont susceptibles de fixer l'iode par addition. Cet indice augmente en même temps que la proportion des acides gras non saturés. Il est constant pour une matière grasse donnée.

▶ INDICE DE SAPONIFICATION

L'indice de **saponification** d'un **corps gras** (graisse ou huile) est défini comme étant le nombre de mg d'hydroxyde de potassium nécessaire pour hydrolyser (saponifier) complètement 1 g de produit dans les conditions opératoires spécifiées.

Une quantité connue d'échantillon est bouillie à reflux en présence d'une solution éthanolique d'hydroxyde de potassium, puis titrée par une solution d'acide chlorhydrique en présence de phénolphtaléine.

Cet indice est inversement proportionnel à la masse moléculaire des acides gras composant les triglycérides.

▶ MATIÈRES INSAPONIFIABLES

Par matières insaponifiables on désigne la fraction constituée des substances solubles dans l'huile mais qui, après **saponification**, ne deviennent pas hydrosolubles mais solubles dans le solvant utilisé pour la détermination (éther éthylique ou éther de pétrole).

Elle est constituée essentiellement de stérols (campestérol, brassicastérol, stigmastérol, ergostérol), de cétones, d'alcools gras, de caroténoïdes, de chlorophylle, de **cires**, de **vitamines** et provitamines liposolubles (vitamines A, D, E et K).

3.9.2.2. MÉTHODES PHYSIQUES

Parmi les tests les plus couramment utilisés pour l'identification mais aussi pour le contrôle de routine des huiles, on peut citer : la densité relative, l'indice de réfraction, la couleur, la viscosité et le point de fusion.

Comme pour les tests chimiques, ces tests sont standardisés.

3.9.3. SÉPARATION ET IDENTIFICATION

La séparation et l'identification des lipides se fait généralement par des techniques chromatographiques basées sur les différences d'affinité des espèces chimiques pour le couple de phases chromatographiques : la phase stationnaire (solide ou liquide) et la phase mobile (liquide ou gazeuse). En utilisant des paramètres adaptés au type de molécules, on peut donc séparer les différents constituants d'un mélange.

La **chromatographie** sur couche mince (CCM) est particulièrement utile dans les analyses de routine pour séparer, à moindre coût, les diverses classes de lipides. Cette technique utilise une couche mince de phase stationnaire comme la silice ou la cellulose sur un support plat (plaque), habituellement en verre ou en aluminium. Une grande variété de combinaisons de phases stationnaires à base de silice et de phases mobiles permettent la séparation de pratiquement toutes les classes de lipides. Les méthodes de visualisation sont aussi variées : vapeur d'iode, réactifs spécifiques (tels que le molybdate pour les glycérophospholipides), carbonisation avec l'acide sulfurique, etc. La ninhydrine est utilisée pour localiser les phospholipides associés aux groupements aminés tels que la phosphatidylsérine ou la phosphatidyléthanolamine. La CCM suivie de la densitométrie peut être utilisée pour une analyse quantitative. Bien que la CCM ne soit pas aussi sensible que les autres méthodes de détection, elle est souvent utilisée en premier dans le cadre d'un screening rapide pour mettre au point des techniques plus sophistiquées et plus sensibles.

La séparation des lipides neutres peut se faire sur colonne de gel de silice en phase normale, éluée par le chloroforme ou l'acétone, selon leur polarité.

Les acides gras sont généralement analysés sous leur forme d'esters méthyliques par **chromatographie** en phase gazeuse (CPG) avec des colonnes capillaires. Le choix de la méthode de préparation des esters dépend de la nature de la matière grasse à analyser. Cette technique convient bien aux acides gras dont la chaîne hydrocarbonée contient de 8 à 24 atomes de carbone. Leur quantification peut se faire par ionisation de flamme ou, mieux encore, par spectrométrie de masse.

La **chromatographie** liquide haute performance (CLHP), comme la CPG, sépare les acides gras individuels. Ces derniers sont habituellement séparés sur une colonne de silice en phase inverse (C18), éluée par le méthanol ou par un gradient acétonitrile-eau. La séparation se produit d'après la polarité, la longueur de la chaîne, et le degré d'insaturation ; les acides gras courts, polaires, insaturés étant élués les premiers. Des phases stationnaires chirales peuvent séparer efficacement des énantiomères de lipides tels que les acides hydroxyeicosatétraénoïques. La CLHP peut être utilisée seule ou en couplage à la spectrométrie infrarouge à transformée de Fourrier (étude des groupes caractéristiques) ou la spectrométrie de masse (SM).

La spectroscopie par résonance magnétique nucléaire (RMN) apporte également des informations très précises sur la structure des lipides.

De nouvelles méthodes d'analyse de plus en plus performantes sont actuellement mises en œuvre pour l'analyse, à la fois, qualitative, quantitative et structurale de lipides à des concentrations infinitésimales, ouvrant ainsi de nouvelles perspectives d'applications comme l'analyse de l'ensemble des lipides dans un système donné (cellules, tissus, organe, etc.). Cet ensemble d'outils et de méthodes a donné naissance à un nouveau concept, celui de la lipidomique (par analogie à génomique ou **protéomique**). Les méthodes mises en œuvre reposent essentiellement sur la SM. Cette dernière peut être couplée à la CLHP ou à la CPG. La SM a bénéficié de l'émergence de méthodes d'ionisation douces telles que la désorption/ionisation laser assistée par matrice (*Matrix-Assisted Laser Desorption/Ionization, MALDI*), l'ionisation par électronébulisation (*ElectroSpray Ionization, ESI*) et l'ionisation chimique à pression atmosphérique (*Atmospheric Pressure Chemical Ionization, APCI*). De plus, les nouveaux spectromètres de masse sont équipés de détecteurs de plus en plus sensibles et précis comme le mode de détection en « temps de vol » (*Time Of Flight, TOF*) pour la détermination des masses moléculaires avec une très grande résolution. Les stratégies utilisées actuellement dans ce domaine incluent également la SM en tandem (SM/SM).

Chapitre 4 – Huiles essentielles

4.1. Définition

Connues aussi sous le nom d'essences ou d'huiles éthérées, les huiles essentielles désignent un ensemble de substances volatiles d'odeur tout à fait caractéristique que l'on extrait de certains végétaux, dits aromatiques, soit par entraînement à la vapeur d'eau, soit par **distillation** sèche, soit par **expression**, par incision de la plante, ou bien parfois par séparation à l'aide de solvants, soit encore par adsorption sur des graisses (enfleurage).

4.2. Répartition, localisation

Les huiles essentielles sont présentes en quantité appréciable chez environ 2 000 espèces de plantes supérieures, réparties dans 60 familles. Le tableau 4.1 en donne quelques exemples.

Tableau 4.1 – Familles botaniques particulièrement riches en huiles essentielles

Familles	Principales espèces	Organes utilisés
Lamiaceae	très nombreuses espèces dont : Basilic (*Ocimum basilicum*) ▪ Calament (*Calamintha* spp.) ▪ Lavande (*Lavandula* spp.) ▪ lavandin (hybrides) ▪ Thym (*Thymus vulgaris*) ▪ Sarriette (*Satureja montana*) ▪ Sauge (*Salvia* spp.) ▪ Marjolaine (*Origanum marjorana*) ▪ Menthe poivrée (*Mentha x piperata*) ▪ Mélisse (*Melissa officinalis*) ▪ etc.	feuilles
Apiaceae	Cumin (*Cuminum cyminum*) ▪ Carvi (*Carum carvi*) ▪ Anis vert (*Pimpinella anisum*) ▪ Fenouil (*Foeniculum* spp.) ▪ Aneth (*Anethum graveolens*) ▪ Coriandre (*Coriandrum sativum*) ▪ Persil (*Petroselinum sativum*)	graines
Anacardiaceae	Pistachier lentisque (*Pistachia lentiscus*)	feuilles, fruits
Myrtaceae	Eucalyptus (*Eucalyptus globulus*) ▪ Myrte (*Myrtus communis*) ▪ Cajeput (*Melaleuca cajuputi*) ▪ Niaouli (*Melaleuca quinquenervia*) Giroflier (*Syzygium aromaticum*) ▪ etc.	feuilles fruits (clous)
Liliaceae	Oignon (*Allium cepa*)	bulbes et tiges fraîches
Myristicaceae	Muscadier (*Myristica fragrans*)	noix
Conifères	Pin (*Pinus* spp.) ▪ Cyprès (*Cupressus sempervirens*) ▪ Epicéas (*Picea* spp.) ▪ Sapin baumier (*Abies balsamea*) Genévrier (*Juniperus communis*) Cade (*Juniperus oxycedrus*) ▪ Cèdre (*Cedrus* spp.) ▪ etc.	rameaux feuillés rameaux à baies bois

Tableau 4.1 (suite) – Familles botaniques particulièrement riches en huiles essentielles

Familles	Principales espèces	Organes utilisés
Agrumes	Citronnier (*Citrus limon*) ▪ Bergamotier (*Citrus aurantium* ssp. *bergamia*) ▪ Mandarinier (*Citrus nobilis* var. *reticula*) ▪ Oranger doux (*Citrus sinensis*) ▪ Oranger amer (*Citrus aurantium* ssp. *aurantium*) ▪ Pamplemoussier (*Citrus paradisii*) ▪ etc.	péricarpes
Zingiberaceae	Gingembre (*Zingiber officinalis*) ▪ Curcuma (*Curcuma* spp.)	rhizome
Oleaceae	Jasmin (*Jasminum officinale*)	fleurs
Lauraceae	Cannellier (*Cinnamomum* spp.) Sassafras (*Sassafras albidum*) Laurier (*Laurus nobilis*) ▪ etc.	écorce du tronc écorce des racines feuilles
Asteraceae	très nombreuses espèces dont : Absinthe (*Artemisia absinthum*) ▪ Armoise (*Artemisia vulgaris*) ▪ Estragon (*Artemisia dracunculus*) ▪ Matricaire (*Chamomilla recutita*) ▪ etc.	tige feuillée

Les huiles essentielles se trouvent en général dans les fleurs et les feuilles, mais on les trouve également dans les fruits, le bois, l'écorce, les racines ou les **rhizomes** et les graines. Toutefois, leur composition varie dans une plante suivant l'organe utilisé. Cette large distribution des huiles essentielles dans le règne végétal est associée à des structures cellulaires épidermiques spécialisées dans la production de ces substances et/ou leur accumulation : cellules sécrétrices des Lauraceae, des Piperaceae ou des Zingiberaceae, poils sécréteurs externes des Lamiaceae et des Geraniaceae, poches sécrétrices des Myrtaceae ou des Rutaceae, canaux sécréteurs des Apiaceae, des Asteraceae ou des Conifères. Dans le cas le plus simple, les huiles essentielles se forment dans le cytosol des cellules où elles vont, soit se rassembler en gouttelettes **lipophiles**, soit s'accumuler dans les vacuoles des cellules épidermiques ou des cellules du parenchyme de nombreux pétales, de même que dans les cellules oléifères.

Les végétaux sont plus riches en huiles essentielles par temps chaud ; ces huiles traversent alors la paroi cellulaire et la cuticule et sont rejetées vers l'extérieur sous forme de vapeur. Mais, souvent des cellules glandulaires ou trichomes apparaissent qui éliminent activement les huiles essentielles dans des compartiments de stockage intercellulaires, soit les rejettent directement vers l'extérieur, à la surface du végétal.

4.3. COMPOSITION ET PROPRIÉTÉS PHYSICO-CHIMIQUES

Après isolement (voir § 4.6 – Facteurs affectant la composition et le rendement des huiles essentielles), on obtient des substances à forte odeur aromatique, généralement liquides, faiblement colorées, de densité inférieure à celle de l'eau (à l'exception des essences de cannelle, de girofle et de sassafras).

Les huiles essentielles se distinguent des huiles grasses qui sont fixes et tachent le papier d'une manière permanente, alors que pour les huiles essentielles leur tache sur le papier disparaît sous l'effet de la chaleur.

D'un point de vue chimique, il s'agit de mélanges extrêmement complexes contenant pour la plupart plusieurs centaines de constituants, on les divise en :

- huiles essentielles hydrocarburées : essence de térébenthine (oléorésine de divers pins), de citron, etc. Ce sont les plus nombreuses ;
- huiles essentielles oxygénées : essence de rose, de menthe, etc. ;
- huiles essentielles sulfurées : celles des Brassicaceae, des Liliaceae ;
- huiles essentielles à carbures terpéniques et leurs dérivés oxygénés :

  ▷ *monoterpénoïdes* : limonène, pinène, camphène, cymène, etc. sont, de loin, les constituants majoritaires, suivis des sesquiterpènes. Par exemple, la constitution de l'huile essentielle de cannabis fraiche est de 92 % de monoterpènes et 7 % de sesquiterpènes sur un total de 120 terpénoïdes différents identifiés. Bien que quantitativement moins importants que les monoterpénoïdes, certains sesquiterpènes ont un grand impact sur la flaveur générale, tel est le cas de l'oxyde de caryophyllène, un constituant du cannabis, perceptible par les chiens dépisteurs de drogues à une quantité de l'ordre de 1 µg, soit 106 fois moins que celle requise par l'homme.

  ▷ *alcools* : menthol, linalol, bornéol, géraniol, etc.

  ▷ *esters* : acétate de linalyle, de bornyle, salicylate de méthyle, etc.

  ▷ *aldéhydes* : essences d'amandes amères, aldéhydes benzoïques et cinnamiques, citral, etc.

  ▷ *cétones* : menthone, carvone, thuyone, etc.

  ▷ *éther-oxydes* : cinéole, etc.
- huiles essentielles à composés **aromatiques** :

  ▷ *dérivés d'acides phénoliques simples* (benzoïque, vanilline) ou du phénylpropane (cinnamique),

  ▷ *phénols* : anéthol, thymol, eugénol, carvacrol, apiol, etc.

Lorsque la molécule est optiquement active – ce qui est presque toujours le cas – la proportion des deux énantiomères varie considérablement selon l'espèce végétale considérée. L'un des deux peut être très largement majoritaire. Leurs caractéristiques odorantes sont souvent différentes. Le (+)-carvone, par exemple, donne son odeur au cumin, tandis que le (–)-carvone est responsable de la sensation de menthe poivrée.

Les huiles essentielles sont solubles dans l'alcool et les solvants organiques habituels des huiles comme le chloroforme, le benzène ou l'éther, pratiquement très peu ou pas solubles dans l'eau. Elles sont liquides à la température ambiante. Leur point d'ébullition varie de 160 à 240 °C et leur densité de 0,759 à 1,096, généralement. Elles sont **dextrogyres** ou **lévogyres**, le plus souvent optiquement actives et possèdent un indice de réfraction caractéristique.

Du fait de leur complexité et de l'adultération dont elles font l'objet, les huiles essentielles rendent difficiles leurs séparations chromatographiques, nécessitant une caractérisation sur colonne capillaire très fine.

4.4. Propriétés biologiques et pharmacologiques

Les huiles essentielles sont des substances douées d'activités pharmacologiques beaucoup plus importantes que les plantes fraîches ou que les drogues elles-mêmes. Elles possèdent de nombreuses propriétés qui peuvent être, selon les cas : anti-infectieuses (**bactéricides, bactériostatiques**, antibiotiques, antifongiques, antiparasitaires), expectorantes, diurétiques, antirhumatismales, circulatoires, hyper- ou hypotensives, tonifiantes, stomachiques, hypoglycémiantes, cicatrisantes, et, enfin spasmolytiques et sédatives. Elles sont employées quelquefois pures, mais le plus souvent en solution dans l'alcool.

L'action cytotoxique des huiles essentielles sur les cellules bactériennes serait due à une désorganisation de la paroi et à sa perméabilisation. Chez les cellules des Eucaryotes, les huiles essentielles provoquent la dépolarisation des membranes mitochondriales par abaissement du potentiel de membrane, perturbent les canaux ioniques (notamment des ions Ca^{2+}), réduisent le gradient de **pH** et affectent la pompe à protons. Elles changent la fluidité des membranes qui deviennent anormalement perméables.

Certains constituants individuels de nombreuses huiles essentielles, notamment des monoterpènes comme le limonène, le citral, le carvone, le carvéol, le menthol et le géraniol ; des sesquiterpènes comme l'α-cadinol et l'α-humulène et des phénylpropanoïdes comme l'eugénol se sont révélés doués d'activités anticarcinogéniques sur des cellules cancéreuses animales et/ou humaines. Ces composés agissent à différents niveaux cellulaires et moléculaires. Par exemple, le géraniol inhibe la prolifération des cellules cancéreuses du colon en induisant une dépolarisation des membranes, en interférant avec les canaux ioniques et les voies de signalisation et en inhibant la synthèse de l'ADN.

Les huiles essentielles sont également employées en thérapie soit pour leurs propriétés aromatisantes (essences d'anis, d'orange amère), soit en raison de vertus curatives propres : actions antiseptiques des voies respiratoires des essences d'eucalyptus ou de niaouli, rubéfiante de l'allyle sévénol contenu dans l'essence de moutarde (cataplasmes), vermifuge de l'essence de tanaisie ou de chénopode. Les essences d'absinthe, de sabine et de thuya, emménagogues mais abortives à fortes doses, sont soumises à une réglementation. L'essence de camomille jouit de propriétés antispasmodiques mais aussi anti-inflammatoires, grâce à la présence d'azulènes. Les essences d'anis et de badiane, stimulantes pour le système nerveux, sont convulsivantes à fortes doses. D'autres essences, celles de thym et d'origan par exemple, entrent dans la composition de substances insectifuges.

Qui dit pouvoir thérapeutique dit dangers potentiels. Plus que la phytothérapie, l'aromathérapie est susceptible, à certaines doses ou chez des sujets prédisposés, de provoquer des effets secondaires plus ou moins graves, des accidents nerveux (convulsions, crises épileptiques, etc.), parfois le coma et la mort. C'est le cas, par exemple, des huiles essentielles de sauge, de romarin, d'hysope, d'eucalyptus et de marjolaine (et toutes celles contenant des cétones qui sont neurotoxiques) qui peuvent, même à faibles doses, être toxiques. Certaines sont photosensibilisantes. Par exemple, l'huile essentielle du zeste de bergamote (*Citrus bergamia*) contient des psoralènes qui, sous l'effet des rayons UV-A, se lient à l'ADN et provoquent des mutations. Il convient alors de ne pas s'exposer au soleil après application sur la peau.

UTILISATIONS INDUSTRIELLES

L'intérêt des huiles essentielles ou essences est reconnu depuis l'Antiquité. De nos jours, ces produits naturels sont considérés comme des produits à très haute **valeur ajoutée** destinés à différents secteurs industriels tels que l'industrie **agro-alimentaire**, l'industrie chimique et la parfumerie, la cosmétique, l'aromathérapie, etc.

- En alimentation, elles donnent leur **saveur** aux condiments (poivre, gingembre, etc.) et aux aromatisants (menthe, anis, oranger, citronnier, cumin, thym, laurier, romarin). Chacune de ces espèces doit en effet sa saveur à un ou plusieurs principes particuliers entrant dans sa composition : apiol de l'essence de persil, anéthol du fenouil ou de l'anis, phellandrène de l'essence d'angélique, limonène et anthranilate de méthyle de l'essence d'oranger, menthol des menthes. Aussi ces substances, isolées ou, parfois, obtenues par synthèse, peuvent-elles servir pour remplacer les essences ou pour aromatiser certains produits alimentaires : boissons gazeuses, aliments préparés, etc. De plus, à faible dose, certaines substances ont un effet favorable sur la digestion, ce qui explique leur utilisation en liquoristerie (essences d'anis ou de badiane).

- L'industrie des parfums et des produits cosmétiques est le principal consommateur des plantes à huiles essentielles. Actuellement, près de 300 huiles essentielles ont une importance commerciale et sont utilisées en parfumerie ou dans les produits cosmétiques ou hygiéniques. Les plus connues d'entre-elles sont celles des roses, du jasmin, de la lavande, de la violette, de la verveine, du citron, etc. Les huiles essentielles sont rarement employées seules (irritantes, avec parfois une odeur désagréable, forte, acre). En général, on les dilue (souvent dans l'alcool) pour développer leur odeur. L'huile essentielle de bergamote est un des composants indispensables des eaux de Cologne et des parfums les plus luxueux. L'huile de bergamote est également utilisée depuis peu dans l'industrie cosmétique, mais sous forme débergapténisée (de laquelle on extrait le bergaptène, une furanocoumarine), pour l'élaboration de crèmes, de savons, de sels de bain, de dentifrice et d'autres produits. En effet, la débergapténisation permet de supprimer les propriétés photosensibilisantes de l'huile dont les effets peuvent être néfastes.
- En pharmacie, l'utilisation des huiles essentielles, en tant que telles, reste limitée à quelques applications comme des antiseptiques externes ou aromatisants pour certaines formes médicamenteuses destinées à la voie orale. Cependant, de nombreuses plantes à huiles essentielles sont utilisées sous forme de tisanes, de pommades florales, par exemple.
- Industrie chimique : certains constituants des huiles essentielles sont utilisés comme matières premières pour la **biotransformation** ou l'hémi-synthèse de divers principes actifs médicamenteux, odorants, etc. C'est le cas du (R)-(+)-limonène (extrait de l'huile essentielle des zestes des agrumes) qui est transformé en α-terpinéol à l'aide de *Penicillium digitatum* (fig. 4.1), ou de l'eugénol (extrait de l'huile essentielle des feuilles de giroflier) qui est utilisé pour la synthèse de la vanilline ou de ses dérivés (fig. 4.2), à l'aide de diverses souches de microorganismes.
- En agriculture : face à l'inquiétude de plus en plus croissante des consommateurs vis-à-vis des pesticides synthétiques, surtout en Europe et en Amérique du Nord, l'alternative est de se tourner vers des pesticides naturels. Ainsi, des pesticides naturels basés sur des huiles essentielles ou sur certains de leurs constituants particuliers sont proposés. Ces huiles sont préparées à partir des feuilles de certaines plantes aromatiques (particulièrement des familles des Myrtaceae et des Lamiaceae, mais aussi d'autres familles de plantes).

  Certaines huiles essentielles et/ou leurs composants présentent un large spectre d'activité contre les insectes nuisibles, les champignons pathogènes et les nématodes. Les données actuelles montrent qu'elles sont sans danger pour l'utilisateur et l'environnement mais leur sélectivité vis-à-vis des invertébrés n'est pas bien connue.

  Certaines compagnies américaines commercialisent des pesticides à base d'huiles essentielles. Ainsi, Mycotech Corporation produit Cinnamite™, un aphidicide/miticide/fongicide pour serres et cultures horticoles, et Valero™, un miticide/fongicide pour vignes et agrumes. Les deux produits sont basés sur l'huile essentielle de cannelle de Ceylan, contenant du cinnamaldéhyde (30 % dans les formulations destinées aux pays de la CE) comme agent actif. Avec une douzaine de produits enregistrés à la fin de l'année 1999, EcoSMART

Technologies devient le leader mondial pour les **pesticides** à base d'huiles essentielles. Ces produits comprennent des **aérosols** et des poudres contenant de l'eugénol et le 2-phenethyl propionate, agissants contre les animaux nuisibles des habitations (cafards, fourmis, pucerons, insectes volants, guêpes, etc.). D'autres **insecticides** et miticides pour les cultures horticoles, les serres et les pépinières sont en cours de développement. Ainsi les pyréthrines qui sont des esters de monoterpènes extrait des fleurs du pyrèthre et d'espèces voisines sont utilisées comme insecticides.

En raison de leur nature lipophilique, les huiles essentielles traversent la cuticule cireuse et interfèrent avec le **métabolisme**, les fonctions biochimiques, physiologiques et comportementales de l'insecte. Elles agissent également au niveau des canaux à sodium des ailes des insectes et sont faiblement toxiques pour les mammifères et surtout biodégradables.

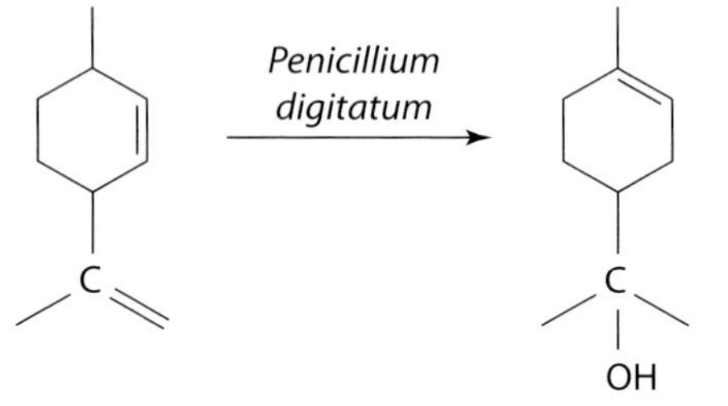

D-limonène α-terpinéol

Figure 4.1 – Biotransformation du D-limonène en α-terpinéol

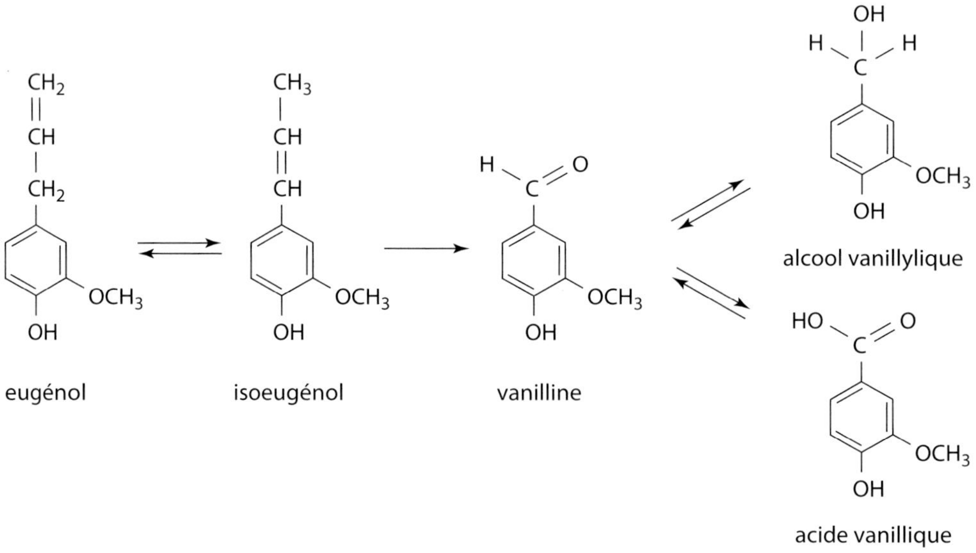

Figure 4.2 – Biotransformation de l'eugénol en vanilline et ses dérivés

4.5. Modes d'obtention des huiles essentielles

Les matières premières nécessaires à l'obtention des huiles essentielles sont d'origine végétale.

Les huiles essentielles sont obtenues de diverses manières. Le choix de la technique dépend de la localisation histologique de l'huile dans le végétal et de son utilisation.

L'enfleurage, technique extrêmement ancienne (antiquité égyptienne) et maintenant abandonnée, consiste à déposer des fleurs fraîches sur des châssis de verre recouverts d'une couche de corps gras (enfleurage à chaud ou à froid). L'essence contenue dans des organes fragiles (pétales de rose, de jasmin, par exemple) est alors absorbée par le corps gras qui est ensuite mélangé à de l'alcool (solvant) afin de récupérer les huiles essentielles après évaporation du solvant sous vide à 0 °C. Le résidu liquide contenant tous les composés volatils étant appelé une **absolue** (ex. absolue de rose). Ces procédés ont été pratiquement abandonnés.

La **distillation** à la vapeur est la méthode la plus couramment utilisée actuellement par les industriels ; parmi les autres méthodes, on compte la distillation à l'eau (hydrodistillation), l'**extraction** par des solvants, l'**expression** du péricarpe de certains fruits (zestes de citron, d'orange) et l'extraction par des fluides supercritiques. La distillation peut se faire dans des installations industrielles ou dans des unités mobiles qui se déplacent sur les lieux de production.

La récolte se fait au meilleur moment en fonction des substances que l'on veut extraire et des conditions climatiques (saisons) car la plante ne développe pas les mêmes composants selon la période de l'année.

Le rendement est, généralement, très bas (il faut parfois plus de 200 à 10 000 kg de matériel végétal frais pour obtenir 1 kg d'huile essentielle) (tab. 4.2).

Tableau 4.2 – Rendement de quelques plantes aromatiques en huiles essentielles

Plante fraîche	Rendement (en ‰)
roses (pétales)	0,25 à 1
sauge sclarée	0,9 à 1,8
thym vulgaire	1,5 à 2,5
sauge officinale	3 à 3,5
lavande officinale	5 à 8,5
lavandin	15 à 20

4.5.1. Huiles essentielles obtenues par entraînement à la vapeur d'eau

C'est le moyen le plus répandu pour extraire l'huile essentielle de nombreuses plantes.

Dans ce système d'**extraction**, les organes végétaux (fleurs, feuilles, graines, fruits, tiges, racines, parties aériennes ou plantes entières) sont placés dans un alambic, qui possède à sa base une grille perforée au-dessous de laquelle on introduit de la vapeur d'eau fournie par une chaudière. La vapeur d'eau traverse le matériel végétal, éclate les cellules et entraîne les molécules volatiles. En traversant un tube réfrigérant, la vapeur d'eau saturée en composés volatils se condense en un mélange hétérogène, d'huiles essentielles et d'eau florale ou hydrolat (contenant encore des traces d'huiles essentielles), récupéré dans un vase de décantation (appelé séparateur ou essencier) par simple différence de densité. En fonction de la densité de l'huile extraite par rapport à l'eau florale, le mode opératoire sera différent : densité plus faible, c'est la partie surnageante qui est recueillie directement ; densité plus forte, l'huile est recueillie en présence de xylène qui la dissout et qui forme avec elle un mélange plus léger que l'eau. Les huiles essentielles peuvent ensuite être raffinées et les différentes molécules séparées par **distillation** sous vide. Les solutions obtenues sont alors pures ou pratiquement pures.

Ce procédé, hérité du monde arabe et toujours utilisé, a subi de nombreux perfectionnements techniques au cours des dernières décennies, dont notamment une restriction dans le col de cygne, à la sortie immédiate de l'alambic ; cette restriction permet une augmentation de la pression et donc une élévation de la température d'ébullition de l'eau, ce qui facilite l'entraînement des composants peu volatils (essences de vétiver, d'iris, etc.). Le perfectionnement du procédé a porté également sur son automatisation.

L'absence de contact direct entre le matériel végétal et l'eau durant l'ébullition évite certains phénomènes d'**hydrolyse** ou de dégradation pouvant nuire à la qualité de l'huile.

Cette méthode est pratiquée sur de nombreuses plantes (lavande, lavandin, sauge sclarée, hysope, romarin, menthe poivrée, basilic etc.) et également sur des résines et des gommes (encens, myrrhe, opoponax, styrax, costus, benjoin, ciste).

Le rendement de ce procédé est très variable selon les plantes.

4.5.2. HYDRODISTILLATION

Cette méthode consiste à immerger le matériel végétal dans un bain d'eau. L'ensemble est porté à ébullition. Elle est généralement conduite à pression atmosphérique. La chaleur permet l'éclatement et la libération des molécules volatiles contenues dans les cellules végétales. Le mélange volatil est ensuite refroidi, condensé puis séparé en une phase aqueuse et une phase organique qui constitue l'huile essentielle. La **distillation** peut s'effectuer avec ou sans recyclage de la phase aqueuse obtenue lors de la décantation.

À l'échelle du laboratoire, le système basé sur ce principe qui est généralement utilisé pour l'**extraction** des huiles essentielles en accord avec la Pharmacopée Européenne est l'appareil de Clevenger.

4.5.3. HUILES ESSENTIELLES OBTENUES PAR EXPRESSION

Alors que les huiles essentielles résultant de l'entraînement à la vapeur d'eau sont obtenues pratiquement à partir de toutes les parties de la plante, l'**expression** est réservée au péricarpe frais des fruits des agrumes.

Cette opération consiste à faire éclater par différents procédés mécaniques (abrasion, compression, incision, perforation) les « poches » qui sont situées à la superficie de l'écorce de ces fruits et qui renferment l'huile essentielle (voir tab. 4.1, p. 133). L'essence libérée est ensuite recueillie par un courant d'eau. L'essentiel de la production mondiale provient de la Calabre et la Sicile (bergamote, orange bigarade, citron, pamplemousse, mandarine). Viennent ensuite les États-Unis (Floride et Californie) et le Brésil qui produisent aussi des quantités considérables d'huiles essentielles exprimées de *Citrus* (orange douce, pamplemousse, tangérine, limette, citron).

4.5.4. Autres méthodes d'extraction

On peut également extraire les principes aromatiques grâce à des solvants ou plus récemment avec du dioxyde de carbone supercritique (qui est dans un état intermédiaire entre un gaz et un liquide) mais les produits obtenus ne peuvent normalement pas s'appeler huiles essentielles. Ces modes d'obtention conduisent aux **concrètes** et **absolues** pour l'extraction par solvant, ou à des extraits au dioxyde de carbone (CO_2).

4.5.4.1. Extraction par solvant

Cette technique, largement utilisée actuellement, consiste à faire tremper les plantes dans un solvant organique volatil à chaud, soit pour obtenir des produits que l'on ne peut extraire par un autre procédé, soit en vue de rendements plus élevés. En fin d'opération, le solvant est éliminé par **distillation** sous pression réduite. On obtient alors une substance appelée essence **concrète** (ou plus simplement une « concrète ») en raison de son aspect solide. Il s'agit d'un mélange, généralement homogène, de cires (inodores) et de constituants odorants. Des lavages répétés de ces concrètes avec l'alcool éthylique (seuls les constituants odorants sont solubles dans l'alcool) permettent d'éliminer les cires et les autres matières inertes. L'élimination de l'alcool par distillation conduit aux essences **absolues** (ou simplement aux « absolues »). Ce sont ces dernières qui sont utilisées dans la parfumerie. Les concrètes et les absolues ne sont pas utilisées pour les huiles essentielles à destination thérapeutique.

Les essences **concrètes** sont obtenues à partir des fleurs de certains plantes (jasmin, rose, oranger, narcisse, tubéreuse, jonquille, mimosa, genêt, réséda, chèvrefeuille, etc.) ou des parties aériennes de la plante (lavande, lavandin, sauge sclarée, verveine).

Dans le cas de certains produits végétaux secs comme les lichens, des gommes, des résines, etc., l'**extraction** est faite à l'aide de solvants volatils à froid. On obtient ainsi des produits appelés « résinoïdes ». Ces derniers, bien qu'intervenant dans la préparation de compositions pour extraits, sont surtout utilisés dans la réalisation de compositions destinées à parfumer les savons.

Bien que, par rapport à la distillation, les rendements soient généralement plus importants, les solvants organiques utilisés posent des problèmes de sécurité et de toxicité, ainsi que des problèmes de règlementation liés à la protection de l'environnement qu'il convient de prendre en compte. Des analyses par les méthodes modernes ont révélé que les proportions de solvants résiduaires dans les concrètes se situent entre 2 et 4 % atteignant souvent 6 % voire plus.

Les solvants les plus utilisés sont le cyclohexane (qui a remplacé le benzène), l'alcool éthylique, des carbures **aliphatiques** (butane, pentane), le propylène glycol et surtout l'hexane (dérivé du pétrole en C6).

Au cours des dernières années, l'extraction assistée par ultrasons et par micro-ondes s'est développée. Toutefois, aucun développement industriel n'a encore vu le jour bien que ces techniques aient fait l'objet de plusieurs dépôts de brevets.

4.5.4.2. EXTRACTION PAR CO_2 À L'ÉTAT SUPERCRITIQUE

L'extraction par CO_2 supercritique est une technologie alternative à l'extraction par solvant organique pour les composés naturels, notamment les plus fragiles. Elle nécessite d'utiliser des appareils résistants à des pressions pouvant aller jusqu'à 400 fois la pression atmosphérique. Cette technologie est basée sur le pouvoir solvant du CO_2 qui est modulable à volonté, dans certaines limites, selon les conditions de pression et de température qu'on lui applique. À l'état supercritique (plus de 74 bars et de 31 °C) le CO_2 possède des propriétés très particulières. Le fluide obtenu est caractérisé par une grande diffusivité (de l'ordre de celle des gaz), ce qui lui confère une bonne aptitude à la dissolution, et une densité élevée qui le dote d'une capacité de transport et d'extraction importante. L'utilisation dioxyde de carbone supercritique présente plusieurs avantages :

- le CO_2 est un produit naturel, abondant dans la nature et peu coûteux ;
- elle évite les problèmes associés aux solvants puisqu'il est inodore, sans goût, non toxique et ininflammable. De plus, lors du retour à pression atmosphérique, il est automatiquement éliminé par vaporisation ;
- son utilisation n'altère pas les produits, et ne génère pas de résidus polluants ;
- les extraits obtenus présentent une grande stabilité et surtout ne contiennent pas de résidus toxiques. Les molécules solubles dans le CO_2 supercritique, donc extractibles, sont les composés peu polaires de faible masse moléculaire, tels que les composés **aromatiques**, des alcools, des esters, de nombreux pigments, les stérols, les oligomères, etc.

Le coût élevé des appareillages lié à l'application de pressions de plusieurs centaines de bars demeure le principal frein au développement de cette technologie.

4.6. FACTEURS AFFECTANT LA COMPOSITION ET LE RENDEMENT DES HUILES ESSENTIELLES

Il est démontré que la provenance de la matière végétale a une influence marquée sur la qualité et le rendement en huiles essentielles. En effet, des facteurs tels que les conditions de croissance comme la lumière, la température, l'exposition aux vents, la disponibilité de l'eau et des éléments nutritifs, le stade de développement, la partie de la plante récoltée, la période de la journée où la plante est récoltée ainsi que le taux d'humidité des échantillons de plantes séchées interviennent dans la variabilité qualitative et quantitative des huiles essentielles extraites. La nature du sol (sols sableux, argileux, etc.) a également une influence sur la qualité de l'huile essentielle. L'obtention d'une huile de bonne qualité exige donc des conditions climatiques et des conditions de culture bien précises. Dans la pratique, les fleurs sont cueillies lorsqu'elles sont entièrement épanouies, mais non flétries ; les feuilles et les tiges quand les fleurs sont sur le point de s'ouvrir ; les fruits au moment de la maturité ; les racines à la fin du printemps.

La quantité d'huile essentielle produite par un plant peut également varier en fonction des stress que ce dernier a subis.

Des plantes botaniquement identiques peuvent fournir des huiles essentielles de compositions plus ou moins différentes, on parle alors de chimiotypes. La variabilité chimique est d'origine intrinsèque (génétique) mais elle dépend aussi du biotope : composition physicochimique du sol, conditions climatiques de développement des plantes. Elle dépend également de la période de récolte. Le chimiotype est le paramètre qui permet de distinguer des huiles essentielles extraites d'une même espèce botanique. Dans le cas du thym (*Thymus vulgaris* L.), par exemple, on distingue plusieurs chimiotypes, très distincts : chimiotype à 1,8-cinéole (80 à 90 % de cinéole) ; chimiotype à géraniol (80 à 90 % de géraniol libre estérifié) ; chimiotype à linalol (80 à 90 % de linalol libre estérifié) ; chimiotype à terpinéol (80 à 90 % de terpinéol libre estérifié) ; chimiotype à thuyanol (50 à 60 % de *trans*-4-thuyanol, 10 à 20 % de 4-terpinéol, 10 à 20 % de *cis*-8-myrcénol) ; chimiotype à thymol (70 % de thymol en été) ; chimiotype à carvacrol (80 % de carvacrol en été), etc.

Le chimiotype d'une huile essentielle est donc une référence précise qui indique le composant biochimique majoritaire ou caractéristique, présent dans l'huile essentielle. Cette classification capitale permet de sélectionner les huiles essentielles pour une utilisation spécifique, plus sûre et plus efficace.

Signalons enfin que le procédé d'**extraction** peut modifier la composition et le rendement en huile essentielle. Ainsi, les boutons floraux du giroflier (*Eugenia caryophyllata*), fournissent par hydrodistillation une huile essentielle renfermant 70 à 90 % d'eugénol, mais aussi 5 à 12 % de caryophyllène, substance qui est absente dans le produit d'extraction par le benzène.

L'extraction par le dioxyde de carbone à l'état supercritique de graines de fenouil moulues, par exemple, donne un meilleur rendement (10 %) que la distillation par entraînement à la vapeur (3 %), presque la même quantité produite par extraction à l'hexane (10,6 %), et nettement moins que l'extraction à l'alcool (15,4 %).

Ces différences peuvent s'expliquer par le fait que tous les composants ne sont pas extraits avec la même efficacité par chaque processus et que certaines substances peuvent individuellement subir des altérations pendant l'extraction.

4.7. Génie métabolique

Bien qu'elles soient largement présentes chez les plantes, l'**extraction** des huiles essentielles est souvent fastidieuse et coûteuse en raison du faible rendement, leur disponibilité devient limitante avec l'augmentation de la demande et les ressources naturelles se raréfient de plus en plus. Dans cette optique, la création de plantes transgéniques à haute teneur en huiles essentielles ou en certains composés actifs, par génie métabolique, suscite de plus en plus l'intérêt des chercheurs et des producteurs. Les récentes découvertes des gènes codant pour les **enzymes** catalysant la synthèse des composés des huiles essentielles, parallèlement à une meilleure connaissance de leur régulation, offrent la possibilité d'améliorer les plantes productrices. Les stratégies mises en œuvre à cet effet incluent la modification des voies métaboliques à un ou plusieurs niveaux, le blocage des voies compétitives ou l'introduction d'une nouvelle étape qui dévie la voie métabolique vers la synthèse d'une molécule particulière.

4.8. CONTRÔLE DES HUILES ESSENTIELLES ET MÉTHODES D'ÉTUDES

Comme tous les produits à forte **valeur ajoutée**, les huiles essentielles font l'objet de nombreuses adultérations (essences frelatées). La composition chimique confère à l'huile des propriétés spécifiques ou caractéristiques permettant d'authentifier son origine.

Quel que soit le secteur d'utilisation, l'analyse physico-chimique préalable des huiles essentielles reste une étape importante.

Les caractéristiques physiques le plus communément utilisées pour caractériser des huiles essentielles sont la densité relative, l'indice de réfraction, la couleur, la miscibilité (habituellement dans une solution hydro-alcoolique) et le pouvoir rotatoire.

La détermination de la composition chimique des huiles essentielles a été grandement améliorée par le développement de nouvelles méthodes d'analyses, principalement les séparations chromatographiques qui permettent de distinguer plus facilement une huile essentielle naturelle pure d'une huile modifiée. Différentes techniques comme la **chromatographie** en phase gazeuse (CPG) couplée à un détecteur à ionisation de flamme ou, mieux encore, à un spectromètre de masse (CPG-SM), la chromatographie liquide haute performance (CLHP), la chromatographie sur colonne ouverte (CC) et la chromatographie en couche mince (CCM) sont utilisées pour l'analyse des huiles essentielles.

En raison de sa simplicité et de sa rapidité, la CCM reste encore une technique très utilisée pour l'analyse des huiles essentielles. En outre, la CCM est souvent utilisée comme méthode préparative pour une séparation ultérieure plus fine par CLHP. Les produits séparés peuvent être détectés sous rayonnement UV ou par pulvérisation de réactifs spécifiques sur la plaque de chromatographie.

La CPG est la technique classiquement privilégiée dans l'analyse et l'isolement des composés volatils ou volatilisables, aussi bien sur le plan qualitatif que quantitatif. La CPG-SM, par exemple, permet d'obtenir, outre la séparation, des informations sur la structure des molécules séparées en comparant les données spectrales avec celles de produits de référence contenus dans des bibliothèques de spectres. Les données spectrales sont systématiquement associées à l'utilisation des indices de rétention, qui sont calculés à partir des temps de rétention d'une gamme étalon d'alcanes ou plus rarement d'esters méthyliques linéaires, à température constante (indice de Kovats) ou en programmation de température (indice de rétention). Dans des cas plus complexes, des colonnes capillaires à haute résolution sont utilisées.

Ainsi le couplage CPG-SM permet de disposer d'un outil analytique très performant. La SM en mode impact électronique (SM-IE) est la technique la plus utilisée dans le domaine des huiles essentielles pour connaître la masse moléculaire et les informations structurales relatives à une molécule à partir de sa fragmentation. Dans la source d'ionisation, les molécules peuvent être bombardées à l'aide d'électrons générés par l'incandescence d'un filament de tungstène, conduisant ainsi à la formation des ions en phase gazeuse. Les ions sont ensuite dirigés vers la partie analytique de l'appareil dont il existe plusieurs types mais les plus utilisés dans le cas des huiles essentielles sont le « quadripôle » et le « piège à ions ».

La CPG est très utilisée dans le domaine de l'identification et de la détection des adultérations des huiles essentielles. C'est ainsi que l'analyse de l'huile essentielle de la menthe des champs (*Mentha arvensis*, utilisée souvent pour frelater celle de la menthe poivrée *Mentha piperata*, beaucoup plus chère) révèle des concentrations élevées en deux constituants caractéristiques, l'isopulegol et le neoisopulegol. La présence de ces molécules dans l'huile de *M. piperata* est considérée comme preuve de son adultération par celle de *M. arvensis*. Les huiles de synthèse rencontrées dans le commerce ne sont fabriquées qu'à partir des constituants majoritaires présents dans les huiles naturelles. Elles sont, de ce fait, souvent déficientes en certains constituants mineurs qui peuvent avoir des propriétés particulières. C'est grâce à l'absence de ces constituants que l'on peut détecter, par spectrophotométrie, la présence d'huile de synthèse dans les produits élaborés. La faible diversité des constituants de cette huile de synthèse limite ses qualités **organoleptiques** et/ou ses propriétés.

Une autre approche met en œuvre le couplage en ligne de la CPG avec la SM du rapport isotopique (GC/IRMS) qui a gagné de plus en plus d'importance dans le contrôle de l'authenticité des huiles essentielles. Il s'agit d'un domaine où cette technique est incontestablement la plus précise. La combinaison des données isotopiques (rapports des **isotopes** stables du carbone, de l'azote et de l'hydrogène) avec des données de la CPG pour les composés **aromatiques** caractéristiques tranche définitivement sur l'authenticité des huiles essentielles sans le recours à d'autres techniques.

L'identification des constituants des huiles essentielles est également possible au moyen de la résonance magnétique nucléaire du carbone 13 (RMN-^{13}C), sans séparation préalable des constituants ou, si nécessaire, après une étape de purification limitée permettant l'obtention de résultats plus précis et plus fiables. Cette technique permet l'analyse de molécules quels que soient leur squelette et leur fonctionnalité, incluant les molécules thermosensibles et les stéréoisomères difficilement différentiables par les techniques conventionnelles. Cette technique est devenue une véritable méthode d'analyse, grâce notamment à l'informatisation de la recherche des composés dans un mélange à partir de banques de spectres. L'apparition de la RMN bidimensionnelle est venue renforcer cet arsenal de techniques, avec la réalisation de spectres à deux dimensions, homo et hétéronucléaires c'est-à-dire les spectres de corrélations proton-proton (COSY et NOESY) et proton-carbone (HMQC et HMBC) qui permettent de mettre en évidence des interactions (directes ou indirectes) entre les noyaux et fournissent donc des renseignements très précis sur la structure moléculaire.

Afin d'identifier de manière certaine une huile essentielle, on utilise une nomenclature normalisée qui comprend :

- La dénomination binomiale latine (avec descripteur) qui, seul, précise l'espèce botanique et évite les confusions. Le nom commun est donc insuffisant pour la reconnaître. En effet, il existe par exemple plusieurs sortes d'huiles essentielles d'*Eucalyptus* (genre qui comprend plus de 700 espèces) dont les propriétés vont varier d'une espèce à l'autre.

- Le chimiotype (voir § 4.6 – Facteurs affectant la composition et le rendement des huiles essentielles) qui permet d'identifier les composants biochimiques majoritaires d'une huile essentielle.
- Le procédé d'**extraction** : hormis chez certaines espèces végétales telles que les agrumes dont les essences sont extraites par **expression** à froid, la plupart des huiles essentielles sont extraites à la vapeur d'eau à faible pression (les eaux florales étant recueillies lors de la distillation). L'utilisation de solvants organiques, par contre, entraîne la destruction de certaines substances originellement présentes dans les végétaux.
- La partie du végétal utilisée pour l'extraction : les huiles essentielles peuvent être extraites des différentes parties de la plante : la fleur, la feuille, la racine, la graine, etc. Les propriétés de ces différentes huiles sont très différentes et elles n'ont pas le même usage. Ainsi, selon la partie traitée, trois produits très différents peuvent être obtenus à partir de l'oranger : une essence d'**expression** du zeste, une huile essentielle de petit-grain extraite des feuilles et une huile essentielle de néroli issue de la distillation des fleurs.
- L'origine géographique et la méthode culturale : les produits doivent être issus soit de culture biologique, soit de cueillette sauvage provenant de régions éloignées des zones polluées.
- L'année d'extraction.

Si l'utilisation classique des huiles essentielles est bien la pharmacie et la parapharmacie, un regard sur les chiffres publiés concernant ce marché en plein essor, laisse entrevoir que d'autres secteurs sont destinataires d'une part de plus en plus importante de la production mondiale en huiles essentielles ou des plantes qui les fournissent. On assiste donc à une diversification des débouchés avec toujours une valeur ajoutée au produit final.

Il va de soi que ces nouveaux secteurs utilisateurs des huiles essentielles imposent leur « cahier des charges » respectif quant à la qualité de l'huile essentielle. Cette qualité peut être garantie par les techniques d'analyse passées en revue dans ce paragraphe. Ajoutons simplement que la relative labilité des molécules constitutives des huiles essentielles et leur réactivité rend leur conservation difficile. Certains constituants des huiles essentielles, comme les monoterpènes se combinent facilement avec l'oxygène de l'air, surtout s'ils sont dans un environnement chaud ou en présence de lumière. Certains peuvent former des résines (polyterpènes). La position des doubles liaisons peut être modifiée, des chaines ouvertes peuvent se cycliser, la nature des groupements fonctionnels peut changer comme, par exemple, des alcools primaires en aldéhydes, etc. Il est donc important de stocker les huiles essentielles dans des conditions qui minimisent leur contact avec l'air, avec la lumière (flacons en verre de couleur sombre) et avec la chaleur (réfrigération). Des règles d'emballage, de conditionnement et de conservation ont été établies par l'Agence Française de Normalisation (AFNOR) dans sa norme NF T75-001 (1996) ou par l'Organisation Internationale de Normalisation (ISO) dans sa norme ISO/TR 210:1999.

CHAPITRE 5 – LIGNINES

5.1. GÉNÉRALITÉS

Les lignines sont des **polymères** polyphénoliques, de masses moléculaires élevées, de composition très complexe, à structure réticulée, présents dans les parois cellulaires de certains tissus de plantes vasculaires ou trachéophytes (appelés communément plantes ligneuses).

La majeure partie des lignines se trouve dans la paroi secondaire des cellules de soutien et de conduction (vaisseaux) conférant à celles-ci une résistance mécanique mais limitant leur élasticité. On les trouve également, en moindre quantité, dans la paroi primaire, de nature essentiellement pecto-cellulosique et dans la lamelle moyenne. Etant très résistantes à la compression, les lignines confèrent aux cellules végétales leur solidité, ce qui permet à la plante entière de croître en hauteur et d'avoir un port dressé favorisant la captation de l'énergie lumineuse. Leur caractère **hydrophobe** rend les cellules imperméables. Ainsi, les parois des cellules de tissus de soutien (sclérenchyme et collenchyme) ou de transport de l'eau et des sels minéraux (xylème) sont très lignifiées.

Peu sensibles à la dégradation biologique, les lignines créent une barrière physique qui s'oppose à la pénétration et à la progression des agents pathogènes, et contribuent à la protection naturelle des végétaux contre certaines attaques parasitaires.

La nature des lignines varie avec l'espèce botanique considérée, et pour une même espèce avec la nature (saine ou infectée) des tissus considérés, le type cellulaire, la zone pariétale considérée (parois primaire, secondaire), l'âge du végétal et le lieu où il s'est développé.

5.2. BIOSYNTHÈSE

Les lignines sont formées fondamentalement par la co-polymérisation oxydative de trois unités phénylpropanes (C_6C_3) appelées monolignols, différant par le degré de méthoxylation (aux carbones C-3 et C-5) du noyau phénolique et qui sont réunies par différentes liaisons chimiques sans aucun caractère ordonné ni répétitif. Ces unités constitutives sont les alcools coumarylique, coniférylique et sinapylique. Les noyaux aromatiques de ces alcools sont appelés *p*-hydroxyphényle (H), guaiacyle (G) et syringyle (S), respectivement. En s'entrecroisant, ces monomères construisent un réseau tridimensionnel amorphe interpénétrant la paroi cellulosique.

La biosynthèse de ces unités s'effectue en une séquence d'étapes catalysées par différentes **enzymes**, à partir d'un acide aminé **aromatique** (fig. 5.1), la phénylalanine (Phe). La désamination oxydative de la phénylalanine en acide *t*-cinnamique est le point de départ de la biosynthèse de nombreux composés polyphénoliques complexes. Cette réaction est

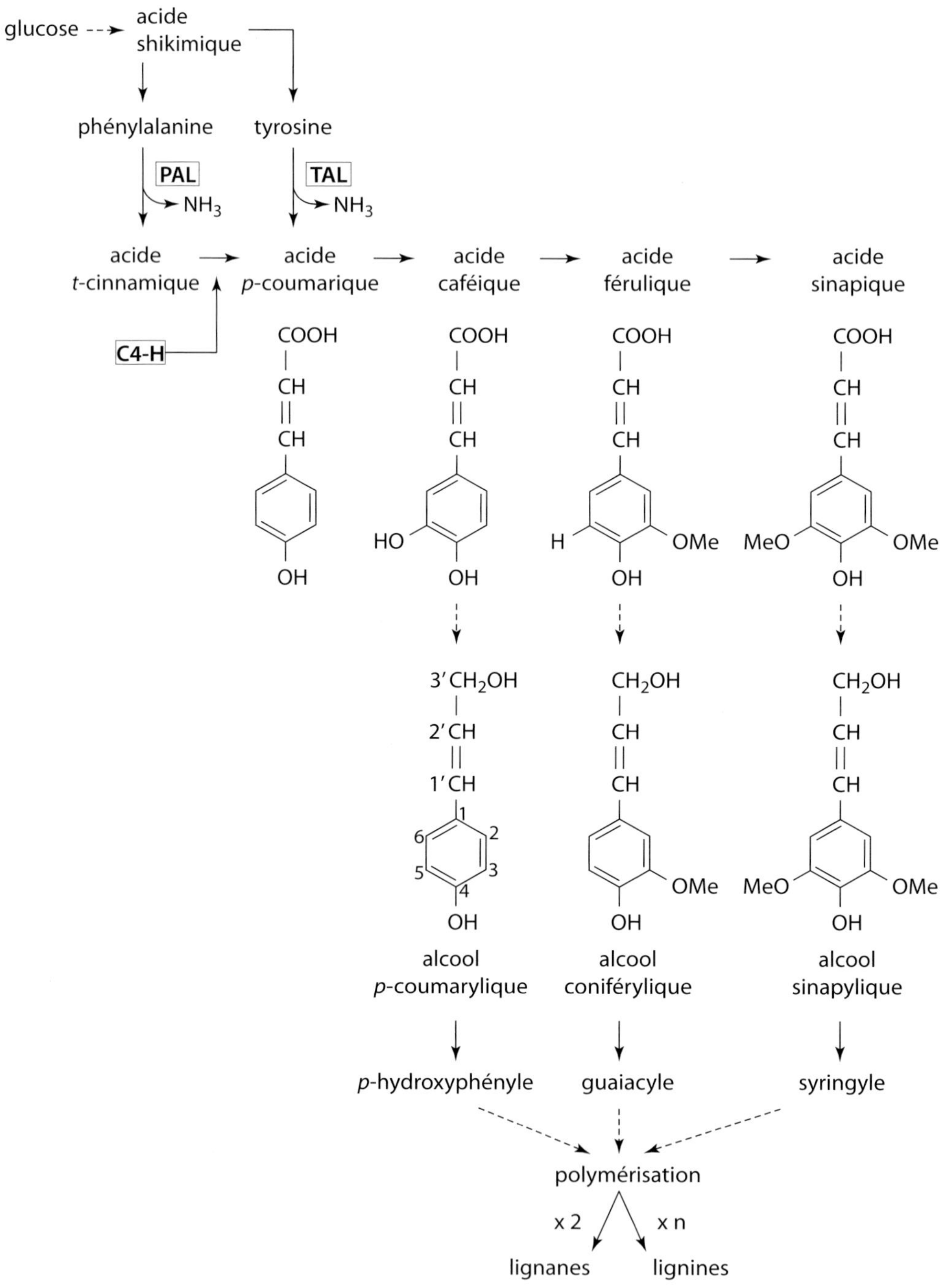

Figure 5.1 – Voie biosynthétique conduisant aux trois alcools phénylpropanes constitutifs des lignines et lignanes

catalysée par la phénylalanine ammonia-lyase (PAL). Une autre voie parallèle, moins répandue (Poaceae), a pour point de départ la désamination oxydative de la tyrosine en acide *p*-coumarique, catalysée par la tyrosine ammonia-lyase (TAL). En subissant des réactions d'hydroxylation du noyau phénolique en position 4 par l'action de la cinnamate-4-hydroxylase (C4-H), puis éventuellement de méthylation, en positions *para* et *méta*, par rapport à la chaîne latérale (hydroxylases, *O*-méthyl-transférases), l'acide cinnamique conduit aux divers acides phénoliques en C6-C3. Les trois acides principaux formés (acide caféique, férulique et sinapique) sont ensuite estérifiés puis réduits en aldéhydes ou en alcools. La polymérisation oxygénasique de ces alcools dans la paroi intervient alors sous l'action de peroxydases pariétales.

En dehors de leur implication directe dans la lignification, les peroxydases établissent des ponts de cinnamate et de férulate dans les parois cellulaires et catalysent la formation de complexes lignine-polysaccharides-protéines qui sont riches en hydroxyproline. Il est généralement admis que seules les peroxydases pariétales participent à la polymérisation des monomères de lignines. Cette fraction peroxydasique représente environ 15 % des peroxydases totales.

5.3. Structure

Les **polymères** de lignines contiennent des unités de base *p*-hydroxyphényle, guaiacyle et syringyle (voir fig. 5.1), reliées entre elles par des enchaînements sans répétition régulière, mettant en jeu divers types de liaisons : carbone-oxygène, par exemple entre un carbone de la chaîne ou du noyau **aromatique** et l'oxygène phénolique ; carbone-carbone, entre carbone de la chaîne propanique et carbone du noyau aromatique d'une autre unité, ou entre carbones de noyaux aromatiques appartenant à deux unités monomères différentes.

Des liaisons de type esters ou éthers existeraient aussi entre les lignines et d'autres constituants de la paroi tels que les acides cinnamiques et les polysaccharides. Aussi les lignines ne peuvent-elles être dissociées des autres constituants des parois végétales qu'après des traitements physiques ou chimiques énergiques qui altèrent en partie leur intégrité structurale.

5.4. Propriétés

Par la diversité de leurs unités de base, leurs types de liaisons (fig. 5.2) et leurs combinaisons, leurs nombreuses fonctions phénoliques, **hydroxyles** et éthers qu'elles contiennent, les lignines présentent une hétérogénéité de propriétés physico-chimiques et une grande réactivité. C'est ainsi que les lignines de la paille, par exemple, sont différentes, à ce point de vue, des lignines de bois tendres et de bois durs et sont donc très solubles dans les solutions alcalines. Cette propriété est exploitée pour délignifier la paille en vue de son utilisation dans la fabrication de papier. Les lignines de Poacées diffèrent des lignines de bois de **Feuillus** (riches en unités guaiacyle et syringyle) et de Conifères (seulement riches en unités guaiacyle) par une proportion relativement plus élevée en liaisons alcalino-**labiles** entre les monomères des lignines (*p*-hydroxyphényle, guaiacyle et syringyle) ou entre la lignine et les polyosides. En raison de son intime association avec tous les constituants de la **paroi**

cellulaire (**tanins**, acides phénoliques, cellulose, hémicelluloses) et de sa structure réticulée, la lignine ne peut pas être isolée dans son état natif inaltéré. Cette réactivité explique aussi que la lignine « native » est différente des nombreuses lignines industrielles, obtenues selon le procédé de pâte a papier choisi :

- Les lignosulfonates issues du procédé de délignification au bisulfite en milieu acide par cuisson à 125-135 °C pendant 5 à 20 h. Ce sont des lignines rendues solubles dans l'eau par sulfonation et moins solubles dans les solvants organiques. Elles s'extraient surtout à partir de **Résineux**.
- Les lignines Kraft obtenues dans la fabrication des pâtes cellulosiques, fortement dégradées par des conditions technologiques drastiques (mélange de soude concentrée et de sulfate de sodium à 170 °C, sous une pression de 6 bars et pendant plusieurs heures), forment des pâtes très brunes. Ces lignines sont solubles en milieu alcalin (**pH** > 10,5), dans le dioxane, l'acétone et le diméthyl formamide et insolubles dans l'eau à pH neutre ou acide. Elles sont communément connues sous l'appellation d'Indulin AT. Ce procédé, plus récent (80 % des pâtes chimiques actuelles), préserve mieux l'intégrité de la cellulose tout en étant applicable à une plus grande variété de bois : bois durs des **Feuillus**, bois plus tendres des **Résineux**, plantes annuelles.
- Les lignines organosolves obtenues par « digestion » des copeaux de bois à haute température en présence d'éthanol ou de méthanol aqueux. La liqueur noire obtenue est alors soumise à des **extractions** successives par **précipitation**, **centrifugation** ou **filtration** pour séparer les lignines des hémicelluloses. Les lignines organosolves se présentent ensuite sous forme d'une poudre brune.
- Les lignines stake isolées par explosion à la vapeur d'eau des matériaux ligno-cellulosiques suivie d'une séparation des hémicelluloses et de la transformation de la cellulose par voie biochimique. Le résidu obtenu est alors constitué essentiellement par une lignine

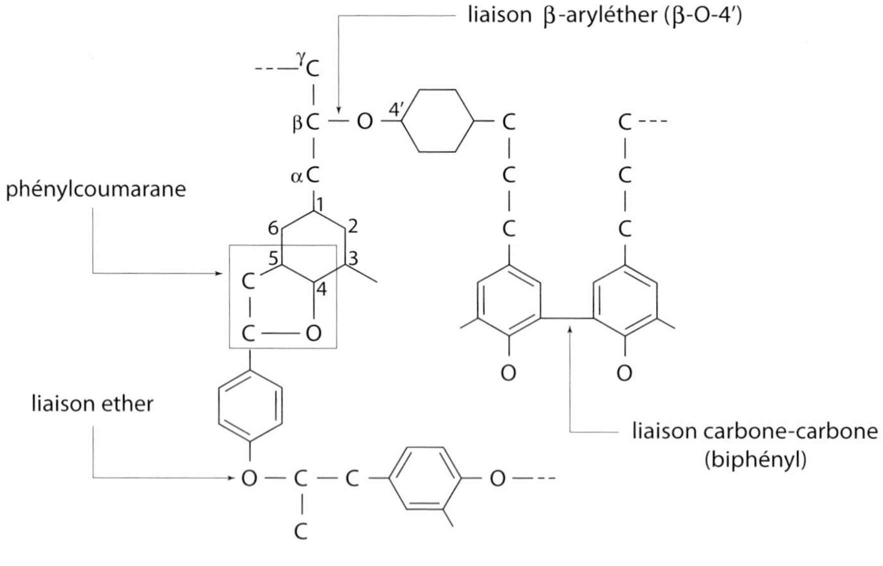

Figure 5.2 – Liaisons intermonomériques les plus fréquentes illustrées sur un fragment de lignine

partiellement dépolymérisée, en fonction du temps de réaction et de la température de prétraitement.

5.5. IMPORTANCE ÉCONOMIQUE DES LIGNINES

Les lignines sont, après la cellulose, les substances organiques les plus abondantes de la biosphère et une ressource naturelle renouvelable. Elles représentent suivant les espèces de 25 à 35, 20 à 28 et 10 à 30 % du poids sec du bois des **Résineux**, des **Feuillus** et des Graminées, respectivement. Certaines espèces végétales des forêts équatoriales et tropicales peuvent contenir jusqu'à 50 % de lignines.

Il existe dans le monde une abondante production de certains produits agricoles dont on estime qu'une moitié, environ, reste inutilisée (pailles de **céréales**, tiges de tournesol, tiges et **rafles** de maïs, feuilles de betterave sucrière, bagasses de canne à sucre, bois, liège, etc.) ce qui représente une production potentielle annuelle de lignines estimée à 20 milliards de tonnes sur une production annuelle de **biomasse** estimée à 172 milliards de tonnes de **matière sèche**.

Dans ce contexte, des approches biochimiques et biotechnologiques de la **biodégradation** des lignines pourraient ouvrir un nouveau domaine dans la conversion de la **biomasse** lignocellulosique et ainsi élargir les sources d'approvisionnement en produits carbonés. Des efforts importants ont été développés vers la mise au point de procédés économiquement rentables pour la valorisation de cette **biomasse**. Le procédé idéal est de séparer les trois principales composantes de la **biomasse**, cellulose, hémicelluloses et lignines et de les dégrader individuellement sans recours à des produits chimiques coûteux, polluants et à de grandes quantités d'énergie.

Les matériaux ligneux, industriels ou résiduels, représentent une masse très importante de polyphénols, et donc une source intéressante de matières premières organiques après transformation ou dégradation des chaînes polymériques des lignines. Mais, actuellement, les processus de dégradation sont encore mal maîtrisés. L'**extraction** des lignines peut être réalisée par **hydrolyse** acide, auto-hydrolyse éclair des bois, ou encore à l'aide de solvants organiques en présence de **catalyseurs**, ozonolyse ou par irradiation aux UV. Ces procédés sont souvent polluants ou difficiles à mettre en œuvre industriellement.

La dégradation microbiologique qui se fait normalement dans le **rumen** pourrait servir de modèle à l'utilisation industrielle des lignocelluloses. Une meilleure connaissance de l'influence de la structure des **parois cellulaires** et les effets des prétraitements chimiques et mécaniques pourrait ouvrir de nouvelles perspectives pour une exploitation industrielle future.

Ces nouvelles perspectives concernent essentiellement les pailles mais aussi divers autres déchets ou des lignocelluloses qui sont sous-utilisées tels que les tiges de maïs et de tournesol, les roseaux, les déchets de bois, le liège, les **grignons** d'olives, les résidus de raisins, le colza, etc.

Par ailleurs, les lignines provoquent une résistance à l'étirement de certaines fibres naturelles comme le lin, ce qui impose des traitements préliminaires tels que le rouissage pour les éliminer.

5.5.1. INDUSTRIE PAPETIÈRE

Pendant longtemps, l'utilisation la plus importante concernant l'exploitation des matériaux lignocellulosiques était la préparation de la **pâte à papier** qui utilise uniquement la partie fibreuse. En effet, les lignines sont responsables de la coloration jaunâtre du papier après exposition au soleil. C'est pourquoi la fraction ligneuse (appelée aussi liqueur noire), dissoute après concentration, était simplement rejetée ou brûlée pour couvrir les besoins en énergie nécessaires au processus de transformation. Cette utilisation secondaire de la lignine fournit une **valeur ajoutée** limitée.

Le traitement chimique classique des pâtes à papier fait appel à des agents très corrosifs (produits chlorés, soude, etc.) pour l'**extraction** des lignines (délignification) qui rendent cette industrie particulièrement polluante. Par ailleurs, la délignification chimique consomme beaucoup d'énergie et de très grandes quantités d'eau (broyage, cuisson sous pression). La délignification du bois de Conifères exige des conditions plus drastiques que celle des bois de **Feuillus** mais la qualité de leurs fibres de cellulose est supérieure. Dans l'industrie papetière, les efforts de recherche actuels portent sur la mise au point de procédés propres et économiques parmi lesquels : l'optimisation des procédés de fabrication du papier, le **blanchiment** de la pâte, la modification des fibres et l'amélioration des essences forestières par les techniques du génie génétique en vue de réduire leur contenu et/ou d'en modifier leur composition en lignines, ce qui permet de limiter le recours aux prétraitements couteux et donc de réduire l'impact sur l'environnement des procédés industriels d'extraction.

5.5.1.1. AMÉLIORATION DES ESPÈCES FORESTIÈRES

Dans ce domaine, les techniques de sélection génétique classique ont été utilisées dans le passé en vue de produire des espèces forestières plus intéressantes d'un point de vue économique et commercial. Ces recherches reposent sur l'existence d'une large variabilité naturelle de génotypes ; la sélection étant surtout dirigée vers l'obtention de caractéristiques spécifiques telles que la taille, la forme, la croissance rapide mais aussi la résistance aux maladies. Actuellement, d'autres critères ont été ajoutés comme la qualité du bois et sa densité.

Les méthodes de multiplication clonale comme la culture *in vitro* et l'embryogenèse somatique peuvent être envisagées dans ce type de recherche. Néanmoins, les programmes de sélection des arbres sur la base de telles caractéristiques nécessitent plusieurs générations pour pouvoir observer les améliorations désirées.

Récemment, des techniques d'ADN recombiné ont été développées. Ces techniques consistent à transférer des gènes spécifiques dans le génome de la plante hôte en vue de créer de nouveaux génotypes. Pour appliquer ce type de technique il faut d'abord :

- 1 - identifier, isoler et cloner le fragment d'ADN contenant le gène d'intérêt,
- 2 - transférer le fragment d'ADN dans la cellule réceptrice et l'incorporer dans son ADN,
- 3 - régénérer la plante transgénique entière à partir de la cellule transformée.

L'étape « 1 » est actuellement bien acquise malgré son coût assez élevé.

Les techniques pour accomplir l'étape « 2 » sont aussi bien maitrisées. On distingue plusieurs méthodes :

- transformation des cellules végétales par utilisation d'un vecteur du **plasmide** Ti d'*Agrobacterium tumefaciens* ou *A. rhizogenes* (encart 6),
- microinjection directe de **protoplastes**,
- électroporation de protoplastes,
- injection balistique de l'ADN fixé sur des particules d'or ou de tungstène à travers les parois cellulaires.

De toutes ces méthodes, c'est la transformation par *Agrobacterium tumefaciens* qui est la plus utilisée pour transférer de l'ADN étranger dans le génome des plantes.

L'étape « 3 » reste la plus difficile malgré quelques succès encourageants obtenus sur le peuplier (espèce très utilisée pour la production de pâte à papier) notamment.

ENCART 6 – AGROBACTERIUM

Genre de **bactéries** phytopathogènes du sol, à **Gram** négatif, aérobies, hétérotrophes, mobiles par flagelles. Certaines, du type *tumefaciens* ou *rhizogenes* par exemple, possèdent la particularité d'infester (démontrée en 1977) une large gamme de plantes Dicotylédones herbacées ou ligneuses ainsi que quelques rares Monocotylédones (maïs, riz, canne à sucre).

L'infection de ces plantes se traduit par des réactions tumorales ou des déformations au site d'infection (cas d'*A. tumefaciens*) ou par le développement anarchique du système racinaire (cas d'*A. rhizogenes*), résultant de l'expression de gènes bactériens qui sont, lors du processus d'infection, copiés, transférés de la **bactérie** vers la plante puis intégrés de façon stable dans les chromosomes des cellules végétales infectées. Cette observation a constitué le fondement d'une des techniques les plus utilisées en génie génétique végétal. Ainsi, dès le début des années 80, le protocole de transformation génétique des cellules basé sur l'utilisation de l'ADN d'*A. tumefaciens* est opérationnel, faisant de cette bactérie un extraordinaire outil de génie génétique.

Dans la nature, *Agrobacterium* insère une petite portion de son ADN (appelé ADN-T, pour ADN transféré) dans les chromosomes des cellules végétales, et déclenche ainsi la formation de cellules tumorales, généralement au niveau du collet (galle du collet). Dans la bactérie, les gènes tumoraux sont portés par une molécule d'ADN circulaire appelée plasmide (Ti pour « *Tumor inducing* » dans le cas d'*A. tumefaciens*, Ri pour « *Root inducing* » dans le cas d'*A. rhizogenes*) ; le transfert est assuré par les séquences d'ADN adjacentes aux gènes qui induisent la tumeur. Le fragment d'ADN-T contient en particulier des gènes permettant la synthèse et la libération des opines (molécules aminocarbonées qui peuvent être utilisées par la bactérie comme source de carbone et d'azote) par les cellules végétales, ainsi que des gènes de biosynthèse des substances de croissance végétales (auxines et cytokinines). La production des opines confère à la bactérie un important avantage sélectif sur les autres microorganismes du milieu. Il est possible actuellement de remplacer les gènes tumoraux (ou **oncogènes**) bactériens par d'autres gènes que l'on souhaite introduire dans le végétal ; les séquences adjacentes (constituées de 25 paires de bases) insèrent alors les gènes étrangers (ou transgènes) dans les chromosomes de la plante aussi fidèlement que s'il s'agissait des gènes tumoraux. Ainsi, à partir de **protoplastes** ou de cellules végétales transfectées artificiellement, on peut régénérer des plantes transgéniques saines. Cette stratégie de transformation a été appliquée avec succès à de nombreuses espèces dont le colza, la tomate, le coton, la courgette, la pomme de terre, le soja, le tabac, etc.

La majorité des **Légumineuses** à grosses graines ainsi que la plupart des Monocotylédones, auxquelles appartiennent beaucoup de **Céréales** (blé, orge, avoine, sorgho, mil, etc.) sont généralement récalcitrantes à la transformation par *Agrobacterium* ; on fait plutôt appel au transfert direct (ex. biolistique) ou à d'autres techniques pour ces espèces.

Lorsque de telles opérations sont réalisées sur la plante entière, quelques zones cellulaires seulement sont touchées par la transformation ; il faut alors les identifier et les régénérer. Il est plus aisé, à l'aide de cette technique, de transformer des cellules isolées ou, mieux encore, des protoplastes qui donneront par régénération des plantes totalement modifiées.

Les cellules végétales qui ont intégré le nouveau gène le transmettent à leur descendance lors de la division. Les plantes régénérées à partir de ces cellules isolées contiennent ainsi au moins un exemplaire du gène introduit par cellule. À l'exception du gène transféré, ou « transgène », ces plantes sont normales et produisent des graines qui contiennent également le transgène.

5.2.1.2. Travaux de génie génétique

L'autre approche qui retient de plus en plus l'attention des chercheurs est celui de la modification de la voie de biosynthèse des lignines dans le but de réduire ou de modifier qualitativement la composition du bois en lignines, afin de produire des lignines plus faciles à extraire. On sait que dans le processus de fabrication du papier, l'extractibilité chimique de la lignine dépend directement du rapport entre les unités syringyle (fortement méthylées) et les unités guaiacyle dans la lignine. Les **précurseurs** issus de noyaux syringyle produisent une lignine moins entrecroisée que celle issue de noyaux guaiacyle. Par conséquent, ils sont plus facilement extractibles lors de la fabrication de la **pâte à papier**.

C'est ainsi que les Angiospermes (**Feuillus** et plantes annuelles) dont les lignines contiennent aussi bien des unités syringyle que des unités guaiacyle peuvent être traitées par tous les procédés connus à moindre coût et en moins de temps que les Gymnospermes (**Résineux**) dont les lignines sont constituées uniquement d'unités guaiacyle, plus faiblement méthoxylées que les lignines syringyles. Plus méthylées, la lignine des Feuillus se prête moins à des réactions de condensation entre monomères constitutifs et est, dès lors, plus hydrolysable et solubilisable que celle des Gymnospermes. Mais les pâtes papetières de ces dernières sont souvent préférées à cause de leurs fibres qui sont plus longues (2 à 4 mm) et plus solides que celles des Feuillus (0,3 à 1,3 mm). On comprend donc que la transformation de la composition de la lignine des Gymnospermes en lignine de type Angiospermes permettrait des améliorations notables sur le plan de l'environnement et des économies considérables pour l'industrie papetière en temps, en produits chimiques et en énergie.

Plusieurs **enzymes** sont impliquées dans la voie de formation des monomères de la lignine (voir fig. 5.1 et 5.3). Selon les enzymes ciblées, les arbres transformés peuvent produire moins de lignines ou élaborer des lignines de qualité différente, plus facilement extractibles lors du processus industriel. Les deux résultats intéressent les fabricants de **pâte à papier**, mais la difficulté consiste à trouver le juste milieu : une suppression importante de lignines, entraine des problèmes de croissance des arbres et une altération de la circulation de leur **sève**.

La première étape conduisant à la synthèse des monolignols est catalysée par la PAL, enzyme dont les gènes ont déjà été isolés et clonés chez un grand nombre d'espèces végétales appartenant aux Gymnospermes, aux Monocotylédones et aux Dicotylédones. Mais la PAL comme la (C4-H) (voir fig. 5.1) ne constituent pas de bonnes cibles pour la modification spécifique de la biosynthèse des monolignols puisque la voie des phénylpropanoïdes fournit aussi des **précurseurs** phénoliques pour d'autres composés importants tels que les flavonoïdes, les anthocyanines, les phytoalexines, les **tanins**, les stilbènes, les coumarines, les xanthones, etc. La modulation de l'expression de ces **enzymes** risque de se

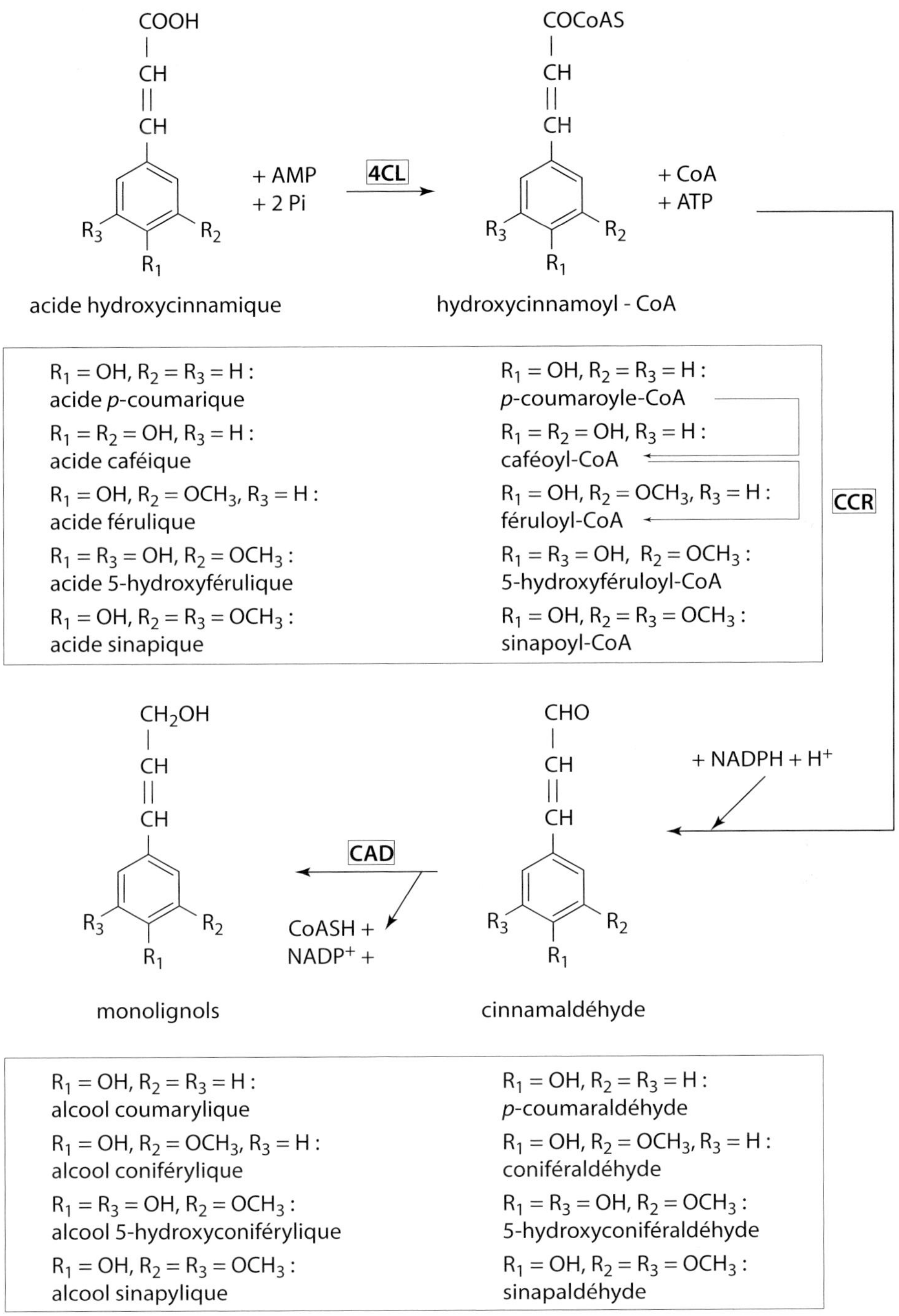

Figure 5.3 – Quelques enzymes spécifiques de la voie de biosynthèse de la lignine, cibles des travaux de génie génétique

4CL : coumarate-CoA ligase, CCR : cinnamyl-CoA réductase, CAD : cinnamyl alcool déshydrogénase répercuter négativement sur d'autres fonctions biologiques de la plante comme la croissance et la mise en place des mécanismes de défense.

Le génie génétique a permis de créer des arbres qui répondent mieux aux exigences de l'industrie papetière. La technique la plus souvent adoptée est la stratégie de l'ARN antisens (voir encart 7). Les premiers peupliers transformés ont été plantés en France dès 1995. Les recherches en cours concernent surtout le peuplier (**Feuillus**) mais aussi le mélèze (Conifères) et il faudra attendre 2015-2020 pour statuer sur la rentabilité de cette voie dans le cadre d'une production industrielle mais aussi pour évaluer les répercussions de telles études aussi bien au niveau écologique que sur la stabilité de l'expression et sur le maintien des qualités recherchées.

Parmi les résultats obtenus à l'heure actuelle, on peut citer, par exemple, la réduction de l'activité d'une des enzymes majeures impliquée dans la biosynthèse des lignines, la *p*-coumarate:coenzyme A ligase (4CL) (voir fig. 5.3) chez le peuplier transgénique (*Populus tremuloides*) qui présente une baisse de 45 % des lignines et une augmentation de la teneur en cellulose de 15 %, doublant ainsi le rapport cellulose/lignines de la plante sans modifier la composition des lignines et sans effets apparents sur la croissance, le développement ou l'intégrité structurale de l'arbre.

Une des **enzymes** la plus visée est l'alcool cinnamylique déshydrogénase (CAD) qui catalyse spécifiquement l'étape finale de formation des trois monomères **précurseurs** de la lignine (voir fig. 5.3). La réduction de l'activité de la CAD (de plus de 90 %) chez le tabac par manipulation génétique, en utilisant un ARN antisens (encart 7), conduit à la production d'un nouveau type de lignine plus accessible à l'**extraction** chimique. Cette réduction se fait sans interférences avec le développement et l'état de santé des plantes. Les plantes transgéniques incorporent moins de monomères d'alcools cinnamyliques et plus de monomères d'aldéhydes cinnamyliques dans leur lignine que les plantes témoins (rapport guaiacyl/syringyl considérablement réduit).

La diminution du niveau d'expression d'une des deux **enzymes**, l'*O*-méthyl transférase (OMT) ou la CAD a permis également de mettre au point des peupliers génétiquement modifiés produisant moins de lignines (90 % et 70 à 80 % de réduction, respectivement). De plus, les lignines produites sont composées de chaînes plus courtes et s'éliminent plus facilement dans le processus de fabrication du papier. Ces résultats, obtenus sur des peupliers de six mois cultivés sous serre, ont été vérifiés sur des peupliers transgéniques produits en conditions de sylviculture naturelle. Une telle réduction du contenu en lignine permettrait de réduire la quantité d'énergie et de produits chimiques nécessaires aux traitements de **blanchiment** de la **pâte à papier** et diminuerait ainsi la quantité de déchets polluants.

Une autre possibilité serait d'introduire dans les Gymnospermes qui en sont dépourvues les gènes codant des **enzymes** d'Angiospermes spécifiques de la méthylation des monolignols. Ces enzymes sont l'acide caféique-3-*O*-méthyltransférase, la férulate-5-hydroxylase (F5H) et la caféol-CoA-3-*O*-méthyltransférase ; elles sont impliquées dans la biogenèse de l'acide férulique par méthylation de l'acide caféique, et permettent aux **Feuillus** de produire des unités syringyles qui se polymérisent en une lignine moins condensée et plus apte à la délignification que celle des Gymnospermes.

Une autre **enzyme** semble prometteuse : la cinnamoyl-CoA réductase (CCR) catalysant une des dernières étapes de la conversion des hydroxycinnamoyl-CoA en cinnamaldéhydes correspondant (voir fig. 5.3). La répression de l'expression de cette enzyme chez le tabac conduit à une réduction d'environ 50 % de la teneur en lignine, une augmentation du rapport S/G et une augmentation de la teneur en composés phénoliques estérifiés.

5.5.1.3. Blanchiment chimique et biologique de la pâte à papier

Plus en aval du processus de fabrication de la **pâte à papier**, celle-ci doit subir un **blanchiment** qui consiste à éliminer les lignines résiduelles qui, par leurs groupements chromophores, sont responsables de la mauvaise qualité du papier (jaunissement par photo-oxydation et fragilisation mécanique du papier).

Dans ce domaine, toute une panoplie d'agents chimiques a été testée en vue d'éliminer au maximum les lignines. Les produits utilisés (chlore, dioxyde de chlore, hypochlorite de sodium, etc.) engendrent souvent des déchets qui ne sont pas sans nocivité.

Le chlore moléculaire (Cl_2) agit par substitution, addition ou oxydation formant des chlorolignines, solubles et extraites dans la soude. Le dioxyde de chlore (ClO_2) est utilisé pour parachever l'oxydation de la lignine résiduelle pour les pâtes chimiques au sulfate. L'hypochlorite de sodium est utilisé en fin de traitement pour une élimination maximale des lignines. Ces produits chlorés génèrent des organochlorés difficilement éliminés par les procédés de dépollution classiques.

Les orientations actuelles dans ce domaine, tentent d'une part, à utiliser d'autres agents de **blanchiment** moins coûteux, plus efficaces et moins polluants et d'autre part, à traiter les déchets.

La première alternative répondant à ces critères fut l'utilisation, au début des années 80 en Suède, de mutants **cellulase**-moins de champignons de la pourriture blanche (Basidiomycètes) pour la délignification du bois destiné à l'industrie papetière. Depuis, beaucoup de progrès ont été enregistrés dans l'utilisation de souches sélectionnées plus performantes et dans l'amélioration des conditions de traitement du bois. Dans beaucoup de cas, on note une diminution de l'énergie dépensée au cours du processus de fabrication et une amélioration de la résistance mécanique des feuilles produites. Il reste, cependant, beaucoup de problèmes à résoudre dans cette voie : sélection de souches à croissance plus rapide (les souches testées actuellement ont souvent une croissance lente), optimisation des conditions de **fermentation** aérobie, étude des mécanismes enzymatiques précis mis en jeu par les microorganismes, etc.

Le **blanchiment** enzymatique offre une alternative intéressante à l'usage de produits chimiques particulièrement polluants.

L'**hydrolyse** enzymatique partielle des hémicelluloses peut laisser s'échapper des fragments de lignine, et faciliter l'accès des produits chimiques à la lignine résiduelle. En effet, le traitement de pâtes Kraft par des préparations brutes d'hémicellulases d'*Aspergillus* s'accompagne d'une réduction de leur contenu en lignine et en xylanes (hémicelluloses riches en xylanes). Les xylanases sont les principales responsables du **blanchiment**, en scindant les chaînes linéaires de xylanes, abondants à la surface des fibres.

Récemment, la société Metsa-Botnia (Finlande) a utilisé un procédé de **blanchiment** de la **pâte à papier** combinant **enzyme** et eau oxygénée. La méthode enzymatique, fondée sur les xylanases, est le résultat de recherches sur le blanchiment biologique. Le coût de fabrication des produits sans chlore est toutefois légèrement plus élevé que celui du blanchiment conventionnel. La difficulté principale est que les conditions de **pH** et de température, requises pour le traitement de la pâte à papier, sont difficilement compatibles avec l'activité des xylanases. Les recherches actuelles visent à trouver des micro-organismes capables de produire des xylanases résistantes aux pH élevés et aux fortes températures. L'enzyme la plus prometteuse provient d'un micro-organisme thermophile d'Islande. Elle supporte un pH d'environ 11 et une température supérieure à 85 °C.

D'autres recherches s'efforcent d'optimiser l'activité de la lignine-peroxydase, enzyme impliquée dans la dégradation de la lignine (oxydation des composés **aromatiques** non phénoliques, c'est à dire sans –OH) ou de la Mn-peroxydase qui oxyde exclusivement les composés phénoliques de la lignine ou encore des laccases fongiques qui oxydent les groupements phénoliques en absence d'eau oxygénée.

5.5.2. ALIMENTATION ANIMALE

Traditionnellement, la finalité de l'exploitation de la **biomasse** produite par le monde agricole est l'alimentation. Or, les végétaux utilisés dans l'alimentation humaine et animale ne représentent qu'une infime partie de la biomasse totale produite chaque année par l'Homme. Certains **sous-produits** générés par la production agricole sont utilisés comme aliments pour le bétail. Néanmoins, les sous-produits lignocellulosiques des cultures, difficilement digérés par les animaux et par les microorganismes du fait de la présence de lignines constituent de fait un des principaux obstacles à la valorisation biologique de ces importants résidus de culture. Comme pour l'industrie papetière, cette valorisation à des fins alimentaires ne pourra donc être effectuée qu'après délignification. De ce fait, plusieurs prétraitements de la matière lignocellulosique ont été envisagés afin de la rendre plus digeste.

En technologie alimentaire, des prétraitements relativement simples (utilisant des solutions alcalines, le dioxyde de soufre, le peroxyde d'hydrogène, l'ozone, la vapeur, le broyage mécanique, les champignons) ont été adoptés en vue d'améliorer la **digestibilité** et la valeur nutritive des produits riches en lignine (la paille, par exemple) pour qu'ils puissent être consommés par les **ruminants**. La lignine constitue en effet une véritable barrière physique à l'attaque des microorganismes empêchant la pénétration des **enzymes** de dégradation dans la **paroi cellulaire**. Ces types de prétraitements peuvent généralement être appliqués à petite échelle au niveau de l'exploitation agricole.

Le procédé le plus largement employé utilise un traitement avec des solutions alcalines qui permet d'augmenter considérablement la biodégradabilité des parois cellulaires. L'hydroxyde de sodium est plus efficace que l'ammoniac dans l'amélioration de la biodégradabilité de la paille des Poaceae mais ces produits ont aussi des conséquences négatives sur la santé et l'environnement. Deux procédés importants impliquent l'application d'ammoniac anhydre à la paille (3,5 parties de NH_3 pour 100 parties de paille sèche) suivie, soit d'un chauffage à environ 90 °C dans un four, soit de la mise en tas pendant environ 6 semaines à température ambiante. Le premier procédé n'est pas sans danger, le traitement des déchets lignocellulosiques contenant des sucres solubles lorsqu'ils sont traités par l'ammoniac à température élevée engendre la formation du 4-méthyl-imidazole, un composé toxique pour les animaux.

Ainsi, il a été montré que, pour une variété donnée de paille de **Céréales** ou de **foin**, la biodégradabilité des parois cellulaires est corrélée à la quantité d'acides phénoliques (dont les acides *p*-coumarique et férulique) libérés par le traitement alcalin, pour une variété donnée de paille de Céréales ou de foin. Cependant, les variations entre espèces sont grandes ce qui laisse à penser que d'autres facteurs interviennent de façon significative dans la diminution de la biodégradabilité. En effet, la structure de la cellulose elle-même est plus importante pour la **digestibilité** que la teneur en lignines par le fait qu'elle peut gêner l'accès des **enzymes** et des **bactéries** au niveau de la **paroi cellulaire**.

Pour des raisons de sécurité, l'utilisation des agents oxydants tels que le dioxyde de soufre (SO_2), les peroxydes (H_2O_2) et l'ozone (O_3) ne peut pas être envisagée au niveau des exploitations agricoles.

Pour les raisons évoquées ci-dessus, le biotraitement des matières lignocellulosiques par utilisation de champignons (en particulier les champignons dits de la pourriture blanche du bois) ou de **bactéries**, constitue une alternative intéressante. Ainsi, certaines souches de champignons (*Phanerochaete chrysosporium*) et de bactéries (*Streptomyces viridosporus*) induisent des réactions de décomposition des lignines, notamment par déméthylation (élimination de CH_3), et coupures de liaisons dans ou hors des cycles **aromatiques**. Le mycélium du champignon pénétrerait donc en profondeur dans les composés lignocellulosiques, la dégradation s'effectuant grâce à des **enzymes** ou des complexes enzymatiques mettant en jeu des peroxydases en présence d'eau oxygénée. Les mécanismes sont encore mal connus mais feraient intervenir l'oxygène moléculaire, des **radicaux libres** et différents cations (Fe, Mn).

5.5.3. Amendement du sol

La lignine, notamment celle du **bois raméal**, a trouvé un débouché important comme améliorant de la teneur en matière organique du sol. Elle protège la racine des plantes contre la détérioration par des teneurs en sels trop élevées et réduit le lessivage des sels de potassium et d'ammonium apportés par les engrais. Cela s'explique par la proche parenté entre la lignine et l'humus, notamment quant à son pouvoir absorbant.

5.5.4. Culture des champignons comestibles

Un des processus de **bioconversion** les plus économiques des résidus lignocellulosiques est la culture de champignons comestibles. Ce sont les champignons qui sont les plus aptes à dégrader la lignine. Cette dégradation de la lignine par les champignons filamenteux (notamment ceux de la pourriture blanche) est initiée par des peroxydases extracellulaires.

Les recherches actuelles tendent à isoler et à sélectionner les souches de champignons capables de dégrader activement les déchets lignocellulosiques. À cet égard, la plupart des champignons comestibles se sont révélés pourvus de systèmes enzymatiques cellulolytique et hémicellulolytique et certains sont, en outre, hautement lignolytiques.

L'identification et une meilleure connaissance de ces systèmes pourraient aussi aider à la sélection de souches de champignons ayant une grande aptitude à se développer sur différents **substrats** lignocellulosiques. Actuellement environ 10 espèces de Basidiomycètes saprophytiques ont été cultivées avec succès à une échelle qui peut être considérée comme commerciale.

5.5.5. SYNTHÈSE DE PRODUITS CHIMIQUES

En raison de la grande variété de groupes fonctionnels qui pourraient être valorisés de plusieurs façons, des essais se déroulent, dans de nombreux laboratoires en vue de préparer, à partir de la lignine, toute une gamme de produits comme des **arômes**, des produits de chimie fine, des adhésifs, des fertilisants, des phénols, de l'acide acétique, de l'éthylène et bien d'autres produits. Ces dérivés se retrouvent dans les colles, les résines, les **émulsifiants** de peintures ou sous forme d'additifs renforçateurs lors de la production de caoutchoucs et de pneus. Ils peuvent également intervenir comme **stabilisants antioxydants** de **polymères**, comme **agents d'enrobage** de graines et de **pesticides** en agriculture. Ils peuvent entrer dans la composition de **colorants** et d'**émulsifiants** d'encre, et même de revêtement routier.

Pour beaucoup de ces produits, les champignons de la pourriture blanche sont très étudiés en vue de leur utilisation potentielle dans la **bioconversion** et la production de molécules à haute **valeur ajoutée** d'intérêts **agro-alimentaire** et pharmaceutique à partir de matériaux lignocellulosiques.

La vanilline, substance **aromatique** à odeur agréable et **saveur** légèrement piquante, est traditionnellement extraite à partir des gousses de vanillier (*Vanilla planifolia*). Cette **extraction** ne représente que 0,2 % des besoins en ce produit ; le reste étant assuré par la synthèse chimique (environ 13 000 t annuellement) ou par la **bioconversion** de **précurseurs** à l'aide de microorganismes. Cette dernière voie présente l'inconvénient de donner des rendements faibles. Actuellement, une des principales utilisations industrielles des lignines est la production de la vanilline (10 à 15 % de la vanilline synthétique), ce qui constitue une source d'approvisionnement plus en adéquation avec les nombreuses utilisations industrielles de ce composé aromatique. À cet effet, l'acide férulique (précurseur de la production de vanille par bioconversion), issu de la dégradation oxydative par les champignons (*Aspergillus niger* et *Pycnoporus cinnabarinus*, par exemple) des lignines, s'avère prometteur. L'acide férulique peut également être obtenu par **hydrolyse** alcaline ou enzymatique des lignines. Dans le premier cas, les matières premières de choix sont les déchets de Graminées (sons de blé et de maïs) dont les lignines sont riches en liaisons alcalino-**labiles** entre les acides hydroxycinnamiques et les hémicelluloses (arabinoxylanes). La méthode enzymatique utilise la féruloyl estérase qui agit par rupture des liaisons esters entre les glucides et les constituants des lignines, libérant l'acide férulique.

Une autre possibilité consiste à utiliser les déchets sulfitiques obtenus lors de l'**hydrolyse** alcaline des lignines et qui sont riches en alcool coniférylique. Ce dernier est alors converti en vanilline par clivage oxydatif (fig. 5.4).

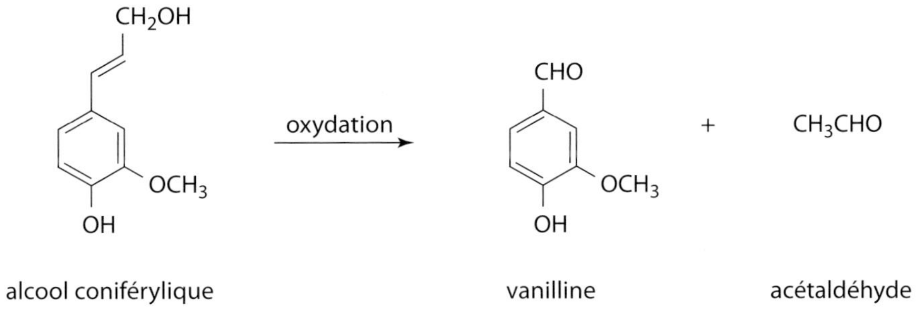

Figure 5.4 – Production de la vanilline à partir de l'alcool coniférylique

La plus grande partie de la vanilline produite est utilisée dans l'industrie **agro-alimentaire**, **confiserie** et pâtisserie en particulier en tant qu'**arôme**. La vanilline est aussi un intermédiaire de synthèse important pour la chimie pharmaceutique et la phytochimie : synthèse de l'éthyle vanillate, de l'acide diéthylamide vanillique, de la L-dihydroxyphénylalamine.

5.5.6. Autres utilisations

Des séparations plus complètes des matières lignocellulosiques utilisant des procédés technologiques plus compliqués peuvent produire des produits finaux de plus grande valeur et ayant un large spectre d'applications. De tels procédés connaissent un développement permanent par l'industrie.

Encart 7 – Stratégie de l'ARN antisens

L'ARN antisens est un ARN complémentaire d'une portion d'un autre brin (sens) d'ARN et inhibant son expression, c'est à dire sa traduction en une protéine.

Les ARN antisens peuvent être des éléments naturels de régulation (amylase d'orge, biosynthèse des anthocyanines) mais peuvent être également obtenus par génie génétique.

L'utilisation des ARN antisens est devenue une technologie très prometteuse. Durant ces dernières années, cette méthode a été utilisée avec succès pour changer certains caractères des plantes (organismes génétiquement modifiés ou OGM). Elle est relativement rapide et affecte seulement le caractère ciblé, alors que les méthodes de sélection classiques sont très longues et les caractères recherchés sont souvent accompagnés d'autres indésirables.

Après isolement des gènes des **enzymes** de la voie de synthèse de la lignine, on réintroduit la séquence complémentaire des ARN messagers (antisens) dans les jeunes plantules à l'aide d'un vecteur bactérien. En s'hybridant à la séquence native, les ARN introduits empêchent la synthèse des enzymes correspondantes et donc réduisent la production de lignine. Le genre *Populus* a été adopté par les scientifiques comme le modèle de choix parce qu'il offre de nombreux avantages, tels qu'une croissance rapide, une multiplication facile (bouturage), une importante capacité d'hybridation interspécifique, la possibilité de cultiver *in vitro* ses tissus et de les transformer génétiquement, et un petit génome (environ 500 Mpb). La publication de la séquence complète du génome de *Populus trichocarpa* a été une percée majeure ; c'était la première séquence disponible du génome d'un arbre. On estime ainsi le nombre de gènes du peuplier à environ 40 000.

5.6. MÉTHODES D'ÉTUDES

5.6.1. MÉTHODES HISTOCHIMIQUES

Facile à mettre en évidence grâce à sa propriété de coloration spécifique, la lignine permet de distinguer les tissus conducteurs des tissus de soutien. Un grand nombre de **colorants** histochimiques sont disponibles pour visualiser les composés phénoliques dans les plantes, soit sur des coupes fines, soit sur des tissus entiers. Ci-après quelques exemples, parmi les plus courants :

- La réaction de Mäule est utilisée pour distinguer les résidus guaiacyles des résidus syringyles. L'échantillon est plongé dans une solution fraîchement préparée de permanganate de potassium ($KMnO_4$) aqueux 1 % (p/v) pendant au moins 30 min. Après lavage dans l'eau distillée pendant 2 min et élimination de tout le liquide, une solution d'HCl aqueux 15-20 % est appliquée puis éliminée et remplacée par une solution d'ammoniaque à 10 %. Les résidus syringyles apparaissent alors colorés en rouge. Leur absence se traduit par une coloration jaune.
- La phloroglucine en milieu chlorhydrique (phloroglucinol 2 % dissoute dans un mélange 2:1 d'éthanol et d'HCl concentré) colore en rouge les tissus lignifiés riches en groupements cinnamaldéhydes comme le xylème.
- Le sulfate d'aniline dissous dans une solution d'acide sulfurique (0,05 M) aqueux ou éthanolique, colore la lignine en jaune.
- Le bromure d'éthidium est une substance fluorescente qui lorsqu'elle est appliquée en solution aqueuse à 0,1 % sur des coupes histologiques pendant 5-10 min, puis observée sous lumière UV, permet de visualiser les composés phénoliques qui apparaissent fluorescents en orange.
- Le bleu de toluidine dissous dans un **tampon** à **pH** entre 4 et 8, ou dans l'éthanol à 70 % colore la lamelle moyenne en rouge, les parois non-lignifiées en rouge-violet ou bleu-violet, et les polyphénols polymérisés comme la lignine en vert ou bleu-vert.
- Le carmino vert de Mirande colore en vert les tissus lignifiés.

5.6.2. DOSAGE QUANTITATIF

Deux méthodes sont couramment utilisées pour quantifier les lignines.

5.6.2.1. MÉTHODE DE KLASON

Cette méthode consiste à hydrolyser les polysaccharides pariétaux (d'une matière végétale préalablement broyée) à l'aide d'acide sulfurique concentré (72 %, température ambiante) durant 2 h, tout en rendant le **polymère** de lignine insoluble. Cette première **hydrolyse** est suivie d'une post-hydrolyse par l'acide sulfurique dilué (3 %) porté à ébullition et à reflux pendant 3 h ; cette étape permettant de re-condenser une fraction des lignines afin de faciliter la **filtration** ultérieure.

Après refroidissement, le résidu final, nommé lignine de Klason ou lignine acido-insoluble, est filtré sur un creuset de Gooch avec filtre préalablement taré afin d'éliminer les traces d'acide et les sucres hydrolysés, lavé avec de l'eau distillée jusqu'à ce que le **pH** devienne légèrement acide, séché dans une étuve à 105 °C et enfin pesé. Une partie des lignines, dites lignines acido-solubles, peut être solubilisée dans le surnageant sulfurique. Cette fraction est évaluée par mesure de son absorbance à 205 nm.

5.6.2.2. *MÉTHODE AU BROMURE D'ACÉTYLE*

C'est une méthode spectrométrique basée sur la solubilisation à chaud du résidu pariétal dans un réactif très agressif (mélange de bromure d'acétyle et d'acide acétique glacial) placé dans des tubes en verre à vis bouchés. La réaction est ensuite réalisée dans un bain d'huile à 50 °C pendant 2 h 15 min, avec agitation périodique. Après refroidissement et dans de nouveaux tubes, la solution concentrée est diluée par une solution de soude (2 M dans l'acide acétique), les ions polybromures qui absorbent à 280 nm sont détruits par le chlorhydrate d'hydroxylamine 0,5 M et l'acide acétique. L'absorbance de la solution diluée par l'acide acétique, mesurée à 280 nm, est convertie en quantité de lignines.

L'avantage de cette technique est qu'elle est applicable à de petites prises d'essai d'une dizaine de milligrammes ou de quantités de lignines de quelques milligrammes, contrairement à la précédente qui nécessite des quantités plus importantes.

5.6.3. *DÉTERMINATION STRUCTURALE*

Il n'existe pas de méthode unique pour caractériser complètement des **polymères** aussi complexes que les lignines. Cette caractérisation est obtenue par la collecte d'informations diverses à partir d'un ensemble de techniques d'analyse.

La technique de thioacidolyse permet de caractériser, par **chromatographie** en phase gazeuse couplée à un spectromètre de masse (CPG-SM), les monomères libérés par la coupure sélective des liaisons intermonomériques non condensées de type β-*O*-4. Cette méthode est spécifique des lignines et est très sensible. Elle permet de déterminer le rapport des unités S/G et la fréquence des liaisons non-condensées. Une analyse supplémentaire des structures dimériques libérées, par exemple par CPG-SM, permet de déterminer les autres types de liaisons intermonomériques.

La spectroscopie infrarouge (IR) ne permet pas de définir exactement la structure des molécules aussi complexes que les lignines mais permet la caractérisation des groupements fonctionnels et des composantes majeures de différents échantillons. Les fonctions caractéristiques des unités de base des lignines sont les fonctions aromatiques, carbonyles (C = O), les alcools et les éthers.

La spectroscopie de résonance magnétique nucléaire du carbone-13 et du proton (RMN ^{13}C et ^{1}H), la RMN en deux dimensions, hétéro et homo-nucléaire, ainsi que la SM par bombardement d'atomes rapides (FAB/MS) ont grandement contribué à l'élucidation de la structure des lignines.

Chapitre 6 – Lectines

6.1. Définition

Les lectines (terme inventé par William Boyd en 1954) ou hémagglutinines (ou phyto-hémagglutinines pour celles d'origine végétale) sont des protéines globulaires ou des **glycoprotéines** caractérisées par l'existence d'au moins un domaine non catalytique pouvant se fixer de manière spécifique et réversible à des résidus glucidiques (mono- ou oligosaccharides) de glycoconjugués des membranes cellulaires.

6.2. Distribution et localisation

Les lectines ont été identifiées dans une grande variété d'organismes ou d'organes : virus, **bactéries**, champignons, lichens, éponges, mollusques, œufs de poissons, membranes des cellules de mammifères et de plantes. Ces dernières représentent la principale source de lectines utilisées actuellement dans la recherche. Les sources les plus riches sont les graines d'Euphorbiaceae et des Fabaceae où les lectines peuvent constituer jusqu'à 10 % des protéines totales (ex. graines et racines de haricot, lupin, soja, etc.) mais on les trouve également chez les Poaceae (blé, riz), fruits, tubercules et bulbes de diverses Solanaceae (pomme de terre, tomate) et Liliaceae, racines de Cucurbitaceae, tiges et feuilles de Cactaceae et d'Orchidaceae. À cause de leur distribution très large dans le règne végétal, les lectines sont donc présentes dans la plupart des aliments à base de plantes. Elles présentent toutefois peu de similarités entre ces différentes origines.

Les lectines des graines représentent généralement 0,1 à 5 % des protéines totales. Les plantes contiennent une quantité maximale de lectines durant la phase embryonnaire et la phase de maturation des graines (27 jours après l'anthèse chez *Dolichos biflorus*, par exemple), concentrées principalement dans les corps protéiques de l'albumen des cotylédons et disparaissant graduellement au cours de la germination, en même temps que sont mobilisées les réserves.

Depuis l'isolement de la ricine (lectine du ricin) en 1889, d'autres lectines ont été identifiées dans plus de 1000 espèces de plantes et près de 1000 séquences ont été déterminées pour 241 espèces de plantes différentes. De plus, la plupart des lectines caractérisées proviennent d'une seule famille, les Fabaceae qui compte environ 60 % des lectines connues.

Les lectines sont localisées aussi bien dans le cytoplasme que dans les structures membranaires de la cellule : réticulum endoplasmique, appareil de Golgi, plasmalemme, parois cellulaires, corps protéiques. L'agglutinine du tabac, par exemple, est synthétisée dans le cytoplasme et est partiellement transloquée dans le noyau.

Au niveau extracellulaire, les lectines sont présentes dans les parois cellulaires de presque tous les tissus, et pourraient avoir un rôle fondamental dans l'assemblage des polysaccharides pariétaux.

6.3. STRUCTURE

De poids moléculaire variable, les lectines peuvent avoir des structures quaternaires monomériques ou, le plus souvent, dimériques, tétramériques, ou encore octamériques. La structure multimérique augmente l'aptitude de la lectine à établir de multiples liaisons avec ses cibles glucidiques. Chaque protomère a une organisation polypeptidique tridimensionnelle avec une zone **hydrophobe** interne, siège des interactions spécifiques. La plupart sont liés par une liaison covalente à une partie glucidique. Cette dernière représente près de 50 % dans le cas de la lectine de pomme de terre, 2 % dans le cas de la lectine de *Ficus cunia* tandis que les lectines d'*Urtica dioïca* et de *Canavalia ensiformis* (concanavaline A ou ConA) sont uniquement protéiques. Les chaînons glycaniques des lectines contiennent du mannose, de la *N*-acétyl-glucosamine, du glucose, de l'arabinose, du xylose, du fucose, parfois du galactose.

La plus petite lectine végétale connue est celle d'*Urtica dioïca* (MM = 8 500 Da). Les séquences des gènes codant pour des lectines d'espèces apparentées taxonomiquement présentent un degré d'homologie élevée comme il a été démontré chez les **Céréales** et les **Légumineuses**. Certaines lectines contiennent des cations divalents (calcium, magnésium, ou manganèse) dans leurs molécules. Ces ions sont nécessaires à la stabilité de l'édifice moléculaire comme à l'interaction de la protéine avec le sucre. D'autres lectines ne requièrent pas de cations divalents pour leur activité mais nécessitent la présence de groupements thiol ; tel est le cas de l'agglutinine du germe de blé. En général, les lectines interagissent avec les groupements glycosyl non réducteurs des polysaccharides et des **glycoprotéines**, mais certaines peuvent se fixer à des résidus glucidiques internes ou aux extrémités réductrices des sucres.

6.4. PROPRIÉTÉS, RÔLES PHYSIOLOGIQUES ET TOXICITÉ

Les caractéristiques structurales des lectines leur confèrent diverses propriétés biologiques :

6.4.1. AGGLUTINATION DES ÉRYTHROCYTES

Les lectines peuvent agglutiner les érythrocytes en se fixant sur certains résidus glucidiques membranaires qu'elles reconnaissent spécifiquement. Les lectines possédant au moins deux sites de reconnaissance et de liaison avec les résidus glucidiques sont capables de produire une telle agglutination ; les lectines monovalentes à un seul site de reconnaissance ne provoquent pas l'agglutination.

Une espèce de plante peut contenir plusieurs formes différentes de la même lectine mais cependant pourvues de la même spécificité de reconnaissance vis-à-vis d'un sucre. À l'inverse, une même espèce végétale peut contenir des lectines ayant des spécificités différentes. C'est le cas du gui (*Viscum album*) qui renferme 3 lectines ayant des spécificités pour le lactose, le galactose et la *N*-acétylgalactosamine, respectivement. Cette affinité spécifique des lectines pour certains résidus glucidiques constitue la base de leur identification et de certaines méthodes de séparation (voir § 6.5). Leur spécificité pour un glycane dépend de la conformation tridimensionnelle de ce dernier.

Cette interaction sucre-lectine n'est pas enzymatique, en ce sens qu'elle n'induit aucune modification de la molécule glucidique mais elle provoque, en général, des changements dans la conformation de la lectine dans l'espace.

6.4.2. EFFET ANTINUTRITIONNEL ET TOXIQUE

Les lectines ne sont pas toutes toxiques pour l'homme et l'animal mais certaines sont susceptibles d'avoir de graves incidences sur la santé. La sévérité de leur impact est également différente. Certaines (principalement celles présentes chez *Phaseolus vulgaris*) sont classées comme toxiques et d'autres comme non-toxiques (*Pisum sativum*, *Lens culinaris*, *Vicia faba*).

L'effet des lectines ingérées sur le **métabolisme** humain ou animal varie selon le type de lectine, l'espèce qui ingère la protéine ainsi que l'âge, le statut nutritionnel et l'état de santé de l'organisme.

Pour affecter le **métabolisme** humain, les lectines doivent d'abord se fixer à la surface des cellules épithéliales de l'intestin. Cette fixation nécessite la présence d'un résidu glucidique spécifique ; de plus, les lectines alimentaires résistent fortement à la dégradation protéolytique dans l'intestin. Elles exercent alors une action antinutritionnelle en s'opposant à la bonne absorption des **nutriments** et à leur passage dans le réseau sanguin.

Les lectines alimentaires toxiques peuvent modifier l'équilibre hormonal ainsi que le **métabolisme** lipidique du muscle. Ces modifications épuisent les réserves de lipides, de glycogène et de protéines de l'organisme. Il s'en suit une perte de poids, une sensibilité plus grande à l'infection bactérienne, un retard de croissance et de développement et, dans certains cas, la mort de l'organisme pour les plus toxiques. Se fixant sur la muqueuse intestinale, les lectines empêchent le développement normal des microvillosités. Certaines lectines sont non-toxiques bien qu'elles se lient à l'épithélium de l'intestin, elles n'ont alors aucun effet négatif sur le métabolisme. Les effets nuisibles des lectines semblent par ailleurs être réversibles.

Enfin, étant thermo**labiles**, les lectines alimentaires sont dénaturées par la cuisson.

6.4.3. ACTIVITÉ ENTOMOTOXIQUE

De nombreuses lectines (comme les lectines des graines du haricot commun *Phaseolus vulgaris*) sont douées d'une activité entomotoxique lorsqu'elles sont présentes dans l'alimentation de divers Coléoptères, Diptères, Homoptères et Lépidoptères. Le tube digestif des insectes étant riche en récepteurs cellulaires potentiels des lectines, des effets néfastes (retard de croissance, anomalies de développement,etc.) peuvent faire suite à l'ingestion de plantes contenant des lectines. Les lectines peuvent aussi se lier à des **enzymes** digestives glycosylées, inhibant ainsi leur activité.

Des gènes codant pour des lectines entomotoxiques ont été introduits dans différentes plantes cultivées rendues ainsi moins sensibles aux attaques des insectes.

6.4.4. *ACTION SUR LA SYNTHÈSE PROTÉIQUE*

La ricine et l'abrine sont des lectines hautement toxiques ; elles inhibent la synthèse protéique des cellules **eucaryotes** par inactivation de la sous-unité 60 S des ribosomes. Ces toxines hétérodimériques, se composent de deux sous-unités, l'une de 30 KDa à propriétés catalytiques (chaîne A) et l'autre de 35 KDa de type lectine (chaîne B), liées par des ponts disulfures ; elles sont appelées RIP2 ou RIP de type 2 (pour *Ribosome Inactivating Protein* à deux chaînes). En fait, la chaîne A, douée d'une activité *N*-glucosidase agit comme inactivateur des ribosomes, tandis que la chaîne B est responsable de la liaison avec les glucides. Le mécanisme d'action proposé est le suivant :

- fixation de la chaîne B à la surface de la cellule grâce à un récepteur (glycoconjugué) ;
- reconnaissance et pénétration de la chaîne A dans le cytoplasme ;
- inactivation des ribosomes par clivage à l'extrémité N-glycosidique d'un résidu d'adénosine de l'ARNr, conduisant à l'inhibition de la synthèse protéique suivie de la mort cellulaire.

La ricine est composée de deux hémagglutinines (RCL I et RCL II) et de deux toxines (RCL III et RCL IV). Les dernières sont des dimères constitués d'une chaîne A, *ribosome-inactivating enzyme* (267 aa ; MM ~32 kDa) et d'une chaîne B, *galactose/N-acetylgalactosamine-binding lectin* (262 aa ; MM ~34 kDa) liées ensemble par un pont disulfure. La chaîne B, capable de se lier aux résidus galactose des glycolipides ou des **glycoprotéines** de la surface cellulaire, facilite l'entrée, dans la cellule, de la chaîne A qui est douée d'activité toxique. Elle agit sur la sous-unité ribosomale 60 S et empêche la fixation du facteur-2 d'élongation. L'inhibition de la synthèse protéique conduit, là encore, à la mort cellulaire. La ricine est l'une des plus puissantes toxines naturelles connues.

6.4.5. *LYMPHOSTIMULATION*

Une autre propriété importante de certaines lectines est leur aptitude à l'induction de la multiplication (lymphostimulation) des **lymphocytes** T humains qui sont une variété de globules blancs chargés de la destruction des cellules infectées par des pathogènes et qui interviennent dans le contrôle des processus immunitaires (voir tab. 6.1, p. 170). Dans le monde végétal, cette action mitogène a été également observée sur les cellules de racines d'oignon sous l'action de la lectine du haricot.

6.4.6. *INTERACTIONS PLANTES-MICROORGANISMES ET DÉFENSE DES PLANTES*

Les lectines interviennent dans les interactions plantes-microorganismes ainsi que dans les mécanismes de défense des plantes (ex. symbiose bactéries-Légumineuses, relations hôte-pathogène), par divers mécanismes. En inhibant la germination des conidies et la croissance des hyphes, les lectines protègent les plantes contre les infections fongiques. La lectine du germe de blé, par exemple, possède une affinité pour l'acétylglucosamine ; en se liant aux parois du champignon, elle interfère avec la formation de la chitine et donc, avec la synthèse des parois.

Par ailleurs, elles favorisent l'agglutination des **bactéries** du sol sur les racines des plantes. D'autres lectines possèdent une activité enzymatique. C'est le cas de la lectine de *Vigna radiata* et de *Vicia faba* qui présente une activité α-galactosidase.

6.5. Purification des lectines et utilisations

Les lectines natives, dont beaucoup sont disponibles dans le commerce, sont utilisées essentiellement pour des applications basées sur les réactions de **précipitation** et d'agglutination ou de stimulation mitogénique des **lymphocytes** ; des dérivés de lectines (également disponibles commercialement) sont utilisés dans une variété d'autres applications.

L'aptitude à la fixation réversible et spécifique sur des sucres fait des lectines des molécules utilisables pour l'isolement de ces sucres, à l'état libre ou à l'état de glycoconjugués (glycoprotéines ou glycolipides) ou, à l'inverse, pour la détection et la purification des lectines elles-mêmes. Dans le premier cas, l'extrait contenant les sucres ou les glycoconjugués est déposé sur une colonne de **chromatographie** d'affinité contenant, comme **ligands**, la lectine qu'ils reconnaissent, **immobilisée** sur un support insoluble (agarose, polyacrylamide, silice, etc.). Tel est le cas de la concanavaline A qui est spécifique de l'α-D-mannopyranosyl et qui peut être fixée par covalence au Sepharose®. Les composés ne contenant pas ce résidu glucidique sont éliminés à l'aide d'un **tampon** approprié ; les sucres ou les glycoconjugués retenus étant ensuite désorbés par élution de la colonne avec une solution qui contient le même sucre en excès. Toutefois, leur comportement chromatographique et d'autres propriétés physiques ou chimiques peuvent dépendre des conditions d'essai, notamment de la présence de certains cations. De la même manière, elles sont aussi utilisées pour isoler les lectines d'extraits bruts de végétaux par la même technique.

La découverte de nouvelles lectines dans les systèmes biologiques implique la maitrise de techniques fiables d'isolement, de purification et de caractérisation. En raison de la nature complexe des interactions protéines-saccharides, aucune technique seule ne peut permettre la caractérisation de toutes les lectines. De nombreuses techniques analytiques sont souvent utilisées pour la caractérisation de nouvelles lectines, ou pour l'emploi des lectines existantes comme outils analytiques. La cristallographie aux rayons X de lectines purifiées fournit des données structurales de haute résolution et permet la visualisation des interactions protéines-saccharides. Bien que la RMN des complexes lectine-saccharides puisse la surpasser, cette technique s'est confirmée comme une alternative utile pour la détermination de leur structure à trois dimensions. La spectrométrie de masse à haute résolution est aussi une nouvelle technique qui fournit des informations très utiles dans ce domaine.

Leur composition différente en acides aminés permet leur séparation par focalisation isoélectrique.

Tableau 6.1 – Propriétés de quelques lectines végétales

Lectine	Source	Sucre(s) spécifique(s)	Action mitogène sur les lymphocytes humains	Poids moléculaire approximatif	Ion métallique requis
concanavaline A	*Canavalia ensiformis*	D-mannose ▪ D-glucose	oui (cellules T)	104 000 (tétramère)	Ca^{2+} Mn^{2+}
abrine A	*Abrus precatorius*	D-galactose	oui	60 000 (dimère)	
ricine	*Ricinus communis*	D-galactose	oui	60 000 (dimère)	
lectine d'arachide	*Arachis hypogea*	N-acétyl-D-galactosamine	oui (cellules T)	120 000 (tétramère)	
lectine de soja	*Glycine max*	N-acétyl-D-galactosamine ▪ D-galactose ▪ D-mannose	globules rouges du groupe sanguin A	110 000 (tétramère)	Ca^{2+} Mn^{2+}
lectine de petit-pois	*Pisum sativum*	D-mannose	oui	49 000 (tétramère)	
lectine du germe de blé	*Triticum vulgaris*	N-acétyl-D-glucosamine	oui	36 000 (dimère) 200 000 (octamère)	non connu
lectine de fève (favine)	*Vicia faba*	mannose ▪ glucose ▪ N-acétyl-D-glucosamine	oui (tétramère)	50 000	
lectine du haricot commun	*Phaseolus vulgaris*	oligosaccharide	oui	128 000 (tétramère)	
lectine du haricot de Lima	*Phaseolus lunatus*	N-acétyl-D-galactosamine	globules rouges du groupe sanguin A	120 000 (dimère)	Ca^{2+} Mn^{2+}
lectine de lentille	*Lens culinaris*	D-glucose ▪ D-mannose ▪ N-acétyl-D-galactosamine	oui	49 000 (dimère)	Ca^{2+} Mn^{2+}

APPLICATIONS

En histochimie et cytochimie, l'utilisation des lectines marquées permet de localiser des glycoconjugués membranaires (récepteurs d'hormones, de vitamines, de neuromédiateurs et de toxines) porteurs de sucres particuliers, dans des coupes de tissus, des cellules, des organites, etc. Cette technique est particulièrement intéressante, puisque des changements des propriétés fixatrices des lectines apparaissent lors de la différenciation embryonnaire et la croissance, lors des transformations malignes, et dans certaines conditions pathologiques. Elles peuvent être visualisées, soit par couplage direct de la lectine avec la fluorescéine isothiocyanate (FITC) (fig. 6.1), la ferritine, la peroxydase de radis (marquage froid) ou avec un marqueur radioactif, soit à l'aide d'**anticorps** dirigés contre les lectines (fig. 6.2) préalablement isolées et injectées à des lapins. Ces anticorps sont eux-mêmes rendus visibles en microscopie par couplage avec les réactifs utilisés dans la première méthode.

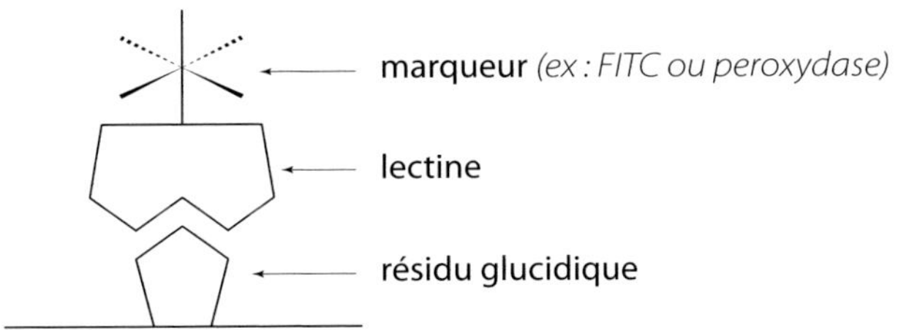

Figure 6.1 – Marquage direct de la lectine à l'aide d'une sonde fluorescente

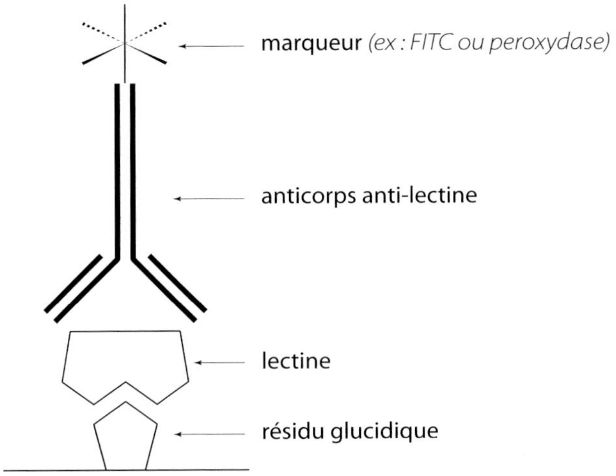

Figure 6.2 – Marquage indirect de la lectine à l'aide d'un anticorps lui-même marqué à l'aide d'une sonde fluorescente

Une des premières utilisations analytiques des lectines a été leur application en hématologie dans le groupage du sang. Grâce à ces substances, il est possible d'effectuer un test à la **phyto-hémagglutinine** par intradermoréaction. Ce test est positif quand l'**immunité** cellulaire est normale. Quand le test et négatif cela traduit une absence de transformation des **lymphocytes**. Les lectines de *Lotus tetragonolobus* et d'*Ulex europaeus*, toutes deux spécifiques du fucose, sont utilisées pour l'identification du groupe sanguin O. La lectine de *Dolichos biflorus* est utilisée pour distinguer entre les sous-groupes A1 et A2.

Enfin des préparations à base d'extraits de gui contenant des lectines comme principes actifs ont été couramment utilisées dans certains pays pour traiter différents types de cancer.

La plupart des données connues au niveau de la surface des cellules, aussi bien normales que pathologiques, proviennent de l'utilisation des lectines et le domaine de leurs utilisations comme réactifs spécifiques s'élargit de plus en plus.

Partie II

Biochimie des substances issues des algues

Chapitre 7 – Polysaccharides des parois des algues

7.1. Introduction

Les produits du **métabolisme** algal sont extrêmement diversifiés ; la richesse organique qualitative et quantitative de ces végétaux en fait une source potentielle de produits à haute valeur commerciale pour divers domaines d'utilisation : alimentation humaine et animale directe, industrie **agro-alimentaire**, industrie pharmaceutique, médecine, cosmétologie, dentisterie, agriculture, papeterie, industrie textile, etc.

Le principal intérêt économique des algues est leur richesse en polysaccharides pariétaux aux propriétés gélifiantes, émulsifiantes, stabilisatrices et épaississantes : alginates provenant d'algues brunes, carraghénanes et agar-agar extraits d'algues rouges, principalement destinés à l'industrie agro-alimentaire et à l'industrie pharmaceutique.

7.2. Alginates

Les alginates, extraits sous forme de sels de l'acide alginique, sont les principaux constituants du mucilage des **parois cellulaires** des algues brunes ou Pheophyceae. Ils se trouvent principalement dans la lamelle moyenne et la paroi primaire des cellules. En fonction des espèces, de la partie du thalle prélevée, des saisons et du cycle végétatif de l'algue, ils représentent 20 à 40 % de la *matière sèche* de l'algue. Les alginates sont extraits d'algues récoltées, principalement de laminaires (*Laminaria digitata*, *L. hyperborea*, *L. japonica* etc.), de *Macrocystis pyrifera*, d'*Ascophyllum* et de Fucus (*F. serratus* et *F. vesiculosus*).

La majeure partie des alginates se présente dans les thalles sous forme de gel calcique peu soluble dans l'eau, une fraction alginates de sodium étant au contraire soluble à température ambiante.

7.2.1. Structure et propriétés physico-chimiques

Les alginates sont des polysaccharides formés de chaînes linéaires dont l'élément de base est, soit le β-D-mannuronate (M), soit le α-L-guluronate (G), soit un élément mixte formé des deux acides uroniques (MG) (fig. 7.1). La teneur et la distribution de ces acides uroniques diffèrent en fonction de l'espèce, de ses conditions de croissance, de son âge et des tissus considérés.

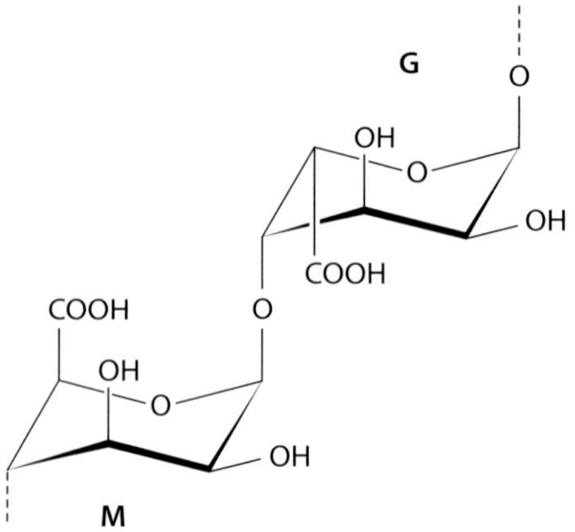

Figure 7.1 – Structure de l'acide alginique en conformation « chaise »
M : acide β-D-mannuronique, G : acide α-L-guluronique

Les monomères forment des chaînes (100 à 3 000 unités liées par des liaisons de type (1→4) dont la longueur est variable (masse moléculaire comprise entre 20 et 700 KDa formant des blocs d'acides alginiques : acides poly-M (unis par des liaisons β-(1→4)), poly-G (liaisons α-(1→4)) séparés par des régions mixtes (G-M-G-M). Les propriétés physico-chimiques des alginates sont fonction de la proportion respective de ces composants. En particulier les propriétés rhéologiques (viscosité) sont dépendantes du rapport M/G qui varie entre 0,25 et 2,25 selon les espèces utilisées lors de leur **extraction** mais aussi en fonction de l'âge et des régions du thalle. Ainsi, le rapport M/G est de 1,56 chez *M. pyrifera* et de 0,45 dans les stipes de *L. hyperborea*.

Par rapport aux autres phycocolloïdes, les propriétés de viscosité et le pouvoir gélifiant des alginates s'expriment à température ambiante, dans la zone de **pH** allant de 4 à 10. Les sels solubles (alginates de cations monovalents et de magnésium) forment en présence d'eau une solution épaisse et visqueuse. Par exemple, à concentration égale de 1 %, la viscosité d'un alginate à 20 °C est de 1 500 à 3 000 centipoises, alors que la gomme arabique donne moins de 30 centipoises. La viscosité d'une solution d'alginate dépendant à la fois de sa concentration mais aussi de la longueur des molécules, c'est-à-dire du nombre de monomères composant la chaîne ; pour une même concentration, plus la chaîne est longue et plus la solution est visqueuse. Ce sont ces propriétés rhéologiques (la viscosité augmentant très vite avec la concentration) et la possibilité de produire des alginates de différentes qualités (donnant pour une même concentration des solutions de viscosité différentes) qui ont intéressé en premier les industriels.

Une autre propriété des alginates est l'aptitude à former des gels aqueux non thermoréversibles en présence de cations divalents (calcium) dont la structure stéréochimique de type « boîte à œufs » (fig. 7.2) est caractéristique. La liaison préférentielle du calcium au niveau de l'acide guluronique par des liaisons ioniques rapproche les groupements COO^- uroniques contigus provoquant l'insolubilité, les segments guluroniques à conformation fortement plissée sont plus aptes à retenir les ions Ca^{++} en coopération avec une chaîne parallèle (les groupes carboxyliques de l'acide mannuronique sont orientés à l'opposé). Les deux chaînes pouvant à leur tour en fixer d'autres suivant le même mécanisme (fig. 7.2).

Ainsi en présence d'ions divalents les zones où l'acide guluronique est dominant vont former des structures rigides alors que les zones à acide mannuronique seront plus lâches. La tendance d'un alginate à la gélification sera aussi fonction du rapport M/G. Le gel d'alginate peut être redissous facilement en présence d'une concentration élevée d'ions sodium, potassium, ou magnésium ; on dit qu'il est ionoréversible.

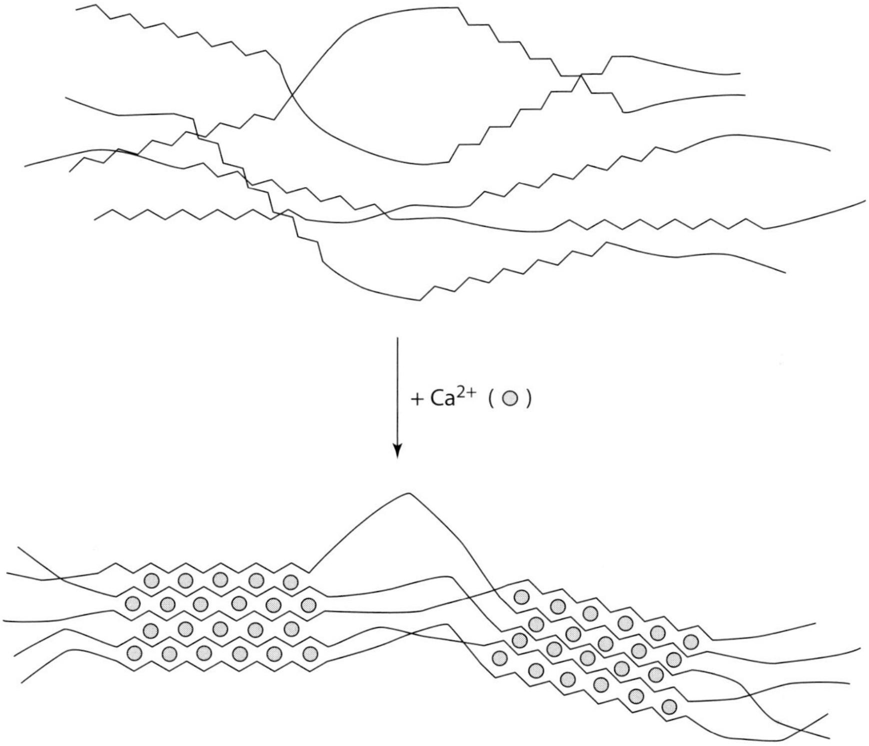

Figure 7.2 – Représentation schématique du mécanisme de gélification des alginates en présence d'ions calcium (structure en « boîte à œufs »)

7.2.2. EXTRACTION

Pour extraire les alginates, on utilise leurs propriétés d'insolubilité en milieu acide et en présence d'ions di- ou trivalents et de **solubilité** en présence d'ions monovalents comme le sodium. Pratiquement, après broyage des thalles dans de l'eau acidifiée, on élimine les contenus cellulaires et les produits indésirables (sels minéraux et sucres solubles) par **filtration** ou **décantation**. On dissous l'acide alginique en alcalinisant le milieu avec du carbonate de sodium (10 à 16 h à 50 °C, dans du Na_2CO_3 à 4 g/L) puis on le précipite en acidifiant le milieu avec de l'acide sulfurique et on récupère le « gâteau » d'alginate qui est ensuite abondamment rincé (pour éliminer l'acide), pressé et séché. Il peut alors être commercialisé sous cette forme ou transformé en différents sels : de sodium, potassium, ammonium ou calcium, sous la forme de poudres blanches à brunâtres pratiquement inodores et insipides.

IMPORTANCE ÉCONOMIQUE ET UTILISATION

Les deux principales caractéristiques des alginates, viscosité et gélification s'expriment à température ambiante. Ainsi, les sels solubles (liés à des ions monovalents) forment en présence d'eau, des solutions épaisses et visqueuses qui ne coagulent pas à l'ébullition et restent onctueuses à la congélation. En présence de cations bi- ou trivalents, ils deviennent insolubles formant des gels durs alors qu'en milieu acide, ils forment des gels plus souples. Enfin, par évaporation, ils forment des films protecteurs solubles ou insolubles.

Toutes ces propriétés font que les alginates présentent de multiples utilisations dans diverses applications alimentaires, pharmaceutiques et technologiques.

- Industrie alimentaire : du fait de leur innocuité, l'acide alginique et ses sels (de Na, K, NH_4, Ca) sont abondamment (environ 30 % de la production) utilisés dans l'industrie **agro-alimentaire** (voir Annexe B) comme **additifs alimentaires** en tant qu'**épaississants**, **gélifiants**, **émulsifiants**, **stabilisants** et rétenteurs d'eau en tant que liants en **charcuterie**, en tant qu'agents épaississants pour la stabilisation de desserts lactés et glacés, de mousses et d'**émulsions**, de boissons (jus de fruit et bière) et en tant que gélifiant pour les flans, desserts de fruits et crèmes glacées ou la biscuiterie, les confitures, les potages ou les desserts, les sauces (moutardes, mayonnaises etc.). Incorporé au beurre, l'acide alginique joue un rôle protecteur de la **vitamine** A. Il est aussi très utilisé dans la confection de produits reconstitués (fruits, légumes, poissons, viandes).
- Industrie pharmaceutique : on les retrouve en tant qu'**excipients** de nombreuses pommades, suppositoires, pilules, pastilles, sédatifs, etc., en tant qu'agent désintégrant dans les comprimés, pansements non adhésifs, produits de régime restrictif (obésité), décontaminant, moulages dentaires, traitement des troubles liés à l'acidité gastrique pathogène (reflux gastro-œsophagien). Dans ce dernier cas, les alginates forment une mousse qui flotte au-dessus du contenu gastrique, et donc forme une barrière mécanique entre le liquide gastrique et l'œsophage.
- Industrie textile : au moins 30 000 t d'acide alginique sont produites au niveau mondial dont la moitié est utilisée par l'industrie textile pour la coloration des tissus (rôle d'épaississant pour la pâte contenant le colorant évitant les bavures et préservant la couleur) et leur imperméabilisation.
- La possibilité de fabriquer des billes d'alginates de calcium et d'y emprisonner des cellules vivantes (bactéries, levures, micro-algues, cellules humaines etc.) ou des molécules (herbicides) ouvre la voie à de nombreuses applications en **biotechnologie**.
- Enfin, les alginates sont également utilisés, mais en quantités moins importantes, dans d'autres domaines d'activité comme la fabrication du papier (**apprêt** de surface), l'enrobage des électrodes de soudure, le traitement des eaux, la fabrication de pellicules photographiques moins thermosensibles, les produits de beauté, les peintures et les encres d'imprimerie pour leurs propriétés épaississante, gélifiante, émulsifiante et stabilisante. Absorbant 200 à 300 fois son poids en eau, l'acide alginique trouve son application dans la fabrication des couches culottes.

7.3. AGARS

Les agars sont des polysaccharides présents dans la matrice de la **paroi cellulaire** de certaines algues rouges, appartenant essentiellement à l'ordre des Gélidiales (*Gelidium corneum, G. amansii*) mais aussi des Gigartinales et des Céramiales.

7.3.1. STRUCTURE ET PROPRIÉTÉS PHYSICO-CHIMIQUES

Les agars sont des **polymères** linéaires du galactose cyclisé en forme pyrane qui se présente soit sous forme de β-D-galactopyranose simple, de galactopyranose-6-sulfate, de méthyl 3,6-galactopyranose ou de 3,6 anhydro-α-L-galactopyranose (fig. 7.3). La répétition du même motif diosidique de base, l'agarobiose, forme une longue molécule se présentant sous forme d'une spirale lévogyre dont la masse molaire est d'environ 12 000 g/mole. Ces unités monomères sont liées alternativement par des liaisons β-(1→4) et α-(1→3).

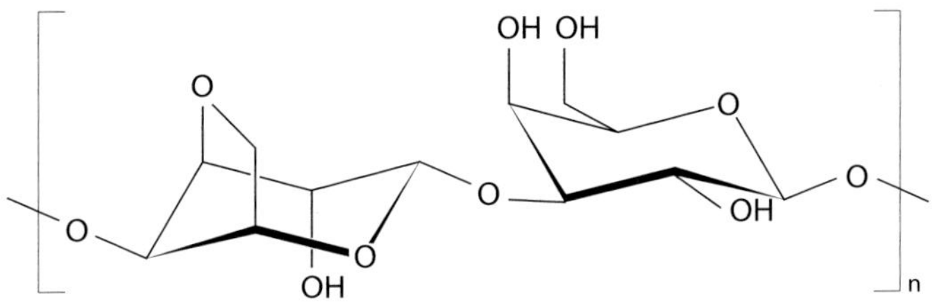

3,6-anhydro-α-L-galactopyranosyl-(1→3)-β-D-galactopyranane

Figure 7.3 – Structure de l'agarose

On distingue trois types d'agar :

- le type « agarose » dont le dimère est essentiellement composé du β-D-galactopyranose et du 3,6 anhydro-α-L-galactopyranose (fig. 7.3) et d'un nombre peu élevé de groupements hydrophiles (OSO_3^-). Ils formeront spontanément des gels de haute qualité ;
- le type « agarose chargé » dont les molécules sont plus riches en OSO_3^- formant un gel souple mais de qualité moyenne ;
- le type « galactane » dont les molécules possèdent beaucoup de groupements hydrophiles OSO_3^- qui formeront de ce fait un gel médiocre voire pas de gel du tout.

L'agar extrait des différentes agarophytes contient ces trois fractions mais en proportions variables et ses capacités à gélifier des solutions aqueuses dépendent de leurs abondances respectives dans l'espèce utilisée mais aussi de la période et du lieu de la récolte. L'agar forme des gels translucides très résistants même à très faible concentration (de l'ordre de 0,04 %). Ils sont thermoréversibles et stables dans une large gamme de **pH**. À chaud l'agarose se présente sous forme de pelotes dispersées dans la solution ; lors du refroidissement les chaînes ont tendance à se regrouper en doubles spires de façon à ce que les groupements **hydrophobes** soient orientés vers l'intérieur en expulsant l'eau (phénomène de synérèse). Il se crée ensuite entre les chaînes des liaisons hydrogènes qui consolident l'ensemble et immobilise les molécules d'eau sans ajout extérieur.

7.3.2. EXTRACTION

Les agars sont extraits par congélation et décongélation successives après extraction à l'eau bouillante afin de scinder les molécules en fragments solubles. En solution aqueuse, ils forment alors spontanément des gels thermoréversibles, se liquéfiant à partir de 85 °C et se gélifiant à une température plus basse (entre 30 et 45 °C). Cette propriété (hystérésis), associée à une bonne résistance aux températures de **stérilisation** (120 °C), est exploitée depuis longtemps en microbiologie (solidification des milieux de culture) mais aussi dans l'industrie **agro-alimentaire**.

L'agar est une poudre jaunâtre tirant vers le brun. Son odeur est pratiquement neutre, son goût rappelle en revanche légèrement celui des algues.

IMPORTANCE ÉCONOMIQUE ET UTILISATION

La production et l'utilisation des agars dans le monde étaient supérieures à 10 000 t/an à la fin du XXe siècle. Le facteur limitant étant la disponibilité des agarophytes en milieu naturel. La culture de *Gracilaria*, en cours de développement, permet de résoudre en partie ce problème.

- Dans l'industrie **agro-alimentaire**, les agars sont abondamment utilisés (90 % de la production) comme **gélifiants**, **émulsifiants** et **stabilisants** (nappage des gâteaux, confiserie, confitures, gelées de fruits ou de légumes, viandes en gelée, sauces, produits de la pêche, etc.). Peu métabolisé, sans goût et sans odeur, ils ne modifient pas l'apport calorique des aliments (voir Annexe B).
- Dans l'industrie pharmaceutique, ils sont utilisés comme **excipients** et comme **stabilisants** dans de nombreuses préparations et comme **gélifiants** dans les pommades. Non assimilables, infermentescibles et non toxiques, ce sont aussi d'excellents laxatifs, favorisant mécaniquement l'évacuation intestinale (traitement de la constipation) et régularisant le transit.
- En biochimie et en **biotechnologie** : l'agar-agar ou gélose insoluble dans l'eau froide mais soluble dans l'eau bouillante, donne par refroidissement des gels consistants d'où son emploi pour la solidification des **milieux de culture** de microorganismes : bactéries, champignons, micro-algues, ou plantules. Les gels d'agarose (un des composants de l'agar obtenu par purification de ce dernier) sont abondamment utilisés comme support pour la séparation de macromolécules dans les techniques d'**électrophorèse**, de **chromatographie** comme phase stationnaire et en immunologie comme support de migration. Pour cette dernière application, les gels d'agarose sont souvent préférés à ceux constitués d'agar en raison de leur porosité plus uniforme. Le gel est élastique et thermiquement réversible (il se liquéfie en général vers 90-100 °C et se maintient en surfusion jusque vers 45-40 °C).
- Enfin, dans d'autres domaines de l'industrie, l'agar intervient ponctuellement (fabrication de peintures, de colles, de pellicules photographiques, stabilisation de la nitroglycérine etc.). Il entre dans la composition de pâtes à empreintes dentaires en dentisterie.

7.4. CARRAGHÉNANES

Comme les autres phycocolloïdes, les carraghénanes sont des constituants de la **paroi cellulaire** de diverses algues rouges ou Rhodophyceae récoltées mais surtout cultivées, appartenant aux ordres des Gigartinales (*Chondrus crispus, Gigartina mamillosa, G. stellata* et *Iridaea cordata*) et des Cryptoméniales. Leur présence, à la fois qualitative et quantitative, dans le thalle est fonction de la saison, de l'espèce, du lieu de récolte et de l'âge des plantes.

7.4.1. STRUCTURE ET PROPRIÉTÉS PHYSICO-CHIMIQUES

Les carraghénanes sont, comme les agars, des **polymères** linéaires du D-galactopyranose mais, par rapport à ces derniers, ils sont très riches en groupements sulfates OSO_3^- (20 à 25 %) partiellement salifiés qui leur confèrent une charge négative et un comportement de colloïde **hydrophile** anionique en solution. Leur poids moléculaire peut être supérieur à 10^6. La structure de tous les carraghénates est de type $(AB)_n$ où les liaisons sont alternées en α-(1→3) et β-(1→4) où A et B sont des résidus galactopyranosyles, liés en α-(1→3) et β-(1→4), respectivement (fig. 7.4) :

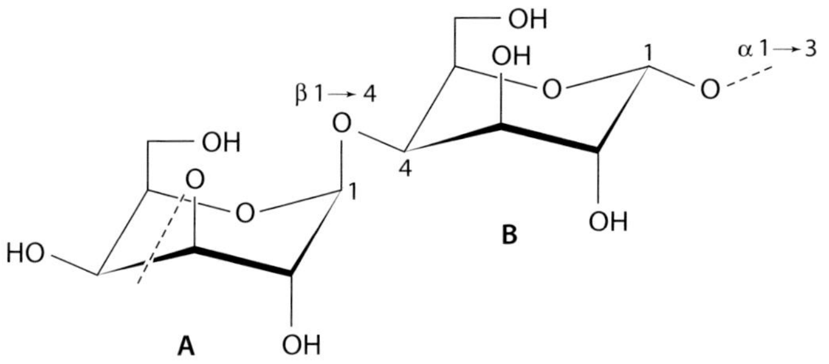

$$— {}^{3}A^{1\beta} — {}^{4}B^{1\alpha} — {}^{3}A^{1\beta} — {}^{4}B^{1\alpha} — {}^{3}A^{1\beta} —$$

Figure 7.4 – Structure générale des carraghénates

Les unités A et B sont toujours sulfatées : en C-2 ou en C-4 pour l'unité A, en C-2 et/ou en C-6 pour l'unité B.

Il existe, ainsi, plusieurs types de carraghénanes, désignés par des lettres grecques, en fonction du dimère (ou carrabiose) qui les constitue (fig. 7.5).

La capacité à former des gels et les propriétés des gels obtenus dépendent de la structure du carraghénane. Ainsi, le *kappa*-carraghénane dont le dimère est constitué d'un β-D-galactopyranose 4 sulfate et d'un 3,6 anhydro-α-D-galactopyranose donne un gel dur et cassant.

Le *iota*-carraghénane dont le dimère est voisin du précédent mais avec un radical supplémentaire OSO_3^- sur le deuxième carbone du 3,6 anhydro-α-D-galactopyranose. Du fait de la teneur plus élevée en groupements **hydrophiles**, il donne un gel plus souple que le précédent. *Kappa*- et *iota*-carraghénanes sont qualifiés de gélifiants.

Le *lambda*-carraghénane encore plus riche en groupements hydrophiles dont le dimère est formé du β-D-galactopyranose 2-sulfate et du α-D-galactopyranose 2-6 disulfate. L'absence de ponts **hydrophobes** et la **configuration** spatiale de la molécule (pas de formation d'hélice) font que ce **polymère** ne forme jamais de gel dans l'eau mais élève sa viscosité et est donc utilisé comme **épaississant**.

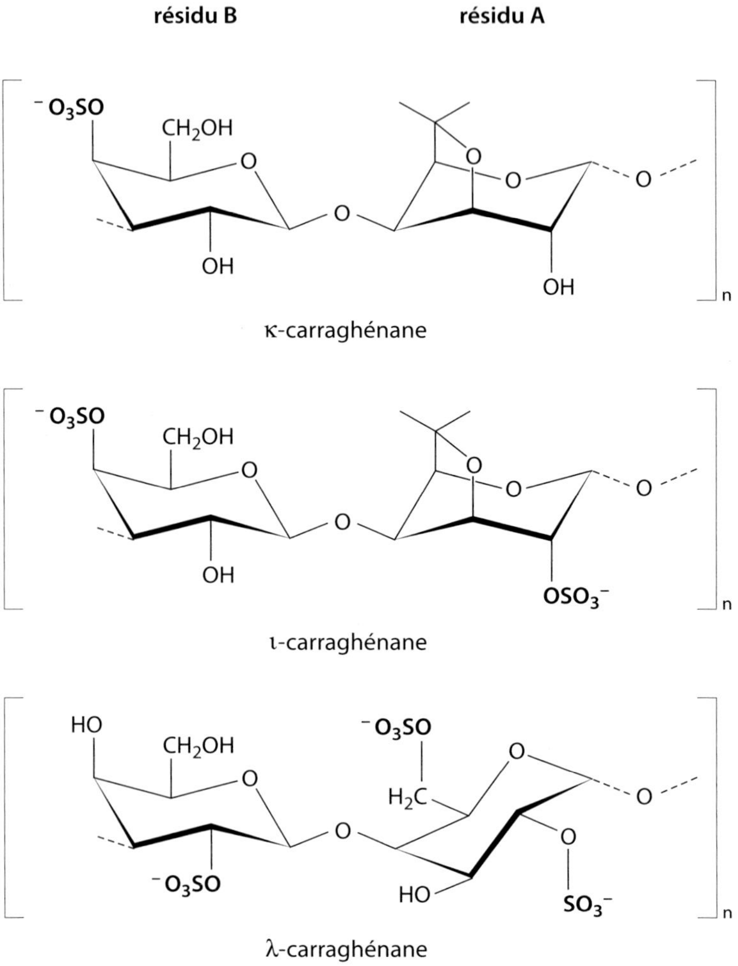

résidu	B		A		dénomination
carbone	2	4	2	6	
		+			κ
		+	+		ι
	+		+	+	λ

Figure 7.5 – Structure des principaux carraghénanes industriels et position des groupements sulfates

Chez les *kappa*- et *iota*-carraghénanes la gélification est dépendante de la présence dans la solution de cations (Li^+, Ca^{++}, K^+ ou Ba^{++}) qui permettent la formation de ponts entre les chaînes de polymères formant une structure de type « boîte à œufs » comme chez les alginates (fig. 7.2). Les gels de carraghénanes sont thermoréversibles (point de fusion entre 35 °C et 55 °C).

Grâce aux groupements OSO_3^-, ils se comportent comme des polyanions et réagissent facilement avec les protéines porteuses de charges positives (lorsque le **pH** est inférieur à leurs **pHi**), et augmentent par conséquent la viscosité des solutions protéiques.

7.4.2. EXTRACTION

Après broyage, les thalles sont placés dans une solution légèrement alcaline (NaOH 1 M) à 65 °C, les carraghénanes sont dissous sous forme de sel de sodium puis, après filtration, précipités dans des alcools (éthanol, méthanol ou *iso*-propanol). Le produit fibreux obtenu est transformé en poudre par broyage ou en granulés, contenant environ 60 % de carraghénanes, de couleur crème à légèrement brune.

IMPORTANCE ÉCONOMIQUE ET UTILISATION

La production mondiale est d'environ 50 000 t et tend à augmenter au fur et à mesure que se développe la culture des carraghénophytes en Asie du Sud-Est et la diversification des applications de ces produits :

- En agro-alimentaire : les *kappa*-, *iota*- et *lambda*-carraghénanes natifs (non hydrolysés) sont très utilisés à faible dose comme **gélifiant**, **épaississant** et **stabilisant** (interactions avec les protéines) dans l'industrie laitière et la production de dérivés du lait (laits gélifiés, laits aromatisés, laits chocolatés, crèmes, glaces, flans, yaourts, etc.) car ils forment avec ce dernier un gel onctueux extrêmement agréable aux papilles humaines, faisant intervenir la caséine et les ions calcium. On les trouve également dans les sauces, plats cuisinés, produits de la pâtisserie et produits carnés (viandes hachées).
- Non assimilables, ces produits sont également employés dans les produits **diététiques**. Les carraghénanes dégradés, obtenus par **hydrolyse** acide des produits natifs et dont le poids moléculaire est estimé entre 10 000 et 30 000, n'ont que des emplois en thérapeutique comme protecteurs de la muqueuse gastrique en cas d'ulcère. Ils sont aussi doués de propriétés anticoagulantes, hypocholestérolémiantes et antitumorales. Leurs propriétés gélifiantes sont également mises à profit pour la formulation de pâtes, de crèmes, d'émulsions, etc. Ils sont aussi utilisés pour leurs propriétés laxative, émolliente et pectorale. Ils sont employés contre la constipation, la diarrhée, l'entérite, la dyspepsie, la pneumonie. L'hydrolyse des carraghénanes de type *iota* génère des oligosaccharides de galactanes sulfatés possédant 2 à 10 unités saccharidiques et présentant un taux de sulfatation moyen d'au moins 0,7 sulfate par unité. Ces unités sont identifiées comme étant actives vis-à-vis de l'élasticité et de la cicatrisation de la peau.
- En cosmétologie dans les gels désodorisants, crèmes de beauté, mais aussi dans la confection des croquettes pour l'alimentation animale et comme **épaississant** dans les dentifrices et les peintures en remplacement des alginates.

Pour conclure, le tableau 7.1 présente les principales différences et les principaux points communs entre les principaux polysaccharides extraits des algues et utilisés par l'homme.

Tableau 7.1 – Caractéristiques des principaux phycocolloïdes (origine, extraction, gélification, nature chimique, utilisation, production)

Phycocolloïdes / Caractéristiques	Alginates	Carraghénanes	Agars
Sources	Alginophytes, Pheophyceae : essentiellement des Laminaires	Carraghénophytes, Rhodophyceae : Gigartinales, Cryptoméniales	Agarophytes, Rhodophyceae : Gélidiales, Gigartinales, Céramiales
Nature chimique	polysaccharides linéaires composés soit d'acide guluronnique (G), soit d'acide mannuronique (M), soit des deux	polymères du galactose (liés en 1-3 ou 1-4) très sulfatés, différents types : kappa, iota, béta, lambda, etc.	polysaccharides dont le maillon de base est un disaccharide l'agarose : β-D-galactopyranose et 3,6 anhydro-α-L-galactopyranose
Extraction	dissolution en présence de Na_2CO_3 puis précipitation avec de l'H_2SO_4	dissolution à chaud, en présence de NaOH, sous forme de sel de sodium précipité ensuite dans l'alcool isopropylique	dissolution dans l'eau bouillante puis congélation et décongélation successives
Gélification	non thermodépendante, solution visqueuse en présence de cations monovalents et formation de gel dur en présence de cations divalents (Ca^{2+})	thermodépendante avec intervention de cations	thermoréversible, phénomène d'hystérésis : températures différentes de liquéfaction 85 °C et de gélification 30 à 45 °C
Utilisation	• industrie textile : épaississant des colorants • agro-alimentaire et pharmacie : gélifiant, épaississant, stabilisant (desserts et produits laitiers) • papeterie : apprêt de surface	• agro-alimentaire : agents gélifiants, épaississants et stabilisants (desserts, flans, produits carnés, etc.) • cosmétologie : rétenteur d'eau, viscosifiant	• laboratoire : milieu de culture, électrophorèse • pharmacie : excipient et stabilisateur • agro-alimentaire : desserts lactés, confiserie • industrie : savon, colles, peintures
Production mondiale	30 000 t / an	30 000 t / an	10 000 t / an
Code	E401 à E405	E407	E406

CHAPITRE 8 – MÉTABOLITES DES MICROALGUES ET DES CYANOBACTÉRIES

8.1. GÉNÉRALITÉS

Le terme générique « microalgues » est utilisé pour désigner des microorganismes photosynthétiques, unicellulaires ou pluricellulaires, vivant dans les milieux aquatiques, marins, en eaux douces ou saumâtres (Diatomées, Chlorophycées, etc.) mais aussi parfois en milieu aérien. Aussi les Cyanobactéries comme les Spirulines, beaucoup plus proches des **bactéries** par leur structure (Procaryotes) et leur organisation cellulaire sont parfois rattachées aux microalgues.

Les microalgues, dont il existe environ 25 000 espèces recensées, sont considérées depuis plusieurs décennies comme une source potentielle de produits à haute **valeur ajoutée**. Du fait de leur taux de croissance important, les microalgues donnent lieu à des pratiques culturales qui ont atteint, pour certaines espèces (*Dunaliella* spp., etc.), le stade de l'exploitation à grande échelle en vue d'utilisations alimentaires ou industrielles. Ainsi, une cinquantaine d'espèces de microalgues font actuellement l'objet de cultures intensives. En dehors de la production de **biomasse** protéique (traitée dans le Chapitre 12, Protéines d'organismes unicellulaires) et de leur utilisation comme microalgues-fourrage en conchyliculture à la fois au niveau larvaire (écloserie-nurserie) mais aussi lors du pré-grossissement intensif des coquillages, elles sont de plus en plus cultivées afin de produire des molécules d'intérêts. Parmi celles-ci les lipides et les acides gras polyinsaturés (AGPI) sont déjà exploités pour des applications alimentaires, cosmétiques et pharmaceutiques.

Elles sont également reconnues comme une source prometteuse pour la production de diverses substances à usages thérapeutiques. C'est le cas des deux espèces *Dunaliella primolecta* et *Scytonema* sp., qui produisent des composés à activité antibiotique.

Diverses microalgues sont utilisées dans l'industrie pharmaceutique, soit pour leur richesse en oligo-éléments, soit pour les produits antihelminthiques et anticoagulants qu'elles renferment. Certaines pourraient être utilisées comme compléments alimentaires riches en **vitamines** (provitamine A, vitamine B12 et vitamine C) ; on en a également extrait industriellement du mannitol et de l'acide glutamique.

Certains dispositifs de culture de microalgues à grande échelle (bassins de type « *race-way* », photobioréacteurs, etc.) sont performants, et permettent actuellement la production de pigments ou de glycérol. La maîtrise des cultures de microalgues est donc perçue comme un atout majeur dans la production prochaine de métabolites à haute **valeur ajoutée** commercialisables.

8.2. PIGMENTS ET COLORANTS

Bien que les caroténoïdes de synthèse soient beaucoup moins chers que leurs homologues naturels, les microalgues ont l'avantage de fournir des isomères naturels des caroténoïdes. Il est accepté aujourd'hui que l'isomère *cis* naturel du β-carotène (fig. 8.1, en haut) est biologiquement supérieur à la forme synthétique *trans*. La microalgue verte halophile *Dunaliella salina* est l'organisme le plus utilisé pour la production en grande quantité de β-carotène puisqu'elle peut en contenir jusqu'à 14 % de son poids de matière sèche. Elle est facilement cultivée de façon monospécifique dans des bassins ouverts car les conditions extrêmes de son développement (hypersalinité, faibles besoins en azote et hauts niveaux d'éclairement) limitent les contaminations.

Les principales espèces utilisées pour la production commerciale de phycobiliprotéines (phycoérythrine et phycocyanine) sont essentiellement les Spirulines (*Spirulina maxima* et *Arthrospira platensis*) cultivées dans des systèmes ouverts (« *race-way* ») et des Rhodophytes du genre *Porphyridium* cultivés cette fois dans des systèmes fermés (photobioréacteurs).

La phycocyanine (fig. 8.1, au centre) est le principal pigment de la spiruline puisqu'elle représente jusqu'à 10 à 15 % de son poids de **matière sèche**. Sa structure chimique est proche de celle des pigments biliaires. Elle est constituée d'une partie protéique reliée à un chromophore : molécule de phycocyanobiline constitué d'un groupement tétrapyrrolique

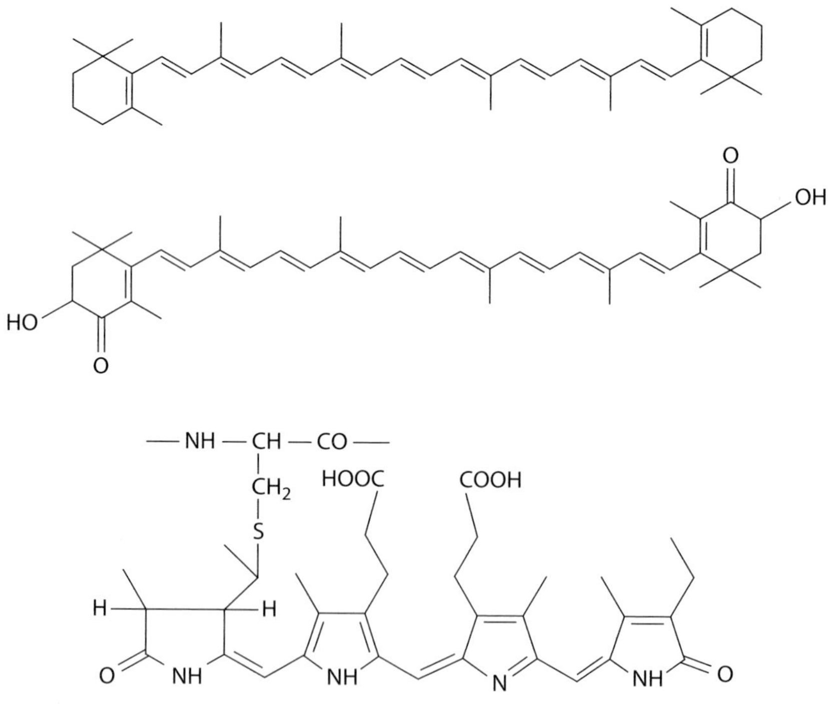

***Figure 8.1** – Structures chimiques de quelques pigments extraits des microalgues ou des Cyanobactéries : β-carotène (en haut), astaxanthine (au centre), phycocyanine attachée par une liaison thioéther à l'apoprotéine (en bas)*

analogue à celui de la chlorophylle mais non cyclisé et sans magnésium central. Ces dernières années, d'importants travaux de recherche ont mis en évidence les nombreuses et très diverses activités biologiques de la phycocyanine comme agent **antioxydant** et antiradicalaire, mais aussi anti-inflammatoire et antitumorale, jouant un rôle dans la protection cellulaire contre les radiations, l'amélioration du système immunitaire, la stimulation de l'hématopoïèse, l'hépatoprotection et la **détoxification**. Toutefois, la première et la plus importante des applications de la phycocyanine est son utilisation comme **colorant** bleu alimentaire, en remplacement des pigments synthétiques. Dainippon Ink & Chemicals (Sakura, Japon) a ainsi développé un produit commercialisé sous le nom de « *Lina blue* » qui est utilisé dans les chewing-gums, glaces, bombons, boissons sans alcool et produits laitiers. Les phycobiliprotéines sont aussi largement utilisées en industrie et en immunologie. En effet, leurs propriétés (forte absorption de la lumière, forte fluorescence, haute photostabilité) en font des réactifs fluorescents très puissants et très sensibles.

L'astaxanthine (fig. 8.1, en bas) et la canthaxanthine sont des pigments rouges de la famille des caroténoïdes, communs à plusieurs organismes photosynthétiques aquatiques (microalgues, et macroalgues), mais aussi présents dans la carapace des crevettes, du homard et dans la chair des poissons comme le saumon et la truite. Les crustacés, incapables de synthétiser les caroténoïdes, doivent trouver l'astaxanthine (ou d'autres précurseurs) dans leur régime alimentaire pour acquérir la couleur adéquate appréciée par le consommateur. Une solution est la **supplémentation** du régime alimentaire des crustacées à l'aide de l'astaxanthine ou de ses précurseurs. C'est aussi un puissant **antioxydant**, aux effets reconnus sur les **radicaux libres**, avec notamment, un effet protecteur contre les effets nocifs des rayonnements ultraviolets. Plusieurs sources naturelles de canthaxanthine et d'astaxanthine, comme la microalgue *Dunaliella salina* et la Cyanobactérie *Spirulina maxima*, ou synthétiques ont été utilisées dans ce but. D'autres sources naturelles d'astaxanthine sont exploitées en aquaculture, ainsi l'algue verte unicellulaire d'eau douce *Haematococcus pluvialis* est capable d'accumuler dans certaines conditions (stress lumineux et/ou chimique) jusqu'à 40 g de ce pigment par Kg de **biomasse** sèche. Elle est actuellement cultivée par plusieurs compagnies de biotechnologie en systèmes ouverts (type « *race-way* », Cyanotech Corporation, Mera Pharmaceuticals, etc.) ou en photobioréacteurs (Algatech, etc.).

Les caroténoïdes sont aussi abondamment utilisés comme suppléments alimentaires, avec un marché global estimé à 935 millions de dollars en 2005. Pour la seule paire astaxanthine-canthaxanthine, le marché international a atteint en 2000, le montant remarquable de 150 millions de dollars, dû aux investissements croissants dans la pisciculture et l'élevage des volailles (enrichissement du jaune d'œuf).

8.3. ACIDES GRAS POLYINSATURÉS

Les microalgues et les Cyanobactéries cultivées dans des **bioréacteurs** ou en système ouvert, sont utilisées pour produire après extraction les acides docosahexaénoïque (DHA, C22:6 ω3) et eicosapentaénoïque (EPA, C20:5 ω3) ; en effet, tous des acides gras polyinsaturés (AGPI) (fig. 8.2) non synthétisés par le corps humain et doivent donc être apportés dans l'alimentation. Leur consommation en quantité suffisante est très bénéfique pour la santé : effets protecteurs vis-à-vis de maladies cardiovasculaires ou neurologiques et de cancers.

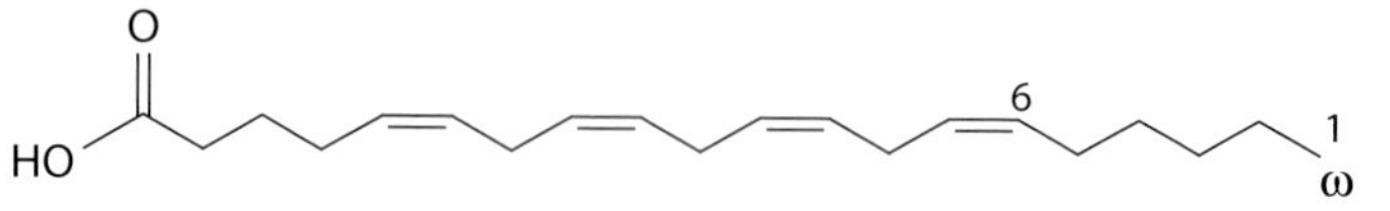

acide eicosatétraénoïque (ETA = acide arachidonique)

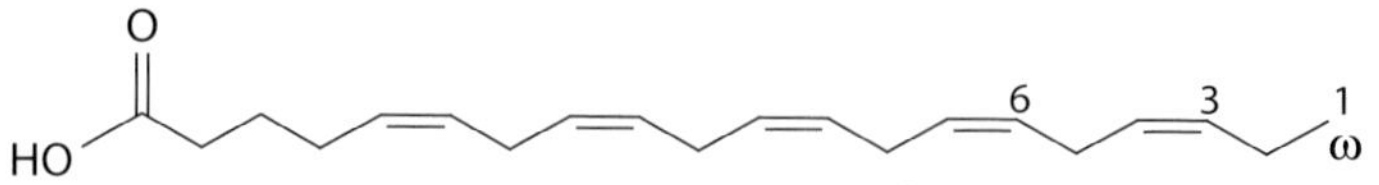

acide eicosapentaénoïque (EPA)

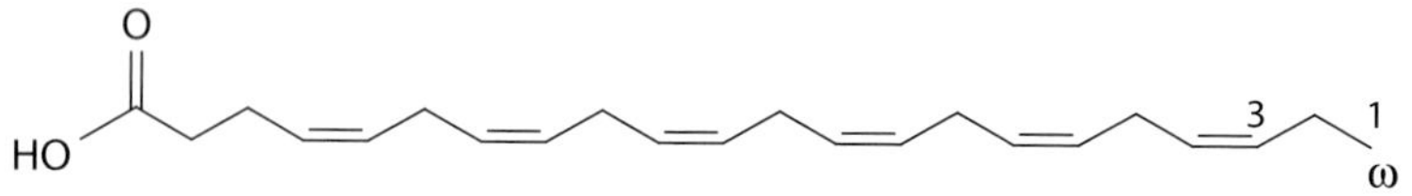

acide docosahexaénoïque (DHA)

Figure 8.2 – Structure chimique des principaux acides gras polyinsaturés de la famille ω-3 (EPA et DHA) et de la famille ω-6 (ETA), rencontrés chez les microalgues et les cyanobactéries
ω désigne le groupe méthyle.

Les AGPI sont traditionnellement extraits des huiles de poisson dits « gras » qui se nourrissent directement ou indirectement de microalgues ; les huiles issues de microalgues présentent les mêmes avantages et les mêmes effets avec la présence d'AGPI de la série ω-3 mais aussi de la série ω-6. L'autre avantage est qu'elles sont moins odorantes et dépourvues de cholestérol ; ainsi des gélules contenant une diatomée lyophilisée (*Odontella aurita*) riche en ω-3 sont actuellement commercialisées comme complément alimentaire en remplacement des huiles de poisson.

Les acides gras polyinsaturés jouent des rôles clés dans le **métabolisme** cellulaire, la régulation de la fluidité des membranes, le transport d'électrons et d'oxygène, ainsi que l'adaptation thermique. L'EPA, de la famille des acides gras ω-3, est en particulier, intéressant à plus d'un titre. L'EPA a été trouvé dans une large variété de classes de microalgues, mais seulement quelques espèces ont démontré leur aptitude à la production industrielle, principalement dû au fait que la majorité de ces microalgues présente des taux de croissance faibles et des densités cellulaires trop basses sous les conditions photoautotrophiques conventionnelles. Un système de culture à grande échelle efficace est donc nécessaire pour rentabiliser la production commerciale de l'EPA par les microalgues.

Le DHA (C22 :6) est aussi un acide gras polyinsaturé de la famille des ω-3. L'huile extraite de la microalgue *Schizochytrium* sp. contient de 35 à 45 % de DHA. Par comparaison, les huiles traditionnelles les plus riches en ω-3 (huile de noix, huile de colza, etc.) contiennent environ 10 % d'acide alpha-linolénique, **précurseur** de la famille des ω-3. L'utilisation de cette huile de microalgue peut donc être intéressante pour la **supplémentation** des aliments en DHA. La Commission des Communautés Européennes, dans sa décision (2003/427/CE) autorise la commercialisation d'une l'huile à teneur élevée en DHA produite à partir de la microalgue *Schizochytrium* sp. pour les utilisations suivantes : produits laitiers (à l'exception des boissons à base de lait), matières grasses tartinables, sauces et assaisonnements, céréales de petit déjeuner, compléments alimentaires, **aliments diététiques** destinés à des usages médicaux particuliers et denrées alimentaires utilisées dans les régimes hypocaloriques destinés à la perte de poids.

8.4. STÉROLS

Les stérols sont des composants chimiques présents en quantité importante chez les microalgues et un composant essentiel du régime alimentaire de nombreux animaux marins élevés en aquaculture. La capacité des bivalves à synthétiser *de novo* ou de bioconvertir des stérols varie selon les espèces, mais reste généralement faible et quelquefois complètement absente. Cela implique qu'un apport en stérols est nécessaire pour la croissance des bivalves. Dans la plupart des écloseries, les larves de mollusques sont nourries avec plusieurs espèces de microalgues sélectionnées pour leur aptitude à stimuler la croissance larvaire et pour leur facilité de culture. Par conséquent, la variabilité qualitative et quantitative de la composition en stérols des microalgues fourrages utilisées dans les écloseries a des implications directes sur la composition en phytostérols et en cholestérol des larves de bivalves et peut affecter ou stimuler leur croissance.

Les phytostérols sont un groupe de composés en C28 ou en C29 dans lesquels un groupe méthyle ou éthyle est ajouté, respectivement, au carbone 24 de la chaîne latérale du cholestane en C27 (voir fig. 3.21). Les propriétés biochimiques de phytostérol sont propres aux espèces, d'où leur utilisation comme bio-marqueurs chimio-taxonomiques pour caractériser les différents taxa d'algues et comme critères de sélection de ces espèces pour l'alimentation de bivalves qui ont besoin d'une source extérieure de stérols. Des études ont montré que les stérols ajoutés au milieu d'élevage influencent beaucoup plus la croissance des huîtres à l'état juvénile (35 %) que l'apport d'**acides gras indispensables** (28 %).

8.5. PRODUCTION DE BIOCARBURANTS

Alors que leur processus de **photosynthèse** est semblable à celui des plantes terrestres, les microalgues convertissent généralement l'énergie solaire plus efficacement du fait de leur structure cellulaire simple. De plus, comme les cellules croissent en milieu liquide, elles ont un accès direct à l'eau, à différentes formes de carbone (CO_2, carbonates et hydrogénocarbonates) et aux éléments nutritifs essentiels (sels minéraux ionisés). Pour toutes ces raisons, les microalgues sont capables, sur l'année et pour une même surface utile, de produire beaucoup plus d'huile que les cultures oléagineuses terrestres (ex. tournesol ou colza). Leur multiplication rapide permet d'effectuer une récolte en continu, ce qui n'est pas le cas des cultures terrestres conventionnelles. Leur culture automatisée dans des bassins ou des bioréacteurs est, dans beaucoup de cas, bien maîtrisée.

La production de biocarburants à l'échelle industrielle à partir des microalgues peut se faire par trois moyens :

- production du méthane par gazéification (méthanisation) biologique ou thermique,
- production d'éthanol par **fermentation**,
- production de **biodiesel** (huiles).

Pour être économiquement rentable, la production de biocarburants à partir d'algues (ou à partir de n'importe quelle **biomasse**) nécessite l'utilisation de la totalité de la biomasse disponible aussi efficacement que possible. Pour y parvenir, les trois options précédemment retenues pour la production d'énergie (voir ci-dessus), peuvent être utilisées dans un certain nombre de combinaisons.

La méthanisation produit du biogaz, un biocarburant proche du gaz naturel fossile. La **biomasse** algale est traitée dans un digesteur dont le volume varie de quelques centaines à plusieurs milliers de m^3 et où s'effectue la fermentation.

La production d'éthanol est plus efficace pour la conversion de la fraction glucidique.

La production de **biodiesel** s'appuie exclusivement sur la fraction des huiles.

Ces trois options de production peuvent être combinées à l'alimentation animale qui utilise les sous-produits générés.

Actuellement, le biodiesel provient de la modification chimique des huiles de cultures **oléagineuses** telles que les graines de colza (en Europe) et de soja (aux Etats-Unis). Les microalgues sont certainement les organismes les plus prometteurs pour les **hydrocarbures** de « troisième génération ». Certaines espèces d'algues ont une richesse en huile pouvant atteindre jusqu'à 50 % de leur masse. Ainsi, les algues représentent une source alternative de **biodiesel**.

Botryocooccus braunii, une algue verte unicellulaire dont les fossiles ont contribué à la constitution de gisements pétroliers, suscite actuellement un intérêt considérable comme organisme pouvant être cultivé pour la production du combustible à cause de sa particularité remarquable de produire des lipides dont le taux peut atteindre 70 % de son poids sec, voire même plus dans certaines conditions, ce qui représente une augmentation du rendement à l'hectare d'un facteur 30 par rapport à celui des espèces oléagineuses terrestres. La plupart de ces lipides sont sous forme d'hydrocarbures **aliphatiques** à longue chaîne (fig. 8.3) en C29 à C37 (alkadiènes, botryococcènes et lycopadiènes) et sous forme d'une variété d'isoprénoïdes insaturés. Les glycérolipides sont moins abondants que les **hydrocarbures** et sont composés principalement d'acides gras 16:0 et de divers acides gras en C18. L'autre avantage de cette microalgue est que ces hydrocarbures sont facilement extractibles puisqu'ils sont situés en dehors de la **paroi cellulaire**. L'inconvénient de cette espèce est que sa croissance est très lente (temps de doublement de 72 h), mais les recherches actuelles visent à optimiser sa **productivité** en culture à grande échelle.

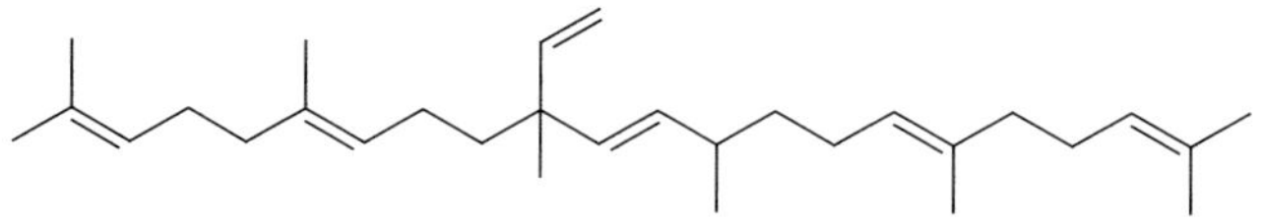

botryococcène (C_{30})

Figure 8.3 – Structure d'un botryococcène dont il existe de nombreux types différant par la longueur de la chaîne hydrocarbonée, allant de 30 à 37 atomes de carbone

D'autres espèces d'algues prometteuses appartiennent aux groupes des Diatomées (genres *Amphora*, *Cymbella*, *Nitzschia*, etc.) et des Chlorophyceae du genre *Chlorella* en particulier.

Les techniques de génie moléculaire devraient permettre d'optimiser la production de lipides algaux ainsi que le rendement photosynthétique des algues.

Dans les cultures en bassin ou en **bioréacteurs**, étant donné la vitesse de croissance des algues, le CO_2 devient très vite limitant ; aussi la croissance des algues est le plus souvent régulée par ajout de CO_2 ou de bicarbonate.

Afin d'améliorer la production d''huile chez les microalgues, les recherches se sont concentrées sur l'**élicitation** de la synthèse des triglycérides, constituants des huiles et molécules recherchées pour l'obtention des biocarburants. Il a été constaté que, sous des conditions de stress, beaucoup de microalgues synthétisent d'avantage de lipides. La déficience trophique est le facteur majeur étudié. Ce phénomène est toujours corrélé à l'arrêt de la division cellulaire.

Pour une espèce donnée, la variation de la composition cellulaire peut être très différente selon les conditions de culture sous lesquelles elle croît. Par exemple, *Chlorella* spp., *Botryococcus braunii* et *Dunaliella salina* qui sont toutes des Chlorophyceae, Volvocales, présentent une composition biochimique typique : 30 à 50 % de protéines, 20 à 40 % de glucides et 8 à 15 % de lipides sous des conditions de l'environnement favorables. En revanche, sous des conditions défavorables, ces trois espèces peuvent accumuler jusqu'à 80 % d'acides gras, 80 % d'**hydrocarbures** et 40 % de glycérine, par rapport à leur poids sec, respectivement. Il est clair donc que les facteurs de l'environnement, en particulier la lumière, la température, le statut nutritif et la salinité, affectent, non seulement la **photosynthèse** et la **productivité** en **biomasse**, mais aussi le **métabolisme** et donc la composition cellulaire.

L'**enzyme** acétylcoenzyme A carboxylase (ACCase) joue un rôle clé, notamment chez les Diatomées, dans la voie de synthèse des triglycérides. Une **carence** en silice ou en azote, induit chez ces microalgues une synthèse accrue en lipides, ceci en lien avec l'activité du gène de l'ACCase. Cette enzyme à été purifiée à partir de la Diatomée *Cyclotella cryptica* et son gène a été isolé et cloné en vue de chercher à augmenter son expression et donc la production d'huile.

Le contrôle du **pH**, des températures diurne et nocturne ainsi que d'autres paramètres physiques permettent d'accroître la **productivité** des algues.

Tout comme l'**extraction** des huiles des plantes supérieures, celle des algues peut être effectuée par simple pressage à froid, par voie chimique, ou une combinaison des deux méthodes. Le pressage simple permet d'extraire 70 % de l'huile, tandis que l'utilisation d'un solvant organique permet d'atteindre un niveau d'extraction de 99 % mais à un coût plus élevé. Les triglycérides qui constituent les huiles algales peuvent être transformés en esters méthyliques ou en esters éthyliques et en glycérol par une réaction de transestérification avec des molécules de méthanol ou d'éthanol, respectivement. Le **biodiesel** ainsi obtenu présente les mêmes caractéristiques et les mêmes utilisations que celles décrites pour le biodiesel produit à partir des huiles végétales classiques (colza et soja).

Les recherches actuelles tentent de mieux comprendre les facteurs de l'environnement (température, éclairement, etc.) et les facteurs génétiques qui affectent l'accumulation de lipides chez les microalgues, en vue de produire des souches ayant des caractéristiques désirées.

Une production économiquement viable de lipides algaux pour la production de biocarburants nécessite l'optimisation de la **productivité** ainsi que la maîtrise de la cinétique d'accumulation des lipides pour récolter la biomasse algale au moment précis où la production de lipides est maximale.

En plus de son effet sur la production globale des lipides, la **carence** trophique semble avoir d'autres effets sur les voies biosynthétiques des lipides. En effet, la carence en certains éléments nutritifs modifie la nature des lipides accumulés dans les cellules algales, particulièrement, une augmentation dans le ratio de lipides neutres (triglycérides de réserve importants dans la production de biodiesel) comparé aux lipides membranaires polaires.

8.6. PRODUCTION DES POLYSACCHARIDES

Les microalgues constituent d'excellents convertisseurs d'énergie solaire et de bons producteurs de polysaccharides extracellulaires. En terme de développement, les avantages des microalgues sont liés à leur court cycle de reproduction et surtout de mutiplication et à la possibilité de les cultiver dans des conditions précises afin d'en extraire les produits désirés.

La culture de ces microalgues se fait dans un bioréacteur tubulaire clos. La **biomasse**, contenant les cellules algales et le polysaccharide extracellulaire hydrosoluble, est recueillie en continu. La biomasse cellulaire est séparée par **centrifugation** ou **filtration** et le polysaccharide contenu dans le surnageant est isolé par **précipitation** à l'isopropanol.

Les caractéristiques rhéologiques (viscosité) de ces **polymères** en solution leur confère également un large spectre d'applications comme **agents de texture** ou **stabilisants** dans l'industrie **agro-alimentaire** ou cosmétique. La production d'un polysaccharide, le paramylon à partir d'*Euglena gracilis* est très étudiée. Ce polysaccharide présente des effets antimicrobiens, antiviraux et immunostimulants. Il est utilisé en cosmétique et dans les techniques de **chromatographie**.

8.7. ISOTOPES BIOCHIMIQUES STABLES

Les microalgues sont des sources idéales de composés marqués à l'aide d'**isotopes** stables. Leur capacité d'effectuer la **photosynthèse** leur permet d'incorporer des isotopes stables (^{13}C, ^{15}N et ^{2}H) de molécules inorganiques simples relativement peu couteuses ($^{13}CO_2$, $^{15}NO_3$, $^{2}H_2O$) dans des composés organiques plus complexes (par exemple, acides aminés, saccharides, lipides et acides nucléiques). Les isotopes biochimiques stables produits sont utilisés dans deux buts :

- incorporation dans les protéines, les glucides et les acides nucléiques pour faciliter leur détermination structurale au niveau atomique ;
- études métaboliques qui exploitent la discrimination isotopique (encarts 8 et 9).

ENCART 8 – MARQUAGE RADIOACTIF EN BIOCHIMIE

La biochimie, à l'instar d'autres disciplines, a beaucoup bénéficié de l'utilisation de composés radioactifs artificiels ou traceurs. Un traceur radioactif est une substance radioactive dont la présence se détecte facilement et peut donc être suivie par l'utilisateur pendant toute la durée de l'expérience. Les traceurs radioactifs les plus utilisés sont, soit des isotopes stables (^{2}H ou Deutérium, ^{18}O, ^{15}N) dont le devenir est suivi par spectrométrie de masse, soit des isotopes radioactifs ^{3}H (Tritium), ^{14}C, ^{32}P, ^{35}S, ^{36}Cl, ^{45}Ca, émetteurs de particules β^- décelables et mesurables avec une très grande sensibilité par diverses techniques : compteur à scintillateur liquide, autoradiographie, radiochromatographie, etc. L'élément radioactif administré (sous forme de **précurseur** c'est à dire **substrat** marqué dont un atome de la molécule est remplacé par son isotope radioactif) à un organisme vivant, est, en général, reconnu et métabolisé par les systèmes biologiques, de façon identique à celle du substrat non marqué (voir encart 9). Les radiations émises sont mesurées et permettent de le distinguer des autres, de mesurer son taux d'incorporation, de localiser les sites métaboliques où il intervient, d'identifier les différents composés résultant de son **métabolisme**. Cette technique est très utilisée pour les études de structure, pour mettre en évidence les voies métaboliques et pour élucider les mécanismes de réaction.

Beaucoup d'aspects du métabolisme (comme la vitesse de renouvellement des métabolites, la biosynthèse des protéines et des acides nucléiques, l'existence du cycle de Calvin, du cycle glyoxylique, etc.) ont été mis en évidence et caractérisé grâce à l'utilisation de métabolites marqués.

L'utilisation de radioisotopes permet une analyse fine au niveau des molécules. Ainsi dans le monde végétal, on prépare une solution du composé approprié contenant l'un ou l'autre de ces isotopes et on y place, soit des racines (isolées ou celles de la plante entière), soit des fragments de tissus isolés de différentes parties de la plante. En nutrition minérale par exemple, par autoradiographie de coupes sériées de tissus, on obtient des renseignements qualitatifs sur l'absorption, le transport et après extraction, des renseignements quantitatifs sur l'accumulation d'un ion donné qui a été marqué.

Une autre démarche moins contraignante car elle ne génère pas de déchets radioactifs est l'utilisation de précurseurs marqués à l'aide d'isotopes lourds au cours de certaines synthèses (ex. l'ADN marqué à l'aide de bases nucléotidiques ^{15}N) elle permet entre autre de séparer par ultracentrifugation les molécules ainsi marquées.

Dans le monde animal, la méthode des traceurs isotopiques permet également, en général sur un l'animal modèle, de mesurer avec précision la vitesse d'un processus métabolique, le devenir d'un médicament ou d'une molécule active ; elle permet aussi d'affirmer ou d'infirmer si une voie métabolique donnée représente la voie principale ou secondaire empruntée par le métabolite marqué fourni.

L'utilisation des isotopes radioactifs s'est avérée être une méthode bien supérieure à toutes les méthodes analytiques classiques. Elle permet entre autre d'analyser le mouvement des ions dans les cellules et les tissus et de montrer en même temps par des marquages non uniforme au ^{14}C ou au ^{3}H par exemple quelle est la partie active d'une molécule donnée.

ENCART 9 – DISCRIMINATION ISOTOPIQUE

Le CO_2 atmosphérique contient plusieurs isotopes du carbone dans les proportions suivantes : 98,9 % de ^{12}C ; 1,1 % de ^{13}C et 10^{-10} % de ^{14}C. En marquage isotopique (une des techniques d'étude des voies métaboliques), il importe que les molécules marquées aient le même comportement physiologique et biochimique que les molécules non marquées et en particulier que la spécificité de leurs interactions ne soit pas affectée. Or, en conditions naturelles cette similarité de comportement n'est pas toujours respectée, les systèmes biologiques manifestant alors, par une discrimination de nature chimique et enzymatique, des préférences quantitatives fonction de l'isotope en jeu. C'est ainsi que lors de la **photosynthèse** durant la fixation photosynthétique du CO_2, les plantes préfèrent le $^{12}CO_2$ (naturel non radioactif) aux $^{13}CO_2$ et $^{14}CO_2$. Il y a donc un fractionnement isotopique de telle sorte que la teneur en ^{13}C et ^{14}C de la matière sèche des plantes est toujours inférieure à celle du CO_2 de l'air, propriété exploitée en particulier dans les techniques de datation au carbone 14.

Les plantes fractionnent également d'autres isotopes, tels que $^{18}O/^{16}O$ et $^{15}N/^{14}N$. Toutefois l'absence de discrimination isotopique notoire permet d'extrapoler, sans difficultés sur de courtes périodes, les résultats obtenus par marquage isotopique aux molécules non marquées.

8.8. TOXINES DES MICROALGUES ET DES CYANOBACTÉRIES

Certaines microalgues appartenant surtout à la classe des Dinophycées produisent des toxines qui se retrouvent dans le milieu marin et dans les mollusques consommés par l'homme. Ainsi, les espèces du genre *Dinophysis*, abondantes sur les côtes de la Manche et de l'Atlantique et qui produisent des toxines diarrhéiques, rendent à certaines périodes de l'année les moules et autres mollusques bivalves filtrants impropres à la consommation. Un autre dinoflagellé nommé *Alexandrium minutum* sécrète des toxines paralysantes essentiellement des saxitoxines. D'autres toxines comme l'acide okadaïque et ses analogues, les dinophysistoxines (DTX1, DTX2 et DTX3), agissent en modifiant la perméabilité cellulaire et engendrent des diarrhées et des vomissements. Une autre Dinophycée benthique *Gambierdiscus toxicus* est responsable de graves intoxications, dans le Pacifique Sud (Nouvelle Calédonie, Polynésie française, Australie, etc.) mais aussi dans l'océan Indien, aux Antilles et en Floride. Cette intoxication est connue sous le nom de Ciguatera ou gratte. Cette microalgue est ingérée par les poissons herbivores. Par bioaccumulation le long de la chaîne alimentaire, les ciguatoxines produites par la microalgue, vont se concentrer dans les poissons et atteindre des taux susceptibles d'intoxiquer les consommateurs.

Chez quelques diatomées comme les *Pseudo-nitzschia*, des neurotoxines amnésiantes comme l'acide domoïque (fig. 8.4) s'accumulant dans les fruits de mer sont responsables d'intoxications alimentaires. L'acide domoïque appartient au groupe des neurotoxines de type acide kaïnique. En effet, il est structurellement proche de l'acide glutamique (neurotransmetteur) et de l'acide kaïnique (neuro-excitateur). Il se fixe sur un des récepteurs synaptiques de l'acide glutamique, connu sous le nom de récepteur de l'acide kaïnique. Il y a alors entrée des ions sodium dans la membrane post-synaptique induisant une dépolarisation et provoquant une augmentation de la perméabilité des ions calcium ce qui entraîne un dysfonctionnement des cellules, voire leur mort.

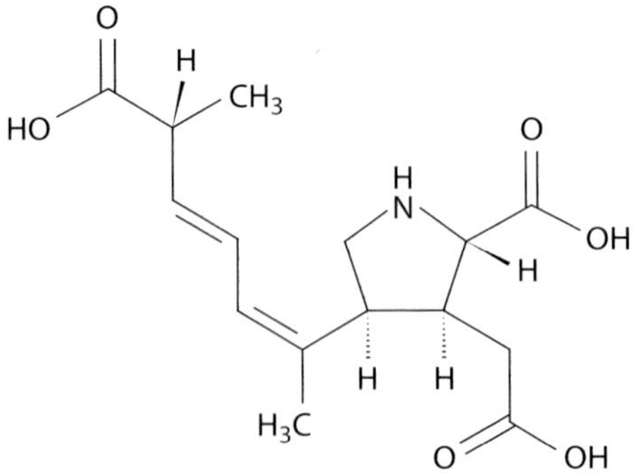

Figure 8.4 – Acide domoïque

Chez les cyanobactéries, de nombreuses espèces sont considérées comme toxiques. Ces toxines peuvent être séparées en deux principales catégories : celles attaquant le foie (hépatotoxines) ou celles attaquant le système nerveux (neurotoxines). Certaines, comme la cylindrospermopsine, produite par des cyanobactéries filamenteuses, est qualifiée de cytotoxique car elle bloque la synthèse protéique. Ces toxines sont libérées dans l'eau à la mort des cellules et posent principalement des problèmes au niveau des plans d'eau destinés aux loisirs ou à la production d'eau potable. Les microcystines (produites par les espèces du genre *Microcystis*) et les nodularines (produites par le genre *Nodularia*) sont les toxines cyanobactériennes les plus abondantes et elles sont le plus souvent la cause d'intoxication chez les animaux et chez l'homme. Les microcystines sont extrêmement stables dans l'eau grâce à leur structure chimique (fig. 8.5) qui leur permet de survivre dans les eaux tièdes et froides et de tolérer des variations importantes de la composition chimique de l'eau, en particulier du pH.

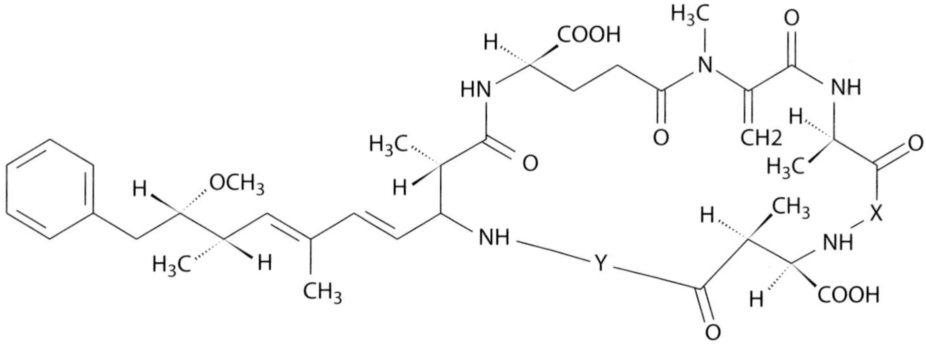

Figure 8.5 – Structure commune des microcystines
X et Y sont des acides aminés variables.

Ce sont des structures heptapeptidiques formant un cycle et comprenant des acides aminés rares rencontrés uniquement dans ces molécules. Les nodularines dont la structure générale est très proche de celle des microcystines, sont pentapeptidiques. À l'heure actuelle, on a dénombré plus de 70 sortes de microcystines et 6 de nodularines. Bien qu'aucune intoxication humaine n'ait été imputée aux cyanotoxines, en France, depuis 2003, l'AFSSA a établi pour la microcystine-LR un seuil de 1 µg/L de microcystine-LR (la plus fréquente parmi les microcystines cyanobactériennes) à ne pas dépasser dans les eaux de boissons.

Partie III

Substances d'origine animale

Chapitre 9 – Produits sanguins

pages

Chapitre 10 – Produits laitiers

Chapitre 11 – Ovoproduits

Chapitre 9 – Produits sanguins

9.1. Constituants du sang

Le sang total est un milieu biologique complexe composé d'une partie liquide jaune légèrement translucide, le plasma (600 g/kg, 60 %) et d'une partie solide en **suspension** (40 %) formée d'éléments figurés : les globules rouges (encore appelés hématies, ou érythrocytes), les globules blancs (ou leucocytes) et les plaquettes (ou thrombocytes). Le plasma peut être séparé des autres constituants par simple **centrifugation** du sang traité par un anticoagulant. Le sérum est le surnageant obtenu à partir d'un sang laissé coaguler (30 à 45 min) puis centrifugé. Il diffère du plasma par la perte de certaines protéines, fibrinogène en particulier, qui interviennent dans la coagulation.

9.2. Fonctions du sang

Au sein de l'organisme, le sang véhicule de nombreuses substances comme :

- l'oxygène (par les érythrocytes) ;
- des molécules d'origine alimentaire (glucose, acides aminés, lipides, ions minéraux) vers les cellules ;
- des produits de dégradation du **métabolisme** cellulaire (urée, acide urique, bilirubine) vers les émonctoires ;
- des molécules jouant un rôle fondamental dans la défense de l'organisme contre les infections et agressions (anticorps) ;
- des molécules messagères permettant la communication entre organes différents par voie sanguine (les hormones) ;
- des globules blancs qui ont pour fonction de défendre l'organisme contre l'intrusion d'éléments étrangers.

Le sang participe également au maintien de la température du corps à une valeur constante en assurant la distribution de la chaleur dans toutes ses parties.

9.3. Composition du plasma

Le plasma sanguin est essentiellement constitué d'eau (environ 90 %) dans laquelle est dissous un grand nombre d'ions et de sels minéraux, des glucides, des acides gras, des glycérides et d'autres lipides, des acides aminés et des protéines, des nucléotides (ATP, AMPc) ainsi que des **vitamines** et des hormones. Les concentrations en ces différentes substances sont maintenues constantes par différents mécanismes.

Les protéines plasmatiques représentent 1/3 des protéines totales du sang. Elles participent au maintien de la pression oncotique qui assure la constance du volume sanguin et contribuent à la coagulation sanguine et à la fibrinolyse. On dénombre plus de 300 protéines plasmatiques différentes, isolables par **électrophorèse** bidimensionnelle, mais leur nombre réel est largement supérieur à cette valeur. Plus d'une soixantaine de ces protéines sont douées d'activités enzymatiques diverses. Les protéines plasmatiques sont représentées essentiellement par trois fractions : l'albumine, les globulines et des facteurs de coagulation.

9.3.1. FACTEURS DE LA COAGULATION

Les facteurs de coagulation sont une famille de protéines qui ont des analogies de séquence et, dans une certaine mesure, de structure. Ils appartiennent à la famille des protéases à sérine, et on en compte environ 50.

La majorité des facteurs de la coagulation se trouvent sous forme inactive (zymogène). Leur activation se fait en cascade, avec un effet amplificateur (fig. 9.1). Les facteurs sont désignés par la lettre « F » devant un chiffre romain, et un « a » est placé après le chiffre romain pour indiquer qu'il s'agit de sa forme active (les facteurs peuvent avoir aussi d'autres noms) (voir tab. 9.1). Dans la cascade des réactions de la coagulation, un facteur active souvent un autre, en causant aussi bien un changement de sa forme que de sa fonction. Cela s'accomplit à travers le clivage de liaisons peptidiques spécifiques.

Le facteur I, plus connu sous le nom de fibrinogène, est, quantitativement, le principal facteur de coagulation ; sa concentration dans le plasma humain est voisine de 2 à 3 g/L.

En se transformant en fibrine, il permet la coagulation du sang. Après formation du caillot, le plasma défibriné est appelé sérum. En le chauffant à 50-60 °C en présence de calcium, il forme un gel translucide.

Le fibrinogène est une **glycoprotéine** fibreuse synthétisée dans le foie, soluble en présence de sels et insoluble dans l'eau pure. De masse moléculaire 330 kDa, elle est formée de deux hétérotrimères polypeptidiques $[(A\alpha)_2(B\beta)_{2\gamma 2}]$ reliées par des ponts disulfures : 2 chaînes $A\alpha$ (610 aa, 66 kDa) ; 2 chaînes $B\beta$ (461 aa, 52 kDa) et 2 chaînes γ (411 aa, 47 kDa) (voir fig. 9.2, p. 204).

Sous l'action de la thrombine, en présence de facteur XIIIa et d'ions calcium, il se forme des fibrino-peptides A (16 acides aminés, à partir des chaînes $A\alpha$) et B (14 acides aminés, à partir des chaînes $B\beta$) qui ont une forte tendance à polymériser pour former un réseau de fibrine soluble. Ce dernier est ensuite converti en un **polymère** de fibrine insoluble par action du facteur XIIIa ou transglutaminase qui, en présence d'ions calcium, crée des liaisons covalentes entre les monomères par transamidation des résidus de glutamine avec les groupements aminés de la lysine des chaines adjacentes (voir fig. 9.3, p. 205). Ce phénomène est à la base de la constitution du caillot sanguin.

Le facteur II ou prothrombine est une **glycoprotéine** vitamine K-dépendante, à chaîne polypeptidique unique, de masse moléculaire 72,5 kDa. Synthétisé dans le foie, il se trouve dans le plasma humain à la concentration d'environ 110 mg/L. Après l'initiation de la cascade de coagulation au site de la lésion, il se convertit en thrombine ou fibrinogénase par le facteur Xa à activité protéasique.

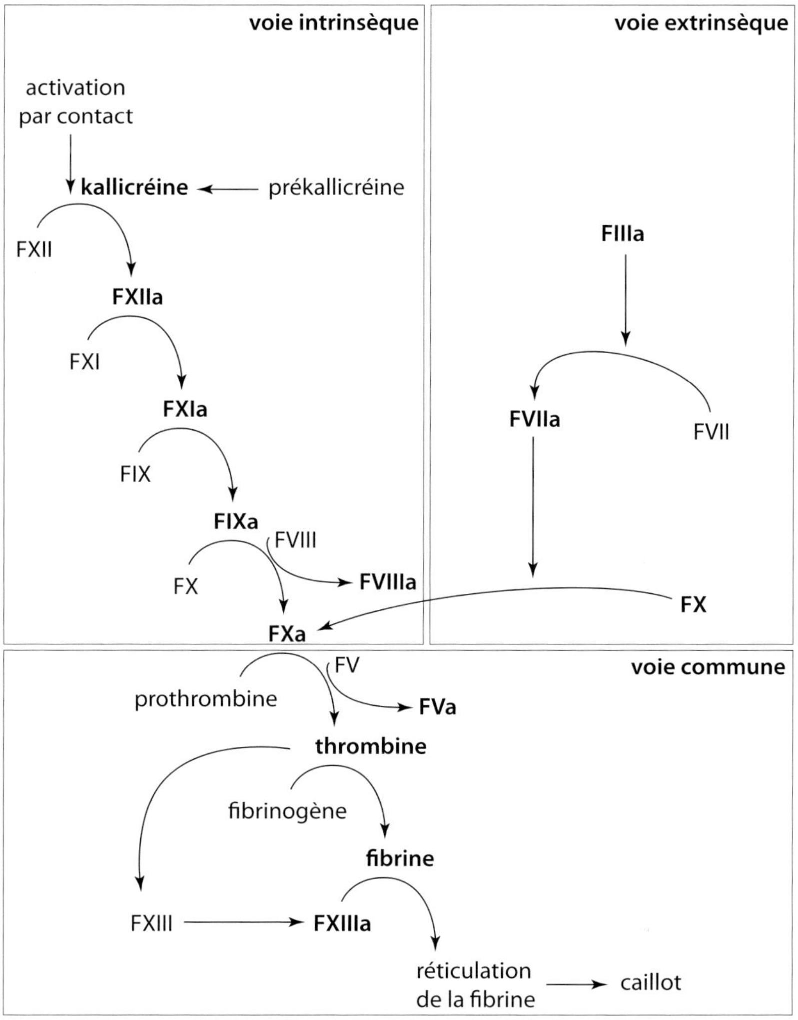

Figure 9.1 – Représentation schématique des réactions en cascade de la coagulation sanguine

Le facteur III ou thromboplastine ou facteur de tissu (en abrégé FT) ajouté au plasma sanguin, accélère le temps de formation du caillot. C'est une **glycoprotéine** des cellules **subendothéliales**, qui initie la coagulation du sang en formant un complexe avec le facteur VII. Ce complexe active les facteurs IX ou X.

Le facteur V ou proaccélérine est une **glycoprotéine** d'environ 330 kDa qui, après son activation en facteur Va (accélérine), agit avec le facteur Xa pour activer la prothrombine. FVa, est inactivé par la protéine C.

Le facteur VI ou accélérine est une protéine très proche de la précédente fabriquée par le foie et qui accélère la transformation de la prothrombine en thrombine.

Tableau 9.1 – Classification fonctionnelle des facteurs de la coagulation et des protéines régulatrices

Facteur*	Synonyme(s)	Fonction
Facteurs de la coagulation		
facteur I	fibrinogène	sous l'action de la thrombine, il se transforme en fibrine pour former le caillot sanguin
facteur II	prothrombine, thrombogène	sous l'action de la prothrombinase, il se transforme en thrombine (IIa) qui clive le fibrinogène en fibrine
facteur III	facteur tissulaire	active le facteur VII
facteur IV	Ions Ca^{2+}	nécessaires à la fixation des facteurs de la coagulation aux phospholipides
facteur V	proaccélérine, facteur labile	activé par la thrombine, Va est un cofacteur dans l'activation de II en IIa par Xa
facteur VI	accélérine	formé à partir de la proaccélérine
facteur VII	proconvertine	active IX et X
facteur VIII	facteur antihémophilique A	activé par la thrombine, VIIIa joue le rôle de cofacteur dans l'activation de X par IXa
facteur IX	facteur antihémophilique B, facteur Christmas	active X
facteur X	facteur Stuart-Prower, thrombokinase	active II, forme le complexe prothrombinase avec le facteur Va, Ca^{2+} et les phospholipides
facteur XI	facteur de Rosenthal	active IX et la prékallicréine
facteur XII	facteur Hagemann	active XI et la prékallicréine, se lie au collagène au site de la lésion vasculaire
facteur XIII	transglutaminase	activé par la thrombine, il stabilise la fibrine par sa réticulation avec d'autres protéines
kallicréine	facteur de Fletcher, kininogénine	active XII
kininogène de haut poids moléculaire	facteur de Fitzgerald	aide à l'activation de XII, XI, et prékallicréine en kallicréine
Facteur*	**Synonyme(s)**	**Fonction**
Protéines de régulation		
facteur de von Willebrand		stabilise VIII, facilite l'adhésion des plaquettes
fibronectine		facilite l'adhésion cellulaire
antithrombine		inhibe l'action de IXa, Xa, XIa, XIIa et de la kallicréine
protéine C		complexée avec la protéine S, elle inactive Va et VIIIa
protéine S		agit comme cofacteur de la protéine C
plasminogène	profibrinolysine	forme la plasmine qui lyse le caillot de fibrine et inhibe d'autres facteurs
antiplasmine		inhibe l'action de la plasmine
antitrypsine		inhibiteur faible de la thrombine et puissant inhibiteur de XIa

Facteur*	Synonyme(s)	Fonction
	Protéines de régulation	
activateur du plasminogène tissulaire		active le plasminogène
inhibiteur I de l'activateur du plasminogène		inhibe l'activateur du plasminogène tissulaire
inhibiteur II de l'activateur du plasminogène		inhibe l'urokinase
urokinase		active le plasminogène

** Les facteurs de la coagulation du sang sont des protéines (à l'exception des ions Ca^{2+}), présents dans le plasma sanguin sous forme inactive appelée zymogène.*

Le facteur VII ou proconvertine se trouve à la concentration de 2 mg/L dans le plasma humain. C'est une **glycoprotéine** vitamine K-dépendante, à une seule chaine polypeptidique de 50 kDa, produite par les cellules hépatiques. C'est le **précurseur** du facteur VIIa ou convertine, une protéase Ca^{2+}-dépendante qui active le facteur X. C'est la première étape de la voie extrinsèque de la coagulation du sang.

Le facteur VIII ou facteur antihémophilique A est une **glycoprotéine** de 265 kDa composée de deux chaînes polypeptidiques. Il est essentiellement synthétisé dans le foie et, à moindre degré, par la rate, le rein et les **lymphocytes** puis secrété dans le plasma où il s'associe au facteur vW qui le protège contre la protéolyse et l'inactivation. Il participe, conjointement avec le facteur IXa (à activité protéasique) à l'activation du facteur X dans la voie intrinsèque de la coagulation. Il active également le facteur IX en IXa.

Le facteur von Willebrand (FvWa) est une protéine impliquée dans la coagulation du sang. Synthétisé dans les cellules endothéliales et les **mégacaryocytes**, il se retrouve dans le sang sous forme de complexe avec FVIII. Il assure deux fonctions hémostatiques importantes : *) il lie les récepteurs membranaires des plaquettes au collagène, et probablement d'autres constituants du tissu conjonctif **subendothélial**, facilitant ainsi l'adhésion des plaquettes au site lésé et, par suite, la formation du thrombus ; **) il se lie au facteur VIII et le stabilise en ralentissant son inactivation par les **enzymes** protéolytiques.

Le facteur IX (appelé également facteur anti-hémophilique B), présent dans le plasma humain à la concentration de 3 à 4 mg/L, de masse moléculaire 57 kDa, est une **glycoprotéine** à chaîne polypeptidique unique. Après activation protéolytique, il forme deux chaînes : le facteur IXa, une protéase à sérine de 27 kDa qui active le facteur X dans la voie intrinsèque de la coagulation et une chaîne légère de 16 kDa.

Le facteur X se trouve dans le plasma humain à la concentration de 6 à 8 mg/L. C'est une **glycoprotéine** vitamine K-dépendante constituée de deux chaînes polypeptidiques : une chaîne de 40 kDa à activité protéasique et une chaîne de 15 kDa contenant des résidus carboxyglutamate. Sous forme activée (Xa), il convertit la prothrombine en thrombine par clivage sélectif de certaines liaisons. Cette activation se fait par complexation avec FVa, en présence d'ions Ca^{2+}. Ses principaux inhibiteurs sont l'antithrombine III et l'alpha-antitrypsine.

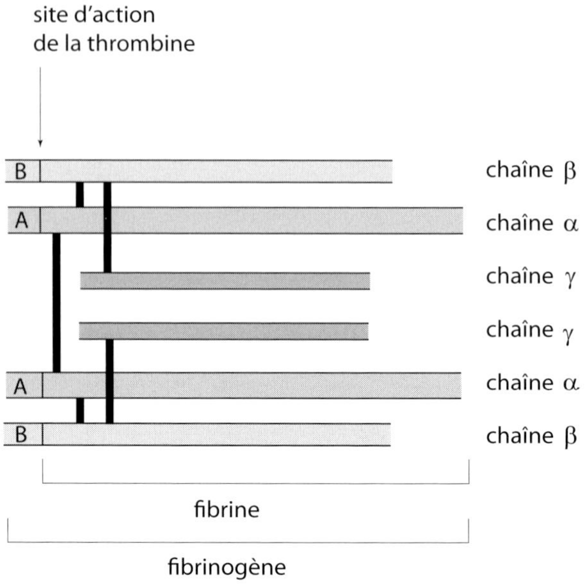

Figure 9.2 – Structure schématique du fibrinogène montrant sa nature dimérique avec 3 chaînes polypeptidiques

Le facteur XI est une **glycoprotéine** homodimérique de 158 kDa qui active le facteur IX en IXa. Son action est inhibée par l'alpha-antitrypsine et le complexe antithrombine-héparine.

Le facteur XII est une glycoprotéine à chaîne polypeptidique unique de 80 kDa. Il initie la coagulation intrinsèque en activant FXI.

Le facteur XIII est une protéine qui se trouve sous forme tétramérique dans le plasma (MM = 320 kDa) et sous forme dimérique dans les plaquettes (MM = 160 kDa). Son clivage par la thrombine forme le facteur XIIIa qui est une transglutaminase qui relie de manière covalente les monomères de fibrine en **polymère** (fig. 9.3). Le facteur XIIIa est la seule **enzyme**, intervenant dans la cascade de la coagulation du sang, qui n'est pas une protéase à sérine.

La fibronectine est une **glycoprotéine** dimérique synthétisée dans les hépatocytes. Elle se fixe aux surfaces cellulaires et réagit avec la fibrine, le collagène et l'héparine.

Les kinogènes sont des protéines multifonctionnelles (**précurseurs** de la bradykinine à propriété vasodilatatrice, cofacteurs dans l'activation du facteur XI par FXIIa et inhibiteurs de certaines protéases). Ils sont de deux types : les kinogènes à haut poids moléculaire (glycoprotéine à simple chaîne polypeptidique de 150 kDa) et les kinogènes à bas poids moléculaire, tous deux synthétisés dans le foie.

La kallicréine est une endopeptidase à sérine présente dans les tissus de Mammifères et dans le sang. La kallikréine plasmatique est synthétisée dans le foie et dérive de la conversion de la prékallikréine par le facteur XIIa. Elle agit sur le kininogène pour donner la bradykinine et active les facteurs de la coagulation XII et VII.

Le plasminogène est une **glycoprotéine** à chaîne polypeptidique simple de 86 kDa, synthétisée dans le foie et dans les reins et qui, convertie en plasmine (ou fibrinolysine ou fibrinase), solubilise le caillot de fibrine. La conversion de la plasmine est catalysée par l'activateur du plasminogène, une protéase à sérine dont il existe de nombreux variants dans différents tissus.

La plasmine est la protéase clé dans la lyse du caillot sanguin. La plasmine humaine est constituée de deux chaînes protéiques, A et B, de MM = 65 et 27,7 kDa, respectivement. Le site actif est localisé au niveau de la chaîne B.

L'antithrombine (AT) est un puissant inhibiteur des sérines protéases de la coagulation agissant principalement sur la thrombine et le facteur X activés. Il en existe quatre formes dont la plus importante est l'antithrombine III, synthétisée dans le foie. Son activité est stimulée en présence d'héparine.

La protéine C est un facteur antithrombique vitamine K-dépendant, de nature glycoprotéique, synthétisée dans le foie et de masse moléculaire 62 kDa. Elle est constituée de deux chaînes liées par un pont disulfure : une chaîne légère L (155 aa, 21 kDa) et une chaîne lourde H (262 aa, 41 kDa). Activée par la thrombine, elle participe à la régulation de la coagulation du sang en inactivant les facteurs Va et VIIIa, en présence d'ions Ca^{2+} et de phospholipides. La protéine S et FV interviennent également dans ce processus de manière synergique. Son nom vient du fait qu'elle est la troisième protéine éluée d'une **colonne échangeuse d'ions**.

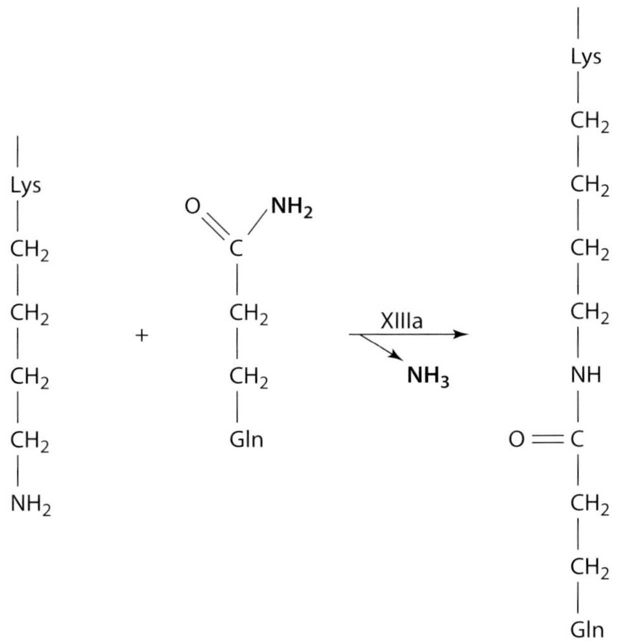

Figure 9.3 – Réaction de transamidation, catalysée par le facteur XIIIa, entre les chaînes latérales de la lysine et de la glutamine, conduisant à la réticulation des monomères de fibrine lors de la formation du caillot sanguin

La protéine S est une **glycoprotéine** vitamine K-dépendante, à chaîne polypeptidique unique, de 69 kDa. Elle facilite la fixation de la protéine C aux plaquettes et fonctionne comme cofacteur de la protéine C impliquée dans la dégradation de FVa et FVIIIa. Son nom vient de Seattle où elle a été découverte.

9.3.2. AUTRES CONSTITUANTS

L'albumine sérique ou sérumalbumine est la plus abondante protéine soluble (35 à 45 g/L) du plasma sanguin et, à ce titre, elle est le principal responsable de la pression oncotique puisqu'elle assure à elle seule environ 80 % du pouvoir oncotique plasmique. Cette propriété est due aussi à son fort pouvoir de rétention d'eau (15 à 20 mL d'eau/g d'albumine). On trouve l'albumine aussi, sous une forme extrêmement voisine, dans le lait et le **lactosérum** à côté de l'alpha et la béta lactalbumine. Protéine monocaténaire très riche en ponts disulfures, son poids moléculaire est d'environ 67 000.

Synthétisée par le foie, elle a une fonction biologique très importante; c'est elle qui fixe et transporte, dans tout l'organisme, un grand nombre de substances nécessaires à son bon fonctionnement. Les substances transportées peuvent être :

- d'origine endogène :
  - ions organiques ou inorganiques (ex. calcium),
  - bilirubine (protecteur de la sérumalbumine),
  - acides gras libres (non estérifiés),
  - hormones thyroïdiennes et stéroïdes,
  - glucose,
- d'origine exogène :
  - médicaments,
  - vitamine C, iode.

La fixation aux ligands est en général solide mais non covalente. Ceci permet à la fixation d'être réversible.

En biochimie analytique, la propriété de l'albumine de fixer le bleu de Coomassie est à l'origine de la méthode de dosage dite de Bradford pour doser les protéines.

Les globulines sont séparées en différentes fractions selon leur mobilité électrophorétique. Elles sont principalement représentées par les gamma-globulines qui font partie des immunoglobulines (Ig), plus connues sous le nom d'**anticorps**, c'est-à-dire des substances réagissant spécifiquement à l'introduction d'un **antigène** dans la circulation générale. Les immunoglobulines sont produites par les **lymphocytes** B. Elles sont divisées en 5 classes, en fonction de leurs propriétés immuno-chimiques : IgG, IgA, IgM, IgE et IgD. Ce sont les IgG qui ont la concentration plasmatique la plus élevée (7-14 g/L) et qui peuvent traverser le plus facilement la barrière placentaire (transfert de la mère à l'enfant).

Les immunoglobulines sont constituées de deux chaînes protéiques lourdes (H, de l'anglais *heavy*) spécifiques pour chaque groupe et de deux chaînes protéiques légères (L, de l'anglais *light*) qui sont reliées entre elles par des ponts disulfures et ayant une forme caractéristique en Y. Les deux chaînes H forment la partie allant de la base du Y jusqu'en haut des branches, les 2 chaînes L sont limitées aux branches. Elles sont présentes dans le sang mais aussi dans le lait. Ce sont des macromolécules composées de plus de 1 300 acides aminés ; l'ordre d'arrangement de ceux-ci et leur organisation dans l'espace leur confèrent leur spécificité d'action biologique vis-à-vis de telle ou telle substance étrangère s'introduisant dans un organisme vivant. La spécificité est le plus souvent absolue : chaque immunoglobuline est spécifique de l'antigène (Ag) qui a déclenché sa synthèse. Les diverses gamma-globulines jouent un rôle essentiel dans le fonctionnement du système immunitaire.

Les lipides plasmatiques sont représentés par les triglycérides, le cholestérol, des acides gras libres et des phospholipides.

Les triglycérides sont des esters triples d'acides gras et de glycérol. Bien que présents dans le sang, ils constituent avant tout une réserve énergétique. À ce titre, ils sont très abondants dans le tissu adipeux. Leur concentration dans le sérum est de 125 à 180 mg/100 mL.

Le cholestérol est un dérivé d'un noyau de base à 4 cycles, le stérane (voir fig. 3.21). Il est synthétisé en grande partie dans le foie et apporté en moindres quantités par une alimentation équilibrée. Il entre dans la composition des membranes cellulaires et sert de **précurseur** aux hormones stéroïdes. Sa concentration normale dans le sang est d'environ 200 mg/100 mL.

Les acides gras libres proviennent de l'**hydrolyse** des triglycérides, de certaines lipoprotéines (les chylomicrons) et du tissu adipeux. Leur concentration est relativement basse par rapport aux autres lipides. Leur taux s'abaisse après un repas et s'élève en cas de jeûne.

Insolubles dans le plasma, les lipides sanguins doivent être associés à des complexes protéiques, les apoprotéines, donnant ainsi naissance à des macromolécules de forme sphérique : les lipoprotéines. Celles-ci sont réparties en plusieurs catégories selon leur densité et leur mobilité électrophorétique. On distingue les chylomicrons, les VLDL (*Very Low Density Lipoprotein*), les LDL (*Low Density Lipoprotein*) et les HDL (*High Density Lipoprotein*). Du cholestérol en proportions variables entre dans leur constitution.

Douées de propriétés amphiphiles (à la fois hydrophiles et hydrophobes), les lipoprotéines participent à la stabilité physique de nombreux systèmes biologiques (ex. sang, lait) comme à celle de certains systèmes alimentaires (ex. émulsions). Ce sont des agents **tensioactifs**.

Le plasma contient également des ions tels que le sodium, le potassium, le magnésium, le chlore, le calcium et autres. Des échanges d'ions se produisent continuellement entre le plasma, le liquide interstitiel et le cytoplasme cellulaire.

Les ions sont nécessaires au **métabolisme** en quantités très précises. Il est très important que soit maintenu, à un niveau constant, le taux d'ions du plasma, ainsi que du liquide interstitiel et du cytoplasme qui sont en relation avec lui. C'est le rein qui se charge de la régulation de cet équilibre ionique en éliminant, selon les besoins de l'organisme, plus ou moins d'électrolytes dans l'urine.

9.4. VALORISATION DES PRODUITS SANGUINS

Le sang est l'une des plus anciennes sources de protéines pharmaceutiques humaines. On entend par produit sanguin tout constituant isolé du sang total tel que :

- globules rouges,
- concentré de plaquettes,
- plasma,
- albumine,
- facteurs de la coagulation,
- hémoglobine.

La valorisation du sang repose aujourd'hui essentiellement sur celle du plasma riche en protéines présentes en quantités très différentes, de l'ordre du µg/L par litre pour les facteurs de coagulation au g/L pour l'albumine ; chacune possédant une fonction physiologique particulière (tab. 9.2).

Tableau 9.2 – Composition protéique du plasma (mg/L)

(D'après HUART J.J. & BURNOUF T., STP Pharma Pratiques, Le fractionnement plasmatique, 1992, 2, 17-24, avec permission)

Protéine	Concentration (en mg/L)	Protéine	Concentration (en mg/L)
albumine	35 000-50 000	antithrombine III	220-390
IgG	8 000-18 000	inhibiteur de C1 estérase	20-70
fibrinogène	2000-4500	facteur v Willebrand	4-6
alpha-1-antitrypsine	1300-3000	facteur IX	3-7
IgA	900-4500	protéine C	3-7
IgM	600-2500	facteur VIII	0,1-0,2

Le plasma est obtenu à partir de dons de sang total ou par **aphérèse** (fig. 9.4). Dans le premier cas, le plasma est séparé des éléments figurés par **centrifugation**. Le plasma d'aphérèse est obtenu des opérations de plasmaphérèse au cours desquelles seul le plasma du donneur est conservé tandis que les autres composants du sang lui sont réinjectés. Le fractionnement du plasma humain permet l'isolement et la purification de certains constituants pour les utiliser dans le domaine thérapeutique et clinique. On parle alors de « médicaments dérivés du sang ou MDS ». On estime à environ 25 millions de litres le volume de plasma fractionné au monde et le marché mondial des produits plasmatiques à plus de 6 milliards d'euros.

Dans le domaine médical, le plasma ou ses dérivés sont utilisés :

- pour corriger les déficiences, héréditaires ou acquises, en facteurs de la coagulation ;
- pour augmenter la volémie (volume sanguin) et pour traiter les pertes de plasma provenant de brûlures (agents cicatrisants) ou d'hémorragies graves ;
- pour produire des immunoglobulines (protéines spéciales, appartenant à la classe des gammaglobulines, et qui sont responsables de l'activité anticorps) utilisées pour traiter des maladies infectieuses et des troubles immunitaires ;
- pour l'exsanguino-transfusion chez les nouveau-nés.

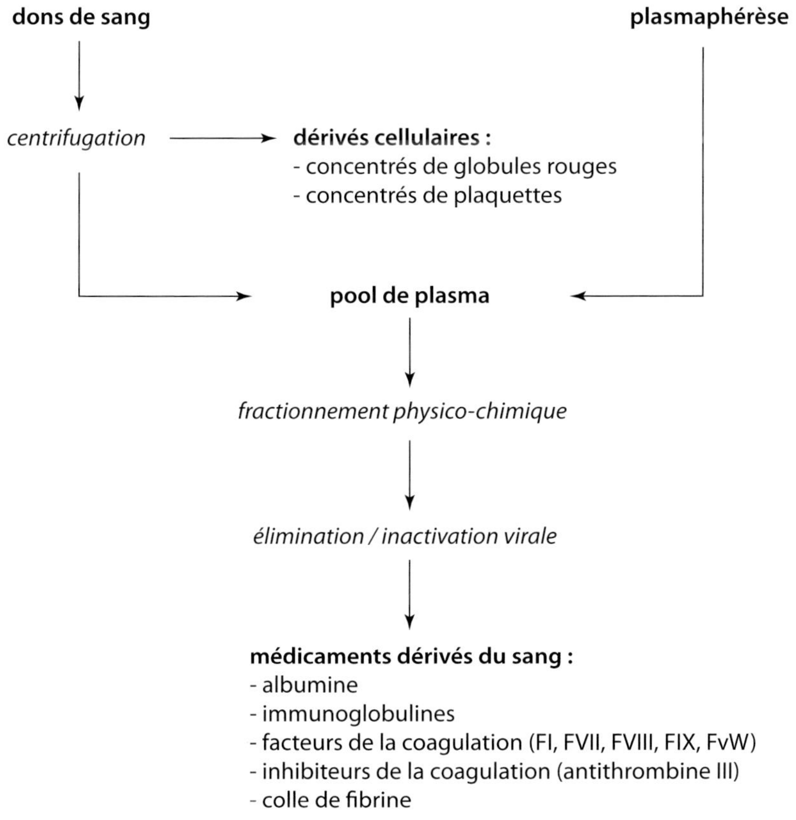

Figure 9.4 – Stratégie d'obtention des médicaments dérivés du sang

L'obtention des MDS repose sur l'association de trois types d'étapes :

- la décongélation du plasma (cryoprécipitation),
- les étapes d'isolement et de purification,
- les étapes d'élimination/inactivation virale.

9.4.1. FRACTIONNEMENT DU PLASMA

Le fractionnement consiste en une séparation des protéines plasmatiques et contribue à la purification des MDS tout en réduisant le risque de transmission des agents pathogènes.

Les technologies actuelles s'appuient encore largement sur un procédé connu sous le nom de fractionnement de Cohn, (développé dans les années 40 aux Etats-Unis puis en Europe) et combinant deux types de procédé (fig. 9.5) :

- Précipitations séquentielles à l'éthanol dilué (10-40 %), avec control précis du **pH**, de la température et de la force ionique et l'addition de certains ions métalliques bivalents, notamment Zn^{2+}. Cette étape aboutit notamment à la séparation de l'albumine et des immunoglobulines. La température de travail (- 3 à - 6 °C) permet de limiter les phénomènes de **dénaturation** protéique ou d'agrégation. Aux concentrations utilisées, l'éthanol assure un effet **bactériostatique** et participe à l'élimination virale par précipitation des virus et par inactivation des virus enveloppés ce qui renforce l'effet des étapes d'inactivation virale ultérieures.

- Cryoprécipitation qui consiste en la congélation du plasma à - 70 °C suivie d'une étape de décongélation à une température comprise entre 0 et 4 °C, ce qui permet d'isoler un **cryoprécipité** blanc utilisé pour la production des concentrés de facteurs VIII, XIII, Willebrand et de fibrinogène. Chaque produit est ensuite recongelé et conservé séparément pour une utilisation ultérieure. La cryoprécipitation possède un faible degré de purification et l'absence d'inactivation virale.

Il existe de nombreuses variantes des procédés de fractionnement utilisant, en général, les mêmes techniques que dans la méthode de Cohn mais dans des combinaisons différentes (Cohn-Oncley, Kistler-Nitschmann). La technique de Kistler-Nitschmann (fig. 9.6) est couramment utilisée dans les procédés de fabrication en Europe. Les protéines sont séparées suivant leur différence de **solubilité** dans des solutions éthanoliques par la mise en jeu de cinq paramètres : concentration d'éthanol (de 8 à 40 %), **pH** (entre 4,8 et 7,2), concentration protéique (5,1 % au début et 0,8 % aux dernières étapes), force ionique (0,14 à 0,01 M)

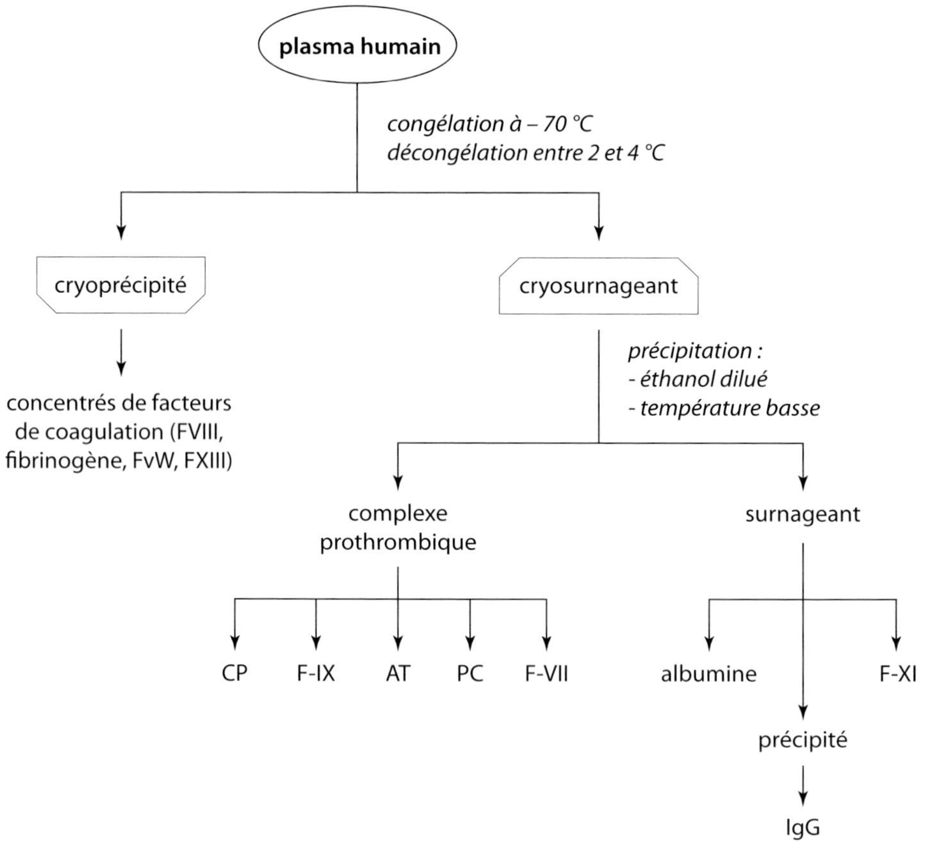

Figure 9.5 – Protocole général simplifié du fractionnement des protéines plasmatiques
CP : complexe prothrombinique, AT : antithrombine, PC : protéine C, IgG : immunoglobulines

et température (de 0 à - 8 °C). Chaque précipité est isolé du surnageant par **centrifugation** ou **filtration** puis remis en solution afin de poursuivre sa purification. Certains procédés comprennent, en particulier, l'utilisation du polyéthylène glycol à la place ou en plus de l'alcool, dans certaines étapes.

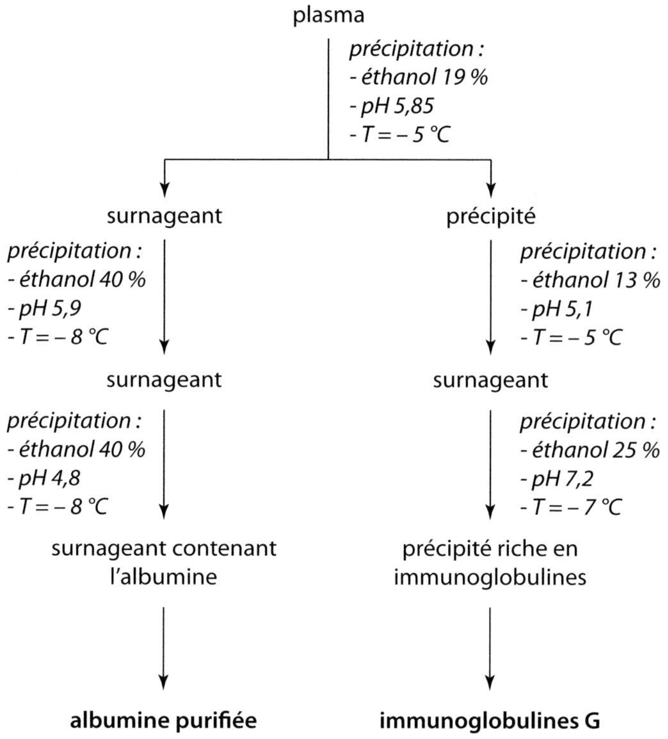

Figure 9.6 – Schéma général du fractionnement des protéines plasmatiques à l'éthanol selon Cohn (modifié par Kistler-Nitschmann)

Dans la pratique courante, ces méthodes utilisées à grande échelle, donnent des protéines de pureté intermédiaire mais elles ont l'avantage d'être bien au point et de limiter les risques de contamination bactérienne, en plus de leur relative facilité de mise en œuvre et de leur coût économique intéressant. Par ailleurs, la présence d'autres protéines plasmatiques dans ces **cryoprécipités** est susceptible d'être responsable de réactions secondaires d'hypersensibilité, d'hémolyse ou de thrombopénie que les améliorations dans ce domaine tendent à éliminer totalement.

Actuellement, la plupart des concentrés de MDS sont préparés par une succession d'une à plusieurs étapes de purification par **chromatographie** après solubilisation du cryoprécipité, adsorption ou précipitation de contaminants, et étape(s) d'inactivation virale. Les perfectionnements apportés aux procédés de fractionnement ont profondément marqué cette classe thérapeutique et ont conduit à l'obtention de concentrés protéiques spécifiques de plus en plus purs, présentant une meilleure tolérance.

9.4.2. MÉTHODES DE PURIFICATION

9.4.2.1. TECHNIQUES DE CHROMATOGRAPHIE

Les innovations récentes dans le domaine de la purification des protéines ont permis l'intégration de procédés chromatographiques sur divers supports aboutissant à l'élaboration de nouveaux produits thérapeutiques de haute pureté à partir des fractions intermédiaires obtenues avec le procédé classique. Les techniques chromatographiques utilisées ne doivent pas dénaturer la structure des protéines, ce qui pourrait les rendre non fonctionnelles et/ou plus immunogènes. La **chromatographie** d'exclusion stérique (filtration sur gel), d'échange d'ions (séparation des protéines en fonction de leur différence de charge), d'immuno-affinité (rétention des protéines suivant leur affinité pour un **ligand** spécifique) et d'**adsorption** sont les méthodes les plus importantes dans ce domaine (voir tab. 9.3). Les méthodes chromatographiques ont l'avantage de permettre la purification des protéines plasmatiques grâce à une séparation sélective obtenue par le choix du support chromatographique et des caractéristiques des **tampons** d'élution (pH, force ionique, etc.). Le facteur antihémophilique purifié par immuno-affinité est, à ce titre, un très bon exemple : il est près de 100 fois plus pure que le **cryoprécipité** utilisé autrefois.

▶ FILTRATION SUR GEL

La **chromatographie** par filtration sur gel repose sur un tamisage moléculaire c'est-à-dire une séparation de substances selon leur différence de taille moléculaire en fonction du diamètre des pores de la phase stationnaire. Celle-ci est constituée de petites billes de taille bien calibrée, percées d'un grand nombre de trous eux-mêmes bien calibrés. Elle peut être soit un gel d'agarose, de **dextran** ou un gel synthétique d'acrylamide, soit un gel mixte acrylamide-agarose ou acrylamide-dextran. La technique de filtration sur gel ne s'utilise que pour des purifications particulières lorsque les protéines sont globulaires et que leurs tailles sont très différentes.

▶ ÉCHANGE D'IONS

La **chromatographie** d'échange d'ions est fondée sur l'échange réversible et stoechiométrique entre les molécules ionisées d'un échantillon (dissous dans une solution tampon) et ceux d'un support chromatographique constitué d'une matrice insoluble portant en surface des groupements ionisables (soit positivement, soit négativement) associés à des ions échangeables qui assurent la neutralité électrique du support.

Selon le **pH**, les protéines sont ionisées et se fixent ou non à la matrice en fonction de leur charge. Dans une deuxième étape, la protéine fixée est éluée sélectivement, soit par un gradient de force ionique, soit par un gradient de pH. Les principaux supports sont des polymères cellulosiques, acryliques, polysaccharidiques, à groupements anioniques ou cationiques.

Parmi les supports chromatographiques mis au point pour une utilisation à grande échelle, HyperD est un échangeur d'anions fabriqué par BioSepra Biosystems (France) ; cet échangeur est composé d'un matériau inorganique à haute résistance mécanique dont les pores sont remplis d'un gel organique à haute capacité d'échange ionique.

▶ **Affinité**

Le principe de la séparation par **chromatographie** d'affinité repose sur les propriétés biologiques fonctionnelles de la molécule (protéine plasmatique, dans notre cas), c'est à dire sa capacité à former un complexe réversible très spécifique avec une autre molécule appelée **ligand**. Ce dernier est spécifique de la substance que l'on cherche à isoler. Généralement de faible poids moléculaire, il est lui même greffé par liaison covalente sur une phase stationnaire inerte, appelée matrice. Par exemple, l'héparine **immobilisée** est le ligand le plus utilisé pour l'isolement de l'antithrombine III et le facteur IX ; les **anticorps** monoclonaux de souris pour les facteurs VIII et IX.

Les **chromatographies** d'échange d'ions et d'affinité permettent, par leur grande sélectivité, d'aboutir à un produit final de très haute pureté et de plus assurent une certaine réduction virale.

▶ **Adsorption**

Le principe de ce type de **chromatographie** est basé sur l'**adsorption** sélective plus ou moins forte sur la surface d'une phase stationnaire solide active, de substances dissoutes dans une phase mobile liquide. Cette fixation est de nature électrostatique de type liaison faible (forces de Van der Waals, liaisons hydrogènes), entre les phases solide et liquide, et les substances dissoutes (solutés). Son intensité repose sur les polarités relatives des molécules à séparer, de la phase stationnaire et de la phase mobile. Les différentes phases mobiles sont donc caractérisées par leur capacité de désorber plus ou moins fortement les molécules fixées.

9.4.2.2. Précipitation par les polyéthylènes glycols

Les polyéthylènes glycols (PEG) sont des **polymères** hydrosolubles capables de précipiter les protéines selon leur taille. Agents de **précipitation** non dénaturants, ils sont mis en œuvre pour repurifier une fraction obtenue par précipitation éthanolique ou par cryoprécipitation.

La précipitation par le PEG a été utilisée avec succès pour un grand nombre de protéines. L'inconvénient majeur de ce précipitant est qu'il est difficile à séparer ensuite des solutions protéiques.

9.4.2.3. Ultrafiltration

Les éluats chromatographiques sont habituellement soumis à une ultrafiltration afin d'éliminer les composants de faible poids moléculaire (sels, alcools) et de permettre ainsi la concentration des solutions de protéines.

9.4.2.4. Avantages et inconvénients

Le niveau de purification des concentrés de facteurs VIII et vW obtenus après **chromatographie** est de l'ordre de 200 fois plus élevé que celui des produits obtenus avant 1988.

Depuis cette date, la production de concentrés plasmatiques de plus haute pureté a joué un grand rôle dans l'amélioration de la qualité et de l'espérance de vie des malades transfusés. Néanmoins, ces produits issus du sang ont été pendant longtemps responsables de contaminations virales car ils étaient obtenus à partir de mélanges de plasmas ; la présence d'un seul plasma infecté par un virus étant suffisante pour contaminer la totalité du mélange. En outre, des risques liés à la présence d'une quantité résiduelle d'**anticorps** monoclonaux (généralement murins) ayant servi de support, dans le produit final peuvent exister pour les préparations obtenues par **chromatographies d'immunoaffinité.** Ces anticorps pourraient générer des réactions allergiques chez certains patients lors de l'injection répétée du produit. Ceci a conduit, d'une part, au développement et la généralisation de la sélection médicale des donneurs, de techniques de dépistage génomique viral au niveau de la collecte du sang et à la mise en œuvre, au cours de la fabrication des produits, d'étapes supplémentaires et plus efficaces pour inactiver ou éliminer les virus, et d'autre part, dès le début des années 1990, à la production de facteurs de coagulation issus de **recombinaison génétique** dont l'efficacité est similaire à celle des médicaments d'origine plasmatique (voir § 9.4.3).

9.4.3. PRODUCTION DES MÉDICAMENTS D'ORIGINE SANGUINE (MDS) RECOMBINÉS

9.4.3.1. PRINCIPE

En utilisant la technologie de l'ADN recombiné, des cellules animales peuvent être génétiquement modifiées pour produire une protéine recherchée dans des conditions spécifiques. De petits morceaux circulaires d'ADN (plasmides), sont utilisés pour insérer des gènes codant pour la protéine recherchée dans le génome d'organismes qui possèdent un autre caractère souhaitable, comme la capacité de se développer sur des milieux bons marchés. La protéine sera alors exprimée par les cellules de ces organismes recombinés. Bayer Pharma fut l'un des pionniers de cette avancée biotechnologique, avec les premiers essais thérapeutiques, dès 1988, du facteur VIII obtenu par **recombinaison génétique** de cellules de rein de bébé hamster et commercialisé sous le nom de Kogenate-Bayer®.

La production des protéines par recombinaison génétique est une technique qui est actuellement bien maîtrisée et comporte les étapes suivantes, résumées dans la figure 9.7 :

- isolement des gènes humains codant pour les protéines des facteurs de la coagulation, au moyen d'**enzymes** de restriction ;
- l'ADN complémentaire (ADN sans les introns) de la protéine recherchée est ensuite inséré dans un vecteur d'ADN (ex. plasmide bactérien) ;
- ce vecteur est ensuite transfecté dans des cellules de Mammifères, cultivées *in vitro* et bien caractérisées, qui assurent les modifications post-traductionnelles nécessaires à l'activité coagulante des protéines. Les **bactéries** et les **levures** ne sont pas capables de synthétiser des protéines fortement glycosylées et de grande taille. Les lignées cellulaires habituellement utilisées sont :
  - des cellules d'ovaires de hamster chinois (*Chinese Hamster Ovary* ou CHO),
  - des cellules de reins de bébé hamster (*Baby Hamster Kidney* ou BHK).
- la protéine recherchée et sécrétée (dite recombinée) par les lignées cellulaires modifiées est par la suite recueillie, puis purifiée par **chromatographie d'immunoaffinité** sur des colonnes d'**anticorps** monoclonaux spécifiques de souris.

ADN humain

↓ *isolement du gène d'intérêt*

gène codant pour la protéine recherchée

↓ *transfection (via un vecteur d'ADN)*

cellules hôtes (CHO ou BHK) transfectées

↓ *culture*

production de la protéine recherchée

↓ *purification et isolement de la protéine*
élimination / inactivation virale

protéine pure, stabilisée dans son milieu de conservation

Figure 9.7 – Les différentes phases de production des protéines recombinées

9.4.3.2. AVANTAGES ET INCONVÉNIENTS DES MDS RECOMBINÉS

Les médicaments obtenus par la voie recombinante ont le même effet thérapeutique que les protéines d'origine plasmatique. Ils ne remplacent pas toutes les protéines plasmatiques mais comportent les avantages suivants :

- leur disponibilité n'est pas limitée par l'approvisionnement en plasma humain, issu généralement des dons de sang, ce qui diminue le risque de pénurie et permet d'envisager une production industrielle régulière à moindre coût ;
- absence de risques de contamination par des agents infectieux d'origine humaine tels que le VIH, les virus de l'hépatite et les **parvovirus** et donc de leur transmission ;
- le produit final d'une très haute pureté conserve, toute son activité physiologique.

L'inconvénient principal réside dans le risque allergique dû à la présence d'anticorps murins utilisés pour la purification, et de traces de protéines de hamster et d'ADN dans le produit fini.

Il existe 6 concentrés de 3 facteurs antihémophiliques d'origine recombinante :

- facteurs VIII : Recombinate® (Baxter), préparé sur cellules CHO et en cours de remplacement par l'Advate (sans albumine) ; Refacto® (Wyeth), délété d'une portion jugée inutile du gène, avant de transfecter les cellules ; Kogenate-Bayer® (Bayer) et Helixate Nexgen® (Aventis-Behring), préparés sur cellules BHK ;
- facteur IX : Benefix® (Baxter, Wyeth Pharmaceutiques), préparé sur cellules CHO ;
- facteur VII activé (rFVIIa) : Novoseven® (Novonordisk), préparé sur cellules BHK.

9.4.4. OBTENTION DES MÉDICAMENTS DÉRIVÉS DU SANG ET LEUR UTILISATION EN THÉRAPEUTIQUE

La stratégie adoptée pour l'obtention des médicaments dérivés du sang varie d'un produit à un autre (tab. 9.3). Leurs indications thérapeutiques sont répertoriées dans le tableau 9.4.

Le fibrinogène, destiné à l'usage clinique, est extrait du plasma humain par fractionnement éthanolique, purifié par **chromatographie** d'échange d'ions ou d'adsorption sur gel d'oxyde d'aluminium et inactivé par un traitement solvant-détergent (SD : méthode chimique d'inactivation des virus consistant à incuber le produit en présence d'un solvant organique puis d'éliminer le solvant-détergent par extraction).

Le facteur VII est extrait à partir du surnageant du **cryoprécipité** formé par congélation-décongélation du plasma humain. L'inactivation de ce produit est assurée par un mélange solvant-détergent qui détruit les virus et il est purifié par chromatographie d'échange d'ions.

Le facteur VIII est préparé à partir de larges pools de plasma et purifiés par chromatographie échangeuse d'ions, d'affinité ou d'immunoaffinité. Ce dernier procédé a été adopté par la firme Baxter qui commercialise l'Hemofil M® et la firme Rhône Poulenc-Armour qui commercialise le Monoclate P®. À ces produits d'origine plasmatique, s'ajoutent ceux d'origine recombinante.

Le facteur IX est obtenu à partir du surnageant, après séparation du **cryoprécipité** du plasma humain par **chromatographie** d'échange d'ions, d'affinité sur héparine ou d'immunoaffinité par des **anticorps** monoclonaux de souris. Il subit ensuite un traitement solvant-détergent suivi d'une **nanofiltration**. Un facteur IX recombinant est également commercialisé.

Le facteur XI est obtenu par fractionnement du plasma humain par cryoprécipitation, purifié par ultrafiltration et **chromatographie** d'adsorption puis inactivé par traitement solvant-détergent et par **nanofiltration**.

Le facteur XIII est extrait par fractionnement du plasma humain par la méthode de Cohn, purifié par **précipitation** en présence de citrate de sodium et inactivé par **pasteurisation** en présence de sorbitol. Il est disponible commercialement sous forme lyophilisée ou en solution.

FvWa est obtenu à partir du **cryoprécipité**, inactivé par traitement solvant-détergent et d'autres procédés comme la **chromatographie** d'échange d'ions et d'affinité associée à la **nanofiltration** qui élimine les agents infectieux.

Le complexe prothrombique, un mélange des facteurs II, VII, IX et X, est obtenu par **chromatographie** d'adsorption ou d'échange d'ions du surnageant du **cryoprécipité** de Cohn puis inactivé par solvant-détergent.

Le concentré d'AT humaine est obtenu après **précipitation** du plasma frais congelé, isolé par **chromatographie** ayant subi une inactivation virale par pasteurisation. La grande affinité de cette molécule pour l'héparine facilite son extraction : l'héparine greffée sur un gel d'agarose fixe l'AT qui est ultérieurement éluée à l'aide d'un gradient de force ionique.

Tableau 9.3 – Principaux produits plasmatiques utilisés dans le traitement des maladies hémorragiques et thrombotiques en France

(D'après VOYER A. et al., Hématologie, 2005, vol. 11, n°3, 189-200, © John Libbey Eurotext Ltd, avec permission)

Facteur	Produit commercial (Fabricant)	Procédés de purification	Procédés spécifiques d'élimination et/ou d'inactivation virale	Conservation
VIII	Factane® (Laboratoire Français du Fractionnement et des Biotechnologie, LFB-Biomedicaments)	chromatographies d'échange d'ions et d'adsorption	nanofiltration et traitement par solvant-détergent	2-8 °C, 30 mois, 25 °C, 6 mois ; à l'abri de la lumière
VIII	Hémophil M® (Baxter)	chromatographie d'affinité avec anticorps monoclonaux et chromatographie d'échange d'ions	traitement par solvant-détergent	2-8 °C, 2 ans
IX	Betafact® (LFB)	chromatographies d'échange d'ions et d'adsorption	nanofiltration et traitement par solvant-détergent	2-8 °C, 30 mois 25 °C, 6 mois ; à l'abri de la lumière
IX	Mononine® (Aventis Behring)	chromatographie d'affinité avec anticorps monoclonaux	ultrafiltration	2-8° C, 25 °C 1 mois
vWF	Wilfactin® (LFB)	chromatographies d'échange d'ions et d'adsorption	nanofiltration à 35 nm et chauffage à sec à 80 °C pendant 72 h et solvant-détergent	T° < 25 °C 3 ans ; à l'abri de la lumière
vWF + VIII	Wilstart® (LFB)	chromatographies d'affinité et d'échange d'ions, et adsorption pour le VWF et le F VIII	• pour le VWF, nanofiltration à 35 nm et chauffage à sec à 80 °C pendant 72 h et solvant-détergent • pour le F VIII, nanofiltration et traitement par solvant-détergent	2-8 °C 30 mois, 25 °C 6 mois ; à l'abri de la lumière
fibrino-gène	Clottagen® (LFB)	chromatographie et adsorption	traitement par solvant-détergent	T° < 25 °C, 3 ans ; à l'abri de la lumière
VII	F VII-LFB® (LFB)	chromatographies d'échange d'ions et d'adsorption	traitement par solvant-détergent	2-8 °C, 2 ans ; à l'abri de la lumière
XI	Hemoleven® (LFB)	chromatographie d'échange d'ions solvant-détergent	nanofiltration et traitement par	2-8 °C, 2 ans ; à l'abri de la lumière
XIII	Fibrogammin® (Aventis Behring)	précipitations répétées	pasteurisation de 10 h à 60 °C	2-8 °C

Tableau 9.3 (suite) – Principaux produits plasmatiques utilisés dans le traitement des maladies hémorragiques et thrombotiques en France

(D'après VOYER A. et al., Hématologie, 2005, vol. 11, n°3, 189-200, © John Libbey Eurotext Ltd, avec permission)

Facteur	Produit commercial (Fabricant)	Procédés de purification	Procédés spécifiques d'élimination et/ou d'inactivation virale	Conservation
PPSB	Kaskadil® (LFB)	chromatographies d'échange d'ions et d'adsorption	traitement par solvant-détergent	T° < 25 °C, 3 ans; à l'abri de la lumière
CCPA	Feiba® (Baxter)	chromatographie d'échange d'ions et précipitation à l'éthanol	traitement par la vapeur en deux étapes (60 °C pendant 10 h à 190 mbar, puis 80 °C pendant 1 h à 370 mbar)	2-8 °C, dont < 30 °C ; pendant 6 mois
protéine C	Protexel® (LFB)	chromatographie et adsorption	solvant-détergent	2-8 °C, 2 ans ; à l'abri de la lumière
protéine C	Ceprotin® (Baxter)	chromatographies d'affinité et d'échange d'ions	solvant-détergent et traitement par la vapeur	2-8 °C, 2 ans ; à l'abri de la lumière
AT	Aclotine® (LFB)	chromatographie et adsorption	pasteurisation	T° < 25 °C, 2 ans ; à l'abri de la lumière

L'albumine est extraite par fractionnement du plasma humain par l'éthanol et **pasteurisation** à 60 °C pendant 10 h. La solution d'albumine, conservée à l'abri de la lumière, est stable pendant 3 ans à une température ne dépassant pas 25 °C. Elle est commercialisée sous deux concentrations : 4 % (solution iso-oncotique) et 20 % (solution concentrée).

Les immunoglobulines sont obtenues par fractionnement du plasma par **précipitations** séquentielles à l'éthanol puis traitées par la pepsine, ramenées à **pH** 4 puis chromatographiées sur différents supports. Le contact avec l'éthanol, l'inactivation par traitement solvant-détergent et l'incubation à pH 4 concourent à l'inactivation de certains virus. La pepsine, bien qu'utilisée à une concentration très faible, par son activité protéolytique, accélère le processus d'inactivation virale.

Les immunoglobulines thérapeutiques sont classées en deux catégories principales :

- les immunoglobulines polyvalentes, provenant de pools de plasmas de plusieurs milliers de donneurs sains,
- les immunoglobulines spécifiques, provenant de pools de plasmas de donneurs immunisés contre un antigène déterminé.

Tableau 9.4 – Indications thérapeutiques des principaux produits plasmatiques

Produit plasmatique	Utilisation en thérapeutique
fibrinogène	traitement curatif des hémorragies et traitement préventif en situation chirurgicale ou obstétricale dans les cas d'hypo- ou d'afibrinogénémies constitutionnelles, et de certaines formes de dysfibrinogénémies ou d'hypofibrinogénémies sévères acquises
facteur VII	traitement et prévention des accidents hémorragiques liés à un déficit isolé en facteur VII
facteur VIII	arrêt ou prévention des manifestations hémorragiques de l'hémophilie A, maladie caractérisée par un déficit congénital en facteur VIII
facteur IX	arrêt ou prévention des hémorragies lors d'accidents hémorragiques ou d'interventions chirurgicales chez les hémophiles B (déficients en facteur IX)
facteur XI	traitement des déficits congénitaux en facteur XI
facteur XIII	traitement prophylactique et curatif des exceptionnels déficits en facteurs XIII
fvW	correction des troubles de l'hémostase chez les patients atteints de la maladie de Willebrand (maladie hémorragique constitutionnelle due à un déficit en FvW)
complexe prothrombique	déficits acquis en facteurs II et X qui sont des facteurs vitamine K-dépendants
concentré d'AT	déficits congénitaux ou acquis en AT
protéine C	prévention et traitement des thromboses chez le déficitaire en protéine C, en particulier dans le contexte chirurgical et obstétrical
albumine	l'albumine à 4 % est utilisée principalement dans les cas d'hypovolémie de la femme enceinte et de l'enfant au cours des échanges plasmatiques ainsi que dans le traitement des brûlés graves l'albumine à 20 % est indiquée dans le cas d'hypoalbuminémie
immuno-globulines	traitement substitutif des déficits de l'immunité humorale

Si la valorisation des produits sanguins a posé des problèmes au niveau mondial il y a une dizaine d'année, actuellement les conditions de prélèvements totalement maîtrisées dans de nombreux pays, et le développement de méthodes de contrôle plus fines des produits sanguins présentées dans les paragraphes précédents permettent de proposer maintenant aux malades des MDS fiables et sans risque majeur. Enfin la production en plein développement de médicaments recombinés permet aux fabricants de s'affranchir du problème majeur de l'approvisionnement.

Chapitre 10 – Produits laitiers

10.1. Introduction

Le lait est un milieu aqueux caractérisé par trois phases en équilibre instable : une **émulsion** de globules lipidiques dans un liquide qui est lui-même une **suspension** colloïdale de matières protéiques (sous forme de micelles) dans un sérum (solution vraie). Ce lactosérum est une solution neutre qui contient principalement du lactose et du sodium mais aussi des protéines et des **vitamines** hydrosolubles. Globalement, le constituant principal du lait est l'eau avec 902 g/L alors que la **matière sèche** ne représente que 130 g/L (fig. 10.1).

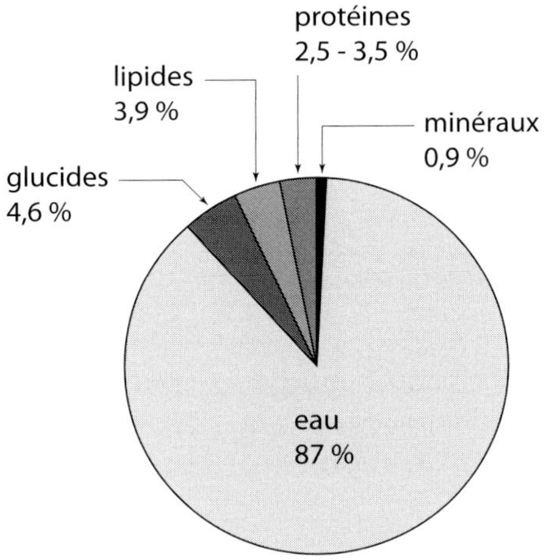

Figure 10.1 – Composition globale du lait

La production laitière mondiale provient pour près de 88 % du lait de vache. Le reste provient d'autres mammifères dont les bufflonnes, les brebis et les chèvres. Le lait ou certains de ses composants constituent la matière première d'un grand nombre de produits obtenus à l'aide de procédés variés, essentiellement de nature physique et/ou biochimique.

La Fédération Internationale de Laiterie (FIL) rapporte que la production laitière totale a atteint 519 millions de tonnes en 2004. Les pays en tête de la production laitière sont toujours les pays de l'Union Européenne suivis de l'Amérique du Nord et de l'Asie.

10.2. OBTENTION ET TRAITEMENT DU LACTOSÉRUM

Les quantités de lactosérum disponibles dans le monde sont considérables puisqu'elles représentent au moins 85-90 % du lait transformé en fromage. La composition de ce dérivé de l'industrie laitière varie avec son origine et son lieu de fabrication.

Deux catégories de lactosérum peuvent être distinguées, en fonction de son acidité qui peut être inférieure ou supérieure à 1,8 g d'acide lactique par litre :

- Le lactosérum doux issu de la fabrication de **fromages à pâte pressée** ou à pâte molle, cuite ou non cuite, obtenus par coagulation à la présure (solution contenant un mélange de 2 **enzymes** protéolytiques : la chymosine (80 %) et la pepsine (20 %), prélevées de la paroi de la caillette des jeunes veaux non sevrés), ex. camembert, brie, bleu, emmenthal, saint-paulin, cheddar, gruyères, etc. À part l'eau, il a la même composition que le lactosérum liquide. Ces lactosérums présentent un **pH** d'environ 6 à 6,7.
- Le lactosérum acide issu des autres **fromages à pâtes fraîches** obtenues par coagulation lactique ou mixte (par action conjointe de la présure et de l'acide lactique issu de la fermentation microbienne), ex. fromages blancs, petit suisse, etc. Ces lactosérums présentent un pH de l'ordre de 4,2 à 4,5.

D'une façon générale, les sérums acides contiennent moins de **lactose** et davantage de minéraux, notamment de calcium et de phosphore, du fait de la déminéralisation des caséines. Les protéines sont constituées principalement de protéines solubles ; dans les procédés de fabrication utilisant des températures élevées de pasteurisation, leur teneur diminue.

Il existe de nombreuses utilisations possibles du lactosérum dans l'alimentation humaine et animale, mais sa teneur en eau élevée (94 %), sa forte minéralisation (10 à 20 % de l'extrait sec) et son altérabilité (c'est un bon milieu de culture), rendent difficile sa valorisation sous sa forme liquide. Le lactosérum est généralement filtré et centrifugé afin de récupérer les particules de caillé et la matière grasse, puis concentré ou déshydraté. Sa conservation nécessite de le traiter sans délais en le refroidissant vers 5 à 8 °C après, si possible, pasteurisation.

Les méthodes de traitement du lactosérum sont variées et permettent d'obtenir de nombreux produits.

Tous les types de lactosérum, déminéralisés ou non, peuvent être concentrés puis éventuellement déshydratés, sur rouleaux ou, mieux, par pulvérisation (procédé spray). La concentration du sérum avant déshydratation permet la **cristallisation** du lactose sous forme alfamonohydratée et, ainsi, l'obtention d'une poudre non hygroscopique et peu collante. Selon la qualité du sérum mis en œuvre, il existe différentes variétés de concentrés ou de poudres : produits de sérum doux, de sérum acide, de sérum déminéralisé et de sérum délactosé. D'une façon générale, les sérums doux sont plus faciles à sécher, de meilleure qualité et offrent plus de débouchés.

10.3. FRACTIONNEMENT ET UTILISATION DU LACTOSÉRUM

De nos jours, le lactosérum n'est plus considéré comme un déchet de l'industrie fromagère, mais plutôt comme un sous-produit qui contient de nombreux éléments protéiques bioactifs et qui trouve de nombreuses applications. Il est commercialisé sous forme de concentrés liquides, de poudres de produit brut, ou est fractionné pour obtenir des protéines destinées à des applications particulières.

Les poudres sont principalement utilisées dans les aliments d'allaitement pour veaux, chevreaux, agneaux. Elles sont également employées, de même que les concentrés liquides, en mélange avec d'autres aliments (hachis de paille, mélasses, drêches de brasserie, farines de soja), pour divers animaux d'élevage (bovins, porcs, volailles).

En alimentation humaine, les sérums concentrés et en poudre ont des applications dans les produits à base de **céréales**, où ils agissent à la fois comme renforçateur des farines et améliorateur de goût et de couleur. Moins coûteux que la poudre de lait, ils tendent à la remplacer, au moins, en partie. Les poudres de lactosérum déminéralisé et de lactosérum sans **lactose** sont utilisées dans les aliments pour bébés, les aliments **diététiques** et les aliments dont le profil et la concentration en minéraux sont des attributs importants.

Les sérums concentrés et en poudre sont aussi utilisés en mélange avec de la crème ou de la matière grasse butyrique ou végétale, des protéines et additifs divers (**stabilisants**, sucre, sel, **arômes**, etc.) pour préparer divers produits crémeux, pâteux ou à tartiner.

La qualité nutritive du lactosérum tient à la fois à la présence du lactose et des protéines sériques. Les procédés de **fractionnement** permettent d'obtenir, à partir du lactosérum, des fractions protéiques enrichies en certaines protéines.

10.4. PROTÉINES DU LAIT

Les matières azotées, protides ou protéines du lait de vache constituent un ensemble complexe dont la teneur totale varie de 25 à 35 g/L. Ce taux est élevé en comparaison des quantités présentes dans le lait de femme (environ 12 g/L). Ces protéines peuvent être réparties en deux grandes fractions suite à leur **précipitation** en milieu acide à **pH** 4,6 (20 °C). La fraction des caséines coagule dans ces conditions tandis que les autres protéines restent solubles (protéines sériques ou protéines du lactosérum).

10.4.1. PROTÉINES NON SOLUBLES

Cette fraction est représentée principalement par les caséines. Ce sont des phospho-glycoprotéines constituant environ 75-80 % des protéines totales du lait de vache (contre 30 % dans le lait humain) et se trouvant sous forme de micelles.

Les micelles sont des micro-particules solides de phosphocaséinate de calcium d'un diamètre de 0,1 µm en **suspension** colloïdale. Elles sont composées de 4 fractions protéiques de types différents et dont les poids moléculaires s'étalent entre 19 000 et 31 000 : les 2 alpha-caséines (alpha 1 et alpha 2), la béta-caséine et la kappa-caséine, dénommées ainsi selon leur mobilité électrophorétique décroissante. Elles sont bien équilibrées, notamment en lysine mais déficientes en acides aminés soufrés en raison du faible taux de cystéine (0,4 %). Elles possèdent par contre d'excellentes propriétés **fonctionnelles** (émulsification, épaississement).

D'autres formes de caséines sont dérivées de modifications post-traductionnelles comme la phosphorylation, la glycosylation ou l'**hydrolyse** partielle (voir aussi Chapitre 2 – Protides, § 2.3.3. – Modifications post-traductionnelles).

Les caséines sont, avec la matière grasse, les constituants du lait qui intéressent le plus le fromager car elles sont retenues de façon sélective au cours de la fabrication du fromage. Leur taux influe directement sur le rendement. En effet, ces protéines sont sensibles aux acides (ex. acide lactique) et aux **enzymes** coagulantes (ex. présure). Cette sensibilité est mise à profit en fabrication fromagère (obtention du caillé, première étape de l'élaboration de tout fromage) et en fabrication caséinière (obtention de la caillebotte, première étape de la production de caséine acide ou de caséine présure).

Le développement des techniques de microfiltration et d'ultrafiltration permet maintenant :

- l'extraction directe des caséines sous forme native, le phosphocaséinate de calcium (molécule de caséine associée à du phosphore et du calcium),
- l'extraction sélective de la béta-caséine et de la kappa-caséine.

La maîtrise de ces technologies ouvre de nouveaux horizons pour la valorisation des caséines du lait en raison de leurs propriétés **fonctionnelles** et nutritionnelles particulières. Leur hydrolyse, à l'aide de trypsine, donne naissance à des oligopeptides solubles et facilement assimilables dont certains fragments de la bêta-caséine ou de la kappa-caséine sont doués de propriétés biologiques tout à fait remarquables. De plus, l'allergénicité éventuelle de la caséine est réduite.

10.4.1.1. Phosphocaséinate de calcium

Le phosphocaséinate natif présente un large éventail de propriétés **fonctionnelles** (viscosité, pouvoirs liants, moussant, émulsifiant) ; ses propriétés nutritionnelles sont également des plus intéressantes (ex. moindres réactions allergènes).

10.4.1.2. Béta-caséine

C'est une des 4 fractions protéiques constitutives de la caséine aux côtés des 2 alpha-caséines et de la kappa-caséine.

Par **hydrolyse** enzymatique à l'aide de la trypsine, on obtient, à partir de cet isolat, divers fragments peptidiques. Chacun d'eux a des propriétés biologiques particulières : activité morphinomimétique de la béta-caséinomorphine, activité hypotensive, aptitude à fixer et à transporter des oligo-éléments minéraux tels que le calcium, le fer, le cuivre, le zinc, etc. Ils entrent dans la formulation de préparations pharmaceutiques utilisées dans le traitement de l'ostéoporose et/ou dans la lutte contre les carences minérales de l'organisme.

10.4.1.3. KAPPA CASÉINE

Elle joue un rôle stabilisateur de la micelle de caséine. Sous l'action des **enzymes** coagulantes (ex. présure), c'est celle qui, en tout premier lieu, est hydrolysée en deux parties : la para-caséine kappa, **hydrophobe** et le caséino-glycopeptide, **hydrophile**. Cette coupure provoque la destabilisation des micelles de caséine ; la para-caséine participe à la gélification du lait, le caséino-macropeptide (glycomacropeptide, ou GMP) se retrouve dans le lactosérum. Un des fragments peptidiques de la caséine kappa agit contre la formation des caillots sanguins. Cette activité antithrombotique est à l'origine actuellement de nombreuses recherches en vue de l'extraire et de le purifier.

10.4.1.4. CASÉINE ACIDE

Ce type de caséine est obtenu industriellement par **précipitation** de la caséine du lait à l'aide d'acides minéraux (ex. acide chlorhydrique). L'opération se déroule entre 30 et 40 °C et au **pH** isoélectrique de la caséine (pHi = 4,6), pendant 2 h. Ce précipité est égoutté, lavé à l'eau pure, essoré puis centrifugé ou séché à l'air chaud. La caséine acide contient au minimum 90 % de protéines dans sa **matière sèche** totale et elle est pauvre en éléments minéraux (environ 2,5 %). Etant insoluble dans l'eau, son utilisation principale est la fabrication de caséinates. Elle est toutefois employée en l'état dans la production de fromages fondus et dans la composition de préparations diététiques et d'**aliments infantiles**. Elle trouve aussi quelques utilisations non alimentaires : colles, peintures, plaques photographiques, etc.

10.4.1.5. CASÉINATES

Ces isolats sont obtenus par séchage de la caséine acide préalablement solubilisée dans de l'eau à **pH** 6,5 à 7, additionnée d'éléments alcalins (ex. sodium, calcium, ammonium, potassium, etc.). Quel que soit l'**alcali** utilisé, tous les caséinates contiennent au minimum 88 % de protéines dans leur **matière sèche** totale mais leurs propriétés **fonctionnelles** et leurs adaptations à des utilisations nutritionnelles dépendent largement de l'alcali choisi. Ainsi, les caséinates de potassium, d'ammonium et de calcium sont plutôt adaptés aux besoins des industries pharmaceutiques et diététiques alors que les caséinates de sodium douées de propriétés épaississantes, émulsifiantes et moussantes sont appréciées par les industries **agro-alimentaires** de la salaisonnerie, des plats cuisinés, des sauces, des crèmes fouettées, etc.

10.4.1.6. CASÉINE LACTIQUE

Cet isolat est obtenu par précipitation de la caséine après acidification du lait à l'aide de **bactéries** lactiques sélectionnées qui lui sont ajoutées à des températures comprises entre 25 et 40 °C. Comme la caséine acide, la caséine lactique se caractérise par une pauvreté en éléments minéraux (2 à 3 % en matière sèche) et notamment en phosphate de calcium.

10.4.1.7. CASÉINE PRÉSURE

C'est une forme de caséine industrielle obtenue par coagulation de la kappa-caséine du lait par action de la présure (enzyme coagulante) à 35 °C. Après brassage et égouttage, le coagulum est lavé ou non à l'eau pure, essoré puis séché. La caséine présure est dépourvue de la fraction kappa, solubilisée sous l'action hydrolytique de la présure mais contient au minimum 84 % de protéines dans sa **matière sèche** totale, et plus de 7,5 % de sels minéraux (éléments phospho-calciques du lait). Cette teneur élevée en minéraux la rend plus facilement humidifiable que la caséine acide. Elle a des propriétés plastiques et une aptitude au filage ; ces propriétés en font, un **ingrédient** texturant de premier choix pour diverses industries **agro-alimentaires** (**charcuteries**, viandes) et elles permettent son extrusion.

10.4.2. PROTÉINES SOLUBLES

Bien qu'en faible quantité dans le sérum, où elles ne représentent qu'environ 13 % de la **matière sèche**, l'extraction des protéines sériques présente un grand intérêt en raison de leur excellente valeur nutritionnelle (contenant des acides aminés essentiels tels que la lysine, la méthionine et le tryptophane). Notamment leur utilisation est possible dans les domaines diététiques et thérapeutiques pour leurs effets physiologiques spécifiques sur le corps humain : immunomodulateurs, anti-inflammatoires, antimicrobiens, antioxydants, et anticancéreux. De plus, grâce à leurs excellentes propriétés techno-fonctionnelles, elles ont un grand nombre de rôles spécifiques dans la texture de préparations alimentaires. Les applications des protéines sériques sont résumées dans le tableau 10.1. Les propriétés nutritionnelles et **fonctionnelles** recherchées de ces protéines peuvent être : **digestibilité**, richesse en acides aminés essentiels, **solubilité** dans une grande gamme de **pH** (boissons au lait, limonaderie), capacité à absorber et à fixer l'eau (pour la préparation et la conservation de plats cuisinés), aptitude à la gélification, propriétés émulsifiantes et moussantes (confiserie, nougaterie). Les protéines sériques sont également employées dans d'autres

Tableau 10.1 – Applications des protéines sériques en industrie alimentaire

Domaines d'applications et produits	Propriétés recherchées
biscuiterie	enrichissement en protéines • rétention d'eau • gélification • amélioration de la texture (interaction avec le gluten) • coloration (réaction de Maillard)
pâtes	enrichissement en protéines • amélioration de la texture
confiserie • nougaterie	émulsification • formation de mousses • rétention d'eau • gélification
soupes • sauces	épaississement (interaction avec l'amidon) • émulsification
plats préparés	épaississement • émulsification • rétention d'eau
farines lactées	enrichissement en protéines • solubilité
boissons lactées ou fruitées	épaississement
aliments infantiles et diététiques	enrichissement en protéines • solubilité • épaississement
fromagerie	émulsification • épaississement • gélification
crèmes • flans • yaourts	émulsification • épaississement • gélification
produits à base de viandes (saucisses, pâtés, etc.)	émulsification • épaississement • gélification • agents de liaison • rétention d'eau

opérations de l'industrie **agro-alimentaire**, telles que la fabrication des potages lyophilisés, des fromages fondus, des crèmes glacées, des mousses de foie et la panification. Enfin, les protéines sériques conviennent particulièrement bien au développement des **levures**.

Le lactosérum est constitué de protéines qui sont divisées en deux groupes ; d'une part, les globulines avec principalement la β-lactoglobuline (β-Lg) et les immunoglobulines et d'autre part, les albumines avec l'α-lactalbumine (α-La) et l'albumine sérique.

Sur le plan quantitatif, la β-lactoglobuline et l'α-lactalbumine sont les protéines majeures du lactosérum ; les autres protéines sont dites mineures. Contrairement à l'albumine sérique et aux immunoglobulines qui proviennent du compartiment sanguin, ces deux protéines sont synthétisées par la glande mammaire de la vache.

10.4.2.1. Béta-lactoglobuline (β-Lg)

Caractéristique du lait des **ruminants** dont elle est la principale protéine soluble (50-55 % de la totalité des protéines du lactosérum bovin), la β-Lg est absente du lait humain.

Insensible à l'action des acides (jusqu'à pH 2) et de la présure, elle se retrouve au sein du lactosérum. Elle présente, en revanche, une sensibilité très élevée à la chaleur (**réaction de Maillard**) et est facilement dénaturée par celle-ci (floculation et précipitation). De ce fait, et lors du chauffage, elle réagit avec d'autres protéines du lactosérum par le groupe –SH libre du résidu cystéine. Il est généralement admis que le comportement fonctionnel de l'ensemble des protéines sériques est, en grande partie, influencé par la prédominance de la β-Lg.

Diverses propriétés biologiques ont été attribuées à cette protéine ou à ses peptides : inhibition de l'ACE (*Angiotensin Converting Enzyme*), activité antimicrobienne, effet hypocholestérolémiant, activité opioïde, etc. Elle présente aussi la capacité d'interagir avec diverses petites molécules **hydrophobes** ce qui lui confère une fonction potentielle de transporteur moléculaire.

Elle est utilisée en industrie **agro-alimentaire** (charcuterie, biscuiterie, etc.) pour ses propriétés gélifiantes et moussantes proches de celles du blanc d'œuf.

10.4.2.2. Immunoglobulines (Ig)

Les Ig sont des **glycoprotéines** qui sont naturellement présentes dans le lait et surtout dans le colostrum (première sécrétion de la mamelle au cours des sept jours suivant le vêlage). Elles se retrouvent dans le lactosérum où elles représentent environ 10 % des protéines totales.

Le lactosérum contient 4 des 5 classes d'Ig : IgG, IgA, IgM et IgE. Les IgG représentent la plus forte proportion (80 % des Ig totales). Les Ig ont pour principal rôle d'assurer la transmission de l'**immunité** passive de la mère au nouveau-né.

Elles peuvent être extraites du lactosérum et purifiées par **chromatographie** d'échange d'ions et être utilisées dans la formulation de laits destinés à la prévention des nourrissons contre d'éventuelles infections intestinales.

10.4.2.3. ALPHA-LACTALBUMINE (α-La)

Deuxième protéine soluble du lait, par ordre d'importance quantitative, puisqu'elle constitue environ 20 à 25 % des protéines sériques du lait bovin et plus de 40 % des protéines du lait humain. C'est pourquoi elle entre dans des formulations de diététique spécifiques comme les **laits maternisés** ou des formules pour les adultes et sportifs qui bénéficient de sa grande richesse en tryptophane (4 résidus par mole) et en acides aminés soufrés. Elle entre également dans des préparations spéciales régulatrices du sommeil et de l'appétit ainsi que dans les formulations destinées aux personnes allergiques à la β-Lg du lait de vache.

L'α-La présente la capacité de fixer le calcium de façon particulière, mais aussi le zinc et d'autres ions métalliques.

Insensible aux acides et aux **enzymes** coagulantes (ex. présure), elle se trouve systématiquement dans le lactosérum. Toutefois, elle peut être isolée par **précipitation** par la chaleur en présence d'acides et de calcium.

10.4.2.4. ALBUMINE SÉRIQUE

L'albumine sérique représente près de 7 % des protéines du lactosérum. On en trouve aussi, sous une forme extrêmement voisine, dans le sérum sanguin. Très riche en ponts disulfures (17 par molécule) qui assurent la stabilité de la chaîne polypeptidique unique, son poids moléculaire est d'environ 66 300.

Grâce à la présence de liaisons réversibles, elle joue un rôle de transporteur de diverses molécules et ions. Elle est douée également de propriétés antioxydantes et immunostimulantes du fait de sa richesse en groupes glutamylcystéines (rares dans les protéines alimentaires) ; ce qui lui confère un rôle important dans la synthèse et l'activation du glutathion. Ce dernier est un tripeptide sulfuré résultant de l'union de l'acide glutamique avec la cystéine et la glycine et joue un rôle primordial dans les phénomènes biologiques d'oxydoréductions intracellulaires (antioxydant).

10.4.2.5. LACTOFERRINE (Lf)

Cette glycoprotéine soluble est présente dans le lait de vache (environ 0,3 g/L) et dans le lait de femme (2 à 4 g/L). De structure très proche de la transferrine du sang, elle a, comme celle-ci, la capacité de fixer le fer (2 atomes de fer par molécule). Cette propriété lui confère une activité **bactériostatique** car, en fixant le fer disponible dans les aliments, elle prive les **bactéries** pathogènes de cet élément indispensable à leur développement. De plus, elle a des propriétés immunostimulante, antithrombotique, anti-inflammatoire, bifidogène, et joue un rôle contre l'oxydation. Certaines propriétés biologiques sont dues à la lactoferricine (Lfc), un peptide issu de l'**hydrolyse** naturelle de la Lf par la pepsine lors de la digestion gastrique.

La Lf peut être extraite, à partir du lait et/ou du lactosérum, par **chromatographie** d'échange d'ions, par filtration sur gel (CM-Sephadex), par chromatographie d'affinité (Cibachron Blue-Sepharose, Heparin-Agarose ou DNA-Agarose). Elle est le plus souvent obtenue avec la lactopéroxydase qui est l'enzyme la plus abondante du lait.

Ce couple lactoferrine-lactopéroxydase est utilisé dans des produits de soins bucco-dentaires (ex. dentifrices) comme agent de protection de la cavité buccale et prévention de la plaque dentaire et de la gingivite, de « laits » cosmétologiques anti-acné, etc. L'activité **bactériostatique** de la Lf est mise à profit pour la formulation de laits infantiles.

10.4.2.6. Lipoprotéine

Cette molécule résulte de l'association d'une protéine avec un ou plusieurs corps gras (lipides) : c'est une hétéroprotéine (par opposition aux holoprotéines constituées uniquement d'acides aminés). Douées de propriétés **amphiphiles** (à la fois **hydrophiles** et **hydrophobes**), les lipoprotéines participent à la stabilité physique de nombreux systèmes biologiques (ex. sang, lait) comme à celle de certains systèmes alimentaires (ex. émulsions). Ce sont des agents **tensioactifs**.

Des lipoprotéines peuvent être extraites du lactosérum et/ou du **babeurre**; elles sont employées en tant qu'**ingrédients** alimentaires, en particulier pour leurs propriétés émulsifiantes. Elles trouvent aussi des utilisations en cosmétique.

10.4.2.7. Lysozyme

Cette protéine est dotée d'une activité enzymatique très spécifique qui lui permet d'hydrolyser les polysaccharides des parois des **bactéries** réagissant positivement à la coloration de **Gram** comme *Clostridium butyricum* qui peut contaminer le lait. Son action est moins nette sur les bactéries réagissant négativement à la réaction de Gram.

L'hydrolyse porte sur la partie glucidique des peptidoglycanes des parois de ces bactéries au niveau des liaisons β-(1→4) entre la *N*-acétylglucosamine (NAG) et l'acide N-acétylmuramique (NAM) (fig. 10.2) (d'où son autre nom, *N*-acetylmuramyl hydrolase), ce qui entraîne leur solubilisation partielle, provoquant l'éclatement (**lyse**) et la mort des bactéries.

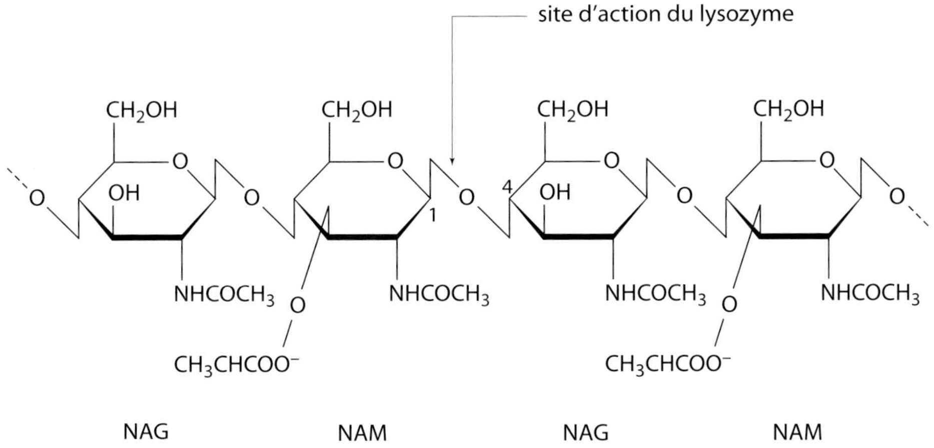

Figure 10.2 – Site d'action du lysozyme sur un polysaccharide NAG-NAM alternant

En raison de ses vertus **bactéricides**, le lysozyme est utilisé dans la formulation de **laits maternisés** ainsi que dans l'industrie pharmaceutique comme principe actif de traitements contre les infections de la cavité buccale et du système respiratoire, ou encore, comme conservateur naturel dans un grand nombre de préparations alimentaires.

Le lysozyme est présent dans le lait de vache (plusieurs dixièmes de mg/L) et le lait de femme (quelques centaines de mg/L).

Les méthodes les plus utilisées pour son extraction sont la **cristallisation** et **précipitation** à l'aide de chlorure de sodium, la filtration par membranes, la chromatographie d'affinité et la **chromatographie** d'échange d'ions. C'est la première enzyme et la seconde protéine (après la myoglobine) dont on a établi la structure tridimensionnelle par cristallographie aux rayons X.

Le lysozyme est thermosensible et est très endommagé au cours de la **pasteurisation**.

10.4.3. Produits commerciaux à base de protéines du lactosérum

L'introduction des techniques de séparation par membrane (ultrafiltration et microfiltration) et par **chromatographie** d'échange d'ions et de filtration sur gel est à l'origine de l'apparition sur le marché de produits enrichis en protéines du lactosérum. Ainsi, les protéines sériques sont actuellement commercialisées sous forme de « concentrés protéiques de lactosérum » (CPL), d'« isolats protéiques de lactosérum » (IPL) ou d'« hydrolysats protéiques du lactosérum » (HPL).

Les CPL sont généralement obtenus par **ultrafiltration** combinée à une ou plusieurs étapes de **diafiltration**, après extraction de l'eau. Ces procédés mènent à une diminution des minéraux et du lactose présents dans le lactosérum. Leur teneur en protéines varie entre 35 % et 85 % de la **matière sèche**. Les CPL peuvent être utilisés sous forme liquide, concentrée ou sèche.

Les propriétés **fonctionnelles** des CPL dépendent des proportions respectives de leurs divers constituants et de leur état plus ou moins natif ou dénaturé, mais également de la nature et de la quantité des autres constituants présents (lactose, lipides, sels, etc.). Tous ces facteurs dépendent eux-mêmes des techniques et procédés utilisés pour leur préparation (précipitation, ultrafiltration, chromatographie) et tout particulièrement de l'intensité des traitements thermiques utilisés.

Les IPL sont des poudres hautement concentrées en protéines. Ils sont obtenus par **chromatographie** d'échange d'ions, suivie d'une **ultrafiltration**. Ces procédés entrainent l'élimination de la quasi-totalité du lactose et des lipides (< 1 %) ainsi qu'une diminution importante de la teneur en minéraux (2 %). La teneur des IPL en protéines peut être supérieure à 90 %.

En raison des différences dans les procédés technologiques utilisés pour leur élaboration, les CPL et les IPL présentent des compositions en protéines différentes.

Les HPL sont des mélanges de molécules de taille plus ou moins importante (polypeptides, oligopeptides, acides aminés) résultant de l'**hydrolyse** des protéines complexes par actions de protéases. La spécificité de ces dernières est le critère principalement utilisé en fonction du profil des peptides désirés. Les endoprotéases d'origine animale (ex. pepsine, trypsine, chymotrypsine, pancréatine), végétale (papaïne, broméline) et bactérienne (alcalase, neutrase) sont les **enzymes** les plus employées à l'échelle industrielle pour l'élaboration des **hydrolysats protéiques**. Les propriétés physico-chimiques des molécules libérées dépendent alors de leurs séquences en acides aminés.

Au plan nutritionnel, l'hydrolysat présente des avantages certains par rapport aux protéines macromoléculaires dont il est issu. Etant beaucoup moins allergène et plus facilement assimilable, il sert très souvent à l'élaboration de préparations alimentaires destinées aux nourrissons (formule lactée hypoallergénique) allergiques aux protéines du lait de vache, à des malades souffrant de troubles digestifs ou lors de **résections** intestinales (formule entérale) ainsi qu'à des sportifs (formule enrichie en acides aminés branchés). En raison de la présence de peptides bioactifs (anti-hypertenseurs, anxiolytiques, etc.), l'hydrolysat trouve aussi des applications dans le secteur des **nutraceutiques**.

Au plan des propriétés **fonctionnelles**, les hydrolysats présentent une amélioration de la **solubilité** et de la stabilité thermique des protéines, de même que des pouvoirs émulsifiants et moussants accrus mais leurs capacités gélifiantes sont atténuées sinon détruites.

10.5. LACTOSE

Le sucre principal du lait est le lactose, disaccharide constitué par l'association d'une molécule de glucose et d'une molécule de galactose, d'où son nom systématique β-D-galactopyranosyl-(1-4)-α-D-glucose. Sa teneur est très stable entre 48 et 50 g/L dans le lait de vache, alors qu'on ne relève que 70 mg/L de glucose et 20 mg/L de galactose ainsi que des traces d'autres glucides. Le lactose a un faible pouvoir sucrant (indice 0,3) comparé à ceux du saccharose (indice 1) et du glucose (indice 0,5).

Le lactose est un sucre fermentescible. Il est dégradé en acide lactique par des bactéries lactiques (lactobacilles et streptocoques) ce qui provoque un abaissement du **pH** du lait entraînant sa coagulation; celle-ci est indispensable pour la fabrication de fromages et de laits fermentés.

L'obtention du lactose se fait par évaporation du lactosérum, après extraction éventuelle de la matière grasse, des protéines et des sels minéraux, puis par **cristallisation** du lactose, séparation et séchage des cristaux.

Il existe deux qualités principales de lactose :
- le lactose alimentaire à 99 % minimum de lactose,
- le lactose pharmaceutique (Codex) à 99,8 % minimum de lactose.

Le lactose pharmaceutique est surtout employé comme diluant ou **excipient** ; il présente sur le saccharose l'avantage de ne pas être **hygroscopique**. On l'utilise, par exemple, dans la préparation des comprimés et des poudres antibiotiques destinées à être appliquées sur les plaies (grâce à sa dissolution dans les liquides de la plaie, il permet la diffusion rapide de l'antibiotique).

La richesse du lactosérum en lactose en fait un auxiliaire actif dans de nombreux autres domaines : en diététique, en industrie alimentaire comme **substrat** de **fermentation**, en **charcuterie** ou comme substrat de culture pour les **bactéries** lactiques, en confiserie dans la fabrication des chips et pommes de terre frites pour favoriser les réactions de brunissement, appréciées également en boulangerie, biscuiterie et pâtisserie, ou encore comme glucide à faible caractère sucré (sept fois moins sucrant que le saccharose). Il est aussi utilisé comme fixateur d'**arômes** et pour son pouvoir émulsifiant.

Le lactose présente une solubilité limitée par rapport aux autres glucides ce qui restreint ses utilisations en alimentation. Lorsqu'il est présent en concentrations importantes, il donne au produit un goût « métallique » qui n'est pas très apprécié. Le lactose hydrolysé (dédoublement en glucose et en galactose) est généralement obtenu par voie enzymatique à l'aide de lactases (encart 10). L'**hydrolyse** se fait soit par l'**enzyme** libre, soit par l'enzyme **immobilisée** sur divers supports ; ce dernier procédé étant le plus économique.

L'hydrolyse du lactose ouvre de nouveaux et intéressants débouchés au lactosérum déminéralisé, notamment dans les desserts, les fabrications sucrées à base de farine, la confiserie, les crèmes glacées, la biscotterie, la biscuiterie, ainsi que dans l'alimentation animale.

ENCART 10 – INTOLÉRANCE AU LACTOSE

Le lactose est le principal glucide du lait. La lactase (β-D-galactosidase) est une enzyme entérocytaire (synthétisée au niveau des **entérocytes**) qui assure l'**hydrolyse** de la molécule de lactose en deux monosaccharides facilement absorbables : le glucose et le galactose.

En cas de déficit en cette enzyme, le lactose du lait n'est pas assimilé par l'organisme et sert donc de source de carbone pour la **flore intestinale**. La production d'acide lactique, de CO_2 et d'autres gaz qui en résulte provoque des troubles digestifs, quelque temps après l'ingestion de lait. Il se produit alors des irritations gastro-intestinales, des ballonnements, des diarrhées, des crampes abdominales et des nausées. On parle alors d'intolérance au lactose.

La lactase est également réduite lors des agressions diverses de la muqueuse intestinale et ne se reconstitue que très lentement lors des processus de cicatrisation de la muqueuse. Dans ces conditions, un régime appauvri en lactose est donc préconisé.

L'intolérance au lactose par manque de lactase s'observe particulièrement chez les populations d'adultes d'origine asiatique ou africaine. L'intolérance congénitale ou héréditaire au lactose est exceptionnelle. Des personnes peuvent aussi l'être de façon temporaire suite à une maladie qui a fragilisé leur intestin, qui ne peut plus alors synthétiser de lactase. Le régime sans lactose est, dans ce cas, transitoire. S'il est amené à être strict et prolongé, ce qui reste exceptionnel, une **supplémentation** calcique médicamenteuse est alors nécessaire chez le grand enfant.

L'intolérance au lactose ne concerne que le lait de vache et non les fromages et produits fermentés. En effet, ces derniers contiennent du lactose qui a été prédigéré par les **bactéries** lactiques. De même, les fromages affinés ne contiennent presque plus de lactose, car celui-ci est éliminé pendant l'égouttage, et la petite quantité restante est prédigérée durant l'**affinage** par les bactéries.

Chapitre 11 – Ovoproduits

11.1. Généralités

De tout temps, dans l'alimentation humaine, l'œuf a occupé et occupe encore une place indéniable tant sur le plan nutritionnel qu'économique. Grâce aux nouvelles données biochimiques et aux technologies innovantes du froid, de la physique et de la mécanique, une nouvelle filière industrielle a vu le jour, la production des « ovoproduits ».

Le terme d'ovoproduits fait souvent référence à des produits obtenus par transformation d'œufs débarrassés de leurs coquilles et de leurs membranes ou de leurs différents composants isolés ou en mélanges, traités en vue de la préparation d'une variété de produits pouvant répondre à différents types de besoins nutritionnels et fonctionnels du consommateur. Ils peuvent être partiellement complétés par d'autres denrées alimentaires ou additifs. Les ovoproduits ont été créés pour répondre à la fois à un impératif de sécurité alimentaire et aux contraintes techniques des professionnels (industries agro-alimentaires, boulangeries et restauration industrielles, etc.). La préparation et le traitement de ces produits inclut le cassage des œufs, leur filtration, leur mélange, leur stabilisation ; puis des techniques de conservation : la pasteurisation, la réfrigération, la surgélation ou le séchage et enfin le conditionnement.

Les ovoproduits sont issus presque exclusivement des poules (*Gallus domesticus*). Ils incluent les œufs entiers, les blancs et les jaunes d'œuf et plusieurs mélanges avec ou sans autres **ingrédients** qui sont traités et pasteurisés et peuvent être disponibles sous différentes formes (liquide, concentrée ou séchée, cristallisée, congelée, surgelée ou coagulée).

Plus de 30 % de la production annuelle mondiale est consommée sous forme d'ovoproduits liquides, en gels ou séchés, principalement par l'industrie **agro-alimentaire** comme **ingrédients** d'autres aliments, comme la mayonnaise et les crèmes glacées. Avec une production annuelle moyenne de 16 milliards d'œufs, la France assure environ 20 % de la production communautaire. Une part croissante de la production annuelle d'œufs est transformée par l'industrie des ovoproduits, soit environ 250 000 t équivalent œufs coquille.

Cette filière industrielle s'attelle à mettre au point, fabriquer et distribuer de nouvelles présentations de l'œuf et de nouveaux produits dérivés à valeur ajoutée plus importante que celle du banal œuf en coquille.

En dehors de sa valeur biologique élevée (riche en vitamines, minéraux et oligo-éléments) et de son utilisation courante en cuisine, l'œuf recèle également une mine de molécules aux propriétés **fonctionnelles**, sensorielles, nutritionnelles et biologiques très intéressantes. Certaines pourraient avoir des applications en santé humaine en raison de leurs actions anti-bactériennes, antivirales, anti-inflammatoires, anti-hypertensives ou anti-oxydantes.

11.2. STRUCTURE ET COMPOSITION DES ŒUFS

11.2.1. ŒUFS ENTIERS

Les principales parties de l'œuf sont, de l'intérieur vers l'extérieur : le jaune d'œuf ou vitellus, le blanc ou albumen, les membranes (interne et externe) de la coquille et la coquille. Les proportions relatives de chacun de ces composants peuvent varier considérablement. Les valeurs moyennes pour un œuf de poule sont : coquille 9,5 %, blanc 61,5 %, jaune d'œuf 29,0 %. Un œuf entier contient approximativement 66 % d'eau, 11 % de substances minérales et 23 % de substances organiques (12 % de protéines et 11 % de lipides).

En dehors des protéines majeures qui seront décrites dans les paragraphes suivants, l'œuf renferme d'innombrables autres protéines inconnues ou encore insuffisamment étudiées. On doit donc s'attendre à de nouvelles avancées grâce aux innovations technologiques récentes, notamment dans le domaine de l'analyse du protéome. Par exemple, l'approche **protéomique** utilisant la **spectrométrie de masse en tandem** (SM/SM) a permis de révéler l'existence de 520 protéines uniquement dans la coquille. Beaucoup de ces protéines existent également dans les autres parties de l'œuf.

11.2.2. COMPOSITION DU BLANC D'ŒUF

Le blanc est constitué presque complètement d'eau et de protéines (fig. 11.1), avec quelques minéraux qui sont très exceptionnels pour un produit d'origine animale (90 % de la **matière sèche** est constituée de protéines) et très peu de glucides (glucose). Une quarantaine de protéines globulaires et une **glycoprotéine** sulfatée sont les principaux constituants du blanc d'œuf (voir tab. 11.1, p.244). Nombreuses sont les protéines connues pour leurs propriétés spécifiques, fonctionnelles et nutritionnelles :

- Ovalbumine : c'est une phospho-**glycoprotéine** de masse moléculaire d'environ 45 kDa et de **pHi** 4,5. C'est la plus abondante dans le blanc d'œuf où elle représente environ 54 % en poids des protéines totales. Elle renferme 1 % de phosphore et 2 à 3 % de glucides (mannose).
- Ovotransferrine (aussi connue sous le nom de conalbumine) : synthétisée au niveau de l'oviducte, cette **glycoprotéine** est ensuite déposée dans le blanc d'œuf où elle représente 12 % de ses protéines totales. C'est une glycoprotéine qui a la capacité de se complexer à des cations métalliques bi- et trivalents. À son **pHi**, cette molécule peut se lier à deux cations en prenant une couleur rouge (Fe^{3+}) ou jaune (Cu^{2+}). Ces complexes métalliques sont plus thermostables que la protéine dans son état natif.
- Ovomucoïde : présente en proportions presqu'égales à la précédente (11 %), cette glycoprotéine est formée de quatre sous-unités et est douée d'une activité **antitrypsique**.
- Ovomucine : c'est une glycoprotéine **oligomérique** sulfatée de haut poids moléculaire, représentant 2 à 4 % des protéines du blanc d'œuf. Elle existe sous deux formes, soluble et insoluble, composée chacune de deux sous-unités : α-ovomucine et β-ovomucine. Ces dernières renferment une partie glucidique qui représente 15 à 50 % de la molécule et ont une masse moléculaire respective de 18 et 400 kDa. Le rapport des molécules α/β dans les formes insoluble et soluble est de 84/20 et 40/3, respectivement.

Cette protéine est insoluble dans l'eau et soluble dans les solutions salines dont le **pH** est supérieur ou égal à 7.

- Ovoglobulines : sous ce terme, on désigne les ovoglobulines G2 et G3, qui représente environ 8 % (4 % chacune) des protéines du blanc d'œuf.
- Ovomacroglobuline (aussi connue sous le nom de ovostatine) : constituée de 4 sous-unités ayant chacune une masse moléculaire de 175 kDa, réunies deux à deux par des ponts disulfures.
- Ovoflavoprotéine, aussi connue sous le nom de flavoprotéine ou *riboflavin binding protein* (RBP), est une phosphoglycoprotéine globulaire monomérique qui se lie en équimolarité à la riboflavine (vitamine B2). Elle est facile à identifier par **électrophorèse** sur gel en conditions dénaturantes (en présence de SDS).
- Lysozyme : c'est une holoprotéine de masse moléculaire voisine de 14,3 kDa et de **pHi** très élevé (10,7). Elle est présente dans le sang, le lait de vache (plusieurs dixièmes de mg/L), le lait de femme (quelques centaines de mg/L) mais c'est surtout le blanc d'œuf qui en est la source principale (3,5 % de ses protéines totales).
- Avidine : **glycoprotéine** tétramérique fortement basique dont la partie glucidique représente près de 10 % de la masse moléculaire. Sa teneur est proche de 0,05 % des protéines du blanc d'œuf.

Le blanc d'œuf contient également des **vitamines** hydrosolubles en quantités notables comme la biotine, la niacine et la riboflavine. Par contre, on n'y trouve pas de vitamine C ou de vitamines liposolubles.

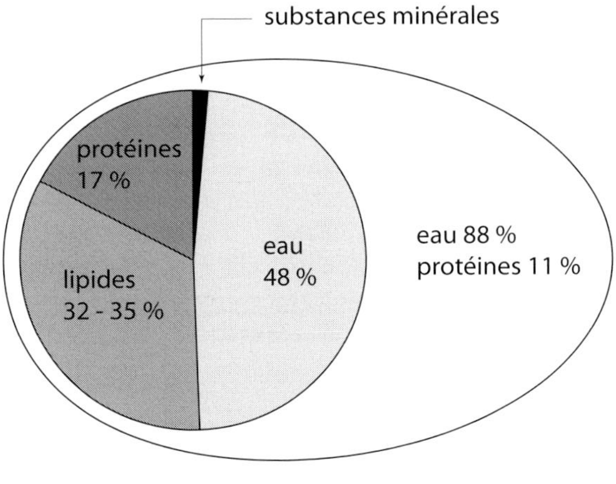

Figure 11.1 – Composition d'un œuf

11.2.3. COMPOSITION DU JAUNE D'ŒUF

Le jaune d'œuf (fig. 11.1) est composé d'environ 17 % de protéines et de 31,8 à 35,5 % de lipides (rapportés au poids de matière fraiche) sous forme d'une dispersion de particules dans une phase aqueuse ou plasma (fig. 11.2). Ces lipides sont souvent associés à au moins deux protéines, la vitelline et la vitellenine. Les composants du jaune d'œuf peuvent être ainsi séparés par **centrifugation** en deux fractions : les particules et le plasma qui représente 77 à 81 % du poids de matière sèche.

Les particules sont de trois types :

- La fraction LDL (*low-density lipoprotein*) granulaire, représentée par des lipovitellenines (lipoprotéines), constitue près des 2/3 de la matière sèche totale du jaune d'œuf.
- La fraction HDL (*high-density lipoprotein*) qui représente près de 17 % de la **matière sèche** totale du jaune d'œuf. Elle comprend les α- et β-lipovitellines qui diffèrent par leur composition en acides aminés. À **pH** inférieur à 7, elles se retrouvent sous forme de dimères.
- La phosvitine est une **glycoprotéine** hautement phosphorylée (10 % de phosphore) de 160-190 kDa qui représente 5 à 6 % du poids sec du jaune d'œuf ; les résidus de sérine dont plus de 90 % sont estérifiés par l'acide phosphorique y constituent 30 à 50 % des acides aminés totaux (soit environ 110 résidus phosphosérine). Elle existe sous deux formes, α- et β-phosvitine. Outre le phosphore, la molécule de phosvitine renferme des hexoses (2,5 %), de l'hexosamine (1 %) et de l'acide sialique (2 %). En raison de son caractère polyanionique, cette protéine est capable de former des complexes hautement hydrosolubles avec les ions Fe^{3+} et constitue, de ce fait, une réserve en fer (6 mg/g de phosvitine).

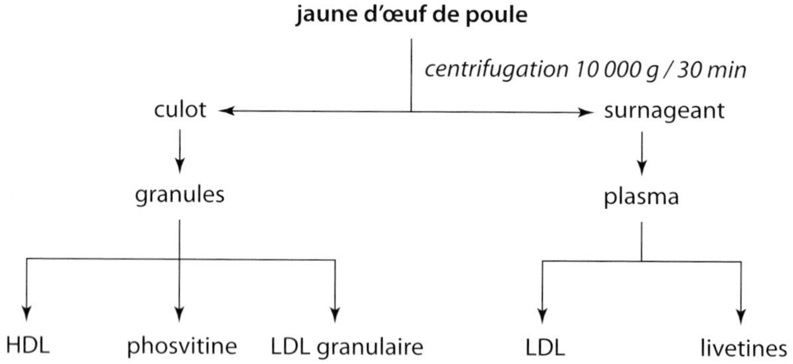

Figure 11.2 – Fractionnement du jaune d'œuf

La phase plasmatique contient deux principaux types de protéines ainsi que des traces d'autres protéines sériques :

- Les livetines (près de 10-15 %) sont des protéines globulaires issues des protéines du plasma sanguin de la poule et qui peuvent être séparées en trois groupes de masses moléculaires différentes (α, β et γ), dans les proportions 2/5/3, respectivement.
- La fraction LDL (ou lipovitellenines) contient 85 à 90 % des lipides du jaune d'œuf, majoritairement des triglycérides (74 %) et des phospholipides (26 %) ; le reste étant constitué de protéines. Cette fraction représente 80 à 85 % du plasma et plus des 2/3 du poids de matière sèche du jaune d'œuf. Les lipovitellenines peuvent être séparées en deux fractions LDL1 et LDL2 avec des masses moléculaires de 10^4 et 3. 10^3 kDa, respectivement. Dans ces lipoprotéines, les protéines et les phospholipides sont situées à la surface d'une structure sphérique dont le noyau est constitué essentiellement de triglycérides et d'esters de cholestérol.

- La vitellenine a une composition en acides amines équilibrée, proche de celle de la vitelline, mais elle contient très peu de cystéine.

Les **enzymes** du jaune d'œuf sont représentées principalement par la cholinestérase. D'autres enzymes y sont présentes, parmi lesquelles, des phosphatases et des protéases acides, la phosphatase alcaline, l'amylase, la cathepsine D, l'α-mannosidase, etc.

Les lipides du jaune d'œuf sont représentés principalement par les triglycérides (65-70 %) et par les phospholipides (25-30 %) dont plus de 70 % de phosphatidylcholine et 16 à 20 % de phosphatidyléthanolamine (fig. 11.3), de 3 à 5 % de cholestérol, de près de 2 % de sphingomyélines et de moins de 1 % d'acides gras libres. Les mono- et diglycérides peuvent représenter 1,5 à 2,2 % de la fraction lipidique. La teneur en cholestérol est d'environ 1,6 % de la **matière sèche** ; celle des caroténoïdes, moins de 1 %.

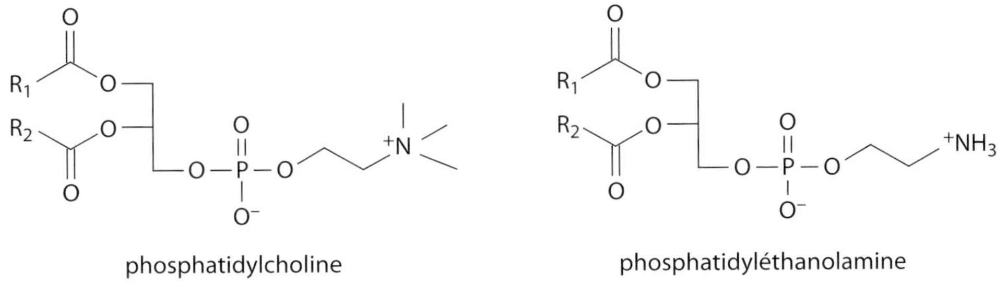

Figure 11.3 – Structures des principaux phospholipides du jaune d'œuf
R_1 et R_2 : acides gras

Les phospholipides sont plus riches en acides gras insaturés que les triglycérides mais la composition en acides gras de ces lipides peut varier suivant l'âge et l'alimentation de la volaille. Ainsi, la composition en acides gras polyinsaturés n-6 et n-3 à longue chaîne (C20 et C22) est de 20 à 25 % plus élevée dans les lipides du jaune d'œuf des poules jeunes. Le ratio n-6/n-3, approximativement 9/1, peut être modifié via la maîtrise de l'alimentation des poules pondeuses. Pour augmenter la concentration d'acides gras n-3 dans les œufs, deux stratégies d'alimentation des poules sont habituellement utilisées. L'une d'elles consiste à nourrir les poules à l'aide d'un taux approprié de graines de lin, ou d'huile de ces graines, aliments eux-mêmes riches en acides gras ω3. La seconde consiste à ajouter de l'huile de poisson (hareng ou thon) au régime. De cette façon, le rapport n-6/n 3 pourrait être diminué pour atteindre le rapport idéal recommandé pour la nutrition humaine (6,5/1), et pourrait donc avoir des effets bénéfiques pour la santé.

Comme nous l'avons déjà précédemment noté, les acides docosahexaénoïque (DHA, 22:6 n-3) et eicosapentaénoïque (EPA, 20:5 n-3) sont les principaux acides gras polyinsaturés ω3, reconnus pour leurs effets bénéfiques sur la santé humaine : réduction de la triglycéridémie, de la pression sanguine, de l'agrégation plaquettaire et de la croissance tumorale. Ils sont également particulièrement utiles à la femme enceinte et allaitante vis-à-vis de la croissance de son enfant.

Enfin, la fraction vitaminique du jaune d'œuf comprend principalement les **vitamines** A, D, E, l'acide pantothénique et, en moindre quantité, B12 et la niacine.

11.3. VALEUR NUTRITIONNELLE DE L'ŒUF

L'œuf constitue un véritable « cocktail » très complet de nutriments, présents en quantités parfaitement équilibrées et facilement biodisponibles. C'est aussi une source importante d'oligo-éléments (dont le phosphore et le fer) et de **vitamines** (vitamines du groupe B, A, D, E et K), ce qui en fait l'un des aliments les plus riches en nutriments. Il apporte également quelques micro-nutriments, comme les caroténoïdes. En revanche c'est un aliment qui manque de glucides, de calcium et de vitamine C.

D'un point de vue énergétique, un œuf de 60 g fournit de 85 à 90 Kcal (355 à 375 Kj) pour un apport protéique de 6 à 7 g ; cet aliment représente donc un rapport calories/protéines faible, ce qui est intéressant. De plus, ses protéines sont prises comme référence grâce à leur équilibre en **acides aminés indispensables**.

11.3.1. VALEUR BIOLOGIQUE DES PROTÉINES

L'œuf est une source importante de protéines, localisées principalement dans le blanc. Les protéines de l'œuf sont bien connues pour leur très haute valeur biologique qui résulte de la complémentarité entre les protéines du blanc et celle du jaune d'œuf ainsi que de leur équilibre en acides aminés dont des acides aminés essentiels qui sont en proportions idéales dans l'œuf. C'est pourquoi les protéines de l'œuf servent de référence pour les nutritionnistes. L'œuf est l'aliment qui se rapproche le plus de l'apport protéique idéal.

Le coefficient d'utilisation digestive (qui exprime la **digestibilité** d'une protéine donnée, consommée par un organisme déterminé) des protéines de l'œuf cuit atteint 93,7 %, ce qui indique leur excellente efficacité. Les valeurs comparables sont celles des protéines du lait (84,5 %), du poisson (76 %), du bœuf (74,3 %) et du soja (72,8 %). À l'état cru, seulement 50 % des protéines du blanc sont digestibles à cause de la présence de facteurs **antitrypsiques** (ovomucoide) et du fait que le blanc d'œuf cru est faiblement stimulateur des sécrétions gastrique et pancréatique. La cuisson, en coagulant les protéines, facilite l'action des enzymes digestives, et permet l'utilisation de presque toutes les protéines. En outre, la cuisson détruit la liaison biotine-avidine.

Par contre, le jaune d'œuf est très facilement digéré même à l'état cru et toute cuisson excessive réduit son utilisation digestive. De plus, les albumines sont douées de propriétés antibactériennes directes ou indirectes (activités anti-protéases, complexation de vitamines ou de métaux) qui contribuent à la bonne conservation des œufs.

D'un point de vue économique, les protéines de l'œuf présentent l'avantage d'être les moins onéreuses du marché. Cependant, dans la plupart des pays industrialisés, l'apport des protéines d'œufs ne joue pas un rôle important car la prise journalière moyenne de protéines (76 g/j pour un adulte mâle, par exemple) dépasse celle recommandée (55 g).

Certaines protéines d'œufs se sont avérées adéquates pour une utilisation commerciale en raison de leurs propriétés bioactives. Par exemple, le **lysozyme** du blanc d'œuf, aux propriétés antibiotiques, peut être utilisé pour lutter contre les infections. Un autre groupe important de substances est représenté par les immunoglobulines de jaune d'œuf. Doués également de propriétés antibiotiques, ces **anticorps** sont capables d'assurer une **immunité** passive contre beaucoup de pathogènes intestinaux chez l'homme.

11.3.2. DIGESTIBILITÉ DES LIPIDES

Les lipides du jaune d'œuf sont hautement digestibles par les humains (entre 94 et 96 %) du fait de leur état émulsifié.

Bien que riche en cholestérol (200 à 300 mg/œuf), l'œuf contient très peu d'acides gras saturés (un gros œuf en contient seulement 8,5 g, soit 34 % des acides gras totaux) et est très peu calorique (seulement 75 calories par œuf). Le jaune d'œuf contient des acides gras insaturés (environ 2/3 des acides gras totaux) dont les acides ω-6 (linoléique, arachidonique) et les acides ω-3 (α-linolénique, DHA et EPA). Des études cliniques ont montré que la consommation d'œuf a très peu d'incidence sur la lipidémie et n'augmente pas l'athérogénicité des particules de LDL.

11.3.3. MINÉRAUX ET VITAMINES

Avec le lait, l'œuf est l'aliment le plus riche en phosphore assimilable alors qu'il ne fournit qu'une petite quantité de calcium par rapport aux besoins d'un être humain. Une autre caractéristique nutritionnelle intéressante du jaune d'œuf est sa haute teneur en fer, puisqu'un œuf peut satisfaire 30 % des besoins journaliers d'une personne en cet élément. Quand la **ration** alimentaire des poules est bien équilibrée, l'œuf est une source importante de **vitamines**. Un œuf couvre 10 et 15 % des besoins journaliers d'une personne en vitamines A et D (le jaune d'œuf est l'un des rares aliments contenant la vitamine D à l'état naturel). Il fournit également environ 5 à 10 % des besoins en vitamine B1 et 20 % en vitamines B2 et B5 ainsi que la totalité des besoins en biotine (B8). La cuisson (plus de 5 min) peut provoquer une certaine perte en vitamine A (plus de 30 %), en vitamine B1 et d'avantage en acide folique (plus de 50 %).

11.4. PROPRIÉTÉS FONCTIONNELLES

Les œufs et les ovoproduits ont été toujours utilisés en industrie alimentaire pour leur valeur nutritionnelle mais aussi pour leurs propriétés **fonctionnelles** (moussantes, émulsifiantes, coagulantes, gélifiantes, etc.) qui en font des ingrédients indispensables dans de nombreux processus d'élaboration d'aliments.

11.4.1. PROPRIÉTÉS AROMATIQUES ET COLORANTES

L'œuf entier et, particulièrement, le jaune possède une très forte flaveur caractéristique dont les constituants responsables sont liés aux lipides. La couleur du jaune d'œuf détermine l'attraction et l'appétence du consommateur pour ce produit. La couleur du vitellus est due à sa richesse en caroténoïdes liposolubles, principalement des xanthophylles (lutéine, zéaxanthine et β-cryptoxanthine, fig. 11.4) ainsi que des quantités mineures de β-carotène. Ces caroténoïdes ne sont pas synthétisés par la poule mais proviennent de son alimentation.

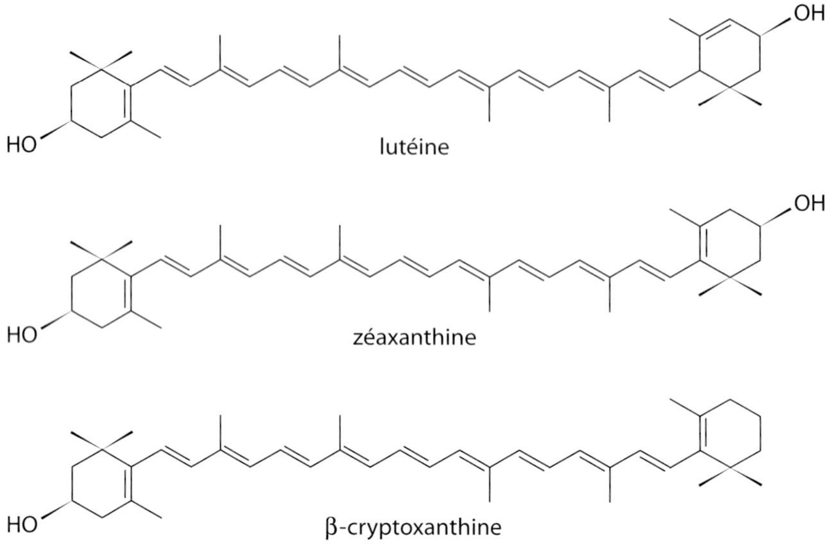

Figure 11.4 – Structures chimiques des xanthophylles du jaune d'œuf

11.4.2. COAGULATION ET GÉLIFICATION

Les protéines de l'œuf sont responsables de la coagulation qui se produit sous l'action d'agents physiques (chaleur) ou chimiques. L'œuf se transforme d'un état fluide à un état solide appelé coagulum. La coagulation thermique se produit à partir de 62 °C dans le cas du blanc et à partir de 65 °C dans le cas du jaune d'œuf. Les principales protéines du blanc (ovalbumine et ovotransferrine) possèdent de bonnes propriétés gélifiantes. L'ovomucoïde seule ne coagule pas.

Les protéines du jaune sont aussi sujettes à la coagulation thermique à l'exception des livetines et de la phosvitine. Le sel et le saccharose empêchent la **dénaturation** par la chaleur ce qui permet d'augmenter la température de pasteurisation de 6 et 3 °C respectivement. Cependant, ils augmentent aussi la résistance des microorganismes. Cet effet protecteur peut être expliqué par la réduction de la teneur en eau libre, disponible dans la phase soluble. Le temps de gélification du blanc d'œuf est comparable quel que soit son état : frais, congelé ou en poudre. Cependant, les gels de blancs d'œuf obtenus à partir de poudres sont plus fermes que ceux obtenus avec les autres formes de blanc.

Les propriétés gélifiantes du jaune sont associées aux lipoprotéines. Les LDLs sont dénaturées à partir de 60 °C, perdent leur fluidité à 65 °C et forment un gel à 85 °C. Le gel obtenu est plus stable que le gel de l'ovalbumine bovine ou de la sérumalbumine préparée dans les mêmes conditions. Contrairement à ces deux protéines, les lipovitellénines (LDL) produisent des gels qui sont stables entre **pH** 4 et pH 9. Les modifications de leurs propriétés **fonctionnelles** après congélation-décongélation sont minimes et sont principalement associées à une augmentation de la viscosité. Les premiers constituants du jaune d'œuf affectés par la congélation sont les LDLs et la gélification à froid du jaune est due aux interactions protéine-protéine suivant la rupture des lipoprotéines.

11.4.3. PROPRIÉTÉS ÉMULSIFIANTES

La viscosité élevée du jaune d'œuf génère des émulsions ayant une bonne stabilité. L'addition du blanc d'œuf au jaune réduit la stabilité de l'**émulsion** formée. Cet effet est lié essentiellement à une diminution de la viscosité. Cette observation est importante, puisque le jaune d'œuf industriel peut contenir parfois jusqu'à 20 % de blanc d'œuf. La **pasteurisation**, la congélation et la concentration n'affectent que très peu les propriétés émulsifiantes.

La capacité émulsionnante des œufs entiers dépend de la nature du produit ; elle est considérablement plus élevée dans le cas de l'œuf frais que dans le cas d'un œuf en poudre. Les propriétés émulsionnantes des blancs d'œuf en poudre sont liées au **pH** du produit. Dans le cas des blancs d'œuf frais, elles sont beaucoup plus élevées que dans le cas des poudres.

Notons aussi que la capacité émulsionnante des jaunes d'œuf en poudre est nettement inférieure à celle des jaunes d'œuf frais. En revanche, la stabilité des émulsions de jaune d'œuf, obtenues à partir de poudres est plus élevée que celle obtenue avec les œufs frais.

Les propriétés hautement émulsifiantes du jaune d'œuf sont attribuées aux phospholipides et, en particulier, aux lécithines présentes sous forme de complexes de lipoprotéines. Les livetines et les lipovitellines agissent comme agents **tensioactifs** en facilitant la formation d'émulsions, tandis que les LDLs contribuent à leur stabilité. La **dénaturation** des LDLs par la chaleur réduit l'activité émulsifiante et la stabilité de l'émulsion.

11.4.4. PROPRIÉTÉS MOUSSANTES

Une propriété intéressante du blanc d'œuf est sa capacité moussante. Celle-ci est nettement plus élevée dans le cas du blanc d'œuf en poudre que celle du blanc d'œuf frais ou congelé.

L'ovomucine, les globulines et l'ovalbumine sont les principales protéines responsables de cette capacité moussante. Les protéines du blanc d'œuf présentent une capacité moussante maximale aussi bien à leur **pH** physiologique (pH 8 à 9) qu'à pH voisin de leur pHi (4 à 5). Les ions Ca^{2+} améliorent la stabilité par formation de ponts entre les groupements carboxyliques des protéines.

11.4.5. AUTRES PROPRIÉTÉS FONCTIONNELLES

Le blanc d'œuf et, dans une certaine mesure, le jaune possèdent d'excellentes propriétés de liaison, de rétention d'eau et de lipides et des propriétés d'adhésion. La capacité remarquable des constituants du blanc d'œuf à fixer des minéraux peut être exploitée dans un but nutritionnel.

11.5. UTILISATIONS DES OVOPRODUITS

Les ovoproduits sont largement utilisés en industrie alimentaire pour leurs propriétés **fonctionnelles** exceptionnelles. Bien qu'il existe d'autres protéines liantes, parfois moins chères (lait, sang, soja, par exemple), les excellentes propriétés moussantes et coagulantes du blanc et les propriétés émulsifiantes du jaune d'œuf leur confèrent des avantages dans de nombreuses préparations alimentaires, qu'elles soient familiales, artisanales ou industrielles.

11.5.1. UTILISATION DES OVOPRODUITS COMME INGRÉDIENTS ALIMENTAIRES

Sous formes liquides, concentrées, déshydratées, congelés ou en poudre (lyophilisées), les ovoproduits trouvent leur utilisation dans l'élaboration de nombreux types de produits :

- omelettes surgelées ou déshydratées,
- œufs précuits pour salades aux œufs et apéritifs,
- sauces aux œufs,
- ketchup aux œufs,
- boissons (jus d'orange mélangé à des œufs entiers liquides),
- œufs ébouillantés recouverts de sauce de viande,
- yoghurts aux blancs d'œufs, etc.

11.5.2. MOLÉCULES BIOACTIVES D'INTÉRÊT TECHNOLOGIQUE ET PHARMACEUTIQUE

Par des techniques de **fractionnement**, certaines protéines du blanc et du jaune d'œuf douées de propriétés biologiques peuvent être purifiées et utilisées dans diverses applications.

11.5.2.1. SÉPARATION ET FRACTIONNEMENT

La qualité de la séparation du jaune d'œuf dépend beaucoup de l'état de fraîcheur et des conditions de conservation des œufs qui déterminent à leur tour les propriétés **fonctionnelles** des ovoproduits obtenus. Par exemple, la migration du jaune dans le blanc d'œuf affecte la capacité moussante de ce dernier.

Les principales techniques utilisées pour l'**extraction** des protéines d'œuf pour des utilisations commerciales sont :

- techniques chromatographiques :
  - échange d'ions pour l'extraction de l'avidine, des flavoprotéines, des ovoglobulines et du lysozyme ;
  - chromatographie d'affinité utilisée pour extraire les protéines qui présentent une activité biologique telle que l'avidine, la flavoprotéine et l'ovotransferrine ;
  - filtration sur gel utilisée comme étape préparatoire dans la séparation de l'ovomucine.
- techniques de précipitation par :
  - réduction ou augmentation de la force ionique, par exemple, pour préparer l'ovomucine, ou pour précipiter le lysozyme à l'aide du NaCl ;
  - sulphate d'ammonium, pour séparer les protéines telles que l'ovalbumine et l'ovomucoïde.

11.5.2.2. Extraits du blanc d'œuf

C'est le blanc d'œuf qui concentre les principales protéines douées de propriétés bioactives (tab. 11.1).

- L'ovalbumine : ses propriétés **fonctionnelles** élevées (pouvoirs gélifiant et moussant) en font un **ingrédient** alimentaire très recherché. Ces excellentes propriétés sont liées au fait que sa **dénaturation** se produit très facilement (par simple chauffage vers 60 °C ou un simple fouettage mécanique). Cette dénaturation modifie sa structure et accentue ses capacités d'absorption et d'**adsorption**.
- Le lysozyme : déjà traité dans la Partie III, Chapitre10 – Produits laitiers.
- L'ovotransferrine : ses propriétés chélatantes lui permettent de transporter des ions ferriques (2 ions Fe^{3+} par molécule) au sein de l'organisme. Cette propriété lui confère une activité antimicrobienne vis-à-vis de différentes **bactéries** Gram+ et **Gram**– en les privant du fer nécessaire à leur croissance. Sous forme chélatée, elle résiste à la **dénaturation** par la chaleur. Sa purification repose essentiellement sur l'utilisation de la **chromatographie** d'échange d'ions.
- L'ovomucine présente une activité anti-hémagglutinante prouvée contre de nombreux virus. Elle est facilement isolée par **précipitation** isoélectrique. Elle peut être également isolée par filtration sur gel, **chromatographie** d'affinité ou chromatographie d'échange d'ions.
- La flavoprotéine véhicule la riboflavine, essentielle au développement embryonnaire. Cette capacité de fixation de la riboflavine disparaît à un **pH** inférieur à 4,2.
- L'avidine se lie avec une très grande affinité (Kd = 1,3. 10^{-15} M à pH 5,0) à la biotine et empêche son absorption au niveau de l'intestin. Elle fixe 4 molécules de biotine (une par sous-unités). Les résidus glucidiques ne sont pas nécessaires à cette liaison. La biotine est une **vitamine** essentielle dans le régime alimentaire. Elle se trouve dans beaucoup d'aliments et est synthétisée par la **flore intestinale**. La carence en biotine est rare, mais elle peut être causée quelquefois par une consommation excessive d'œufs crus. L'avidine libre, de même que le complexe avidine-biotine, résistent à la protéolyse. Il s'en suit que lors de la consommation d'œufs crus, la biotine ne peut pas être libérée de l'avidine dans le tractus gastro-intestinal.

  La forte interaction entre ces molécules ainsi que l'absence d'interaction entre, d'une part la chaîne latérale portant le groupement carboxylique de la biotine et, d'autre part l'avidine est exploitée dans de nombreuses techniques de purification biochimiques (chromatographie d'affinité), de diagnostic médical très sensibles comme l'imagerie médicale appliquée aux cellules cancéreuses, les tests ELISA (*Enzyme-linked immunosorbent assay*) et des biocapteurs. Des protéines, des **anticorps**, des **enzymes**, des fluorophores ou des réactifs spécifiques à certains groupements susceptibles de se lier à la biotine peuvent être isolés par **chromatographie** d'affinité en utilisant un support (ex. agarose) auquel est greffé l'avidine. Ces molécules sont alors éluées de la colonne par apport de biotine libre en excès ou par abaissement du **pH** de la phase mobile afin de diminuer l'interaction de l'avidine pour la biotine.

  Du fait de sa nature glycoprotéique et de son état ionisé (**pHi** = 10,5), l'avidine est susceptible de se lier à d'autres molécules chargées négativement, contrairement à une protéine analogue produite par *Streptomyces avidinii*, la streptavidine qui est une holoprotéine dont le pHi est égal à 6,0 et qui est donc plus spécifique avec une affinité similaire. De plus, la réactivité de certaines substances avec la biotine (biotinylation) est dépendante du pH qui peut ne pas être favorable à l'avidine, ce qui limite son utilisation dans ces conditions. Des avidines modifiées sont actuellement disponibles dans le commerce comme NeutraLite® (commercialisée par Belovo Chemicals, Belgique) qui est une avidine déglycosylée afin de réduire son pHi à une valeur neutre sans modifier ses propriétés de liaison et sans altérer les résidus lysines nécessaires aux réactions de **dérivatisation**.

- Antiprotéases : plusieurs antiprotéases ont été identifiées dans le blanc d'œuf dont l'ovomucoïde, l'ovoinhibiteur, l'ovostatine, l'ovocystatine et l'ovomacrogloblline. De par leur activité inhibitrice des protéases microbiennes, les antiprotéases représentent une génération prometteuse de molécules antimicrobiennes.
  - L'ovomucoïde : cette protéine est essentiellement utilisée pour ses propriétés **antitrypsiques**.

Tableau 11.1 – Principales protéines du blanc d'œuf et leurs propriétés biologiques et fonctionnelles
(Tableau composé d'après LI-CHAN E.C.Y. et al., 1995 (masses moléculaires des oligomères) ; RÉHAULT S. et al., 2007 ; THIS H., 2008 (pourcentage massique))

Protéine	% de la MS	Nature	MM (kDa)	PHi	Propriétés
ovalbumine	58	phosphoglycoprotéine (1 % de phosphore et 2-3 % de glucides)	45	4,5	• gélifiante et moussante • thermosensible
ovotransferrine	13	glycoprotéine	76	6,6	• chélate Fe^{2+}, Cu^{2+}, Zn^{2+}, etc. • antimicrobienne
ovomucoïde	11	glycoprotéine tétramère	28	4	• inhibe la trypsine et le chymotrypsinogène
ovoglobulines	8	glycoprotéines		5,5-5,8	• moussante
lysozyme	3,5	hydrolase	14,3	10,7	• bactéricide (bactéries Gram+) • thermosensible
ovomucine • α-ovomucine • β-ovomucine	1,5	glycoprotéine sulfatée dimérique • 10 % de glucides • 50 % de glucides	5500-8300	4,5	• responsable de la viscosité du blanc • inhibe les hémaglutinations virales
ovomacro-globuline		globuline tétramère	769	4,5	• antihémaglutinante • anticollagénase • antiproéolytique
ovoflavoprotéine (RBP)	0,8	phosphoglycoprotéine	32	4,1	• fixe la riboflavine
avidine	0,05	glycoprotéine tétramère (partie glucidique 10 %)	68,3	9,5	• très grande affinité pour la biotine • antimicrobienne • assez thermostable
ovocystatine		holoprotéine	12,7	~ 5,1	• inhibiteur de protéases à cystéine • antimicrobienne

▷ L'ovoinhibiteur inhibe un grand nombre de protéases ainsi que la réplication du rotavirus (agent causal de certaines gastro-entérites).

▷ L'ovocystatine est un inhibiteur spécifique des protéases à cystéines. Les recherches indiquent que l'ovocystatine joue plusieurs rôles dans l'organisme. Elle est efficace comme agent antimicrobien et agent antiviral, ainsi que dans la prévention des hémorragies et des métastases. Son spectre d'action **bactéricide** est d'autant plus large que sa concentration est plus élevée. Elle est particulièrement efficace contre les infections à rotavirus et pourrait limiter l'apparition des poliomyélites en inhibant la production de poliovirus par des cellules infectées.

▷ L'ovostatine inactive diverses protéases bactériennes telles que des métalloprotéases et des protéases à cystéine impliquées dans diverses infections humaines. Elle inhibe également la dissémination de certains virus.

▷ L'ovomacroglobuline présente un spectre d'activité antiprotéasique assez large ainsi qu'une activité anticollagénase.

11.5.2.3. EXTRAITS DU JAUNE D'ŒUF

- La lécithine du jaune d'œuf est une source importante de phosphatidylcholine (voir fig. 11.3), un des principaux phospholipides des membranes cellulaires. C'est également un précurseur de l'acétylcholine, un neurotransmetteur. Elle est utilisée dans les produits cosmétiques, pharmaceutiques et alimentaires. Les produits commerciaux sont composés essentiellement d'un mélange de phospholipides, de triglycérides et de cholestérol à divers taux pour répondre à des exigences particulières en fonction des domaines d'application. L'extraction industrielle des lécithines de jaune d'œuf est généralement basée sur l'utilisation de solvants organiques (acétone, éthanol). D'autres méthodes proposées récemment, combinent des traitements physiques tels que l'extraction à l'aide de résines d'alginates/carraghénates estérifiés, la concentration par osmose inverse, l'adsorption sélective sur gels de silice ou d'oxyde d'aluminium et la lyophilisation dans l'isopropanol ou dans l'éthanol.

  Bien que la lécithine utilisée comme **additif alimentaire** soit souvent d'origine végétale (soja), la lécithine de jaune d'œuf est plutôt recommandée pour des formulations infantiles à cause de sa haute teneur en acides arachidonique et docosahexaénoïque qui jouent un rôle important dans la nutrition du jeune enfant.

- La phosvitine : cette protéine constitue une source de phosphore plus facilement assimilable que la caséine et est douée de propriétés antioxydantes puissantes grâce à sa capacité de chélater des métaux. Elle inhibe l'oxydation des phospholipides catalysée par le cuivre, et encore plus par le fer. Cependant, la phosvitine perd son pouvoir **antioxydant** en présence de fer héminique, probablement en raison de l'ancrage de ce dernier dans la structure porphyrinique qui limiterait les interactions entre le fer et les résidus de phosphosérine. La capacité de fixation du fer et son activité antioxydante sont dépendantes du **pH**, susceptible d'induire des changements conformationnels de la protéine. La capacité de la phosvitine à fixer le fer, de même que ses propriétés antioxydantes ne sont pas affectées par la **pasteurisation**. Son chauffage à 110 °C pendant 20 à 40 min ne provoque pas la libération du fer préalablement fixé.

- La lutéine et la zéaxanthine du jaune d'œuf réduisent le risque de dégénérescence maculaire et préviennent la formation de la cataracte, deux maladies des yeux liées au vieillissement. De plus, ces deux caroténoïdes sont mieux assimilés lorsqu'ils proviennent des œufs que des légumes à feuilles vertes (brocolis et épinards). Un jaune d'œuf contient, en moyenne, 30 µg/100g de lutéine et 25 µg/100g de zéaxanthine. Ces caroténoïdes sont également doués d'activités antioxydantes.

PARTIE IV

BIOCHIMIE DES SUBSTANCES D'ORIGINE MICROBIENNE

Chapitre 12 – Protéines d'organismes unicellulaires (P.O.U.)

12.1. Introduction

De nombreux microorganismes sont susceptibles de se développer à partir des **substrats** d'origine végétale ou animale les plus divers. Ces produits sont convertis en biomasse microbienne contenant une part très importante de protéines d'excellente valeur nutritionnelle.

Deux raisons principales justifient le développement de la production de ces protéines à partir des produits **agro-industriels** ; tout d'abord, il existe au niveau des productions agricoles et des industries agro-alimentaires de très importantes quantités de produits résiduels dont le rejet représente souvent une pollution insupportable et un énorme gaspillage de carbone organique qui peut être avantageusement valorisé. La seconde raison qui incite à la poursuite de telles recherches est que le déficit en protéines dans l'alimentation (aussi bien humaine qu'animale) de nombreux pays est un problème réel alors que toutes les régions du monde disposent de produits carbonés divers et non exploités sous forme de cellulose ou d'amidon, par exemple.

À l'échelle mondiale, l'apport des protéines animales est de l'ordre de 30 à 35 %. Le reste est fourni par les **Céréales** (représentant l'aliment de base de 94 % de la population mondiale) et les **Légumineuses** dont on connaît malheureusement le déficit en certains **acides aminés indispensables** et l'acceptabilité souvent médiocre.

En dépit des efforts continus de sélection d'espèces de Céréales plus riches en protéines, et l'utilisation de plus en plus importante des **protéagineux** (colza, arachide, coton, soja) comme sources de protéines dites « semi-conventionnelles », et en dépit des progrès réalisés en matière d'élevage, de pêche et d'agriculture, le déficit protéique mondial actuel et des années à venir, ne peut être évité que par la recherche de nouvelles sources de protéines.

Dans cette optique, les protéines d'organismes unicellulaires (P.O.U.) occupent une place de premier ordre comme source « non conventionnelle » de protéines.

La culture de microorganismes pour l'obtention des protéines a beaucoup d'avantages par rapport aux sources de protéines conventionnelles :

- contenu protéique élevé,
- temps du doublement (croissance) très court,
- grande flexibilité dans l'utilisation des substrats,
- surfaces de cultures plus réduites d'où une plus grande productivité,
- leur obtention n'est pas tributaire de la qualité des sols et des aléas climatiques et des saisons (production en continu),

- génome des souches utilisées en général bien connu, amélioration plus aisée et expression des gènes plus facilement contrôlable,
- processus moins polluant.

12.2. MICROORGANISMES PRODUCTEURS

Parce que la majorité des microorganismes utilisés pour l'obtention de ces protéines non conventionnelles est unicellulaire, leur contenu protéique est appelé « protéines d'organismes unicellulaires ». Mais ces cellules contiennent aussi d'autres éléments nutritifs comme des **vitamines**, des glucides, des lipides, des minéraux, etc.

Ces organismes sont sélectionnés d'après certains critères tels que leur capacité à utiliser une large gamme de sources de carbone et d'azote, des conditions de croissance modérées, un taux de croissance acceptable, une bonne tolérance aux variations de **pH**, de température et de concentrations en sels, une récolte facile, une bonne résistance aux infections virales, une absence de toxicité et de pathogénicité, une valeur nutritive acceptable, etc.

Les microorganismes potentiels sont :
- les levures,
- les champignons filamenteux,
- les bactéries,
- les cyanobactéries.

De nombreuses souches de microorganismes possèdent des activités amylolytiques ou cellulolytiques et sont susceptibles d'être utilisées pour la production de protéines. Ce sont notamment des **levures** et des champignons filamenteux. Les **bactéries** sont actuellement assez peu utilisées dans ce domaine bien qu'elles présentent des potentialités infiniment variées et encore peu explorées.

La conversion des matières premières en biomasse protéique par les microorganismes se fait avec un rendement très élevé, comparé à celui observé chez les animaux d'élevage.

La valeur alimentaire des P.O.U. varie en fonction du type de microorganismes, du **substrat** et des conditions de culture utilisées pour leur production (en particulier des rapports carbone/azote/phosphore). L'évaluation de la valeur alimentaire des P.O.U. repose sur des facteurs comme leur composition en nutriments (acides aminés, protéines, glucides, lipides, vitamines, etc.) et en acides nucléiques. Leur **palatabilité**, leur pouvoir allergène et leurs effets gastro-intestinaux sont également pris en considération de même que des essais d'alimentation à long terme et des études sur leurs effets toxicologiques et cancérigènes potentiels sont évalués.

12.2.1. LEVURES

Les levures de boulangerie sont depuis longtemps utilisées comme additifs dans l'alimentation humaine et animale pour leur bonne valeur protidique. Sous forme séchée, elles contiennent en moyenne 45 % de protéines. De plus, ces protéines de levure sont facilement digestibles comparées à celles des bactéries et constituent une source abondante d'**acides aminés indispensables**, en particulier la lysine dont la teneur est supérieure à celle du maïs, du blé, du soja et du poisson, mais elles sont pauvres en méthionine. Les levures contiennent également la thiamine, la biotine, la riboflavine, la niacine, l'acide folique, la choline, l'acide pantothénique, la pyridoxine, glutathion, etc., et leur **carence** en méthionine peut être corrigée par culture sur la **mélasse**.

En raison du taux élevé d'acides nucléiques (8 à 12 %) et de la faible **digestibilité** des membranes de levures, il est recommandé de limiter la consommation à 20 g par personne et par jour et de préférer les protéines extraites de levures et non les levures elles-mêmes.

Les amylases produites par les levures étant le plus souvent endocellulaires, l'utilisation de ces microorganismes nécessite un amidon parfaitement solubilisé pour qu'il puisse être dégradé. Actuellement de nombreuses espèces de **levures** amylolytiques ont été isolées et étudiées parmi lesquelles on peut citer *Candida tropicalis*, *Schwanniomyces* spp., *Endomycopsis filuliger* qui fait l'objet d'un développement industriel, etc. Récemment, la levure méthylotrophe (capable d'utiliser le méthanol comme source de carbone, en l'absence de glucose) *Pichia pastoris* a suscité également beaucoup d'intérêt comme microorganisme producteur de P.O.U. et d'autres métabolites.

Les protéines de levure sont utilisées d'une part, en alimentation animale où elles permettent d'obtenir des **rations** équilibrées en protéines, **vitamines** (thiamine, riboflavine, biotine, acide nicotinique, acide pantothénique, pyridoxine, choline, acide folique et acide *p*-amino-benzoïque, etc.) et en facteurs de croissance ; d'autre part, en alimentation humaine où elles constituent un élément de **supplémentation** protidique et vitaminique remarquable et très bien toléré, soit à l'état pur sous forme de poudre, de pâtes ou de comprimés, soit directement incorporées dans des préparations alimentaires.

Sur le plan pratique, l'utilisation de la levure comme source de protéines est très avantageuse à plus d'un titre : extrême rapidité de la croissance des cellules (temps de doublement de 2 à 4 h), abondance des matières carbonées (sous-produits d'autres industries, fractions pétrolières, en particulier les alcanes, etc.) nécessaires à la culture des levures, culture facile, etc.

12.2.2. CHAMPIGNONS FILAMENTEUX

Différentes souches de champignons inférieurs amylolytiques ont été utilisées pour la production de **biomasse** sur **substrats** amylacés. Il s'agit en particulier des souches de *Fusarium*, de différentes espèces d'*Aspergillus*, de *Rhizopus* ou de *Trichoderma*. Les champignons filamenteux produisent généralement des **enzymes** du type amyloglucosidases et leur temps de doublement est de l'ordre de 3 à 6 h.

La teneur en protéines totales des champignons filamenteux est inférieure à celle des **levures** et des **bactéries**, mais leur biomasse est plus riche en ARN et contient des quantités importantes de *N*-Acétyl-glucosamine. Les champignons contiennent les **vitamines** du complexe B et leur composition en acides aminés est également élevée mais leur contenu lipidique est faible. Les **moisissures** elles-mêmes ont une teneur bien équilibrée en acides aminés, sans déficience en acides aminés soufrés. Elles sont traditionnellement utilisées dans l'alimentation humaine au Japon et en Indonésie. Les substrats utilisés sont très nombreux : **mélasses**, **lactose** du **lactosérum**, amidon de manioc ou de pomme de terre préalablement hydrolysé, etc.

12.2.3. BACTÉRIES

Plusieurs genres bactériens ont été utilisés pour la production des P.O.U. dont *Lactobacillus*, *Cellulomonas*, *Alcaligenes*, *Pseudomonas*, *Aeromonas*, etc. mais, les résultats obtenus n'ont pas été très encourageants. Des cultures mixtes de souches bactériennes ont montré des résultats intéressants avec une meilleure stabilité et une plus grande résistance à la contamination.

La plupart des bactéries amylolytiques appartiennent au groupe des *Bacillus* dont de nombreuses espèces sont pathogènes et leur culture peut être facilement infectée par des phages. En outre, leurs conditions de croissance nécessitent des contraintes strictes de stérilité dans un milieu où de nombreuses autres espèces peuvent se développer sur un substrat aussi peu sélectif que le glucose libéré par l'**hydrolyse** enzymatique.

Bien que leur taux de croissance soit bon et leur teneur en protéines de l'ordre de 70 à 80 % du poids sec, leur taux en lysine est assez faible (environ 6 %). Leur **biomasse** est riche en acides nucléiques, notamment en ARN (7 à 16 % du poids sec). Or, il est admis qu'une consommation quotidienne de tels acides, supérieure à 2 g/j (limite maximale recommandée par l'OMS pour la consommation humaine), pendant de longues périodes, provoque une hyperuricémie (concentration excessive en acide urique dans le sang). L'acide urique étant le produit final du **métabolisme** des substances puriques ; en cas d'hyperuricémie, l'excrétion rénale d'acide urique ne peut compenser sa formation normale, ce qui conduit à sa précipitation dans les tissus et les articulations d'où l'apparition de la goutte et/ou de la lithiase urinaire. Signalons que les animaux d'élevage ne sont pas sujets à ce problème. En effet, la plupart des Mammifères sont pourvus d'une **enzyme**, l'uricase qui permet de transformer l'acide urique en allantoïne, un métabolite facilement éliminé.

Certaines souches de bactéries peuvent non seulement être cultivées sur les **hydrocarbures** mais tolérer des températures beaucoup plus élevées que ne le feraient les levures. Elles sont thermophiles. Cette propriété remarquable permet de réduire le coût des opérations de refroidissement et de simplifier les problèmes posés par les **stérilisations**. Comme on opère à haute température, il y a déjà une pasteurisation des produits. Les genres *Methanomonas*, *Methylophilus* et *Pseudomonas* se développant sur le méthane ont un rendement de l'ordre de 75 g de cellules (matière sèche) pour 100 g de **substrat** métabolisé.

12.2.4. CYANOBACTÉRIES

Les Spirulines (genre *Arthrospira*) sont des cyanobactéries d'eau douce ou saumâtre, très riches en protéines (60 à 70 % de leur poids sec), qui représentent un complément alimentaire précédemment utilisé par les Aztèques (Mexique) et encore traditionnellement consommé dans la région du Kanem au Tchad. Les spirulines se développent spontanément à la surface de certains lacs riches en bicarbonates. Elles sont produites industriellement de façon extensive près de la ville de Mexico dans les saumures naturelles d'un vaste évaporateur solaire (Caracol), mais elles sont aussi cultivées en bassins dans des régions aux conditions climatiques favorables (Thaïlande, Japon, USA, Martinique, etc.). Elles sont aussi produites en milieu et en conditions entièrement artificielles en Europe (France, Italie) voire même dans les stations orbitales où elles jouent un triple rôle : apport nutritionnel pour les cosmonautes, renouvellement de l'atmosphère en fixant le dioxyde de carbone et en fournissant de l'oxygène et recyclage des déjections fécales. Dans le cas de *Arthrospira maxima* (= *Spirulina maxima*), les **rendements** de production peuvent atteindre une moyenne annuelle de 40 t de protéine/ha (alors qu'un bœuf ne fournit que 30 à 40 Kg de protéine/ha/an) dans les conditions de température et d'ensoleillement favorables.

Leur consommation comme complément alimentaire présente de nombreux avantages pour la santé : apport d'**acides aminés indispensables**, d'acides gras indispensables et de diverses **vitamines**. De plus, il a été montré que différents extraits présentent aussi des activités thérapeutiques (antivirale, anti-inflammatoire, anti-cancéreuse, etc.).

12.3. SUBSTRATS DE CULTURE

En dehors des microorganismes autotrophes (cyanobactéries) qui n'exigent que de l'eau, des sels minéraux, du CO_2 et de la lumière pour synthétiser leur propre matière organique lors de la **photosynthèse**, les autres microorganismes, hétérotrophes, ont besoin de **substrat** organique pour se développer. Les principaux substrats utilisés pour la production des P.O.U. incluent des dérivés du pétrole (paraffine), du méthanol, du méthane des matières premières **amylacées** brutes (manioc, igname, patate douce, pomme de terre, céréales), des matières premières lignocellulosiques (pailles, sciures, broussailles), des sous-produits ou des déchets issus des industries agricoles, **agro-alimentaires** (mélasses, des **effluents** des **amidonneries**, des sucreries et des usines de traitement des fruits, bagasses), du **lactosérum**, des effluents de papeterie (liqueurs sulfitiques) et des déchets urbains.

Les déchets lignocellulosiques ont une composition variable en hémicelluloses, cellulose, et lignines. Selon le constituant dominant, des microorganismes spécifiques sont utilisés pour la production de la **biomasse** protéique. Si la cellulose représente la source la plus importante de produits carbonés disponible, sa résistance à l'**hydrolyse** enzymatique et son association constante avec la lignine freinent considérablement ses possibilités d'utilisation comme **substrat** des P.O.U. En revanche, les substrats amylacés ne présentent pas de tels inconvénients et font l'objet de nombreuses utilisations industrielles.

En définitive, pour une bonne rentabilité et un rendement protéique satisfaisant, il faut :

- d'une part, que le substrat de culture soit abondant, peu coûteux et non polluant ;
- et d'autre part, adapté à la souche de microorganisme.

La culture de ces microorganismes se fait, généralement, sur milieu liquide dans des fermenteurs (fig. 12.1) mais peut également être conduite sur milieu solide.

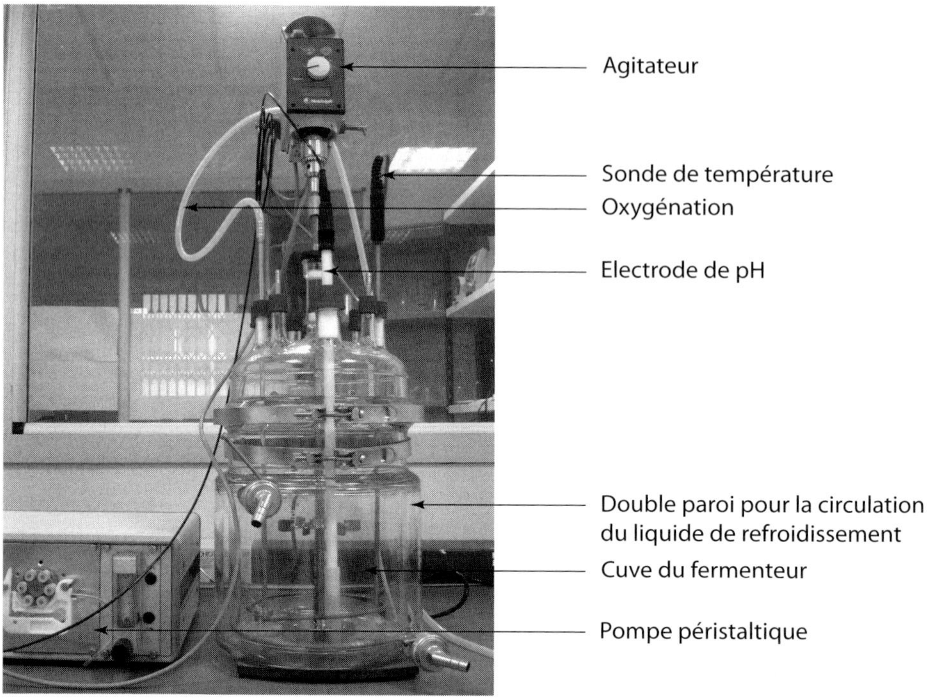

Figure 12.1 – Fermenteur de paillasse et ses modules de régulation

12.4. EXTRACTION ET TRAITEMENT DES PROTÉINES

Après culture, les microorganismes sont récupérés par **filtration** ou en les concentrant, généralement par **centrifugation** et puis ils sont séchés. Différents traitements sont alors exécutés pour les rendre plus digestes. Leurs parois sont dégradées par traitement à haute température, ce qui libère les protéines cytoplasmiques et facilite l'action des **enzymes** digestives.

Si les produits cellulaires sont utilisés en alimentation humaine, il est impératif de réduire leur taux trop élevé en acides nucléiques. C'est le cas des **bactéries** et **levures**, notamment. Cette réduction peut se faire par diverses techniques :

- Extraction des protéines par utilisation d'urée ou de soude concentrées pour hydrolyser les acides nucléiques.
- Choc thermique (65 à 70 °C durant 80 s) utilisé avec succès pour réduire le taux d'ARN (de près de 70 %) chez certaines levures et bactéries. Un tel traitement inactive les protéases microbiennes et permet à la RNAase endogène d'hydrolyser l'ARN.
- Par combinaison de moyens physico-chimiques. L'ARN est hydrolysé par des solutions acides à des températures élevées. Cette **hydrolyse** est rapide et n'affecte pas les protéines.

- Procédé enzymatique faisant intervenir la ribonucléase A pancréatique bovine ou des ribonucléases et des endonucléases microbiennes (*Brevibacterium*, *Staphylococcus*, etc.) immobilisées.
- Modification des conditions de culture (rapport C/N, teneur en phosphore et en zinc) qui affecte la synthèse de l'ARN chez les levures.

La présence de mycotoxines dans certaines espèces fongiques est un handicap majeur pour leur utilisation. Les principales mycotoxines comprennent les aflatoxines, produites par *Aspergillus flavus*, *A. parasiticus* et *A. oryzae* ; la citrinine produite par *Penicillium citrinum* ; les ochratoxines produites par les espèces d'*Aspergillus* et de *Penicillium* ; les trichothécènes et la zéaralanone de différentes espèces de *Fusarium* et l'ergotamine de différentes espèces de *Claviceps*.

Ces toxines sont susceptibles de produire, à de très faibles doses, des réactions allergiques, diverses maladies et des cancers du foie, aussi bien chez les êtres humains que chez les animaux. Leur élimination est une condition préalable à leur consommation. Parmi les nombreuses méthodes utilisées à cet effet, le traitement des champignons par l'ammoniaque est le plus efficace.

En dehors des traitements chimiques et physiques utilisés pour la **détoxification**, des techniques de biologie moléculaire ont été également mises en œuvre pour bloquer les gènes responsables de la synthèse de ces mycotoxines.

Certaines bactéries produisent aussi bien des endo- que des exotoxines. Ces dernières sont sécrétées notamment par les **bactéries Gram+** dans le **milieu de culture**. Les endotoxines font partie intégrante des parois cellulaires des bactéries Gram– et ne sont libérées qu'après la lyse des cellules. Ce sont des lipopolysaccharides, la partie lipidique étant responsable de l'effet toxique. Les exotoxines peuvent être aisément éliminées du fait de leur **solubilité** dans le milieu de culture et de leur thermolabilité au-delà de 60 °C. L'alcool à 50 %, le formaldéhyde et les acides dilués peuvent aussi dénaturer les exotoxines ou de les transformer en toxoïdes non toxiques.

Chapitre 13 – Antibiotiques

13.1. Définition

Les antibiotiques sont des substances d'origine biologique (ou produites par synthèse chimique) de structure variable (sucre, protéine, aminoglycoside, etc.) et de faible poids moléculaire, naturellement synthétisées et excrétées par différentes espèces de microorganismes et de végétaux. Ils agissent à très faible dose comme poison pour d'autres microorganismes en inhibant une de leur fonction essentielle entraînant un blocage de leur croissance et éventuellement leur mort.

Dans la nature, les antibiotiques représentent un avantage pour les bactéries et les moisissures qui les synthétisent. Ils leur permettent d'éliminer leurs compétiteurs pour mieux s'accaparer les substances nutritives disponibles dans leur environnement.

Les phytoalexines, produites par diverses plantes en réponse à une infection par des agents pathogènes, peuvent aussi être considérées comme antibiotiques. Il en est de même des benzo-naphtoquinones et les *para*-naphtoquinones produites par certaines plantes.

13.2. Classes d'antibiotiques

On définit plusieurs classes d'antibiotiques principalement en fonction de leur nature chimique, de leur origine (bactérie, champignon, synthèse, hémisynthèse), de leur mécanisme d'action, de l'étendue de leur spectre. Leurs mécanismes de résistance et leurs effets secondaires éventuels, sont parfois pris en compte.

La nature chimique des antibiotiques est très variée et plus ou moins complexe.

Les antibiotiques diffèrent en taille, on trouve des petites molécules comme la cyclosérine (102 Da) ou la fosfomycine (fig. 13.1) qui ne contient que trois atomes de carbone mais aussi des gros polypeptides comme la nisine qui contient 34 résidus d'acides aminés.

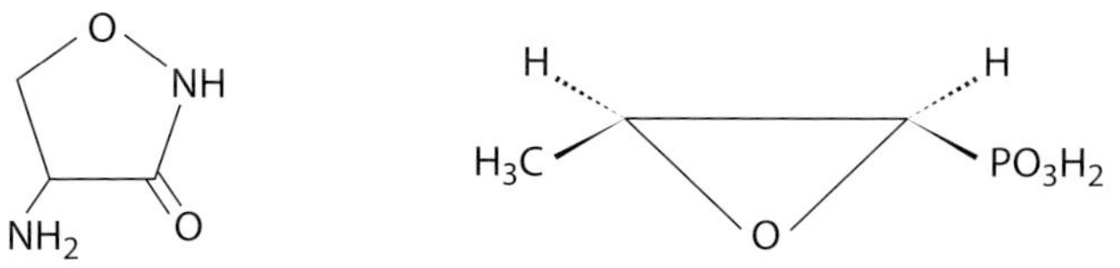

Figure 13.1 – Structures de la cyclosérine (à gauche) et de la fosfomycine (à droite)

La structure de ces molécules cycliques peut comporter des groupements de nature diverse : carboxylique, aminée, osidique, protéique, lipidique, etc. Ex. la polymyxine B est un polypeptide de 10 acides aminés ; les antibiotiques polyéniques sont de nature lipidique ; l'érythromycine est un macrolide constitué d'un cycle d'origine lipidique où sont greffés des dérivés osidiques (voir fig. 13.3).

L'action de l'antibiotique se traduit soit par l'arrêt de la multiplication des germes (elle est alors **bactériostatique**), soit par leur mort (elle est alors **bactéricide**).

Les antibiotiques agissent souvent comme inhibiteurs des systèmes biochimiques indispensables à la vie et à la reproduction des cellules (voir § 13.5. Applications). Leur valeur thérapeutique dépend donc de leur activité nocive à l'égard des bactéries **pathogènes** et de l'absence d'effets secondaires sur l'organisme hôte.

Les sites d'action sont caractéristiques de chaque famille d'antibiotiques.

Bien que pas toujours connus avec certitude, les principaux sites d'action sur les cellules cibles sont les suivants : la paroi bactérienne, la membrane plasmique, le génome (perturbation de la réplication et de la transcription de l'ADN), la traduction de l'ARN messager (perturbation de la synthèse protéique), le **métabolisme** respiratoire, le métabolisme intermédiaire et le transport membranaire.

L'étendue de l'activité antibactérienne d'un antibiotique définit son spectre. Plus un antibiotique agit sur des types de bactéries différentes, plus son spectre est large. Ex. la rifampicine (composé semi synthétique issu d'une rifamycine) et les tétracyclines sont actives à la fois contre les **bactéries** Gram+ et Gram–. La pénicilline qui agit uniquement contre les bactéries Gram+ et les antibiotiques antituberculeux qui sont actifs sur le seul bacille de Koch ont, par contre, un spectre très étroit.

13.3. MICROORGANISMES PRODUCTEURS

Certains des antibiotiques les plus couramment utilisés comme la pénicilline, la streptomycine, l'érythromycine, les tétracyclines et la vancomycine sont dérivés ou intégralement basés sur des molécules naturellement produites par des microorganismes provenant de l'environnement. Ainsi, près de 80 % des antibiotiques produits industriellement proviennent des bactéries, le reste est fourni par les champignons.

Les Actinobactéries sont les plus prolifiques de tous les microorganismes en tant que producteurs d'antibiotiques (deux tiers des antibiotiques isolés jusqu'ici proviennent des Actinobactéries) et d'autres métabolites secondaires bioactifs.

Parmi les espèces appartenant à ce groupe bactérien, le genre *Streptomyces* est le plus abondant et il détient actuellement la première place en tant que producteur d'antibiotiques et d'autres métabolites secondaires. On estime que 75 à 80 % des antibiotiques isolés des Actinobactéries sont produits par des Streptomycètes. Par exemple, les souches de *Streptomyces griseus* et de *S. hygroscopicus* produisent, respectivement, plus de 40 et 200 antibiotiques différents dont les plus connus sont la streptomycine, l'auréomycine, la terramycine et la néomycine.

Ce sont des bactéries rencontrées sur tous les substrats organiques mais on les trouve principalement dans les sols où elles jouent un rôle particulièrement important dans la transformation de composés organiques difficilement dégradables par les autres microorganismes. Elles sont Gram+ et de morphologie très variable. Elles ont la capacité d'excréter de nombreux métabolites secondaires et des **enzymes** hydrolytiques (protéases, lipases, amylases, cellulases), ce qui leur permet de se développer sur des **substrats** complexes polymérisés. Leur classification est basée sur des critères morphologiques et biochimiques. Les souches productrices d'antibiotiques sont aérobies et de formes mycéliennes.

Des bactéries du genre ***Bacillus***, groupe ubiquitaire Gram+, produisent des antibiotiques de nature essentiellement peptidique (ex : bacitracine, gramicidine, subtilisine, etc.).

Signalons aussi que certaines espèces du genre *Pseudomonas*, bactéries aérobies stricts Gram–, produisent quelques antibiotiques.

De nombreux champignons sont utilisés industriellement pour la production d'antibiotiques (pénicillines) dont plusieurs milliers ont été répertoriés, mais un nombre limité seulement est commercialisé. Parmi la dizaine d'organismes fongiques exploités industriellement, figurent les genres *Aspergillus*, *Penicillium*, *Cephalosporium*, *Helminthosporium*, *Fusidium*.

13.4. PRODUCTION

L'immense demande thérapeutique en antibiotiques a rapidement nécessité la mise au point de techniques industrielles de production ; de ce fait, la consommation mondiale à la fois médicale et vétérinaire d'antibiotiques s'évalue en milliers de tonnes.

La production des antibiotiques naturels s'effectue actuellement à grande échelle dans des **fermenteurs** industriels dont le volume peut atteindre plusieurs centaines de litres (30 000 à 200 000 L) et dont la régulation est entièrement automatisée.

Les souches de microorganismes, sélectionnées avec soins à partir d'isolats de cultures pures, sont inoculées dans un milieu nutritif stérile contenu dans ces fermenteurs (voir fig. 12.1) et incubées pendant des périodes variables (habituellement 5 à 8 j), selon la souche utilisée et selon les conditions de culture. Un rendement de production intéressant est dépendant des conditions physicochimiques, thermiques et biologiques extrêmement précises et stables. Ainsi, l'apport des substances nutritives, l'introduction d'air stérile, la température, le **pH** sont régulés tout au long du processus fermentaire, de façon entièrement automatique.

Dans certains cas, il est utile d'ajouter au milieu de **fermentation** un **précurseur** afin de stimuler ou de favoriser la production d'un composé spécifique comme, par exemple, l'acide phénylacetique pour l'obtention de la pénicilline G ou d'acides aminés spécifiques dans la production des actinomycines et des tyrocidines. Cette stratégie est connue sous le nom de biosynthèse directe.

Plus de 13 000 antibiotiques ont été obtenus par voie fermentaire à ce jour, dont environ 80 % proviennent de **bactéries** et 20 % de **moisissures**. Mais, compte tenu des critères que doit présenter un produit naturel antimicrobien pour acquérir une place importante en médecine humaine et vétérinaire : large spectre d'action, innocuité relative à l'égard de l'organisme hôte et prix de revient raisonnable, tous les antibiotiques connus ne sont pas exploités ; les effets toxiques de certains d'entre eux ou leur absence d'activité empêchant leur utilisation en thérapeutique. La pénicilline (voir fig. 13.3), la céphalosporine (voir fig. 13.5) et leurs dérivés représentent à eux seuls 60 % du marché mondial des antibiotiques.

Les **biotransformations** de précurseurs d'antibiotiques tiennent une place importante dans ce domaine, de même que le génie génétique qui est de plus en plus utilisé afin de produire de nouvelles souches microbiennes ayant des performances accrues dans la production d'antibiotiques.

13.4.1. EXTRACTION ET PURIFICATION

À l'issue du cycle de **fermentation**, les antibiotiques sont souvent présents à des concentrations relativement faibles et sous forme de mélanges complexes de composés ayant des structures très proches mais souvent un ou deux sont majoritaires. L'antibiotique désiré doit alors être extrait du **milieu de culture** par des opérations souvent automatisées : **filtration**, extraction par **adsorption** sur des résines échangeuses d'ions, extraction par des solvants. Ces étapes représentent une part importante du coût global du procédé.

13.4.1.1. SÉPARATION SOLIDE-LIQUIDE

Une étape de séparation des cellules, par **décantation**, filtration ou, le plus souvent, par **centrifugation**, n'est pratiquée que si on désire extraire les antibiotiques associés aux cellules, en plus de ceux contenus dans le milieu liquide de **fermentation**.

13.4.1.2. EXTRACTION À PARTIR DU MILIEU LIQUIDE

Une extraction liquide-liquide à l'aide d'un solvant approprié est effectuée, après traitement de la phase liquide par un acide (**pH** < pK_a de l'antibiotique) ou une base (pH > pK_b), afin d'obtenir une forme ionisée de l'antibiotique.

Le choix du solvant est déterminé par :

- sa capacité à solubiliser l'antibiotique (bon coefficient de distribution entre l'eau et le solvant),
- sa neutralité chimique vis-à-vis de l'antibiotique,
- un bon degré de sélectivité,
- un coût raisonnable,
- des propriétés physiques facilitant son élimination ou son recyclage.

Par exemple, les coefficients de distribution (K_D) de la pénicilline G à pH 4 entre les solutions aqueuses et des extractants comme le méthyl cyclohexanone et le diméthyl cyclohexanone sont, respectivement, 180 et 160. Ces solvants sont donc beaucoup plus efficaces que l'amyl acétate (K_D = 20) qui est l'un des extractants les plus utilisés pour les antibiotiques. Cependant, ces solvants sont plus coûteux, de même que l'extraction de l'antibiotique dans ces conditions est plus difficile.

13.4.1.3. PURIFICATION

Cette opération qui fait appel à des techniques plus raffinées que pour l'extraction liquide-liquide est mise en œuvre lorsque cette dernière n'est pas suffisante pour atteindre un degré de pureté acceptable. Le degré de pureté recherché dépendra de l'application. La purification a donc pour but de débarrasser l'antibiotique désiré des impuretés susceptibles de lui être associées en jouant sur leurs propriétés différentes de celles de l'antibiotique.

Les méthodes courantes de purification se basent souvent sur des procédés à membrane de type ultra- ou **nanofiltration**, ou encore de séparations chromatographiques comme la filtration sur gel et la **chromatographie** d'échanges d'ions. Ces procédés conduisent à des degrés de pureté compatibles avec la plupart des utilisations.

13.4.2. BIOTRANSFORMATIONS

Un grand nombre d'antibiotiques peuvent être modifiés chimiquement ou biochimiquement par certains microorganismes, conduisant à des antibiotiques dites semi-synthétiques. Ces transformations se font par divers types de réactions : **hydrolyse** ou désacylation, acylation, phosphorylation, nucléotidylation, oxydation, réduction, amination ou désamination, glycosidation, méthylation ou déméthylation, isomérisation, hydratation, etc. Elles sont effectuées dans le but d'avoir une activité antimicrobienne ou des propriétés pharmacologiques améliorées. Par exemple, les pénicillines chimiquement modifiées, telle que la méthicilline, sont efficaces contre des bactéries résistantes au composé parent, la pénicilline G. De même, les autres pénicillines, telles que l'ampicilline, sont actives contre une variété plus large de microorganismes que le composé parent. D'autres sont mieux absorbés par l'organisme ou ont une plus grande stabilité chimique, une biodisponibilité et une excrétion plus favorables ou une toxicité réduite.

Les pénicillines qui représentent la classe la plus importante d'antibiotiques, sont constituées d'un noyau commun, l'acide 6-aminopenicillanique (6-APA), et d'une chaîne latérale variable (fig. 13.2). Seulement deux exemples, la pénicilline G (PenG) ayant l'acide phénylacétique comme chaîne latérale, et la pénicilline V (PenV) ayant l'acide phénoxyacétique comme chaîne latérale, sont obtenues par **fermentation** de *Penicillium chrysogenum* ; touts les autres dérivés (ex. amoxicilline et ampicilline) sont produits à partir du 6-APA qui provient presque exclusivement de l'**hydrolyse** enzymatique de PenG à l'aide de la pénicilline G acylase (PGA) **immobilisée** (fig. 13.2).

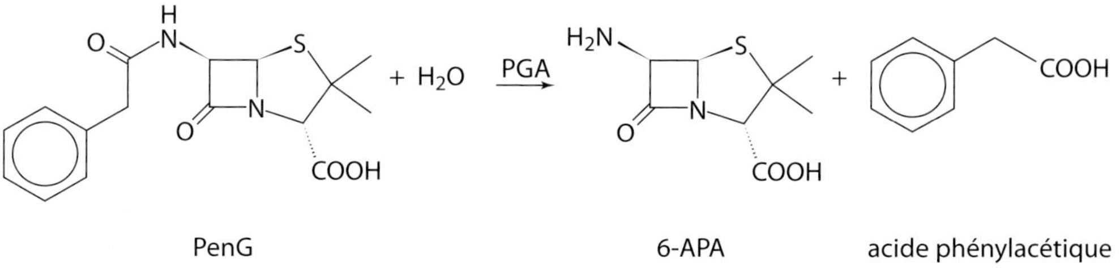

Figure 13.2 – Désacylation de la pénicilline G en acide 6-aminopenicillanique et acide phénylacétique

13.5. APPLICATIONS

Les antibiotiques naturels d'origine microbienne possèdent une vaste gamme d'activités thérapeutiques.

Contrairement aux désinfectants usuels comme le peroxyde d'hydrogène ou la teinture d'iode, les antibiotiques exercent une action spécifique, c'est-à-dire qu'ils dérèglent le **métabolisme** de certains microorganismes sans affecter les cellules humaines ou animales. La première de ces applications a été l'utilisation des antibiotiques en tant que médicaments pour leur action spécifique sur les microorganismes. Mais, la sélectivité et la spécificité de leur action leur a permis d'acquérir également, en tant que réactifs, une place de choix dans les laboratoires de biochimie, de **biotechnologie** et de microbiologie, et tout particulièrement dans ceux orientés vers la biologie moléculaire et le génie génétique.

13.5.1. BIOCHIMIE ET BIOLOGIE MOLÉCULAIRE

Les antibiotiques peuvent attaquer tout type d'activité biochimique microbienne, y compris la synthèse de l'ADN, de l'ARN et des protéines, les fonctions membranaires, le transport des électrons, la sporulation, la germination, et beaucoup d'autres fonctions. Le tableau 13.1 résume les sites d'action et les structures de quelques exemples importants d'antibiotiques.

Tableau 13.1 – Sites d'action et structure de quelques antibiotiques

Cible	Antibiotique	Structure
réplication de l'ADN	bléomycine	glycopeptide
transcription	actinomycine D rifamycine	peptide ansamycine
traduction		
• ribosomes 30 S	tétracyclines streptomycine	polycétide aminoglycoside (aminocyclitol)
• ribosomes 50 S	chloramphénicol lincomycine érythromycine	phénylpropanoïde lincosamide (sucre-amide) macrolide
• ribosomes 70 et 80 S	puromycine acide fusidique	nucléoside (purine) stéroïde
• ribosomes 80 S	cycloheximide*	glutarimide
synthèse de la paroi cellulaire des bactéries	cyclosérine bacitracine pénicilline vancomycine	acide aminé cyclique substitué polypeptide β-lactame glycopeptide
membranes cellulaires		
• tensioactifs	polymyxine amphotéricine nystatine	peptide polyène polyène
• ionophores	gramicidine lasalocide	peptide polyéther

Cible	Antibiotique	Structure
inhibiteur de la β-lactamase	acide clavulanique	β-lactame
chélation du fer	desferrioxamine	peptide
biosynthèse de la chitine	nikkomycine	nucléoside

** Cet antibiotique bloque la synthèse protéique uniquement chez les cellules des Eucaryotes.*

Certains antibiotiques sont des inhibiteurs spécifiques pour des étapes bien précises de la biosynthèse des protéines *in vivo* ou dans des systèmes acellulaires. Les aminoglycosides, les tétracyclines et les spectinomycines se fixent à la sous-unité 30 S des ribosomes bactériens alors que le chloramphénicol, les macrolides et les kétolides se lient à la sous-unité 50 S. L'acide fusidique (fig. 13.3) agit sur les **bactéries** Gram– en se fixant au facteur EF-G d'élongation au cours de la traduction, empêchant la fixation de l'ARNt aminoacylé.

La sélectivité de ces inhibiteurs de la synthèse des protéines (qui sont le plus souvent bactériostatiques) est le résultat de certaines différences entre les ribosomes cytoplasmiques 70 S chez les **Procaryotes** et les ribosomes 80 S chez les **Eucaryotes.** Par contre, les ribosomes des mitochondries des Eucaryotes sont semblables à leurs équivalents chez les Procaryotes ; les antimétabolites peuvent être alors toxiques.

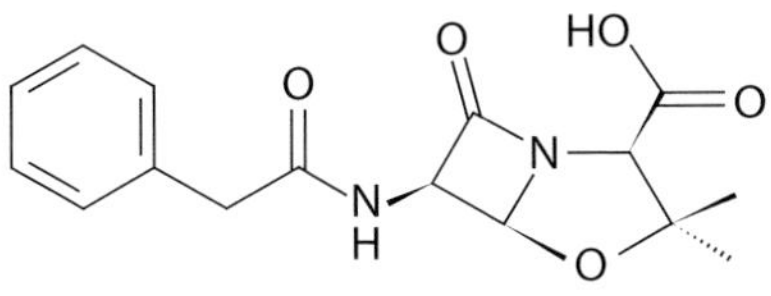

pénicilline

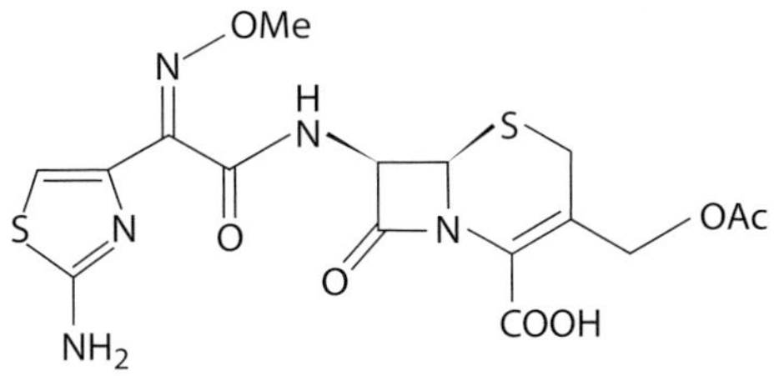

céfotaxime

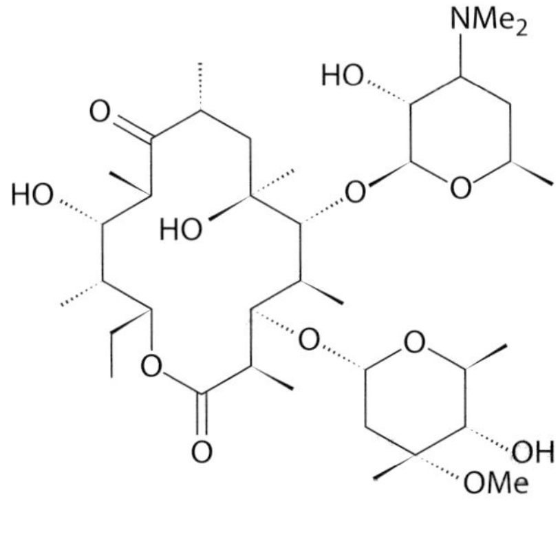

erythromycine

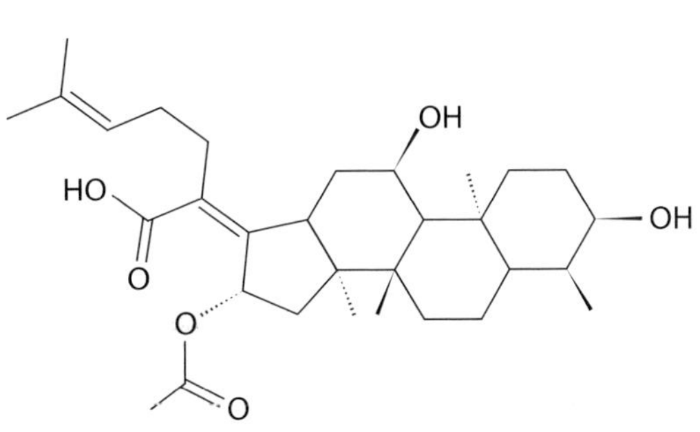

acide fusidique

Figure 13.3 – Structures chimiques de quelques antibiotiques importants

La synthèse et le fonctionnement des acides nucléiques sont inhibés par certains antibiotiques : ex. la rifampicine bloque la transcription par inhibition de l'ARN polymérase et les quinolones (ex. acide nalidixique) bloquent la réplication de l'ADN par inhibition de la gyrase bactérienne.

D'autres antibiotiques agissent comme antimétabolites. C'est le cas des inhibiteurs de la voie de synthèse de l'acide folique comme les sulfonamides ou sulfamides qui sont des analogues de l'acide *p*-aminobenzoïque, **précurseur** de l'acide folique, et inhibent la ptéridine synthétase (fig. 13.4). La relative insensibilité aux sulfonamides des cellules eucaryotes provient du fait que ces dernières assimilent directement l'acide folique apporté par l'alimentation alors que les bactéries doivent le synthétiser par cette voie métabolique.

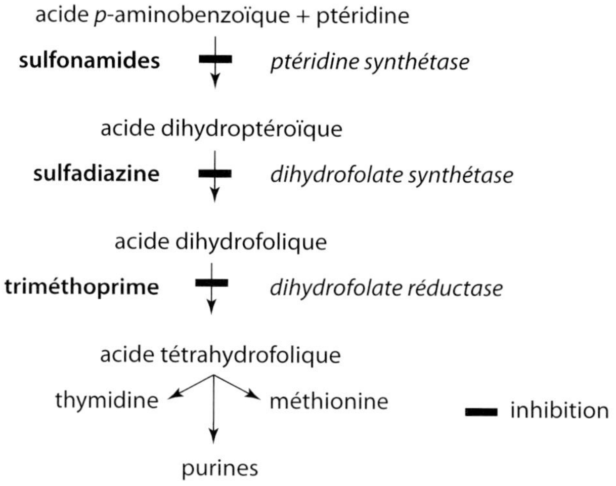

Figure 13.4 – Voie de biosynthèse de l'acide folique et site d'action de ses inhibiteurs

Diverses fonctions mitochondriales sont la cible d'antibiotiques inhibiteurs : phosphorylation oxydative (ex. oligomycine, rutamycine, aurovertine), chaîne respiratoire (ex. antimycine).

Certains, comme la valinomycine, ne sont pas des antibiotiques majeurs quant à leurs applications thérapeutiques, mais ils fournissent des informations importantes sur le fonctionnement des biomembranes. Les antibiotiques polyéniques (ex. amphotéricine B, nystatine), en se fixant aux stérols membranaires, provoquent des modifications de la perméabilité des cellules eucaryotes. Très actifs contre les **levures** et **moisissures**, leur usage thérapeutique est cependant limité à cause de leur nocivité sur les cellules animales et humaines. D'autres, comme la daptomycine (lipopeptide), provoquent la formation de canaux ioniques chez les **bactéries Gram+**.

Les pénicillines et les céphalosporines, la vancomycine, la bacitracine et la cyclosérine exercent leurs effets **bactéricides** en bloquant certaines étapes spécifiques dans la biosynthèse des constituants majeurs des parois cellulaires bactériennes : inhibition des transpeptidases et inhibition de la synthèse des peptidoglycanes, respectivement.

De même, les antibiotiques actifs contre les champignons sont soit fongistatiques (kétoconazole, fluconazole) ou **fongicides** (amphotéricine, nystatine). Leurs mécanismes d'action sont souvent similaires à ceux exercés sur les **bactéries** et comprennent : interaction avec les membranes cellulaires entraînant la libération de leurs contenus cytoplasmiques (amphotéricine, nystatine) ; interférence avec la synthèse des constituants membranaires (kétoconazole, fluconazole) ; interférence avec la synthèse des acides nucléiques (5-fluorocytosine) et perturbation de l'assemblage des microtubules (griseofulvine).

Les antibiotiques sont aussi utilisés pour la sélection de souches bactériennes transformées, (techniques utilisant leur sensibilité aux antibiotiques), pour le blocage de la réplication de l'ADN par des antibiotiques intercalaires (daunomycine) et pour l'inhibition de la transcription ADN-ARN par les ansamycines et l'actinomycine D.

13.5.2. MÉDECINE

Capables d'arrêter (**bactériostatiques**) ou de neutraliser (**bactéricides**) la croissance des **bactéries**, les antibiotiques permettent de lutter efficacement contre les maladies infectieuses en éliminant les bactéries pathogènes et sont souvent le seul moyen pour y parvenir. Cependant, suite à l'utilisation massive des antibiotiques en thérapeutique humaine et à leur utilisation comme facteurs préventifs et de croissance dans l'alimentation des animaux consommés par l'Homme, l'efficacité de ces agents anti-infectieux est désormais remise en cause par le phénomène de l'antibio-résistance (voir encart 11).

Les antibiotiques sont aussi utilisés pour leurs propriétés antitumorales (actinomycine, adriamycine, rebeccamycine), et leurs diverses autres activités biologiques (immunosuppressives, immunostimulantes).

L'actinomycine D (fig. 13.5), produite par le champignon *Actinomyces antibioticus*, est un antibiotique antitumoral efficace. C'est un dérivé phenoxazone ayant deux chaînes latérales constituées de cycles pentapeptidiques de part et d'autre d'un noyau hétérocyclique.

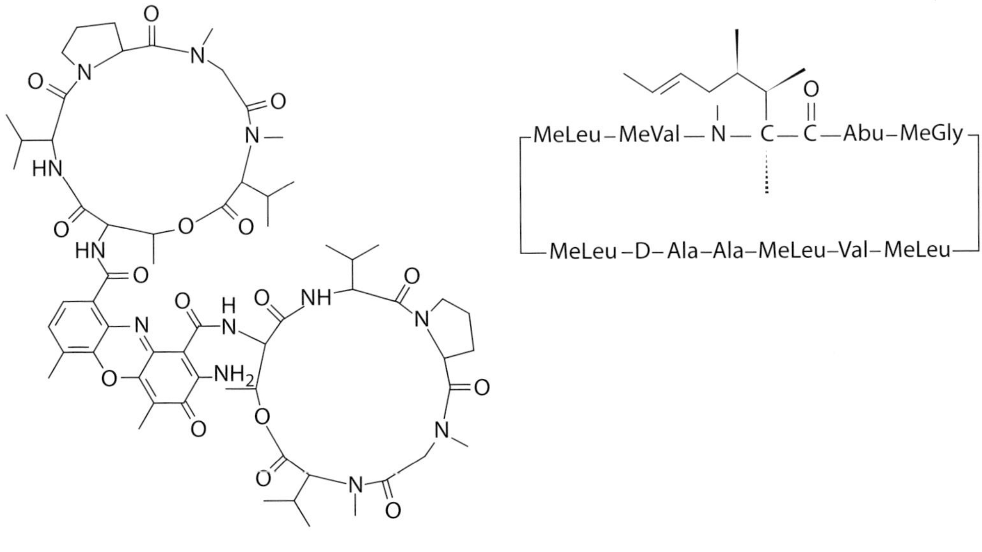

Figure 13.5 – Structure de l'actinomycine D (à gauche) et de la cyclosporine (à droite)

L'actinomycine D forme un complexe solide avec l'ADN double-brin ($K_D = 5.10^{-6}$ M) en s'intercalant au niveau des paires G-C. Ce composé inhibe sélectivement l'élongation de la chaîne de l'ARN ribosomal durant la transcription. Bien que très efficace vis-à-vis de certaines tumeurs malignes, il est très toxique.

La cyclosporine est un antibiotique polypeptidique (voir fig. 13.5) isolé à partir de champignons. Il influe sur la fonction immune par diverses voies. Après son administration, la cyclosporine est prise par les **lymphocytes** T et se lie à un récepteur protéique, appelé cyclophilline, localisé dans leur cytoplasme. Par interaction avec cette protéine cytoplasmique, la cyclosporine inhibe la calcineurine (phosphatase sérine-thréonine calcium/calmoduline-dépendante), qui joue un rôle dans la transduction des signaux aux cellules T. La cyclosporine inhibe également la transcription de nombreux gènes, parmi lesquels ceux des interleukines (IL-2, IL-3) et d'autres cytokines produites par les cellules T activées. Il s'ensuit un arrêt de la croissance des lymphocytes T, d'où un effet immunosuppresseur marqué.

13.5.3. AGRO-ALIMENTAIRE

Des antibiotiques destinés uniquement à l'agriculture ont été développés. Ils sont exploités dans différents domaines : contrôle des maladies des végétaux (blasticidine), **insecticides** (nikkomycine), herbicides (phosphinothricine) et régulateurs du **métabolisme** végétal. Ces produits présentent l'avantage d'être actifs à très faible concentration (10 à 50 mg/Kg) et rapidement biodégradables.

Durant des décennies, l'industrie **agro-alimentaire** s'est mise à utiliser régulièrement des antibiotiques dans l'alimentation animale dans deux buts :

- en tant qu'additif dans un aliment supplémenté, pour stimuler la croissance des animaux d'élevage ou en vue d'une prophylaxie anti-coccidienne chez certains groupes d'animaux (volailles) ;
- en tant que médicament vétérinaire dans un aliment médicamenteux, pour un traitement préventif (le plus fréquent) ou curatif.

Susceptibles d'entraîner des phénomènes de résistance (encart 11) chez l'Homme mais aussi chez les animaux et les végétaux, plusieurs antibiotiques utilisés comme facteurs de croissance ont été progressivement interdits dans l'alimentation animale par la Commission Européenne depuis 1997.

La nisine fait partie des bactériocines, une famille qui regroupe de petites molécules aux propriétés antibiotiques naturellement produites par de nombreuses **bactéries** lactiques lors de leur croissance. Elle possède un double mode d'action antimicrobienne : elle inhibe la synthèse de la **paroi cellulaire** et forme des pores au niveau de la membrane cytoplasmique permettant le passage des petites molécules. Elle est produite par les souches de *Lactococcus lactis* ssp. *lactis*, et manifeste une activité antimicrobienne vis-à-vis de diverses bactéries **Gram**+ dont certaines bactéries lactiques, *Bacillus*, *Clostridium*, *Listeria*, ainsi que les bactéries du genre *Streptococcus*. De ce fait, l'industrie alimentaire l'utilise comme **additif alimentaire** pour la préservation des aliments contre l'infection microbienne, notamment de certains fromages affinés et fromages fondus, des légumes en conserves (ex. tomates), des poissons fumés et des sauces. La nisine ingérée est inactivée par la trypsine et la pancréatine et n'a aucun effet sur la **flore intestinale**. Elle est la seule bactériocine autorisée comme agent de conservation à travers le monde mais n'a actuellement aucune utilisation thérapeutique. Les quantités permises sont réglementées et varient selon le type de denrée alimentaire et selon le pays.

Structuralement, il s'agit d'un polypeptide pentacyclique de 34 acides aminés, à caractères cationique et hydrophobique, de masse moléculaire 5,8 à 6,3 kDa, appartenant à la famille des lantibiotiques car contenant des groupes lanthionine et méthyllanthionine.

La nisine existe sous deux formes ou variants (A et Z), qui diffèrent par un seul acide aminé substituant l'histidine en position 27 dans la nisine A et l'asparagine dans la nisine Z.

La nisine A (fig. 13.6) est formée d'un seul résidu de lanthionine (Ala-S-Ala) et de quatre résidus de 3-méthyllanthionine (Abu-S-Ala). En outre, la nisine contient trois acides aminés insaturés, un 2,3-déhydroalanine (Dha) et deux 2,3-déhydrobutyrines (Dhb). Partant de l'extrémité N-terminale, les noyaux sont nommés de A à E. Les noyaux A, B, et C sont tous séparés tandis que les noyaux C et D forment un bicycle.

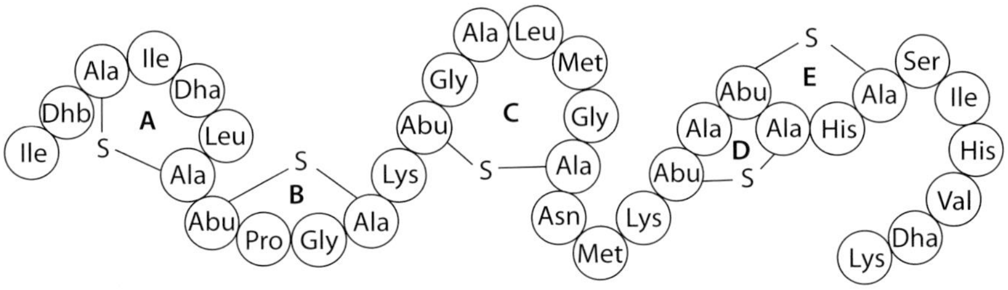

Figure 13.6 – Structure de la nisine A

Abu : acide 2-aminobutyrique

ENCART 11 – RÉSISTANCE AUX ANTIBIOTIQUES

La France est l'un des pays qui consomme le plus d'antibiotiques. Cette surconsommation à la fois médicale (600 à 700 t/an) et vétérinaire (Plus de 1000 t en 2005, d'après un rapport de l'AFFSA) s'est traduite par l'apparition, de plus en plus fréquente, de souches bactériennes résistantes, nécessitant la recherche de nouveaux antibiotiques. La France détient aussi un des taux de résistance aux antibiotiques parmi les plus élevés d'Europe : 36 % des pneumocoques sont résistants à la pénicilline et 41 % aux macrolides, d'après un rapport de l'EARSS en 2005.

L'exemple des staphylocoques dorés (*Staphylococcus aureus*) est très illustratif de ce phénomène. Cette bactérie responsable de nombreuses infections sévères (principalement des infections cutanées et des muqueuses pouvant aller jusqu'à la septicémie) s'est adaptée successivement aux différents antibiotiques. Ainsi, dès 1943 des souches résistantes à la pénicilline sont apparues ; ces souches secrétaient des β-lactamases. La méthicilline est alors devenue le traitement de référence pour ces infections jusqu'à ce qu'apparaissent dans les années 80 des résistances à cet antibiotique. L'utilisation de la vancomycine s'est alors répandue ce qui a également conduit à l'apparition graduelle de souches résistantes à cet antibiotique.

Sur le plan biochimique, les bactéries se défendent contre l'action des antibiotiques par l'un des mécanismes suivants :
- en empêchant leur pénétration, par dysfonctionnement d'une **porine** (ex. diminution du diamètre),
- en produisant des enzymes capables de les inactiver, ex. β-lactamases,
- en modifiant la structure de leurs cibles ce qui entraîne une perte d'affinité de l'antibiotique pour ces dernières,

• en refoulant les antibiotiques à l'extérieur de la cellule par des pompes énergie dépendantes.

Cette acquisition d'une résistance à un antibiotique donné peut avoir plusieurs origines :

• pression de sélection : résultant le plus souvent d'une erreur de diagnostique et d'une mauvaise prescription médicale, permettant à la bactérie responsable de l'infection de se développer au détriment des autres qui sont éliminées. En France, on estime que 50 % des prescriptions d'antibiotiques sont inappropriées car prescrites dans le cadre d'infections virales ;

• mutation : ce phénomène concerne soit un gène codant une cible d'un antibiotique donné, soit un promoteur ou un gène régulateur, conduisant alors à l'apparition aléatoire de **bactéries** résistantes à cet antibiotique. Deux exemples bien connus du premier cas sont ceux concernant les mutations du gène *gyrA* (codant la sous-unité A de l'ADN gyrase) et du gène *parC* (codant la sous-unité C de la topo-isomérase IV) pour la résistance aux quinolones. Ce phénomène est lié à la pression de sélection due à l'antibiotique sur les bactéries ; la fréquence d'apparition de ces bactéries résistantes étant toutefois assez faible (une sur un à dix millions de bactéries) et nécessite donc une grande quantité de bactéries pathogènes au niveau de l'infection ;

• transmission : elle se produit soit par transduction (échange indirect de matériel génétique à l'aide d'un vecteur, en général un bactériophage), soit par conjugaison (échange direct de plasmide entre deux bactéries phylogénétiquement proches).

Au fur et à mesure de l'utilisation intensive des antibiotiques, des résistances multiples sont apparues avec des bactéries dites multi-résistantes dont l'impact sanitaire est catastrophique. En particulier, elles sont à l'origine des maladies **nosocomiales** dues à des infections provoquées par des souches de staphylocoques dorés impossible à traiter à l'aide des antibiotiques. Récemment, face à cette situation, une campagne en direction des médecins et de l'opinion publique : « les antibiotiques c'est pas automatique » a permis de réduire la consommation d'antibiotiques (moins 17 % entre 2002 et 2006).

Heureusement, il existe des alternatives ou mieux des actions complémentaires à l'antibiothérapie et qui retiennent actuellement l'attention des chercheurs et des industriels :

• la phagothérapie consiste à utiliser un virus bactérien (bactériophage) pour tuer une bactérie. Cette thérapeutique, en partie oubliée depuis longtemps (surtout en France), est toujours utilisée dans les pays d'Europe de l'Est (Pologne, Russie) mais devrait être une solution d'avenir face aux nombreux problèmes posés par la sur-utilisation des antibiotiques (se reporter à l'ouvrage récent du Dr Dublanchet) ;

• une autre piste prometteuse est la recherche de molécules inhibitrices des facteurs de virulence des bactéries pathogènes,

• la vaccination, en renforçant la réponse immune de l'hôte, constitue un moyen de lutter contre les infections bactériennes ;

• chez les Vertébrés et l'Homme, les peptides antimicrobiens sécrétés dans le sang lors d'une infection bactérienne ou dans la sueur jouent un rôle clé dans les mécanismes immunitaires innés. Ces peptides agissent sur les bactéries en perméabilisant leur membrane par création de pores à la manière de certains détergents. Ce mécanisme d'action très rapide et indépendant de l'interaction avec une cible moléculaire unique, devrait limiter l'apparition de phénomènes de résistance.

Partie V

Enzymologie appliquée

Chapitre 14 – Enzymes en industrie et en médecine

14.1. Généralités

Molécules protéiques indispensables au fonctionnement des êtres vivants, les enzymes ont un rôle comparable à celui des **catalyseurs** qui, en chimie, accélèrent les réactions. Sans l'action enzymatique, le **métabolisme** des cellules et donc les réactions biochimiques qui le constituent seraient trop lentes pour assurer efficacement le fonctionnement de la cellule et le renouvellement des structures cellulaires.

À l'exception de quelques RNAses, Les enzymes sont des protéines globulaires qui présentent plusieurs degrés d'organisation :

- une structure primaire définie par la séquence des acides aminés constitutifs,
- une structure secondaire liée à des conformations hélicoïdales,
- une structure tertiaire correspondant à l'organisation dans l'espace des chaînes,
- une structure quaternaire correspondant à l'association de plusieurs structures élémentaires, les monomères en un édifice complexe comportant au moins deux monomères.

Très souvent, le fonctionnement de l'enzyme nécessite la présence de petites molécules qui peuvent être soit des **cofacteurs** lorsque ce sont des ions métalliques (Fe^{2+}, Cu^{2+}, Mn^{2+}, etc.), soit des **coenzymes** lorsqu'ils sont de nature organique ou métallo-organique. La partie protéique de la molécule enzymatique qui porte le **site de fixation** du **substrat** et donc responsable de la spécificité de la réaction catalysée, s'appelle apoenzyme.

Les isoenzymes correspondent à des cas particuliers d'organisation d'une même enzyme existant sous différentes formes ayant des activités catalytiques identiques et des différences de structure minimes comme c'est le cas des malate déshydrogénases cytoplasmique et mitochondriale.

Lorsqu'elle fonctionne, l'enzyme procure à une réaction donnée un environnement spécifique qui lui permet de se dérouler rapidement ; du fait de sa structure tridimensionnelle, l'enzyme fournit au niveau d'un espace confiné appelé site actif, les conditions idéales de déroulement de la réaction : transformation du **substrat** en produit. La formation d'un complexe enzyme-substrat (ES) temporaire est la base du mécanisme des réactions enzymatiques et le point de départ d'une exploitation mathématique permettant de caractériser leur cinétique.

L'activité enzymatique n'est maximale que dans un intervalle de **pH** et de températures donné. À des pH ou des températures extrêmes, la protéine enzymatique peut être dénaturée et perdre son activité.

L'activité catalytique d'une enzyme dépend aussi de la concentration en **substrat** au niveau du site catalytique et elle est maximale lorsque la concentration est saturante. Il existe pour un couple enzyme-substrat, une concentration caractéristique, le Km, ou constante de Michaelis, à laquelle la vitesse de la réaction vaut exactement la moitié de la vitesse observée à saturation (Vmax). Plus le Km est faible, plus l'affinité de l'enzyme pour son **substrat** est grande.

L'activité, la présence et la quantité d'une enzyme peuvent être régulées de diverses manières.

La production des enzymes est sous contrôle des gènes. Leur synthèse peut être réprimée par leurs propres métabolites en agissant soit au niveau du support de l'information génétique (répression), soit au niveau de la réaction enzymatique (rétro-inhibition). Beaucoup d'enzymes ne sont pas spontanément actives mais existent à l'état de **précurseurs** enzymatiques inactifs et ne sont activées qu'en cas de besoin.

L'action de nombreuses enzymes peut être bloquée par des substances plus ou moins spécifiques appelées inhibiteurs. Cet effet peut être levé à l'aide de substances appropriées qui se lient à l'inhibiteur ou le modifient. On parle d'inhibiteur compétitif si la structure de l'inhibiteur est analogue à celle du **substrat**. Un inhibiteur non compétitif se lie à l'enzyme par un site autre que le site actif en affectant la conformation de l'enzyme de sorte que la catalyse devient impossible. Ce type d'inhibition où la fixation du substrat au site actif n'est pas affectée, ne peut être donc levé par une addition de substrat.

Les enzymes sont présentes dans toutes les cellules. Leur nombre et leur nature varient avec le type de cellule. Cependant, elles ne sont pas réparties au hasard dans les cellules, elles sont soit situées dans des organites intracellulaires particuliers, soit elles sont sous forme soluble dans le cytoplasme, soit encore intégrées à la structure de la membrane plasmique ou à celle de la paroi. Les relations entre les systèmes enzymatiques et la structure de l'organite qui les contient constituent une des bases de la physiologie cellulaire.

Le nombre considérable et sans cesse croissant d'enzymes connues a rendu impératif le développement d'une classification et d'une nomenclature. Celles-ci ont été établies dès 1961 par la Commission des Enzymes de l'Union Internationale de Biochimie. Les enzymes sont classées en fonction de la nature des **substrats** qu'elles transforment et le type de réaction qu'elles catalysent, en général, en rajoutant le suffixe « -ase » au nom de leur substrat (ex. amylase, **cellulase**) ou à un mot ou une phrase faisant référence à leur activité (ex. oxydo-réductase, oxoglutarate amino-transférase). Chaque enzyme possède un numéro de code recommandé par la Commission Internationale d'Enzymologie et constitué de l'acronyme E.C. (*Enzyme Commission*) suivi de quatre chiffres, séparés par des points. Le premier chiffre indique la classe (1 : oxydoréductase, 2 : transférases, 3 : hydrolases, 4 : lyases, 5 : isomérases, 6 : ligases) et les deux suivants des sous-classes et des sous-sous-classes et le quatrième un numéro d'ordre dans la sous-sous-classe (ex. l'alpha-amylase est codée E.C. 3.2.1.1). Ce code doit être mentionné dans les publications scientifiques (voir Annexe A).

Les enzymes sont, en règle générale, pourvues d'une très grande spécificité de réaction (propriété fondamentale) mais parfois leur spécificité est plus faible et l'enzyme admet alors deux ou plusieurs **substrats** (enzyme non spécifique comme la Rubisco ou la nitrogénase) ; d'autre part, elles opèrent dans des conditions douces de **pH**, de température (par exemple entre 20 et 37 °C) et de pression (pression atmosphérique) ce qui en fait des **catalyseurs** de choix pour des réactions biochimiques *in vitro* avec des molécules fragiles.

Ainsi l'**hydrolyse** du maltose par la maltase se fait à 25 °C et à pH 7 ; la synthèse chimique de l'alcool éthylique nécessite une température supérieure à 250 °C et une pression d'environ 50 bars alors que la **levure** de bière (*Saccharomyces cerevisiae*) réalise la **fermentation** alcoolique à température (15-25 °C) et à pression ambiantes. D'autres enzymes, telles que les lipases et les protéases, par exemple, sont stables même dans des solvants organiques ce qui autorise la catalyse de réactions qui ne sont pas possibles en milieux aqueux. Comparés aux procédés chimiques classiques, les procédés enzymatiques peuvent être utilisés pour la catalyse des réactions chimiques de façon très efficace et spécifique, tout en consommant moins d'énergie, en produisant moins de déchets. De plus, les conditions drastiques, nécessaires dans les procédés chimiques, augmentent considérablement le coût des investissements en équipements qui doivent être capables de supporter les hautes températures et/ou les hautes pressions, les produits corrosifs et être dotés de moyens de contrôle (refroidissement, par exemple) adaptés.

Pour beaucoup de procédés, les enzymes sont rapidement passées de la recherche à la commercialisation (ex. par la société Novozymes). Elles sont, de ce fait, devenues aujourd'hui des auxiliaires technologiques importants utilisés dans une multitude de processus industriels. Des branches industrielles totalement innovantes sont ainsi nées et d'autres sont en train d'émerger grâce à la disponibilité sur le marché de nouvelles enzymes. Dans l'agro-alimentaire les enzymes interviennent dans de nombreux procédés de fabrication : produits laitiers, production d'alcool, d'amidon, élaboration des **arômes**, fabrication des jus de fruits et des boissons gazeuses, production du pain, etc. Elles interviennent également dans de nombreux autres domaines tels que la chimie fine, l'industrie pharmaceutique, la fabrication des lessives ou l'alimentation animale. Elles participent à la synthèse de molécules biochimiques, ainsi qu'à l'élaboration de nouvelles techniques analytiques, à la fois sensibles, spécifiques et rapides. La demande en de nouvelles enzymes est en très forte croissance : entre 1995 et 2000, elle a été multipliée par 10. On évalue à au moins un milliard de dollars américains par an le marché mondial des enzymes industrielles extraites de microorganismes. Il est clair que l'avenir de ces auxiliaires biochimiques sera tributaire du développement de technologies économiquement rentables pour leur production et leur l'utilisation à l'échelle industrielle.

L'utilisation dans l'industrie d'enzymes purifiées ou de leurs organismes producteurs (microorganismes comme les **moisissures**, **levures**, **bactéries**) devrait contribuer au développement durable en réduisant la consommation d'eau, d'énergie et de matières premières tout en préservant l'environnement.

L'utilisation des enzymes est soumise à une réglementation stricte dans de nombreux pays industrialisés. Dans les applications relevant de l'industrie **agro-alimentaire**, l'enzyme doit être capable de produire les fonctionnalités désirées avec un coût minimal. Les fournisseurs de ce marché s'efforcent toujours de trouver les meilleures sources d'enzymes pour les différents processus industriels. Les techniques du génie génétique aidant, les propriétés des enzymes ont été sans cesse améliorées et adaptées à la production industrielle.

Les principales caractéristiques qui définissent le profil d'une préparation enzymatique sont : (1) l'activité (par gramme d'enzyme), (2) le **pH** optimal, (3) la température optimale, (4) la stabilité dans les conditions d'utilisation et (5) la présence (ou l'absence) d'activités secondaires potentiellement nuisibles.

14.2. OBTENTION DES ENZYMES

À des fins de production industrielle, les enzymes sont extraites des cellules végétales et animales ou produites par **fermentation** contrôlée, par des microorganismes, généralement modifiés génétiquement.

Les enzymes d'origine végétale sont surtout des protéases comme : la papaïne, extraite d'une plante équatoriale et tropicale, le papayer (*Carica papaya*, Caricaceae) qui sert à attendrir la viande, la bromélaïne, extraite de l'ananas (*Ananas comosus*, Bromeliaceae), la ficine tirée des figues (*Ficus carica* et *F. glabrata*, Moraceae), l'actinidine extraite des fruits de kiwi (*Actinidia deliciosa*), la lipoxygénase issue de certaines **légumineuses** (soja, fève, petit-pois), la laccase hydrolase purifiée à partir de la **sève** et des tissus de diverses plantes.

Les enzymes d'origine animale sont moins nombreuses : la **chymosine** extraite de la **caillette** de veau, la **trypsine** extraite du pancréas de porc ou de bœuf, la pepsine extraite de la muqueuse gastrique du porc ou d'autres animaux, la catalase extraite du foie de bovin ou de cheval, les lipases extraites de l'estomac de bovin, du pancréas de porc ou de bœuf, le **lysozyme** tiré du blanc d'œuf de poule.

À coté de ces enzymes courantes, on peut ajouter les activateurs du plasminogène. Il s'agit d'un groupe d'enzymes protéolytiques qui agissent sur une molécule inactive du sang appelé plasminogène en la transformant en plasmine active. La plasmine détruit le réseau de fibrine d'un caillot de sang. L'urokinase humaine est le meilleur activateur du plasminogène connu, mais son prix de revient est excessif puisqu'un traitement nécessite une **extraction** à partir de 5000 L d'urine. Les activateurs du plasminogène produits par les tissus sont plus spécifiques dans leur action, et peuvent être produits par des cellules humaines en culture, la culture à grande échelle de cellules animales présente beaucoup plus de problèmes que celle des microorganismes.

Notons que les plantes comme les animaux sont des usines (**bioréacteurs** vivants) de production potentielle de protéines hétérologues, mais ce domaine est encore au stade embryonnaire.

Hormis ces quelques exemples, la grande majorité des enzymes utilisées dans l'industrie est issue de microorganismes : 50 % proviennent des champignons et des **levures**, 35 % des **bactéries**, les 15 % restant ayant des origines diverses. Les microorganismes offrent certains avantages par rapport aux plantes et aux animaux : croissance rapide et facilement optimisable, grande diversité d'activités, amélioration et sélection génétiques aisées, faible coût de production, utilisation réglementée des souches et des **substrats**.

Grâce à une meilleure connaissance des mécanismes de fonctionnement et de régulation génétique de ces enzymes, leur disponibilité n'est plus un problème. Les développements de la biologie cellulaire, de la génétique moléculaire, du génie enzymatique et de la **protéomique** durant les dernières décennies ont bouleversé la production *in vivo* des enzymes. Il est devenu possible de cloner les gènes qui codent pour des enzymes particulières et de les exprimer dans des microorganismes hôtes qui sont mieux adaptés aux conditions industrielles (**pH** variable, température élevée, etc.) à grande échelle. La surexpression de certains gènes permet d'obtenir, avec des souches de microorganismes cultivées dans des conditions appropriées, une production massive d'enzymes de grand intérêt à la fois biologique et industriel. En outre, les méthodes du génie génétique permettent l'introduction et l'expression dans ces microorganismes de gènes étrangers (d'organismes supérieurs ou d'autres microorganismes).

Ce développement de la production d'enzymes pour des applications industrielles est lié également à une meilleure maîtrise de la **fermentation**, au choix judicieux des souches et de la matière première ainsi qu'aux techniques de purification qui sont en constante et rapide progression. Les techniques de séparation actuelles (**chromatographie** sur différents types de supports, procédés à membrane etc.) ouvrent des perspectives nouvelles pour l'amélioration des techniques rapides de purifications d'enzymes.

Le protocole et les techniques utilisées pour extraire et purifier une enzyme sont présentés dans la figure 14.1. Des d'enzymes, en nombre de plus en plus important (amylases, amyloglucosidase, **cellulases**, glucose isomérase, invertase, catalase, lipases, pectinases, protéases, etc.), sont ainsi disponibles sur le marché sous différentes formes (extrait liquide, extrait sec, encapsulée, lyophilisée ou **immobilisée** sur un support) correspondant aux besoins des différentes branches de l'industrie et de la médecine.

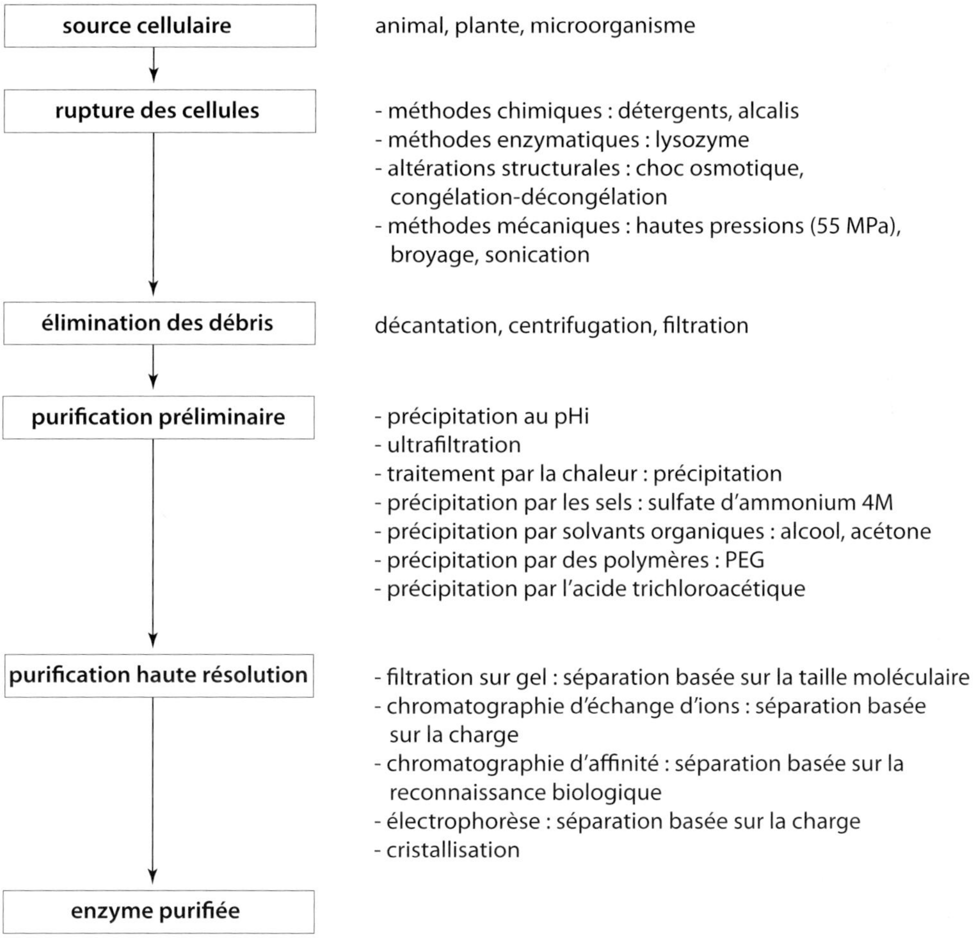

Figure 14.1 – Processus général d'isolement et de purification des enzymes

14.3. APPLICATIONS DES ENZYMES

Les enzymes sont utilisées dans une large gamme de processus technologiques comme la synthèse, la transformation de la matière première, le diagnostic, la dépollution, etc. Les paragraphes qui suivent montrent, au travers de quelques exemples précis, que ce secteur est en pleine expansion.

14.3.1. SYNTHÈSE ORGANIQUE

La synthèse chimique est un domaine où l'usage de la catalyse enzymatique a longtemps été perçu comme très porteur. Les transformations enzymatiques sont de plus en plus utilisées dans la synthèse ou l'**hémisynthèse** de molécules organiques, comme en témoigne les nombreuses publications dans ce domaine. Bien que, jusqu'à une date récente, utilisation des enzymes dans la synthèse ait été restreinte à quelques domaines de la recherche, actuellement les processus basés sur les enzymes connaissent un essor considérable pour la production d'une diversité de nouveaux produits utilisés dans les industries de seconde transformation : alcools, acides aminés, acides organiques, composés responsables des **arômes** et du goût, **édulcorants**, **corps gras** aux qualités technologiques, **organoleptiques** et nutritionnelles déterminées, etc. L'une des raisons à l'origine de cet intérêt provient du fait que les enzymes, qu'elles soient isolées ou en place dans la cellule, sont des **catalyseurs** d'une efficacité inégalée en conditions douces. De plus, elles peuvent produire des molécules optiquement actives à partir de **substrats** racémiques. Elles catalysent des transformations qui sont difficiles à réaliser à l'aide des catalyseurs chimiques conventionnels et elles sont écologiquement plus neutres. Les réactions chimiques qui peuvent être catalysées par les enzymes sont très diverses : **hydrolyse**, **estérification**, isomérisation, racémisation, épimérisation, transfert de groupement, addition et élimination, alkylation et désalkylation, halogénation et déshalogénation, oxydation et réduction.

14.3.1.1. RÉSOLUTION DE MÉLANGES RACÉMIQUES ET SYNTHÈSE D'ÉNANTIOMÈRES

Les intermédiaires clés utilisés dans la synthèse de nombreux médicaments, de substances agrochimiques et de parfums sont souvent des composés complexes et/ou chiraux, difficiles à obtenir avec les méthodes chimiques conventionnelles. En outre, seulement un des deux énantiomères du principe actif est biologiquement actif. Les intermédiaires chiraux et les produits de la chimie fine sont très demandés par les industries pharmaceutiques et agrochimiques pour la préparation de substances médicamenteuses et de produits phytosanitaires. La seule alternative est l'utilisation des enzymes.

Il existe de nombreux exemples de réactions énantio-sélectives catalysées par les lipases pour la synthèse de produits pharmaceutiques. La lipase de *Pseudomonas* a été utilisée pour la synthèse de l'intermédiaire chiral dans la synthèse totale de l'agent antitumoral, l'épothilone A4. La lipase 'OF-360' commerciale de *Candida rugosa* catalyse la résolution enzymatique des composés antimicrobiaux (S)- et (R)-elvirol et leurs dérivés (S)- et (R)-curcuphénol. Ce dernier présente une activité antibactérienne contre *Staphylococcus aureus* et *Vibrio anguillarum*, alors que le (S)-énantiomère inhibe l'ATPase-H^+/K^+ gastrique.

Dans le domaine des substances agrochimiques, les lipases sont utilisées dans la production de l'énantiopure (S)-indanofan, un nouvel herbicide utilisé contre les mauvaises herbes dans les rizières. Seul le (S)-énantiomère présentant cette activité herbicide est actuellement synthétisé par des techniques combinées de résolution enzymatique catalysée par la lipase et l'inversion chimique.

14.3.1.2. SYNTHÈSE DE L'ACRYLAMIDE

C'est l'une des premières applications d'enzymes à grande échelle dans l'industrie chimique.

L'acrylamide est un produit chimique très employé dans les laboratoires des sciences de la vie pour préparer les gels de polyacrylamide utilisés pour séparer par **électrophorèse** les macromolécules protéiques et les acides nucléiques. Il est utilisé aussi dans différentes applications industrielles dont le traitement de l'eau potable (floculation des particules en **suspension**).

Le procédé chimique classique de production de l'acrylamide à partir d'acrylonitrile se fait à haute température à l'aide d'un **catalyseur** à base de cuivre ou d'acide sulfurique. Cette méthode chimique est maintenant remplacée par un bioprocédé mis au point par Mitsubishi Rayon Co. (Japon) et qui utilise une enzyme existant à l'état naturel, la nitrile hydratase, pour catalyser la conversion de l'acrylonitrile en acrylamide (fig. 14.2). L'acrylamide est ensuite soumis à une polymérisation pour obtenir le polyacrylamide classique. La performance et le rendement de cette enzyme ont été optimisés par modification génétique du microorganisme produisant naturellement l'enzyme. Le procédé enzymatique permet de réduire de 80 % la consommation d'énergie, d'abaisser les coûts et d'obtenir une acrylamide plus pure que celle obtenue avec le procédé chimique classique.

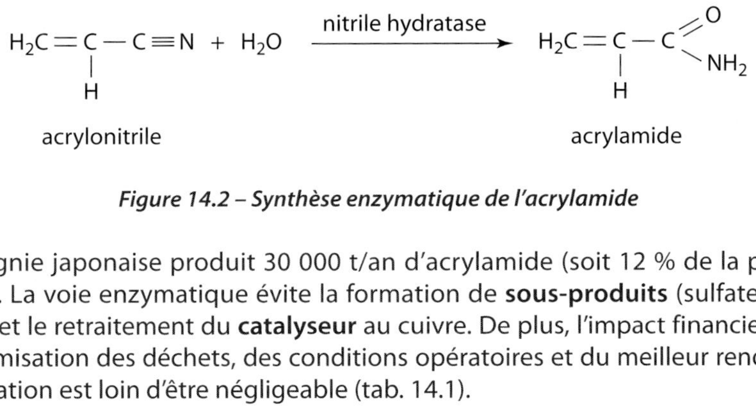

Figure 14.2 – Synthèse enzymatique de l'acrylamide

La compagnie japonaise produit 30 000 t/an d'acrylamide (soit 12 % de la production mondiale). La voie enzymatique évite la formation de **sous-produits** (sulfates ou acide acrylique) et le retraitement du **catalyseur** au cuivre. De plus, l'impact financier résultant de la minimisation des déchets, des conditions opératoires et du meilleur rendement de cette opération est loin d'être négligeable (tab. 14.1).

Tableau 14.1 – Comparaison entre les procédés catalytiques et enzymatiques de production de l'acrylamide

(Source : OCDE (Organisation de Coopération et de Développement Economique), 2001)

Conditions opératoires	Procédé	
	chimique	enzymatique
température (en °C)	70	4-15
pureté (en %)	70-80	> 99
concentration d'acrylamide (en %)	~ 30	48-50
étape de concentration	oui	non

14.3.1.3. SYNTHÈSE DES COMPOSÉS RESPONSABLES DU GOÛT ET DES ARÔMES

Les caractéristiques **organoleptiques** des aliments sont déterminées généralement par les structures moléculaires exactes des produits chimiques qui y sont présents. Par conséquent, des modifications mêmes minimes de la molécule tel qu'un groupe **hydroxyle** supplémentaire, une double liaison *trans* plutôt que *cis*, ou un **isomère** R plutôt qu'un isomère S, peuvent modifier ou faire disparaître complètement le goût ou les propriétés odorantes d'une molécule. Beaucoup de parfums et de produits **aromatiques** sont produits naturellement dans les aliments par l'action des enzymes endogènes et/ou par les microorganismes qui s'y trouvent naturellement tels que ceux qui contribuent aux goûts et odeur du pain, du fromage, du vin, de la bière, et de beaucoup de produits orientaux tels que le soja. Le besoin de rendre aux aliments produits industriellement le goût et les caractéristiques **organoleptiques** qui évoquent les produits traditionnels nécessite d'élaborer des processus adaptés. C'est en particulier le cas pour beaucoup d'aliments qui perdent leurs produits aromatiques volatiles ou thermolabiles durant leur traitement.

L'usage de méthodes enzymatiques est particulièrement avantageux pour la production industrielle de ces « **saveurs** naturelles », bien acceptées et mêmes recherchées des consommateurs.

Les microorganismes (**bactéries** et champignons) qui, par l'intermédiaire de leurs enzymes, produisent des métabolites (acides, alcools, lactones, esters, aldéhydes, cétones, etc.) responsables majeurs de la **flaveur**, constituent une excellente source pour produire ce type de composés.

La voie enzymatique directe pour la synthèse de certaines substances responsables d'une **flaveur** particulière est plus intéressante. Par rapport aux microorganismes, les enzymes présentent l'avantage de ne pas produire de coproduits. Les enzymes les plus utilisées et étudiées sont les lipases et les oxydoréductases.

Ainsi, la vanilline est un produit largement utilisé pour ses propriétés aromatisantes dans de nombreux domaines tels que les produits **agro-alimentaires**, les boissons non alcoolisées, les glaces, les desserts glacés, la pâtisserie, la biscuiterie, la chocolaterie, la **confiserie** et les produits laitiers. C'est aussi un produit intermédiaire de synthèse de plusieurs dérivés pour la chimie pharmaceutique et la phytochimie : synthèse de l'éthyle vanillate, de l'acide diéthylamide vanillique, de la L-dihydroxyphénylalanine.

La vanille naturelle, extraite des gousses du vanillier (*Vanilla planifola*, Orchidaceae), est un mélange de 150 à 200 composés différents. L'**arôme** spécifique de la vanille est la résultante de l'ensemble de ces composés dont le plus caractéristique est la vanilline (4-hydroxy-3-méthoxy-benzaldéhyde), substance **aromatique** de base de la vanille, à odeur agréable et à **saveur** légèrement piquante. La teneur en vanilline (composé majoritaire) reste le critère le plus important dans la détermination de la qualité d'une gousse.

La vanille est très chère à produire et à préparer contrairement à la vanilline qui peut être fabriquée à faible coût par divers procédés chimiques. L'arôme de vanille artificielle est une solution de vanilline pure, généralement d'origine synthétique. De ce fait, la production industrielle de la vanilline et son utilisation dans les divers domaines d'applications sont devenues bien plus importantes que la production et l'usage de la vanille naturelle. Toutefois, la demande pour ce produit naturel excède toujours l'offre ; aussi le déficit est comblé par la synthèse chimique. La vanilline a été d'abord synthétisée et produite commercialement à partir de l'eugénol (constituant de l'huile de girofle), puis à partir de la liqueur sulfitique (provenant de la pulpe de bois) riche en lignine mais la majeure partie de vanilline est synthétisée actuellement par un processus à deux étapes, à partir de **précurseurs** pétrochimiques, le gaïacol et l'acide glyoxylique.

Une des voies biotechnologiques pour la production de la vanilline, ayant de grandes possibilités industrielles, consiste à utiliser les déchets agro-industriels tels que la lignine. Rappelons que cette dernière est un **sous-produit** abondant de l'industrie du papier, également présent dans beaucoup de sous-produits agro-industriels. La vanilline est ainsi produite par **bioconversion** de l'acide férulique (fig. 14.3) à l'aide de divers champignons. L'acide férulique (acide phénolique présent dans les parois cellulaires) est d'abord obtenu à partir de la **biomasse** ligneuse, à l'aide de diverses estérases fongiques, puis converti, soit directement en vanilline à l'aide d'une souche de basidiomycète telle que *Pycnoporus cinnabarinus*, soit par un processus à deux étapes sous l'action de divers microorganismes (tels que *Aspergillus niger*, *Xanthomanas campestris*) qui transforment l'acide férulique en acide vanillique puis par *Pycnoporus cinnabarinus* pour produire la vanilline à partir de l'acide vanillique.

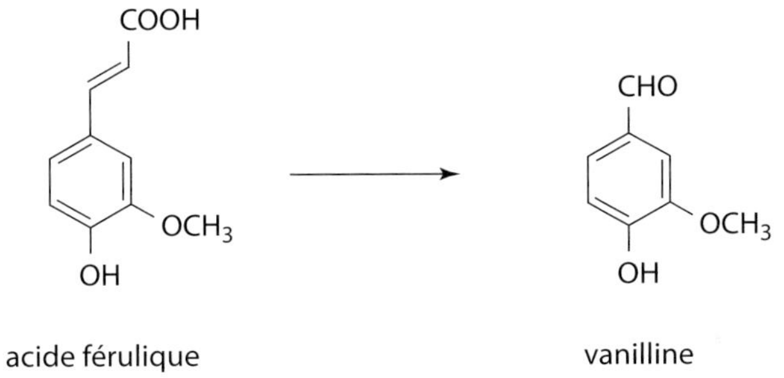

Figure 14.3 – Conversion de l'acide férulique en vanilline

14.3.1.4. SYNTHÈSE DES EXHAUSTEURS DE GOÛT

Sous ce nom on désigne des composés comme le glutamate monosodique et des mononucléotides tels que la guanosine-5'-monophosphate (GMP) et l'inosine-5'-monophosphate (IMP), qui accentuent le goût et la **saveur** des préparations alimentaires auxquelles ils sont ajoutés. Ils sont, de ce fait, utilisés comme potentialisateurs de la saveur dans les soupes, les sauces, le jus de viande, et beaucoup d'autres aliments. Ils sont actuellement produits sous forme purifiée, par **fermentation** microbienne de **substrats** organiques ou par synthèse enzymatique, combinée, pour certains, à des méthodes chimiques.

Avec une production mondiale annuelle de près d'un million de tonnes, le glutamate monosodique est l'un des produits les plus importants, comparable, en tonnage, à la production de beaucoup de dérivés pétrochimiques. La presque totalité du glutamate est obtenue par **fermentation** de sucres, de molasse ou d'amidon à l'aide de souches sélectionnées de *Corynebacterium glutamicum*. Ces souches ont une faible activité déshydrogénasique sur l'α-cétoglutarate qui empêche la formation de succinate, et de ce fait, elles forment préférentiellement du glutamate par amidation réductive du cétoglutarate. De plus, la **productivité** des fermentations dépend de l'utilisation de milieux contenant très peu de biotine (moins de 5 μg/L), ce qui rend les parois cellulaires du microorganisme suffisamment perméables permettant la sortie du glutamate hors de la cellule donc dans le milieu extérieur où il s'accumule. À l'issue de la fermentation, les cellules sont éliminées, et le glutamate est précipité sous forme de cristaux par addition d'HCl. L'autre avantage de la fermentation est que seul l'**isomère** L est produit.

14.3.1.5. Synthèse enzymatique des acides organiques et des acides aminés

▶ ACIDES ORGANIQUES

Les acides organiques trouvent de nombreuses applications dans différents secteurs d'activité, tout particulièrement dans l'industrie agro-alimentaire, dans l'industrie pharmaceutique, dans la fabrication de **polymères** biodégradables, etc.

Les industries **agro-alimentaires** utilisent des acides organiques tels que l'acide gluconique, certains acides aldoniques, l'acide L-malique ou l'acide L-tartrique, soit comme matière première pour les industries de seconde transformation, soit comme **additifs alimentaires**, **conservateurs**, régulateurs d'acidité et/ou complexants dans certains procédés de fabrication ou pour la production de certains aliments.

La demande croissante d'acide lactique peut être actuellement attribuée à son utilisation en tant que monomère pour la production des **polymères** biodégradables (polylactates ou polylactides), pouvant remplacer les polymères synthétiques, tel que le polyéthylène, le nylon, le polyester et le polystyrène, dans de nombreuses applications comme la production des sacs plastiques, les emballages, les films de paillage agricole, les gobelets, les vêtements, les implants osseux etc. Le procédé d'obtention de ces nouveaux matériaux est non seulement économe en énergie et en matières premières, mais utilise également comme matière de base des ressources agricoles renouvelables comme les **sous-produits** agro-industriels (fig. 14.4) riches en glucose, en saccharose, en lactose ou en amidon. Le polylactate est non seulement recyclable, mais il est aussi biodégradable et peut être composté.

L'acide fumarique ($C_4H_4O_4$) a une grande gamme d'applications. C'est un intermédiaire intéressant dans les synthèses chimiques qui impliquent des réactions d'**estérification**. Il est atoxique et non-**hygroscopique** d'où son utilisation comme acidulant dans les industries alimentaire et pharmaceutique. Il peut être obtenu par **fermentation** de divers résidus agro-industriels.

C'est l'industrie japonaise qui détient la première place dans le domaine de la production des acides organiques :

- la compagnie Hayashibara utilise un procédé enzymatique permettant, à partir de mono-, di- et tri-saccharides, de préparer les acides aldoniques (molécule issue de l'oxydation de la fonction aldéhyde d'un ose en fonction acide carboxylique) correspondants au moyen de systèmes oxydasiques issus de *Pseudomonas fragi* ;
- la compagnie Tanabe Seiyaku Co., Ltd. synthétise grâce à une fumarase **immobilisée** de *Brevibacterium flavum* l'acide malique à partir de l'acide fumarique (fig. 14.5).

Dans les deux cas, les cellules bactériennes sont fixées sur un gel de κ-carraghénane.

jus riche en saccharose provenant des industries sucrières

↓ *fermentation microbienne (Bacillus thermoamylovorans)*

acide L(+) lactique

↓ *polymérisation catalysée par l'acide sulfurique*

polylactate

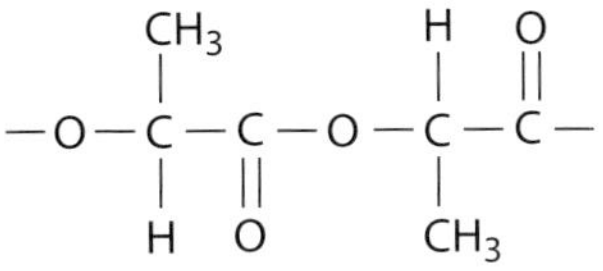

Figure 14.4 – Production de polylactate à partir des sous-produits agro-industriels riches en glucides fermentescibles

L'acide malique est utilisé comme acidulant dans les jus de fruits, les boissons carbonatées, les confitures et dans les solutions d'infusions pour la nutrition parentérale dans le traitement des dysfonctionnements hépatiques.

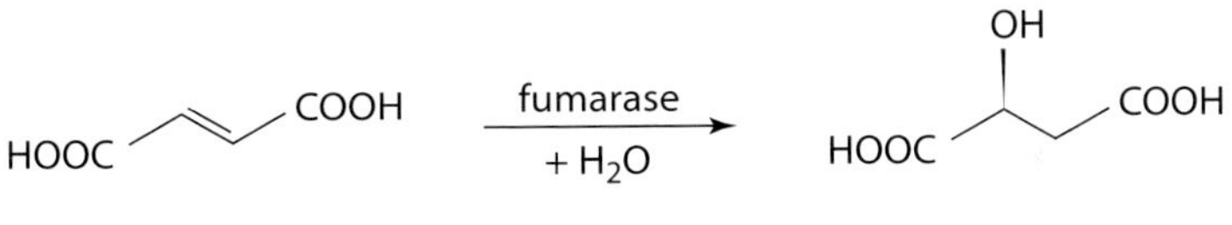

acide fumarique — acide malique

Figure 14.5 – Synthèse de l'acide malique

▶ **ACIDES AMINÉS**

Les L-aminoacides constituent un groupe de molécules utilisé en nutrition parentérale, comme additifs alimentaires, comme compléments dans les **rations** alimentaires de certains animaux d'élevage, en cosmétologie, comme **pesticides** et comme intermédiaires pour la synthèse de produits pharmaceutiques et la synthèse organique.

Actuellement, il existe de nombreux procédés de production des acides aminés. Ces derniers peuvent être obtenus par **extraction** (à partir d'une matière première riche en l'acide aminé recherché), par synthèse chimique, par **fermentation** microbienne ou par synthèse enzymatique. Pratiquement, les 20 acides aminés présents dans les protéines sont actuellement produits par ces deux dernières voies. Par exemple :

La L-alanine est produite industriellement par la firme japonaise Tanabe Seiyaku depuis 1965 à l'aide de la L-aspartate β-décarboxylase de *Pseudomonas dacunhae* (fig. 14.6).

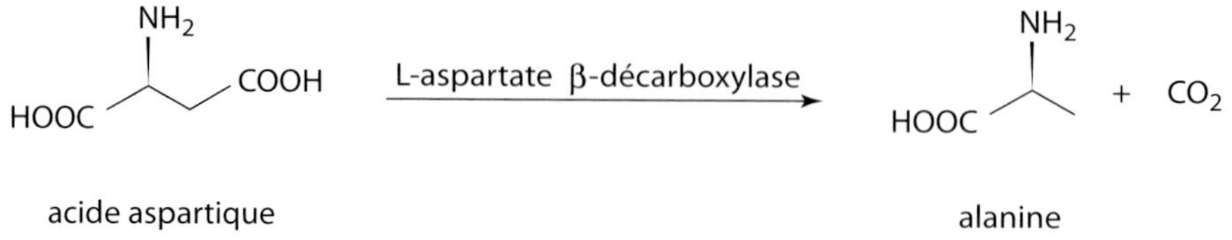

Figure 14.6 – Synthèse de l'alanine par décarboxylation de l'acide aspartique

Afin d'améliorer le rendement de cette réaction, l'activité de la L-aspartate β-décarboxylase est stabilisée par l'addition de pyruvate et de pyridoxal phosphate.

Cette réaction est souvent combinée à la synthèse de l'acide L-aspartique, catalysée par la L-aspartase ammonia-lyase à partir du fumarate, dans un processus à deux étapes (fig. 14.7). La principale raison de la séparation dans deux réacteurs est la différence de **pH** optimal pour les deux enzymes (aspartase de *E. coli* : pH 8,5, L-aspartate β-décarboxylase de *Pseudomonas dacunhae* : pH 6,0). À la fin du processus, les deux produits sont recueillis sous forme cristallisée. C'est le premier processus commercial d'une réaction enzymatique séquentielle utilisant deux types de cellules microbiennes **immobilisées** :

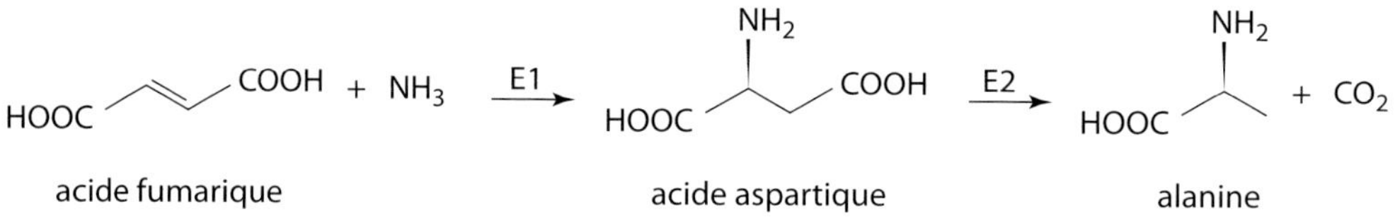

E1 = L-aspartase ammonia-lyase
E2 = L-aspartate β-décarboxylase

Figure 14.7 – Synthèse de l'alanine par amination de l'acide fumarique suivie d'une décarboxylation de l'acide aspartique

Dans certains processus, le **substrat** de départ est l'acide maléique (**isomère** *trans*) qui est isomérisé par la maléate isomérase pour former l'acide fumarique (isomère *cis*) lequel sera ensuite converti en acide L-aspartique à l'aide d'une aspartase ammonia-lyase.

14.3.1.6. ÉDULCORANTS

▶ SYNTHÈSE DE L'ASPARTAME

L'aspartame, α-L-aspartyl-L-phénylalanine méthyl ester, est un **édulcorant** de synthèse dont le pouvoir sucrant est près de 180 fois supérieur à celui du saccharose. C'est l'édulcorant intense le plus commun utilisé dans les boissons, les comprimés, les glaces, le chewing-gum, et de nombreux autres produits alimentaires dits allégés. Sa consommation mondiale est actuellement de près de 15 000 t/an.

La molécule de l'aspartame est formée de 2 acides aminés : L-phénylalanine méthylène et acide L-aspartique (fig. 14.8).

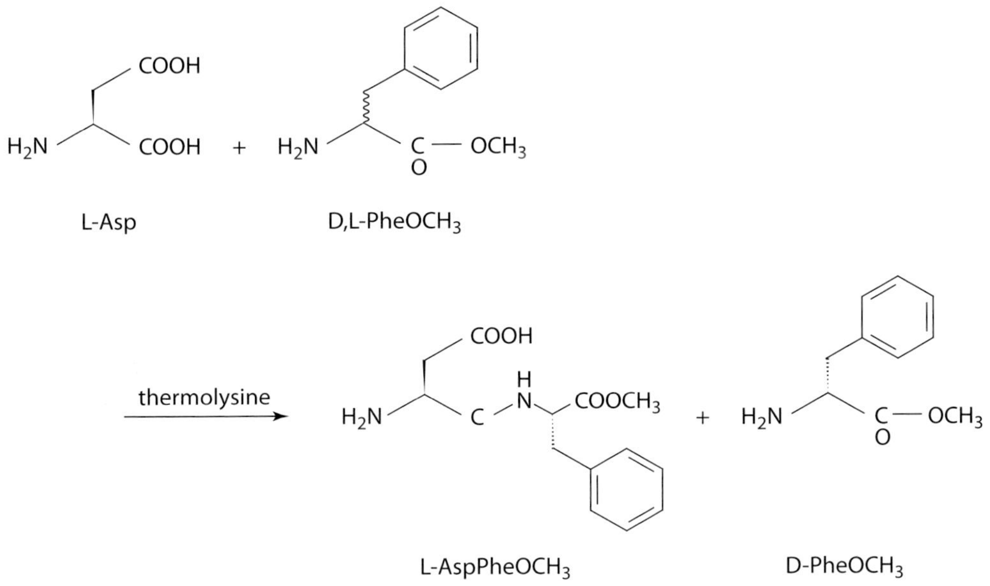

Figure 14.8 – Synthèse de l'aspartame, catalysée par la thermolysine

À l'heure actuelle, l'aspartame est produit essentiellement par 2 voies : la synthèse chimique (utilisée par Nutrasweet aux États-Unis et Ajinomoto au Japon) et la synthèse enzymatique (utilisée par Holland Sweetener Company et DSM en Hollande, TOSOH au Japon).

Plusieurs méthodes enzymatiques ont été décrites. L'une d'elles utilise une réaction de condensation entre le L-aspartate (L-Asp) et la L-phénylalanine méthylester (L-PheOMe) à l'aide d'une métalloprotéase bactérienne, la thermolysine (fig. 14.8).

La thermolysine produite par *Bacillus thermoproteolyticus* Rokko est la protéase la plus thermostable actuellement produite pour usage industriel. L'avantage de la méthode enzymatique est qu'on peut utiliser un **substrat** racémique sans qu'il y ait production de β-aspartame (fig. 14.9) qui possède un goût amer.

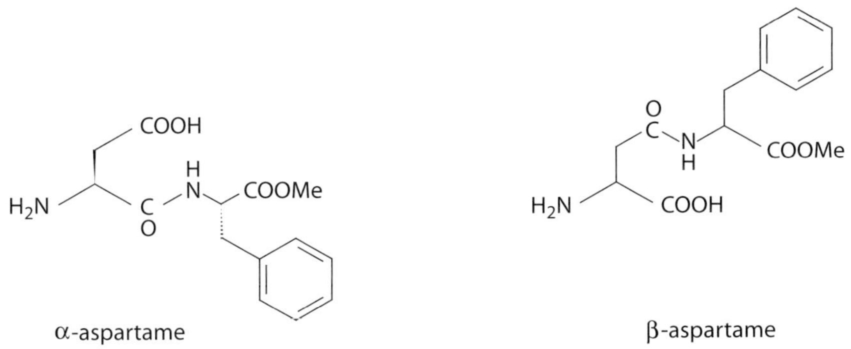

Figure 14.9 – Structure de l'aspartame et de son régio-isomère

L'utilisation de phénylalanine racémique dans cette réaction est très avantageuse, parce que la L-phénylalanine est plus chère que la phénylalanine racémique. De plus, l'utilisation de la thermolysine fixée, en solvant organique, facilite la séparation des constituants, l'aspartame se dissolvant aisément dans un solvant organique tel que l'acétate d'éthyle par exemple.

▶ **OBTENTION DU STÉVIOSIDE**

Le stévioside (glucoside d'un diterpène, le stéviol) (fig. 14.10) est un **édulcorant** naturel intense extrait des feuilles d'un arbuste sud-américain, *Stevia rebaudiana* Bertoni (Asteraceae). Par action d'une α-glucosidase, sa **solubilité** est améliorée et son goût amer naturel est supprimé. Le pouvoir sucrant du produit obtenu est d'environ 250 à 300 fois plus élevé que celui du saccharose. Son principal avantage, par rapport aux autres édulcorants comme l'aspartame, est qu'il peut être chauffé et qu'il supporte aisément des températures allant jusqu'à 200 °C.

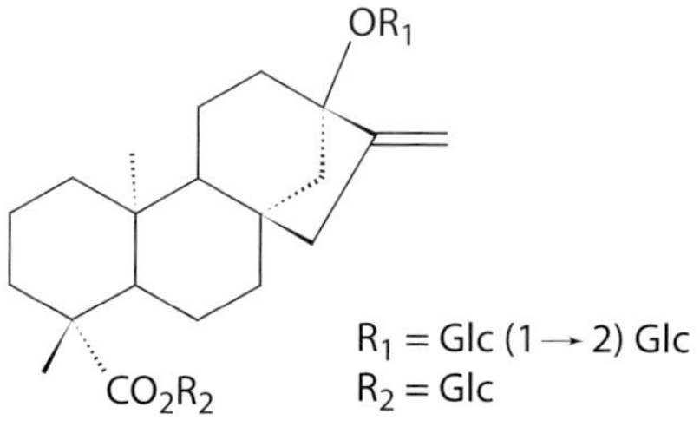

Figure 14.10 – Structure du stévioside

14.3.2. TRANSFORMATION DES PRODUITS AGRO-ALIMENTAIRES

L'application d'enzymes exogènes dans la transformation des matières naturelles peut avoir plusieurs objectifs :

- optimiser un procédé technologique et/ou réduire son coût,
- améliorer le conditionnement,
- améliorer la stabilité physique, la conservation et/ou les qualités organoleptiques ou nutritionnelles,
- corriger des déficiences naturelles,
- valoriser les sous-produits issus des activités agro-industrielles,
- préserver l'environnement.

Ces différents objectifs peuvent être envisagés ensemble (ce qui est l'idéal) ou individuellement dans le cadre d'un même traitement. Toutes les branches **agro-alimentaires** (boulangerie, jus de fruits, laits et dérivés, brasserie, vinification, etc.) sont concernées par de telles applications. Le tableau 14.2 en donne un aperçu général.

Tableau 14.2 – Quelques exemples d'applications actuelles des enzymes dans la transformation de produits agro-alimentaires

Enzyme	Matière première/ substrat	Principales utilisations
aminopeptidase	protéines (soja, lait, poissons, etc.)	• production d'hydrolysats de protéines
α-amylase	amidon	• production de dextrines ou de glucose pour la biscuiterie, pâtisserie, viennoiserie, jus de fruits et de légumes, sirops • amélioration de la qualité du pain (antirassissant), • destruction de l'apprêt à base d'amidon des fils textiles • formulation de détergents
amyloglucosidase	dextrines	• production de glucose pour la biscuiterie, pâtisserie, viennoiserie, bières
asparaginase	féculents	• transformation de l'asparagine (précurseur de l'acrylamide) en acide aspartique
cellulase	cellulose	• production de glucose • amélioration du rendement en jus par destruction des parois cellulaires • formulation de détergents
chymosine	caséines du lait	• formation du caillé
cyclodextrine-glycosyltransférase	amidon, cellulose	• production de cyclodextrines
β-galactosidase	lait, lactosérum	• production de lait sans lactose (hydrolyse du lactose)
glucose isomérase	glucose	• isomérisation du glucose en fructose pour la production de sirop de maïs riches en fructose
invertase	saccharose	• production de sucre inverti pour la confiserie
lipase	huiles et graisses alimentaires	• production d'acides gras responsables de la flaveur dans la fabrication du fromage (hydrolyse des lipides) et de glycérol • détergents
papaïne	protéines	• production d'hydrolysats de protéines utilisés comme matière de base, d'arômes ou de préparations aromatiques
pectinase	fruits	• clarification de jus de fruits (destruction des pectines)
phytase	acide phytique	• libération du phosphate à partir de l'acide phytique des aliments destinés aux animaux
protéase	• protéines de soja • lait	• production de peptides ou d'acides aminés (hydrolysats) • production de peptides responsables de la flaveur pendant l'affinage du fromage • détergents
pullulanase	pullulane	• facilite la fermentation et le développement de la pâte • entre dans la composition de détergents
xylanase	xylanes (hémicelluloses)	• hydrolyse des xylanes pariétaux en amidonnerie, production de jus, etc. • industrie du papier

14.3.2.1. Utilisation des enzymes dans l'industrie laitière

▶ **Fromagerie**

Les applications courantes des enzymes dans ce domaine incluent la formation du **caillé**, l'accélération de l'**affinage**, l'intensification de l'**arôme** des fromages et la lipolyse des graisses. En France, par exemple, près de 15 milliards de litres de lait sont transformés chaque année en fromages ou yaourts grâce à leur action (Source : INRA).

▷ *Enzymes de la coagulation*

Diverses enzymes protéolytiques ont la propriété de coaguler le lait. Elles sont soit d'origine animale (présure, pepsine), soit d'origine végétale (broméline, ficine), soit d'origine microbienne (enzymes de certaines **moisissures** ou de **bactéries**).

La présure est, certainement, la préparation enzymatique traditionnelle la plus répandue. Elle est sécrétée dans la **caillette** des jeunes **ruminants** nourris au lait. Elle est constituée d'un mélange de deux enzymes qui ont la propriété de coaguler le lait, la **chymosine** (qui représente 80-95 % de l'activité coagulante totale, selon l'âge de l'animal) et la pepsine. La présence dominante de la chymosine par rapport à la pepsine dans la caillette des jeunes veaux s'explique par le fait que la **chymosine** n'hydrolyse pas les immunoglobulines (contrairement à la pepsine) présentes dans le colostrum et qui sont nécessaires à l'**immunité**. La **coagulation** se fait par **hydrolyse** des liaisons phénylalanine-méthionine des caséines kappa. La durée de la coagulation est inversement proportionnelle à la concentration de l'enzyme. L'activité optimale pour un lait brut est atteinte à 42,5 °C et pH 6,6 et pour un lait pasteurisé à 45 °C et pH 6,5. La chymosine est inactive aux températures supérieures à 55 °C et inférieures à 15 °C.

En raison de la disponibilité limitée de la présure de veau, des substituts d'origine microbienne ont été élaborés, couvrant la presque totalité de la demande en enzymes de **coagulation** dans le monde. Ces coagulants microbiens, produits par **fermentation**, sont des enzymes extraites de *Rhizomucor miehei*, *R. pussilus* et *Cryphonectria parasitica*. D'autres préparations commerciales sont souvent des mélanges standardisés de **chymosine** et de pepsine bovine. Dans certains types de fromage, on utilise des protéases végétales de *Solanum dubium* et de cardon (*Cynara cardunculus*). Les fleurs de ce dernier sont utilisées traditionnellement dans certains pays méditerranéens (Algérie, Portugal, par exemple) pour faire du fromage doux de brebis, mais son activité protéolytique élevée n'est pas adéquate dans la fabrication de fromages comme l'Edam ou le Roquefort. Les enzymes impliquées sont des protéases aspartiques, les cardosines (A et B) et les cyprosines. Ces protéases sont souvent apportées sous forme de fleurs séchées.

▷ *Enzymes de l'affinage (ou maturation)*

L'**affinage** correspond à un ensemble de processus enzymatiques, simultanés ou successifs, au niveau du **substrat** (= le **caillé**) qui vont modifier sa composition, sa texture, sa valeur nutritive, sa **digestibilité** et ses caractéristiques **organoleptiques** (aspect, consistance, **flaveur**). La très grande variété de fromages disponibles dans le monde est essentiellement due à l'importante variabilité de ces différentes propriétés physico-chimiques.

L'affinage constitue un phénomène très complexe en raison de la nature du **substrat**, de la diversité des agents responsables, de la variété des transformations et du nombre de produits formés. Les phénomènes biochimiques qui se déroulent durant ce processus peuvent être reliés à quatre catégories d'activité enzymatique : la **fermentation** du lactose, la dégradation enzymatique des protéines, l'**hydrolyse** de la matière grasse et la dégradation du lactose. La **protéolyse** (des caséines, en particulier) aboutit à la libération d'éléments protidiques de plus en plus simples et à sapidité croissante : polypeptides, peptides, acides aminés, ammoniac. La lipolyse génère des acides gras et du glycérol, eux-mêmes pouvant être transformés en composés plus sapides et **aromatiques** (aldéhydes, cétones). Le dernier processus concerne la conversion enzymatique du lactose en acide lactique par les microorganismes. En particulier, les acides formés lors de l'affinage contribuent considérablement au « caractère » du fromage.

Il s'agit donc d'un processus lent et coûteux en immobilisation de capital (espace de stockage, contrôle de température, etc.). Il dure de quelques semaines à plusieurs mois, voire même quelques années, selon le type de fromage. Les efforts de la recherche actuelle tendent à une meilleure optimisation des paramètres impliqués dans ce processus (amélioration de la qualité générale, réduction du temps et du coût, etc.) par l'apport d'enzymes exogènes, protéases, lipases, estérases, décarboxylases.

Une autre approche pour accélérer l'**affinage** du fromage consiste à modifier la culture microbienne de démarrage, soit génétiquement, soit au niveau de sa composition. L'addition de **bactéries** lactiques acides n'est pas toujours satisfaisante à cause de l'acidification incontrôlée du fromage se traduisant par des caractéristiques indésirables du produit final. Une manière efficace est d'ajouter ces bactéries sous forme atténuée, c'est à dire tuées par des chocs thermiques (chaud/froid) ou par l'exposition aux micro-ondes, de façon à maintenir l'activité catalytique des enzymes. Le problème de l'acidification rapide du fromage est ainsi évité.

Si la **protéolyse** agit surtout sur la texture, la lipolyse joue un rôle essentiel sur le goût, en particulier dans certains fromages bleus caractérisés par un goût piquant dû à la présence d'acides gras à chaînes courtes, générés par les lipases mélangées aux préparations de présure utilisées pour la fabrication de ce type de produit. Ainsi, l'addition de lipases à l'origine de la libération d'acides gras à chaînes courtes (principalement C4 et C6) provoque le développement d'un goût aigu, **acidulé**, tandis que les acides gras à chaîne moyenne (C12, C14) ont tendance à donner un goût savonneux aux produits.

Les lipases utilisées sont extraites principalement de *Mucor miehei*, *Aspergillus niger*, *A. oryzae* et de certaines souches de *Penicillium roqueforti*.

Le degré de l'activité lipasique sur la matière grasse du lait revêt une importance particulière dans la fabrication du fromage bleu. Outre leur contribution à la **flaveur**, les acides gras libérés participent également à des réactions chimiques simples et peuvent aussi être convertis par la flore microbienne du fromage. Il en résulte la synthèse des constituants tels que les aldéhydes substitués, l'acétate d'éthyle, les β-cétoacides, les méthyl-cétones, les esters et des lactones, supports du goût de certains fromages. À l'instar des protéases, l'utilisation de lipases exogènes réduit considérablement la durée de l'**affinage**.

Les lipases jouent aussi un rôle crucial dans la préparation des fromages plus aromatisés appelés « *Enzyme Modified Cheeses* » (EMC). Il s'agit de fromages qui sont incubés, pendant une courte période, en présence d'enzymes et divers additifs, à température élevée et à haute teneur en eau, pour produire un **arôme** fort pour usage comme **ingrédient** dans d'autres produits (fonds, sauces, assaisonnements, soupes, etc.). Le type de fromage obtenu dépend de l'enzyme utilisée, et du profil des acides gras libérés.

▷ *TRAITEMENT ENZYMATIQUE DU LAIT*

Diverses enzymes sont utilisées à ce niveau, soit pour préserver le lait, soit pour la formulation de laits spéciaux, soit pour la valorisation des **sous-produits** issus de cette filière industrielle.

▷ *PRÉSERVATION DU LAIT*

Le **lysozyme** est présent dans le lait des bovins en quantité variable comprise entre 0,07 à 0,6 mg/L (voir Chapitre 10 – Produits laitiers, § 10.4.2.7). Son activité est maintenue même dans des conditions de forte acidité et à une température élevée de l'ordre de 100 °C. Dans l'industrie fromagère, le lysozyme et les nitrates sont utilisés dans la prévention de certains accidents causés par des gaz (dioxyde de carbone et hydrogène) produits par le développement excessif de certaines **bactéries** formant des spores qui survivent à la **pasteurisation**, en particulier *Clostridium tyrobutyricum* qui forme de l'acide butyrique à partir de l'acide lactique, ce qui détruit complètement la texture du fromage (gonflement) et altère son goût et sa **saveur**.

La lactopéroxidase est l'enzyme la plus abondante du lait. Chez les bovins, elle se trouve dans le **lactosérum** aux concentrations de 10 à 30 µg/mL de lait selon l'animal. Le colostrum bovin et le lait contiennent approximativement de 11 à 45 mg/L et de 13 à 30 mg/L de lactopéroxidase, respectivement. C'est une **glycoprotéine** de poids moléculaire d'environ 77 000 ayant un groupe héminique à fer ferrique (Fe^{3+}). Son activité maximale se situe dans une gamme de pH comprise entre 4 et 7 ce qui correspond à celle du lait frais.

La lactopéroxidase catalyse la réaction : $H_2O_2 + SCN^- \longrightarrow OSCN^- + H_2O$.

L'inhibition microbienne par le système de la lactopéroxidase dérive de l'interaction de trois composants: la lactopéroxidase ; le thiocyanate (SCN^-) qui dérive de l'**hydrolyse** de glucosides cyanogènes rencontrés dans certains aliments et le peroxyde d'hydrogène (H_2O_2), produit par le **métabolisme** de l'oxygène chez les **bactéries** lactiques acides. Le peroxyde d'hydrogène peut également être produit par les réactions d'oxydation de la xanthine oxydase et de l'acide ascorbique. Comme il n'est pas très stable, il peut être réduit par la catalase ou lié aux enzymes telles que la lactopéroxidase. L'hypothiocyanate ($OSCN^-$) est produit lors de l'oxydation du thiocyanate, catalysée par la lactopéroxidase et la réduction simultanée du peroxyde d'hydrogène. La lactopéroxidase n'est inactivée que partiellement par la **pasteurisation**. Cependant, des températures de pasteurisation plus sévères (80 °C pendant 15 s) inhibent complètement l'enzyme.

L'inhibition bactérienne par le système de la lactopéroxidase implique un changement dans la membrane cytoplasmique parce que l'hypothiocyanate se lie aux groupes -SH libres d'enzymes clés, en causant une diminution du gradient de **pH** et, par suite, une libération de potassium et d'acides aminés hors des cellules. Il en résulte un arrêt de l'absorption des glucides, des acides aminés, et d'autres éléments nutritifs par inhibition de leurs mécanismes du transport. Les autres activités vitales de la cellule telles que la synthèse des protéines, de l'ADN et de l'ARN sont également interrompues. Le système de la lactopéroxidase présente une activité contre une grande variété d'organismes saprophytes et pathogènes, les **moisissures**, les **levures**, les mycoplasmes et les protozoaires voire même contre les virus (VIH-1). Les **bactéries Gram**– sont plus sujettes à la **lyse** par le système de la lactopéroxidase que les bactéries Gram+. Cela est dû aux différences de composition de la **paroi cellulaire** et de son épaisseur. Quelques Streptocoques positifs à la réaction de Gram sont résistants à l'hypothiocyanate.

Lorsque la réfrigération n'est pas techniquement réalisable ni économiquement viable, le système de la lactopéroxidase doit être appliqué au lait cru pour stopper la prolifération des microorganismes saprophytes et pathogènes (recommandations des experts de l'OMS). L'avantage du système de la lactopéroxidase découle du fait qu'il réduit sensiblement la détérioration du lait, préservant sa qualité initiale pendant 4 à 7 h (entre 30 et 35 °C et jusqu'à 24 à 26 h à 15 °C. Lorsqu'il est couplé à la réfrigération, la qualité initiale du lait peut être maintenue pendant 5 à 6 jours à 4 °C. Les ions thiocyanates, sous la forme de sels (de sodium ou de potassium) interviennent comme **substrats** pour le système lactopéroxydase et sont normalement ajoutés au lait à une concentration d'environ 14 mg/L, cependant des ajustements sont possibles en fonction de la variation du taux de ces ions dans le lait. Le peroxyde est ajouté ensuite sous forme, soit de peroxyde d'hydrogène, soit de percarbonate de sodium. Ce dernier est plutôt recommandé comme source d'ions peroxyde, car il conduit à une libération plus lente des agents actifs, alors que le peroxyde d'hydrogène est instable et réagit aussi avec les protéines. Pour éviter un surdosage dangereux, des kits d'activation prêts à l'emploi, sous forme de sachets de thiocyanate et de percarbonate, sont disponibles auprès de certaines sociétés.

La glucose oxydase, en présence d'oxygène, oxyde le β-D-glucose en produisant de l'acide gluconique et du peroxyde d'hydrogène (fig. 14.11). Ce dernier a un effet **bactéricide** direct. La réaction est optimale entre 30 et 50 °C et à un **pH** compris entre 4,5 à 6,5.

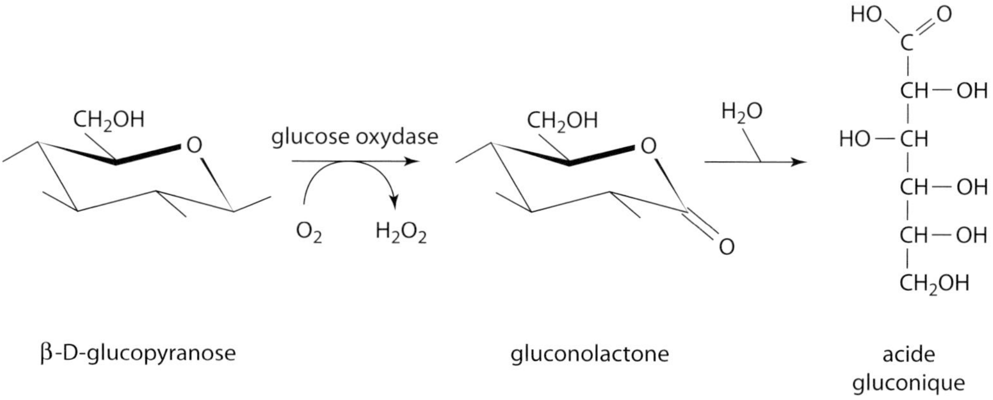

Figure 14.11 – Oxydation du glucose en acide gluconique sous l'action de la glucose oxydase

▷ *MODIFICATION ENZYMATIQUE DU LACTOSE DU LAIT ET DES SOUS-PRODUITS*

L'emploi des enzymes est envisagé ici pour corriger certains problèmes liés à des aspects nutritionnel (**intolérance au lactose** chez certaines personnes), **organoleptique** (le lactose est moins sucrant que le glucose et le galactose) ou technologique (faible **solubilité** du lactose en milieu aqueux, tendance à la **cristallisation** et non fermentescibilité). Le traitement consiste à hydrolyser le lactose à l'aide d'une β-galactosidase ou lactase (fig. 14.12). Cette réaction est inhibée par des ions comme le Ca^{2+} et Na^{+}, alors que K^{+}, Mg^{2+} et Mn^{2+} l'active.

Les sources commerciales de β-galactosidases sont surtout les moisissures (principalement *Aspergillus* spp.) dont les enzymes ont un **pH** optimal acide, et les levures (*Kluyveromyces* spp.) qui produisent des enzymes à pH optimal neutre. Les domaines d'utilisation des β-galactosidases dans l'**hydrolyse** du lactose peuvent être :

- la production de lait et de produits dérivés délactosés, destinés aux individus intolérants au lactose (voir encart 10, Chapitre 10, p. 232). Notons aussi que l'hydrolyse du lactose renforce le goût sucré de ce type de produits ;
- l'augmentation du pouvoir fermentaire et/ou la modification du pH lors de la fabrication de fromage et de yaourt ;
- la suppression de la perception sableuse due à la **cristallisation** du lactose dans les crèmes glacées et produits cuits ;
- la production de sirops et d'**édulcorants** pour l'industrie alimentaire. Les sirops de glucose-galactose sont près de trois fois plus sucrants que le lactose et, de ce fait, peuvent être utilisés dans la production de crèmes glacées, yaourt ou d'autres produits laitiers. De plus, le glucose, issu de l'**hydrolyse** du lactose, peut être isomérisé en fructose pour produire un sirop de galactose-glucose-fructose à pouvoir sucrant encore plus élevé.

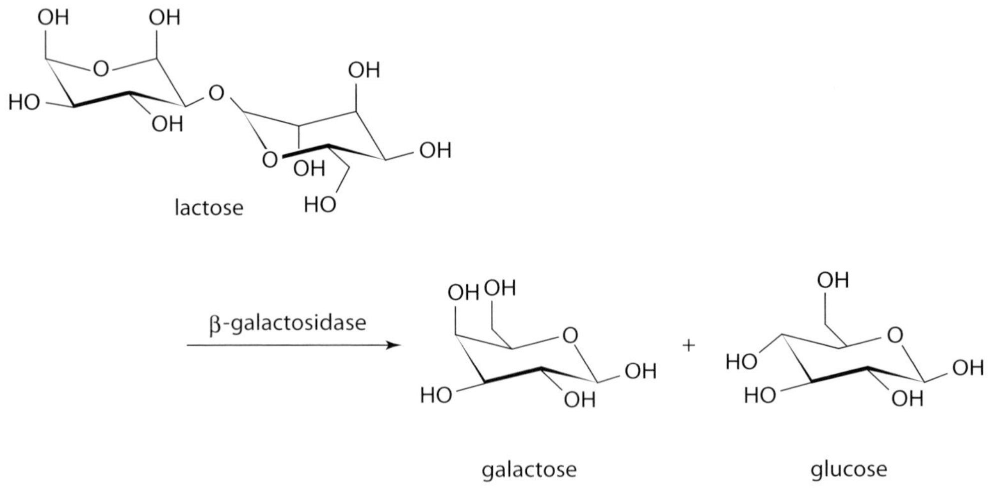

Figure 14.12 – Hydrolyse du lactose catalysée par la β-galactosidase

Une autre voie de transformation du lactose consiste à l'isomériser en lactulose (galactose-fructose) qui pourra être hydrolysé en galactose et fructose par certaines β-galactosidases. Bien que le lactulose soit plus sucrant que le lactose, il n'est pas métabolisé par les **bactéries** buccales et n'est donc pas cariogène. Il n'est pas non plus hydrolysé par la β-galactosidase intestinale et, de ce fait, il atteint le gros intestin où il peut être métabolisé par les bactéries lactiques acides, dont les *Bifidobacterium*. Pour ces raisons, l'utilisation de la voie du lactulose est considérée comme un bon moyen pour modifier la **flore intestinale**, réduire le **pH** intestinal et prévenir le développement des bactéries de putréfaction indésirables. Actuellement, il est couramment ajouté dans les laits infantiles pour stimuler les propriétés bifidogéniques.

▷ *FORMULATION DE LAITS SPÉCIAUX*

Les protéases ont été depuis longtemps utilisées pour produire des laits infantiles à partir de lait de vache. Elles sont utilisées pour convertir les protéines du lait en peptides et acides aminés libres. La raison principale vient du fait que les protéines du lait de vache non dégradées peuvent induire une sensibilisation chez certains enfants nourris avec ce lait. L'**hydrolyse** de ces protéines du lait minimise le risque d'induction d'une réaction allergique. On sait maintenant que seulement certaines parties des protéines intactes du lait présentent un risque potentiel pour les enfants. Ce sont les épitopes qui peuvent être éliminés en coupant une ou plusieurs de leurs liaisons peptidiques internes. Ainsi, les protéases fournissent le moyen d'élaborer un produit alimentaire satisfaisant qui peut être utilisé si la mère ne peut pas allaiter son enfant. De plus, la valeur alimentaire du lait est améliorée par l'hydrolyse de ses protéines en molécules plus petites (peptides).

14.3.2.2. RÉDUCTION DE L'ACRYLAMIDE DANS LES ALIMENTS PRÉPARÉS

En 2002, des chercheurs de l'Agence Suédoise des Aliments (*Swedish National Food Administration*) ont relevé des niveaux élevés d´acrylamide dans des produits alimentaires, principalement ceux riches en amidon comme les frites, les chips, les gâteaux secs, les biscuits salés et les produits similaires. Cette molécule toxique est le produit d'une transformation complexe, par la chaleur, des sucres et de l'asparagine contenus dans ces aliments. L´étude suédoise a attiré l´attention des spécialistes concernés par l'alimentation et la santé du monde entier sur l´acrylamide.

Considérée jusque-là comme non naturelle, l'acrylamide peut se révéler toxique selon la dose absorbée. Des expositions, même faibles mais répétées et fréquentes, sont néfastes pour l'organisme. Le caractère neurotoxique de l'acrylamide est connu depuis plusieurs années ; son potentiel cancérigène est prédit par des expérimentations conduites sur des animaux de laboratoire.

Il est établi que l'acrylamide se forme lorsque des aliments riches en sucres **réducteurs** et en asparagine sont préparés à haute température (cuisson, **friture**). Au delà de 120 °C, les sucres (glucose, fructose) réagissent avec l'asparagine au sein d'un ensemble de réactions complexe connu sous le nom de « **réaction de Maillard** ». La formation de l'acrylamide dépend également des différents traitements (micro-ondes, ébullition ou friture). La formation de l'acrylamide par micro-ondes ou par ébullition est particulièrement dépendante du **pH** des aliments. En règle générale, le taux d'acrylamide augmente avec la durée de la cuisson.

En 2005, et à quelques jours d'intervalles, les sociétés DSM et Novozymes, spécialistes des préparations enzymatiques, ont annoncé, chacun de leur côté, la découverte d'une enzyme capable de réduire la teneur en acrylamide de certains aliments. Il s'agit en fait d'une asparaginase destinée aux industriels dont le nom commercial est Acrylaway® (Novozymes) et PreventASe® (DSM), obtenue respectivement à partir d'*Aspergillus niger* et *A. oryzae*, qui transforme l'asparagine en acide aspartique. Elle se présente sous forme de poudre ou de liquide. Ajoutée directement aux matières premières à des stades de fabrication différents selon le type de produit (essentiellement les chips, les biscuits salés, les frites, etc.), l'enzyme permet de réduire le taux d'asparagine en l'hydrolysant en acide aspartique qui n'intervient pas dans la **réaction de Maillard**. La réduction des niveaux d'acrylamide par Acrylaway® atteint de 50 à 90 %, dans une large gamme d'aliments comme le pain grillé, les biscottes, les biscuits, les gâteaux sucrés et salés, sans pour autant, d'après ses concepteurs, modifier les attributs **organoleptiques** des aliments.

Acrylaway® a été évalué positivement par des laboratoires indépendants (dont le français Eurofins), la FDA (*Food and Drug Administration* - USA), des instances mondiales comme l´Organisation des Nations unies pour l'alimentation et l'agriculture (FAO) et l´Organisation Mondiale de la Santé (OMS) en juin 2007.

Afin de réduire la formation de l'acrylamide, il est recommandé de limiter la température de cuisson autant que possible. Pour les frites, par exemple, elle ne devrait pas dépasser 175 °C.

14.3.3. PANIFICATION ET BISCUITERIE

La panification est certainement l'exemple le plus caractéristique de l'intérêt des enzymes en technologie alimentaire. C'est au niveau de ce procédé qu'a été réalisée la première application des enzymes en ajoutant de l'α-amylase (présente dans le malt) pour corriger certaines déficiences de la matière première (grains et farines). Plus tard, le malt a été remplacé par des amylases microbiennes ayant une meilleure stabilité en panification. L'α-amylase est la première enzyme produite industriellement afin de compenser la variabilité de la farine naturelle.

Aujourd'hui, une large gamme d'enzymes est disponible pour les utilisateurs de farine (tab. 14.3). Ces enzymes sont, dans la plupart des cas, utilisées comme aides biotechnologiques :

- Soit pour corriger la concentration en α-amylase endogène dans la farine. En effet, les farines, en raison de la diversité de la composition des blés (résultant de différences entre les variétés cultivées d'une part et les conditions très variables de développement de la plante d'autre part) n'ont pas la même aptitude à la panification et certaines sont même impanifiables. Les minotiers adaptent alors les farines du commerce en leur ajoutant des amylases pour améliorer leur pouvoir fermentaire en augmentant la teneur du pain en glucose, sucre aisément digestible et aliment de base des **levures**.

  Les α-amylases fongiques hydrolysent l'amylose et l'amylopectine en un mélange de glucose et de **dextrines** solubles de tailles moyennes (DP2-DP12). Ces sucres fermentescibles assouplissent la pâte en augmentant son volume, favorisent la coloration de la croûte et améliorent le goût. Un dosage adéquat de l'enzyme est cependant nécessaire pour éviter des résultats indésirables, un léger excès conduisant à une pâte collante.
  Les α-amylases bactériennes donnent également les mêmes résultats tout en supportant de plus hautes températures. Elles sont souvent utilisées en biscotterie, viennoiserie et biscuiterie.

- Soit pour adapter les propriétés de la pâte aux différents types de contraintes du pétrissage rapide ou aux caractéristiques technologiques ou **organoleptiques** souhaitées des produits élaborés. Par exemple, l'**hydrolyse** modérée du **gluten** (molécule responsable de la viscoélasticité de la pâte) à l'aide de protéases (fongiques ou bactériennes), lui donne une meilleure extensibilité et augmente, de ce fait, son volume. La lipoxygénase extraite de la farine de certaines **légumineuses** (graines de soja déshuilées, fève), permet de pallier à certains défauts qualitatifs des protéines du gluten, et d'améliorer le **blanchiment** de la farine. Pendant le pétrissage, la lipoxygénase catalyse l'oxydation, par l'oxygène de l'air, des acides gras polyinsaturés, principalement les acides linoléique et linolénique. Les hydroperoxydes formés ainsi que les **radicaux libres** qui apparaissent transitoirement sont des composés très réactifs qui provoquent, en particulier, l'oxydation des thiols du gluten. Cette enzyme détruit également les pigments caroténoïdes par un processus d'oxydation couplée. Ce phénomène, se traduit par une décoloration des pâtes, ce qui permet d'obtenir des pains à mie blanche.

Tableau 14.3 – Principales enzymes utilisées en panification et leurs effets

Enzyme	Effet(s)
amylases	améliorent la fermentation, augmentent le volume de la mie et améliorent la durée de conservation du pain
glucose oxydase	oxyde les groupements sulfhydryls libres du gluten et le rend plus élastique
lipases	modifient l'arôme du pain par formation de composés volatiles à partir des acides gras issus de l'hydrolyse des triglycérides
lipoxygénase	blanchit la pâte
xylanase	améliore la manutention de la pâte et la structure de la mie
protéase	relâche le réseau du gluten (par son hydrolyse partielle) et donne les propriétés plastiques requises dans certains types de pâtes (ex. biscuits)

Ainsi, ces enzymes sont capables de produire une valeur-ajoutée au produit final et par conséquent valoriser des farines de moindre qualité. Dans beaucoup de cas, les effets bénéfiques de l'utilisation des enzymes en panification sont obtenus par utilisation d'agents chimiques tels que le métabisulfite de sodium, la L-cystéine, l'azodicarbonamide (ADA), le bromate de potassium, etc. Cependant, la tendance actuelle du marché des aliments vers les « produits naturels » va dans le sens d'une utilisation accrue des enzymes au détriment des agents chimiques.

14.3.4. PRÉPARATION DES SUCRES ALIMENTAIRES

14.3.4.1. GLUCOSERIE

L'industrie de transformation de l'amidon en glucose est originale parmi les processus biotechnologiques industriels dans la mesure où elle est presque entièrement dépendante de l'usage d'enzymes pour la production à grande échelle. Ce secteur est dominé par les enzymes bactériennes : α-amylase, amyloglucosidase (ou glucoamylase) et glucose isomérase.

L'amidon, obtenu après élimination des huiles et des protéines de la matière première, est hydrolysé lors d'un processus enzymatique qui s'effectue en deux étapes. La première étape, la liquéfaction, consiste à découper les longues chaînes de l'amidon en maltose et en **dextrines**, à l'aide de l'α-amylase. L'étape suivante, appelée saccharification, consiste à décomposer les molécules obtenues lors de la liquéfaction, en molécules de glucose. Les enzymes impliquées sont : l'α-amylase, la β-amylase, l'amyloglucosidase et la pullulanase.

Le glucose obtenu peut être alors utilisé, soit directement comme matière première pour la synthèse chimique (ex. sorbitol), soit comme **substrat** de **fermentation** pour la production d'autres composés (ex. acide citrique), ou utilisé pour la production des sirops de glucose et de fructose (HFCS: *High Fructose Corn Syrup*) (voir fig. 14.12).

L'α-amylase est une endoamylase qui hydrolyse les liaisons glycosidiques α-(1→4) de l'amylose et de l'amylopectine, les deux constituants de l'amidon mais sans action sur les liaisons (1→6). Ainsi l'enzyme libère du maltose, des **dextrines** solubles et des oligosaccharides branchés et non branchés. La stabilité des enzymes bactériennes aux hautes températures peut atteindre 105 à 110 °C. Elles sont obtenues industriellement à partir de **bactéries** du genre *Bacillus*.

La β-amylase hydrolyse les liaisons α-(1→4) à partir de l'extrémité non réductrice, en libérant du maltose et des dextrines limites (arrête aux liaisons 1→6). Elle est extraite industriellement de l'orge malté.

L'amyloglucosidase hydrolyse les liaisons α-(1→4) et α-(1→6) des **dextrines** en éliminant graduellement les unités de glucose à partir de leurs extrémités non réductrices. La vitesse de l'**hydrolyse** dépend du type de liaisons et de la longueur de la chaîne, les liaisons α-(1→4) sont hydrolysées plus rapidement que les liaisons α-(1→6). L'enzyme la plus utilisée industriellement est celle extraite de champignons comme *Aspergillus niger* et *Rhizopus oryzae*.

La dégradation de l'amidon fait intervenir également d'autres enzymes dites déramifiantes telle que la pullulanase (connue aussi sous le nom de pullulane-6-glucanohydrolase), enzyme extracellulaire produite par certaines espèces de **bactéries Gram**– du genre *Klebsiella*. Leur utilisation est justifiée par le fait que les amidons destinés à la glucoserie contiennent une forte proportion d'amylopectine. Deux types de pullulanases peuvent être distingués. Les enzymes de type I (hydrolysant uniquement les liaisons α-(1→6) sont utilisées comme enzymes déramifiantes dans la saccharification de l'amidon. Les amylopullulanases (ou pullulanases de type II) présentent une double spécificité pour les liaisons α-(1→4) et α-(1→6) de l'amidon. Pour cette raison, elles ne peuvent pas être utilisées comme enzymes déramifiantes dans la production des sirops de maltose et de glucose.

Les xylanases sont très utiles dans le traitement de l'amidon de blé contrairement à l'amidon de maïs, à cause de sa teneur élevée en xylanes, surtout les arabinoxylanes. Ces xylanes solubles augmentent la viscosité de la pâte au point de gêner le bon déroulement du processus de séparation de l'amidon du **gluten**. Comme le blé est une des sources d'amidon les plus importantes, l'utilisation des xylanases comme auxiliaires technologiques devrait prendre de l'importance.

Le glucose obtenu est ensuite, soit cristallisé ou transformé en sirop de glucose après sa concentration, soit transformé en fructose par la glucose isomérase. Cette enzyme, produite par plusieurs microorganismes, est disponible sous différentes dénominations commerciales selon son origine et son fabricant (tab. 14.4). La figure 14.13 résume l'ensemble du processus décrit.

La réaction d'isomérisation (fig. 14.14) se déroule dans un réacteur en colonne contenant l'enzyme **immobilisée**. Le sirop de glucose circule de façon continue à travers la colonne où les paramètres de la réaction sont maintenus à leurs valeurs optimales (**pH** d'environ 7,5-7,8 ; température de 55-60 °C). Ces paramètres assurent une activité enzymatique

Tableau 14.4 – Origine des différentes glucose-isomérases commerciales

Nom commercial	Microorganisme	Compagnie (Pays)
Sweetzyme	*Bacillus coagulans*	Novo-Nordisk (Danemark)
Maxazyme	*Actinoplanes missouriensis*	Gist-Brocades (Pays-Bas)
Optisweet	*Streptomyces rubiginosus*	Miles Kali-Chemie (Allemagne)
Sweetase	*Streptomyces phaechromogenes*	Nagase (Japon)

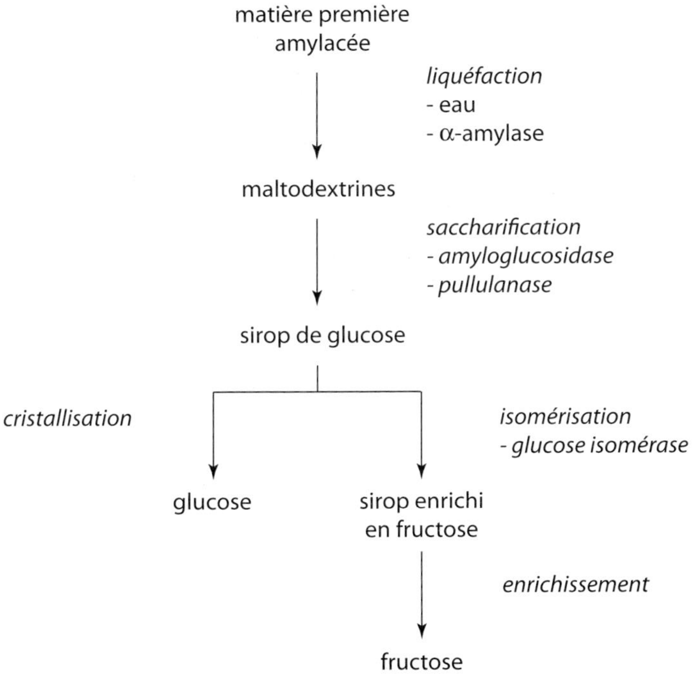

Figure 14.13 – Schéma général de l'hydrolyse de l'amidon et produits obtenus

élevée, un haut rendement en fructose et une grande stabilité de l'enzyme. Pour maintenir une concentration en fructose constante dans le sirop produit, la vitesse de passage du sirop de glucose introduite dans la colonne est ajustée d'après l'activité réelle de l'enzyme. L'enzyme immobilisée perd de son activité avec le temps. Typiquement, la recharge d'un

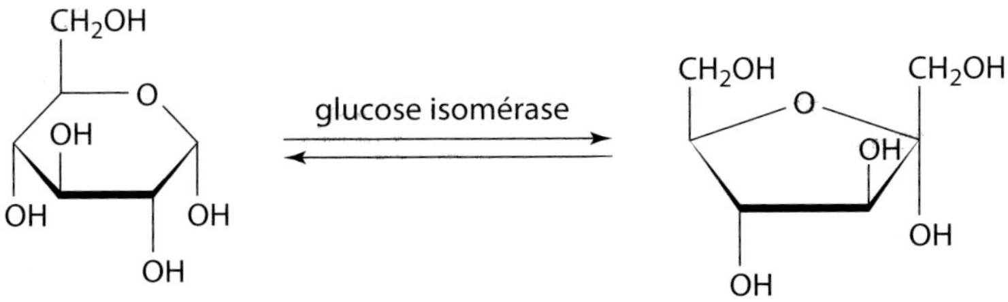

Figure 14.14 – Isomérisation du glucose en fructose

réacteur en glucose isomérase est effectuée quand l'activité de l'enzyme tombe à 10-15 % de sa valeur initiale. À titre indicatif, sa durée de vie (qui dépend en réalité des conditions d'utilisation), varie de 200 jours à une année à l'échelle industrielle. En général, plusieurs réacteurs sont mis en œuvre, en parallèle ou en série. Dans ces conditions, 1 kg d'enzyme immobilisée peut convertir plus de 10 000 kg de sirop de fructose (en poids de **matière sèche**) par jour, en utilisant au moins 20 réacteurs. Etant une enzyme intracellulaire, son isolement est très coûteux. Des cellules bactériennes entières sont alors souvent utilisées, immobilisées par différentes techniques selon la souche et le fournisseur. L'une des modalités du processus consiste à utiliser l'enzyme sous forme encapsulée dans des particules de 1-2 mm de diamètre, dans une colonne à lit fixe de 1,5 m de diamètre et 4 à 5 m de haut.

Dans les conditions industrielles, l'équilibre est atteint quand le niveau de fructose est d'environ 50 %. Or, la vitesse de réaction diminue considérablement lorsque l'on s'approche de cet équilibre, de sorte que, dans la pratique, la conversion est arrêtée quand la solution atteint 42 % de fructose.

Bien que le HFCS à 42 % (dénommé HFCS-42) soit beaucoup utilisé, les HFCS à teneur plus élevée en fructose sont préférés dans certaines applications. Leur production se fait par passage du HFCS-42 à travers une colonne échangeuse de cations afin séparer le glucose du fructose. Le sirop résultant (90 % de fructose pour 10 % de glucose) est mélangé avec du HFCS-42 pour donner du HFCS-55. Celui ci est purifié par élimination des contaminants (certains coproduits colorés) par **adsorption** sur une colonne de charbon activé et ensuite concentré jusqu'à environ 90 % par évaporation sous pression réduite.

HFCS-55 est utilisé en remplacement du saccharose dans les boissons sans alcool ; le HFCS-90 est plutôt utilisé dans les aliments à basse valeur calorique.

Cette enzyme catalyse également l'isomérisation du xylose (pour lequel elle présente une grande affinité) en xylulose, elle est, de ce fait, appelée xylose-isomérase.

Un grand nombre de secteurs d'activité des industries **agro-alimentaires** sont concernés par des applications des produits obtenus : **fermentations**, boissons, **confiserie**, crèmes glacées, entremets, confitures, **aliments diététiques** et **infantiles**, etc.

14.3.4.2. Raffinage et transformation du saccharose

Dans le cas des plantes dites sucrières ou saccharifères (betteraves à sucre, canne à sucre), le saccharose est produit directement et dans ce cas, il est extrait par diffusion. Au fur et à mesure de cette **extraction**, le raffinose (un triose) se concentre dans la **mélasse** et ralentit la **cristallisation** du saccharose. Ce problème est résolu par l'utilisation d'une α-galactosidase fongique pour hydrolyser le raffinose.

L'**hydrolyse** du saccharose, appelée « inversion » provoque sa transformation, totale ou partielle, en un mélange de sucres **réducteurs** le glucose et le fructose (fig. 14.15). Elle est le fait d'une invertase ou β-D-fructofuranosidase extraite de *Saccharomyces cerevisiae* ou *S. carlsbergensis*. La solution obtenue porte le nom de **sucre inverti** à cause du changement du signe du pouvoir rotatoire qui passe du positif ($[\alpha]^{D}_{20\,°C} = +\,66{,}59°$, celui du saccharose) vers le négatif ($[\alpha]^{D}_{20\,°C} = -\,21°$, celui des produits d'hydrolyse). On en distingue deux types : l'inverti moyen qui un mélange ternaire, équimoléculaire de saccharose/glucose/fructose et l'inverti total qui contient un mélange équimolaire de fructose et de glucose.

Les **sucres invertis** sont anti-cristallisants, **stabilisants** de l'humidité et améliorants de texture, utilisés en remplacement du saccharose dans la fabrication du pain et la biscuiterie industrielle, pâtisserie, **viennoiserie**, **confiserie**, glacerie et crème fouettée. En dépit de leurs multiples avantages, ces produits sont concurrencés par les sirops de glucose et d'isoglucose dans la majorité des branches **agro-alimentaires**.

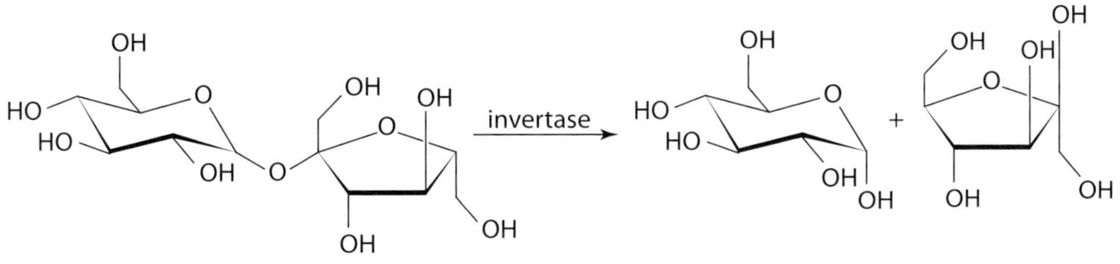

Figure 14.15 – Inversion du saccharose par l'invertase

14.3.5. Préparation des boissons

L'utilisation des enzymes dans un grand nombre de procédés industriels de fabrication des boissons (jus de fruits, distillerie, brasserie) facilite, soit les techniques de préparation (**extraction**, clarification, **filtration**), soit la **fermentation**, soit la stabilisation des produits.

14.3.5.1. Jus de fruits

Les polysaccharides pariétaux des fruits sont principalement la cellulose, les hémicelluloses et les composés pectiques. Certains types de fruits (par exemple les pommes et les poires) exigent un traitement mécanique (broyage) couplé à un processus biochimique (utilisant des enzymes) pour briser les structures cellulaires et obtenir de meilleurs rendements en jus. Les pectinases, dont il existe plusieurs types (tab. 14.5), ont été les premières enzymes utilisées dans ce domaine. Leur emploi vise à hydrolyser les pectines présentes en abondance dans ces fruits. Comme les pectines se gélifient au cours de la concentration des extraits de fruits, il en résulte des difficultés lors du processus de **filtration**. L'addition de ces enzymes en cours de préparation détruit les pectines et permet le déroulement normal de la préparation des jus de fruits. Les modalités d'applications des enzymes pectiques varient d'un type de fruit à un autre, en raison des différences et des variations de composition chimique qui sont fonction du stade de maturité.

Diverses enzymes pectiques d'origine microbienne sont utilisées à la fois pour le pressurage des baies et du raisin et pour la clarification des jus de fruits et des vins.

Dans le cas du jus d'orange, la perte de stabilité de l'opacité du jus constitue un problème majeur. Le jus d'orange est produit normalement par pression du fruit. Les matériaux insolubles en **suspension** dans le jus, quand celui-ci est pressé, contribuent aux caractéristiques **organoleptiques** (couleur, opacité et **saveur**). Contrairement aux pectines de la pomme qui sont hautement méthylées, les pectines de l'orange ne le sont que partiellement. Ceci est dû aux pectine-estérases naturellement présentes dans le jus d'orange et qui éliminent les groupes méthoxyles des molécules de pectine. L'acide pectique ionisé qui en résulte forme un complexe avec les ions calcium (Ca^{2+}) normalement présents ce qui a pour résultat de former des pectates de calcium insolubles. Ce complexe précipite avec le temps en une couche qui laisse un jus clair surnageant. Une solution consiste en l'addition d'une polygalacturonase exogène, qui dépolymérise l'acide pectique avant la formation du complexe avec le calcium.

Tableau 14.5 – Pectinases commerciales et fournisseurs

Nom commercial	Fournisseur (pays)
Panzym	C.H. Boehringer Sohn (Allemagne)
Ultrazyme	Novozymes (Danemark)
Pectolase	Danisco (Danemark)
Sclase	Kikkoman Shoyu Co. (Japon)
Pectinex	Novozymes (Danemark)
Rapidase	Danisco (Danemark)
Klerzyme	Clarizyme Wallerstein Co. (Etats-Unis)
Pectinol, Rohament	Rohm, GmbH (Allemagne)
Pectinase	Novozymes (Danemark)

Bien que les pectinases soient les enzymes majoritairement utilisées dans le traitement des jus de fruits, elles peuvent être associées à d'autres pour améliorer le rendement et/ou faciliter le processus dans sa globalité. C'est le cas des **cellulases**, amylases, polyphénol-oxydases, etc. Les pommes non mûres, par exemple, peuvent contenir jusqu'à 15 % d'amidon qui peut être dégradé par une amyloglucosidase active au **pH** du jus, ajoutée en même temps que les pectinases. Les enzymes pectiques sont inhibées par les polyphénols présents dans la pulpe de pomme ; l'addition de polyphénol-oxydases microbiennes aux jus du fruit permet de corriger ce problème en éliminant les polyphénols, créant ainsi un environnement propice à l'action des enzymes pectiques.

Durant la maturation des poires, les composés phénoliques sont oxydés et contribuent à la formation de composés lignocellulosiques insolubles, connus sous le nom de scléroïdes ou cellules pierreuses. La présence de ces cellules, constituées essentiellement de lignine (18 %) et de polysaccharides (82 %), rend difficile les opérations de **filtration** ou d'**ultrafiltration**. Les teneurs en arabanes, hémicelluloses et cellulose sont plus élevées que dans les pommes. C'est pourquoi il est utile dans le cas des poires, d'utiliser conjointement des pectinases avec des hémicellulases.

14.3.5.2. Brasserie

La source traditionnelle d'enzymes utilisées pour la conversion des **céréales** en bière est le malt. Le maltage dépend d'un certain nombre de facteurs parmi lesquels la variété et la qualité de l'orge, les conditions opératoires et le savoir-faire du fabricant. La qualité du maltage dépend aussi des enzymes endogènes de l'orge et de leur stabilité. Durant le processus de maltage, certaines enzymes (β-amylase, exo-peptidase, carboxypeptidase) sont mobilisées par activation, d'autres sont néoformées (β-glucanase, endo-protéases, α-amylase et hémicellulases).

Comme le brassage est un processus hautement optimisé, il se produit parfois des conséquences indésirables si l'activité enzymatique est réduite, comme une faible production d'alcool, une séparation du moût trop longue, une **fermentation** trop lente, une faible stabilité de la bière obtenue, etc. Pour prévenir ces problèmes, des enzymes auxiliaires sont alors ajoutées pour corriger la déficience en enzymes endogènes des matières premières habituellement utilisées (maïs, blé, orge, riz, sorgho, seigle, avoine, millets, etc.). En outre, les enzymes facilitent la mise en œuvre des techniques de **filtration** par une meilleure solubilisation ou stabilisation des produits. Ainsi l'utilisation de β-glucanases ou parfois de complexes enzymatiques (hémicellulases, pectinases, etc.) d'origine fongique améliore considérablement les opérations d'**extraction** et de filtration.

14.3.6. ENZYMES EN LIPOCHIMIE ET DÉTERGENCE

14.3.6.1. LIPOCHIMIE

▶ RAFFINAGE DES HUILES BRUTES

La plupart des huiles végétales (colza, coco, soja, arachide, germes de maïs, tournesol, olives, etc.) sont produites classiquement par pression suivie par l'**extraction** avec des solvants organiques. Le solvant le plus utilisé communément dans ce processus est l'hexane qui est reconnu comme un polluant dangereux de l'air. Les enzymes capables de dégrader les parois cellulaires offrent une alternative écologiquement acceptable. Elles peuvent être utilisées pour extraire l'huile végétale en dégradant les composants structuraux des parois cellulaires. Cette technique a déjà été utilisée pour l'extraction de l'huile d'olive à l'aide d'une préparation enzymatique de polygalacturonase (Olivex® de Novozymes). La quantité d'huile produite et sa qualité ont ainsi été grandement améliorées.

Les huiles végétales brutes subissent un **raffinage**, comprenant des étapes de **démucilagination**, décoloration, **désodorisation**, **hydrogénation**, inter- et transestérification. On dispose actuellement de procédés enzymatiques qui accélèrent le processus de démucilagination, améliorent la qualité de l'huile et réduisent les effets de l'élimination des **effluents** sur l'environnement.

Les huiles végétales brutes contiennent jusqu'à 3 % de phospholipides, selon le type de graines utilisées et le procédé d'**extraction**. La première étape dans le raffinage, la démucilagination à l'eau élimine la majorité de ces phospholipides mais il en subsiste environ 0,6 % **hydrophobes** qu'il est possible d'éliminer par voie enzymatique. On utilise à cet effet la phospholipase pour l'élimination des gommes et mucilages pendant le **raffinage** de l'huile et la lipoxygénase pour l'oxydation des acides gras polyinsaturés. Une méthode d'élimination enzymatique consiste à utiliser la phospholipase A2 qui catalyse l'**hydrolyse** des acides gras en position 2 et forme des lysophospholipides hydrosolubles pouvant être facilement éliminés par lavage. La démucilagination enzymatique a beaucoup d'avantages. Comparé au procédé classique qui utilise de l'acide sulfurique, de l'acide phosphorique, de la soude caustique et de grandes quantités d'eau, le traitement enzymatique permet d'éviter l'utilisation de bases et d'acides forts, de réduire considérablement la quantité d'eau utilisée et la production des boues résiduaires, et d'obtenir une réduction globale des coûts de 50 % tout en augmentant le rendement en huiles.

▶ MODIFICATION ENZYMATIQUE DE LIPIDES

La modification des huiles et des graisses est actuellement un des principaux domaines d'activité de l'industrie alimentaire à la recherche de nouvelles technologies économiques et respectueuses de l'environnement. Les huiles végétales à composition et propriétés physicochimiques modifiées feront l'objet d'une forte demande dans le futur.

Ce secteur de la lipochimie est dominé par les lipases qui sont, de loin, les enzymes les plus largement utilisées dans la transformation des huiles. Ces enzymes font partie de la famille des hydrolases qui agissent sur les liaisons ester carboxyliques. Leur rôle physiologique est d'hydrolyser les triglycérides en diglycérides, monoglycérides, acides gras, et glycérol. De plus, elles peuvent catalyser des réactions d'**estérification**, d'**interestérification** et de transestérification, sur une grande variété de **substrats**. Elles sont souvent tolérantes à la présence de solvants organiques dans le milieu réactionnel. Cette polyvalence fait des lipases des enzymes de choix pour des applications potentielles dans le domaine de la lipochimie. Le tableau 14.6 résume les différentes réactions catalysées par les lipases.

Tableau 14.6 – Polyvalence réactionnelle des lipases

Type de réaction	Substrats	Produits
hydrolyse	ester + eau	acide + alcool
estérification	acide + alcool	ester + eau
transestérification par alcoolyse	ester 1 + alcool 1	ester 2 + alcool 2
transestérification par acidolyse	ester 1 + acide 1	ester 2 + acide 2
interestérification	ester 1 + ester 2	ester 3 + ester 4
aminolyse	ester + amine	amide + alcool

Ces réactions ont comme **substrats** les huiles (triglycérides), le glycérol, les acides gras libres, les esters et les alcools. Les lipases permettent ainsi de produire de nouveaux types de triglycérides, d'esters et d'acide gras, ou d'améliorer la qualité de produits existants. Parmi les produits nouveaux, on trouve : les huiles comestibles qui ont été équilibrées en acides gras saturés et insaturés, des allongeurs (substances destinées à augmenter le volume) du beurre de cacao, des esters pour les lubrifiants et les produits de beauté, des monoglycérides utilisés comme émulsionnants et des agents **tensioactifs**. Les lipases microbiennes qui sont douées d'une grande spécificité présentent d'importantes potentialités d'utilisation pour la fabrication d'huiles végétales « sur mesure » à partir d'huiles de moindre qualité en les enrichissant en certains acides gras.

À l'échelle mondiale, la production des graisses et des huiles avoisine les 110 millions de t/an et une partie substantielle de celle-ci (plus que 2 millions de t/an) est utilisée dans des processus hautement consommateurs d'énergie tels que les hydrolyses, glycérolyses et alcoolyses. Les conditions opératoires dans ces processus impliquent des hautes températures (240-260 °C) et de hautes pressions (la méthanolyse est exécutée actuellement sous conditions légèrement plus douces). Les produits résultants sont souvent instables et nécessitent une redistillation pour éliminer les impuretés et produits de dégradation. De plus, les huiles très insaturées thermolabiles ne peuvent pas être utilisées dans ces processus sans **hydrogénation** antérieure. L'utilisation des lipases dans la lipochimie en remplacement des méthodes traditionnelles est donc essentielle.

Ainsi l'**estérification** est une réaction au cours de laquelle un groupe alcool (–OH) est condensé à un groupe acide carboxylique (–COOH) avec élimination d'une molécule d'eau (H_2O), ce qui forme une liaison ester (R_1–COOC–R_2) (fig. 14.16).

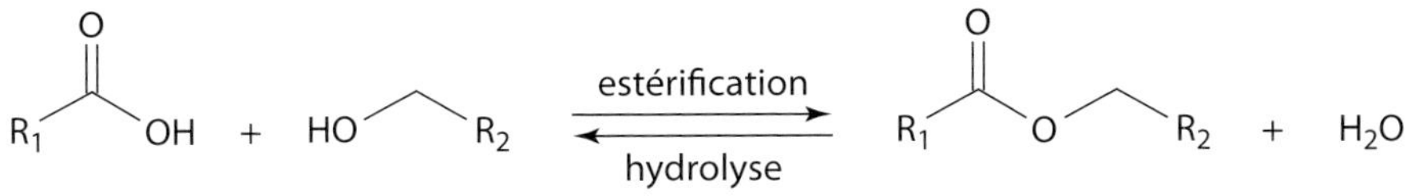

Figure 14.16 – Réactions d'estérification et d'hydrolyse catalysée par les lipases

L'**estérification** est utilisée pour obtenir des triglycérides à chaîne moyenne à partir de glycérol et d'acides gras en C8 et/ou en C10. L'estérification enzymatique pour la production de diglycérides est donc intéressante en raison de l'importance nutritionnelle des 1,3-diglycérides. En effet, l'utilisation de ces derniers dans la cuisson contribue à la réduction du taux de lipides sériques puisque la lipase pancréatique hydrolyse les 1,3-diglycérides en acides gras libres et glycérol sans former des 2-monoglycérides (éléments constitutifs des lipides sériques).

La transestérification (décrite dans le Chapitre 3 – Lipides, § 3.8.3.4) est catalysée par diverses lipases bactériennes (ex. *Pseudomonas* spp.) à 40 °C, sans perte d'activité.

Il est maintenant bien admis que les acides gras polyinsaturés (AGPI) jouent un rôle essentiel en nutrition humaine en raison de leurs importantes propriétés biomédicales. Les lipases peuvent effectuer l'incorporation de ces AGPI dans des huiles riches en acides gras saturés tout en opérant en conditions douces, minimisant la dégradation et l'oxydation des acides gras. Ces réactions sont basées sur le fait que certaines lipases sont capables de discrimination entre différents acides gras et que d'autres lipases sont spécifiques de la position des acides gras sur le glycérol (fig. 14.17).

Cette technique permet de préparer avec de l'huile de tournesol et de l'huile de palme totalement hydrogénée une **margarine** ne contenant pas d'acides gras *trans*. La transestérification catalysée par la lipase dans les solvants organiques est une application industrielle émergeante dans la production de nombreux produits à **valeur ajoutée** tels que le **lait maternisé** pour nourrissons, les AGPI pharmaceutiques et la production de **biodiesel** à partir d'huiles végétales. La lipase de *Rhizomucor miehei* catalyse la transestérification en remplaçant l'acide oléique par de l'acide stéarique pour produire des substituts de beurre de cacao (triglycéride stéarique-oléique-stéarique) (fig. 14.18).

L'interestérification et l'**hydrogénation** sont des techniques d'un grand intérêt dans la préparation de glycérides utilisés dans la fabrication de beurre et de **margarine.** La réaction d'**interestérification** consiste à faire un échange d'acides gras entre une huile riche en acides insaturés (mono- et polyinsaturés) et une huile riche en acides saturés.

La réaction conventionnelle est conduite en présence d'un **catalyseur** tel que le sodium ou le méthylate de sodium, à haute température. Cependant, cette réaction n'est pas sélective

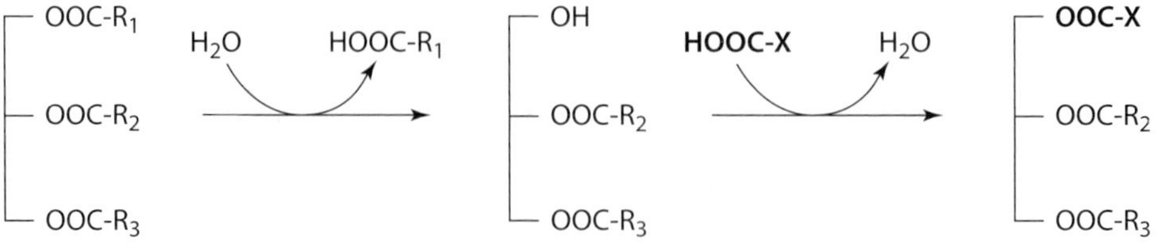

TG DG TG*

TG = triglycéride initial
R_1, R_2 et R_3 = résidus d'acides gras
DG = diglycéride (ou monoglycéride ou glycérol, selon la spécificité de la lipase)
HOOC-R_1 = acide gras libéré
HOOC-X = acide gras à incorporer
TG* = triglycéride avec le nouvel acide gras incorporé (OOC-X)

Figure 14.17 – Représentation schématique de la transestérification réalisée sur une huile riche en acides gras saturés et son enrichissement en acide gras polyinsaturés

Cette réaction implique l'exécution séquentielle de réactions d'hydrolyse (désacylation) et de réestérification (acylation). L'acide gras incorporé peut être un acide gras polyinsaturé n-2 ou n-6 selon sa concentration dans le milieu de la réaction et la spécificité de la lipase.

et elle génère des coproduits colorés qu'il faut ensuite éliminer. En revanche, l'interestérification menée en présence de lipase comme catalyseur est plus intéressante puisqu'elle permet de maîtriser les caractéristiques physiques comme la température de fusion des huiles et des graisses comestibles ; de plus elle se déroule à une température comprise entre 40 et 70 °C à laquelle il n'y a pas formation d'acides gras *trans* et de ce fait il n'y a plus de coproduit à éliminer. C'est donc une alternative, économiquement rentable, aussi bien à l'interestérification chimique qu'à l'hydrogénation. Le coût en termes d'investissement est encore réduit parce que le processus enzymatique exige seulement une colonne ou un réservoir simple comme matériel spécifique. Le profil précis de l'huile désirée est obtenu par simple passage de l'huile à travers la colonne renfermant l'enzyme. Celle-ci étant fixée dans la colonne elle n'est changée qu'après la production de plusieurs centaines de tonnes de matière grasse.

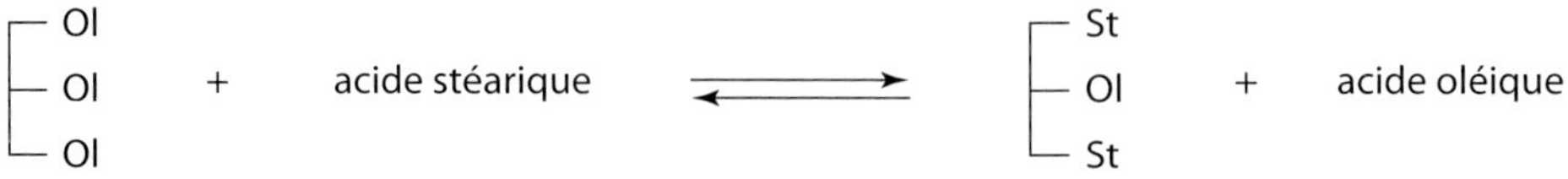

huile de tournesol riche en oléates

triglycéride St-Ol-St composant du substitut de beurre de cacao

St = acide stéarique
Ol = acide oléique

Figure 14.18 – Réaction de transestérification catalysée par la lipase de Rhizomucor miehei

14.3.6.2. DÉTERGENCE

Les enzymes sont à l'origine du développement et de l'amélioration des **détergents** modernes domestiques et industriels. Les principales classes d'enzymes détergentes sont les protéases, les amylases, les lipases et, plus récemment, les **cellulases.** Ces enzymes sont utilisées, soit seules, soit associées dans différentes combinaisons.

Les protéases ont été les premières et les plus largement utilisées dans les **détergents**. Les taches protéiques (taches de lait, de jaune d'œuf, de sang, etc.) sur le tissu ou sur des surfaces dures (comme la vaisselle, par exemple) sont dégradées en fragments (fig. 14.19) qui peuvent être supprimées ou dissous par d'autres composants du détergent. La majorité des protéases commerciales destinées aux détergents sont des subtilisines. Ce sont des endo-peptidases extracellulaires isolées à partir de l'espèce bactérienne *Bacillus subtilis* et d'autres espèces du même genre. Elles sont très similaires sur le plan structural et sont caractérisées par leur large spécificité de **substrats** et surtout par leurs conditions optimales de fonctionnement (température, **pH**) et leur exigence en calcium. Pour éviter le problème de l'autolyse dans les détergents liquides à base de protéases, des inhibiteurs réversibles (tels que l'acide borique ou des polyols) sont ajoutés dans la formulation. Lors du lavage, ces inhibiteurs sont dilués.

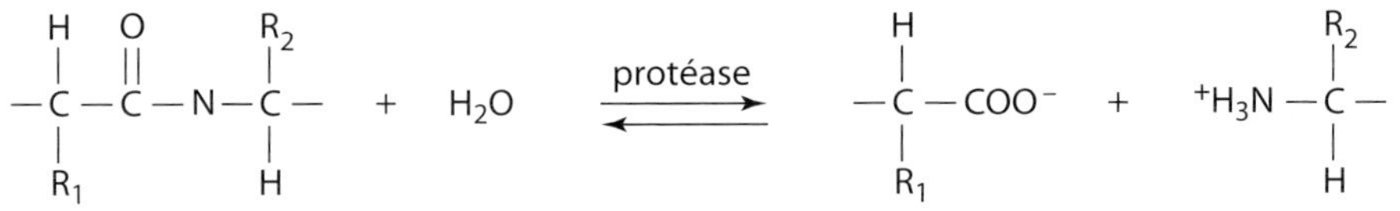

Figure 14.19 – Hydrolyse d'une liaison peptidique

Les amylases commerciales sont représentées par les α-amylases extraites de *Bacillus subtilis*, *B. amyloliquefaciens* et l'α-amylase thermostable de *B. licheniformis* et de diverses espèces d'*Aspergillus*. L'α-amylase catalyse l'hydrolyse des liaisons α-(1→4) D-glycosidiques internes des polysaccharides (amidon, glycogène) et oligosaccharides.

En raison de leur forte hydrophobicité, les huiles et les **corps gras** (composés essentiellement de triglycérides) sont difficiles à éliminer à basse température. Les lipases (triacylglycérol acylhydrolases) hydrolysent les triglycérides en mono- et diglycérides (plus **hydrophiles**), en acides gras libres et en glycérol. Ces produits d'hydrolyse sont tous solubles dans les conditions alcalines du lavage.

L'application commerciale des **cellulases** a commencé en 1987 avec l'introduction de la cellulase alcaline de *Bacillus*. Depuis 1991, plusieurs **détergents** européens et américains ont incorporé des cellulases dans leurs formulations. En 1993, Procter & Gamble a introduit Carezyme® de Novo-Nordisk (leader européen), une enzyme qui permet de garder le coton (pur ou en mélange) dans un état neuf plus longtemps en éliminant les fils crépus qui apparaissent avec le temps sur les vêtements en coton ou suite à des lavages répétés.

Les cellulases présentent plusieurs avantages dont le nettoyage (par enlèvement des souillures huileuses), l'amélioration de la douceur du tissu, la clarification de la couleur et l'élimination des microfibrilles de coton de la surface qui servent de points d'ancrage aux souillures. La douceur obtenue après utilisation des cellulases résulte de la capacité de ces enzymes à démêler les fibrilles de la surface, en les empêchant de s'entrelacer et former un réseau rigide au toucher. Ces avantages ont pour conséquence la réduction des cycles de lavages. Les **cellulases** détergentes courantes sont de sources fongiques, (*Humicola insolens*) ou de sources bactériennes (différentes espèces de *Bacillus*). Les enzymes fongiques sont typiquement un mélange d'exo- et d'endo-glucanases avec des pH optimaux dans la zone acide à neutre. Ce mélange d'activités facilite la dégradation de la cellulose.

Des protéases, des lipases et des amylases sont souvent utilisées comme **ingrédients** fonctionnels dans des formulations détergentes pour nettoyer les membranes d'**osmose inverse**, de microfiltration et d'**ultrafiltration** en laiterie, dans le secteur des jus de fruits et dans diverses autres industries.

Certaines marques de dentifrice et de bains de bouche incorporent la glucoamylase et la glucose oxydase. Ces enzymes ont un effet dans la prévention de la plaque dentaire. Les prothèses dentaires peuvent être nettoyées avec des produits qui contiennent une protéase en donnant un meilleur résultat dans un temps plus court. Les lentilles de contact sont également nettoyées par l'utilisation de solutions contenant des protéases ou des lipases ou des deux. Le peroxyde d'hydrogène résiduel après la désinfection est neutralisé à l'aide d'une catalase avant la mise en place des lentilles.

En plus de leur efficacité de nettoyage, les enzymes présentent beaucoup d'avantages au niveau de l'environnement et de la consommation d'énergie en réduisant le temps de lavage, la température et la consommation d'eau. De plus, ces enzymes sont produites par des processus de **fermentation** qui utilisent des ressources renouvelables.

14.3.7. UTILISATION DES ENZYMES EN INDUSTRIE DU PAPIER

L'industrie du papier traite d'énormes quantités de **biomasse** lignocellulosique. La préparation industrielle de papier exige la séparation et la dégradation de la lignine (la substance contenue dans la paroi des cellules végétales et qui jaunit le papier). Les technologies de fabrication de la **pâte à papier** sont très diverses. Les méthodes conventionnelles de délignification ou décoloration de la pâte à papier mettent en jeu des oxydants chimiques à base de chlore ou d'ozone (ex. ClO_2 et O_3). Bien qu'elles soient très efficaces, ces méthodes présentent de sérieux problèmes tels que le rejet des **sous-produits** chlorés et l'affaiblissement des fibres de cellulose. L'inquiétude grandissante au sujet de l'impact sur l'environnement des **effluents** organochlorés, très polluants, et notamment ceux rejetés par les usines de **blanchiment** de la pâte à papier incite à rechercher d'autres solutions moins polluantes comparées aux procédés classiques de délignification/blanchiment. L'une des alternatives qui suscite beaucoup d'intérêt est l'utilisation des enzymes. Le prétraitement de la pulpe de bois avec les enzymes ligninolytiques peut fournir une stratégie alternative de délignification plus douce, plus propre et plus respectueuse de l'intégrité des fibres de cellulose. L'utilisation du chlore est ainsi réduite de près de 66 %. De plus, le processus se déroule à température ambiante et consomme beaucoup moins d'eau. Diverses enzymes interviennent dans cette opération, ce sont les peroxydases et les laccases. La fraction hémicellulosique de la matière première est éliminée principalement à l'aide de xylanases.

14.3.7.1. PEROXYDASES

Ces enzymes à hème sont produites par quelques Actinomycètes mais surtout par des Basidiomycètes de la pourriture blanche (ex. *Phanerochaete chrysosporium*, *Phlebia radiata*, *Pycnoporus cinnabarinus*, *Coriolus versicolor*) qui présentent les meilleures caractéristiques lignolytiques. Ils sont dotés d'un complexe multienzymatique composé de :

- lignines peroxydases (LiP), impliquées dans la dégradation de la lignine par oxydation des composés **aromatiques** non phénoliques, c'est à dire sans –OH,
- peroxydases Mn(II)-dépendantes (**glycoprotéines**) qui oxydent exclusivement les composés phénoliques de la lignine.

14.3.7.2. LACCASE

Il est bien admis que la laccase, métalloenzyme à cuivre, participe à la délignification naturelle. Plusieurs laccases sont capables de dégrader aussi bien la lignine naturelle (exemple copeaux de bois) que synthétique.

Les principales sources de laccase sont les Champignons Basidiomycètes et Ascomycètes. Elle se trouve soit sous forme constitutive intracellulaire, soit sous forme inductible extracellulaire. Cette dernière forme est purifiée à partir du milieu de **fermentation** de souches sélectionnées. Elle est particulièrement abondante chez les champignons responsables de la **biodégradation** de la lignine (*Pyricularia oryzae, Trametes consors, T. hirsutus, T. versicolor et Myceliophthora thermophila*).

La laccase pourrait être appliquée aux copeaux de bois avant leur broyage. Ce prétraitement pourrait dégrader partiellement la lignine et relâcher sa structure afin que son élimination puisse être faite plus efficacement, avec une économie notable en énergie. Son application à cette fin permettrait d'éviter l'utilisation massive des produits chimiques blanchissants très polluants. De plus, l'enzyme s'attaque spécifiquement à la lignine sans altérer la qualité des fibres de cellulose.

14.3.7.3. XYLANASES

Les hémicellulases sont produites par de nombreuses espèces de **bactéries** et de **moisissures**, mais aussi par plusieurs plantes. Ces enzymes, particulièrement les xylanases, sont maintenant (depuis 1995) utilisées commercialement dans les broyeurs pour le traitement de la **pâte à papier** et incorporées dans les différentes étapes de **blanchiment**. Les préparations d'hémicellulases commercialisées sont produites par des espèces du genre *Trichoderma* génétiquement modifiées ou par certaines souches d'*Aspergillus*.

Certaines **moisissures** de la pourriture blanche sont capables de délignifier la **pâte à papier** et d'augmenter sa brillance. Les traitements fongiques sont certes trop lents mais les enzymes extraites sont plus faciles à optimiser et à utiliser. Les xylanases n'attaquent pas le chromophore des lignines mais plutôt les xylanes (constituants hémicellulosiques majoritaires dans les bois durs) qui établissent des liaisons piégeant des molécules de lignine résiduelles. Une **hydrolyse** du réseau de xylanes est souvent suffisante pour faciliter l'attaque chimique ultérieure de la lignine et, par suite, améliorer son **extraction** avec une quantité moindre de produits chimiques blanchissants. Un prétraitement aux xylanases au niveau du broyage assure une économie de 20 à 25 % de produits chimiques et donc une réduction simultanée d'émissions des polluants.

Le bio-**blanchiment** (nom donné au blanchiment enzymatique) est adopté par de nombreuses compagnies papetières comme Domtar (Canada), Oji Paper (Japon), etc. L'industrie canadienne (quatrième plus important producteur de pâtes et de papiers au monde), utilise cette méthode pour le blanchiment d'environ 10 % de la **pâte à papier** produite.

Les xylanases devant être utilisées en industrie du papier doivent satisfaire un certain nombre de critères, parmi lesquels : (1)

- être exemptes d'activité cellulolytique pour éviter l'**hydrolyse** des fibres de cellulose,
- avoir une masse moléculaire faible pour faciliter leur diffusion dans les fibres de la **pâte à papier**,
- donner le rendement le plus élevé et au moindre coût possible.

Or, les xylanases disponibles sur le marché ne peuvent satisfaire à ces exigences que partiellement, et la température optimale d'activité de la plupart des xylanases se situe entre 50 et 60 °C avec une demi-vie d'environ 1 h à 55 °C. Cependant, quelques xylanases, isolées à partir d'espèces microbiennes extrêmophiles, sont capables de supporter des températures de 80 à 100 °C, sans perte d'activité.

14.3.7.4. LIPASES

Les lipases utilisées pour le désencrage du papier usagé sont susceptibles d'augmenter la **productivité** de la **pâte à papier**, la blancheur et de diminuer l'usage de produits chimiques, de prolonger la durée de vie des équipements, de réduire la pollution, le gaspillage de l'eau, d'économiser de l'énergie et de réduire le temps et le coût du traitement.

14.3.8. UTILISATION DES ENZYMES EN ALIMENTATION ANIMALE

Dans sa forme basique, le phytate ou ester hexaphosphate du *myo*-inositol (voir fig. 1.14, Chapitre 1 – Glucides), est la plus abondante des sources de phosphate chez les plantes, constituant 80 à 90 % du total du phosphore présent dans les **céréales** et les légumes. Bien que cette molécule soit riche en phosphate, celui-ci n'est pas biodisponible pour l'animal. Un autre inconvénient de la présence de taux élevés en acide phytique dans la **ration** alimentaire animale est sa capacité à chélater le potassium, le calcium, le cuivre, le zinc, le fer et le magnésium, diminuant ainsi leur biodisponibilité. La présence de phytates dans les aliments pour animaux a par ailleurs un impact négatif sur l'environnement, les phosphates non digérés et éliminés dans les déjections des animaux contribuant à la **pollution** des eaux de surface. Ces conséquences négatives des phytates sur la nutrition animale et sur l'environnement peuvent être en partie palliées par l'addition de phytases à la ration alimentaire des animaux d'élevage. Une formulation de cette enzyme est déjà commercialisée par la société *BASF Nutrition Animale* (le numéro un mondial de la chimie), sous le nom de Natuphos®, en poudre ou en liquide. L'importance de ces enzymes, tant au niveau industriel qu'environnemental, provient du fait que les animaux monogastriques comme les cochons, les poissons, les volailles mais aussi l'homme, ne les possèdent pas alors qu'elles sont très répandues dans la nature, aussi bien dans les tissus végétaux que chez les microorganismes (**bactéries** et champignons). Les phytases (connues aussi sous le nom de *myo*-inositol hexaphosphate phosphohydrolases, catalysent l'**hydrolyse** des phytates en inositol et phosphates. Elles sont de deux types ; les 3-phytases qui attaquent en premier le groupe phosphate en position 3 et les 6-phytases qui commencent l'hydrolyse par le groupement en position 6. Il s'en suit que l'action de ces enzymes est bénéfique sur le plan nutritionnel en améliorant sensiblement la biodisponibilité du phosphore des aliments tout en éliminant la nécessité d'ajouter du phosphore inorganique dans l'alimentation animale, mais également en réduisant la quantité de phosphore dans les déchets utilisés comme fertilisants, dont l'excès est responsable de la pollution des nappes d'eau et des rivières.

Les avancées les plus récentes dans ce domaine portent sur l'amélioration dans les possibilités d'application et des performances des phytases dont de nouvelles formes fongiques ont été identifiées avec des activités spécifiques 4 à 50 fois plus élevées que celles connues antérieurement. L'une des approches pour le développement d'enzymes plus efficaces a été d'augmenter l'activité catalytique de phytases fongiques par mutagenèse dirigée du site actif comme cela a été le cas pour la phytase d'*Aspergillus fumigatus*, par exemple, dont l'activité spécifique a été multipliée par quatre.

Dans les **rations** à base de blé, d'orge, de seigle ou de triticale, le principal facteur antinutritionnel est le taux élevé en fibres cellulosiques et en hémicelluloses. Dans le cas des volailles, déficientes en enzymes capables de dégrader ces fibres, une **supplémentation** de leur ration s'avère nécessaire. Les fibres présentes sont essentiellement des arabinoxylannes chez le blé et le seigle et des β-glucanes chez l'orge et l'avoine, à des teneurs variables en fonction de différents facteurs comme l'espèce, le biotope et la température. Ces polysaccharides augmentent la viscosité du digestat dans l'intestin grêle de l'animal et réduisent, par conséquent, son assimilation. Les enzymes utilisées dans ce contexte sont principalement des xylanases et des β-glucanases. Les premières (appelées également les endo-1,4-β-xylanases) ont pour substrat les xylanes des parois cellulaires. La société *BASF Nutrition Animale* commercialise également une formulation de cette enzyme, sous le nom de Natugrain® Wheat, utilisée notamment pour les mélanges alimentaires des volailles composés d'une grande quantité de blé et de ses dérivés comme le son afin d'en améliorer les performances grâce à une meilleure efficacité biologique. Le produit d'**hydrolyse** est constitué de courtes chaînes glucidiques. Les xylanases sont produites aussi bien par des **bactéries** que par des champignons, mais ce sont celles d'origine fongique (*Trichoderma* et *Aspergillus*) qui sont les plus utilisées. Les β-glucanases agissent sur les β-glucanes (condensation de plusieurs unités de glucose liées par des liaisons β-(1→3) et β-(1→4)) en libérant du glucose et des oligosaccharides.

À côté des **céréales** utilisées en alimentation animale, le deuxième volet de ce secteur est la source de protéines qui peut être aussi bien végétale qu'animale, et de qualité variable. Un certain nombre de protéases ont été utilisées pour l'alimentation animale, toutes de la famille des peptidases, agissant sur des liaisons peptidiques spécifiques. La protéase la plus utilisée est la subtilisine, produite par des espèces de *Bacillus*, douée d'une large spécificité et hydrolysant les amides peptidiques.

Généralement, les protéases sont ajoutées à la ration alimentaire, pré-mélangées avec d'autres enzymes (comme les α-amylases utilisées dans les rations à base de maïs, destinées à la volaille, pour accroître sa **digestibilité** très variable selon les variétés) afin de corriger les **facteurs antinutritionnels** associés aux protéines de l'aliment.

14.3.9. VALORISATION DES SOUS-PRODUITS AGRO-ALIMENTAIRES

14.3.9.1. CELLULOSE

Les **cellulases** présentent un grand intérêt biotechnologique et industriel pour la valorisation des déchets végétaux. Ce sont des enzymes produites par divers microorganismes permettant la dégradation de la cellulose (cellulolyse).

On distingue trois types de cellulases :

- Les endo-1,4-β-glucanases ou endocellulases, qui coupent les liaisons β-(1→4) intramoléculaires, de façon aléatoire, générant des extrémités non réductrices. Elles hydrolysent également des celluloses substituées, comme la carboxyméthylcellulose.
- Les exo-1,4-β-glucanases qui comprennent les 1,4-β-glucane glucanohydrolases ou cellodextrinases et les 1,4-β-glucane cellobiohydrolases ou cellobiohydrolases, et qui coupent, de façon processive, les extrémités accessibles de la molécule de cellulose, libérées par les endo-1,4-β-glucanases, en donnant du glucose pour les premières et du cellobiose pour les secondes.
- Les exo-1,4-β-D-glucosidases ou cellobiases, qui hydrolysent les molécules de cellobiose et autres **dextrines** à **degré de polymérisation** (DP) jusqu'à 6 en donnant du glucose.

Dans la nature, la cellulolyse est essentiellement le fait de microorganismes (**bactéries** et champignons), aussi bien en aérobiose (par exemple à la surface du sol) qu'en anaérobiose (par exemple dans le **rumen** des animaux polygastriques).

En réalité, les souches de microorganismes cellulolytiques possèdent des systèmes multienzymatiques (appelé cellulosome) comprenant les trois types d'enzymes qui agissent en synergie et sont, de ce fait, capables de dégrader totalement la cellulose.

La production industrielle de **cellulases** se fait par **fermentation** à partir d'organismes cellulolytiques, principalement des champignons et des bactéries (*Cellulomonas*). Actuellement, on utilise essentiellement des moisissures du genre *Aspergillus* et *Trichoderma* qui donnent les meilleurs rendements. Des mutants hyperproducteurs de **cellulases** ont pu être sélectionnés par mutagenèse chez *Trichoderma reesei* (les mutants actuels peuvent produire plus de 40 g/L de protéines solubles). Cette dernière espèce a probablement été la plus étudiée pour la production de cellulases. En effet, elle est capable de sécréter des concentrations importantes de cellulases très actives et elle a fait l'objet d'utilisation industrielle. *T. reesei* produit également des hémicellulases qui participent au processus d'**hydrolyse** des parois végétales.

Dans les processus industriels courants, il n'existe pas de moyen rentable qui permette le **recyclage** de ces enzymes car celles-ci restent adsorbées en partie sur le résidu solide riche en lignine. Leur coût relativement élevé fait que cette étape est la plus onéreuse dans la production d'éthanol à partir des matériaux lignocellulosiques. Toute réduction de leur coût de production aura des répercussions positives sur les processus qui font appel à ces enzymes. Diverses stratégies de recherche visent à réduire le coût des opérations basées sur l'utilisation des cellulases, parmi lesquelles :

- l'augmentation du rendement de production de l'enzyme,
- la production d'enzymes capables d'utiliser des **substrats** peu coûteux,

- la production d'extraits enzymatiques ayant une plus grande stabilité pour des processus spécifiques,
- la production de cellulases à plus haute activité spécifique sur des substrats solides.

14.3.9.2. Production de biocarburants

Les ressources limitées de combustibles fossiles, les prix de plus en plus croissants et les inquiétudes vis-à-vis de l'environnement comme la réduction des émissions de gaz à effet de serre et l'amélioration de l'innocuité ainsi que de la biodégradabilité des produits ont été les principales raisons qui ont incité à explorer l'usage des huiles végétales comme combustibles alternatifs. D'un autre côté, il y a une surabondance de matières premières lignocellulosiques ou **amylacées** et de coproduits, issus de cultures céréalières (maïs, blé) et **oléagineuses** (colza, soja, tournesol), du bois et de l'industrie **agro-alimentaire** (betterave à sucre, canne à sucre), susceptibles d'être utilisées comme **substrats** pour la production de biocarburants. Ces derniers sont répartis en deux principales filières : le **bioéthanol** et le **biodiesel**.

▶ BIOÉTHANOL

L'éthanol est produit par **fermentation** industrielle (fig. 14.20) de la **biomasse** riche en glucides (betterave à sucre, canne à sucre, blé, maïs, pommes de terre, **effluents** et déchets organiques, etc.). Cet éthanol produit par fermentation est généralement désigné par le terme de **bioéthanol** pour le distinguer de l'éthanol obtenu par synthèse chimique.

$$C_6H_{12}O_6 \longrightarrow 2\,C_2H_5OH + 2\,CO_2$$

La production par la voie biotechnologique l'emporte largement sur la voie pétrochimique qui ne représente qu'à peine 9 % de la production totale. Utilisé dans l'industrie chimique, dans la pharmacie, mais aussi, de plus en plus, comme biocarburant pour les moteurs à essence. Il peut être utilisé quasiment pur (composé à 85 % d'éthanol, cas de l'Allemagne) ou en mélange (5 à 30 %) avec l'essence (cas de la France). Son utilisation, selon cette seconde modalité, ne nécessite aucune adaptation des véhicules et des moteurs ou des pompes de distribution des carburants. Une troisième modalité d'utilisation consiste à le transformer en ETBE (éthyl-tertio-butyl éther), par réaction avec l'isobutylène, une substance intermédiaire en pétrochimie. L'éthérification faisant appel à 53 % de produits pétroliers et à 47 % d'éthanol en volume.

$$C_2H_5OH + H_2C = C(CH_3)_2 \longrightarrow CH_3CH_2OC(CH_3)_3$$

L'ETBE est destiné à être incorporé à l'essence à hauteur de 5 à 15 %. Dans ces conditions, aucune adaptation des moteurs n'est requise. Au Brésil, deuxième producteur mondial, juste après les Etats-Unis (18,5 et 23,4 millions de m^3 en 2007), le **bioéthanol** représente 42 % des combustibles du marché. La production mondiale d'éthanol était de 65 millions de m^3 en 2008. Ce chiffre ne cesse d'augmenter étant donné l'intérêt que suscite ce biocarburant renouvelable à travers le monde.

Il faut noter que, comme pour la production d'alcool de distillerie, la **fermentation** directe ne peut être réalisée qu'à partir de **substrats** contenant une forte proportion de sucres libres, c'est-à-dire de sucres simples non polymérisés. Tel est le cas des **mélasses** de l'industrie sucrière (canne à sucre au Brésil, betterave en France), certains déchets de fruits (**effluents** de conserveries) ou le lactosérum. Dans la plupart des cas, la prédominance de polysaccharides (amidon, cellulose, hémicelluloses) et de lignine contenus dans les **sous-produits** de la **biomasse** rend leur prétraitement nécessaire pour les transformer en sucres simples fermentescibles. Pour ce faire, les principales opérations sont résumées dans la figure 14.20.

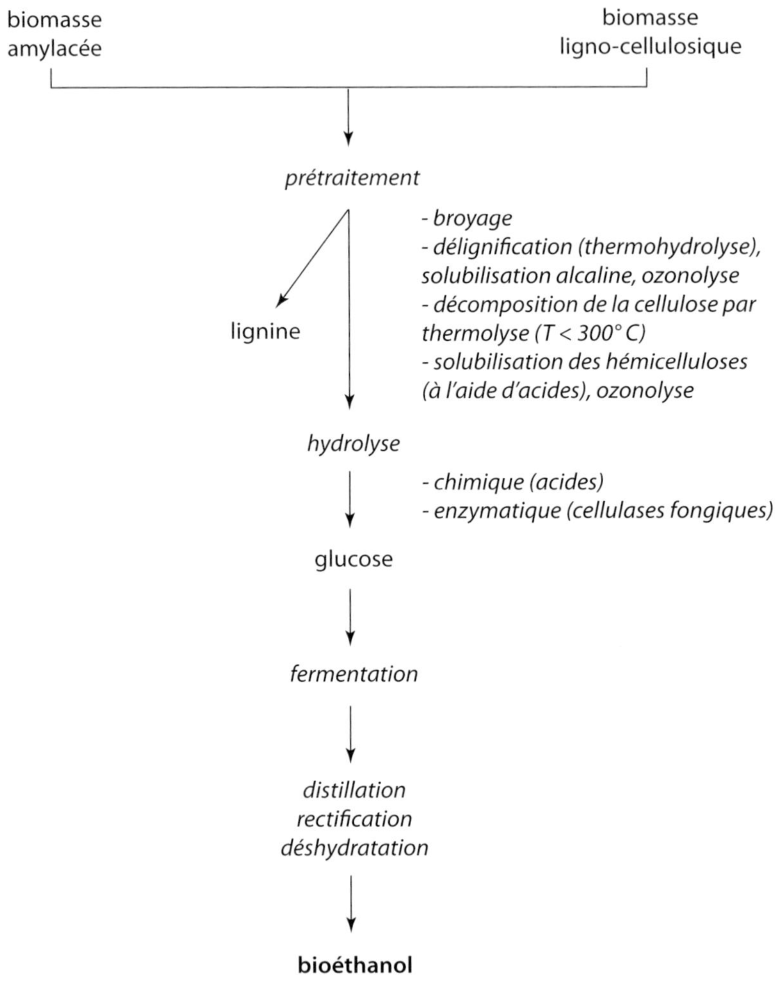

Figure 14.20 – Schéma général de production du bioéthanol à partir de la biomasse végétale

L'**hydrolyse** peut être chimique (à l'aide d'acides) ou enzymatique. Cette dernière nécessite l'emploi simultané ou successif de plusieurs enzymes agissant en synergie : **cellulases** ou amylases en fonction du **polymère** à hydrolyser, hémicellulases et pectinases.

L'**hydrolyse** de la cellulose par des enzymes est souvent la voie préférée pour l'obtention des sucres fermentescibles. En effet, les résultats de la plupart des évaluations économiques sont en faveur de l'hydrolyse enzymatique comparée à l'hydrolyse chimique, comme l'indique le tableau 14.7.

Tableau 14.7 – Comparaison des procédés basés sur l'hydrolyse acide et l'hydrolyse enzymatique de la matière végétale ligno-cellulosique

Acide	Enzyme
catalyseur non-spécifique : peut aussi bien délignifier le matériel végétal qu'hydrolyser la cellulose	catalyseur spécifique mais nécessite un prétraitement physique et chimique intense pour rendre la cellulose plus accessible à la dégradation
décomposition des hémicelluloses en composés inhibiteurs (ex. furfural)	production d'un sirop de sucres prêt à la fermentation anaérobie
génération d'effluents divers	génération de peu d'effluents à traiter
conditions d'action dures et, par conséquent, qui augmentent le coût du procédé : l'équipement doit être résistant à la corrosion et à la chaleur	conditions d'action modérées (50 °C, pression atmosphérique, pH 4,8) et donc pas de problèmes de corrosion
coût du catalyseur élevé	l'étape la plus coûteuse du procédé est celle de la production des cellulases
vitesse d'hydrolyse élevée	vitesse d'hydrolyse faible
rendement global en glucose faible en raison des dégradations	rendement global en glucose dépendant du prétraitement
perspectives d'amélioration faibles	perspectives d'amélioration importantes

Notons enfin que la fabrication de **bioéthanol** génère des coproduits valorisables. Si la matière première est constituée de **céréales**, les coproduits de **fermentation** sont concentrés pour obtenir des « drèches », en granulés et qui, étant donné leur teneur en protéines, peuvent être utilisées en alimentation animale. Ainsi, dans le cas de l'utilisation de betteraves comme **substrat** de fermentation, le coproduit est la pulpe, également utilisée pour l'alimentation animale. Le tableau 14.8 donne un ordre de grandeur de la rentabilité de ce processus.

Tableau 14.8 – Rendement de la fermentation éthylique selon le substrat

Substrat de fermentation	Production
1 ha de céréales	2,16 t de bioéthanol + 3 t de drèches
1 ha de betteraves	6 t de bioéthanol + 3,75 t de pulpes sèches

▶ BIODIESEL

À partir des plantes **oléagineuses** (colza, soja, palmier à huile, tournesol, etc.) ou de micro-algues (essentiellement diatomées) dont certaines espèces ont une richesse en huile pouvant atteindre jusqu'à 50 % de leur masse, on extrait une huile naturelle visqueuse composée principalement de triglycérides. Par transestérification avec, soit du méthanol (fig. 14.21), soit de l'éthanol, cette huile est transformée en glycérol et en un mélange d'esters appelés esters méthyliques d'acides gras ou esters méthyliques d'huiles végétales (EMHV) lorsqu'ils sont obtenus avec du méthanol ou « **biodiesel** ». Le **catalyseur** utilisé dans cette transformation peut être soit de nature chimique (acides ou bases fortes : NaOH, KOH, $NaOCH_3$ ou H_2SO_4), soit enzymatique, à l'aide de la lipase (triacylglycérol ester hydrolases) qui catalyse l'**hydrolyse** des triacylglycérols, dans des conditions plus douces.

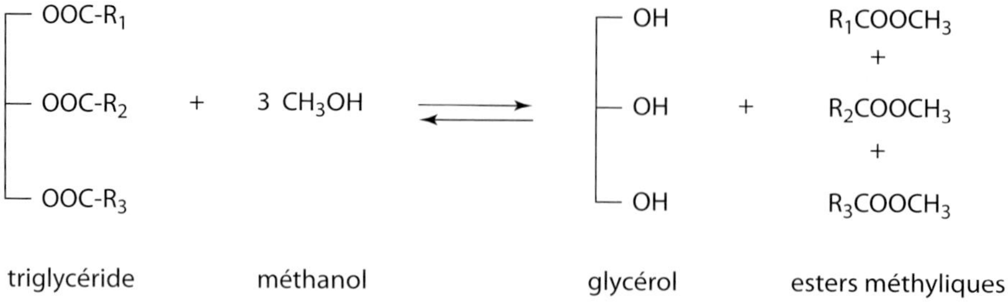

R_1, R_2 et R_3 = résidus d'acides gras

Figure 14.21 – Réaction de transestérification par le méthanol ou méthanolyse

Afin de pouvoir récupérer et utiliser l'enzyme pour des applications industrielles, il est important de l'immobiliser. Parmi les techniques d'immobilisation de lipases les plus réussies, l'**adsorption** possède des potentialités commerciales intéressantes, étant la plus simple et la moins coûteuse, tout en permettant une haute activité catalytique. Les supports utilisés pour cela sont, par exemple, la kaolinite, la silice, les résines anioniques, la carboxyméthylcellulose, etc.

Les autres **substrats** potentiels comprennent le lard, le suif et les huiles végétales usagées (des restaurants, par exemple). Les huiles végétales rejetées des raffineries sont aussi un substrat adéquat pour la production du **biodiesel**.

Comparé au pétrole ou à ses dérivés, le biodiesel issu d'huiles végétales ne produit pas d'oxyde de soufre et minimise les particules de suie. À cause de ce faible impact sur l'environnement, le biodiesel pourrait devenir dans un avenir proche une alternative au diesel conventionnel. La lipase **immobilisée** de *Burkholderia cepacia* a été utilisée pour la transestérification de l'huile de soja avec l'alcool méthylique et l'alcool éthylique. Les esters éthyliques d'acides gras ont aussi été préparés à partir d'huile de ricin en utilisant le *n*-hexane comme solvant et deux lipases immobilisées commerciales, Novozym 435 et Lipozyme IM, comme **catalyseurs**. Novozym 435 a également été utilisée pour catalyser la transestérification des huiles brutes extraites des graines de soja pour la production de biodiesel dans un milieu sans solvant.

Le **biodiesel** peut être utilisé de deux manières : soit incorporé au taux maximum de 5 % (7 % depuis mai 2007, en France), soit au taux optimum de 30 % dans le cas des flottes captives de véhicules diesel (transports publics, poids lourds, etc.) appartenant à des collectivités territoriales ou à des entreprises disposant de leurs propres cuves de carburant.

Comme pour le **bioéthanol**, les coproduits du biodiesel sont valorisables. Après **extraction** de l'huile des graines d'**oléagineux**, le résidu solide, appelé **tourteau**, est riche en protéines. Il est, de ce fait, utilisé en alimentation animale. La réaction de transestérification libère du glycérol (ou communément glycérine) qui peut être utilisé dans des produits de beauté, les dentifrices, en pharmacie **galénique**, dans des produits alimentaires ou bien comme adjuvant en peinture.

À titre indicatif (source : http://www.prolea.com/) :

- un ha de colza fournit 3,5 t de graines,
- une t de graines de colza fournit 560 kg de tourteaux et 420 kg d'huile,
- une t d'huile et 100 kg de méthanol fournissent 1 t de biodiesel et 100 kg de glycérine.

Par ailleurs, le **rendement** des cultures de microalgues, du fait de leur croissance très rapide, est bien supérieur, permettant de produire sur une année 30 fois plus d'huile à l'hectare que les plantes **oléagineuses**.

L'Union européenne (UE) est le leader mondial dans la production de biocarburants : 2 100 000 t sont produites et utilisées annuellement dans le secteur du transport. Les principaux producteurs dans l'UE sont l'Allemagne, l'Italie, l'Autriche et la France, suivies par l'Espagne et la Belgique. Les directives européennes souhaitent qu'un ajout de biocarburants dans l'essence sans plomb de 5,75 % soit réalisé d'ici à 2010 et qu'un cinquième du transport soit basé sur les biocarburants renouvelables à l'horizon 2020.

14.3.10. TRAITEMENT DE LA VIANDE ET DU POISSON

Des protéases capables de digérer le tissu conjonctif et les protéines musculaires sont utilisées pour attendrir la viande. Les plus classiques d'entre elles sont représentées par la papaïne, la bromélaïne et la ficine. Ces enzymes sont soit répandues sur la surface (pour les petites pièces destinées à la cuisson immédiate), soit les pièces de viande sont plongées dans la solution enzymatique ou administrées en injection intraveineuse 2 à 10 min avant le sacrifice de l'animal.

Les lipases jouent aussi un rôle important dans le processus fermentaire des saucisses.

Dans le secteur des poissons, les lipases sont également utilisées dans la production d'une chair plus maigre. La graisse est éliminée pendant le traitement de la chair du poisson en ajoutant des lipases et cette procédure est appelée biolipolyse.

Des enzymes protéolytiques sont utilisées pour le dépècement et l'attendrissement des poissons (comme le thon, le hareng, la raie, le calmar, etc.), difficile manuellement ou par des moyens mécaniques. Le poisson est placé dans un bain contenant des enzymes protéolytiques en solution dans l'eau pendant 10 à 90 min. Après immersion, le reste de la peau est éliminé à l'aide de jets d'eau.

En Norvège, une méthode enzymatique d'enlèvement de la peau a été développée pour le hareng. Le hareng entier est placé dans un bain d'acide acétique à 5 % à une température de 10 °C, pour dénaturer le collagène de la peau, puis transféré immédiatement dans un bain contenant de la pepsine de poisson active au froid et de l'acide acétique dilué (0,5 %). Après 1 à 2 h à 20 °C, la peau est partiellement solubilisée et peut être enlevée par lavage.

14.3.11. INDUSTRIE DU TEXTILE ET DU CUIR

Le désencollage des tissus en fibres de coton a été la première application des enzymes dans l'industrie textile. Avant leur tissage, les fils de coton subissent préalablement un

apprêt ou encollage qui consiste à les enduire d'amidon afin de les renforcer et d'empêcher leur rupture. Après le tissage, cet apprêt est solubilisé (désapprêtage ou désencollage) par dégradation enzymatique avec l'α-amylase suivie d'un lavage des produits solubles par l'eau.

L'usage de la laccase dans l'industrie textile ne cesse de prendre de l'ampleur. En plus de son utilisation pour blanchir les tissus, la laccase sert aussi à décolorer les **effluents** des usines de textiles. C'est la société Novozyme (Novo Nordisk, Danemark) qui a inauguré en 1996 la première utilisation industrielle d'une enzyme blanchissante à base de laccase, dénommée DeniLite®. En 2001, la compagnie Zytex (Zytex Pvt. Ltd., Mumbai, Inde) a développé une formulation basée sur la laccase (nom de marque Zylite®) et d'un médiateur, capable de dégrader l'indigo de manière très spécifique (fig. 14.22). Notons que l'indigo est l'une des teintures les plus difficiles à blanchir sans l'usage d'hypochlorite de sodium ou d'autres produits chimiques drastiques. L'enzyme est produite industriellement par **fermentation** ou par une souche d'*Aspergillus* génétiquement modifiée.

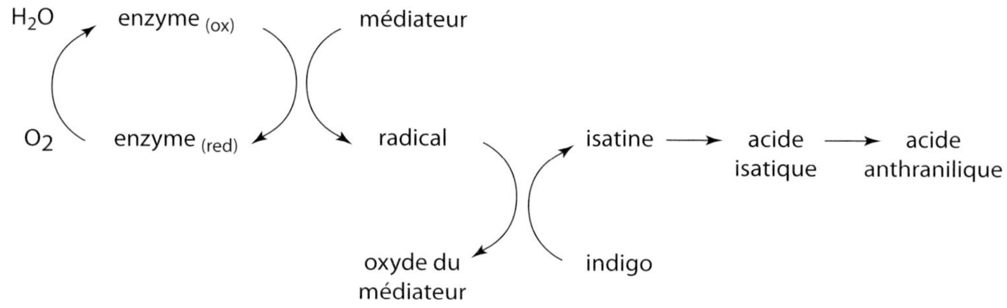

Figure 14.22 – Dégradation de l'indigo par la laccase commerciale (Zylite®)

En milieu aqueux, l'enzyme est oxydée et attaque le médiateur pour le convertir en **radicaux** libres. Ces radicaux libres attaquent alors l'indigo et le convertissent en isatine (= indole-2,3-dione) qui est à son tour décomposée en acide anthranilique (= acide 2-aminobenzoique) (voir fig. 14.22). Au fur et à mesure, des radicaux libres sont formés à partir du médiateur. Simultanément, les radicaux du médiateur sont convertis, par une réaction secondaire couplée, en formes oxydées qui n'interviennent plus dans la suite de la réaction.

L'avantage de ce mécanisme est qu'avec un dosage défini de d'enzyme, on peut contrôler la diminution de l'intensité de la couleur. Dans le cas de l'hypochlorite, l'intensité de la couleur continue à diminuer avec le temps et rend difficile son maintien à un niveau homogène dans tous les lots traités.

Les lipases représentent une méthode écologiquement saine pour éliminer la graisse. Pour les peaux de mouton qui contiennent jusqu'à 40 % de graisses, l'usage de solvants organiques, de la chaux, du sulfure de sodium et des **détergents** est très commun. Si les détergents sont très utilisés pour les peaux de mouton, ils ne sont pas aussi efficaces et peuvent engendrer des problèmes au niveau de l'environnement comme l'émission de composés organiques volatils. Ces méthodes conventionnelles tendent à être remplacées par des méthodes enzymatiques. Les lipases alcalines et acides peuvent ainsi être utilisées conjointement pour un meilleur résultat. Pour améliorer le processus, des protéases alcalines sont ajoutées pour aider à la dégradation des membranes cellulaires et des constituants des glandes sébacées. Les principaux avantages liés à l'utilisation des lipases sont l'homogénéité de la couleur, un meilleur aspect des peaux et une amélioration de l'imperméabilité du cuir.

La kératinase de *Bacillus subtilis* est utilisée dans les tanneries pour l'épilation des peaux d'animaux destinées à l'industrie du cuir. L'épilation enzymatique représente une alternative aux produits chimiques dangereux, tels que le sulfure de sodium, utilisés dans la méthode conventionnelle et dont l'odeur nocive et la **pollution** posent un réel problème de santé. De plus, ces produits chimiques dissolvent complètement les poils et génèrent des **effluents** toxiques qu'il faut retraiter. L'épilation enzymatique évite ce problème et, par conséquent, il est possible d'éliminer les poils par simple **filtration** et, donc, réduire la demande en oxygène des effluents rejetés.

14.3.12. PRODUITS COSMÉTIQUES ET PARFUMS

Les produits cosmétiques contenant des enzymes sont encore relativement rares mais leur nombre a augmenté au cours de la dernière décennie. Le nombre de brevets déposés dépasse celui de produits réellement sur le marché.

L'utilisation des enzymes dans les dentifrices est déjà ancienne. Certains produits contiennent une combinaison d'enzymes oxydantes capable de neutraliser les **bactéries** pathogènes causant la plaque dentaire, les **caries** et la gingivite. D'autres utilisent des enzymes hydrolysant l'amidon ou les protéines pour éliminer les résidus des aliments et prévenir la coloration des dents. Un dentifrice dénommé Zendium® élaboré par « Braun Oral-B », une filiale de la compagnie Gillette, utilise l'amyloglucosidase et la glucose oxydase. La première clive l'amidon en glucose qui est repris par la glucose oxydase avec production d'acide gluconique et libération d'H_2O_2. En plus de son effet **bactéricide** direct, le peroxyde d'hydrogène est utilisé par la peroxydase salivaire pour donner l'hypothiocyanite qui est également un puissant agent antibactérien. Ce mécanisme antibactérien par le biais de l'hypothiocyanite qui fait partie du système naturel de protection physiologique de la salive humaine se trouve renforcé par le système enzymatique de Zendium®.

Unichem International (Espagne) a lancé la production du myristate de l'isopropyl, du palmitate de l'isopropyl et du 2-éthylhexylpalmitate pour être utilisés comme agents émollients dans les différentes crèmes pour la peau et dans les produits de bronzage. Ces produits sont préparés grâce à une lipase **immobilisée** extraite de *Rhizomucor meihei*, utilisée comme biocatalyseur. La compagnie espagnole prétend que l'usage de l'enzyme au lieu du **catalyseur** acide conventionnel donne des produits de plus haute qualité, ne nécessitant qu'un minimum de **raffinage** en aval. Des esters de cires (esters d'acides gras et alcools gras) ayant des applications similaires dans les produits de soins corporels sont aussi fabriqués enzymatiquement (Croda Universal Ltd.). La compagnie Uniche International utilise la lipase de *C. cylindracea* dans un **bioréacteur** en batch. Le coût total de la production total est légèrement plus élevé que par la méthode conventionnelle, mais il est justifié par l'amélioration de la qualité du produit final.

Les rétinoïdes (**vitamine** A et dérivés) ont de grandes potentialités commerciales en cosmétologie et en produits pharmaceutiques comme les produits de soins pour la peau. Des dérivés du rétinol solubles dans l'eau ont été préparés par réaction catalytique à l'aide de lipase **immobilisée**.

14.3.13. APPLICATIONS MÉDICALES

Il y a trois domaines où les enzymes sont employées avec succès en thérapie :

- pour remplacer les enzymes perdues ou inopérantes à cause d'une maladie génétique héréditaire ;
- pour pallier aux déficiences en enzymes dues à des maladies acquises dans l'organe où elles sont normalement synthétisées ;
- pour fournir un effet biologique spécifique et dépendant de l'activité catalytique de l'enzyme.

En outre, certaines enzymes sont utilisées d'une manière efficace en combinaison avec d'autres thérapies, ou pour la suppression de substances toxiques ou de substances indésirables du sang ou d'un tissu du corps humain.

Le tableau 14.9 donne un aperçu général des principales enzymes utilisées en thérapie.

Les enzymes utilisées en thérapie proviennent de différentes sources : **bactéries** (*E. coli, Streptococcus*), champignons (*Aspergillus* spp., *Saccharomyces cerevisiae, Trichoderma viride*), animaux (foie, estomac et pancréas du porc, grenouille, testicules et pancréas de bovins), plantes (papayer, ananas) ou venins de serpents. Des enzymes humaines ont également été obtenues à partir du sang (superoxyde dismutase, thrombine, divers facteurs de **coagulation**), de l'urine (urokinase), du placenta (glucosylcéramidase, glucocérébrosidase) ou des cellules en culture (urokinase). Actuellement, ces enzymes sont préférentiellement obtenues par la technologie de l'ADN recombinant et des protéines recombinantes (pour le principe général, voir Chapitre 9 – Produits sanguins, § 9.4.3). C'est le cas de l'urokinase (issue d'*E. coli* recombinée) qui est utilisée dans l'infarctus du myocarde. Son action repose sur l'activation du plasminogène ce qui permet d'éliminer les caillots de fibrine. Il en est de même de la superoxyde dismutase issue d'*E. coli* ou d'une **levure** recombinées et qui est utilisée dans la prévention de la dysplasie broncho-pulmonaire chez les nouveau-nés prématurés.

La L-asparaginase, issue d'*E. coli* ou d'*Erwinia carotovora*, est utilisée en chimiothérapie du cancer, particulièrement dans les leucémies lymphocytiques aigues, pour l'élimination de la L-asparagine, puisée dans le sang et indispensable au développement des tumeurs. En catalysant l'**hydrolyse** de l'asparagine en acide aspartique et ammoniaque, l'asparaginase entraîne la disparition des cellules incapables de synthétiser elles-mêmes l'asparagine (cellules leucémiques). Généralement, la concentration plasmatique en asparagine est assez faible (~ 40 µM). Par conséquent, les asparaginases thérapeutiquement efficaces doivent afficher une haute affinité pour leur **substrat** (donc avoir un Km bas). Bien que la thérapie par l'asparaginase ait prouvé son efficacité, plusieurs effets secondaires (nausée sévère, vomissement et diarrhée) lui ont été associés. Ces effets sont expliqués par un manque transitoire de l'asparaginase dans certains tissus.

Les lipases isolées de la fausse teigne de la cire (*Galleria mellonella*, Lepidoptera) se sont révélées douées d'une action **bactéricide** sur *Mycobacterium tuberculosis* (MBT) H37Rv. La lipase de *Rhizopus arrhizus* de même que la pepsine porcine (dégradation des protéines

Tableau 14.9 – Enzymes utilisées en thérapeutique
(données compilées à partir du site : http://www.biam2.org/)

Enzyme	Effet(s)	Application(s)
activateur du plasminogène	• conversion du plasminogène en plasmine	• traitement de l'infarctus du myocarde (phase aiguë)
alpha amylase	• hydrolyse les liaisons glucosidiques alpha 1-4 des polysaccharides • possède une activité anti-œdémateuse • inhibition de l'augmentation de la perméabilité capillaire.	• œdème inflammatoire • lymphoedème (œdème du bras après mastectomie)
batroxobine (obtenue à partir du venin du serpent *Bothrops atrox*)	• agent de défibrination (activité thrombinique)	• traitement de l'embolie pulmonaire et de la thrombose veineuse
bromélaines	• protéolytique • anti-inflammatoire	• traitement symptomatique des états inflammatoires modérés de la pathologie stomatologique, chirurgicale, gynécologique et post traumatique • traitement des œdèmes post-traumatique et inflammatoire
catalase	• eutrophique cartilagineux	• traitement de l'arthrose
entérokinase	• eupeptique (transforme le trypsinogène inactif en pepsine active)	• dyspepsie
fibrinolysine (humaine)	• protéolyse	• traitement de l'ulcère variqueux, des escarres et des plaies atones
glucosylcéramidase (partie protéique réduite d'isoenzyme de placenta humain)	• lipolytique	• traitement substitutif de la maladie de Gaucher de type I
hémocoagulase de Klobusitzky	• hémostatique	• trouble de l'hémostase primaire • allergie médicamenteuse hémorragipare • temps de saignement (allongement) maladie thromboembolique fragilité capillaire
hyaluronidase	• diminution de la viscosité du tissu interstitiel par hydrolyse de l'acide hyaluronique, favorisant la diffusion des produits injectés	• œdème post-traumatique • épanchement traumatique
L-asparaginase	• antinéoplasique	
lipase	• lipolytique	• insuffisance hépatique • insuffisance pancréatique externe • pancréatite chronique
lysozyme	• antibactérien • antiviral	• inflammation ORL

Tableau 14.9 (suite) – Enzymes utilisées en thérapeutique
(données compilées à partir du site : http://www.biam2.org/)

Enzyme	Effet(s)	Application(s)
papaïne	• protéolytique	• dyspepsie • infection intestinale
pepsine	• protéolytique	• dyspepsie • gastrite atrophique
ribonucléase	• anti inflammatoire • antalgique	• douleur inflammatoire • hématome • entorse • œdème inflammatoire • inflammation en ORL, stomatologie et phlébologie
serrapeptase (enzyme provenant d'une souche de *Serratia* sp.)	• protéolytique	• inflammation
thrombine	• hémostatique • coagulant	• hémorragie externe • hémorragie superficielle
trypsine	• protéolyse locale	• plaie utilisée pour la détersion • escarre utilisée pour la détersion • ulcère cutané
urate oxydase (extrait des cultures d'*Aspergillus flavus*)	• uricolyse (transformation de l'acide urique principalement en allantoïne, composé plus hydrosoluble éliminé par voie rénale)	• goutte (traitement de fond) • hyper-uricémie
urokinase	• fibrinolytique	• embolie pulmonaire • embolie artérielle • thrombose artérielle aigue • thrombose veineuse • infarctus du myocarde (phase aigue) • thrombose des prothèses valvulaires

alimentaires), l'α-amylase (digestion de l'amidon), la lactase (**hydrolyse** du lactose) et la pancréatine (dégradation des lipides, glucides et protéines) sont utilisées comme aides digestives. Dans la « pancréatine » commercialisée, la substance active contenue dans le médicament, contient, sous forme concentrée, les enzymes nécessaires à la digestion des aliments (lipases, amylases et protéases). Elle est utilisée pour traiter les troubles digestifs (tels que les lourdeurs d'estomac, les renvois et les gaz) résultant de l'insuffisance de sécrétions pancréatiques chez les patients atteints de mucoviscidose, de pancréatite chronique, ou dont le pancréas a été ôté (partiellement ou entièrement). Les lipases sont également des activateurs du facteur de la nécrose tumorale et par conséquent peuvent être utilisés dans le traitement de tumeurs malignes.

L'utilisation des enzymes à des fins thérapeutiques est parfois problématique en raison de leur immunogénicité. Ceci est particulièrement vrai pour celles d'origine non humaine.

Dans certains cas, l'immunogénicité des enzymes non humaines produites par la technologie de l'ADN recombinant est plus faible que celle des enzymes naturelles, voire même nulle. Ce constat peut être expliqué par le haut degré de pureté des enzymes recombinantes mais leur immunogénicité n'est pas totalement exclue.

Parmi les stratégies adoptées afin de réduire ou de supprimer l'immunogénicité des enzymes thérapeutiques, la modification chimique est la plus facile et la plus utilisée. Par exemple, Oncaspar® (développée par Enzon Inc.) est une L-asparaginase PEGylée (L-Asp issue d'*E. coli*, modifiée par conjugaison avec le polyéthylène glycol), qui est utilisée pour le traitement des leucémies lymphoblastiques aiguës chez les enfants. Cette forme de L-Asp PEG-modifiée possède une durée de vie plus longue dans le sérum et une immunogénicité réduite comparée à la forme naturelle non modifiée de L-asparaginase.

14.3.14. LES ENZYMES COMME OUTILS ANALYTIQUES

Dans le secteur médical, de nombreuses enzymes sont utilisées pour le dépistage et le diagnostic de maladies afin de mieux adapter les traitements ou de suivre l'évolution de la maladie et apprécier les effets thérapeutiques de la médication. C'est le cas des lipases, par exemple, qui peuvent être utilisées comme outils de diagnostiques ; ainsi leur présence ou les fluctuations de leur taux sont indicatrices de certaine infections ou maladies telles que la pancréatite aiguë qui se produit habituellement par suite d'abus de l'alcool ou obstruction du canal biliaire. Les lipases sont utilisées dans la détermination enzymatique des triglycérides sériques produisant du glycérol lequel est ensuite dosé par colorimétrie. Le dosage des transaminases et des phosphatases alcalines fait partie intégrante du bilan hépatique. Le taux des transaminases est augmenté notamment en cas de destruction des cellules du foie (cancer du foie, hépatite, cirrhose, etc.) et de certaines cellules cardiaques (infarctus du myocarde). De même, les phosphatases alcalines voient leur taux augmenter lors du cancer du foie.

Un nombre beaucoup plus important d'enzymes est utilisé pour le dosage de substances biologiques telles que le glucose (glucose oxydase), l'urée (uréase), des hormones et des **anticorps** (peroxydase), des corps cétoniques, etc. Ce marché moins dépendant du prix de revient que d'autres applications des enzymes est en expansion.

▶ DÉTERMINATION DU GLUCOSE

Dans la première réaction, le glucose est oxydé à l'aide de la glucose oxydase et du peroxyde d'hydrogène est formé :

$$\text{glucose} + O_2 + H_20 \longrightarrow \text{gluconactone} + H_2O_2$$

Dans la seconde réaction, le peroxyde d'hydrogène est utilisé pour oxyder un chromogène afin de former un produit coloré à l'aide d'une peroxydase (extraite du raifort).

$$H_2O_2 + \text{chromogène réduit incolore} \longrightarrow \text{chromogène oxydé rouge} + H_2O$$

La quantité de chromogène oxydé formée est proportionnelle à la quantité de glucose oxydé. Le chromogène utilisé peut être le PAP (phénol-4-amino-phénazone) qui se colore en rouge ou le 2,2'-Azino-bis (3-éthyl-2,3-dihydrobenzthiazolsulfonate) qui se colore en violet.

▶ **DÉTERMINATION DE L'URÉE**

L'urée est hydrolysée à l'aide de l'uréase et l'ammoniaque formé réagit ensuite avec l'α-cétoglutarate et le NADH en présence de la glutamate déshydrogénase (GDH) avec formation de glutamate et de NAD^+ :

$$\text{urée} + H_2O \longrightarrow 2\,NH_3 + CO_2$$

$$\text{2-cétoglutarate} + 2\,NH_4^+ + 2\,NADH \longrightarrow 2\text{ L-glutamate} + 2\,NAD^+ + 2\,H_2O$$

La diminution de l'absorption du NADH dans l'UV est suivie au spectrophotomètre.

▶ LE DOSAGE IMMUNO-ENZYMATIQUE (**ELISA**) est une épreuve sérologique généralement effectuée sur des plaques à microtitration, et dans laquelle un **anticorps** couplé à une enzyme se lie à un anticorps spécifique d'une molécule cible, provoquant un changement de couleur. Par exemple, la cible peut être le β-glucane **immobilisé** sur la plaque par un anticorps polyclonal de lapin. Un **anticorps monoclonal** spécifique permet de détecter la cible, et un anticorps couplé à un marqueur anti-phosphatase alcaline de souris permet de visualiser la réaction. La production d'une coloration jaune constitue une réaction positive détectable par spectrophotométrie à 405 nm.

▶ EN BIOLOGIE MOLÉCULAIRE, l'amplification d'une séquence nucléotidique par la technique de la PCR (*Polymerase Chain Reaction*) utilise la réaction catalysée par les ADN polymérases en présence de plusieurs facteurs : ADN (matrice), une concentration suffisante en ions magnésium, les 4 *d*NTP (*d*ATP, *d*GTP, *d*CTP et *d*TTP) en excès dans le milieu réactionnel (20-200 μM), les amorces (3'OH) oligonucléotidiques (18-28 nucléotides) homologues et de séquences connues. Pour éviter l'introduction de l'ADN-polymérase à chaque cycle, on utilise une enzyme résistante à des températures proches de 100 °C : la *Taq* polymérase extraite d'une archéobactérie (*Thermus aquaticus*) dont la vitesse d'extension, dans les conditions optimales, est de 60 nucléotides /s (durée = quelques min). Cette **bactérie** vit dans des sources chaudes et la *Taq* polymérase est l'une des rares enzymes, utilisées en sciences expérimentales, capables de fonctionner à de très hautes températures.

Notons enfin que les activités enzymatiques ont été largement utilisées comme un indicateur de qualité dans beaucoup de produits comme le poisson et la viande. La plupart des indicateurs enzymatiques sont endogènes (c'est à dire, présents naturellement dans le produit). Les changements *post mortem* et les méthodes de traitement, en particulier, la réfrigération, la congélation et la décongélation, peuvent entraîner des dommages aux tissus et la rupture des organites cellulaires comme les mitochondries et les lysosomes, libérant ainsi leurs enzymes au sein du milieu cellulaire. La mesure de l'ampleur de ces changements est faite habituellement par l'estimation du (des) produit(s) des réactions enzymatiques impliquées. Parmi les enzymes les plus étudiées figurent : l'ATPase, la pyrophosphohydrolase de l'ATP et la lactate déshydrogénase.

14.3.15. ISOLEMENT DES PROTOPLASTES

Dans les programmes de sélection végétale, beaucoup de combinaisons de caractères désirables ne peuvent pas être transmises par les méthodes conventionnelles de manipulation génétique. Un processus autre que la voie sexuelle peut être réalisé pour les plantes supérieures et peut mener à la **recombinaison génétique**. Cette procédure non

conventionnelle, implique la fusion *in vitro* entre les **protoplastes** somatiques isolés (cellules débarrassées de leurs parois) et le développement subséquent de leur produit (hétérokaryon) en une plante hybride.
Les méthodes d'isolement des **protoplastes** de plantes supérieures sont de deux types :

- enzymatique séquentielle,
- enzymatique mixte (simultanée).

Les processus enzymatiques séquentiels utilisent des préparations commerciales d'enzymes (voir tab. 14.10) et consistent à faire macérer le tissu végétal en présence d'une pectinase qui va permettre la séparation des cellules. Les protoplastes sont ensuite libérés après un traitement à l'aide d'une **cellulase** et, éventuellement, d'une hémicellulase qui détruit les parois. Les protoplastes peuvent être obtenus également par l'action conjuguée et simultanée de cellulases et de pectinases qui désagrègent les parois pecto-cellulosiques et libèrent des cellules sphériques dénudées, dans de très strictes conditions de durée, de température et d'iso-osmoticité. Chez la luzerne, par exemple, on peut obtenir ainsi environ 12.10^6 protoplastes par gramme de feuille traitée.

Chez les algues, compte tenu de la nature particulière des parois cellulaires, pour obtenir des **protoplastes**, on utilise d'autres systèmes enzymatiques : alginate-lyase, mannuronate ou guluronate lyase extraits de l'hépatopancréas de mollusques marins brouteurs comme les Abalones mais aussi de **bactéries** marines pour préparer des protoplastes de Pheophyceae ; chez les Rhodophyceae, dont la nature chimique des parois est différente, on utilise des agarases ou des carraghénases.

14.3.16. DÉPOLLUTION ET TRAITEMENT DES EAUX USÉES

Les potentialités technologiques offertes par les champignons filamenteux ligninolytiques ouvrent de nouvelles perspectives en matière de dépollution et plus particulièrement pour la réhabilitation des sols contaminés. En effet, il a été montré récemment que les champignons filamenteux sont capables de biodégrader des polluants persistants dans les sols, tels que certains **hydrocarbures** et que la laccase joue un rôle crucial dans ces processus de dégradation.

Les phénols sont fréquemment trouvés dans les **effluents** des usines (transformation **agro-alimentaire**, papier, textile, cuir, raffineries, etc.). Etant des polluants dangereux, beaucoup de phénols et de composés phénoliques doivent être neutralisés au niveau des eaux usées. Pour ce faire, de nombreuses approches, physiques, chimiques et biologiques, ont été adoptées. Un processus enzymatique basé sur l'utilisation de la peroxydase permet la formation d'agrégats de **polymères** phénoliques insolubles en solutions aqueuses.

Les hydrocarbures **aromatiques** polycycliques (HAPs) et d'autres xénobiotiques sont une source majeure de contamination des sols. De ce fait, leur dégradation est d'une grande importance pour l'environnement. Les propriétés catalytiques des laccases peuvent être utilisées pour dégrader de tels composés. De plus, les HAPs qui proviennent des rejets et de l'utilisation des combustibles fossiles sont aussi dégradés par les laccases.

Les lipases sont utilisées dans le traitement biologique des eaux usées (et autres processus de traitement aérobies des déchets) où les couches minces de graisses doivent être éliminées en continu de la surface des bassins de **décantation** pour permettre la diffusion de

Tableau 14.10 – Fournisseurs et origine des enzymes les plus utilisées pour l'isolement de protoplastes

Enzyme Noms commerciaux	Organisme	Fournisseurs
cellulase		
• Driselase	Basidiomycètes	Kyowa Hakko Kogyo Co., Ltd (Japon)
• Onozuka RS, Onozuka	*Trichoderma viride*	Yakult Honsha Co., Ltd (Japon)
• Cellulysin	*Trichoderma viride*	Calbiochem (USA)
• Cellulase	*Aspergillus niger*	Fluka (USA), Sigma Chemical Co. (USA)
• Meicelase CESB	*Trichoderma viride*	Meiji Seika Kaisha Ltd (Japon)
• Cellulase	*Trichoderma viride* ; *Trichoderma reesei* ; *Humicola insolens*	Fluka (USA)
hemicellulases		
• Rhozyme HP-150	*Aspergillus niger*	Rohm and Hass Co., Ltd (Japon)
• Hemicellulase	*Aspergillus niger*	Sigma Chemical Co. (USA)
pectinases		
• Macerozyme R-10	*Rhizopus* spp.	Yakult Honsha Co., Ltd (Japon)
• Macerozyme R-200	*Rhizopus* spp.	Fluka (USA)
• Macerase	*Rhizopus* spp.	Fluka (USA)
• Pectolyase Y-23	*Aspergillus japonicus*	Calbiochem (USA)
• Pectinol AC	*Aspergillus niger*	Seishim Pharmaceutical Co., Ltd (Japon)
• Pectinase	*Aspergillus niger*	Corning Glass (USA) ; Sigma Chemical Co. (USA) ; Fluka (USA)
alginate lyase		
• Abalone acetone powder	Ormeau (*Haliotis sp.*)	Sigma Chemical Co. (USA)
agarase	*Pseudomonas atlantica*	Sigma Chemical Co. (USA)

l'oxygène (condition nécessaire au développement et au bon fonctionnement des micro-organismes). Cette couche riche en matières grasses est dégradée à l'aide de lipases comme celles extraites de *Candida rugosa*. Par exemple, des lipases d'origine végétale, bactérienne ou animale (pancréatique) ont montré une grande efficacité à hydrolyser et/ou réduire la dimension des particules grasses dans les eaux usées rejetées par les abattoirs par exemple.

14.3.17. ENZYMES ET RÉGLEMENTATION

(Le texte qui suit s'inspire des arrêtés parus dans le Journal Officiel de la République Française et le Journal Officiel des Communautés Européennes.)

Au même titre que les additifs et auxiliaires technologiques, l'emploi des préparations enzymatiques dans les différentes filières de l'industrie alimentaire est soumis à une réglementation stricte. Ne peuvent donc être utilisées que les préparations enzymatiques qui auront été expertisées et expressément autorisées par des instances compétentes, propres à chaque pays (par exemple, en France, c'est l'Agence Française de Sécurité Sanitaire des Aliments ou AFSSA ; aux Etats-Unis, c'est la *Food Drug Administration* ou *FDA*) ou communautaires (Autorité Européenne de Sécurité des Aliments ou *EFSA* pour l'Union Européenne).

L'autorisation d'utilisation d'une préparation enzymatique est délivrée, non seulement pour une enzyme mais aussi pour l'organisme producteur, modifié génétiquement ou non, un mode d'obtention, un domaine d'application et les conditions d'emploi (concentration, par exemple). Les autorisations définissent donc les règles générales permettant de garantir l'innocuité des préparations en précisant les conditions d'obtention, les critères de pureté chimique et microbiologique, les normes d'étiquetage des emballages et les conditions d'emploi.

Les enzymes alimentaires ne peuvent être autorisées et utilisées que si elles remplissent les trois critères suivants concernant : 1) l'organisme producteur, 2) la préparation enzymatique elle-même, et 3) les produits de la réaction enzymatique.

▶ 1. L'ORGANISME PRODUCTEUR

Les tissus animaux ou végétaux d'où sont extraites les enzymes ne doivent pas présenter de risques toxicologiques. Les tissus animaux servant à la production des enzymes doivent provenir d'animaux en bon état sanitaire au moment de l'abattage et aptes à la consommation humaine. Les tissus animaux utilisés doivent être parfaitement sains et en excellent état de conservation. Le matériel végétal utilisé pour la fabrication des enzymes doit être issu des parties normalement comestibles des plantes saines et ne doit laisser aucun résidu nocif dans le produit traité mis en vente. Quant aux microorganismes utilisés dans les bioprocédés industriels ou pour la production d'enzymes industrielles, ils doivent être exempts de pathogénicité pour l'homme, les animaux et les végétaux. Mais la pathogénicité des microorganismes, qui dépend de l'espèce voire de la souche, doit également tenir compte des conditions d'environnement. Aussi, la non-pathogénicité et l'absence de production de toxines doivent être considérées comme propres à la souche utilisée dans des conditions précises de production, de conservation et d'emploi. Ces organismes font l'objet de réglementations strictes relatives à l'hygiène du travail et aussi aux conditions de leur manipulation sur le lieu de travail et de leur élimination après utilisation (inactivation par **stérilisation** ou incinération). Les matières organiques obtenues sont généralement compostées et peuvent être utilisées comme engrais.

▶ 2. L'ENZYME ET LES SUBSTANCES QUI L'ACCOMPAGNENT

Les préparations enzymatiques sont souvent composées d'un mélange d'enzymes avec certains résidus des organismes d'origine (autres protéines, résidus de **fermentation**, etc.) et avec des agents de conservation ainsi que des agents diluants. Le mode d'obtention de l'enzyme ne doit donc pas laisser des résidus ou des métabolites susceptibles de présenter un danger du point de vue toxicologique dans le produit alimentaire fini ou apporter à ce dernier des substances dont la présence n'est pas admise par la règlementation. Ne peuvent être utilisés que les agents de conservation et les diluants autorisés avec leurs doses maximales admises dans les aliments et les boissons traités.

▶ 3. LES PRODUITS DE LA RÉACTION

L'étude toxicologique doit également tenir compte de l'action des enzymes sur les **substrats** envisagés et, en particulier, des produits d'**hydrolyse** et/ou de métabolisation néoformés.

Dans le cas des enzymes issues d'organismes génétiquement modifiés, chaque produit est examiné au cas par cas en tenant compte de l'origine des gènes, des séquences insérées, du vecteur et de l'organisme-hôte, ainsi que des différentes interactions qui pourraient en résulter (stabilité de la construction, taux de mutation, recombinaisons inter- ou intramoléculaires).

L'étiquetage des préparations enzymatiques obéit également à des normes précises. Lorsqu'il est destiné aux utilisateurs professionnels, il doit donner des informations précises concernant la nature et l'activité de l'enzyme. Il est aussi important que les fabricants de produits alimentaires connaissent la durabilité des enzymes alimentaires afin de garantir l'innocuité de leurs produits. Les conditions de transport des enzymes concernées, qui sont sensibles aux changements de température, à l'humidité, etc., peuvent avoir une incidence sur la qualité des produits finaux. Des informations sur les effets potentiels d'une consommation excessive des enzymes peuvent contribuer à protéger les consommateurs contre des maladies facilement évitables. Leur usage excessif n'est pas sans conséquence pour la santé humaine (ex. cas de l'asparaginase, § 14.3.13).

Notons, enfin, que les enzymes alimentaires doivent faire l'objet d'une observation permanente et être réévaluées chaque fois que c'est nécessaire, compte tenu des modifications de leurs conditions d'emploi et de l'acquisition de nouvelles données scientifiques.

Chapitre 15 – Enzymes immobilisées et leurs intérêts

Dans la pratique, les applications industrielles des enzymes en solution se trouvent parfois considérablement limitées dans la pratique par leur prix de revient et leur relative instabilité du fait de leur nature protéique (sensibles à la température, au **pH**, aux ions, etc.). En solution, même si l'activité de l'enzyme est suffisante, sa récupération après utilisation nécessite un processus long et coûteux de purification. Par conséquent, ces enzymes sont perdues une fois la réaction effectuée : elles ne sont pas utilisables pour d'autres cycles de production.

L'immobilisation des enzymes sur des supports solides, en augmentant leur stabilité opérationnelle et en permettant l'utilisation de réacteurs en flux continu permet de contourner cette difficulté.

15.1. Procédés d'immobilisation des enzymes

L'immobilisation des enzymes sur des supports solides est rendue possible grâce à la présence de certains groupements chimiques réactifs dans la structure primaire de l'enzyme, accessibles à la surface de la molécule : $-NH_2$ (Lys), –SH (Cys), –OH (Ser, Thr, Tyr), –COOH (Asp, Glu), etc. (fig. 15.1).

L'enzyme peut être retenue sur un support solide par différents procédés résumés dans la figure 15.2 :

- Adsorption (fig. 15.2 a) : certaines enzymes peuvent se fixer de façon assez stable, sans aucune modification chimique particulière, à la surface de certains supports solides, par **adsorption**. Celle-ci est obtenue par la mise en contact du support et des enzymes actives pendant une période définie. Cette technique est simple, peu coûteuse et réversible, mais la fixation n'est pas spécifique et les risques de désorption sont importants. Un choix judicieux de support ne nécessitant pas d'agent chimique pour l'adsorption permet une immobilisation dans des conditions douces résultant en une stabilité élevée des enzymes retenues. Les supports les plus utilisés sont les suivants : alumine (Al_2O_3), argiles (bentonite, montmorillonite), charbon actif, gel de silice, titane, verre poreux, résines échangeuses d'ions (DEAE-cellulose, CM cellulose, agarose, Amberlite®, etc.).

  Cette technique a été la première application commerciale d'une enzyme **immobilisée** (L-aminoacylase) (voir fig. 15.6, p. 330) permettant l'isolement de la L-méthionine à partir d'un mélange racémique, (technique mise au point par la compagnie Tanabe Seiyaku, au Japon, en 1969).

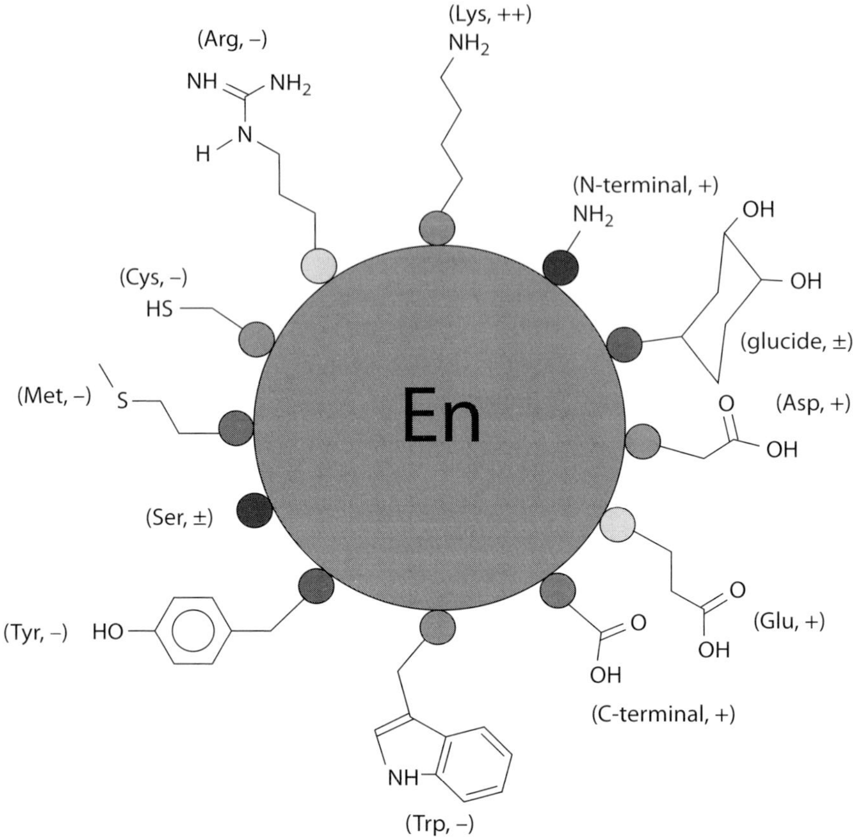

Figure 15.1 – Groupements chimiques réactifs : + fréquemment utilisés pour l'immobilisation ; – non utilisés ; ± utilisés parfois ; ++ très utilisés

(D'après LINQIU CAO : Carrier-bound immobilized Enzymes. Principles, applications and design. 563 p. 2005. © Wiley-VCH Verlag GmbH & Co. KGaA. Reproduit avec permission)

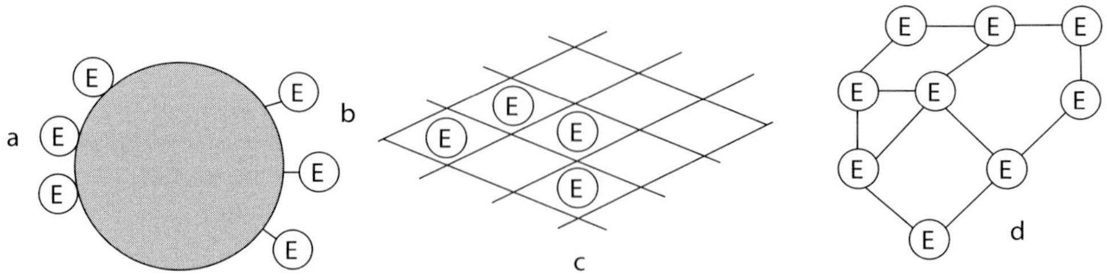

Figure 15.2 – Procédés d'immobilisation d'enzymes (E)

a : adsorption ; b : fixation covalente ; c : inclusion ; d : réticulation

- Fixation covalente (fig. 15.2 b) : comme il s'agit de protéines, les groupements réactifs disponibles sont de deux types principaux : des groupements acides carboxyliques et des groupements aminés primaires. D'autres groupements existent (R –SH, R –OH), mais leur utilisation est plus délicate car leur modification se traduit en général par la perte de l'activité enzymatique. L'immobilisation des enzymes nécessite donc une « greffe » dans des conditions douces, entre R-COOH ou R-NH_2 de la protéine et certains groupements réactifs du support solide.

  Parfois, il est nécessaire d'introduire, sur le support solide, d'autres groupements activés par l'utilisation de réactifs tels que le bromure de cyanogène, le glutaraldéhyde, la carbodiimide, etc. Ces réactifs relient à la fois les enzymes et le support (fig. 15.3, 15.4).

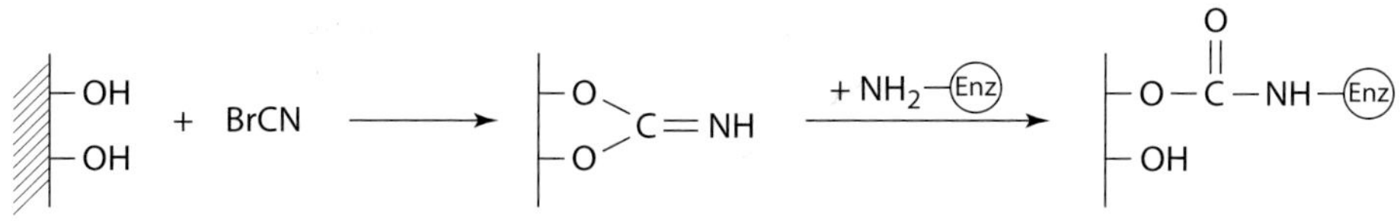

Figure 15.3 – Fixation d'une enzyme sur un support activé par le bromure de cyanogène

  Les supports usuels sont :
  ▷ des supports minéraux : silice, verre poreux, oxydes métalliques,
  ▷ des supports organiques : **dextran**, agarose, cellulose et dérivés, polystyrène, polyamide, nylon, etc.
  Ce procédé d'immobilisation offre l'avantage de pouvoir être utilisé dans une large gamme de **pH** et de force ionique.

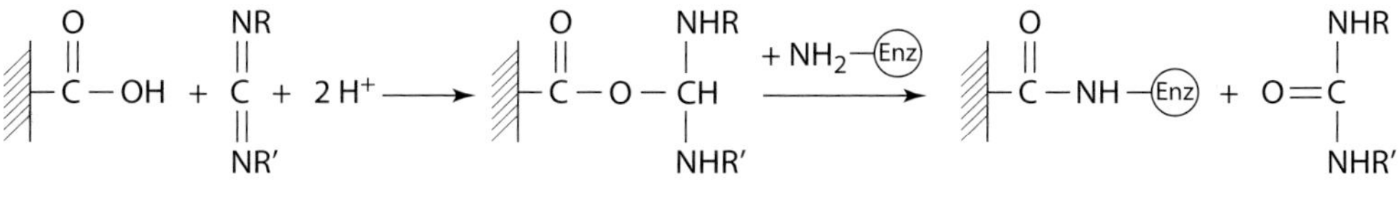

Figure 15.4 – Fixation d'une enzyme sur un support activé par un carbodiimide

- Inclusion ou **encapsulation** (fig. 15.2 c) dans les mailles d'un gel de **polymères** naturels ou synthétiques. Les supports utilisés sont très variés : cellulose ou ses dérivés, **dextrans** (Sephadex®), amidons, alginates, carraghénanes, polyacrylamide, fibres de polyester, mousse de polyuréthane, nylon. Le gel polymérise autour de l'enzyme et l'inclut, tout en permettant, dans une certaine mesure, la circulation des substrats et **produits**. Cette technique est peu coûteuse, mais les problèmes de diffusion constituent un facteur limitant. La figure 15.5 ci-après illustre l'immobilisation de l'acétylcholinestérase par inclusion dans un gel mixte d'alginate/ carraghénanes (Sahin *et al.*, 2005).
- Réticulation (fig. 15.2 d) : les enzymes sont **immobilisées** par l'établissement de liaisons intermoléculaires entre les enzymes au moyen de réactifs bi- ou multifonctionnels, formant des agrégats insolubles. Le glutaraldéhyde, par exemple, est utilisé comme agent de réticulation qui réagit avec les fonctions amines (–NH_2) des protéines grâce à ses deux fonctions aldéhydes.

Les supports inorganiques utilisés pour l'immobilisation des enzymes doivent présenter de bonnes propriétés mécaniques et thermiques, être stables dans une large gamme de **pH** et avoir une bonne capacité de résistance aux attaques microbiennes et aux solvants organiques.

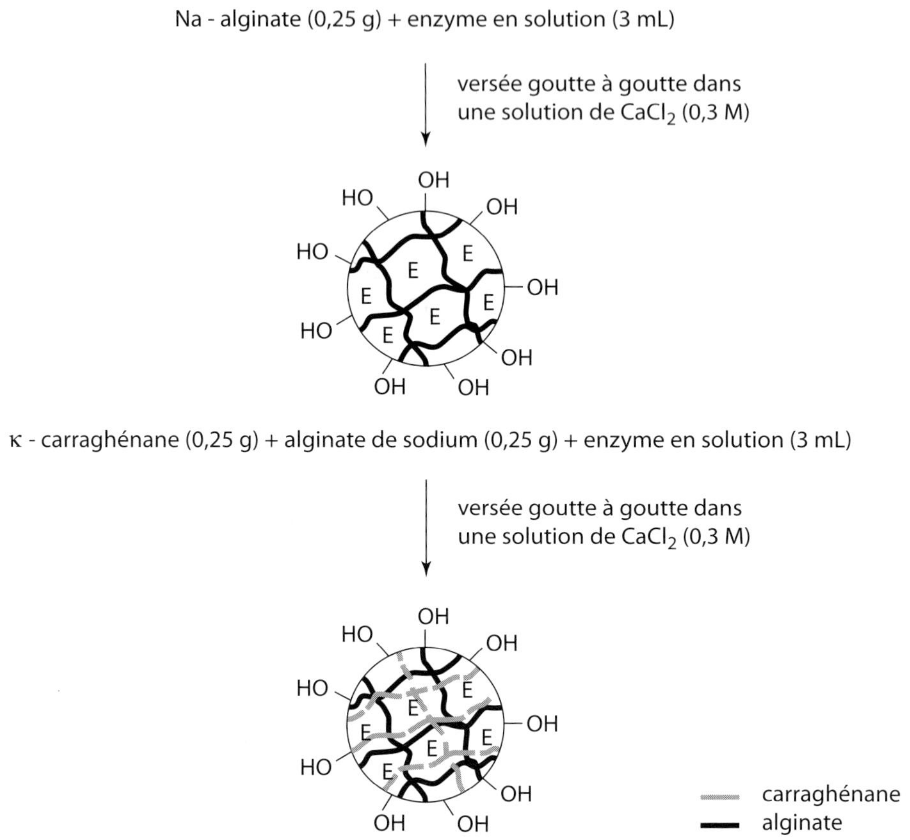

Figure 15.5 – Immobilisation de l'acétylcholinestérase par utilisation de perles gélifiées d'alginates (en haut) et le polymère mixte d'alginate/κ-carraghénane (en bas)

(D'après SABIN F., DEMIREL G. & TUMTURK H. : International Journal of Biological Macromolecules, 37, a novel matrix for the immobilization of acetylcholinesterase, 148-153, © (2005), avec la permission d'Elsevier)

15.2. AVANTAGES DES ENZYMES IMMOBILISÉES

Comparativement aux systèmes à enzymes libres, la technologie des enzymes immobilisées présente les avantages suivants :

- Augmentation de la stabilité face à la **dénaturation** thermique ou aux **pH** extrêmes. Par conséquent la durée de vie de ces enzymes immobilisées est accrue ce qui permet leur utilisation pendant de longues durées. À titre comparatif, chez une enzyme immobilisée, sa stabilité en fonctionnement à 30 °C est de l'ordre d'une semaine à quelques mois alors que celle de l'enzyme en solution est souvent inférieure à 24 h. Sa conservation est améliorée, la stabilité de l'enzyme immobilisée peut atteindre plus de 6 mois à 4 °C. L'utilisation de températures plus élevées (50 °C et plus) lors des réactions est également possible à cause du renforcement de l'architecture tridimensionnelle par l'immobilisation qui empêche le déploiement des chaînes polypeptidiques de l'enzyme. Dans ces conditions de température, le développement des **bactéries** est également stoppé.

- Contrairement aux enzymes solubles, l'utilisation de solutions alcooliques est rendue possible par l'immobilisation des enzymes. Cette propriété est particulièrement utile lorsque l'on travaille avec des substrats insolubles en phase aqueuse et solubles en phase organiques (ex. stéroïdes).

Entre autres avantages :

- le mécanisme réactionnel de l'enzyme immobilisée n'est en général pas modifié,
- le contrôle du pH d'action optimal est plus aisé,
- les produits obtenus sont d'une plus grande pureté et leur récupération est plus facile,
- les processus d'inhibition des enzymes sont réduits voire complètement éliminés,
- la **productivité** est fortement augmentée grâce aux opérations en mode continu et à la possibilité de réutiliser les enzymes.

15.3. Réacteurs enzymatiques

Un réacteur enzymatique est défini comme un dispositif dans lequel une réaction de conversion chimique est catalysée par une enzyme.

L'immobilisation des enzymes est un procédé permettant leur utilisation industrielle dans des réacteurs en continu permettant les **bioconversions**, la synthèse ou l'**hémisynthèse** de composés de haute **valeur ajoutée**.

Plusieurs types de réacteurs enzymatiques ont été mis au point. Ils ont pour fonction la production, en continu, du ou des produits de conversion du **substrat**. Le principe de ces réacteurs repose sur le passage lent du substrat (vitesse déterminée par l'expérience) au travers d'une colonne d'enzyme **immobilisée**. Le choix du réacteur dépend du type de réaction, du support et de l'utilisation désirée.

15.3.1. Réacteur à acides aminés

C'est l'un des premiers réacteurs industriels réalisé pour la fabrication de L-aminoacides (fig. 15.6). Les acides aminés synthétisés chimiquement à des fins alimentaires sont un mélange racémique de composés D- et L-. Seul le composé L- est utilisable en nutrition humaine et animale. Le dédoublement du racémique, difficile par voie chimique, est facilité par l'utilisation d'une aminoacylase fixée. Le mélange racémique est alors acylé, puis passé sur une colonne contenant l'enzyme **immobilisée** qui est le plus souvent d'origine fongique (*Aspergillus oryzae*). Le L-aminoacide libéré est aisément séparé du D-acylaminoacide. Ce dernier est chimiquement racémisé, avant de passer à nouveau sur la colonne. Cette synthèse dite combinée (association de méthodes chimiques et enzymatiques) est très avantageuse pour un grand nombre d'acides aminés. Ce type de **bioréacteur** permet de produire des quantités importantes (une dizaine de tonnes) de L-aminoacides par mois (ex. L-alanine, L-glutamate, L-méthionine, L-phénylalanine, L-tryptophane, L-valine).

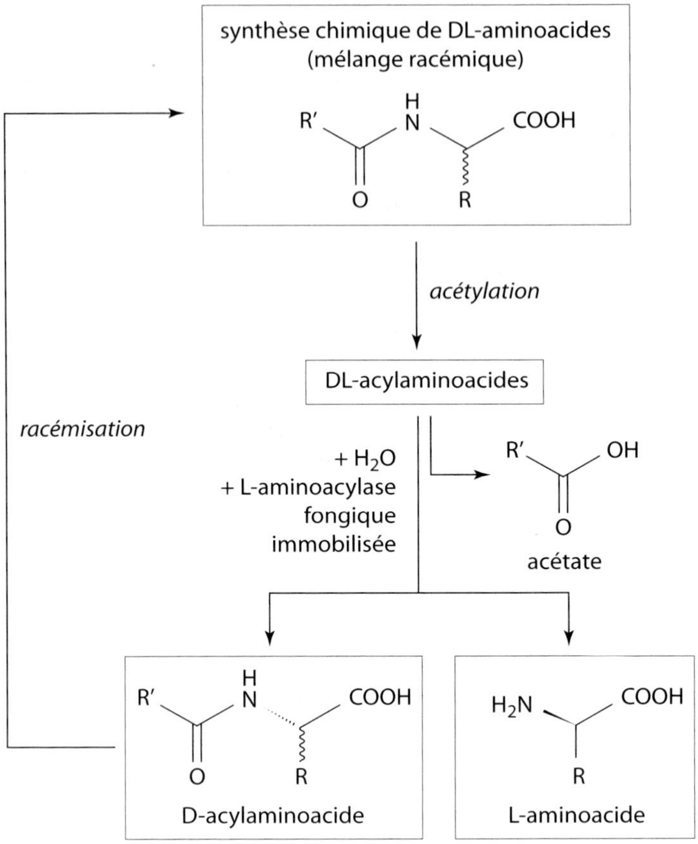

Figure 15.6 – Obtention des L-aminoacides à l'aide d'un réacteur
Les DL-acylaminoacides sont traités par la L-aminoacylase fongique, ils donnent les L-aminoacides. Les D-acylaminoacides sont racémisés.

15.3.2. Réacteur à lactose

Ce type de réacteur est utilisé pour fabriquer du lait sans lactose. L'**hydrolyse** de ce dernier en glucose et galactose est catalysée par la β-galactosidase. Cette enzyme peut être co-polymérisée avec la sérum-albumine bovine qui sert alors de protéine support, grâce au glutaraldéhyde (agent pontant). Le lait est déposé en continu sur la colonne remplie de l'enzyme **immobilisée**, le lactose est alors hydrolysé en glucose et galactose. Ainsi, le lait se trouve débarrassé du lactose sans avoir perdu ses propriétés nutritives et en préservant l'ensemble de ses constituants.

15.4. Biocapteurs enzymatiques

La catalyse enzymatique est étudiée traditionnellement en milieu aqueux. La grande variété et la spécificité des enzymes ont été très tôt exploitées dans le secteur de l'analyse et du contrôle, particulièrement lorsque l'hétérogénéité du milieu se prête mal à une mesure spécifique par voie chimique ou lorsque le milieu réactionnel est constitué d'une phase non aqueuse. En effet, le développement de biocapteurs à enzymes permet aujourd'hui de travailler en phases organiques, rendant possible la détermination de composés qui sont peu ou pas solubles dans l'eau mais solubles dans des solvants organiques, ce qui a élargit le champ des applications analytiques des biocapteurs enzymatiques aux **substrats** et échantillons **hydrophobes**. Le composant clé du biocapteur enzymatique est l'enzyme qui est responsable de la reconnaissance spécifique de l'analyte. Lorsqu'on travaille dans des solvants non aqueux, la simple **adsorption** de l'enzyme sur un support solide au niveau de l'électrode est souvent une bonne méthode d'immobilisation en raison de l'insolubilité des enzymes dans les solvants organiques. Néanmoins, une grande variété de méthodes d'immobilisation des enzymes est actuellement disponible, permettant une meilleure stabilisation de l'activité catalytique. Les durées de vies de ces électrodes enzymatiques sont alors de quelques jours à plusieurs semaines selon la nature de l'enzyme et son mode d'immobilisation.

15.4.1. DÉFINITION

D'une manière générale, les biocapteurs associent un dispositif de reconnaissance biologiquement sélectif appelé biorécepteur à un semi-conducteur le transducteur (fig. 15.7).

Le biorécepteur représente le premier maillon du biocapteur, sa spécificité permet d'identifier la nature du produit recherché.

Le transducteur constitue l'autre partie du biocapteur. La grandeur à mesurer, en agissant sur le biorécepteur, génère une énergie (thermique, électronique, rayonnante, etc.) proportionnelle à l'intensité de la réaction. Cette énergie est convertie par le biorécepteur en un signal électrique aisément mesurable.

Plusieurs types de biorécepteurs et de transducteurs existent à l'heure actuelle ; différentes combinaisons sont alors possibles.

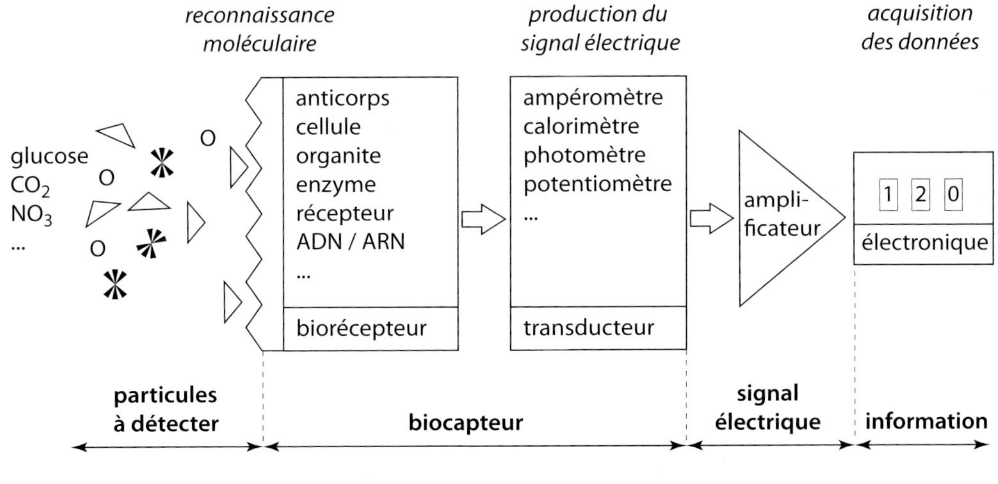

Figure 15.7 – Principe de fonctionnement d'un biocapteur

15.4.2. BIORÉCEPTEUR

Ce sont les enzymes purifiées couramment commercialisées qui sont les plus utilisées. L'utilisation de ces enzymes présente de nombreux avantages comme leur grande spécificité par rapport au(x) **substrat**(s), la reproductibilité des analyses, des caractéristiques et des durées de vie connues, une disponibilité rapide.

Le développement d'électrodes biologiques, dites « électrodes à enzymes » est certainement une des plus importantes innovations dans le domaine des applications industrielles des enzymes. Ces électrodes sont recouvertes d'une couche constituée d'une enzyme **immobilisée** sur un support et couplée à un transducteur (généralement ampérométrique) qui traduit sous forme de signal électrique l'activité de cette enzyme.

L'enzyme peut être fixée directement à la surface de l'électrode ou incluse dans un gel polymérique et retenue par une membrane perméable au **substrat** à doser. Si celui-ci est présent dans l'échantillon, il diffuse à travers la membrane et la réaction catalytique est déclenchée. Le produit qui peut être un ion ou un gaz induit une différence de potentiel mesurée par l'électrode de platine et proportionnelle à la concentration du produit de la réaction. Ainsi, dans le cas d'une électrode à urée, l'uréase adsorbée sur un gel convertit l'urée en ions ammonium et en HCO_3^- et l'électrode sensible aux ions NH_4^+ permet la mesure directe de la quantité d'urée présente dans l'échantillon. De telles électrodes permettent la mesure instantanée d'un certain nombre de substances dans des systèmes biologiques complexes, (le sang, par exemple) du fait de la spécificité des enzymes utilisées. De plus, ces électrodes peuvent être adaptées à des mesures en continu, ce qui facilite grandement le suivi de l'évolution de tel ou tel produit au cours d'une réaction.

Dans le domaine de la détermination des **pesticides**, un biocapteur basé sur l'acétylcholinestérase (AChE), obtenue par manipulation génétique chez *Drosophila melanogaster*, montre une constante d'inhibition pour le methamidophos (**insecticide**) avec un ordre de grandeur trois fois plus élevé qu'avec les préparations commerciales d'AChE d'*Electrophorus electricus* (anguille électrique). Ce même biocapteur est sensible à un autre insecticide, l'omethoate, avec une limite de détection de 10^{-17} M.

Des avancées importantes dans le développement des biocapteurs portent sur l'immobilisation de l'élément de reconnaissance biologique à la surface de la sonde. Ces approches incluent l'usage de nouveaux matériaux et l'incorporation de médiateurs d'oxydo-réduction dans le processus de l'immobilisation.

Plusieurs enzymes sont inhibées par des métaux toxiques qui contaminent l'environnement. Pour détecter ces métaux, les enzymes les plus utilisées sont l'uréase et l'AChE. La transduction du signal est souvent obtenue en suivant par potentiométrie le changement du **pH** causé par la présence de métaux toxiques tels que Hg (II), Cu (II), Cd (II), ou Zn (II).

L'activité de la chromate reductase du cytochrome C3 de **bactéries** réductrices du sulfate a été utilisée pour construire un biocapteur sélectif du Cr (VI). Cette électrode enzymatique est sensible à Cr (VI) à des concentrations comprises entre 3,8 et 132 μM et n'est pas affectée par des interférants potentiels tels que As (V), As (III) ou Fe (III).

L'analyse de certaines substances telles que la lécithine exige le couplage de deux enzymes. Une électrode bienzymatique qui utilise la phospholiphase D (PLD) et la choline oxydase

(ChOx) **immobilisées** sur un gel de κ-carraghénane avec une électrode à oxygène comme transducteur a été utilisée pour l'analyse de la lécithine (phosphatidylcholine). Le biocapteur, fonctionnant sur le principe de deux réactions enzymatiques couplées, établit une corrélation entre la concentration en **substrat** et l'oxygène consommé par la réaction catalysée par la choline oxydase et la diminution de l'intensité du courant mesuré par la sonde oxymétrique de l'appareil.

$$\text{lécithine} \xrightarrow{\text{PLD}} \text{choline} + \text{acide phosphatidique}$$

$$\text{choline} + 2O_2 + H_2O \xrightarrow{\text{ChOx}} \text{bétaine} + 2H_2O_2$$

Les limites de détection obtenues à l'aide des biocapteurs mono- ou bi-enzymatiques sont relativement plus élevées que celles obtenues par les méthodes immunologiques ou chromatographiques qui restent des méthodes de référence.

15.4.3. TRANSDUCTEUR

Le transducteur représente l'élément permettant de mettre en évidence la réaction assurée par le biorécepteur auquel il est intimement connecté ou de doser directement et rapidement un composé chimique ou biologique dans un milieu complexe en transformant le signal biologique ou biochimique (modification de charges, de **pH**, de température, de fluorescence, etc.) en un signal électrique enregistrable. Le choix du transducteur dépendra donc du type de réaction et des substances libérées ou consommées. Il peut s'agir d'une cellule électrochimique, d'une thermistance, d'un photomètre, etc.

15.4.3.1. TRANSDUCTEURS ÉLECTROCHIMIQUES

Dans le cas d'une détection chimique, il existe un grand nombre d'électrodes sensibles au **pH**, aux cations et aux anions. Ces transducteurs sont de plusieurs types, suivant la nature du signal enregistré :

- conductométriques qui permettent de suivre les modifications de conductivité d'une solution lorsque, au cours d'une réaction, des espèces ioniques sont générées ;
- potentiométriques qui mesurent la différence de potentiel (ddp) entre l'électrode de mesure et l'électrode de référence. Selon la loi de Nernst, la ddp est proportionnelle au logarithme de la concentration de l'élément chimique à doser ;
- ampérométriques qui mesurent l'intensité du courant qui traverse une cellule électrochimique. Cette intensité dépend de la concentration des espèces chimiques pouvant être oxydées ou réduites.

15.4.3.2. TRANSDUCTEURS THERMIQUES OU CALORIMÉTRIQUES

Certains transducteurs sont sensibles à la température. Ils sont basés sur la mesure de la chaleur générée par la catalyse enzymatique. Cette approche a été utilisée pour la détermination de l'activité de la lipase.

15.4.3.3. TRANSDUCTEURS OPTIQUES

Il peut s'agir aussi d'une détection à l'aide de fibres optiques d'un changement des conditions optiques du milieu : émission de lumière, de fluorescence, absorption de la lumière, phosphorescence, luminescence.

15.4.4. CARACTÉRISTIQUES DES BIOCAPTEURS

Un biocapteur va pouvoir être caractérisé en fonction de plusieurs critères :

- Sa spécificité qui correspond à sa capacité à détecter un composé parmi d'autres. Elle dépend de la nature du biorécepteur. Par exemple, un biocapteur basé sur le suivi de la conductimétrie sera sensible à toutes les espèces d'électrolytes qui pourraient être présentes dans un milieu. Par contre, les électrodes spécifiques d'un ionomètre ne sont sensibles qu'à des ions particuliers.
- Sa sensibilité qui correspond à la plus petite concentration d'un polluant donné générant un signal. Elle dépend du biorécepteur, du transducteur et de l'interaction entre ceux-ci. Le signal émis par le biorécepteur lors de la reconnaissance moléculaire doit être dans les limites de détection du transducteur. Or, plus le signal est important, meilleure est la détection, compte tenu du rapport signal/bruit de fond. Il faut donc choisir d'étudier une fonction qui soit fortement perturbée par le(s) toxique(s) à détecter et à quantifier.
- Sa capacité à donner une réponse en temps réel. Chaque essai doit être reproductible et facile à calibrer.
- Un biocapteur doit être robuste et résister aux changements de température, de pH, de force ionique. De plus, son utilisation doit être simple, requérant un minimum d'entretien de technicité. Il devra donc être un outil compact, peu onéreux, fiable, facilement miniaturisable et automatisable (dans la majorité des cas).
- La stabilité du biorécepteur dans les conditions de l'analyse est une caractéristique d'une importance primordiale.
- Le choix du transducteur va aussi dépendre des possibles interférences qui peuvent perturber la détection (ex. milieux troubles dans le cas d'une détection optique) et de l'application du biocapteur. Utilisé en milieu biologique, il doit répondre à des critères de biocompatibilité : dépôt à sa surface de protéines, de lipides ou de cellules. Utilisée *in vivo*, sa dimension doit être réduite et sa forme adaptée pour éviter un endommagement important du matériel biologique. Pour une utilisation de longue durée, il faut tenir compte du **relargage** éventuel de composants toxiques, métalliques ou polymériques du transducteur.

15.4.5. IMMOBILISATION DE L'ENZYME

L'un des principes fondamentaux des biocapteurs est la proximité du biorécepteur et du transducteur. Ce dernier doit être à même de capter et transmettre rapidement les changements biologiques ou biochimiques existant. De ce fait, la technique d'immobilisation du biorécepteur, directement sur le transducteur ou à proximité, constitue un des points critiques de l'élaboration et du bon fonctionnement des biocapteurs.

Dans les biocapteurs à enzymes, les méthodes d'immobilisation sont variées :

- immobilisation sur des billes de verre poreuses,
- liaisons covalentes sur membranes de **dialyse**,
- réticulation avec du glutaraldéhyde,
- immobilisation sur gel d'agarose.

15.4.6. DOMAINES D'APPLICATION DES BIOCAPTEURS ENZYMATIQUES

De nombreux exemples d'applications des enzymes en général et des enzymes **immobilisées**, en particulier sont décrits dans le Chapitre 14 – Enzymes en industrie et en médecine.

Les applications potentielles des biocapteurs enzymatiques concernent la mesure de substances antigéniques, de nombreux paramètres chimiques (glucose, urée) ou la détection de corps toxiques (dioxyde de carbone, métaux lourds, **pesticides**, etc.). Ces mesures relèvent des domaines d'applications suivants : analyses médicales, industrie **agro-alimentaire**, environnement, etc.

Les premiers biocapteurs ont été développés à des fins médicales. Puis l'industrie **agro-alimentaire** s'est intéressée aux biocapteurs comme outils analytiques rapides. Enfin, depuis quelques années, les biocapteurs trouvent des applications dans le domaine de la surveillance de l'environnement. Très récemment, d'autres dispositifs, les puces à ADN (encart 12) sont de plus en plus développés et utilisés dans des buts similaires, en complément ou en concurrence avec les biocapteurs.

15.4.6.1. DOMAINE DE LA SANTÉ

Le premier biocapteur développé en 1967 permettait la détection du glucose dans le sang. En 1972, un biocapteur enzymatique sensible à l'urée a été mis au point. Une suspension d'uréase est maintenue à la surface d'une électrode munie d'une toile en nylon ; l'ensemble est recouvert avec une membrane de dialyse. Ce biocapteur permet de détecter l'urée à des concentrations variant de $1{,}1.10^{-7}$ M à $2{,}2.10^{-2}$ M.

D'autres biocapteurs ont été développés pour les besoins de l'industrie pharmaceutique et le domaine médical, principalement pour la recherche de stéroïdes tels que le **cholestérol**, l'androstendione, la testostérone, des antibiotiques tels que la nystatine et d'autres composés comme des hormones, l'acide urique, la créatinine et le fer (II et III). Les biocapteurs les plus utilisés sur le marché sont les biocapteurs à glucose, constitués de la glucose-oxydase comme biorécepteur et d'un transducteur électrochimique, pour leur utilisation dans le diagnostic du **diabète**.

15.4.6.2. INDUSTRIE AGRO-ALIMENTAIRE

C'est notamment dans les procédés de **fermentation** où les applications sont les plus utilisées pour le suivi, en continu, de la concentration de sucres grâce à des biocapteurs à enzymes ou à microorganismes immobilisés.

Un biocapteur à base de tyrosinase est utilisé pour la détermination de polyphénols dans les huiles et aliments.

15.4.6.3. ENVIRONNEMENT

Contrôler les contaminants dans l'air, l'eau et le sol est incontournable lors de la prévention des risques pour la santé humaine et l'environnement. Compte tenu du temps consacré et du coût des techniques analytiques traditionnelles, il y a un besoin accru de méthodes plus simples, plus rapides, moins couteuses et directement applicables sur le terrain.

L'utilisation des biocapteurs dans le domaine de l'environnement est récente. Ils permettent la détection rapide de polluants dans les écosystèmes et donc d'intervenir plus rapidement pour y remédier. La détection peut se faire directement dans des systèmes complexes (eau douce, eau de mer, sol, etc.) prélevés dans le milieu naturel.

Un grand nombre de biocapteurs destinés à la détection des **pesticides** organophosphorés et des carbamates utilisent des capteurs électrochimiques comme transducteurs et des biorécepteurs à base d'enzymes purifiées et **immobilisées** (estérases, acétyle choline estérase).

Des biocapteurs basés sur l'utilisation de la tyrosinase ont été développés pour la détection des phénols, molécules polluantes dont l'usage est très répandu (pesticides, plastiques, **surfactants**, etc.).

ENCART 12 – PUCE À ADN

Une puce à ADN ou biopuce est composée d'un support de nature variée (verre, **polymère**, silicium, membrane de nylon etc.) de taille réduite (de l'ordre du cm^2) sur lequel est fixé de façon organisée plusieurs dizaines de milliers de courtes séquences d'ADN simple brin (ou sondes). Chaque sonde va s'apparier (hybridation) de façon très spécifique avec les simples brins d'ADN complémentaires (ou cibles) de l'échantillon à analyser. L'hybridation sera visualisée par la présence, au niveau de la molécule cible, de marqueurs fluorescents. L'intensité de la fluorescence permet une mesure à la fois qualitative et quantitative des hybridations. L'analyse récente de la surface de la puce par un rayon laser (à deux longueurs d'ondes différentes) suivi d'un traitement informatique permet de repérer très rapidement les hybridations (spots) à partir des signaux émis par les marqueurs fluorescents.

En recherche fondamentale, la première application des puces à ADN a concerné l'identification des gènes, leur fonction, leur organisation et leur localisation.

Dans le domaine médical, cette technique permet de mettre en évidence rapidement la résistance aux antibiotiques de nouvelles souches bactériennes. Les puces à ADN et à ARN sont maintenant utilisées dans le dépistage précoce de maladies infectieuses ou génétiques. Elles sont utilisées pour l'analyse de mutations génétiques et permettent aussi de comparer l'expression des gènes de cellules cancéreuses à celle des cellules saines. En recherche, les biopuces permettent, par exemple, de visualiser et de mesurer très rapidement au niveau de la totalité du génome d'un organisme donné des différences d'expression entre ses gènes. C'est ainsi que, à l'aide d'une seule puce, l'ensemble du génome humain (environ 33 000 gènes) peut être analysé en une seule étape. En pharmacologie, elles aident à mieux comprendre comment agissent les médicaments, à identifier les effets secondaires d'un produit. Dans le futur, elles permettront d'adapter un traitement médicamenteux au profil génétique du patient.

Dans le domaine industriel, les biopuces servent également à déterminer l'origine et à suivre la traçabilité des produits alimentaires, mais aussi à détecter la présence éventuelle d'OGM. Elles permettent aussi une analyse bactérienne très rapide de l'eau ou des aliments. Une autre application des puces à ADN est la détection d'activité biologique d'extraits végétaux à visée pharmaceutique, cosmétique ou dermatologique.

Beaucoup plus récentes et en cours de développement, les puces à protéines servent principalement à la **protéomique** et ont un avenir prometteur, entre autres, dans la recherche de nouveaux médicaments. A ce niveau, des méthodes de détection sans marquage (spectrométrie de masse, microbalance à quartz, microscopie à force atomique, biocapteurs optiques à ondes évanescentes) sont en pleine évolution.

Enfin, les techniques de séquençage à très haut débit qui permettent de séquencer en quelques jours plusieurs gigabases d'ADN, risquent de supplanter dans quelques temps les biopuces, pour l'étude du transcriptome. Elles présentent en effet de nombreux avantages comme : la détection quantitative des messagers, des transcrits rares et des petits ARNs, des transcrits alternatifs et sans dépendance à priori de l'annotation du génome.

Partie VI

Cultures cellulaires

Chapitre 16 – Cellules végétales et cellules animales

pages

Chapitre 16 – Cellules végétales et cellules animales

16.1. Définition, généralités

Les organismes vivants sont des structures très complexes et très intégrées. L'existence de nombreuses interactions et la multiplicité des processus de régulation rendent difficile l'étude d'un phénomène sans que le reste ne vienne perturber les résultats. Les cultures cellulaires offrent la possibilité d'isoler les phénomènes observés en simplifiant le modèle. Ainsi l'organisme se réduit à un organe, un tissu, voire une cellule, selon les besoins.

Les techniques de cultures cellulaires permettent le maintien en vie et la prolifération des cellules d'un tissu en dehors de l'organisme voire même, dans le monde végétal, la régénération d'organismes entiers, *in vitro* dans des conditions aseptiques et contrôlées, à partir d'un fragment de tissu initial ou explant, prélevé sur l'organisme qu'on souhaite multiplier.

Actuellement, il n'est pas encore possible de cultiver tous les types de cellules. Il n'en reste pas moins que les cultures de cellules constituent le matériel de base par excellence pour les études sur le **métabolisme** des produits naturels.

Fondamentalement, le principe des cultures est très simple : on prend des cellules, des tissus ou des fragments d'organes sur un être vivant (animal ou végétal) ou des cellules naturellement isolées dans la nature telles que les **bactéries** ou les microalgues et on les place dans un milieu *in vitro* qui reproduit, aussi fidèlement que possible, les conditions existantes *in vivo*. La détermination des exigences pour la mise au point de milieux favorables à la survie des cultures cellulaires suppose une bonne connaissance des conditions qui prévalent dans le milieu naturel.

L'intérêt que connaît la culture de cellules depuis ces dernières décennies est suscité par la capacité de certaines cellules à produire des molécules à haute **valeur ajoutée**, pouvant être utilisées dans les domaines pharmaceutiques et **agro-alimentaires**.

16.2. Cultures de cellules végétales

16.2.1. Généralités

La culture *in vitro* des cellules végétales peut être réalisée à partir des embryons (embryogenèse), des bourgeons ou des méristèmes, des microspores ou des grains de pollen (androgenèse), des ovaires, des ovules ou des sacs embryonnaires non fécondés (gynogenèse) ou encore à partir d'explants divers (cotylédons, tiges, racines, feuilles, fleurs). Elle est également possible à partir de **protoplastes**.

L'explant est placé, dans des conditions d'**asepsie** stricte, sur un support solide (gélose, microporteur ou membrane) ou en **suspension** en milieu liquide contenant des sels minéraux essentiels, des **nutriments** glucidiques et azotés et des substances de croissance. Ce processus exploite la capacité inhérente des cellules végétales à régénérer et, finalement, à produire des plantes entières *in vitro* sans subir le processus de recombinaison sexuelle. Ce phénomène est appelé totipotence des cellules végétales.

Les **suspensions** de cellules indifférenciées peuvent être cultivées dans des enceintes de grand volume pour leur multiplication rapide. La régénération des explants cultivés peut se faire selon deux modalités de développement, l'organogenèse et l'embryogenèse somatiques. L'organogenèse désigne le processus de formation de la racine ou de la tige feuillée par l'explant végétal en réponse aux substances de croissance appropriées. La **supplémentation** du milieu par un taux élevé en auxines (hormone de croissance végétale) est une méthode courante pour induire la rhizogenèse (croissance des racines) sur les explants alors que des taux élevés en cytokinines sont utilisés pour l'induction de la callogenèse (formation des tiges). L'embryogenèse somatique est la capacité de cellules végétales de former des embryons sans recombinaison sexuelle et, ainsi, de régénérer un organisme entier par un processus qui ressemble à l'embryogenèse zygotique.

La culture est menée dans des conditions contrôlées de température, de lumière et d'hygrométrie optimales.

16.2.2. CONDUITE D'UNE CULTURE DE TISSUS VÉGÉTAUX

La croissance des tissus végétaux est dépendante de l'optimisation de plusieurs facteurs, dont :

- la sélection d'un explant approprié,
- la préparation de l'explant,
- la **supplémentation** du **milieu de culture** avec une combinaison optimale en substances de croissance (hormones et **nutriments**),
- l'optimisation des conditions de l'environnement pour le développement des plantules régénérées,
- le repiquage des plantules régénérées sur un milieu optimisé pour leur croissance et leur développement ultérieurs.

Pour se développer *in vitro*, les tissus végétaux ont besoin de cinq catégories de produits : des sels minéraux, des glucides, des **vitamines**, un ou plusieurs acides aminés et des hormones. Les sels minéraux sont divisés en deux catégories : les macro-éléments qui comprennent le potassium, le calcium, le magnésium, l'azote, le soufre et le phosphore qui sont apportés sous forme de nitrates, de phosphates et de sulfates à des concentrations de l'ordre de quelques fractions de g/L et les micro-éléments qui sont l'aluminium, le cuivre, le cobalt, l'iode, le manganèse, etc. apportés sous forme de sels (sulfates, chlorures) à des concentrations de l'ordre de quelques fractions de mg/L de milieu de culture. Le fer présente un cas particulier car il est apporté sous une forme chélatée pour éviter sa **précipitation** dans le milieu. Lors de la croissance et de la multiplication des cellules, ces éléments minéraux seront intégrés dans la nouvelle matière vivante (protéines, lipides, acides nucléiques, etc.) et seront utilisés pour la régulation d'**enzymes** intervenant dans le **métabolisme**. À titre indicatif, la composition d'un milieu de culture type est donnée dans le tableau 16.1 ci-après.

Tableau 16.1 – Composition du milieu de culture de Murashige et Skoog (MS)*

Ingrédient	Quantité (en mg/L)	Ingrédient	Quantité (en mg/L)
saccharose	20 000	KI	0,83
KNO_3	1 900	$CoCl_2$, $6H_2O$	0,025
$(NH_4)NO_3$	1 650	Na_2MoO_4, $2H_2O$	0,25
$CaCl_2$, $2H_2O$	440	$CuSO_4$, $5H_2O$	0,025
$MgSO_4$, $7H_2O$	370	*myo*-inositol	100
KH_2PO_4	170	acide nicotinique	0,5
Na_2EDTA	37,3	kinétine (une cytokinine)	0,04-10,0
$FeSO_4$, $7H_2O$	27,8	glycine	2,0
$MnSO_4$, $4H_2O$	22,3	acide indole acétique	1,0-30,0
$ZnSO_4$, $7H_2O$	8,6	thiamine/HCl	0,1
H_3BO_3	6,2	pyridoxine/HCl	0,5

** Pour un milieu solide, il faut ajouter de l'agar à 10 g/L.*

Les sucres (glucose, saccharose, le plus souvent), incorporés dans le milieu, sont indispensables à la croissance des tissus car la **photosynthèse** est fortement réduite dans l'atmosphère confinée des flacons de culture. Les vitamines hydrosolubles (groupe B) ont une action importante sur le développement des tissus. Quant aux hormones ou substances de croissance, elles agissent soit pour stimuler les divisions cellulaires et provoquer la formation de nouveaux bourgeons au sein de nouveaux tissus, soit pour assurer le développement des nouveaux bourgeons formés. Les tissus tumoraux sont facilement cultivables et ne nécessitent pas d'hormones pour leur croissance.

Ces milieux de culture se présentent sous deux formes :
- semi-solides, par addition de gélose (agar),
- liquides, pour la culture des cellules en **suspension**.

Ces milieux de culture sont répartis dans divers types de contenants en verre ou en plastique : tubes, fioles diverses, boîtes de Pétri, etc., après avoir été stérilisés à l'autoclave (120 °C, 20 min).

L'explant est prélevé sur la plante mère. Son **asepsie** peut être assurée par prélèvement sur des plantules issues de germinations en conditions stériles, ou par désinfection (à l'aide d'hypochlorite de calcium) des organes végétaux prélevés sur une plante cultivée dans des conditions habituelles d'environnement ou par prélèvement des méristèmes lorsque les plantes sont contaminées par des virus. Outre l'explant et le **milieu de culture**, l'asepsie concerne également la verrerie, les instruments et l'environnement (hotte à flux laminaire ou zone stérile d'un bec Bunzen) utilisés lors des manipulations.

Après leur ensemencement, les milieux de culture sont disposés dans des locaux climatisés (entre 20 et 30 °C) et le plus souvent éclairés en continu ou sous une photopériode moyenne (12 h de jour/12 h de nuit) à l'aide de tubes fluorescents.

À l'échelle industrielle, la culture des cellules végétales requiert des **bioréacteurs** spécialement adaptés (agitation douce) en raison de la grande sensibilité de ces cellules au cisaillement.

16.3. CULTURES DE CELLULES ANIMALES

16.3.1. CONDUITE D'UNE CULTURE DE CELLULES ANIMALES

La culture des cellules animales peut être conduite en boîtes de Pétri en plastique, en flacons ou en **bioréacteurs**, dans des milieux liquides ou solides, de composition adaptée. Ces milieux renferment :

- une source d'énergie, le glucose, dans la plupart des cas,
- des sels minéraux et des oligoéléments essentiels,
- un **tampon**,
- des acides aminés,
- des **vitamines**,
- très souvent du sérum (5 à 20 % du milieu) de veau fœtal qui apporte, entre autres, des facteurs de croissance cellulaire, des protéines de transport et de la fibrinolectine qui permet l'ancrage des cellules aux parois du flacon de culture,
- des facteurs d'adhérence (milieux sans sérum) pour les cellules qui ne les produisent pas ou n'en produisent pas en quantités suffisantes,
- des antibiotiques en concentration adéquate.

Le maintien d'un environnement physiologique satisfaisant suppose également la détermination d'une température d'incubation correcte (37 °C), d'une concentration équilibrée d'ions inorganiques, d'un **pH** et d'une osmolarité adaptés, l'utilisation d'un système tampon adéquat et d'une atmosphère humide où les pressions partielles en oxygène et en dioxyde de carbone sont maintenues à des valeurs optimisées et non toxiques.

16.3.1.1. CULTURES EN MILIEU LIQUIDE

Cette technique est la plus simple à mettre en œuvre. Les cellules en **suspension** (cellules non adhérentes) dans un milieu liquide peuvent croître librement jusqu'à épuisement des éléments nutritifs. La poursuite de la culture se fait par récupération des cellules par une **centrifugation** modérée et leur repiquage dans un milieu neuf.

16.3.1.2. CULTURES SUR MILIEU SOLIDE

Les cultures de cellules sont obtenues en plaçant des **suspensions** cellulaires ou des petits fragments de tissu dans une boite de Pétri, contenant un milieu nutritif. Pour la plupart des cellules normales, le milieu nutritif doit comporter du sérum (en général à des doses de 5 à 15 %). Ce dernier fournit divers facteurs de croissance, des lipides, des facteurs d'adhésion et des éléments minéraux. Les cellules envahissent progressivement la surface de la boite jusqu'à confluence. À ce moment, elles arrêtent de se diviser (phénomène d'inhibition de contact).

Les cellules de la culture primaire sont alors détachées du fond plastique par action de la **trypsine** (ou d'autres protéases) puis remises en culture dans d'autres boîtes, à une concentration plus faible : c'est la culture secondaire.

16.3.2. SYSTÈMES DE CULTURE CELLULAIRE INDUSTRIELLE

À l'échelle du laboratoire, la plupart des études sur la culture des cellules de mammifères sont réalisées dans de petits systèmes, boîtes de Pétri, plaques multi-puits, flacons agités, etc. de 1 à 100 mL, avec ou sans contrôle des paramètres de culture.

À l'échelle industrielle, la plupart des protéines biopharmaceutiques dérivées de culture de cellules sont produites dans les **bioréacteurs** à cuves agitées opérant selon trois principaux modes : discontinu non alimenté (*batch*), discontinu alimenté (*fed-batch*) ou continu (fig. 16.1). Les paramètres stabilisés peuvent être, selon le procédé, la densité cellulaire, le **pH**, la température, la pression partielle d'oxygène et la composition du milieu.

- Culture discontinue non alimentée : dans ce procédé, la culture de cellules se déroule en milieu fermé, jusqu'à l'épuisement d'un des **substrats** (par exemple carboné). Ce procédé est relativement simple à mettre en œuvre, mais exige de grands volumes de culture (10-20 m^3) afin de compenser les densités cellulaires relativement basses qui sont atteintes. Habituellement, la densité des cellules en **suspension** dans la culture se stabilise entre 10^6 et 10^7 cellules/mL. Lorsque le taux de croissance diminue, on relance après lavage de l'enceinte un nouveau cycle de culture. Dans ce genre de culture, l'agitation ou le brassage du réacteur est capitale afin d'assurer une bonne homogénéisation et une aération suffisante et ainsi de permettre une meilleure croissance.
- Culture discontinue alimentée : il s'agit d'une variante de culture discontinue où on alimente le réacteur à l'aide d'un petit volume d'une solution contenant certains **nutriments** limitants, à un stade précis du cycle cellulaire, de manière à augmenter la production de **biomasse** et à supprimer les effets de répression par le substrat. L'approvisionnement en nutriments est défini pour assurer un taux de croissance satisfaisant tout en maintenant un volume de culture constant.
- Culture continue ou en perfusion : ce procédé s'applique aux cultures de cellules en suspension. L'alimentation en milieu nutritif neuf et le soutirage des produits du bioréacteur se font continuellement à débit régulier de manière à conserver un volume constant et à maintenir un taux de croissance optimal des cellules permettant une production maximale de métabolites. Après récupération des métabolites, les cellules soutirées sont réintroduites dans le réacteur.

Des densités cellulaires très élevées (c'est à dire 10^7 à 10^8 cellules/mL) peuvent être atteintes dans les cultures en perfusion. Par conséquent, la **productivité** des systèmes de cultures en continu peut être plus de 10 fois plus importante que la productivité d'un bioréacteur comparable fonctionnant en mode discontinu alimenté. En d'autres termes, une culture en perfusion de 2 m^3 serait équivalente à une culture en mode discontinu alimenté de 20 m^3. L'inconvénient d'un tel système est sa complexité et la difficulté de sa mise en œuvre.

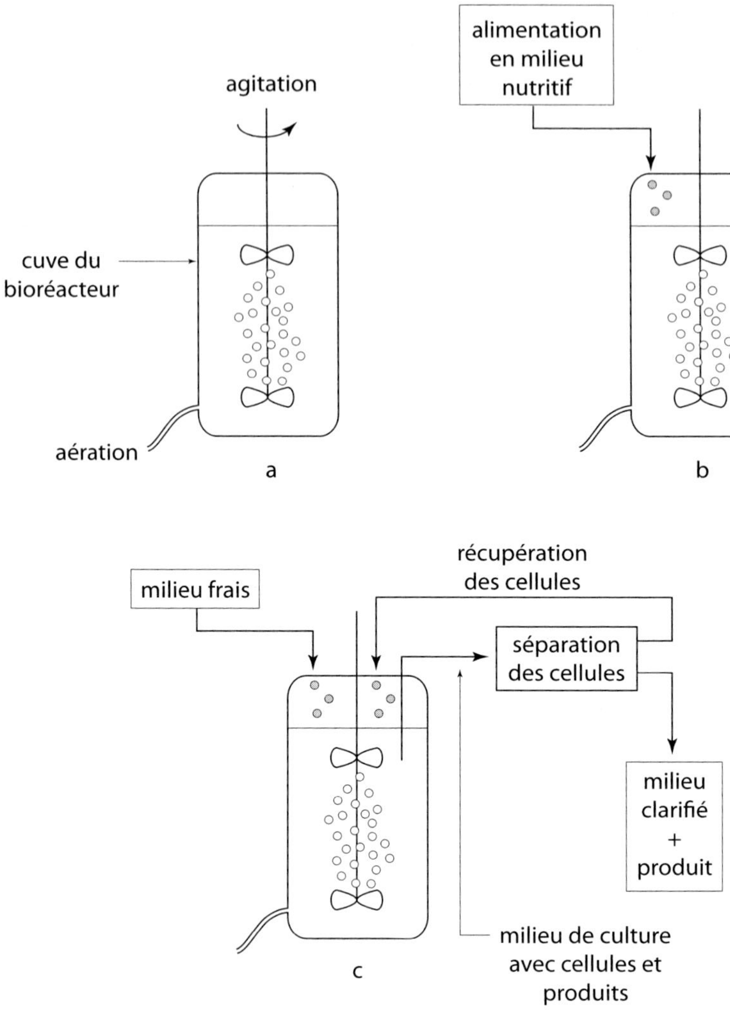

Figure 16.1 – Représentation schématique des différents types de bioréacteurs agités classiques pour la culture de cellules animales en suspension

a : culture en mode discontinu non alimenté. Aucune addition de solution nutritive au milieu durant le cycle de culture ; b : culture en mode discontinu alimenté. Un milieu nutritif concentré est fourni au système sans aucun prélèvement du milieu de culture ; c : culture en mode continu. Au fur et à mesure du soutirage, du milieu nutritif frais est fourni au bioréacteur avec le même débit.

16.3.3. *Immortalisation des cellules*

Les cellules animales sont sujettes à un processus naturel de vieillissement inhérent à la cellule et sont seulement capables de se multiplier *in vitro* pendant un nombre défini de divisions cellulaires. Cette forme d'arrêt irréversible de la croissance cellulaire est connue sous le nom de sénescence cellulaire. Le nombre de doublements de population que peut effectuer une culture de cellules humaines avant d'entrer dans la phase de sénescence dépend de l'âge du donneur et de la durée de vie maximale des cellules du tissu utilisé. Par exemple, les fibroblastes embryonnaires diploïdes humains normaux se développent en culture et doublent leur nombre approximativement 50 fois (± 10) puis meurent. Les cellules de personnes plus âgées de même que celles d'animaux à durée de vie courte comme les souris subissent un plus petit nombre de doublement avant leur mort (14 à 28). Expérimentalement, il est possible de faire acquérir à ces cellules la capacité de proliférer indéfiniment *in vitro* tout en conservant en culture la plupart des caractères génotypiques et phénotypiques des cellules initiales. Ce processus, proche de la tumorigenèse que l'on retrouve pour certains cancers, est connu sous le nom d'**immortalisation des cellules**. Elle est réalisée, le plus souvent, par transformation d'une culture primaire, soit à l'aide d'un virus (EBV, rougeole, SV40, rétrovirus, adénovirus, virus du sarcome de Rous, virus d'Epstein-Barr), soit par des **oncogènes** (*ras* essentiellement) ou encore par un produit chimique tel qu'un agent mutagène (nitrosoguanidine, méthanesulfonate d'éthyl, etc.). Dans les cancers, cette immortalisation est secondaire à une activité anormalement élevée d'une **enzyme**, la télomérase, qui bloque le vieillissement et la mort programmée des cellules.

16.4. AMÉLIORATION DE LA PRODUCTION DE MÉTABOLITES SECONDAIRES CHEZ LES PLANTES

Généralement, la difficulté majeure dans l'utilisation des cultures cellulaires pour la production de métabolites secondaires est le manque de connaissances fondamentales sur leurs voies de biosynthèse et sur les mécanismes régulant leur accumulation. Diverses techniques sont néanmoins utilisées pour augmenter les quantités de métabolites secondaires produites par les cultures cellulaires.

16.4.1. CRIBLAGE ET SÉLECTION DE LIGNÉES CELLULAIRES HAUTEMENT PRODUCTRICES

La sélection d'une **lignée cellulaire** commence par le choix d'une plante mère caractérisée par une haute teneur en métabolite désiré, en vue de produire des **cals** de cellules hautement productrices. Un criblage ultérieur de la population hétérogène des clones cellulaires obtenus permet de sélectionner les meilleurs. Les techniques de mutation sont parfois utilisées pour obtenir des lignées hyper-productrices.

16.4.2. OPTIMISATION DE LA CROISSANCE

L'optimisation de la croissance par modification de la composition du milieu et/ou des conditions de culture (température, lumière, **pH**, agitation et aération). C'est la démarche la plus classique. Les éléments du milieu les plus étudiés sont les glucides (source de carbone), les nitrates et/ou l'ammoniaque (sources d'azote), les phosphates, les régulateurs de croissance, etc. Il semble maintenant bien établi que le statut nutritionnel des cellules est le facteur déterminant de leur capacité à produire des métabolites secondaires. Par ailleurs, les cellules végétales peuvent accumuler des quantités plus ou moins importantes de **nutriments** (nitrate, phosphate, carbone, etc.) dans leurs vacuoles. Ces stocks cellulaires sont susceptibles de tamponner voire de contrer l'effet d'une modification du **milieu de culture** sur la biosynthèse de métabolites secondaires. Le contrôle des concentrations intracellulaires en nutriments pourrait donc être la clé conduisant à une meilleure gestion des cultures de cellules. La modulation du statut nutritionnel des cellules peut se faire, par exemple, par une limitation de l'apport en nutriments en vue de ralentir la division cellulaire tout en faisant des ajouts ciblés pour « ravitailler » les réserves cellulaires. Cependant, cet aspect est souvent difficile à maîtriser car les **métabolismes** primaire et secondaire se partagent les mêmes ressources carbonées.

16.4.3. UTILISATION DE PRÉCURSEURS

L'approvisionnement des cultures cellulaires en **précurseurs** est une approche couramment utilisée pour augmenter la production de métabolites secondaires dans les cultures de cellules végétales. Ce concept est basé sur l'idée que l'addition de tout composé, qui est un intermédiaire, dans ou au début d'une voie biosynthétique de métabolites secondaires, est susceptible d'augmenter le rendement en produits finis. Cette stratégie a souvent abouti aux résultats attendus. Par exemple, l'addition de phénylalanine (précurseur des composés **aromatiques**) conduit à l'amélioration du rendement en acide rosmarinique chez les cultures de cellules de *Coleus blumei* et de *Salvia officinalis*. Dans ce dernier cas, elle diminue également le temps de production. La phénylalanine est également le précurseur de la chaîne latérale de N-benzoylphénylisosérine du taxol, et la **supplémentation** des cultures de cellules de *Taxus cuspidata* avec cet acide aminé conduit à un plus grand rendement en taxol. L'ajout de l'acide férulique aux cultures cellulaires de *Vanilla planifolia* se traduit par une augmentation de l'accumulation de vanilline. De même, la synthèse des anthocyanines par des cultures de cellules de carotte est améliorée par l'addition de dihydroquercétine. L'addition de la leucine augmente la production des monoterpènes volatils α- et β-pinène dans les cultures cellulaires de *Perilla frutescens*, tandis que l'addition du géraniol aux cultures de cellules de rosier conduit à l'accumulation du nérol et du citronellol.

16.4.4. ÉLICITATION

Parmi les techniques utilisées pour améliorer la **productivité** de métabolites secondaires par des cultures de cellules végétales, l'élicitation est très probablement celle qui est la plus efficace. Elle consiste à induire la production des métabolites par des molécules ou des traitements appelés **éliciteurs**. La plupart des métabolites secondaires sont associés à des mécanismes de défense contre les agents pathogènes ou à la réponse de la plante aux blessures. Bien que, nos connaissances actuelles sur le mode de l'action des éliciteurs soient liées presque exclusivement au **métabolisme** secondaire, il a été démontré que le métabolisme primaire peut également être affecté par l'élicitation. L'usage d'eliciteurs en culture traditionnelle vise généralement à imiter la réponse des plantes aux agressions.

Les éliciteurs appartiennent à différentes classes de familles chimiques, n'ayant généralement aucune parenté structurale commune et sans effet spécifique comparable vis-à-vis de plantes différentes. Les composés qui peuvent avoir un effet positif sur certaines plantes peuvent ne pas être actifs sur d'autres bien que différentes espèces végétales peuvent être sensibles au même éliciteur. Ces faits suggèrent que les cellules végétales ont la capacité de reconnaître les signaux d'un certain nombre de molécules structurellement distinctes ce qui pourrait s'expliquer par l'existence de récepteurs spécifiques pour chaque classe d'éliciteur.

Les éliciteurs peuvent être :

- biotiques (**glycoprotéine**, polysaccharides, acides organiques de faible poids moléculaires, extraits cellulaires fongiques, bactériens, de **levures** ou d'algues, etc.),
- abiotiques (irradiation UV, froid, choc osmotique, sels de métaux lourds, produits chimiques, etc.).

Les éliciteurs peuvent affecter le métabolisme secondaire des cellules végétales en modulant les taux de biosynthèse, de l'accumulation vacuolaire et de la dégradation. L'intensité de la réponse, variable selon les espèces, est fortement dépendante de la concentration de l'éliciteur. Un éliciteur donné peut exercer un effet stimulateur sur certaines espèces et être exempt d'activité sur d'autres, ce qui reflète l'existence de différentes susceptibilités au niveau des composants moléculaires impliqués dans l'élicitation.

L'élicitation peut ainsi induire ou augmenter les activités des **enzymes** essentielles de la voie de biosynthèse visée. La production du métabolite recherché peut-être alors fortement augmentée (d'un facteur 10 à plus de 100 dans certains cas). Ainsi, l'exposition des cultures cellulaires de *Catharanthus roseus* (pervenche de Madagascar) à l'acide jasmonique active, au niveau transcriptionnel, la synthèse de plusieurs alcaloïdes. L'acide jasmonique est connu pour son rôle central dans l'expression de gènes de défense chez les plantes supérieures en induisant des défenses, locales et à distance, comme la transcription de plusieurs ARN*m* spécifiques et de JIPs (*Jasmonate Induced Proteins*) incluant des inhibiteurs de protéases antinutritionnelles, des enzymes oxydatives ou diverses toxines.

L'addition d'acide (**pH** de 5,5 à 3,5) augmente la production de certains alcaloïdes dans les cultures de cellules de lupin.

De même, la qualité spectrale de l'éclairement, son intensité et sa photopériode peuvent affecter significativement les cultures cellulaires. Plusieurs travaux ont démontré les effets stimulateurs de l'éclairement sur la formation de composés comme les anthocyanines, la vindoline, la catharanthine, la caféine, etc. dans des cultures cellulaires en milieu liquide.

16.4.5. *Immobilisation de cellules*

L'immobilisation des cellules par leur **encapsulation** dans une matrice de **polymère** comme le gel d'alginate de calcium est communément employé dans ce cas, en raison de sa simplicité d'utilisation et de son innocuité. Les autres gels utilisés sont l'agarose, la gélatine, les carraghénanes, la mousse de polyuréthane et le polyacrylamide. L'encapsulation ne doit pas empêcher la libération du produit dans le milieu.

16.4.6. Perméabilisation des membranes

La perméabilisation des membranes cellulaires facilite la sortie des métabolites secondaires. Souvent, les produits formés s'accumulent dans les vacuoles. Pour les libérer, deux barrières membranaires doivent être rompues, le tonoplaste et la membrane plasmique. Les techniques utilisées peuvent être :

- chimiques : solvants organiques (isopropanol, diméthylsulfoxide), polysaccharides (chitosanes),
- physiques : traitement aux ultrasons, électroporation, etc.

16.4.7. Stress osmotique

Sous l'effet de la pression osmotique, la physiologie de la plante est profondément modifiée. L'une des manifestations les plus frappantes de cet effet est l'induction du **métabolisme** secondaire afin de produire des molécules osmotiquement actives dans les cellules. Dans la pratique, cet effet est obtenu par l'addition, dans le **milieu de culture** d'agents osmotiques, comme des substances glucidiques (saccharose, mannitol ou sorbitol) ou non glucidiques (polyéthylène glycol).

16.4.8. Génie métabolique

Le génie métabolique peut être défini comme la réorientation ou la modulation d'une voie métabolique afin d'augmenter la concentration d'un composé préexistant naturellement ou d'induire l'accumulation d'un nouveau produit. L'objectif visé est de produire des composés valorisables à une échelle économiquement intéressante. Par exemple, dans le cas de l'augmentation de l'accumulation du métabolite D, illustré par la figure 16.2, plusieurs possibilités peuvent être envisagées :

- augmentation de la production des **précurseurs** de métabolites (ex. A ou B ou C),
- augmentation de l'activité des **enzymes** clés qui catalysent des étapes limitantes dans une voie métabolique (ex. E1),
- induction de l'expression de gènes liés aux métabolites,
- blocage des voies compétitives (qui utilisent les mêmes produits intermédiaires) (ex. C à F),
- blocage du catabolisme du métabolite désiré pour permettre son accumulation (ex. D à E).

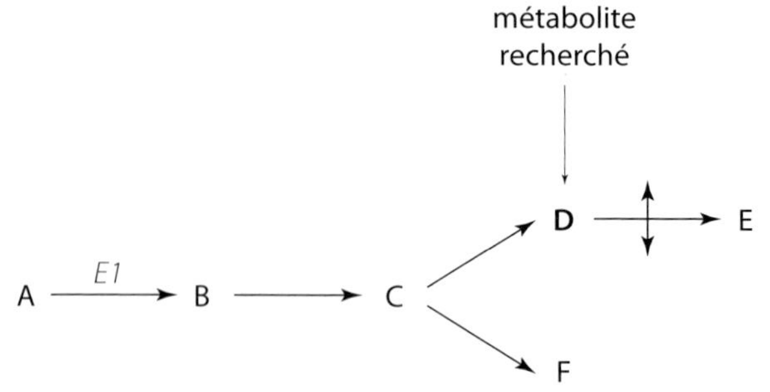

Figure 16.2 – Stratégie de surproduction d'un métabolite par génie métabolique

Ces deux dernières méthodes utilisent notamment la technique de l'**ARN antisens**. Il s'agit d'un ARN complémentaire d'une portion d'un autre ARN et inhibant son expression c'est à dire sa traduction en une protéine. Cette technique affecte seulement le caractère ciblé, alors que les techniques de sélections classiques sont souvent accompagnées d'autres effets indésirables.

16.5. APPLICATIONS ET PERSPECTIVES

À l'origine, la culture *in vitro* de cellules animales a été utilisée pour évaluer la toxicité de certains médicaments. Les améliorations apportées à la technique, aux milieux et aux équipements ont été telles que la culture *in vitro* est devenue une technique de routine pour produire des systèmes cellulaires modèles utilisés par des biologistes de toutes disciplines : biologie cellulaire, biochimie, enzymologie et physiologie.

16.5.1. BIOLOGIE CELLULAIRE ET BIOCHIMIE

C'est ainsi que la culture *in vitro* a permis de déterminer les besoins spécifiques des différents types de cellules en acides aminés ou en **vitamines** ainsi que pour élucider la nature des composés nécessaires à la multiplication cellulaire.

La culture *in vitro* constitue donc un outil efficace pour l'étude fondamentale des mécanismes de biosynthèse. Elle est aussi d'une grande utilité pour la compréhension des interactions entre cellules et agents pathogènes. Elle offre un outil de choix pour la recherche précoce de marqueurs spécifiques utilisables dans les programmes de sélection à condition que le caractère sélectionné à l'origine du marqueur soit bien fixé dans la descendance.

16.5.2. CRIBLAGE PHARMACEUTIQUE

Les cellules de mammifères font actuellement l'objet d'un intérêt croissant notamment dans le domaine du criblage pharmaceutique. Parmi les nombreuses **lignées cellulaires**, les cellules souches constituent pour la recherche fondamentale un outil précieux dans la compréhension des mécanismes de base comme la division, la différentiation et la physiologie de ces cellules particulières. Les cellules souches embryonnaires sont considérées comme un modèle de référence. Ces cellules ont deux caractéristiques :

- la capacité d'auto-renouvellement illimité, c'est-à-dire de se reproduire longtemps sans se différencier ;
- la capacité de donner naissance à des cellules progénitrices de transition, cellules dont proviennent des populations de cellules hautement différenciées (nerveuses, musculaires, hématiques, etc.).

16.5.3. PRODUCTION DE MOLÉCULES PHARMACEUTIQUES

16.5.3.1. CELLULES ANIMALES

La culture des cellules animales représente la source la plus importante pour un grand nombre de produits biopharmaceutiques. En effet, les cellules de mammifères sont le système d'expression préféré pour l'obtention de protéines recombinées à usage thérapeutique ; ceci étant du à leur capacité d'exprimer une grande variété de protéines ayant un profil de glycosylation qui ressemble à celui des protéines humaines normales.

Plusieurs types de ces cellules de mammifères, comme les cellules de rein de bébé hamster (*Baby Hamster Kidney* ou BHK), les cellules d'ovaires de hamster chinois (*Chinese Hamster Ovary* ou CHO) et les cellules embryonnaires de rein humain (*Human Embryonic Kidney* ou HEK) 293S, se multiplient naturellement lorsqu'elles sont cultivées en **suspension** dans un milieu approprié.

En raison de ces avantages, la recherche s'oriente vers le développement de cellules animales en tant que moyen de production commerciale. La demande en protéines thérapeutiques dérivées de la culture de cellules de mammifères ne cesse de croître, car, de plus en plus, de nouveaux produits sont approuvés. Certains de ces nouveaux produits comme des **anticorps** monoclonaux et des récepteurs de protéines doivent être administrés à des doses élevées; ceci nécessite une forte augmentation de leur production.

L'avènement de technologies basées sur ces approches a permis, à ce jour, la production à une échelle industrielle et à partir de cellules de mammifères, de plus de 30 nouveaux produits biopharmaceutiques autorisés à la mise sur le marché.

Ainsi, les cellules animales sont couramment employées pour produire diverses molécules thérapeutiques : vaccins (antiviraux inactivés, atténués, sub-unitaires, recombinants), facteurs de croissance, hormones, interférons, **insuline**, activateurs du plasminogène, anticorps, etc. C'est également le cas de la L-DOPA (L-3,4-dihydroxyphénylalanine) qui est un **précurseur** des catécholamines chez les animaux et qui est utilisé comme traitement de la maladie de Parkinson. Le tableau 16.2 donne quelques exemples de ces molécules.

Tableau 16.2 – Exemples de produits biopharmaceutiques obtenus par culture de cellules de mammifères
(D'après LANGDON S.P. : Molecular Biomethods Handbook, 2e éd., 2008, 1124 p., édité par J.M. WALKER & R. RAPLEY, tableau 49.2 p. 870, Humana Press, Totowa, NJ. Avec l'aimable permission de Springer Science + Business Media)

Catégorie de produit	Nom commercial	Type de culture cellulaire	Application
hormone	Follistim	CHO	stérilité
hormone lutéinisante	Luveris	CHO	stérilité
thyrotrophine-α	Thyrogen	CHO	cancer de la thyroïde
érythropoietine	Aranesp	CHO	anémie
interféron-β	Rebif	CHO	sclérose multiple
anti-IgE	Xolair	CHO	asthme
α-galactosidase	Fabrazyme	CHO	maladie de Fabry

▶ ANTICORPS POLYCLONAUX ET ANTICORPS MONOCLONAUX

Un **anticorps** polyclonal est obtenu à partir d'un animal immunisé, habituellement d'une espèce différente de celle de la source de l'**antigène**. Ainsi, l'organisme humain produit des anticorps si on lui injecte l'insuline d'un animal dès lors que cette dernière possède un épitope (déterminant antigénique) dont la séquence est différente de celle de l'insuline humaine. Un anticorps polyclonal contient un mélange d'anticorps réagissant contre un antigène spécifique ; chaque anticorps identifiant un épitope ou une région différente de l'antigène. En raison des interactions multiples des anticorps polyclonaux, leur liaison à l'antigène est forte et se traduit habituellement par un précipité (*in vitro*).

Un anticorps monoclonal est un anticorps produit artificiellement à partir d'un seul et unique clone de **lymphocytes** B et, donc, spécifique d'un seul épitope (déterminant antigénique) de l'antigène.

▷ *TECHNOLOGIE DES HYBRIDOMES*

Un animal peut produire plusieurs millions d'anticorps différents. Dans le corps, les lymphocytes peuvent produire beaucoup de types d'anticorps (polyclonaux) contre des antigènes. En raison de cette hétérogénéité, l'isolement d'une seule lignée unicellulaire qui produit seulement un anticorps à partir du mélange de cellules polyclonales est une tâche très délicate. La technologie d'**hybridome** se base sur une méthode plus simple pour produire une lignée unicellulaire de cellules polyclonales et met en œuvre la fusion de deux types de cellules génétiquement différentes : les cellules myélomateuses immortalisées (cellules tumorales du myélome) et les lymphocytes-B produits par les cellules de la rate (qui ne sont pas cultivables). La fusion génère des cellules hybrides, appelées hybridomes, produisant l'anticorps monoclonal qui a été à l'origine produit par le lymphocyte-B et qui est spécifique de l'antigène ayant servi à immuniser la souris.

La fabrication d'hybridomes est un bon exemple d'utilisation de la culture des cellules animales en milieu liquide. Le succès clinique et commercial des anticorps monoclonaux justifie la nécessité d'une production à très grande échelle par culture de cellules de mammifères. Cela a conduit à l'expansion rapide des capacités industrielles globales, une augmentation du volume des réacteurs (jusqu'à 20 000 L) et un effort soutenu en vue d'améliorer l'efficacité du processus avec réduction concomitante des coûts de production.

Actuellement, une vingtaine d'anticorps monoclonaux sont approuvés pour usage thérapeutique. La majorité de ces anticorps est produite par la technologie de l'ADN recombinant (pour le principe, voir Chapitre 9 – Produits sanguins, § 9.4.3.1) alors que trois seulement sont des anticorps murins produits par des hybridomes. Les anticorps recombinants sont produits par des systèmes d'expression de cellules mammaliennes qui utilisent soit l'ovaire du hamster chinois (CHO), soit des lignées de cellules lymphoïdes murines. La plupart des produits utilisés dans les essais cliniques sont des anticorps entiers produits dans des systèmes de cellules mammaliennes mais quelques-uns sont des fragments d'anticorps qui peuvent être produits par des microorganismes comme *E. coli*.

La **productivité** des cellules de mammifères a été radicalement améliorée ces dernières années de sorte que les cultures cellulaires peuvent produire des concentrations d'anticorps dépassant 5 g/L ; ce résultat provient des améliorations de la technologie de l'expression et de l'optimisation du processus, en particulier en amont, au stade de la culture cellulaire.

Pour obtenir un **anticorps** monoclonal, on a recours aux étapes suivantes :

1. Immunisation d'une souris par injections répétées (3 à 5) d'un **antigène**.
2. Prélèvement de la rate de la souris après quelques semaines. Au cours de cette période, des cellules produisant des anticorps contre l'antigène sont formées en quantité suffisante dans la rate.
3. Isolement des **lymphocytes**-B de la rate par broyage suivi d'une **centrifugation** sur gradient de densité.
4. Fusion des lymphocytes-B avec des cellules myélomateuses en présence d'un agent fusiogène, le polyéthylène glycol (PEG) ou, mieux, à l'aide d'un champ électrique (électrofusion). Les cellules myélomateuses sont déficientes en hypoxanthine-guanine phosphoribosyl transférase ($HGPRT^-$) ou en tymidine kinase (TK^-) et par conséquent, incapables de synthétiser leurs nucléotides ni par la voie endogène, ni à partir des **précurseurs** fournis par le milieu HAT qui contient l'aminoptérine, un inhibiteur de la voie de biosynthèse des bases puriques et pyrimidiques (fig. 16.3). Les cellules myélomateuses sont employées pour la fusion parce que les lymphocytes obtenus après immunisation sont incapables de croître continuellement en culture. Par conséquent, la fusion des lymphocytes avec des cellules myélomateuses mène à l'immortalisation (durée infinie) des cellules.
5. Développement des cellules fusionnées ou **hybridomes** en **suspension** dans un milieu sélectif HAT (hypoxanthine, aminoptérine et thymine). Dans ce milieu, seuls les hybrides lymphocytes ($HGPRT^+$/cellules myélomateuses ($HGPRT^-$) survivent, tandis que les cellules myélomateuses non fusionnées meurent et les lymphocytes non fusionnés disparaissent après quelques divisions,
6. Sélection des hybridomes sécrétant des anticorps spécifiques d'un déterminant antigénique particulier, à l'aide de techniques immuno-enzymatiques (**ELISA**), radio-immunologiques (RIA), immunofluorescentes, etc.
7. Les hybridomes peuvent être :
   - soit cultivées sur milieu gélosé, la production d'anticorps est alors modeste (1 µg/mL),
   - soit injectées dans la cavité péritoniale de souris (de lignée définie) dont le système immunitaire est rendu non fonctionnel par injection d'un inhibiteur. La souris développe alors une tumeur d'où l'on peut prélever par ponction le liquide d'ascite (épanchement péritonéal) qui contient 2 à 10 mg/mL (soit 1 000 fois plus) d'anticorps monoclonal du type dicté par les lymphocytes-B.

L'avantage des ascites est qu'elles sont alimentées en permanence par l'organisme de la souris ce qui permet de prolonger la production de la culture pendant plusieurs semaines, alors que dans les milieux de culture *ex vivo* l'épuisement des ressources oblige à faire des repiquages fréquents.

La production d'anticorps monoclonaux est aussi possible avec d'autres animaux comme le rat, le lapin, le cobaye, la chèvre, la poule, etc.

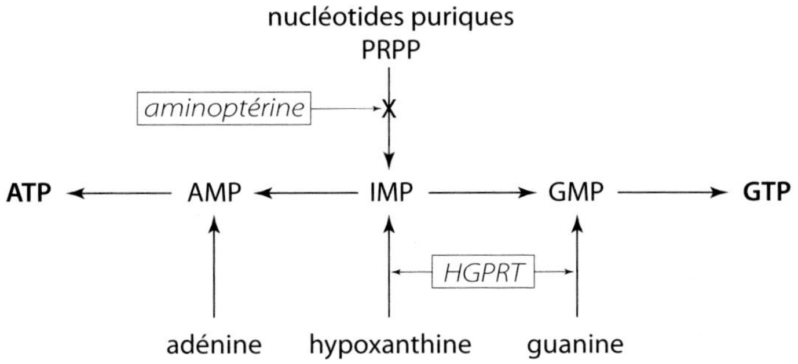

PRPP = α-5-phosphoribosyl-1-pyrophosphate
ATP = adénosine triphosphate
AMP = adénosine monophosphate
IMP = inosine monophosphate
GMP = guanosine monophosphate
GTP = guanosine triphosphate
HGPRT = hypoxanthine-guanidine - phosphoribosyl transférase

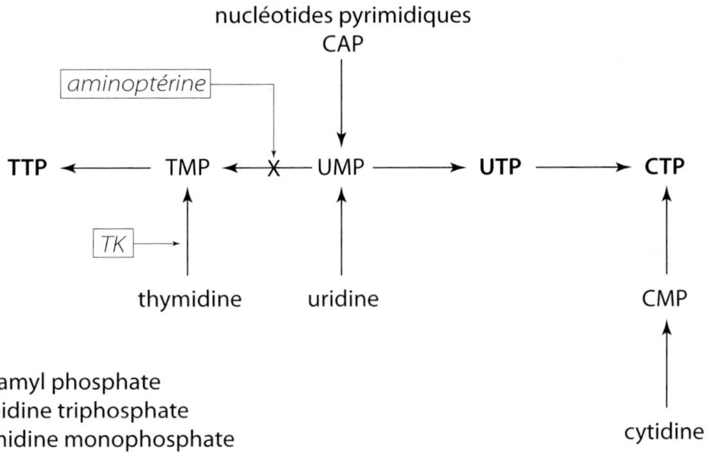

CAP = carbamyl phosphate
TTP = thymidine triphosphate
TMP = thymidine monophosphate
UMP = uridine monophosphate
UTP = uridine triphosphate
CTP = cytidine triphosphate
CMP = cytidine monophosphate
TK = thymidine kinase

Figure 16.3 – Voies de biosynthèse des nucléotides

▷ *IMPORTANCES MÉDICALE ET BIOLOGIQUE*

- Les **anticorps** monoclonaux sont employés pour identifier des quantités infimes d'antigène dans le corps grâce à leur haut degré de spécificité.
- Élimination de certaines toxines de la circulation sanguine en employant des anticorps monoclonaux.

- Dans la thérapie du cancer, des anticorps monoclonaux sont utilisés pour transporter une substance cytotoxique destinée à neutraliser des cellules cancéreuses, sans nuire aux autres cellules saines du corps.
- En imagerie médicale, des anticorps monoclonaux marqués à l'aide de molécules fluorescentes, sont aussi utilisés pour localiser des cellules cancéreuses.
- Des anticorps monoclonaux sont employés pour purifier des **enzymes**.
- Ils sont employés dans l'isolement d'antigènes spécifiques à partir d'un mélange de protéines.
- Ils sont utilisés dans le diagnostic immunologique de la présence d'agents infectieux dans le corps humain.
- Enfin, ils peuvent être employés en hématologie pour la détermination de groupes sanguins particuliers.

16.5.3.2. CELLULES VÉGÉTALES

Les plantes produisent une grande diversité de métabolites secondaires pour leur défense et leur survie. Le nombre de ces métabolites dépasse actuellement 30 000 substances identifiées. À l'échelle mondiale, plus de 120 médicaments prescrits actuellement sont des dérivés de plantes. Beaucoup de ces substances sont difficiles, sinon impossibles à synthétiser chimiquement, ou difficiles à produire. Il est aussi souvent difficile d'augmenter les quantités produites par les microorganismes par les techniques de génie génétique. Les cellules végétales sont biosynthétiquement totipotentes ce qui signifie que chaque cellule est capable d'exprimer l'information génétique qu'elle contient, ce qui lui permet théoriquement de produire toute la gamme de produits rencontrés chez la plante mère. Elles peuvent donc, dans certaines conditions de culture *in vitro*, synthétiser des métabolites secondaires et constituer alors une alternative à la synthèse chimique ou à l'**extraction** à partir de la plante entière de certains produits.

Les avantages de cette **biotechnologie** par rapport à la production agricole conventionnelle sont les suivants :

- la culture *in vitro* de cellules végétales n'est pas dépendante des conditions de l'environnement et des variations saisonnières naturelles ;
- les cellules peuvent proliférer à des vitesses de croissance plus grandes que les plantes entières en culture ;
- la possibilité de produire des composés nouveaux qui n'existent pas normalement chez la plante mère ;
- la cellule végétale peut exécuter des **biotransformations** stéréo- et régio-spécifiques pour la production de composés nouveaux à partir de **précurseurs** abondants et bon marché.

Parmi les produits les plus prescrits figurent des molécules complexes dont des stéroïdes, des analgésiques, des molécules cardiotoniques, des produits anti-infectieux et anticancéreux, etc. Les tableaux 16.3 et 16.4 donnent quelques exemples de substances produites par cette voie, avec des **rendements** souvent plus intéressants que ceux obtenus par la culture conventionnelle.

Tableau 16.3 – Produits obtenus par culture de cellules végétales pour des applications industrielles ou pharmaceutiques

Produit	Utilisation	Espèce végétale
acide rosmarinique	antioxydant ▪ épice	*Digitalis lanata* ▪ *Coleus blumei* ▪ *Anchusa officinalis* ▪ *Lithospermum erythrorhizon*
anthocyanines	veinotoniques ▪ antioxydants ▪ colorants	*Vitis vinifera* ▪ *Daucus carota*
atropine	parasympatholytique	*Atropa belladonna*
berbérine	antiseptique intestinal	*Coptis japonica*
bétacyanines	colorants (pharmacotechnie et industrie agro-alimentaire)	*Chenopodium rubrum*
bétalaïnes	colorants alimentaires	*Beta vulgaris* ▪ *Chenopodium rubrum*
camptothécine	antitumoral	*Camptotheca acuminata*
capsaïcine	additif alimentaire piquant	*Capsicum frutescens* ▪ *Capsicum annuum*
cardénolides	glycosides cardiotoniques	*Digitalis* spp.
caroténoïdes	colorants	*Lycopersicon esculentum*
codéine	analgésique	*Papaver somniferum*
crocine	colorant	*Crocus sativus*
digitoxine	cardiotonique	*Digitalis purpurea*
digoxine	cardiotonique	*Coleus blumei*
diosgénine	synthèse d'hormones	*Discorea deltoides*
L-DOPA (= L-3,4-dihydroxyphénylalanine)	traitement de la maladie de Parkinson	*Stizolobium hassjoo* ▪ *Mucuna pruriens*
géraniol	parfum ▪ répulsif d'insectes	*Geranium* spp.
glycyrrhizine	édulcorant	*Glycyrrhiza glabra*
jatrorrhizine	antimicrobien	*Berberis wilsoniae*
morphine	analgésique	*Papaver somniferum*
nicotine	insecticide	*Nicotiana tabacum*
péroxydase	décompose les peroxydes	*Raphanus* spp.
podophyllotoxine	antitumorale (antimitotique)	*Podophyllum peltatum*
quinine	anti-malarial ▪ antipyrétique	*Cinchona ledgeriana*
réserpine	cardiotonique	*Rauwolfia serpentina*
scopolamine	parasympatholytique	*Atropa belladonna*
serpentine	antihypertensive	*Catharanthus roseus*
shikonine	colorant	*Lithospermum erythrorhizon*
stévioside	édulcorant	*Stevia rebaudiana*
taxol et produits dérivés (taxoïdes)	antitumoraux (antimitotiques)	*Taxus brevifolia* ▪ *Taxus chinensis*
thaumatine	édulcorant	*Thaumatococcus danielli*
vincristine et vinblastine	antitumoraux	*Catharanthus roseus*
thébaine (convertie en codéine)	analgésique et antitussif	*Papaver bracteatum*

Les métabolites secondaires sont recherchés pour leurs activités biologiques très diverses. Ces activités comprennent des activités antibactériennes, anticancéreuses, antifongiques, antioxydantes, etc. utilisées dans les secteurs industriels de l'agriculture, de l'alimentation et de la pharmacie. À cause de ces nombreuses utilisations, le marché global annuel des extraits végétaux et des métabolites secondaires isolés dépasse les 10 milliards de dollars américains. La valeur pharmacologique des métabolites secondaires végétaux augmente en raison des découvertes récentes et continues sur leurs rôles thérapeutiques potentiels et comme **précurseurs** pour le développement de nouveaux médicaments.

Les métabolites secondaires, généralement de 1 à 3 % du poids sec, sont synthétisés dans des cellules spécialisées à des stades de développement distincts et ont des structures très complexes, ce qui rend leur **extraction** et leur purification difficiles. Le contenu en **biomasse** des métabolites secondaires peut maintenant être augmenté par des techniques de culture de cellules en **bioréacteurs** afin de faciliter une production continue à grande échelle.

Tableau 16.4 – Exemples de métabolites secondaires obtenus par culture de tissus végétaux avec des rendements plus élevés que ceux obtenus avec la plante entière

Métabolites	Espèce végétale	Rendement (en g/L)	Rapport culture *in vitro*/plante
acide rosmarinique	*Coleus blumei*	5,6	5-9
anthraquinones	*Galium aparine* *Morinda citrifolia*	0,43 2,5	20 8
berbérine	*Coptis japonica* *Thalictrum minus*	1,7 0,8	2,6-3,3 1000
caféine	*Coffea arabica*	-	92
nicotine	*Nicotiana tabacum*	-	2
saponines	*Panax ginseng*	-	6,7
shikonine	*Lithospermum erythrorhizon*	1,5 - 4	14
tripdiolide	*Tryterigium wilfordii*	0,004	36
ubiquinone	*Nicotiana tabacum*	-	173
vomilenine	*Rauwolfia serpentina*	0,057	51

Les bioréacteurs sont de grandes enceintes destinées à la culture de cellules sur des milieux appropriés sous des conditions d'environnement stériles. Ils offrent également la possibilité de suivre et de contrôler les paramètres internes tels que la circulation de l'air, la lumière, la température, le **pH**, la teneur en oxygène dissous, la disponibilité des substances de croissance, etc. Beaucoup de progrès ont été accomplis sur l'optimisation de ces systèmes pour la production de métabolites précieux extraits traditionnellement de plantes médicinales tels que les ginsenosides, la shikonine (fig. 16.4) et diverses substances anticancéreuses. Conduites en bioréacteur, les cultures optimisées de cellules de plantes médicinales pourraient permettre finalement à la production en masse de métabolites phytopharmaceutiques à haute valeur ajoutée.

La principale difficulté dans l'obtention du paclitaxel (fig. 16.4), molécule à propriétés anticancéreuses très intéressantes, est l'approvisionnement en matières première étant donné la très faible teneur des écorces des ifs en ce principe (environ 0,01 % du poids de **matière sèche**) et la croissance très lente de cet arbre. L'extraction conventionnelle du paclitaxel (Taxol®) exigeait la récolte des écorces d'un arbre centenaire, l'If (*Taxus brevifolia*), pour obtenir 1 kg de composé actif. L'efficacité du taxol a entraîné une demande importante qui pouvait conduire à la destruction massive de cette espèce. Il existe quatre alternatives pour l'obtention du paclitaxel : l'**hémisynthèse** de son **précurseur** naturel (10- deacétylbaccatine III), la synthèse totale, la production par les moisissures ou les **bactéries** (Brevets américains 5561055, 1996 et 6329193, 2001) et la culture cellulaire. C'est la culture cellulaire de *Taxus* spp., qui est actuellement considérée comme l'alternative prometteuse et stable à long terme pour la production des taxoïdes.

Le taxol est connu comme étant un « poison » du fuseau achromatique. Il se lie aux microtubules qui deviennent alors extrêmement stables et statiques, de sorte que la division cellulaire est bloquée. Il favorise la polymérisation de la tubuline en microtubules mais inhibe leur dépolymérisation.

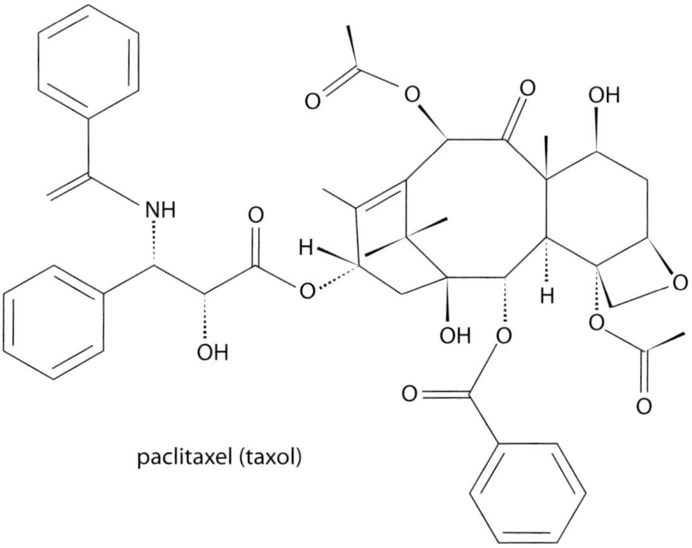

paclitaxel (taxol)

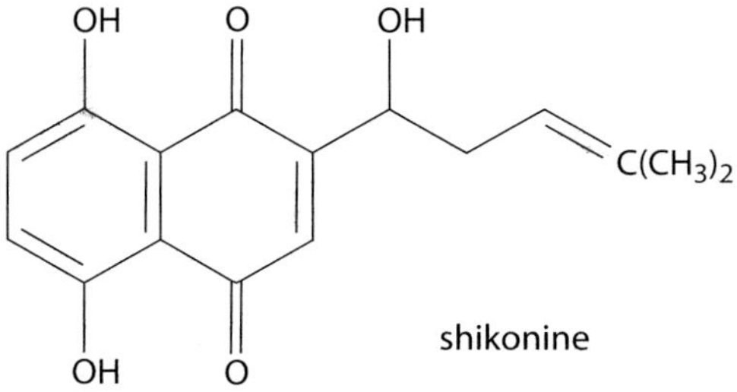

shikonine

Figure 16.4 – Structures du paclitaxel et de la shikonine

Plusieurs centaines (plus de 400) de structures différentes de taxoïdes sont connues et dont plusieurs ont montré une activité semblable ou même supérieure au paclitaxel ; d'autres peuvent s'avérer utiles comme **précurseurs** pour la production de paclitaxel. Certains taxanes, autres que le paclitaxel, sont à divers stades des essais cliniques.

Ces dernières années ont vu de grands progrès dans la production de taxoïdes par cultures de cellules. Ainsi, la production de paclitaxel a été améliorée plus de cent fois par comparaison à ce qui avait été rapporté dans le premier brevet (U.S. patent 5019504, 1991) déposé, c'est-à-dire, d'environ 1 mg/L à plus de 100 mg/L.

La possibilité de cultiver des **suspensions** cellulaires ou des tissus de plantes, à l'image des microorganismes, offre de nouvelles perspectives dans la production de métabolites biologiquement intéressants spécifiques des végétaux (alcaloïdes, **insecticides**, **enzymes**, pigments, **bioconversion** de certains composés, etc.). Ces applications sont actuellement largement exploitées dans les domaines **agro-alimentaire** ou pharmaceutique.

16.5.4. Biotransformations

Un **substrat** exogène (d'origine naturelle ou xénobiotique) peut être biotransformé par une souche cellulaire sans qu'il y ait de relation théorique entre l'espèce végétale ayant fourni la souche et le métabolite ajouté comme substrat. Il convient donc d'effectuer un criblage préalable afin de tester, parmi les souches disponibles, la plus apte à effectuer une **bioconversion**.

De plus, il est possible d'orienter le **métabolisme** cellulaire vers la biosynthèse d'un métabolite secondaire intéressant, ou de sélectionner, parmi d'autres, les cellules capables d'effectuer cette biosynthèse efficacement. Le tableau 16.5 donne quelques exemples de produits obtenus par **biotransformations** de substrats naturels. Les composés synthétisés *in vitro* peuvent être absents de la plante entière, voire même inconnus dans le monde végétal.

Tableau 16.5 – Exemples de produits obtenus par biotransformations de substrats naturels à l'aide de cultures de cellules végétales

Espèce végétale	Substrat	Produit
Capsicum frutescens	acide férulique vanillylamine digitoxine iso-eugénol	capsaïcine, vanilline capsaïcine, vanilline digoxine vanilline, capsaïcine
Catharanthus roseus	vindoline	vincristine
Digitalis lanata	digitoxine	digoxine
Digitalis purpurea	digitoxine	digoxine
Papaver somniferum	thébaine	codéine
Podophyllum hexandrum	alcool coniférylique	podophyllotoxine
Spirulina platensis	codéine	morphine

L'intérêt des bioconversions est qu'elles sont très spécifiques puisqu'elles concernent un composé de structure définie (stéréospécificité) et une réaction déterminée qui ne peut pas être facilement effectuée par synthèse chimique ou par tout autre moyen. Elles peuvent être de différents types : réduction, oxydation, isomérisation, hydrolyse, hydroxylation, méthylation, déméthylation, acétylation, **estérification**, époxydation, saponification, etc.

Cependant, pour qu'un processus de biotransformation soit réussi et viable, les conditions suivantes doivent être satisfaites :
- la culture cellulaire doit posséder les **enzymes** nécessaires,
- le substrat ou le **précurseur** ne doivent pas être toxiques pour la culture,
- le substrat doit atteindre le compartiment cellulaire, siège de la réaction,
- la vitesse de la formation du produit recherché doit être plus rapide que celle de sa métabolisation ultérieure.

Les glycosylations, autre exemple difficilement réalisable par d'autres procédés, sont rendues possibles à l'aide de cellules végétales maintenues en culture. Par exemple, des cellules de *Stevia rebaudiana* (Asteraceae) réalisent la transformation du stéviol (sans goût particulier) en un glycoside, le stéviobioside dont la **saveur** sucrée, 300 fois supérieure à celle du saccharose, lui permet d'être utilisé comme **édulcorant**. De même, l'acide salicylique est glycosylé par des cultures cellulaires de *Mallotus japonica*, (Euphorbiaceae). Le nouveau composé présente une activité analgésique plus rapide que celle de l'aspirine et est mieux toléré par l'estomac.

En **suspension** cellulaire, les précurseurs sont ajoutés directement.

Les cellules végétales sont capables de réaliser des bioconversions de composés naturels ou artificiels introduits dans leur **milieu de culture**. Ainsi, les suspensions cellulaires de la digitale laineuse (*Digitalis lanata*, Scrophulariaceae), **immobilisées** dans l'alginate, sont capables de transformer, avec un rendement élevé, la β-méthyldigitoxine (un **sous-produit** d'**extraction**) en β-méthyldigoxine (molécule douée de propriétés thérapeutiques). Ces transformations se révèlent très difficiles et onéreuses et elles sont souvent impossibles par voie chimique ou microbiologique. La digoxine est un alcaloïde très précieux dont la teneur dans les feuilles est 10 fois plus faible que celle de la digitoxine moins utile. La β-méthydigitoxine est transformée par ces cellules avec un rendement qui peut atteindre 93,5 % et la β-méthydigoxine est aussi efficace que la digoxine elle-même.

Développées depuis plus de 100 ans, les cultures de cellules qu'elles soient animales ou végétales sont présentes dans de nombreux domaines d'activité dépendants de la biochimie de par les molécules à haute **valeur ajoutée** qu'elles permettent de produire dans des conditions de plus en plus contrôlées et de mieux en mieux maîtrisées.

Différentes industries et plus particulièrement les industries pharmaceutiques et agroalimentaires ont mis en place des dispositifs intensifs de production, essentiellement des **fermenteurs** permettant de cultiver des cellules en hétérotrophie. Pour les cellules autotrophes issues du monde végétal, le développement de photobioréacteurs de plus en plus performants devraient permettre prochainement le transfert au monde industriel.

Dans le même temps s'est constitué au niveau d'organismes nationaux (laboratoire « Origine, Structure et Evolution de la Biodiversité » du Museum National d'Histoire Naturelle) ou internationaux (*European Collection of Cell Cultures, ECACC*, affiliée à *Health*

Protection Agency Culture Collection ; German Collection of Microorganisms and Cell Cultures, etc.), des collections de lignées de cellules vivantes de toutes catégories en général cryo-préservées. Mises à disposition des laboratoires, ces collections qui ne cessent d'augmenter sont un matériel de choix incontournable lors de nombreuses expérimentations et de tests *in vitro*.

En outre, les cultures *in vitro* constituent un matériel de choix dans l'application de méthodes analytiques émergentes comme la métabolomique, pour l'étude du profil chimique des cellules, tissus ou organes, avec en aval, l'énorme potentiel de découverte de nouvelles molécules thérapeutiques. L'avènement de la génomique et des technologies connexes a créé un changement radical dans la conception des protocoles de recherche sur les systèmes biologiques. Les approches traditionnelles de la biochimie et de la biologie moléculaire, où les processus cellulaires étaient étudiés individuellement et souvent indépendamment les uns des autres, ont cédés la place à un concept plus global d'analyse de la composition cellulaire dans son intégralité, afin d'obtenir l'image la plus complète possible du métabolisme de la cellule et de ses variations spatio-temporelles. En effet, l'évolution des techniques analytiques progressent rapidement permettant des mesures simultanées, comme le criblage à haut débit de plusieurs substances, au niveau de la transcription (transcriptomique), des protéines (protéomique) et des métabolites (métabolomique). Ces développements sont nés principalement des exigences du secteur de la santé étant donné que les approches « -omiques » présentent d'énormes potentialités pour les industries pharmaceutiques mais aussi pour les industries agro-alimentaires et l'agrochimie.

Annexes

AUTOÉVALUATION

PARTIE I – SUBSTANCES D'ORIGINE VÉGÉTALE

CHAPITRE 1 – GLUCIDES

▶ **QROC** (Questions à réponses ouvertes courtes)

1.1 Décrire la structure d'un monosaccharide et citer trois monosaccharides importants en nutrition.

1.2 Citer trois disaccharides couramment rencontrés dans les aliments et quels sont leurs monosaccharides constitutifs ? Dans quels aliments typiques sont-ils trouvés ?

1.3 Quelles sont les principales sources industrielles de saccharose ?

1.4 Qu'appelle-t-on inversion du saccharose ?

1.5 Comparer les réactions de condensation et d'hydrolyse d'une liaison glycosidique.

1.6 Par quel(s) mécanisme(s) la concentration du sang en glucose est-elle maintenue constante ?

1.7 Qu'appelle-t-on produits amylacés ? En donner quelques exemples.

1.8 Quelles sont les principales différences entre les structures de l'amylose et de l'amylopectine ?

1.9 Expliquer, à l'aide d'un exemple, l'influence de la variation des proportions respectives de l'amylose et de l'amylopectine sur certaines préparations alimentaires.

1.10 Qu'est ce qu'une réaction de réticulation de l'amidon ? Pourquoi utiliser ce procédé ?

1.11 Comment expliquer les spécificités de coupure des différentes α-amylases ?

1.12 Quelles sont les différences entre une α-amylase et une β-amylase ?

1.13 Quelles sont les différentes enzymes de débranchement ? Quelles sont leurs spécificités ?

1.14 Quel est l'intérêt de l'utilisation de la « glucose isomérase » ?

1.15 Quels sont les intérêts d'une hydrogénation des sirops de glucose ?

1.16 Quel est le caractère distinctif concernant le mode de liaison entre les unités constitutives de l'amylose et de la cellulose ?

1.17 Décrire les principales étapes de la production du sirop de fructose à partir d'amidon.

1.18 Quels sont les avantages du sirop de fructose utilisé comme édulcorant comparé au glucose ?

1.19 Nommer un édulcorant naturel et un édulcorant de synthèse.

1.20 De quelles plantes est extrait l'amidon destiné à la production du sirop de fructose ?

1.21 Quel est le rôle fondamental de la cellulose ?

1.22 Citer deux produits obtenus industriellement à partir de l'amidon. Donner, pour chaque produit, un exemple d'application.

1.23 Il existe plusieurs qualités de sirops de fructose (HFCS), par exemple HFCS 40, HFCS 55, etc. À quoi se rapportent ces dénominations commerciales ?

1.24 Comment obtient-on le furfural à partir des produits naturels ?
1.25 Qu'appelle-t-on cyclodextrines ? Comment les obtient-on ?
1.26 Quelles sont les propriétés des cyclodextrines ?
1.27 Quelles sont les applications des cyclodextrines ? Donner un exemple dans chaque cas.
1.28 Que sont les pectines ? Donner deux exemples de leurs applications.
1.29 Différencier les acides pectiques des acides pectiniques. Quelles sont les propriétés des gels qui en découlent ?
1.30 Quelles sont les différentes classes d'enzymes pectolytiques et leurs points d'attaque ?
1.31 Quelle est la différence entre les gommes et les mucilages ?
1.32 Quels facteurs ont contribué au développement des biocombustibles ?
1.33 Qu'est-ce qu'un coproduit ?
1.34 Définir les hétérosides.

▸ **QCM** (Questions à choix multiple, plusieurs réponses possibles)

1.35 Tous les glucides sont :

a. des polymères,
b. des sucres simples,
c. constitués de un ou plusieurs sucres simples,
d. situés dans les membranes biologiques,
e. plus solubles dans les solvants polaires que dans les solvants non polaires.

1.36 Les glucides sont présents dans tous les aliments, à l'exception :

a. du lait,
b. de la viande,
c. du pain,
d. des fruits.

1.37 Les disaccharides comprennent :

a. l'amidon, l'inuline et la cellulose,
b. l'amylose et les pectines,
c. le saccharose, le maltose et le lactose,
d. le glucose, le xylose et le fructose.

1.38 Un disaccharide est formé à partir de deux monosaccharides par :

a. digestion,
b. hydrolyse,
c. condensation,
d. néoglucogenèse.

1.39 La forme de stockage du glucose dans l'organisme humain est :

a. le glucagon,
b. le maltose,
c. l'insuline,
d. le glycogène.

1.40 *Le saccharose :*

a. est une forme de transport des sucres chez les végétaux,
b. est un constituant de la sève élaborée,
c. est un sucre dont la biosynthèse est stimulée par la lumière,
d. est le précurseur de la cellulose.

1.41 *Les plantes stockent les glucides sous forme :*

a. d'amidon,
b. de cellulose,
c. d'inuline,
d. d'hémicelluloses,
e. de glucose.

1.42 *La cellulose se rencontre au niveau :*

a. des chloroplastes,
b. du cytoplasme,
c. de la membrane cytoplasmique,
d. de la paroi végétale.

1.43 *L'amidon est un :*

a. hétéropolymère du D-glucose et de D-galactose,
b. homopolymère de galactose,
c. polymère linéaire,
d. polysaccharide de structure.

1.44 *L'amidon :*

a. est synthétisé dans le stroma du chloroplaste,
b. est synthétisé dans le cytosol,
c. contient du glucose,
d. contient du fructose,
e. est un polymère.

1.45 *La principale différence entre l'amidon et la cellulose est que :*

a. l'amidon est un polysaccharide, mais pas la cellulose,
b. les animaux peuvent stocker le glucose sous forme d'amidon, mais pas sous forme de cellulose,
c. le métabolisme énergétique utilise le glucose de la cellulose, mais pas celui de l'amidon,
d. les enzymes digestives peuvent couper les liaisons de l'amidon, mais pas celles de la cellulose.

1.46 *Le produit ultime du catabolisme de l'amidon est :*

a. l'amylose,
b. le glucose,
c. le saccharose,
d. les dextrines.

1.47 *L'enzyme qui coupe un disaccharide en glucose et en galactose est :*

a. l'amylase,
b. la maltase,
c. l'invertase,
d. la lactase.

Chapitre 2 – Protides

▸ QROC

2.1 Que veut dire amphotère ?
2.2 Qu'est ce qu'un mélange racémique ?
2.3 Quel est l'intérêt du glutamate de sodium ?
2.4 Quelles sont les techniques utilisées dans la production industrielle des acides aminés ?
2.5 Quelle est la nature des liaisons entre les différentes sous-unités d'une protéine ?
2.6 Quels sont les différents types de liaisons qui interviennent dans la détermination de la configuration spatiale d'une protéine oligomérique ?
2.7 Présenter la diversité structurale des protéines végétales et ses relations avec leurs diversités fonctionnelles.
2.8 Quelles sont les propriétés fonctionnelles des protéines exploitées en industrie ? Donner un exemple dans chaque cas.
2.9 Quelles sont les différences entre concentrats, hydrolysats et isolats protéiques ?
2.10 Quel est l'intérêt nutritionnel d'un hydrolysat protéique ?
2.11 Que signifie dénaturation d'une protéine ? Quels peuvent en être les facteurs?
2.12 Comment varie la solubilité d'une protéine en fonction du pH ? Pourquoi ?
2.13 Que veut dire modifications post-traductionnelles ? Donner des exemples.
2.14 Quelles sont les techniques les plus appropriées pour déterminer la taille moléculaire des protéines et dans quelles conditions ?
2.15 Que veut dire protéomique ?

▸ QCM

2.16 *Laquelle de ces affirmations est correcte ?*

a. tous les acides aminés possèdent au moins un carbone asymétrique,
b. le test à la ninhydrine met en évidence uniquement les acides aminés de la série L,
c. le caractère amphotère des acides aminés est dû à la présence dans leurs molécules de groupements carboxyliques uniquement,
d. seuls les acides aminés aromatiques absorbent dans l'UV vers 280 nm,
e. les acides aminés naturels appartiennent à la série D.

2.17 *Toutes les protéines :*

a. sont des enzymes,
b. se composent de une ou plusieurs chaînes polypeptidiques,
c. sont des acides aminés,

d. présentent des structures quaternaires,
e. possèdent des groupements prosthétiques,
f. sont des polymères de nucléotides,
g. sont des polymères d'acides aminés,
h. sont globulaires,
i. contiennent un résidu glucidique.

2.18 *Les facteurs anti-nutritionnels associés aux protéines végétales sont :*

a. des hétérosides cyanogènes,
b. des facteurs anti-trypsiques,
c. des hémaglutinines,
d. le gossypol,
e. des tanins.

2.19 *Par quel moyen peut-on se débarrasser des facteurs anti-nutritionnels :*

a. par cuisson, les traitements thermiques détruisant les facteurs anti-nutritionnels,
b. par traitement chimique à base d'alcalis,
c. par traitement chimique à base de solvant organique (hexane ...),
d. par sélection génétique de variétés pauvres en facteurs anti-nutritionnels,
e. grâce au génie génétique (création de variétés OGM).

Chapitre 3 – Lipides

▶ QROC

3.1 Que veut dire amphiphile ?

3.2 Qu'appelle-t-on lipides simples et lipides complexes ? Donner un exemple dans chaque cas.

3.3 Qu'appelle-t-on lipides neutres ?

3.4 Quel est le stérol le plus important dans l'organisme ?

3.5 Quelles sont les vitamines liposolubles ?

3.6 Le raffinage des huiles végétales comporte différentes opérations distinctes? Décrire les principales étapes du raffinage et quel est le but de chacune d'elles ?

3.7 De quoi dépend la température de fusion d'une huile ? Comment peut-on la modifier ?

3.8 Quel est l'intérêt de cette transformation ?

3.9 Quels sont les produits obtenus industriellement à partir d'huile de ricin ?

3.10 Quelles sont les principales familles d'huiles et de graisses ? Quelles sont leurs caractéristiques ?

3.11 Quelle différence y a-t-il entre huile de palme et huile de palmiste ?

▶ QCM

3.12 *Tous les lipides sont :*

a. des triglycérides,
b. polaires,
c. hydrophiles,
d. des polymères,
e. plus solubles dans des solvants non polaires que dans l'eau.

3.13 *Dans le cas d'un acide gras insaturé, le point de fusion :*

a. augmente avec la longueur de la chaîne hydrocarbonée et avec le degré d'insaturation,
b. diminue avec la longueur de la chaîne hydrocarbonée et augmente avec le degré d'insaturation,
c. augmente avec la longueur de la chaîne hydrocarbonée et diminue avec le degré d'insaturation,
d. diminue avec la longueur de la chaîne hydrocarbonée et diminue avec le degré d'insaturation.

3.14 *Laquelle de ces affirmations est fausse ?*

a. les acides gras *trans* ont une chaîne hydrocarbonée droite alors que ceux de configuration *cis* ont une chaîne ramifiée,
b. les acides gras *trans* peuvent se former durant l'hydrogénation des huiles,
c. les acides gras *trans* ont des points de fusion plus bas que ceux des acides gras correspondants de configuration *cis*,
d. un stéréoisomère *trans* diffère de son homologue *cis* par le fait que les groupements similaires attachés aux carbones de la double-liaison sont sur les cotés opposés,
e. aucune de ces affirmations n'est fausse.

3.15 *L'acide gras suivant, de formule $CH_3(CH_2)_7CH = CH(CH_2)_{11}COOH$, est un :*

a. acide oméga-9,
b. acide gras insaturé,
c. acide gras insaturé oméga-7,
d. acide gras saturé oméga-9,
e. les affirmations (a) et (b) sont correctes.

3.16 *Les acides gras non indispensables :*

a. ne doivent pas être obligatoirement apportés par l'alimentation,
b. peuvent être synthétisés par le corps humain,
c. incluent les acides linoléique et linolénique,
d. incluent les acides gras saturés.

3.17 *Parmi les affirmations suivantes sur les triglycérides, laquelle est fausse :*

a. les triglycérides à chaîne courte et insaturée sont liquides à température ambiante (20 °C),

b. les triglycérides à chaîne longue et saturée, tendent à se solidifier à température ambiante,
c. les triglycérides à chaîne courte et saturée sont solides à température ambiante,
d. les triglycérides sont formés du glycérol et trois acides gras,
e. ils peuvent être solides ou liquides à température ambiante, selon la longueur de leur chaîne hydrocarbonée et leur degré de saturation.

3.18 Parmi les affirmations suivantes, laquelle est fausse :

a. un stéroïde est un lipide insaponifiable,
b. un stéroïde est une molécule tétracyclique,
c. les stéroïdes sont toujours membranaires,
d. l'hydrolyse d'un stéroïde libère un ou plusieurs acides gras et un stérol.

CHAPITRE 4 – HUILES ESSENTIELLES

▸ QROC

4.1 Dans quelles parties de la plante peut-on trouver des huiles essentielles ?
4.2 Quel est le lieu principal de formation de ces huiles dans la cellule ?
4.3 D'un point de vue chimique, on classe ces huiles en quatre catégories, quelles sont-elles ?
4.4 Quels sont les principaux solvants des huiles essentielles ?
4.5 Quelles sont les principales propriétés pharmacologiques des huiles essentielles ?
4.6 Certaines huiles essentielles sont toxiques, donner des exemples.
4.7 Quelles sont les principales utilisations des huiles essentielles dans l'industrie agroalimentaire ?
4.8 Dans l'industrie chimique, certains constituants des huiles essentielles sont utilisés comme matières premières pour la biotransformation ou l'hémi-synthèse, donner des exemples.
4.9 En agronomie, certaines huiles essentielles sont utilisées comme insecticides ; comment agissent-elles ?
4.10 Que savez-vous des méthodes d'extraction des huiles essentielles ? Le rendement est-il important ?
4.11 Qu'est-ce que le chimiotype d'une huile essentielle et quel est son intérêt ?
4.12 Quels paramètres physiques peut-on utiliser pour caractériser une huile essentielle ?

▸ QCM

4.13 Les huiles essentielles s'accumulent dans :

a. des poches sécrétrices,
b. des poils sécréteurs,
c. des laticifères,
d. dans les vaisseaux du liber,
e. des cellules du parenchyme des pétales,
f. dans des cellules oléifères.

4.14 Les huiles essentielles contiennent :

a. des alcools,
b. des esters,
c. des cétones,
d. des acides organiques,
e. des acides gras saturés.

4.15 Les huiles essentielles sont très solubles dans :

a. l'eau,
b. l'alcool,
c. le benzène,
d. l'éther.

4.16 On extrait des huiles essentielles :

a. de la lavande,
b. du thym,
c. du soja,
d. des roses,
e. du tournesol.

CHAPITRE 5 – LIGNINES

▸ QROC

5.1 Quelle est la nature chimique de la lignine ?
5.2 À quel niveau la rencontre-t-on dans la cellule végétale ?
5.3 Quels tissus sont plus particulièrement lignifiés ?
5.4 Synthèse de la lignine, quel est son point de départ ?
5.5 Quels sont les trois alcools phénylpropanes constitutifs des lignines ?
5.6 Qu'appelle-t-on lignines Kraft ?
5.7 Comment obtient-on les lignines dites organosolves ?
5.8 Quelles sont les principales sources de lignine ?
5.9 Comment peut-on augmenter la ressource ?
5.10 Quelles sont les principales applications industrielles de la lignine ?
5.11 En histochimie, quels sont les principaux réactifs utilisés pour mettre en évidence la lignine ?

▸ QCM

5.12 On trouve de la lignine au niveau :

a. des épidermes,
b. du sclérenchyme,
c. du mésophylle,
d. du xylème,
e. du parenchyme cortical.

5.13 Les lignines contenues dans les plantes suivantes sont-elles exploitées :

a. peuplier,
b. céréales,
c. tournesol,
d. pins,
e. canne à sucre.

5.14 L'utilisation des lignines concerne les milieux industriels suivants :

a. la papeterie,
b. l'alimentation humaine,
c. l'amendement des sols,
d. l'alimentation animale,
e. la synthèse chimique.

Chapitre 6 – Lectines

▸ QROC

6.1 Dans quels organismes ou organes trouve-t-on des lectines ?
6.2 Quelle est la principale source de lectines ?
6.3 Quels sont les deux composants d'une lectine ? Comment sont-ils liés ? Y a-t-il des exceptions ? Lesquelles ?
6.4 Quelles sont les principales propriétés des lectines ?
6.5 À quel niveau interviennent-elles ? Au niveau végétal ? Au niveau animal et humain ?
6.6 Donner quelques exemples d'utilisation des lectines.

▸ QCM

6.7 Au niveau cellulaire, on trouve des lectines dans :

a. le cytoplasme,
b. le noyau,
c. les chloroplastes,
d. les péroxysomes,
e. les membranes,
f. les parois.

6.8 Certaines de ces affirmations sont fausses, lesquelles :

a. les lectines peuvent agglutiner les érythrocytes,
b. une plante peut contenir plusieurs formes différentes de la même lectine,
c. les lectines sont toutes toxiques,
d. les lectines alimentaires ne sont pas dénaturées par la cuisson,
e. la ricine est une lectine hautement toxique,
f. les lectines interviennent dans les mécanismes de défense des plantes,
g. les lectines interviennent dans la lymphostimulation.

6.9 *Les lectines sont présentes chez les plantes suivantes :*

a. le ricin,
b. l'arachide,
c. le pois,
d. le soja,
e. la lentille,
f. la fève.

PARTIE II – BIOCHIMIE DES SUBSTANCES ISSUES DES ALGUES

CHAPITRE 7 – POLYSACCHARIDES DES PAROIS DES ALGUES

▸ QROC

7.1 À l'aide d'exemples précis, illustrer la place des polysaccharides pariétaux (alginates, agars et carraghénanes) des algues en industrie agro-alimentaire.
7.2 Quelles sont les principales particularités du gel d'agar ?
7.3 Donner une technique simple d'extraction de l'agar.
7.4 Décrire les structures de l'acide alginique, de l'agarose et des carraghénanes.
7.5 Expliquer le mécanisme de formation de la structure « boîte à œufs », caractéristique des alginates.
7.6 Comparer la formation de gels des alginates, des agars et des carraghénanes.
7.7 À quelle fin sont utilisés les alginates dans l'industrie textile ?
7.8 Que savez-vous de la nomenclature permettant de classer les carraghénanes ?
7.9 La gélification des alginates est-elle thermo-dépendante ?
7.10 Quels sont les codes de ces gélifiants en agro-alimentaire ?

▸ QCM

7.11 *Les algues sont utilisées par :*

a. l'industrie agro-alimentaire,
b. l'industrie pharmaceutique,
c. la cosmétologie,
d. l'industrie automobile,
e. l'agriculture.

7.12 *Les alginates sont extraits des :*

a. algues rouges,
b. algues brunes,
c. algues vertes,
d. cyanobactéries,
e. posidonies.

7.13 *Les ions sont indispensables à la gélification des :*

a. carraghénanes,
b. alginates,
c. agars.

7.14 *Les éléments de base de la molécule d'agar sont :*

a. l'acide mannuronique,
b. le β-D-galactopyranose,
c. le galactose,
d. l'acide guluronnique.

7.15 *Certaines de ces affirmations sont fausses, lesquelles ?*

a. le principal intérêt économique des algues est leur richesse en polysaccharides,
b. pour extraire les alginates, on utilise leurs propriétés d'insolubilité en milieu acide et en présence d'ions di ou trivalents,
c. les alginates sont utilisés en biotechnologie pour emprisonner des cellules,
d. les carraghénanes ne sont pas des polymères.

Chapitre 8 – Métabolites des microalgues et des cyanobactéries

▸ QROC

8.1 Qu'est-ce qui distingue les microalgues des cyanobactéries ?
8.2 Certains caroténoïdes sont extraits à partir des microalgues. Lesquels et quelle est leur utilisation principale ?
8.3 Qu'est-ce que la phycocyanine ? Quelles sont ses principales applications ?
8.4 Quels sont les principaux avantages des AGPI extraits des microalgues ?
8.5 Quel est l'intérêt des stérols de microalgues en aquaculture ?
8.6 Comment prépare-t-on du biodiésel à partir de microalgues ?
8.7 Qu'est-ce que le paramylon ?
8.8 Dans quelles conditions les microalgues accumulent-elles de grandes quantités de lipides ?

▸ QCM

8.9 *On utilise les microalgues :*

a. comme fourrage en aquaculture,
b. pour produire des pigments,
c. pour produire des polysaccharides,
d. comme gélifiant,
e. comme colorant.

8.10 *Les différents biocarburants sont produits à partir des microalgues :*

a. par méthanisation de la biomasse,
b. par fermentation (éthanol) de la biomasse,
c. par extraction des huiles,
d. par extraction directe des hydrocarbures produits,
e. par raffinage.

8.11 *Certaines de ces affirmations sont fausses, lesquelles ?*

a. à surface égale, les microalgues sont capables de produire beaucoup plus d'huile que les cultures oléagineuses terrestres,
b. les stérols sont des composants chimiques absents chez les microalgues,
c. les AGPI sont traditionnellement extraits des huiles de poissons qui se nourrissent directement ou indirectement de microalgues,
d. *Dunaliella salina* est le microorganisme le plus utilisé pour la production en grande quantité de β-carotène.

PARTIE III – SUBSTANCES D'ORIGINE ANIMALE

CHAPITRE 9 – PRODUITS SANGUINS

▸ QROC

9.1 Donner deux applications médicinales du plasma sanguin.
9.2 Par quel mécanisme le lysozyme exerce-t-il son action bactéricide ?
9.3 Décrire les principaux constituants du sang.
9.4 Quelle est la différence entre le plasma et le sérum ?
9.5 Préciser les rôles des protéines plasmatiques et comment sont-elles classées ?
9.6 Quels sont les principaux constituants du système fibrinolytique ?
9.7 Pourquoi utilise-t-on des cellules de mammifères au lieu de cellules de procaryotes dans l'élaboration des protéines recombinées du sang?
9.8 Quels sont les avantages et les inconvénients des protéines recombinées ?
9.9 Le fractionnement du plasma permet d'obtenir des fractions purifiées en certaines protéines. Décrire les différentes étapes de ce fractionnement. Quelles sont ces protéines (en donner au moins 3 exemples) et leurs applications respectives ?

▸ QCM

9.10 *Le sang transporte de nombreuses substances :*

a. de l'oxygène,
b. des sucres,
c. des hormones,
d. de l'urée,
e. des polysaccharides,
f. des anticorps,
g. des péroxysomes.

9.11 *Le plasma est constitué :*

a. d'eau,
b. de colloïdes,
c. d'ions,
d. d'acides aminés,
e. de polyphosphates,
f. de vitamines.

9.12 *Les corps suivants sont des facteurs de la coagulation :*

a. fibrinogène,
b. prothrombine,
c. proaccélérine,
d. ions K^+,
e. proconvertine,
f. transaminase.

9.13 *Certaines de ces affirmations sont fausses, lesquelles ?*

a. le sang est l'une des plus anciennes sources de protéines pharmaceutiques humaines,
b. les lipides plasmatiques sont représentés par les triglycérides, le cholestérol, des acides gras libres et des phospholipides,
c. la plasmine est la protéase clé dans la lyse du caillot sanguin,
d. le fibrinogène est une phosphoprotéine fibreuse synthétisée par le pancréas.

Chapitre 10 – Produits laitiers

▶ QROC

10.1 Discuter les utilisations médicinales et industrielles des produits issus du lactosérum.
10.2 Quelles sont les molécules impliquées dans la formation de l'arôme du fromage ?
10.3 Le fractionnement du lactosérum permet d'obtenir des fractions enrichies en certaines protéines. Quelles sont ces protéines et leurs applications ?
10.4 Quelles sont les caractéristiques des caséines exploitées en industrie fromagère ?
10.5 Quelle est la différence entre émulsion et suspension ?
10.6 Quelles sont les origines de la β-lactoglobuline, de l'albumine sérique et des immunoglobulines ?
10.7 Pourquoi ne trouve-t-on pas la β-lactoglobuline et l'α-lactalbumine dans le caillé ?
10.8 Quel est l'intérêt d'un hydrolysat protéique par rapport aux protéines macromoléculaires dont il est issu ?
10.9 Qu'appelle-t-on un lait maternisé ? Comment l'obtient-on ?
10.10 Quelles sont les principales propriétés biologiques de la lactoferrine ?
10.11 Que veut dire molécule amphiphile ? En donner un exemple.
10.12 Quel est l'intérêt de l'hydrolyse du lactose ?

▸ QCM

10.13 Les principales protéines insolubles du lait sont :

a. des phosphoglycoprotéines,
b. des phosphocaséinates de calcium,
c. de la béta-caséine,
d. des caséinates,
e. de l'albumine.

10.14 Les principales protéines solubles du lait sont :

a. la béta-lactoglobuline,
b. les immunoglobulines,
c. l'alpha-lactalbumine,
d. la lactoferrine,
e. les péroxydases,
f. le lysozyme,
g. l'albumine sérique.

10.15 Les protéines sériques sont commercialisées sous forme de :

a. CPL,
b. OPL,
c. IPL,
d. HPL.

10.16 Certaines de ces affirmations sont vraies, lesquelles ?

a. le sucre principal du lait est le lactose,
b. le lysozyme est utilisé dans la formulation de laits maternisés,
c. les lipoprotéines du lait sont employées en tant qu'ingrédients alimentaires, en particulier pour leurs propriétés émulsifiantes,
d. l'α-lactalbumine présente la capacité de fixer le potassium de façon particulière, mais aussi le plomb et d'autres ions métalliques,
e. le lactosérum est une solution neutre qui contient principalement du lactose et du sodium mais aussi des protéines et des vitamines hydrosolubles.

Chapitre 11 – Ovoproduits

▸ QROC

11.1 Quelles sont les principales protéines du blanc d'œuf ?

11.2 Quels sont les principaux acides gras polyinsaturés $\omega 3$ du jaune d'œuf ? Quel est leur intérêt ?

11.3 En quoi réside la haute valeur nutritionnelle de l'œuf ?

11.4 Quelles sont les propriétés fonctionnelles de l'œuf qui intéressent l'industrie alimentaire ?

11.5 Une carence en biotine peut être causée par la consommation excessive d'œufs crus, expliquer ce phénomène.

11.6 Quelles sont les principales sources de lysozyme ?

11.7 À quoi est due la propriété bactéricide du lysozyme ?

▶ QCM

11.8 Dans le blanc d'œuf, on trouve les substances suivantes :

a. l'ovalbumine,
b. le lysozyme,
c. l'ovotransferrine,
d. la ferredoxine,
e. l'ovomucine,
f. l'avidine.

11.9 Dans le jaune d'œuf, on trouve les substances suivantes :

a. la lécithine,
b. la phosvitine,
c. la lutéine,
d. la zéaxanthine,
e. la diadinoxanthine.

11.10 Certaines de ces affirmations sont exactes, lesquelles ?

a. l'ovocystatine est un inhibiteur spécifique des protéases à cystéines,
b. l'ovalbumine est un ingrédient alimentaire très recherché,
c. le blanc d'œuf possède d'excellentes propriétés de liaison, de rétention d'eau et de lipides,
d. les caroténoïdes qui colorent le jaune d'œuf sont synthétisés par la poule,
e. les œufs ne contiennent pas de phospholipides.

Partie IV – Biochimie des substances d'origine microbienne

Chapitre 12 – Protéines d'organismes unicellulaires (P.O.U.)

▶ QROC

12.1 Quels sont les organismes utilisés pour la production des « P.O.U.» ?

12.2 Donner 2 raisons principales de s'intéresser aux « P.O.U. ».

12.3 Quelles sont les techniques utilisées pour réduire la teneur en acides nucléiques des cultures de microorganismes destinées à la production des « P.O.U. » ?

12.4 Quel effet nuisible résulte de la consommation excessive d'acides nucléiques ?

12.5 Quels sont les avantages d'une culture de microorganismes pour l'obtention des protéines par rapport aux sources de protéines conventionnelles ?

12.6 Quels sont les avantages liés à la consommation de spirulines comme compléments alimentaires ?

▸ QCM

12.7 Les levures sont utilisées comme additif alimentaire car elles contiennent :

a. de la thiamine,
b. de la riboflavine,
c. de l'acide folique,
d. de la choline,
e. de la méthionine,
f. de l'acide pantothénique,
g. de la pyridoxine,
h. du glutathion.

12.8 Les champignons filamenteux sont utilisés pour produire des P.O.U. mais certains contiennent des mycotoxines comme :

a. les aflatoxines,
b. la citrinine,
c. les ochratoxines,
d. les trichothecènes,
e. la zéanthine,
f. la zéaralanone,
g. l'ergotamine.

12.9 Certaines de ces affirmations sont fausses, lesquelles ?

a. les mycotoxines sont susceptibles de produire, à de très faibles doses, des réactions allergiques, des maladies et des cancers du foie,
b. l'extraction des protéines par utilisation d'urée ou de soude concentrées permet hydrolyser les acides nucléiques,
c. les microorganismes hétérotrophes n'ont pas besoin de substrat organique pour se développer,
d. les protéines de levure sont utilisées en alimentation animale et humaine.

Chapitre 13 – Antibiotiques

▸ QROC

13.1 Donner un exemple d'applications des antibiotiques dans chacun des domaines suivants : biochimie expérimentale, biologie moléculaire, médecine, agronomie, microbiologie.

13.2 Par quel(s) mécanisme(s) les bactéries résistent-elles aux antibiotiques ?

13.3 Qu'est-ce que le spectre d'un antibiotique ?

13.4 Citer quelques microorganismes producteurs d'antibiotiques.

13.5 Pourquoi ajoute-t-on des précurseurs dans les fermenteurs produisant des antibiotiques ?

13.6 Citer les principaux processus d'extraction des antibiotiques.

13.7 Quels sont les principaux sites d'action des antibiotiques ?

13.8 Donner des exemples d'utilisation des antibiotiques dans l'industrie agro-alimentaire.

▶ **QCM**

13.9 Les produits suivants sont-ils des antibiotiques ?

a. les tétracyclines,
b. la pénicilline,
c. l'érythromycine,
d. la colchicine,
e. la vancomycine,
f. la phycoerythrine,
g. l'éosine,
h. la méthicilline,
i. la digitaline.

13.10 Certaines de ces affirmations sont fausses, lesquelles ?

a. la nisine fait partie des bactériocines, une famille qui regroupe de petites molécules aux propriétés antibiotiques naturellement produites par de nombreuses bactéries lactiques,
b. la cyclosporine est un antibiotique polypeptidique produit par synthèse chimique,
c. les pénicillines et les céphalosporines, exercent leurs effets bactéricides en bloquant certaines étapes spécifiques de la biosynthèse des constituants majeurs des parois cellulaires bactériennes,
d. l'action de l'antibiotique se traduit soit par l'arrêt de la multiplication des germes (elle est alors bactériostatique), soit par leur mort (elle est alors bactéricide),
e. les bactéries du genre *Bacillus* produisent des antibiotiques de nature essentiellement lipidique.

PARTIE V – ENZYMOLOGIE APPLIQUÉE

CHAPITRE 14 – ENZYMES EN INDUSTRIE ET EN MÉDECINE

▶ **QROC**

14.1 Quelles sont les différentes classes d'enzymes ?

14.2 Quelles sont les sources d'enzymes à l'échelle industrielle ? Donner un exemple dans chaque cas.

14.3 À l'aide d'un exemple, montrer le(s) avantage(s) des enzymes par rapport aux catalyseurs chimiques dans le domaine de la synthèse.

14.4 Donner des arguments écologiques en faveur de l'utilisation des enzymes dans le secteur industriel.

14.5 Quelles sont les conditions requises pour qu'une enzyme soit autorisée dans l'industrie agro-alimentaire ?

14.6 Nommer les enzymes intervenant dans la transformation industrielle de l'amidon en sirop riche en fructose. Discuter la fonction de chacune d'elles.

14.7 Comparer (avantages et inconvénients) les hydrolyses acide et enzymatique de la cellulose.

14.8 Quelle est l'origine des pectinases commerciales ?

14.9 Quel est le problème d'ordre nutritionnel posé par les phytates en alimentation animale ? Comment est-il résolu ?

14.10 Compléter le tableau suivant :

Enzyme	Matière première	Principale utilisation
α-amylase	?	?
?	glucose	transformation du glucose en fructose pour la production de sirop de fructose
cellulase	?	?
?	protéines de soja	production de peptides ou d'acides aminés (hydrolysats)
?	fruits	clarification de jus de fruits (destruction des pectines)
lipase	lipides	?
invertase	?	inversion du sucre

▸ QCM

14.11 Les enzymes sont :

a. des protéines globulaires,
b. leur fonctionnement nécessite la présence de cofacteurs ou de coenzymes,
c. leur activité n'est maximale que dans un intervalle de pH et de températures donné,
d. l'activité catalytique d'une enzyme est maximale lorsque la concentration est saturante,
e. plus son Km est faible, plus l'affinité de l'enzyme pour son substrat est faible.

14.12 Obtention des enzymes :

a. la papaïne est extraite du papayer,
b. la bromélaïne est extraite de l'ananas,
c. l'actinidine est extraite des fruits de kiwi,
d. la trypsine extraite du pancréas de porc ou de bœuf,
e. le lysozyme est extrait du blanc d'œuf de poule,
f. la ficine est extraite du foie de porc.

14.13 Les produits suivants sont industriellement synthétisés par des enzymes :

a. l'acrylamide,
b. la vanilline,
c. le glutamate de sodium,
d. l'acide lactique,

e. l'acide malique,
f. l'aspartame,
g. la saccharine.

14.14 Certaines enzymes sont utilisées dans la transformation de produits agro-alimentaires, dans quel but :

a. production de cyclodextrines,
b. production de lait sans lactose,
c. clarification de jus de fruits,
d. production de gélifiants,
e. formation du caillé.

14.15 Différentes enzymes sont utilisées lors de la fabrication du pain :

a. amylase,
b. glucose oxydase,
c. catalase,
d. lipases,
e. xylanase,
f. décarboxylase.

Chapitre 15 – Enzymes immobilisées et leurs intérêts

▸ QROC

15.1 Quelles sont les méthodes d'immobilisation des enzymes ?
15.2 Quels sont les avantages de cette immobilisation ?
15.3 Quels sont les groupements fonctionnels de l'enzyme utilisés pour l'immobilisation ?
15.4 À l'aide d'un exemple précis, expliquer le principe de fonctionnement d'un capteur enzymatique.
15.5 Qu'est-ce qu'un réacteur à lactose ?
15.6 Quels sont les principaux domaines d'application des biocapteurs ?
15.7 Quelles sont les différentes parties d'un biocapteur ?
15.8 Quel est le principal intérêt du réacteur à acides aminés ?

▸ QCM

15.9 Les groupements chimiques couramment utilisés pour l'immobilisation des enzymes sont :

a. $-NH_2$,
b $-SH$,
c. $-CHO$,
d. $-OH$,
e. $-COOH$,
f. $-CH_3$.

15.10 *Les supports utilisés pour fixer les enzymes par adsorption sont :*

a. l'alumine (Al_2O_3),
b. les argiles (bentonite, montmorillonite),
c. le charbon actif,
d. le gel de silice,
e. le titane,
f. le polystyrène,
g. les résines échangeuses d'ions.

15.11 *On peut inclure ou encapsuler des enzymes dans :*

a. des alginates,
b. des carraghénanes,
c. du polyacrylamide,
d. des fibres de coton,
e. de la mousse de polyuréthane,
f. du nylon

15.12 *Certaines de ces affirmations concernant les enzymes immobilisées sont fausses, lesquelles ?*

a. la stabilité face à la dénaturation thermique est plus faible chez les enzymes immobilisées,
b. le mécanisme réactionnel de l'enzyme immobilisée n'est en général pas modifié,
c. le contrôle du pH d'action optimal est plus aisé,
d. l'utilisation de solutions alcooliques est impossible avec des enzymes immobilisées.

15.13 *Certaines de ces affirmations sont correctes, lesquelles ?*

a. un réacteur enzymatique est un dispositif dans lequel une réaction de conversion chimique est catalysée par une enzyme,
b. le principe de ces réacteurs repose sur le passage rapide du substrat à travers une colonne d'enzyme immobilisée,
c. les biocapteurs associent un dispositif de reconnaissance biologiquement sélectif appelé biorécepteur à un semi-conducteur, le transducteur,
d. le premier biocapteur développé en 1967 permettait la détection du glucose dans le sang.

PARTIE VI – CULTURES CELLULAIRES

CHAPITRE 16 – CELLULES VÉGÉTALES ET CELLULES ANIMALES

▸ QROC

16.1 Qu'est-ce que la totipotence cellulaire ?

16.2 Quels sont les rôles des hormones végétales (auxines et cytokinines) en culture *in vitro* ?

16.3 Qu'est-ce qu'un éliciteur ? En donner les différents types.

16.4 Qu'est ce qu'une biotransformation ? En donner un exemple.

16.5 Quels sont les avantages de la culture de cellules végétales par rapport à la culture conventionnelle ?

16.6 Quelles sont les sources naturelles du taxol ?

▸ QCM

16.7 La culture in vitro *des cellules végétales peut être réalisée à partir :*

a. d'embryons,
b. de méristèmes,
c. du xylème,
d. de grain de pollen,
e. de protoplastes,
f. de feuilles.

16.8 Un milieu de culture de cellules végétales doit contenir :

a. des sucres,
b. des vitamines,
c. des sels minéraux,
d. des pigments,
e. des hormones.

16.9 Un milieu de culture de cellules animales doit contenir :

a. une source d'énergie comme le glucose,
b. des sels minéraux et des oligoéléments essentiels,
c. des acides organiques,
d. des acides aminés,
e. des vitamines et des facteurs de croissance,
f. du sérum,
g. des facteurs d'adhérence.

16.10 Certaines de ces affirmations sont fausses, lesquelles ?

a. le paclitaxel peut être obtenu par hémisynthèse à partir de son précurseur naturel,
b. le paclitaxel peut être obtenu par culture de cellules de *Taxus* spp.,
c. le paclitaxel est un anti-inflamatoire,
d. le paclitaxel peut être obtenu par synthèse totale.

16.11 Certaines de ces affirmations sont exactes, lesquelles ?

a. la culture *in vitro* de cellules animales a été utilisée pour évaluer la toxicité de certains médicaments,
b. en culture *in vitro*, les cellules végétales peuvent proliférer à des vitesses de croissance plus grandes que les plantes entières dont elles sont issues,
c. la culture *in vitro* est un outil efficace pour l'étude fondamentale des mécanismes de biosynthèse,

d. les cellules animales cultivées *in vitro* deviennent totipotentes,
e. les cellules animales cultivées *in vitro* sont incapables de s'auto-renouveler.

16.12 *Dans les cultures de cellules végétales, on peut améliorer la production de métabolites :*

a. en optimisant la croissance,
b. en introduisant des éliciteurs dans le milieu de culture,
c. en diluant la culture,
d. en rendant les membranes plus perméables,
e. en augmentant le potentiel osmotique du milieu,
f. en ajoutant des précurseurs.

RÉPONSES AUX QCM

PARTIE I – SUBSTANCES D'ORIGINE VÉGÉTALE

Chapitre 1 – Glucides

1.35 c, e. **1.36** aucune. **1.37** c. **1.38** c. **1.39** d. **1.40** a, b, c. **1.41** a, c. **1.42** d. **1.43** aucune. **1.44** a, c, e. **1.45** d. **1.46** b. **1.47** d.

Chapitre 2 – Protides

2.16 d. **2.17** b, g. **2.18** a, b, c, d, e. **2.19** a, d, e.

Chapitre 3 – Lipides

3.12 e. **3.13** c. **3.14** a, c. **3.15** a, b, e. **3.16** a, b, d. **3.17** c. **3.18** c, d.

Chapitre 4 – Huiles essentielles

4.13 a, b, d, e, f. **4.14** a, b, c. **4.15** b, c, d. **4.16** a, b, d.

Chapitre 5 – Lignines

5.12 b, d. **5.13** a, b, c, d, e. **5.14** a, c, e.

Chapitre 6 – Lectines

6.7 a, e, f. **6.8** c, d. **6.9** a, b, c, d, e, f.

PARTIE II – SUBSTANCES ISSUES DES ALGUES

Chapitre 7 – Polysaccharides des parois des algues

7.11 a, b, c, e. **7.12** a. **7.13** a, b. **7.14** b, c. **7.15** a.

Chapitre 8 – Métabolites des microalgues et des cyanobactéries

8.9 a, b, c, e. **8.10** a, b, c, d. **8.11** b.

PARTIE III – SUBSTANCES D'ORIGINE ANIMALE

Chapitre 9 – Produits sanguins

9.10 a, b, c, d, f. **9.11** a, b, c, d, f. **9.12** a, b, c, e. **9.13** d.

Chapitre 10 – Produits laitiers

10.13 a, b, c, d, e. **10.14** a, b, c, d, e, f, g. **10.15** a, c, d. **10.16** a, b, c, e.

Chapitre 11 – Ovoproduits

11.8 a, b, c, e, f. **11.9** a, b, c, d. **11.10** a, b, c.

PARTIE IV – SUBSTANCES D'ORIGINE MICROBIENNE

Chapitre 12 – Protéines d'organismes unicellulaires

12.7 a, b, c, d, f, g, h. **12.8** a, b, c, d, f, g. **12.9** c.

Chapitre 13 – Antibiotiques

13.9 a, b, c, e, h. **13.10** b, e.

PARTIE V – ENZYMOLOGIE APPLIQUÉE

Chapitre 14 – Enzymes en industrie et en médecine

14.11 a, b, c, d. **14.12** a, b, c, d, e. **14.13** a, b, c, d, e, f. **14.14** a, b, c, e. **14.15** a, b, d, e.

Chapitre 15 – Enzymes immobiliséeset leurs intérêts

15.9 a, e. **15.10** a, b, c, d, e, f. **15.11** a, b, c, d, e. **15.12** a, b. **15.13** a, b, c, d.

PARTIE VI – CULTURES CELLULAIRES

Chapitre 16 – Cellules végétales et cellules animales

16.7 a ,b, d, e, f. **16.8** a, b, c, e. **16.9** a, b, d, e, f, g. **16.10** c. **16.11** a, b, c, d.
16.12 a, b, d, e, f.

Annexe A
Codes EC des enzymes citées dans le texte

Enzyme (synonyme)	EC
Oxydoréductases	
Lactate déshydrogénase	1.1.1.27
Glucose oxydase	1.1.3.4
Polyphénol oxydase	1.10.3.1
Laccase	1.10.3.2
Catalase	1.11.1.6
Lactopéroxydase	1.11.1.7
Péroxydase	1.11.1.7
Lipoxygénase	1.13.11.12
Superoxyde dismutase	1.15.1.1
Transférases	
Transglutaminase	2.3.2.13
Cyclodextrine glucosyl-transférase (cyclodextrine transglycosylase, CTGase)	2.4.1.19
Glucokinase hépatique	2.7.1.2
Fructokinase	2.7.1.4
Hydrolases	
Lipase (triacylglycérol ester hydrolase)	3.1.1.3
Phospholipase A2	3.1.1.4
Acétylcholinestérase	3.1.1.7
Pectine méthylestérase	3.1.1.11
Phospholipase A1	3.1.1.32
3-Phytase	3.1.3.8
6-Phytase	3.1.3.26
α-Amylase	3.2.1.1
β-Amylase	3.2.1.2
Amyloglucosidase (glucane-1,4-α-D-glucosidase)	3.2.1.3
Cellulase (endo-1,4-β-glucanase, endocellulase)	3.2.1.4
β-Glucanases	3.2.1.6
Xylanase (endo-1,4-β-xylanase)	3.2.1.8
Pectinestérase	3.2.1.11
Polygalacturonase	3.2.1.15
Lysozyme (muramidase)	3.2.1.17

Maltase (α-D-glucosidase)	3.2.1.20
Cellobiase (exo-1,4-β-D-glucosidase)	3.2.1.21
Lactase (β-D-galactosidase)	3.2.1.23
Invertase (β-D-fructofuranosidase)	3.2.1.26
1,3-β-D-Xylanase	3.2.1.32
Pullulane-6-glucanohydrolase	3.2.1.41
Exo-polygalacturonase	3.2.1.67
Cellodextrinase (exo-1,4-β-glucane glucano-hydrolase)	3.2.1.74
Cellobiohydrolase (exo-1,4-β-glucane cellobio-hydrolase)	3.2.1.91
Pepsine	3.4.4.1
Trypsine	3.4.4.4
Fibrinogénase	3.4.21.5
Thrombokinase (FXa)	3.4.21.6
Convertine	3.4.21.21
Facteur antihémophilique (FIXa)	3.4.21.22
Kallikréine plasmatique	3.4.21.34
Subtilisine	3.4.21.62
Urokinase	3.4.21.73
Papaïne	3.4.22.2
Ficine	3.4.22.3
Bromélaïne	3.4.22.33
Chymosine	3.4.23.4
Thermolysine	3.4.24.7
L-Asparaginase	3.5.1.1
Uréase	3.5.1.5
Aminoacylase	3.5.1.14
ATPase	3.6.1.8

LYASES

L-Aspartate β-décarboxylase	4.1.1.12
Fumarase	4.2.1.2
Nitrile hydratase	4.2.1.84
Pectate-lyase	4.2.2.2
Alginate-lyase	4.2.2.3
Guluronate lyase	4.2.2.11
Aspartase ammonia-lyase	4.3.1.1

ISOMÉRASES

Maléate isomérase	5.2.1.1
Glucose isomérase	5.3.1.5

ANNEXE B
ADDITIFS ALIMENTAIRES CITÉS DANS LE TEXTE

Additif alimentaire	Origine	Code CEE	Utilisation
caroténoïdes	diverses plantes	E160	colorants (diverses nuances)
lycopène	tomate • poivron • champignon (*Blakeslea trispora*)	E160dii	colorant orange
lycopène	synthèse	E160di	colorant orange
lutéine	végétaux • œufs	E161b	colorant jaune
anthocyanes	fleurs et fruits (ex. myrtille)	E163	colorants rouges
xanthophylles	diverses plantes	E161	colorants jaunes
nisine	*Lactococcus lactis* ssp. *lactis*	E234	agent antimicrobien
acide fumarique	synthèse	E297	acidulant
acide ascorbique (vitamine C)	hémisynthèse (à partir du sorbitol)	E300	acidifiant et antioxydant
tocophérols naturels	huiles de soja, des germes de blé ou de riz, des graines de coton, de maïs	E306	antioxydants • vitamines
tocophérols synthétiques	synthèse chimique	E307-309	antioxydants
lécithine	graines de soja	E322	émulsifiant
acide citrique	fermentation de diverses matières glucosées sous l'action de champignons (*Aspergillus niger, A. wentii, Citromyces pfefferianus*)	E330	acidulant
acide alginique et ses sels (de Na, K, NH_4, Ca)	algues brunes	E400 à E405	épaississants • gélifiants • émulsifiants • stabilisants • rétenteurs d'eau
agar-agar	algues rouges	E406	épaississant
kappa-, iota- et lambda-carraghénanes natifs (non hydrolysés)	algues rouges	E407	gélifiants • épaississants et stabilisants
gomme de guar	graines de *Cyamopsis tetragonolobus*	E412	épaississant
gomme tragacanthe	diverses espèces d'*Acacia*	E413	émulsifiant
gomme arabique	diverses espèces d'*Astragalus*	E414	agent de texture • émulsifiant
gomme karaya	diverses espèces de *Sterculia*	E416	émulsifiant et épaississant

Additif alimentaire	Origine	Code CEE	Utilisation
D-sorbitol	réduction catalytique du glucose	E420	édulcorant • agent humectant • émulsifiant
D-mannitol	algues brunes	E421	édulcorant • émulsifiant
pectines	fruits de divers *Citrus* et de diverses Rutacées	E440 a	gélifiants • stabilisants • émulsionnants
pectines amidées	traitement ammoniacal en milieu alcalin des pectines natives	E440 b	Id.
alpha-cyclodextrine	transformation microbiologique ou enzymatique de l'amidon ou de la cellulose en présence de la cyclodextrine glucosyl-transférase de *Bacillus* sp.	E457	capture de molécules volatiles ou labiles et leur stabilisation
gamma-cyclodextrine	Id.	E458	Id.
beta-cyclodextrine	Id.	E459	Id.
cellulose en poudre	diverses matières ligno-cellulosiques	E460	rétenteur d'eau
méthylcellulose	modification chimique de la cellulose	E461	émulsifiant
éthylcellulose	Id.	E462	émulsifiant
hydroxypropyl-cellulose	Id.	E463	émulsifiant
hydroxypropyl-méthylcellulose	Id.	E464	émulsifiant
hydroxyéthyl cellulose	Id.	E465	émulsifiant
carboxyméthyl cellulose	Id.	E466	émulsifiant
mono- et diglycérides d'acides gras	matières grasses alimentaires, animales ou végétales	E471	émulsifiant
sucroesters	esters de saccharose et d'acides gras	E473	émulsifiant
glutamate monosodique	fermentation de diverses matières glucosées sous l'action de *Corynebacterium glutamicum*	E 621	exhausteur de goût
aspartame	synthèse chimique	E951	édulcorant
lactitol	lactose du lait	E966	édulcorant
xylitol	hydrogénation catalytique de D-xylose	E967	édulcorant
lysozyme	blanc d'œuf	E1105	agent bactéricide (bactéries Gram+)
amidons oxydés	maïs • blé	E1404	agents liants dans certains aliments

Annexe C
Principaux groupes caractéristiques rencontrés dans les molécules organiques

Groupe caractéristique	Structure	Famille	Commentaire
hydroxyle	$R-O-H$	alcools	Le méthanol (CH_3OH), alcool le plus simple, dérive du méthane (CH_4) par substitution d'un hydrogène par un hydroxyle. Les alcools de petite taille sont solubles dans l'eau, ceux à longue chaîne hydrocarbonée (dits alcools gras), ne le sont pas.
phényle	$-C_6H_5$	aryles	Le phénol (C_6H_5OH) est le composé le plus simple basé sur le phényle (dérivé du benzène C_6H_6). Ces composés se comportent comme des acides et forment des sels avec les bases.
carbonyle	$R-C(=O)-H$	aldéhydes	Le formol (H–CHO) est l'aldéhyde le plus simple. Les aldéhydes sont très réactifs à cause de la présence de la liaison double C=O sur laquelle peuvent venir s'additionner de nombreux composés.
carbonyle	$R_1-C(=O)-R_2$	cétones	Moins réactives que les aldéhydes, elles sont souvent utilisées comme solvants polaires.
carboxyle	$R-C(=O)-OH$	acides	Le plus simple d'entre eux est l'acide formique (H–COOH). Les acides carboxyliques sont très abondants dans la nature (acides gras, acides aminés et autres acides organiques) et très importants en chimie industrielle. Ils sont très polaires.
aminé	$R-NH_2$	amines	Les amines dérivent de l'ammoniac. Elles ont un caractère basique, une odeur forte et une grande solubilité dans l'eau.
amidé	$R-C(=O)-NH_2$	amides	Les amides dérivent d'acides carboxyliques par liaison d'un atome d'azote au groupement carbonyle. Ce sont des composés peu réactifs.
thiol ou sulfhydryle	$R-S-H$	thiols	Le mot thiol, contraction de thioalcool, vient de l'analogie entre les groupes –SH et –OH (O et S ont des propriétés chimiques similaires). Ce sont des composés souvent toxiques et d'odeur forte et désagréable. Importants dans la structure des protéines.
phosphate	$R-O-P(O^-)(=O)-O^-$	phosphates organiques	Ils participent à de nombreuses réactions chimiques dans lesquelles il y a transfert d'énergie. Ils sont échangés contre les sucres et de nombreux autres composés.

Groupe caractéristique	Structure	Famille	Commentaire
ester	$R_1-\underset{\underset{O}{\parallel}}{C}-O-R_2$	esters	Les esters sont obtenus par action d'un acide sur un alcool (estérification). Outre leurs propriétés d'être de bons solvants, ce sont des substances à odeur caractéristique, souvent agréable d'où leur utilisation dans les arômes synthétiques et dans la parfumerie.
éther	R_1-O-R_2	éthers	Les radicaux sont des chaînes carbonées. Les éthers à chaîne courte sont très solubles dans l'eau.

BIBLIOGRAPHIE SOMMAIRE

OUVRAGES GÉNÉRAUX

▷ ALAIS C. & LINDEN G., 1997. *Abrégé de biochimie alimentaire.* Masson, Paris, 248 p.

▷ BELITZ H.D., GROSCH W. & SCHIEBERLE P., 2009. *Food chemistry.* Springer-Verlag, Berlin Heidelberg, 1114 p.

▷ BERG J.M. TYMOCZKO J.L. & STRYER L., 2008. *Biochemistry.*5 th ed., W. H. Freeman, New York, 1050 p.

▷ BRUNETON J., 1999. *Pharmacognosie : phytochimie, plantes médicinales.* 3e éd., Tec & Doc, Paris, 1120 p.

▷ CLARK J.H. & DESWARTE F., Eds, 2008. *Introduction to chemicals from biomass.* John Wiley & Sons Ltd, Chichester, 184 p.

▷ EMERTON V. & CHOI E., 2008. *Essential guide to food additives.* 3rd ed., Leatherhead Food International Ltd, Surrey, 336 p.

▷ GUIGNARD J.L., 2006. *Biochimie végétale.* Dunod, Paris, 274 p.

▷ GUIRAUD J.P., 2003. *Microbiologie alimentaire.* Dunod, Paris, 696 p.

▷ HELDT H.W., 2005. *Plant biochemistry.* Elsevier Inc., Amsterdam, 630 p.

▷ LARPENT-GOURGAUD M. & SANGLIER J.J., 1992. *Biotechnologies. Principes et méthodes.* Doin, Paris, 668 p.

▷ LINDEN G. & LORIENT D., 1999. *New ingredients in food processing. Biochemistry and agriculture.* Woodhead Publishing Ltd and CRC Press LLC, Boca Raton, 366 p.

▷ MOLL M. & MOLL N., 1998. *Additifs alimentaires et auxiliaires technologiques.* Dunod, Paris, 350 p.

▷ NOGRADY T. & WEAVER D.F., 2005. *Medicinal chemistry-A molecular and biochemical approach.* 3rd ed., Oxford University Press Inc., New York, 649 p.

▷ PELMONT J., 2008. *Glossaire de biochimie environnementale.* EDP Sciences, collection Grenoble Sciences, Les Ulis, 1026 p.

▷ SIKORSKI Z.E. Ed., 2007. *Chemical and functional properties of food components.* 3rd ed., Taylor & Francis Group LLC, Boca Raton, 532 p.

▷ TSAI C.S., 2007. *Biomacromolecules.* John Wiley & Sons Inc., Hoboken, 740 p.

CHAPITRE 1 – GLUCIDES

▷ ASADI M., 2007. *Beet-sugar handbook.* John Wiley & Sons Inc., Hoboken, 866 p.

▷ COTÉ G., FLITSCH S., ITO Y., KONDO H., NISHIMURA S.I. & YU B. Eds, 2008. *Glycoscience-chemistry and chemical biology.* 2nd ed., Springer-Verlag, Berlin Heidelberg New York, 2874 p.

▷ ELIASSON A.C., LARSSON K., ANDERSSON S., HYDE S. T., NESPER R. & VON SCHNERING H.G., 1987. « On the structure on native starch. An analogue to the quartz structure ». *Starch/Stärke* **39**(5), 147-152.

▷ ERNST B., HART G.W. & SINAY P. Eds, 2000. *Carbohydrates in chemistry and biology.* Wiley-VCH Verlag GmbH, Weinheim, 2183 p.

▷ JAYANI R.S., SAXENA S. & GUPTA R., 2005. « Microbial pectinolytic enzymes: a review ». *Process Biochemistry* **40**, 2931-2944.

▷ LOFTSSON T. & DUCHÊNE D., 2007. « Cyclodextrins and their pharmaceutical applications ». *International Journal of Pharmaceutics* **329**, 1-11.

▷ MARTIN DEL VALLE E.M., 2004. « Cyclodextrins and their uses: a review ». *Process Biochemistry* **39**, 1033-1046.

▷ MERCIER C. & COLONNA P., 1988. « Starch and enzymes: innovations in the products, processes and uses ». *Biofutur* **73**, 55-58.

▷ MOSHER G. & THOMPSON D.O., 2002. « Complexation and cyclodextrins ». *Encyclopedia of Pharmaceutical Technology*. 2nd ed., Marcel Dekker Inc., New York, 531-558.

▷ SZEJTLI J. & SZENTE L., 2005. « Elimination of bitter, disgusting tastes of drugs and foods by cyclodextrins ». *European Journal of Pharmaceutics and Biopharmaceutics* **61**, 115-125.

CHAPITRE 2 – PROTIDES

▷ GUÉGUEN J., SANCHEZ-VIOQUE R. & MALABAT C., 1999. « Les protéines végétales : un réservoir de macromolécules multi-fonctionnelles ». *Oléagineux, Corps Gras, Lipides* **6**(6), 498-504.

▷ REHM H., 2006. *Protein biochemistry and proteomics*. Elsevier Inc., New York, 236 p.

▷ WESTERMEIER R., NAVEN T. & HÖPKER H.R., 2008. *Proteomics in practice. A guide to successful experimental design*. 2nd ed., Wiley-VCH Verlag GmbH & Co. KGaA, Weinheim, 481 p.

▷ WHITFORD D., 2005. *Proteins-structure and function*. John Wiley & Sons Ltd, Chichester, 528 p.

CHAPITRE 3 – LIPIDES

▷ AKOH C.C. Ed., 2006. *Handbook of functional lipids*. Taylor & Francis Group LLC, Boca Raton, 525 p.

▷ BALLERINI D. & ALAZARD-TOUX N., 2006. *Les biocarburants : état des lieux, perspectives et enjeux du développement*. Éditions Technip, Paris, 352 p.

▷ DEMIRBAS A., 2009. *Biofuels. Securing the planet's future energy needs*. Springer-Verlag London Ltd, London, 336 p.

▷ GUNSTONE F.D., HARWOOD J.L. & DIJKSTRA A.J., 2007. *The lipid handbook*. Taylor & Francis Group LLC, Boca Raton, 791 p.

▷ MEHER L.C., VIDYA SAGAR D. & NAIK S.N., 2006. « Technical aspects of biodiesel production by transesterification-a review ». *Renewable and Sustainable Energy Reviews* **10**, 248-268.

▷ O'BRIEN R.D., 2009. *Fats and oils formulating and processing for applications*. CRC Press, Taylor & Francis Group, Boca Raton, 744 p.

▷ VANCE D.E. & VANCE J.E., 2008. *Biochemistry of lipids, lipoproteins and membranes*. 5th ed., Elsevier Science Publishers B.V., Amsterdam, 596 p.

CHAPITRE 4 – HUILES ESSENTIELLES

▷ BRUNETON J., 1999. *Pharmacognosie : phytochimie, plantes médicinales*. 3e éd., Tec & Doc, Paris, 1120 p.

Chapitre 5 – Lignines

▷ Anterola A.M. & Lewis N.G., 2002. « Trends in lignin modification: a comprehensive analysis of the effects of genetic manipulations/mutations on lignification and vascular integrity ». *Phytochemistry* **61**(3), 221-294.

▷ Tsao G.T., 1999. *Recent progress in bioconversion of lignocellulosics (Advances in biochemical engineering biotechnology)*. Springer-Verlag Telos, Santa Clara, 292 p.

▷ Vermerris W. & Nicholson R., 2006. *Phenolic compound biochemistry*. Springer, Dordrecht, 276 p.

Chapitre 6 – Lectines

▷ Nilsson C.L. Ed., 2007. *Lectins-analytical technologies*. Elsevier B.V., Amsterdam, 442 p.

▷ Pusztai A. & Bardocz S. Eds, 2005. *Lectins biomedical perspectives*. Taylor & Francis Ltd, London, 278 p.

▷ Van Damme E.J.M., Lannoo N. & Peumans W.J., 2008. « Plant lectins ». *Advances in Botanical Research* **48**, 107-209.

Chapitres 7 et 8 – Substances issues des algues

▷ Barsanti L. & Gualtieri P., 2006. *Algae: anatomy, biochemistry, and biotechnology*. Taylor & Francis Group LLC, Boca Raton, 301 p.

▷ Cardozo K.H.M., Guaratini T., Barros M.P., Falcão V.R., Tonon A.P., Lopes N.P., Campos S., Torres M.A., Souza A.O., Colepicolo P. & Pinto E., 2007. « Metabolites from algae with economical impact ». *Comparative Biochemistry and Physiology* **146**, 60-78.

▷ Perez R. & Olivier B., 1997. *Ces algues qui nous entourent, conception actuelle, rôle dans la biosphère, utilisations, culture*. IFREMER Éditions Quae, Plouzané, 272 p.

Chapitre 9 – Produits sanguins

▷ Huart J.J. & Burnouf T., 1992. « Le fractionnement plasmatique ». *STP Pharma Pratiques* **2**, 17-24.

▷ Schaller J., Gerber S., Kämpfer U., Lejon S. & Trachsel C., 2008. *Human blood plasma proteins-structure and function*. John Wiley & Sons Ltd, Chichester, 526 p.

▷ Voyer A., Roussel B., Machu-Prestaux N., Dieval J., Guillaume N. & Lefrère J.J., 2005. « Le point sur les médicaments d'origine plasmatique dans le traitement des maladies hémorragiques et des maladies thrombotiques ». *Hématologie* **11**(3), 189-200.

Chapitre 10 – Produits laitiers

▷ Fox P.F. & McSweeney P.L.H., 2009. *Advanced dairy chemistry*. Vol. 3, 3rd ed., Springer Science Business Media LLC, New York, 778 p.

▷ Hui Y. K. Ed., 1993. *Dairy science and technology handbook*. Vol. 1, 2 and 3. *Principles and properties*, Wiley-VCH Inc., New York, 1304 p.

▷ THOMPSON A., BOLAND M. & SINGH H. Eds, 2009. *Milk proteins: from expression to food.* Academic Press, Elsevier Inc., Oxford, 535 p.

CHAPITRE 11 – OVOPRODUITS

▷ HUOPALAHTI R., LÓPEZ-FANDIÑO R., ANTON M. & SCHADE R. Eds, 2007. *Bioactive egg compounds.* Springer-Verlag Berlin Heidelberg, 298 p.

▷ LI-CHAN E.C.Y., POWRIE W.D. & NAKAI S., 1995. « The chemistry of eggs and egg products ». *In* W.J. STADELMAN & O.J. COTTERILL Eds, *Egg science and technology.* 4th ed., Food Products Press, New York, 105-175.

▷ MINE Y. Ed., 2008. *Egg bioscience and biotechnology.* John Wiley & Sons Inc., Hoboken, 362 p.

▷ RÉHAULT S., ANTON M., NAU F., GAUTRON J. & NYS Y., 2007. « Les activités biologiques de l'œuf ». INRA *Prod. Anim.* **20**(4), 337-348.

▷ SIM J.S., NAKAI S. & GUENTER W. Eds, 2000. *Egg nutrition and biotechnology.* CABI Publishing, New York, 495 p.

▷ THIS H., 2008. « L'œuf dur : un festin de réactions chimiques ». *L'Act. Chim.* **316**, 5.

CHAPITRES 12 ET 13 – SUBSTANCES D'ORIGINE MICROBIENNE

▷ ANUPAMA A. & RAVINDRA P., 2000. « Value-added food: single cell protein ». *Biotechnology Advances* **18**, 459-479.

▷ COURVALIN P., 2008. « La résistance des bactéries aux antibiotiques: combinaisons de mécanismes biochimiques et génétiques ». *Bull. Acad. Vét. France*, tome 161(1), 7-12.

▷ DUBLANCHET A., 2009. *Des virus pour combattre les infections. La phagothérapie : renouveau d'un traitement au secours des antibiotiques.* Favre SA Editions, Lausanne, 237 p.

CHAPITRES 14 ET 15 – ENZYMES EN INDUSTRIE, IMMOBILISATION DES ENZYMES ET CAPTEURS ENZYMATIQUES

▷ AEHLE W. Ed., 2004. *Enzymes in industry. Production and applications.* Wiley-VCH Verlag GmbH & Co. KGaA, Weinheim, 484 p.

▷ LINQIU C., 2005. *Carrier-bound immobilized enzymes. Principles, applications and design.* Wiley-VCH Verlag GmbH & Co. KGaA, Weinheim, 563 p.

▷ MCGRATH B.M. & WALSH G. Eds, 2006. *Directory of therapeutic enzymes.* Taylor & Francis Group LLC, Boca Raton, 290 p.

▷ OCDE (Organisation de Coopération et de Développement Economique), 2001. *The application of biotechnology to industrial sustainability.* Service des publications de l'OCDE, Paris, 152 p.

▷ PELMONT J., 1996. *Enzymes : catalyseurs du monde vivant.* EDP Sciences, collection Grenoble Sciences, les Ulis, 1040 p.

▷ POLAINA J. & MACCABE A.P. Eds, 2007. *Industrial enzymes-structure, function and applications*, Springer, Dordrecht, 641 p.

▷ SAHIN F., DEMIREL G. & TUMTURK H., 2005. « A novel matrix for the immobilization of acetylcholinesterase ». *International Journal of Biological Macromolecules* **37**(3), 148-153,

▷ SANCHEZ-PANIAGUA LOPEZ M., LOPEZ-CABARCOS E. & LOPEZ-RUIZ B., 2006. « Organic phase enzyme electrodes ». *Biomolecular Engineering* **23**, 135-147.

▷ WHITEHURST R.J. & LAW B.A. Eds, 2002. *Enzymes in food technology*. Sheffield Academic Press, Sheffield, 255 p.

CHAPITRE 16 – CULTURE DE TISSUS ET PRODUCTION DE MÉTABOLITES

▷ CASTILHO L.R., MORAES Â.M., AUGUSTO E.F.P. & BUTLER M., 2008. *Animal cell technology: from biopharmaceuticals to gene therapy*. Taylor & Francis Group, New York, 518 p.

▷ HUANG T.K. & MCDONALD K.A., 2009. « Bioreactor engineering for recombinant protein production in plant cell suspension cultures ». *Biochem. Eng. J.* **45**(3), 168-184.

▷ KAYSER O. & QUAX W.J. Eds, 2007. *Medicinal plant biotechnology*. Wiley-VCH Verlag GmbH & Co. KGaA, Weinheim, 571 p.

▷ KINTZIOS S., 2008. « Secondary metabolite production from plant cell cultures: the success stories of rosmarinic acid and taxol ». K.G. RAMAWAT & J.M. MÉRILLON Eds, *Bioactive molecules and medicinal plants*. Chap. 4, Springer-Verlag, Berlin Heidelberg, 85-100.

▷ LANGDON S.P., 2008. « Mammalian Cell Culture ». J.M. WALKER & R. RAPLEY Eds, *Molecular biomethods handbook*. 2nd ed., Humana Press Inc., Totowa, NJ, 861-873.

▷ LOYOLA-VARGAS V.M. & VÁZQUEZ-FLOTA F., 2006. *Plant cell culture protocols*. 2nd ed., Humana Press Inc., Totowa, NJ, 393 p.

▷ MISAWA M., 1994. « Plant tissue culture: an alternative for production of useful metabolite ». *FAO Agricultural Services Bulletin* **108**.

▷ OKSMAH-CALDENTEY K-M & BARZ W.H., 2002. *Plant biotechnology and transgenic plants*. Marcel Dekker Inc., New York, 683 p.

▷ RAMASHANDRA RAO S. & RAVYCHANKAR G.A., 2002. « Plant cell cultures: chemical factories of secondary metabolites ». *Biotechnology Advances* **20**(2), 101-153.

▷ RYAN J.A., 2008. *Introduction to animal cell culture*. Technical bulletin, Corning Incorporated, USA, 8 p.

▷ ZHAO J., DAVIS L.C. & VERPOORTE R., 2005. « Elicitor signal transduction leading to production of plant secondary metabolites ». *Biotechnology Advances* **23**(4), 283-333.

Webographie

(Adresses compilées en mai 2009)

Associations

▶ Association Andrew Van Hook (France) pour l'avancement des connaissances sur les sucres : association de loi 1901 à but non lucratif.
▷ http://www.associationavh.com

▶ Association pour le développement des carburants agricoles.
▷ http://www.biocarburant.com

▶ Conseil européen de l'information alimentaire (EUFIC) : informations scientifiques sur l'alimentation aux consommateurs, aux professionnels de la santé, aux enseignants et éducateurs, aux leaders d'opinion et aux médias.
▷ http://www.eufic.org/fr/home/fhome.htm

▶ Institut français pour la nutrition (IFN) : crée en 1974, l'IFN est une association à but non lucratif. De par son organisation et ses activités, l'IFN contribue à réunir dans le domaine de l'alimentation et de la nutrition les chercheurs du secteur public, des institutions privées et les principales entreprises françaises de l'agro-alimentaire.
▷ http://www.ifn.asso.fr

Bases de données

▶ Cyberlipids center : ressources diverses concernant la lipidologie.
▷ http://www.cyberlipid.org/index.htm

▶ ENZYME DB : informations sur la description et la nomenclature des enzymes, basées sur les recommandations du Comité de Nomenclature de l'Union Internationale de Biochimie et Biologie Moléculaire (IUBMB).
▷ http://www.expasy.ch/enzyme

▶ LipidBank : base de données japonaise sur les lipides, y compris ceux d'origine végétale.
▷ http://lipidbank.jp

▶ Nomenclature of Carbohydrates.
▷ http://www.chem.qmw.ac.uk/iupac/2carb

▶ Plant lectin database.
▷ http://nscdb.bic.physics.iisc.ernet.in/lectindb/abtlectindb.html

Firmes et compagnies commerciales

▶ Abbott Laboratories : entreprise pharmaceutique américaine.
▷ http://www.abbott.com/products/chemical.htm

▶ BASF : groupe chimique allemand et le plus grand groupe de chimie au monde. Ses activités couvrent les domaines suivants : produits chimiques, matières plastiques, produits phytosanitaires et de chimie fine, pétrole, gaz.
▷ http://www.basf.com

▶ Centre d'Etudes et de Documentation du Sucre (CEDUS) : organisme interprofessionnel ayant pour mission d'assurer l'information et la documentation du sucre.
▷ http://www.lesucre.com

▶ Dow Chemical : géant mondial dans le domaine de la fabrication de produits chimiques.
▷ http://www.dow.com

▶ Fédération Internationale de Laiterie (FIL) : association internationale des professionnels du secteur laitier, offrant des expertises et la diffusion de l'information scientifique concernant le secteur.
▷ http://www.fil-idf.org

▶ Givaudan : groupe suisse spécialisé dans l'industrie de la parfumerie. C'est le plus grand producteur au monde d'arômes, d'essences et de parfums.
▷ http://www.givaudan.com

▶ GlaxoSmithKline : entreprise britannico-américaine, numéro 2 de l'industrie pharmaceutique mondiale, active dans de nombreux domaines thérapeutiques : neurologie, pneumologie, diabète, VIH, vaccinologie, etc.
▷ http://www.gsk.com

▶ Henkel : entreprise allemande de produits ménagers, de cosmétiques et de colles.
▷ http://www.henkel.fr

▶ Institut des corps gras (ITERG) : centre technique industriel des professionnels des graisses.
▷ http://www.iterg.com

▶ Lesieur : entreprise française spécialisée dans la filière des huiles végétales (extraction, raffinage et embouteillage). Site principal :
▷ http://www.lesieur.fr
et site d'information sur la santé alimentaire et la nutrition :
▷ http://www.nutrition-sante.com

▶ Merck : entreprise pharmaceutique d'origine allemande, la plus ancienne au monde, spécialisée dans la fabrication et la commercialisation des produits pharmaceutiques, chimiques et biotechnologiques.
▷ http://www.merck.fr (pour le site français)

▶ Monsanto : entreprise américaine spécialisée dans les biotechnologies végétales.
▷ http://www.monsanto.com

▶ Novartis : groupe pharmaceutique suisse, né de la fusion de Ciba-Geigy et Sandoz.
▷ http://www.fr.novartis.com/ et http://www.novartis.com

▶ Novo Nordisk : entreprise spécialisée dans l'élaboration de produits pharmaceutiques (diabète, hémophilie, hormones de croissance, etc.).
▷ http://www.novonordisk.com

▶ Novozymes : filiale de Novo Nordisk spécialisée dans les produits issus de la biotechnologie : enzymes, biopolymères, etc.
▷ http://www.novozymes.com

▶ PROLEA : filiale française des huiles et protéines végétales.
▷ http://www.prolea.com

▶ Rhone Poulenc : groupe chimique et pharmaceutique d'origine française, spécialisé dans l'industie pharmaceutique.
▷ http://www.sanofi-aventis.com

▶ Weleda : entreprise internationale qui développe et commercialise des produits pharmaceutiques, diététiques et des produits cosmétiques naturels.
▷ http://www.weleda.com

INSTITUTIONS GOUVERNEMENTALES FRANÇAISES

▶ Agence française de normalisation (AFNOR) : élaboration, homologation et promotion des normes.
▷ http://www.afnor.fr

▶ Agence française de sécurité sanitaire des aliments (AFSSA).
▷ http://www.afssa.fr

▶ Dossiers de la cellule environnement de l'INRA.
▷ http://www.jouy.inra.fr/actualités/dossiers/ogm.html

▶ Institut français pour la nutrition (IFN).
▷ http://www.ifn.asso.fr

▶ Institut national de la recherche agronomique (INRA).
▷ http://www.inra.fr

▶ Institut national de veille sanitaire (INVS).
▷ http://www.invs.fr

▶ Institut national de prévention et d'éducation pour la santé (INPES).
▷ http://www.inpes.sante.fr

▶ Institut Pasteur.
▷ http://www.pasteur.fr

▶ Ministère de l'agriculture, de l'alimentation, de la pêche et des affaires rurales.
▷ http://www.agriculture.gouv.fr

▶ Ministère de la santé, de la famille et des personnes handicapées.
▷ http://www.sante.gouv.fr

INSTITUTIONS GOUVERNEMENTALES (AUTRES QUE FRANÇAISES)

▶ EPA : agence de protection de l'environnement des Etats-Unis.
▷ http://www.epa.gov

▶ Agence sanitaire des aliments et des produits de santé pour les Etats-Unis (Food and Drug Administration, FDA) : organisme chargé de la protection de la santé publique par la surveillance, la prévention, la diffusion des informations sur la sécurité, la prévention, l'expertise et la réglementation concernant les médicaments destinés à la santé humaine ou vétérinaire, les produits biologiques, les outils médicaux, les aliments, les produits cosmétiques, etc.
▷ http://www.fda.gov

▶ Département américain de l'agriculture (USDA).
▷ http://www.usda.gov

▶ Institut de biotechnologie des plantes du CNRC (Conseil National de Recherches du Canada).
▷ http://www.pbi.nrc.ca/pbiintrof.html

INSTITUTIONS EUROPÉENNES

▶ Autorité Européenne de Sécurité des Aliments (EFSA) : évaluation des risques relatifs à la sécurité des aliments destinés à l'alimentation humaine et animale.
▷ http://www.efsa.europa.eu

▶ European Antimicrobial Resistance Surveillance System (EARSS).
▷ http://www.earss.rivm.nl

▶ European Renewable Ressources and Materials Association (ERRMA).
▷ http://www.errma.com

INSTITUTIONS INTERNATIONALES

▶ IUPAC : nomenclature chimique.
▷ http://www.chem.qmw.ac.uk/iupac

▶ IUBMB : recommandations concernant la nomenclature, les symboles, la terminologie des composés organiques et biochimiques, etc.
▷ http://www.chem.qmw.ac.uk/iubmb

▶ IUBMB : informations générales sur la nomenclature des enzymes.
▷ http://www.chem.qmw.ac.uk/iubmb/enzyme

▶ Organisation de Coopération et de Développement Economique (OCDE).
▷ http://www.oecd.org

INSTITUTIONS MONDIALES

▶ Codex Alimentarius : système de normalisation internationale en matière alimentaire, développé conjointement par la FAO et l'OMS.
▷ http://www.codexalimentarius.net

▶ Organisation des Nations Unies pour l'Alimentation et l'Agriculture (Food and Agriculture Organization, FAO).
▷ http://www.fao.org

▶ Organisation Mondiale de la Santé (OMS). Le site contient des informations, à l'échelle mondiale, concernant la santé, les maladies, les vaccinations, la recherche dans ces domaines, etc.
▷ http//www.who.int/fr

Lexique Anglais-Français

A

Absolute	Absolu
Acetic acid	Acide acétique
Acid value	Indice d'acidité
Acidulated	Acidulé
Activated charcoal	Charbon activé
Added value	Valeur ajoutée
Adsorbing agent	Adsorbant
Aerobic conditions	Conditions aérobies
Agro-feeding	Agro-alimentaire
Affination	Affinage
Aftertaste	Arrière-goût
Agricultural products	Produits agricoles
Albumin	Albumine
Alcohol	Alcool
Aleurone layer	Couche d'aleurone
Algae	Algues
Alimentary additive	Additif alimentaire
Alimentary paste	Pâte alimentaire
Aliphatic	Aliphatique
Alkaloid	Alcaloïde
Alkane	Alcane
Allergy	Allergie
Almond	Amande
Alpha-helix	Hélice alpha
Amorphous	Amorphe
Amphiphilic	Amphiphile
Amphoteric	Amphotère
Amylolytic enzymes	Enzymes amylolytiques
Anhydrous	Anhydre
Antibiotic	Antibiotique
Antibody	Anticorps
Antifoaming agent	Agent antimoussant
Antigen	Antigène
Antimicrobial	Antimicrobien
Anti-nutritional factor	Facteur antinutritionnel
Antioxidant	Antioxydant
Antitrypsic	Antitrypsique
Appetency	Appétence

Appetibility ..... Appétabilité
Applied research ..... Recherché appliquée
Aroma ..... Arôme
Aromatic compound ..... Composé aromatique
Asepsis ..... Asepsie
Aseptic ..... Aseptique
Ash ..... Cendre
Astringency ..... Astringence
Autoxidation ..... Autoxydation

B

Bacterium (pl. –ria) ..... Bactérie(s)
Bacterial growth ..... Développement bactérien
Bactericidal, bactericide ..... Bactéricide
Bacteriostatic ..... Bactériostatique
Baker's yeast ..... Levure de boulangerie
Bakery ..... Boulangerie
Barley ..... Orge
Basic research ..... Recherche fondamentale
Batch culture ..... Culture discontinue non alimentée
Beet sugar ..... Sucre de betterave
Beverage ..... Boisson
Binding site ..... Site de fixation
Bioavailability ..... Biodisponibilité
Bioenergy ..... Bio-énergie
Biofuel ..... Biocarburant
Biogas ..... Biogaz
Biomass ..... Biomasse
Bioreactor ..... Bioréacteur
Biosensor ..... Biocapteur
Biosynthetic pathway ..... Voie biosynthétique
Biotechnology ..... Biotechnologie
Bitterness ..... Amertume
Blanching ..... Blanchiment
Bleached flour ..... Farine blanchie
Bleaching ..... Blanchiment
Bleeding ..... Saignement
Blender ..... Broyeur
Blood clotting ..... Coagulation du sang
Bodying agent ..... Agent de texture
Boiling point ..... Point d'ébullition
Bone marrow ..... Moelle osseuse

Bran ..... Son
Bread flour ..... Farine panifiable
Breaking plant ..... Casserie d'œufs
Brew ..... Bière
Brewer's yeast ..... Levure de bière
Brewery ..... Brasserie
Brewing ..... Brassage
Brine ..... Saumure
Broad bean ..... Fève
Brown sugar ..... Sucre roux
Browning ..... Brunissement
Buckwheat ..... Sarrasin
Buffer ..... Tampon
Butter ..... Beurre
Buttermilk ..... Babeurre
By-products ..... Co-produits, sous-produits, issues

C

Cake ..... Gâteau
Capillary electrophoresis (CE) ..... Electrophorèse capillaire (EC)
Callus (pl. Calli) ..... Cal
Cane sugar ..... Sucre candi
Canned food ..... Conserve
Caramelization ..... Caramélisation
Carbohydrate ..... Glucide
Carbon dioxide ..... Dioxyde de carbone
Carbonyl group ..... Groupement carbonyle
Carboxyl group ..... Groupement carboxyle
Carcinogen ..... Carcinogène
Carotenoid pigment ..... Pigment caroténoïde
Carrageenans ..... Carraghénanes
Carrier ..... Transporteur
Castor oil ..... Huile de ricin
Catalyst ..... Catalyseur
Catalyze (to) ..... Catalyser
Cell culture ..... Culture de cellules
Cell line ..... Lignée cellulaire
Cell suspension ..... Suspension cellulaire
Cell wall ..... Paroi cellulaire
Centrifuge ..... Centrifugeuse
Cereals ..... Céréales
Cheese ..... Fromage

Chelating agent .... Chélateur
Chemical inhibitor .... Inhibiteur chimique
Chicory .... Chicorée
Chilling .... Réfrigération
Cider .... Cidre
Cis configuration .... Configuration *cis*
Clarifier .... Clarificateur
Clarify (to) .... Clarifier
Cleavage .... Clivage, coupure
Clinical trials .... Essais cliniques
Clot .... Caillot
Coagulate (to) .... Coaguler
Coating .... Enrobage
Collagen .... Collagène
Colloidal dispersion .... Dispersion colloïdale
Color .... Couleur
Component .... Constituant
Concentrate .... Concentré
Conductivity .... Conductivité
Confectionery .... Confiserie
Conjugated fatty acid .... Acide gras conjugué
Continuous culture .... Culture continue
Cooking oil .... Huile de cuisson
Copra .... Coprah
Co-products .... Co-produits, sous-produits
Corn syrup .... Sirop de maïs
Cosmetics .... Produits cosmétiques
Cow's milk .... Lait de vache
Cream .... Crème
Cristallization .... Cristallisation
Crude oil .... Huile brute
Crumb .... Mie
Crusher .... Concasseur, broyeur
Crushing .... Broyage
Cryoprotectants .... Cryoprotecteurs
Crystallization .... Cristallisation
Crystallize (to) .... Cristalliser
Culture medium .... Milieu de culture
Curd .... Caillebotte, coagulum
Curdling .... Caillage
Cyanogenic glucoside .... Glucoside cyanogène

D

Dairy products ... Produits laitiers
Death ... Mort
Decolorization ... Décolorisation
Deep-freezing ... Surgélation
Defatting ... Délipidation
Defecation ... Défécation
Deficiency ... Carence, déficience
Degree of polymerization ... Degré de polymérisation
Degumming ... Dégommage
Dehydrated food ... Aliment déshydraté
Dehydrogenation ... Déshydrogénation
Demineralization ... Déminéralisation
Density ... Densité
Deodorization ... Désodorisation
Depectinization ... Dépectination
Deproteinization ... Déprotéination
Desizing ... Désencollage
Dewaxing ... Elimination des cires
Dextrins ... Dextrines
Dextrorotatory ... Dextrogyre
Diagnostic ... Diagnostic
Dialysis ... Dialyse
Dietary fibers ... Fibres alimentaires
Dietetic food ... Aliment diététique
Digestibility ... Digestibilité
Discoloration ... Décoloration
Disease ... Maladie
Distillery ... Distillerie
Disulfide linkage ... Liaison disulfure
Dried ... Séché
Drying ... Déshydratation, séchage

E

Ecological ... Ecologique
Efficiency ... Efficacité
Egg albumen powder ... Poudre de blancs d'œufs
Egg product ... Ovoproduit
Egg yolk powder ... Poudre de jaunes d'œufs
Electrochemical biosensor ... Biocapteur électrochimique
Elicitor ... Éliciteur

Emulsifier, emulsifying agent	Emulsifiant
Emulsifying properties	Propriétés émulsifiantes
Encapsulated	Encapsulé
Energetic requirements	Besoins énergétiques
Energy farming	Agroénergie
Enhancer	Renforçateur
Enriched flour	Farine enrichie
Environmentally harmless	Respecte l'environnement
Enzymatic cleavage	Clivage enzymatique
Enzymatic oxidative browning	Brunissement oxydatif enzymatique
Enzymatic reaction	Réaction enzymatique
Epidemiology	Épidémiologie
Essential amino acid	Acide aminé indispensable
Essential fatty acid	Acide gras indispensable
Essential oil	Huile essentielle
Evaporated milk	Lait évaporé, lait en poudre

F

Factory	Usine
Fat, fat body	Corps gras
Fatty acid	Acide gras
Fatty alcohol	Alcool gras
Favism	Favisme
Fed batch culture	Culture discontinue alimentée
Feeding cake	Tourteau
Fermenter	Fermenteur
Fingerprinting	Empreinte
Finished oil	Huile raffinée
Flavour, flavor	Flaveur
Flavoured	Aromatisé
Flax	Lin
Flocculation	Floculation
Floral water	Eau florale
Flour	Farine
Foam	Mousse
Foaming power	Pouvoir moussant
Foaming properties	Propriétés moussantes
Food	Aliment
Food acceptability	Acceptabilité alimentaire
Food additive	Additif alimentaire
Food fermentation	Fermentation alimentaire

Food intake	Ration
Food intoxication	Intoxication alimentaire
Food preservative	Conservateur alimentaire
Food safety	Sécurité alimentaire
Food standards	Normes alimentaires
Fractionation	Fractionnement
Free radical	Radical libre
Fresh cheese	Fromage à pâte fraîche
Freeze-drying	Lyophilisation
Freezing	Congélation
Fresh cheese	Crème fraîche
Frozen	Congelé
Fruit juice	Jus de fruits
Fry (to)	Frire
Frying	Friture
Full-cream milk	Lait entier
Functional food	Aliment fonctionnel
Functional group	Groupement fonctionnel
Functional properties	Fonctionnelles (propriétés –)
Fungicide	Fongicide
Fungus (pl. Fungi)	Champignons

G

Gas-liquid chromatography	Chromatographie gaz-liquide
Gelatinization	Gélatinisation
Gelling agent	Agent gélifiant
Germ	Germe
Glassware	Verrerie (de laboratoire)
Gliadin	Gliadine
Globulin	Globuline
Glucose isomerase	Glucose isomérase
Glycogen	Glycogène
Goat's cheese	Fromage de chèvre
Gram staining	Coloration de Gram
Green chemistry	Chimie verte
Grinder	Broyeur
Groundnut oil	Huile d'arachide
Growth	Croissance
Gum	Gomme

H

Hard water .... Eau dure
Hard wheat .... Blé dur
Hardening .... Durcissement
Hard wood .... Bois dur
Hazard .... Danger
Health .... Santé
Heat .... Chaleur
Hemorrhage .... Hémorrhagie
High-fructose Corn syrup (HFCS) .... Sirop de maïs enrichi en fructose
High-Performance Liquid Chromatography (HPLC) ....
.... Chromatographie Liquide Haute Performance (CLHP)
High-throughput screening (HTS) .... Criblage à haut débit
Homogenization .... Homogénéisation
Hood .... Hotte
HPLC .... CLHP
Humanized milk .... Lait maternisé
Husk .... Balles
Hybridoma .... Hybridome
Hydrocolloids .... Hydrocolloïdes
Hydrogen bond .... Liaison hydrogène
Hydrolysate .... Hydrolysat
Hydrolysis .... Hydrolyse
Hydrolyze (to) .... Hydrolyser
Hydrophilic .... Hydrophile
Hydrophobic bond .... Liaison hydrophobe
Hydroxyl .... Hydroxyle
Hygroscopic .... Hygroscopique
Hygroscopicity .... Hygroscopicité

I

Icing sugar .... Sucre glacé
Immiscible .... Non miscible
Immobilized enzyme .... Enzyme immobilisée
Inactivator .... Inactivateur
Indicator .... Indicateur
Infant food .... Aliment infantile
Instant .... Instantané
Interesterification .... Interestérification
Intracellular product .... Produit intracellulaire
Inversion reaction .... Réaction d'inversion
Invert sugar .... Sucre interverti

Iodine value .... Indice d'iode
Ion exchange chromatography .... Chromatographie d'échange d'ions
Isoelectric focusing .... Focalisation isoélectrique
Isolate .... Isolat
Isomer .... Isomère
Isomerization .... Isomérisation
IUPAC (International Union of Pure and Applied Chemistry) .... UICPA (Union Internationale de Chimie Pure Appliquée)

J

Jam .... Confiture
Jellifying .... Gélifiant
Jelly .... Gelée
Jerusalem artichoke .... Topinambour
Juice .... Jus

K

Ketone .... Cétone
Kieselguhr .... Gel de silice
Kneading .... Pétrissage

L

Label .... Etiquette
Labeling .... Marquage
Lactose intolerance .... Intolérance au lactose
Lard .... Saindoux
Large scale agricultural crops .... Grandes cultures, cultures à grande échelle
Lathyrism .... Lathyrisme
Leaf (pl. Leaves) .... Feuille
Legumes .... Légumes, Légumineuses
Linoleic acid .... Acide linolénique
Linolenic acid .... Acide linolénique
Lipid bilayer .... Bicouche lipidique
Lipochemistry .... Lipochimie
Lipoprotein .... Lipoprotéine
Liquid sugars .... Sucres liquides
Liquor .... Liqueur
Liver .... Foie
Lye .... Lessive de soude ou de potasse
Lyophilization .... Lyophilisation
Lysis .... Lyse

M

Maillard reaction ... Réaction de Maillard
Maize ... Maïs
Maltodextrin ... Maltodextrine
Manufacture ... Fabrication
Meat ... Viande
Mechanical biosensor ... Biocapteur mécanique
Medium culture ... Milieu de culture
Melting point ... Point de fusion
Metabolic engineering ... Génie métabolique
Metabolism ... Métabolisme
Microcrystalline cellulose ... Cellulose microcristalline
Microprocessor or chip ... Microprocesseur
Milk ... Lait
Miscibility ... Miscibilité
Modified starches ... Amidon modifié
Molasse ... Mélasse
Molecular exclusion chormatography ... Chromatographie d'exclusion moléculaire
Molecular weight ... Poids moléculaire
Monitoring ... Contrôle
Monoclonal antibody ... Anticorps monoclonal
Monounsaturated fatty acid ... Acide gras monoinsaturé
Moulds ... Moisissures

N

Native starch ... Amidon natif
Nitrogen ... Azote
Nutraceutical ... Nutraceutique
Nutrient ... Nutriment
Nutritional quality ... Qualité nutritionnelle
Nutritional requirement ... Besoin nutritionnel
Nutritional value ... Valeur nutritionnelle

O

Oil ... Huile
Oil cake ... Grignons d'olives
Oil palm ... Palmier à huile
Oil-refining ... Raffinage de l'huile
Oilseeds ... Oléagineux
Oleoresin ... Oléorésine
Optical biosensor ... Biocapteur optique

Optical rotation .... Rotation optique
Organic .... Organique
Organic compound .... Composé organique
Organoleptic properties .... Propriétés organoleptiques
Ovalbumin .... Ovalbumine
Oxidation .... oxydation
Oxidative resistance .... Résistance à l'oxydation

P

Palatability .... Palatabilité
Palm kernel .... Palmiste
Paper pulp .... Pâte à papier
Paraffin .... Paraffine
Pasta .... Pâte
Pasteurization .... Pasteurisation
Pasteurize (to) .... Pasteuriser
Pastry .... Pâtisserie, viennoiserie
Pectic enzyme .... Enzyme pectique
Pectin .... Pectine
Pectin esterase .... Pectine estérase
Peel .... Peau (de fruit)
Peptide linkage .... Liaison peptidique
Peroxide value .... Indice de péroxyde
Pest .... Ravageur
Pharmaceuticals .... Produits pharmaceutiques
Phenolic compound .... Composé phénolique
Photo-oxidation .... Photo-oxydation
Phytic acid (inositol hexaphosphate) .... Acide phytique
Phytohemagglutinin .... Phytohémagglutinine
Pie .... Pâté
Pilot plant .... Usine pilote
Plastic .... Plastique
Plasticity .... Plasticité
Polyacrylamide gel electrophoresis .... Electrophorèse sur gel de polyacrylamide
Polymer .... Polymère
Polymerization .... Polymérisation
Polyphenol .... Polyphénol
Polyphenoloxidase .... Polyphénol-oxydase
Polyunsaturated fatty acid .... Acides gras polyinsaturé
Post-translational modification .... Modification post-traductionnelle
Potato .... Pomme de terre
Potato crisps .... Chips

Powdered sugar ... Sucre en poudre
Precipitate ... Précipité
Precursor ... Précurseur
Prepared food ... Aliment cuisine, plat préparé
Preserver ... Conservateur
Pressed cheese ... Fromage à pâte pressée
Pressure ... Pression
Primary metabolite ... Métabolite primaire
Probe ... Sonde
Processing cost ... Coût de fabrication
Productivity ... Productivité
Prokaryote ... Procaryote
Proteaginous ... Protéagineux
Protease ... Protéase
Protein ... Protéine
Protein hydrolysate ... Hydrolysat protéique
Proteolysis ... Protéolyse
Proteolytic enzyme ... Enzyme protéolytique
Protoplast ... Protoplaste
Pulp ... Pulpe
Purity ... Pureté

R

Rancidification ... Rancissement
Rancidity ... Rancidité, rancissement
Raw ... Brut
Raw sugar ... Sucre brut
Reactor ... Réacteur
Reagent ... Réactif
Recombinant protein ... Protéine recombinante
Recovery ... Récupération
Rectified ... Rectifié
Recycling ... Recyclage
Reducing end ... Extrémité réductrice
Reducing sugar ... Sucre réducteur
Reduction reaction ... Réaction de réduction
Refined sugar ... Sucre raffiné
Refinery ... Raffinerie
Refining ... Raffinage
Refractive index ... Indice de réfraction
Refractometer ... Réfractomètre
Rehydrate (to) ... Réhydrater

Removal of mucilage ..... Démucilagination
Renewable energy ..... Énergie renouvelable
Reverse osmosis ..... Osmose inverse
Rheology ..... Rhéologie
Rice flour ..... Farine de riz
Ripening ..... Affinage
Room temperature ..... Température ambiante
Root ..... Racine
Rose water ..... Eau de rose
Rye flour ..... Farine de seigle

S

Saccharimeter ..... Saccharimètre
Salad oil ..... Huile d'assaisonnement
Salt ..... Sel
Salting out ..... Relargage
Sample ..... Echantillon
Sapidity ..... Sapidité
Saturated fatty acid ..... Acide gras saturé
Scouring ..... Débouissage
Seaweed ..... Algue
Secondary amine ..... Amine secondaire
Secondary metabolite ..... Métabolite secondaire
Seed ..... Graine
Semipermeable membrane ..... Membrane semiperméable
Sequencing ..... Séquençage
Single cell proteins (SCP) ..... Protéines d'organismes unicellulaires (POU)
Single-stranded DNA ..... ADN monocaténaire
Smoke point ..... Point de fumée
Soap ..... Savon
Soft cheese ..... Fromage à pâte molle
Soft wheat ..... Blé tendre
Softwoods ..... Bois tendres, Résineux
Solid substrate ..... Substrat solide
Solubility (pl. Solubilities) ..... Solubilité
Solvent ..... Solvant
Soup ..... Potage
Soybean hull ..... Coque de soja
Spray-drying ..... Séchage par pulvérisation
Stabilizer or stabilizing agent ..... Stabilisant
Staining ..... Coloration
Starch ..... Amidon

Starch granule ... Grain d'amidon
Starchy ... Féculent
Steam distillation ... Distillation à la vapeur
Stem cells ... Cellules souches
Sterilization ... Stérilisation
Sterilize (to) ... Stériliser
Stirred-tank ... Cuve agitée
Strain ... Souche
Subcutaneous ... Sous-cutannée
Substrate ... Substrat
Sucrose ... Saccharose
Sugar ... Sucre
Sugar beet ... Betterave sucrière
Sugar refinery ... Raffinerie de sucre
Sunflower oil ... Huile de tournesol
Supercritical CO_2 extraction ... Extraction par CO_2 supercritique
Surface tension ... Tension de surface
Surfactant ... Tension-actif
Sweet potatoe ... Patate douce
Sweetener ... Édulcorant
Synergism ... Synergisme
Synthetic ... Synthétique
Syrup ... Sirop

T

Tablet ... Tablette
Tannin ... Tanin
Taste ... Saveur
Taste enhancer ... Exhausteur de goût
Taste receptor ... Récepteur de goût
Thawing ... Décongélation
Thermal biosensor ... Biocapteur thermique
Thickener or thickening agent ... Agent épaississant
Thin-Layer Chromatography (TLC) ... Chromatographie sur couche mince (CCM)
Total sugars ... Sucres totaux
Toxicity ... Toxicité
Trans configuration ... Configuration *trans*
Trans fatty acid ... Acide gras *trans*
Transducer ... Transducteur
Treacle ... Mélasses
Trypsin ... Trypsine
Tubers ... Tubercules

U

Unbleached flour	Farine non blanchie
Uncooked food	Crudité
Unsaponifiable matter	Matière insaponifiable
Unsaturated fatty acid	Acide gras insaturé

V

Vacuum packed	Rempli sous vide
Vacuum-drying	Séché sous vide
Valorization	Valorisation
Value-added	Valeur ajoutée
Vapor pressure	Pression de vapeur
Vegetable gum	Gomme végétale
Vegetable oil	Huile végétale
Vial	Flacon
Vinegar	Vinaigre
Viscosity	Viscosité

W

Waste	Déchet
Water bath	Bain marie
Water distillation	Distillation de l'eau
Water-binding capacity	Capacité de fixation d'eau
Wax	Cire
Wheat bran	Son de blé
Whey	Lactosérum
Wood	Bois

X, Y

Xanthan gum	Gomme xanthane
Yeast	Levure
Yield	Rendement
Yolk	Jaune d'œuf

GLOSSAIRE

*Les mots en italique suivis de * sont définis à leur place dans le glossaire.*

A

Absolue : matière aromatique très concentrée et visqueuse obtenue par traitement de l'essence concrète au moyen d'alcool suivi de l'élimination de ce solvant.

Acides aminés indispensables : acides aminés qui doivent être fournis par l'alimentation, soit parce que les animaux et l'homme sont incapables de les synthétiser, soit parce qu'ils ne peuvent les synthétiser en quantité suffisante pour répondre à leurs besoins. Pour l'Homme, les acides aminés indispensables sont au nombre de huit : isoleucine, leucine, lysine, méthionine, phénylalanine, thréonine, tryptophane et valine.

Acides gras indispensables : acides gras qui doivent être apportés par l'alimentation, soit parce que les animaux et l'homme sont incapables de les synthétiser, soit parce qu'ils ne peuvent les synthétiser en quantité suffisante pour répondre à leurs besoins : ce sont les acides linoléique, linolénique et arachidonique.

Acidifiant : substance qui augmente l'acidité d'une préparation alimentaire et/ou lui donne un goût acide.

Acidulé : légèrement acide.

Additif alimentaire : se dit de toute substance qui n'existe pas normalement dans les aliments mais qui y est ajoutée en faible quantité pour maintenir ou modifier certaines de leurs propriétés nutritionnelles, *organoleptiques** ou technologiques. Les additifs alimentaires peuvent être naturels ou synthétiques, beaucoup sont d'origine végétale. Leur présence doit être signalée sur l'emballage, dans la liste des *ingrédients** souvent sous forme d'un code (ex. E407 = carraghénanes).

Adjuvant : substance dépourvue d'activité biologique mais qui, ajoutée à une préparation, est capable d'améliorer ses qualités physico-chimiques ou biologiques et, donc, de moduler l'action de celle-ci.

Adsorption : fixation d'un produit à la surface d'un solide au moyen de charges électrostatiques.

Aérosol : produit en suspension sous forme de très fines gouttelettes dans une phase gazeuse.

Affinage : étape de maturation d'un fromage pendant laquelle il est entreposé dans un local adapté (température, humidité, aération, plus ou moins constantes) pendant une durée déterminée, variable selon le type de fromage (quelques jours à plusieurs mois). Durant cette opération, il y a production de molécules sapides et *aromatiques**, générée par l'activité de diverses *enzymes** de la flore microbienne qui dégradent le lactose, les matières grasses et les protéines du *caillé** en lui donnant sa texture et son aspect final, propres à chaque sorte de fromage.

Agent antimoussant : substance qui empêche ou réduit la formation de mousse.

Agent d'enrobage : substance qui, appliquée à la surface d'une denrée alimentaire, lui confère un aspect brillant ou constitue une couche protectrice.

Agent de texture : substance chimique ou naturelle qui améliore la consistance des préparations alimentaires en permettant ou facilitant la stabilisation des phases physiques hétérogènes par ses propriétés émulsifiantes, épaississantes ou gélifiantes. Ex. carraghénane.

Agent moussant : voir *Pouvoir moussant**.

Agro-alimentaire :
▶ Secteur industriel situé en aval de la production agricole ayant pour objet l'élaboration, la transformation et l'exploitation des produits agricoles et leur conditionnement en denrées alimentaires, destinées à l'alimentation humaine ou animale.
▶ Relatif à l'élaboration, à la transformation et au conditionnement des produits d'origine agricole, destinés à la consommation humaine et animale.

Agro-énergie : branche de l'agriculture dont la production est à vocation énergétique (alcools, solvants, esters, biocarburants).

Alcalis : substances basiques. Ex. l'hydroxyde de sodium (NaOH), l'hydroxyde de potassium (KOH), etc.

Aliment diététique : désigne un produit qui, bien que non médicamenteux, permet la satisfaction des besoins nutritionnels de certaines catégories de consommateurs « bien-portants » (sportifs, travailleurs de force, femmes enceintes). Il s'agit d'un aliment naturel de base auquel on a ajouté ou non d'autres éléments naturels pour en augmenter la valeur biologique. À ne pas confondre avec un produit de régime auquel on a retranché les éléments incompatibles avec l'hygiène alimentaire imposée par certaines affections de l'organisme (aliments hypoglucidiques pour les diabétiques, hyposodés pour l'albuminurie et les maladies cardio-vasculaires).

Aliment fonctionnel : aliment dont il a été démontré qu'il procure, en plus de ses fonctions nutritionnelles de base, des bienfaits physiologiques et qu'il réduit le risque de maladies chroniques.

Aliment infantile : aliment destiné aux jeunes enfants, à partir de 3 mois, pour remplacer ou compléter l'alimentation lactée.

Aliphatique : qualifie les composés à chaîne carbonée linéaire ou ramifiée, saturée ou non (ex. acides gras et dérivés), acyclique (ex. hexane) ou cyclique (ex. cyclohexane), par opposition à ceux contenant des cycles *aromatiques**.

Alkyle ou alcoyle : radical monovalent de formule générale C_nH_{2n+1} résultant de l'arrachement d'un atome d'hydrogène à un alcane.

Allergie : réaction exagérée de l'organisme contre des substances étrangères qui ne présentent, habituellement, pas de danger.

Amidon natif : amidon dans sa forme naturelle non modifiée, par exemple, tel qu'il est extrait des tubercules de pomme de terre ou des grains de maïs.

Amidonnerie : secteur de l'industrie concerné par la transformation du grain en *amidon**.

Amphiphile : se dit d'une molécule possédant à la fois un caractère *hydrophile** et *hydrophobe**.

Amphotère : qualifie un composé qui, selon les conditions de *pH** dans lesquelles il se trouve placé, se comporte soit comme une base, soit comme un acide. Les protéines, par exemple, présentent cette particularité ; elle est à l'origine de leur plus ou moins grande stabilité ou *solubilité** dans les milieux naturels où elles se trouvent.

Amylacé : se dit d'une plante ou d'une substance riche en *amidon**. Ex. *Céréales**, pomme de terre.

Anhydroglucose : unité de glucose dans la molécule d'amylose ou d'amylopectine, diminuée d'une molécule d'eau.

Anticorps : protéine de défense spécifique appartenant à la classe des immunoglobulines du sérum produite par les lymphocytes B de l'organisme vertébré en réponse à l'introduction d'un corps étranger et provoquant sa *précipitation** dans un test *in vitro*. Ces corps étrangers, appelés *antigènes**, sont le plus souvent des *bactéries** ou des virus, mais ils peuvent également n'être que de simples protéines constitutives de certains aliments.

Anticorps monoclonal : *anticorps** purifié dérivé d'une seule lignée de cellules génétiquement identiques (clone) et qui sont donc homogènes, c'est-à-dire qu'ils ont tous la même spécificité (ne reconnaissant qu'un antigène) et la même sensibilité.

Antigène : substance ou structure cellulaire étrangère à l'organisme vivant, susceptible de déclencher la formation d'un *anticorps** spécifique visant à l'éliminer. La réaction antigène-anticorps est une réaction de défense de l'organisme immunisé.

Antioxydant :
▶ Substance capable de neutraliser ou de réduire les dommages causés par l'oxygène ou les *radicaux libres** dans l'organisme. Les principaux antioxydants naturels sont les vitamines C et E, les caroténoïdes et le sélénium.
▶ Dans les industries *agro-alimentaires**, il s'agit d'une substance qui protège les denrées alimentaires des altérations provoquées par l'oxydation par l'oxygène moléculaire, telles que le *rancissement** des matières grasses.

Antioxygène : substance qui bloque la réaction en chaîne d'auto-oxydation due à l'oxygène moléculaire.

Antitrypsique : qualité de certaines substances présentes dans les *Légumineuses** crues (soja, lentilles, haricots et autres) et qui inhibent l'action de la *trypsine** et par conséquent conduisent à des difficultés digestives. La cuisson les détruit.

Aphérèse : récupération d'une fraction spécifique du sang ; le reste étant remis au corps du donneur. La récupération du plasma est appelée plasmaphérèse.

Appétabilité : pouvoir d'un aliment à exciter l'appétit.

Apprêt : traitement réalisé sur le papier séché ou sur les textiles en vue de rendre leur surface plus lisse.

ARN antisens : ARN complémentaire d'une portion, plus ou moins étendue, d'un autre ARN et inhibant son expression comme modèle de la traduction.

Aromatique : caractère d'une molécule organique comportant un cycle insaturé, à liaisons conjuguées (ex. benzène, toluène). Les composés *aromatiques** ont souvent une odeur caractéristique.

Arôme : ensemble des composés volatils d'un aliment perçus par la partie rétro-nasale. Chimiquement, les arômes sont plus légers que les molécules de l'air. Les composés volatils d'un aliment sont perceptibles de deux manières : par voie nasale directe (ce qui correspond à l'odeur) ou par voie rétro-nasale lorsque l'aliment est placé dans la bouche, ce qui donne naissance à l'arôme.

Aryle : radical carboné monovalent résultant de l'arrachement d'un atome d'hydrogène à un arène (hydrocarbure *aromatique**).

Asepsie : ensemble des conditions propres à empêcher toute contamination d'un milieu donné par les microorganismes.

Astringence : perception d'âpreté (resserrement des muqueuses buccales) en bouche due à des substances particulières comme les *tanins** et leurs dérivés, l'artichaut cru, les coings, etc. sont astrigents.

Athérogène : se dit d'une substance qui favorise la déposition de plaques lipidiques (cholestérol) ou plaques d'athérome au niveau de la tunique interne des vaisseaux sanguins (principalement les artères), conduisant progressivement à leur oblitération.

B

Babeurre : ou petit lait, liquide au goût aigrelet qui reste après la fabrication du beurre.

Bactéricide : se dit d'une substance capable de tuer les *bactéries**.

Bactérie: microorganisme unicellulaire, appartenant au règne des Protistes, de formes diverses, généralement à chromosome unique circulaire, ne comportant pas de véritable noyau et se multipliant le plus souvent par division cellulaire (asexualité). Sa membrane plasmique est doublée par une paroi rigide de nature polysaccharidique, protéique, et lipidique. Certaines bactéries ont des effets bénéfiques, d'autres sont pathogènes et provoquent des maladies infectieuses.

Bactériophage : virus susceptible de parasiter des *bactéries**.

Bactériostatique : propriété d'un produit, et en particulier d'un antibiotique, qui bloque la croissance, et donc la multiplication, bactérienne en inhibant une réaction du métabolisme, sans détruire les cellules.

Bagasse : *sous-produit** fibreux obtenu après l'*extraction** du jus sucré (ou vesou) par broyage et pressage de la canne à sucre, constitué par ses parties ligneuses, dures (écorce, fibres). La bagasse est composée essentiellement de cellulose (40 %), d'hémicelluloses (34 %) et de lignine (11 %).

Bilirubine : produit de la dégradation de l'hémoglobine (principalement dans les macrophages) et un des constituants essentiels de la bile.

Biocénose : ensemble de la faune (zoocénose), de la flore (phytocénose) et des microorganismes qui vivent de façon permanente dans les mêmes conditions de milieu et dans un habitat déterminé (biotope). L'ensemble biocénose + biotope forment un écosystème (ex. une forêt).

Bioconversion : terme général s'appliquant à la transformation d'une substance en un ou plusieurs autres produits bien définis, réalisée par biocatalyse lors de culture cellulaire (cellules microbiennes, champignons, etc.). Ce terme englobe aussi la transformation de l'énergie solaire directe ou indirecte par les êtres vivants : la *photosynthèse**.

Biodégradation : décomposition d'un corps par action de microorganismes vivants, (*bactéries**, champignons voire d'*enzymes** isolées) en ses éléments de base (minéraux ou organiques) recyclables, c'est-à-dire, directement assimilables par le milieu naturel ou par d'autres organismes.

Biodiesel : combustible obtenu par transestérification d'huiles par du méthanol en un mélange d'esters appelés esters méthyliques d'acides gras ou esters méthyliques d'huiles végétales (EMHV).

Bioénergie : énergie obtenue à partir de la transformation de la *biomasse** précédemment produite par *photosynthèse**.

Bioéthanol : éthanol obtenu par *fermentation** à partir de matériel biologique (plantes cultivées essentiellement) et pouvant se substituer aux combustibles fossiles comme le pétrole et le charbon.

Biogaz : carburant gazeux obtenu par *fermentation** ou gazéification de divers types de *biomasse**. Tous les végétaux fournissent par fermentation du biogaz dont le composé principal est le méthane.

Bio-industrie : ensemble des secteurs qui utilisent des techniques biotechnologiques à l'échelle industrielle.

Biolubrifiants : terme regroupant les huiles et graisses lubrifiantes, les huiles pour moteurs et les fluides hydrauliques, d'origine végétale.

Biomasse : ensemble des organismes vivants et de leurs produits et dérivés dans un milieu. En milieu marin, la biomasse est souvent exprimée en poids de matière fraîche ou sèche par unité de volume, en milieu terrestre par unité de surface.

Biomolécules : composés biologiques provenant d'un organisme vivant comme des polysaccharides, des protéines, des lipides ou des acides nucléiques.

Biopolymère : terme employé pour désigner des macromolécules biologiques, à motif de base répétitif ou monomère (molécule simple), enchaînés les uns aux autres comme les peptides, les polynucléotides, les polysaccharides.

Bioréacteur : dispositif de laboratoire ou de milieu industriel où sont mises en œuvre des cultures en conditions contrôlées de cellules ou des *bioconversions** grâce à des microorganismes, des cellules isolées, des extraits cellulaires ou des *enzymes** (fixées ou libres).

Biosurfactant : molécule *amphiphile** de structure variée, pouvant être produite par les microorganismes (*levures**, *bactéries**), comme des acides gras polaires, des phospholipides, des lipopeptides, etc.

Biotechnologies : application intégrée des connaissances et des techniques de la biochimie, de la microbiologie, de la physiologie, de la génétique et du génie chimique, au traitement des matières par des agents biologiques (microorganismes, *enzymes** isolées). Les biotechnologies consistent, aussi, à tirer profit des microorganismes et de cellules animales et végétales en orientant leur *métabolisme** et leur capacité de biosynthèse vers la production de substances spécifiques utiles et valorisables.

Biotinylation : processus qui consiste à fixer par une liaison covalente de la biotine à une autre molécule ou à une surface quelconque.

Biotransformation : transformation biologique, plus ou moins dirigée et améliorée, s'effectuant sur des matières brutes ou des déchets (mélasses, déchets papetiers, résidus forestiers ou agricoles) à l'aide d'agents biologiques (*enzymes**, *bactéries**, champignons, etc.) libres ou fixés.

Blanchiment : élimination ou modification des impuretés colorées des composants d'une pâte ou d'une huile en vue d'augmenter la blancheur de celle-ci.

Bois raméal : bois issu des branches d'arbres, plus riche en matières organiques (cellulose hémicelluloses, lignines, acides aminés et protéines) que le bois caulinaire (du tronc).

C

Caillage : *coagulation** des caséines du lait soit par acidification (action des ferments lactiques), soit par action des *enzymes** spécifiques (chymosine de la présure). Base de toutes les fabrications fromagères, le caillage est un phénomène non réversible qui aboutit à la formation d'un coagulum appelé aussi caillebotte.

Caillé : partie solide issue de la *coagulation** du lait.

Caillette : quatrième partie de l'estomac d'un *ruminant**, qui sécrète le suc gastrique, responsable de la dégradation enzymatique des aliments. C'est de la caillette du veau que l'on prélève la présure.

Cal : amas de cellules végétales indifférenciées (sans organisation définie), naturel ou obtenu par culture *in vitro*. Ces cellules peuvent être cultivées indéfiniment par repiquages successifs, sur des milieux neufs. À partir de cals, on peut régénérer des organes, des plantes entières.

Carence : situation d'absence ou d'insuffisance d'un élément ou d'un *nutriment** (dans un milieu donné) essentiel pour le *métabolisme** et le développement de l'organisme et caractérisée par l'apparition de symptômes physiologiques (perturbations du métabolisme), voire pathologiques (maladie).

Carie : infection liée à des *bactéries** qui colonisent la surface dentaire et utilisent les glucides comme *substrats** pour synthétiser des acides (acide lactique en particulier) capables de dissoudre l'émail dentaire (déminéralisation).

Cariogénicité : capacité à provoquer des *caries** dentaires.

Catalyseur : substance qui, en petite quantité, accélère la vitesse d'une réaction chimique sans être, en aucun cas, transformée au cours de la réaction.

Cellulase : *enzyme** produite par divers microorganismes permettant la dégradation de la cellulose (cellulolyse).

Centrifugation : technique de séparation et de *fractionnement** des particules (cellules, organites, macromolécules) d'un échantillon par *sédimentation** utilisant l'accélération centrifuge développée par le rotor d'une centrifugeuse tournant à grande vitesse.

Céréales : important groupe de végétaux alimentaires, constituant le régime de base de la majorité de l'humanité. Ils se répartissent de façon distincte selon les continents : blé (et orge) pour les pays occidentaux et maghrébins, riz pour l'Asie, mil et sorgho pour l'Afrique, maïs pour les Amériques et les Antilles.

Cétose : glucide possédant un groupement cétone (–C=O).

Chaotropique (agent ~) : se dit d'une molécule qui détruit la structure tridimensionnelle des macromolécules biologiques (protéines, acides nucléiques, etc.) et les dénature en interférant avec les interactions intramoléculaires faibles (non-covalentes), comme les liaisons hydrogène et les forces de Van der Waals. Ex. perchlorate et bromure de lithium, thiocyanate de sodium, iodure de sodium, hypochlorite de sodium, chlorhydrate de guanidinium et urée.

Charcuterie : transformation des viandes (essentiellement de porc) et des abats en produits variés : pâtés, saucisses, jambons, rillettes, etc.

Chaumes : parties inférieures des tiges de *Céréales** qui restent au sol dans le champ après la récolte des grains. Riches en composés lignocellulosiques, elles peuvent être utilisées comme *fourrages** ou comme *substrat** de culture pour divers microorganismes.

Chélateur : molécule dont la *configuration** spatiale en pince ou en crochets permet de complexer (ou piéger) des cations métalliques (calcium, fer, cuivre, magnésium, plomb, etc.) à l'intérieur de son édifice moléculaire, par des liaisons de coordinance, où les atomes donneurs de doublets électroniques sur le chélateur, disposés selon une géométrie stricte, sont le plus souvent O et N, parfois S. Le complexe formé s'appelle chélate.

Cholestérol : stérol caractéristique des animaux mais rencontré également chez certaines algues et dans les huiles végétales alimentaires à très faible dose. Composant fondamental des membranes des cellules. Il provient à 75 % de la synthèse par l'organisme et pour 25 % des aliments que nous consommons.

Chromatographie : ensemble de techniques physico-chimiques permettant la séparation, plus ou moins sélective, des constituants d'un mélange (qu'ils soient colorés ou non) et leur obtention à l'état pur, en utilisant certaines de leurs propriétés physiques et/ou chimiques. Il en existe plusieurs variantes, toutes basées sur la répartition différentielle des molécules dans un mélange entre deux phases, la phase stationnaire et la phase mobile. Ces différents systèmes diffèrent par la nature des phases utilisées et par la nature du facteur déterminant la séparation.

Chromatographie d'immunoaffinité : technique de purification dans laquelle un *anticorps** est lié à une matrice, souvent utilisée pour isoler une protéine d'un mélange complexe.

Chylomicrons : petites gouttelettes de lipoprotéines sécrétées en grande quantité par les entérocytes (cellules de l'intestin) en période postprandiale (après un repas copieux par exemple) ; leur rôle essentiel est le transport des triglycérides d'origine alimentaire vers le plasma sanguin.

Chymosine : *enzyme** protéolytique qui est secrétée dans l'estomac du jeune veau (abomasum) et qui provoque le *caillage** du lait. Cette enzyme peut être récoltée ou synthétisée artificiellement et utilisée dans la fabrication du fromage. La présure contient environ 80 % de chymosine et 20 % de pepsine.

Cidre : boisson obtenue par *fermentation** du jus de pommes.

Cire : macromolécules *hydrophobes** constituées d'un mélange d'esters d'acides gras saturés et insaturés à longues chaînes (14 à 36 carbones) non ramifiées et d'alcools gras à longues chaînes *aliphatiques** (16 à 36 atomes de carbone) ou parfois cycliques. Les cires sont présentes naturellement dans les huiles de tournesol, de carthame, de coton, de maïs, de grignons d'olive.

Clairance rénale : mesure de la capacité du rein à se débarrasser d'une substance (ou quantité de substance éliminée par unité de temps).

Coagulation :

▶ Dans le cas des protéines, formation d'un gel irréversible, soit par action enzymatique, soit par traitement thermique. La coagulation des protéines s'effectue à une température de l'ordre de 50 à 80 °C suivant leur nature.

▶ Dans le cas du sang, formation d'un caillot permettant d'interrompre le saignement pour éviter l'hémorragie.

Coenzyme : complexe organique ou organo-métallique qui associé à la partie protéique (apoenzyme) constitue l'hétéroenzyme ou enzyme complète. Les coenzymes sont souvent indispensables et en général favorisent le fonctionnement de l'*enzyme**. Ils ne sont pas toujours synthétisés par l'organisme et doivent alors être apportés dans l'alimentation.

Cofacteur : substance dont la présence est indispensable lors d'une réaction enzymatique.

Colloïde : dispersion ou mélange constitué par un liquide dans lequel le soluté, généralement solide, est dispersé de façon homogène en particules dont la dimension est supérieure à celle des molécules du solvant, mais trop petites pour être visibles au microscope photonique. Les colloïdes font donc la transition entre les solutions et les suspensions de particules solides dans un liquide.

Colonne échangeuse d'ions : colonne de chromatographie composée d'un réseau de polymères sur lequel sont fixés des groupements fonctionnels chargés positivement (colonne échangeuse d'anions) ou négativement (colonne échangeuse de cations).

Colorant :
▶ Substance chimique, naturelle ou synthétique, capable d'absorber les rayonnements lumineux dans la partie visible du spectre et qui apparaît ainsi colorée. Contrairement au *pigment**, un colorant est soluble dans son milieu d'utilisation.
▶ En technologie alimentaire, se dit de toute substance ajoutée dans les préparations alimentaires pour en améliorer l'apparence (couleur).

Colza « 00 » : variété de colza obtenue par sélection et qui contient de très faibles taux d'acide érucique et de glucosinolates (néfastes pour la santé). Ainsi, toutes les graines destinées à l'*agro-alimentaire** humain sont dépourvues d'acide érucique. Les graines contenant cet acide sont quant à elles destinées à la lipochimie (industrie des huiles, lubrifiants et dérivés).

Complémentation : opération ayant pour but d'améliorer les qualités nutritionnelles de certaines protéines déficientes en *acides aminés indispensables** (méthionine, lysine, thréonine et tryptophane, notamment) en ajoutant dans une ration alimentaire, d'autres protéines non déficientes. Les protéines de *Céréales**, par exemple, pauvres en lysine, sont généralement complémentées en leur associant de petites quantités de lait ou de soja. La complémentation peut aussi porter sur d'autres types de *nutriments** : énergétiques, minéraux ou vitaminiques. (Synonyme : supplémentation).

Concentrat : produit protéique issu de sources diverses (ex. concentrats de soja, de pois, de lait, etc.) et dont la teneur moyenne en protéines varie entre 45 et 85 % maximum, selon son origine. Son enrichissement en protéines est obtenu par l'élimination des composants non protéiques de la matière première (ex. élimination des lipides, des sucres, des matières minérales) et non par *extraction** sélective directe comme pour les *isolats**.

Concrète ou essence concrète : résidu, solide ou semi-solide, obtenu par évaporation d'un solvant apolaire volatil dans lequel on a fait au préalable macérer un végétal *aromatique**. Les solvants les plus couramment utilisés sont l'alcool, le benzène, l'éther de pétrole, l'hexane, le cyclohexane, etc.

Configuration : arrangement des atomes d'une molécule dans l'espace. Les différentes configurations d'une même molécule donnent naissance à des stéréoisomères.

Confiserie : produit alimentaire à base de sucre tels que les fruits confits, bonbons, pates de fruits, pastilles, dragées, etc.

Conservateur : en technologie alimentaire, se dit de toute substance qui, ajoutée aux préparations alimentaires, prolonge leur durée de conservation en les protégeant entre autres des altérations dues aux microorganismes.

Coprah : pulpe séchée de la noix de coco (*Cocos nucifera*, Arecaceae), très riche en lipides (60-70 %).

Corps gras : nom générique englobant aussi bien les huiles végétales (graines *oléagineuses**, pulpes de certains fruits oléagineux) que les huiles d'origine animale, les suifs, le beurre, les huiles de poissons (foie de poissons) ou les huiles de vertébrés aquatiques (huile de baleine).

Correcteur d'acidité : substance qui modifie ou limite l'acidité ou l'alcalinité d'une denrée alimentaire.

Cossettes : lors de l'*extraction** du sucre, la betterave est découpée en « tranches » appelées cossettes.

Cristallisation : arrangement en réseau cristallin d'atomes ou de molécules de manière régulière dans les trois dimensions de l'espace. Cela aboutit, si la préparation est très pure, à la formation de cristaux dont il est possible déterminer la structure par diffraction des rayons X.

Cryoprécipité : précipité obtenu par décongélation contrôlée d'une substance préalablement congelée.

D

Décantation : opération consistant à éliminer les matières solides suspendues dans un liquide.

Défécation : *précipitation** d'éléments en suspension dans une phase liquide, par action d'agents physiques ou chimiques. Ex. précipitation des protéines en solution par ajustement du *pH** au *pHi**.

Dégommage : étape du *raffinage** des huiles brutes qui consiste à éliminer les gommes et les lécithines.

Degré de polymérisation (DP) : nombre moyen de monomères dans un *polymère**.

Délipidation : opération consistant à éliminer les lipides présents au sein d'une matière première d'origine animale ou végétale dans un but autre que la production de matières grasses. Elle peut être réalisée par simple *centrifugation** (ex. écrémage du lait), par simple pressage (*extraction** de l'huile de certaines graines), ou en faisant appel à des solvants chimiques suivi d'une *distillation** (ex. extraction de l'huile des graines de soja par l'hexane, le trichloroéthane, etc.).

Démucilagination : opération effectuée dans diverses industries alimentaires (huiles et corps gras) visant à l'élimination des constituants mucilagineux entourant certaines graines (cacao, café, lin, soja, etc.).

Dénaturation : phénomène physico-chimique se traduisant par une modification, plus ou moins importante, de la structure native tridimensionnelle (organisation structurale dans l'espace) d'une macromolécule, par rupture de certaines liaisons faibles. Elle peut être partielle (modification restreinte se traduisant par une baisse d'activité) ou totale, réversible (après suppression des agents qui l'ont provoquée) ou irréversible.

Dépectination : action ayant pour but l'élimination des pectines de certains produits agricoles (jus de fruits notamment).

Déprotéination : opération consistant à extraire les protéines des végétaux non *protéagineux**, c'est à dire dans un but autre que la production des protéines.
▶ Les principaux types de produits traités sont les *Céréales**, les *Légumineuses**, les *oléagineux** et les féculents.
▶ La déprotéination est aussi utilisée pour la production de concentrés protéiques, des dérivés protéiques, des isolats protéiques ou des farines protéiques destinées à l'alimentation humaine ou animale.

Dérivatisation : technique permettant l'analyse de composés ne pouvant être directement analysés par *chromatographie** en phase gazeuse (instabilité, seuil de détection trop faible etc.) aussi par réaction chimique sur le produit à analyser, on fabrique un *sous-produit** facilement analysable (volatile) par chromatographie.

Désodorisation : élimination des impuretés (notamment des substances volatiles) odoriférantes par évaporation à basse pression, haute température (220-265 °C) et avec balayage d'un gaz inerte.

Dessiccation : mode de conservation des produits par élimination de l'eau initialement contenue dans les tissus d'un organe végétal, par l'action combinée du vent et de la chaleur, soit en conditions naturelles (soleil), soit dans des séchoirs dans lesquels circule un courant d'air à 60-80 °C. La dessiccation est également réalisée par *lyophilisation**.
Les germes ne peuvent proliférer que dans un milieu suffisamment pourvu d'eau.

Détergent : produit nettoyant possédant des propriétés de dissolution des graisses (savon, soude, etc.).

Détoxification : élimination des propriétés toxiques d'une substance dans un produit alimentaire par voie chimique (dissolution par des solvants), enzymatique ou microbiologique.

Dextran : *polymère** composé de molécules de dextrose, utilisé entre autres pour diminuer la viscosité du sang afin d'éviter la thrombose. Il est aussi utilisé dans les techniques de *chromatographie** d'exclusion (Sephadex).

Dextrines : oligosides issus de l'*hydrolyse** partielle de l'*amidon** par l'alpha-amylase. Contrairement à l'*amidon**, les dextrines, sont caractérisées par une bonne solubilité dans les solutions aqueuses. Une hydrolyse plus poussée donne du maltose et du D-glucose.

Dextrogyre : se dit d'une molécule possédant un carbone asymétrique, qui en solution dévie vers la droite le plan de la lumière polarisée (dans le sens des aiguilles d'une montre). Cette propriété est indiquée par le signe (+) ou *D*, placé devant le nom de la substance chimique.

Diabète : altération du *métabolisme** glucidique liée soit à un déficit de production d'insuline par le pancréas, soit à une résistance à son action. Elle se caractérise donc par un excès permanent de sucre dans le sang. On distingue le diabète de type 1 ou insulino-dépendant et le diabète de type 2 non insulino-dépendant. Le diabète de type 1 peut se déclarer dès l'enfance. Il provoque la destruction des cellules du pancréas productrices de l'insuline. Le diabète de type 2 touche essentiellement les adultes en surpoids. Leur organisme ne réussit plus à réguler correctement le métabolisme du sucre.

Diafiltration : méthode qui consiste, au cours d'une séparation par ultrafiltration ou par microfiltration, à ajouter de l'eau ou une solution appropriée au rétentat, qui est ensuite retraité afin de mieux éliminer les petites molécules résiduelles.

Dialyse : méthode de purification permettant de séparer des molécules selon leur taille par diffusion à travers une membrane dialysante. La dialyse permet soit de concentrer une solution biologique (élimination de solvant), soit de dessaler (élimination d'ions d'une solution protéique).

Digestibilité : mesure de l'aptitude d'un aliment à être digéré. La digestibilité d'un nutriment est mesurée par différence entre la quantité ingérée et la quantité excrétée dans les fèces, exprimée habituellement en pourcentage de la quantité ingérée : 100 x (ingestion – excrétion) / ingestion.

Distillation : processus qui utilise la chaleur pour vaporiser des molécules volatiles contenues dans une matrice liquide ou solide pour les condenser ensuite en produit pur.

Diurétique : qui augmente l'excrétion de l'urine.

Durcissement : dans le cas des huiles, synonyme d'*hydrogénation**.

Dysfibrinogénémie : affection altérant la qualité du fibrinogène.

E

Ecrémage : action de séparer la crème du lait. L'écrémage est fait soit «à la main» par repos du lait pendant 24 à 48 h et recueil régulier de la crème qui remonte en surface, soit avec une machine, l'écrémeuse-centrifugeuse, qui permet un écrémage du lait plus rapide, donc un meilleur contrôle de la qualité de la crème.

Edulcorant : produit qui, ajouté à une denrée alimentaire, lui donne une saveur sucrée sans pour autant augmenter sa valeur énergétique. Il est issu de plantes saccharifères, de *Céréales**, de fruits ou du lait (glucose, fructose) ou produits par synthèse ou *hémisynthèse** (aspartame, cyclamates, saccharine, etc.). Les édulcorants sont considérés comme des *additifs alimentaires** au sens de la réglementation.

Effluents : ensemble des eaux usées rejetées par une usine (laiterie, huilerie, amidonnerie, etc.). Ces polluants constitués de molécules organiques (phénols, polyphénols, sucres, acides, alcools, etc.), souvent difficilement dégradables, risquent d'occasionner des dommages aux cours d'eau (eutrophisation).

Électrophorèse : technique permettant la séparation de molécules chargées électriquement en fonction de leur mobilité relative sur un support imprégné d'une solution électrolytique et parcouru par un champ électrique. Le champ électrique est produit dans la solution entre deux électrodes par l'application d'une différence de potentiel à l'aide d'un générateur de courant continu.

Eliciteur : substance, endogène ou exogène, susceptible de déclencher un phénomène biologique ou biochimique, comme l'accélération d'un métabolisme, la synthèse d'antibiotique lors d'attaques de plantes par des *bactéries** ou des champignons, etc. Un éliciteur peut être biotique (polysaccharide, protéine, substance de croissance, etc.) ou abiotique (métal, proton, lumière, etc.). Les éliciteurs sont exploités en culture *in vitro* pour induire la production des substances désirées.

ELISA (test) : test immuno-enzymatique sur plaque de microtitration dont le résultat est suivi par spectrophotométrie. Il permet de détecter et de doser une protéine dans un liquide biologique. Il est aussi utilisé pour le diagnostic et le dosage des virus.

Emulsifiant : substance permettant de réaliser et de stabiliser une *émulsion**. Les émulsifiants sont des molécules qui présentent à la fois un pôle *hydrophile** et un pôle *hydrophobe** ou lipophile ce qui leur permet, en se plaçant à l'interface huile-eau, de stabiliser les émulsions thermodynamiquement instables. Les phosphoglycérides sont d'excellents émulsifiants (lécithines de soja ou de jaune d'œuf) ainsi que les monoglycérides ou diglycérides, la gomme arabique et certaines protéines du lait.

Emulsion : milieu hétérogène constitué de deux phases liquides non miscibles dont l'une est dispersée à l'état de particules très fines dans l'autre (phase dispersante). C'est le plus souvent le mélange résultant d'une phase aqueuse (lait écrémé, vinaigre, etc.) et d'une phase grasse (crème du lait, huile, etc.). On distingue :
- les émulsions huile/eau : la phase grasse est dispersée dans la phase aqueuse. C'est le cas de la vinaigrette, de la crème du lait, des pâtés, mousses de foie, etc.).
- les émulsions eau/huile : la phase aqueuse est dispersée sous forme de fines gouttelettes de quelques microns de diamètre dans la phase grasse. C'est le cas du beurre et de la *margarine**.

Encapsulation : procédé d'immobilisation d'une *molécule bioactive** emprisonnée à l'intérieur d'un espace délimité, totalement ou partiellement, par une membrane semi-perméable, qui permet sa diffusion.

Ensilage : technique de conservation humide de végétaux coupés verts et non séchés de différentes espèces végétales (ex. graminées avec leurs feuilles et tiges) par *fermentation** lactique anaérobie ; l'acidification qui en résulte empêche la multiplication d'autres *bactéries** indésirables qui feraient pourrir les plantes. L'ensilage sert pour l'alimentation des bovins en complément et en dehors de la saison des pâturages.

Entérocyte : cellules les plus internes de l'intestin grêle.

Enzyme : substance protéique élaborée par des cellules qui catalyse ou accélère une transformation biochimique, caractérisée par une grande efficacité catalytique et une haute spécificité (par rapport à la réaction et au substrat) ; elle agit en infime quantité et ne se retrouve pas modifiée à la fin de la réaction. L'organisme renferme un grand nombre d'enzymes qui jouent toutes un rôle physiologique spécifique. Ex. l'amylase permet de transformer l'*amidon** en maltose et glucose.

Epaississant : substance ayant l'aptitude d'accroître la viscosité d'un liquide dans lequel elle est incorporée. Souvent à dose élevée, ils ont un pouvoir gélifiant.

Estérification : réaction chimique qui combine un acide, par exemples des acides gras naturels, avec un alcool (méthanol, butanol, alcool gras, etc.) ou polyol (glycérol, polyéthylène glycol, etc.), pour former un ester. L'*enzyme** impliquée est appelée une estérase.

Eucaryote : organisme uni- ou pluricellulaire (plante, animal) à noyau individualisé (existence d'une enveloppe nucléaire).

Excipient : substance biologiquement neutre dans laquelle on incorpore des principes actifs pour les rendre plus facilement absorbables.

Exhausteur de goût : substance qui ne possède pas de goût propre mais qui renforce l'effet des autres ingrédients présents dans une denrée alimentaire. C'est le cas du glutamate de sodium que l'on trouve dans les conserves de légumes, par exemple. (Synonyme : agent de sapidité).

Expression : méthode mécanique utilisée pour obtenir les huiles essentielles du péricarpe des fruits d'agrumes (orange, pamplemousse, mandarine, etc.), en le soumettant à une forte pression à l'aide d'une presse hydraulique.

Extraction : opération technologique ayant pour but d'isoler une substance donnée du milieu complexe dans lequel elle se trouve, à côté d'autres substances, souvent au moyen d'un solvant. Il existe trois principaux modes d'extraction liquide-solide, liquide-liquide, solide-fluide supercritique.

Extraction supercritique : procédé d'*extraction** à l'aide d'un fluide à l'état supercritique (fluide dont la pression et la température sont supérieures à leurs valeurs critiques). Par exemple, le dioxyde de carbone atteint l'état supercritique à 73 bars à la température de 31 °C. Ses propriétés physiques dans ces conditions sont proches de celles des solvants organiques d'extraction traditionnelle mais son état supercritique assure une efficacité d'extraction et une facilité de traitement considérable. Cette extraction est utilisée pour la fabrication des *aliments fonctionnels** parce qu'elle ne nécessite pas de solvants.

F

Facteurs antinutritionnels : substances chimiques, de natures variées, présentes à dose variable, notamment dans les graines de *protéagineux** et d'*oléagineux** diminuant soit directement la qualité nutritionnelle des aliments ingérés, soit indirectement par leurs produits de dégradation. En font partie aussi les substances qui peuvent avoir des effets sur la prise des aliments.

Facteur anti-trypsique : protéine se liant spécifiquement et de manière stable aux protéases à sérine comme la *trypsine** et la chymotrypsine et inhibant leur activité. Lors de la digestion ces *enzymes** ne peuvent plus alors jouer leur rôle normal d'enzymes digestives. Divers facteurs anti-trypsiques se retrouvent en particulier dans les graines de la plupart des *Légumineuses** (pois, soja), des *Céréales** et les *tourteaux** de diverses graines *oléagineuses** (soja par exemple).

Favisme : anémie hémolytique aiguë chez certains individus génétiquement prédisposés, déficients en glucose 6-phospho-déshydrogénase (G6PD), après ingestion des graines de fèves (*Vicia faba*, Fabaceae) crues riches en vicine et convicine, deux glucosides. Ces substances interfèrent avec le *métabolisme** du glutathion (en provoquant sa réoxydation rapide) couplé à l'activité de la G6PD. Le risque d'effet antinutritionnel est réduit par la cuisson des aliments contenant ces agents.

Féculents : aliments riches en *amidon** : pomme de terre, blé, maïs, riz, manioc, etc.

Fermentation :

▶ Transformation d'un substrat organique, utilisant des microorganismes, en présence d'oxygène (fermentation aérobie) ou en son absence (fermentation anaérobie).

▶ Ensemble des processus de transformation de composés organiques par des cellules pour produire de l'énergie chimique sous forme d'ATP en conditions anaérobies.
Dans les cellules anaérobies, c'est le seul processus produisant de l'énergie.

▶ D'un point de vue technologique, la fermentation se définit comme l'ensemble des opérations qui permettent de cultiver des microorganismes et de contrôler leurs activités biosynthétiques : production d'enzymes, de molécules à haute valeur ajoutée, etc. dont l'homme a besoin pour son alimentation ou son industrie.

Fermenteur : enceinte généralement en verre ou en inox, stérilisable, dans laquelle se déroulent les *fermentations** microbiennes et, d'une façon plus générale, la culture de microorganismes ou de cellules en vue de la production industrielle de métabolites divers (acides aminés, acides organiques, antibiotiques, alcaloïdes, alcools, enzymes, hormones, *vitamines**, etc.). Il permet aussi des essais au laboratoire en conditions contrôlées comme le traitement des eaux usées, la *biotransformation** et la *biodégradation** de déchets agricoles, etc. Le fermenteur permet de mettre en jeu tous les systèmes de brassage, d'aération et de contrôle du milieu.

Feuillus : groupe d'arbres dont les feuilles, généralement à limbe large, tombent à l'automne; ils font partie des Angiospermes.

Fibres alimentaires : *polymères** glucidiques non hydrolysables dans l'intestin grêle ayant une capacité plus ou moins grande à fixer l'eau et ainsi à augmenter le volume des selles. Les fibres sont fermentées par la flore colique avec production de gaz. On distingue les fibres insolubles (cellulose, lignine, certaines hémicelluloses, etc.) et les fibres solubles (certaines hémicelluloses, pectines, gommes, etc.).

Fibrinogène : protéine plasmatique soluble dans le sang circulant et devenant insoluble lorsqu'elle se transforme en fibrine lors de la *coagulation**. L'absence ou le déficit en fibrinogène entraîne des syndromes hémorragiques graves.

Filtration : procédé de séparation des constituants d'une phase fluide selon leur taille, par passage à travers un support poreux, appelé filtre.

Flatulence : troubles gastro-intestinaux dues à l'accumulation de produits gazeux divers dans l'appareil digestif créant un ballonnement.

Flaveur : ensemble des caractéristiques *organoleptiques** des aliments perçues par les systèmes sensoriels olfactifs et gustatifs qui sont donc des chimiorécepteurs.

Flore intestinale : ensemble des nombreuses *bactéries** qui vivent naturellement dans les intestins. Ces bactéries ne présentent aucun danger et elles sont même bénéfiques puisqu'elles finalisent la digestion et synthétisent certaines *vitamines**. De plus, elles neutralisent certaines toxines et les bactéries pathogènes.

Foin : herbe des prairies qui a été fauchée, séchée par le soleil pour servir de nourriture au bétail durant l'hiver.

Fonctionnelles (propriétés ~) : ensemble des propriétés d'une substance, autres que nutritionnelles, permettant son utilisation dans la formulation et/ou la fabrication de produits alimentaires, diététiques, pharmaceutiques, cosmétiques, etc. Les propriétés fonctionnelles des protéines peuvent être classées en trois groupes principaux :
▶ celles liées à leur comportement vis-à-vis de l'eau (absorption, rétention, viscosité, etc.),
▶ celles dépendantes de leur comportement les unes vis-à-vis des autres (floculation, précipitation, gélification, etc.),
▶ celles résultant de leur comportement lorsqu'elles se trouvent à la frontière de deux phases différentes (pouvoir émulsifiant, pouvoir moussant).

Fongicide : produit utilisé dans la lutte contre les maladies cryptogamiques.

Fourrage : ensemble des plantes cultivées ou qui poussent naturellement dans les prés (plantes fourragères) servant d'aliment au bétail et consommées fraiches, sèches ou après ensilage). Le fourrage est en général composé des feuilles et des tiges des plantes. La population microbienne du rumen permet aux *ruminants** de digérer les *fibres** contenues dans les fourrages. Pour les bovins, par exemple, les plantes fourragères couramment cultivées sont : le trèfle, le sainfoin, la luzerne, le ray-grass, les betteraves fourragères, le maïs, l'orge, le sorgho fourrager, le soja, le lupin, le pois, les féveroles, etc.

Fractionnement : opération technologique ayant pour objet de séparer puis de récupérer individuellement les composants d'un mélange en différentes fractions en fonction de leurs caractéristiques physico-chimiques (densité, pHi, etc.).

Friture : mode de cuisson d'un aliment qui consiste à le plonger dans de la matière grasse chauffée.

Fromage à pâte fraîche : fromage n'ayant subi que la *fermentation** lactique mais pas d'*affinage**. Ex. Petits Suisses.

Fromage à pâte molle : fromage qui ne subit au moment de sa fabrication ni cuisson, ni pressage. La pâte est alors onctueuse voire coulante. Ex. camembert, brie.

Fromage à pâte pressée : fromage dont le *caillé** subit un ou plusieurs pressages au moment du moulage afin d'éliminer le maximum de *lactosérum**, puis laissé à l'*affinage**. Ex. gruyère, emmental.

Furanose : monosaccharide simple constitué d'un cycle à 5 sommets, le furane : 4 atomes de carbone et 1 atome d'oxygène.

G

Galénique : la pharmacie galénique ou galénique, est la branche de la pharmacie qui concerne la mise en forme des produits pharmaceutiques ; formes galéniques d'un médicament : sirop, capsules, comprimés, gélules, suppositoires, etc. Pour un produit cosmétique : émulsion, crème, lait, gel, stick, baume, spray, etc.

Gel-filtration : *chromatographie** sur colonne basée sur la séparation des molécules globulaires en fonction de leur poids moléculaire (PM).

Gélifiant : substance qui transforme une denrée alimentaire (solution ou une suspension aqueuse) en gel. On utilise des polysaccharides (galactanes essentiellement) comme les carraghénanes, l'agar-agar, les pectines, les alginates, la gomme arabique et des protéines comme le collagène (gélatine) mais aussi des protéines qui forment un gel irréversible à la chaleur (caséines, albumines du lait, blanc d'œuf, plasma sanguin, etc.).

Gluten : complexe protéique insoluble dans l'eau, extrait des grains des *Céréales**. Le gluten de maïs est utilisé en alimentation animale alors que le gluten de blé est utilisé en *panification** puisqu'il forme une masse cohérente et visco-élastique lorsqu'il est hydraté.

Glycémie : concentration du glucose dans le sang. À jeun, une glycémie normale se situe entre 0,6 g/L et 1 g/L. Après un repas, la glycémie augmente pendant 1 ou 2 h sans dépasser 1,6 g/L, puis revient aux valeurs de base dans les 2 h qui suivent. On parle d'hyperglycémie lorsque ce taux s'élève et d'hypoglycémie lorsqu'il s'abaisse en dessous de la valeur normale (inférieure à 1,4 g/L à jeun chez un sujet sain). Au-delà du maximum, le glucose peut passer dans les urines (glycosurie).

Glycoprotéine : molécule protéique de taille plus ou moins importante à laquelle sont liées par covalence, des chaînes oligosaccharidiques latérales de nature variée.

Gram (coloration de ~) : coloration par le violet cristal suivie d'une contre-coloration permettant de distinguer deux grands groupes de *bactéries** en fonction de la structure de leur paroi : les bactéries positives à la réaction de Gram (Gram+) sont colorées en violet et présentent une paroi épaisse très résistante et riche en peptidoglycanes ; les bactéries négatives à la réaction de Gram (Gram–) sont colorées en rose et ont une paroi constituée de lipoprotides et de lipoglucides.

Grignons (~ d'olives) : résidu solide obtenue lors de l'*extraction** de l'huile d'olive par broyage. Les grignons se composent essentiellement des noyaux et de la peau des olives. Ils contiennent également un peu d'huile que l'on peut extraire par solvant (hexane) et peuvent être utilisés comme aliments de bétail.

H

Haptène : petite molécule, de faible poids moléculaire, incapable d'induire par elle-même une réponse antigène/anticorps mais qui peut aussi être reconnue par un anticorps et donc se lier à son site de reconnaissance spécifique.

Hémisynthèse : préparation d'une molécule à partir d'une autre molécule déjà très élaborée, de structure chimique assez proche (naturelle ou synthétique) qui comporte une grande partie de la structure de la cible. Ex. le taxol à partir du taxotère extrait des aiguilles de certains ifs.

Héparine : molécule mucopolysaccharidique anticoagulante.

Hétéroside : union d'une molécule glucidique avec une molécule non glucidique (aglycone ou génine).

Homodimère : *polymère** composé de deux éléments (monomères) identiques.

HPLC : acronyme anglo-saxon se traduisant en français par Chromatographie Liquide Haute Performance (CLHP).

Huile brute : huile non raffinée et, par conséquent, contenant des impuretés comme des lécithines, des protéines, des glucides, des substances colorées et des composés volatiles odoriférants.

Hybridome : cellule hybride synthétique, dérivée de la fusion d'un lymphocyte B avec une cellule tumorale produisant un *anticorps** unique, lui conférant la propriété de croître indéfiniment en culture *in vitro*.

Hydrocarbure : composé binaire de carbone et d'hydrogène. Le pétrole est un mélange d'hydrocarbures.

Hydrogénation : fixation d'hydrogène sur les doubles liaisons des acides gras insaturés. Cette réaction se fait à chaud en présence d'un catalyseur, le nickel, pour produire des huiles concrètes (dont la température de fusion s'élève et qui seront solides à température ambiante et plus résistantes aux oxydations). Cette réaction est très utilisée pour produire la *margarine**.

Hydrolysat protéique : produit obtenu par *hydrolyse** enzymatique d'une protéine et qui se compose d'un mélange de peptides et d'acides aminés libres.

Hydrolyse : rupture d'une liaison chimique (parfois spontanée) avec fixation des éléments d'une molécule d'eau. Dans les cellules, les réactions d'hydrolyse sont catalysées par des *enzymes** appelées hydrolases.

Hydrophile : qualifie un groupement, une molécule ou une substance qui a de l'affinité pour l'eau. La solubilité dans l'eau d'une protéine est donc liée à son hydrophilie.

Hydrophobe : qualifie un groupement, une molécule ou une substance qui présente une répulsion pour les molécules d'eau. Un groupement hydrophobe est souvent *lipophile** (se liant facilement aux corps gras).

Hydroxyle : fonction hydroxyle portée par les alcools et les phénols (–OH). Les groupements hydroxyles des sucres leur confèrent leur nature *hydrophile**.

Hygroscopique : qui a tendance à absorber facilement l'humidité de l'air.

Hypoglycémie : diminution de la teneur de glucose dans le plasma sanguin.

Hypofibrinogénémie : déficience de fibrinogène dans le sang.

Hypovolémie : diminution du volume total du sang circulant.

I

Immobilisé : se dit d'*enzyme**, de cellule ou de microorganisme fixé sur un support par *adsorption**, inclusion, liaison covalente ou par réticulation.

Immortalisation cellulaire : transformation génétique d'un type de cellules par généralement un agent *oncogène** en une *lignée cellulaire** pouvant proliférer indéfiniment.

Immunité : aptitude d'un organisme à résister à des maladies ou à se défendre contre l'attaque d'agents infectieux (virus, *bactéries**) ou de substances toxiques (venins, poisons).

Index glycémique : mesure le pouvoir glycémiant d'un glucide, c'est-à-dire sa capacité à libérer une certaine quantité de glucose après la digestion.

Ingrédient : toute substance utilisée dans la fabrication ou la préparation d'une denrée alimentaire et présente dans le produit fini.

Insecticide : produit servant à détruire les insectes.

Insuline : hormone pancréatique qui abaisse le taux de la *glycémie**, favorise la pénétration du glucose dans les cellules et freine la libération du glycogène du foie. En cas d'absence ou de défaut de sécrétion (diabète de type 1), l'insuline peut être fournie à l'organisme par injection intraveineuse.

Interestérification : traitement d'un corps gras visant à modifier la structure des triglycérides par réarrangement des acides gras sur le glycérol.

Intolérance au lactose : impossibilité de digérer le lactose en raison de l'absence dans l'organisme d'une des *enzymes** (*lactase**) indispensables à sa digestion.

Isolat protéique : produit protéique issu de sources diverses (ex. soja, pois, lait, etc.) et dont la teneur en protéines est élevée (de 80 à 95 %). Sa richesse en protéines est obtenue par *extraction** sélective de celles-ci à partir du milieu plus ou moins complexe dans lequel elles se trouvent.

Isomères : molécules ayant une même formule brute, mais se différenciant par un arrangement différent de leurs atomes constitutifs dans l'espace et présentant de ce fait des propriétés chimiques différentes. Les principaux isomères découlent de la présence de carbones asymétriques ou de doubles liaisons dans une molécule.

Isomérase : *enzyme** catalysant un réarrangement intramoléculaire entraînant la transformation d'*isomères**.

Isotopes : atomes dont les valeurs de A (nombre de masse) et de N (nombre de neutrons) sont différentes mais dont les valeurs de Z (nombre d'électrons périphériques) sont identiques. Les isotopes peuvent être naturels ou artificiels. Parmi les 325 isotopes naturels connus, seulement 51 sont instables tandis que les 1 200 éléments artificiels sont tous instables (puisque non observés dans la nature à cause de leur durée de vie courte). ${}^{12}_{6}C$ est le carbone naturel stable le plus abondant, de même ${}^{13}_{6}C$ est un isotope lourd, stable du carbone naturel. Par contre, ${}^{14}_{6}C$ est un isotope radioactif du carbone : il est radioactif car son noyau est instable (trop riche en protons), c'est à dire qu'il émet un rayonnement β^- consécutif à la transformation d'un neutron en proton.

L

Labile : se dit d'une substance peu stable, sensible aux facteurs physiques (substance thermolabile), chimiques (acido-labile) ou physiologiques.

Lactase : *enzyme** présente normalement dans notre intestin et servant à la digestion du lactose, le sucre du lait.

Lactose : présent dans le lait des mammifères, le lactose représente le seul glucide alimentaire d'origine animale. C'est un diholoside, composé d'une molécule de glucose et d'une molécule de galactose. Il constitue une source énergétique importante chez l'enfant. Toutefois, certains individus sont incapables de le digérer, ce qui provoque un phénomène d'*intolérance**.

Lactosérum : phase hydrique et ensemble des substances dissoutes du lait (lactose, sels, protéines solubles). On l'appelle familièrement le petit lait.

Lait maternisé : lait commercial, à base de protéines de lait de vache (le plus courant) ou de protéines de soja, traité pour rapprocher sa composition de celle du lait de femme. La composition des laits maternisés est déterminée de façon réglementaire : la qualité et quantité des *nutriments** qu'ils contiennent varient selon l'âge des enfants et leur état de santé.

Lathyrisme : intoxication neurologique provoquée par l'absorption de certaines espèces du genre *Lathyrus* (gesses) et entraînant des troubles locomoteurs des membres inférieures.

Lectines : protéines globulaires ou *glycoprotéines** caractérisées par leur grande affinité spécifique pour les résidus glucidiques de glycoconjugués.

Légumineuses : famille de plantes dont le fruit est une gousse qui s'ouvre en deux (ex. luzerne, trèfles, haricots, pois). Les Légumineuses sont caractérisées par la présence de nodules bactériens sur leurs racines qui permettent à la plante d'utiliser l'azote atmosphérique et donc réduit le besoin d'engrais azoté et indirectement améliore le sol.

Lévogyre : se dit d'une molécule possédant un carbone asymétrique, qui en solution dévie vers la gauche le plan de la lumière polarisée (dans le sens inverse des aiguilles d'une montre). Cette propriété est indiquée par le signe (-) ou L, placé devant le nom .

Levures : microorganismes eucaryotes (Champignons, Ascomycètes) unicellulaires, très répandus, qui se multiplient de façon asexuée par bourgeonnement (cas des *Saccharomyces*) ou par fission en produisant deux cellules filles de taille égale (cas des *Schizosaccharomyces*). *Saccharomyces cerevisiae* (appelée communément levure de bière ou levure de boulanger) est capable de provoquer dans certaines conditions (anoxie) la *fermentation** des sucres avec formation d'alcool éthylique d'où son emploi en vinification. Elle est également utilisée pour faire « lever » le pain, grâce à la production de dioxyde de carbone lors de la fermentation des sucres de la farine.

Ligand : toute molécule caractérisée par sa tendance à se lier à une autre molécule par des liaisons non covalentes. Sa fixation est souvent spécifique d'un récepteur dont la structure tridimensionnelle traduit un arrangement dans l'espace de différents groupements chimiques intervenant dans cette interaction.

Lignée cellulaire : population homogène de cellules, stables après des mitoses successives. Ex. lignée HeLa, issue d'un cancer du col de l'utérus.

Lipophile : se dit d'une substance présentant une affinité pour une phase lipidique ou grasse.

Lipoprotéine : molécule résultant de l'association d'une protéine avec un ou plusieurs corps gras (lipide): c'est une hétéroprotéine (par opposition aux holoprotéines constituées uniquement d'acides aminés).

Lymphocyte : type de cellules du sang et de la lymphe, intervenant dans la défense de l'organisme contre les agents infectieux.

Lyophilisation : procédé de *dessiccation**, par sublimation de l'eau (contenue dans un produit préalablement congelé) sous vide poussé, permettant une meilleure préservation de la structure et de la composition des produits biologiques fragiles (antibiotiques, extraits cellulaires, microorganismes, hormones, produits pharmaceutiques, etc.) qui ne peuvent être conservés en solution et ceci même après de longues périodes de stockage.

Lyse : éclatement et libération du contenu d'une cellule, sous l'influence d'agents biologiques (*lysozyme**, *bactérie**, virus lytique), ou physiques (choc osmotique, sonication, broyage).

Lysozyme : protéine contenue dans les fluides d'origine animale (plasma, liquide lacrymal, blanc d'œuf, etc.), dotée d'une activité enzymatique très spécifique qui lui permet d'hydrolyser la partie glucidique des peptidoglycanes de la paroi de certaines *bactéries** pathogènes, Gram+ en particulier. Son action bactéricide est moins nette sur les bactéries Gram–). L'*hydrolyse** se fait au niveau des liaisons 1→4, ce qui entraîne la solubilisation partielle des parois des bactéries provoquant leur éclatement (lyse) et leur mort.

M

Marc : résidu solide obtenu après pressurage de certains fruits : peaux et *rafles** du raisin ; peaux, résidus de la pulpe et de fragments des noyaux d'olive.

Margarine : matière grasse alimentaire solide à température ambiante. Contrairement au beurre, la margarine provient de graisses et d'huiles végétales plus ou moins hydrogénées.

Margarinerie : transformation des huiles en graisse par *hydrogénation**, suivie d'une émulsification avec de l'eau ou du lait.

Matière sèche (teneur en ~) : masse des constituants secs d'un aliment après séchage à l'étuve à une température altérant le moins possible ces derniers (40 à 80 °C) pendant un temps suffisant (24 à 48 h) pour atteindre un poids constant.

Mégacaryocytes : grandes cellules de la moelle osseuse à gros noyau, à l'origine des plaquettes.

Mélasse : *sous-produit** sirupeux de l'industrie sucrière, après séparation du sucre par cristallisation à partir de jus de cannes ou de betteraves sucrières. Elle est retirée du circuit de fabrication lorsque la concentration en sucres devient trop faible. Elle contient généralement 45-60 % de sucre et des quantités suffisantes de tous les éléments nécessaires à la croissance des microorganismes. Elle est utilisée en alimentation animale ou en *fermentation** pour la production d'alcool industriel, de boissons alcoolisées et d'éthanol.

Métabolisme : ensemble des processus biochimiques permettant aux cellules de produire les métabolites et l'énergie qui sont nécessaires à leur fonctionnement, par la transformation (dégradation ou synthèse) de molécules organiques complexes.

Milieu de culture : milieu nutritif utilisé pour la culture des cellules comprenant tous les éléments organiques (substrats glucidiques ou azotés, *vitamines**, facteurs de croissance) et inorganiques, (les sels minéraux) nécessaires à leur croissance. Le milieu peut être liquide ou solidifié par des biopolymères comme l'agar.

Moisissures : champignons microscopiques constitués d'éléments filamenteux, le mycélium. Les moisissures sont aérobies et se multiplient très rapidement (24 h) en formant des spores en atmosphère humide.

Molécules bioactives : molécules qui possèdent des propriétés biologiques actives isolées dans un but curatif ou préventif.

N

Nanofiltration : procédé de filtration destiné à éliminer des particules de moins de 15 nm tels que certains virus (parvovirus B 19) à travers des membranes et par application d'une pression.

Nosocomial : se dit des infections contractées dans les milieux hospitaliers.

Nutraceutiques : substances qui peuvent être considérées comme des aliments ou fabriqués à partir d'aliment et qui possèdent des propriétés bénéfiques pour la santé ou qui assurent une protection contre les maladies chroniques. Un aliment nutraceutique est habituellement vendu sous différentes formes *galéniques** (comprimés, capsules, etc.). Le nom provient de la contraction de nutrition et de pharmaceutique.

Nutriment : molécule ou élément nutritif directement utilisable par les cellules, nécessaire à la croissance, au développement et à l'entretien des fonctions vitales d'un organisme. On distingue :

- ▶ les macronutriments : protides, glucides et lipides (sources de carbone et d'azote, sources énergétiques),
- ▶ les micronutriments : *vitamines**, sels minéraux et oligoéléments, fibres végétales, etc.

O

Obstétrical : qui a un rapport avec les accouchements.

Oléagineux : qualifie une plante contenant une proportion importante de lipides dont la culture est destinée à la production d'huiles, à usages alimentaire (soja, tournesol, arachide, colza, olivier, etc.), industriel (lin, ricin, carthame, etc.) ou pharmaceutiques et cosmétiques (amandier, noisetier, avocatier, cacaoyer, etc.).

Oléo-protéagineux : groupe de plantes cultivées à la fois pour leur richesse en huiles et en protéines. Ex. soja.

Omega-3 (ω3) : acides gras polyinsaturés que l'on trouve en grandes quantités dans certains poissons gras, dans le lin, la noix et le colza, certaines microalgues. En comptant depuis la fin de la chaine de l'acide, notée *oméga* (dernière lettre de l'alphabet grec), la première double liaison rencontrée occupe le troisième rang, d'où le terme « oméga-3 ». Il s'agit des acides alpha-linolénique, éicosapentanénoïque et docosahexaénoïque ou cervonique.

Oncogène : gène associé au déclenchement de la cancérisation (prolifération anarchique des cellules).

Organoleptique : caractère d'un produit pouvant être apprécié par les organes des sens humains : aspect, toucher (texture), saveur (goût), odorat (parfum). L'appréciation professionnelle d'un produit est appelée analyse sensorielle.

Osmose inverse : procédé de séparation de l'eau et des sels dissous par perméation à travers des membranes semi-perméables, sous l'effet d'un gradient de pression.

P

Palatabilité : sensations gustatives agréables au palais procurées par la consommation d'un aliment.

Palmier à huile : palmier (*Elaeis guineensis*) cultivé dans les régions tropicales chaudes pour son huile.

Palmiste : amande séchée de la noix du palmier à huile qui fournit l'huile de palmiste.

Paraffines : *hydrocarbures** solides qui se ramollissent à la chaleur, de couleur blanche, translucides, caractérisés par leur neutralité chimique. Utilisés comme *substrat** de culture pour la production des protéines d'organismes unicellulaires.

Paroi cellulaire : structure rigide caractéristique des cellules végétales (et des *bactéries**), doublant extérieurement la membrane plasmique.

Parvovirus : virus de toute petite taille (origine de son nom) comprenant un seul brin d'ADN et qui est à l'origine de nombreuses maladies chez l'Homme et les Mammifères.

Pasteurisation : opération utilisée en industries *agro-alimentaires**, visant à inactiver par une chaleur moins sévère que la *stérilisation** (autour de 80-85 °C max.) les microbes pathogènes pouvant se trouver dans un produit alimentaire en évitant d'altérer sa structure physique et ses constituants biochimiques. Un lait pasteurisé se conserve (au froid) quelques jours, mais il n'est pas stérile.

Patate douce : plante de la famille des Convolvulaceae et dont les tubercules ont une chair comestible rappelant la pomme de terre. Son nom scientifique est *Ipomoea batatas*.

Pâte à papier : produit non fini, à base de bois ou d'autres plantes à fibres broyés mécaniquement, de qualité moyenne, destiné à la fabrication de papiers peu coûteux, comme le papier journal, ou traités chimiquement afin d'en enlever la lignine et utilisés pour la fabrication de papiers de qualité supérieure.

Pâté : préparation de *charcuterie** à base d'un mélange de viande et d'abats en morceaux ou finement hachés auxquels peuvent être ajoutés des herbes, des épices ainsi que d'autres *ingrédients** et qui peuvent être liés avec des œufs, du lait, de la gelée, des substances *amylacées**.

Pesticides : substances servant à protéger les cultures, à perturber la croissance des végétaux (ex. phytohormones) ou à la supprimer en bloquant une réaction du *métabolisme** (ex. glyphosate), à combattre les insectes ou à traiter les semences.

pH : mesure de l'acidité ou de l'alcalinité d'une solution. Logarithme décimal de l'inverse de la concentration en ions H_3O^+ d'une solution, le pH ou potentiel hydrogène peut prendre une valeur variant de 0 (le plus acide) à 14 (le plus alcalin). Le pH neutre est de 7,0.

pHi : pH isoélectrique d'une molécule (acide aminé ou protéine), c'est à dire le pH auquel cette molécule a une charge nette nulle. Au dessus de ce pH (à pH plus basique), la molécule est chargée négativement. Au dessous de ce pH (à pH plus acide) la molécule est chargée positivement.

Photosynthèse : voie métabolique par laquelle les plantes vertes (chlorophylliennes), les algues, les cyanobactéries, convertissent le dioxyde de carbone et l'eau en présence de lumière, en composés organiques (sous forme de glucides essentiellement). Chez les *bactéries** photosynthétiques, cette photosynthèse est non oxygénique utilisant l'H_2S ou des molécules équivalentes comme donneur d'électrons et de protons.

Phyto-hémagglutinines : *lectines** végétales, extraites essentiellement des graines de *Légumineuses**, capables de provoquer l'agglutination des globules rouges du sang des Vertébrés et de stimuler la division des lymphocytes.

Plasmide : petite molécule d'ADN souvent circulaire, présente naturellement dans le cytoplasme de certaines *bactéries**, capable de se répliquer de façon autonome, dans la cellule d'origine ou dans la cellule hôte.
▶ Les plasmides Ti et Ri sont des plasmides portés respectivement par les *bactéries** *Agrobacterium tumefaciens* et *A. rhizogenes*. Ils portent un segment d'ADN transférable et intégrable dans le génome d'une cellule végétale. Ils sont souvent utilisés comme vecteurs efficaces et fiables dans le transfert et l'intégration de façon précise d'un segment d'ADN étranger dans l'ADN d'une grande variété de plantes et permettent d'obtenir, ainsi, des plantes transgéniques. L'ADN nouvellement inséré est alors transmis selon les lois de Mendel.
▶ Chez les *Eucaryotes**, les plasmides sont présents dans les mitochondries et les chloroplastes.

Pollution : modification défavorable, temporaire ou chronique, d'un milieu naturel entraînant un déséquilibre définitif ou réversible de la *biocénose**.

Polymère : macromolécule constituée par la répétition d'unités moléculaires de base dénommées monomères. La réaction de synthèse des polymères à partir des monomères s'appelle une polymérisation.

Porine : pore au niveau de la membrane plasmique des *bactéries**, formé par un ensemble de macromolécules protéiques et permettant la diffusion et le transport des sels et des petites molécules de part et d'autre du milieu intracellulaire. Elles sont aussi présentes dans certaines cellules d'*Eucaryotes** et dans la membrane des mitochondries.

Pouvoir moussant : capacité d'une substance à réaliser une dispersion homogène d'une phase gazeuse (ex. bulles d'air) dans une denrée alimentaire liquide ou solide, et à stabiliser la mousse ainsi obtenue.
Les protéines du blanc d'œuf, du *lactosérum**, de soja, les caséinates, le *gluten** possèdent de bonnes propriétés moussantes. Elles sont utilisées dans un grand nombre de produits agro-alimentaires (ex. pâtisseries, confiseries, crèmes glacées, crèmes fouettées, etc.).

Ppm (partie par million) : expression un peu désuète de concentration en masse ou en volume, dans le cas des très petites quantités ; par exemple un cm^3 de la substance par million de cm^3 d'air. Cependant, ppm reste très employé pour les déplacements chimiques en résonance magnétique nucléaire.

Précipitation : phénomène physique dû à l'agrégation de nombreuses molécules protéiques ; il se produit au sein d'un milieu liquide lorsque les protéines qu'il contient ont été rendues insolubles par floculation, relargage ou dénaturation.

Précurseur : substance biochimique souvent inactive sur le plan biologique mais susceptible d'être convertie en molécule constitutive complexe ou en molécule active.

Procaryote : organisme dépourvu d'un véritable noyau délimité par une membrane, d'organites (mitochondries, plastes, etc.) et ne possédant qu'un ADN souvent circulaire, libre dans le cytoplasme (ex. les *bactéries**, les cyanobactéries).

Productivité : aptitude potentielle d'un organisme (végétal, animal ou bactérien) à fournir une certaine quantité d'un produit déterminé (biomasse, fruits, graines, fourrages, huile, principe actif, etc.) dans des conditions optimales, en l'absence de tout facteur limitant.

Protéagineux : se dit d'un végétal cultivé pour sa richesse en protéines. Ex. *Légumineuses** : pois, féveroles, lupins, luzerne, etc.

Protéolyse : *hydrolyse**, par voie chimique (ex. par un acide) ou enzymatique des protéines en leurs acides aminés constitutifs. Elle peut être partielle (formation de peptides) ou totale (libération quantitative des acides aminés).

Protéomique : science récente qui étudie à la fois la structure et le rôle de l'ensemble des protéines synthétisées par une cellule, un tissu, un organe, etc., dans des conditions données.

Protoplaste : cellule végétale débarrassée de sa paroi. La fusion de protoplastes (*in vitro*), entre cellules appartenant à des espèces différentes, est notamment utilisée lorsque le croisement (voie sexuée) entre les deux espèces est impossible.

Pulpe de betterave : co-produit de la sucrerie obtenu après *extraction** du sucre des betteraves. Les pulpes sont généralement pressées, séchées et utilisées en alimentation animale.

Pyranose : dans le cas des oses, structure cyclique à 6 atomes (5 carbones et 1 oxygène).

R

Radicaux libres : atomes ou molécules ayant un électron célibataire. Les radicaux libres sont formés par exemple à la suite d'oxydation des nutriments lors des traitements tels que la friture, l'irradiation, etc. Etant très réactifs et très instables, ils sont, chez les organismes vivants notamment, responsables de l'oxydation des composés cellulaires, phénomène important dans le processus de vieillissement, du cancer, des maladies cardio-vasculaires et de l'arthrite.

Raffinage : procédé de purification de diverses substances d'origine végétale telle que le sucre ou les huiles. Dans ce dernier cas, le raffinage fait appel à une série d'opérations physiques et chimiques fort complexes dont les principales sont : *démucilagination**, neutralisation, décoloration et *désodorisation**.

Rafles : grappes de raisin sans leurs grains.

Rancissement : altération des corps gras sous l'influence de l'oxygène de l'air, de la température, de la lumière et des traces de métaux. Le rancissement entraîne une modification désagréable de leur odeur et de leur saveur, due souvent à une *hydrolyse** des triglycérides et à la libération des acides gras constitutifs.

Ration : quantité d'un aliment ou d'une combinaison d'aliments correspondant aux besoins journaliers d'un individu.

Ravageur : se dit d'un organisme capable de causer des dommages à un autre organisme. Les ravageurs des plantes comprennent des insectes et divers agents phytopathogènes, dont des *bactéries**, des champignons, des virus, des nématodes.

Réaction de Maillard : réaction de brunissement des aliments, associant *sucres réducteurs** et acides aminés soufrés, lors d'un traitement par la chaleur (ex. cuisson, stérilisation). Elle est à l'origine de la coloration des produits de *panification** et de biscuiterie, mais aussi de la formation d'*arômes** typiques. Elle s'accompagne également d'une diminution de la qualité nutritive.

Recombinaison génétique : tout processus conduisant à l'apparition dans une cellule ou dans un individu, de gènes ou de caractères héréditaires dans une association différente de celle observée chez les cellules ou individus parentaux. La recombinaison peut être naturelle (grâce au *crossing over* lors de la méiose) ou provoquée *in vitro* (génie génétique) par intégration dans le génome d'un transgène (gène issu d'un autre organisme).

Recyclage : ensemble des techniques ayant pour but de récupérer les déchets (urbains, industriels, agricoles) de façon à les réutiliser. Il comprend un tri sélectif, des moyens de traitements appropriés, la maîtrise des rejets et, finalement, la transformation en un produit utile.

Réducteurs (sucres ~) : sucres simples ayant une fonction aldéhyde ou cétone libre, capables de réduire un certain nombre d'ions métalliques. Le réactif couramment utilisé pour la mise en évidence de cette caractéristique de structure est la liqueur de Fehling, qui contient des ions Cu^{2+} (cuivriques) complexés dans les solutions alcalines à des ions tartrate et qui sont tous de couleur bleue mais en présence de sucres réducteurs, il se forme, en milieu alcalin, un précipité rouge brique d'oxyde cuivreux ou oxydule (Cu_2O). Au niveau industriel, ces sucres participent aux *réactions de Maillard** ou de caramélisation lors des cuissons.

Relargage : procédé d'extraction des protéines par addition de certains sels minéraux (ex. sulfate d'ammonium) au sein du milieu liquide dans lequel elles se trouvent. Au-dessus d'une certaine concentration en ces éléments salins, il n'y a plus assez de molécules d'eau disponibles pour dissoudre les sels et les protéines. Ces dernières s'agrègent et précipitent.

Rendement : dans le cas des cultures, production (en masse, volume, nombre) rapportée à l'unité de surface (en hectare ou en are).

Résection : acte chirurgical qui consiste à enlever une anomalie, une tumeur, un organe ou une partie d'organe.

Résineux : arbres du groupe botanique des Gymnospermes, qui produisent des cônes et dont les feuilles sont des aiguilles ou ressemblent à des écailles.

Rhizome : tige souterraine de certaines plantes (ex. fougères) dont la face inférieure donne naissance à des racines adventives, et dont la face supérieure émet des bourgeons qui se transforment en tiges aériennes.

Rumen : appelée également panse, c'est le premier et le plus grand compartiment des quatre poches stomacales des *ruminants**. La cellulose des végétaux y est digérée sous l'action de la flore microbienne.

Ruminant : catégorie de mammifères dont l'estomac est composé de plusieurs poches et qui pratiquent la rumination, c'est à dire faire remonter les végétaux à la bouche les végétaux précédemment ingérés pour les mâcher avant de les avaler définitivement. En font partie, les bovins, caprins, ovins.

S

Saponification : conversion d'un ester en alcool et en sel de l'acide correspondant sous l'action d'une base forte (la soude le plus souvent). C'est une réaction utilisée entre autres dans la fabrication des savons.

Saveur : propriété d'un aliment détectée par les papilles du goût de la langue et des glandes du palais et qui provoque une réponse positive ou négative à l'ingestion supplémentaire d'aliments.

Sédimentation : technique de séparation utilisant les propriétés physiques (masse, densité) de composés séparés sous l'effet de la gravité. Pour accélérer ce phénomène on utilise la force centrifuge, on parle alors de *centrifugation**.

Séquestrant : synonyme de *chélateur**.

Sève : solution (liquide) ou pseudo solution chargées de substances nutritives (sels minéraux) prélevées dans le sol par les poils absorbants des racines, ou formée de substances organiques élaborées dans les feuilles et qui circule dans les tissus conducteurs des plantes.

Site de fixation : région d'une protéine comprenant les groupements chimiques assurant la fixation d'une molécule ou d'une macromolécule, grâce à l'établissement de liaisons diverses, en générale de faible énergie : liaisons hydrogènes, ioniques ou interactions hydrophobes, etc.

Solubilité : aptitude d'un corps (soluté) à se dissoudre dans un liquide (solvant) particulier, dans des conditions définies (pH, température, etc.).

Sous-produit : produit secondaire obtenu par fabrication industrielle ou transformation des végétaux ou des animaux. Ex. *lactosérum**, drêches de distillerie, *pulpe de betterave**, farine de viande et d'os, sang, farine de poisson.

Spectrométrie de masse en tandem (SM1/SM2) : technique qui consiste, après ionisation d'une espèce chimique dans la source du spectromètre de masse, à sélectionner un ion au niveau du premier analyseur SM-1, à le dissocier, pour finalement obtenir un spectre de masse au niveau d'un second analyseur SM-2 permettant de déterminer sa structure.

Stabilisant : produit qui, ajouté à une denrée alimentaire, permet de maintenir ses caractéristiques physico-chimiques en ralentissant les réactions chimiques. Les stabilisants comprennent aussi les substances qui permettent de maintenir la dispersion homogène de deux ou plusieurs substances non miscibles, ainsi que les substances qui conservent ou intensifient la couleur d'une denrée alimentaire.

Stérilisation : procédé de conservation appliquée à un produit de façon à détruire tout germe microbien, y compris des spores qu'il contient. Il peut être réalisé par la chaleur sèche ou humide (autoclavage), par microfiltration, par agents chimiques (gaz, produits chimiques, etc.), antibiotiques, irradiation (UV, émission radioactive), etc. Dans le domaine laitier, la stérilisation repose sur des températures élevées, qui détruisent tous les microorganismes sans aucune adjonction chimique. Plus la température utilisée est élevée, moins le temps nécessaire d'exposition à la chaleur est long. Ainsi, le lait peut être chauffé 15 à 20 min à 115 °C (stérilisation traditionnelle classique) ou 2 s à 150 °C (stérilisation « UHT », Ultra Haute Température).

Subendothélial : sous l'endothélium.

Substrat :
▶ substance sur laquelle agit spécifiquement l'*enzyme** qui la transforme.
▶ corps ou substance (ou groupe de substances) servant simplement de support mécanique et/ou de milieu nutritif de base à un microorganisme ou à une plante en culture.

Sucre interverti ou inverti : solution aqueuse sucrée obtenue par *hydrolyse** du saccharose en un mélange de glucose et fructose en proportions égales. Ce nom vient du fait que l'hydrolyse (appelée aussi inversion) du saccharose (qui dévie le plan d'une lumière polarisée vers la droite), s'accompagne d'un changement de signe du pouvoir rotatoire au cours de la formation du mélange équimoléculaire de D-glucose et de D-fructose. Ce mélange est appelé sucre interverti.

Supplémentation : synonyme de *complémentation**.

Surfactant : substance, en général *tensio-active**, capable de se dissoudre à la fois dans l'eau et dans un liquide gras, ce qui a pour effet de faciliter la dissolution des lipides dans des solutions aqueuses.

Surgélation : technique de conservation consistant à amener rapidement et à maintenir un produit à une température de - 18 à - 40 °C, ce qui évite la formation de gros cristaux de glace, déchirant les tissus du produit.

Suspension : dispersion de fines particules solides (poudre) ou de cellules (suspension de microalgues) visibles à l'œil nu ou au microscope, au sein d'un liquide.

T

Tampon : une solution tampon est une solution qui s'oppose à de forte variation de pH dans une gamme de *pH** proche de son pK. Un tampon est composé d'un mélange d'acide faible et de sa base conjuguée (pouvoir tampon en milieu acide) ou d'un mélange d'une base faible et de son acide conjugué (pouvoir tampon en milieu basique).

Tanins : groupe hétérogène de dérivés phénoliques végétaux ayant la propriété de précipiter les solutions d'albumine et de rendre le cuir (tannage des peaux) imputrescible en se fixant sur les protéines.

Tapioca : fécule extraite des racines de manioc servant à préparer des potages et entremets.

Tensioactif : qualifie un produit naturel ou synthétique (comme les détergents, les agents mouillants, dispersants, moussants) qui abaisse la tension superficielle de l'eau ou du milieu dans lequel il est dissous. Les agents tensio-actifs sont amphiphiles (hydrophile-lipophile). On distingue les tensioactifs cationiques, anioniques, *amphotères** et les tensioactifs non ioniques comme le Tween très couramment utilisé en biologie.

Thrombogène : se dit d'une substance capable de favoriser la formation de caillots sanguins (ou thrombus) dans les artères ou les veines.

Thromboses : formation de caillots dans les vaisseaux sanguins.

Thylacoïdes : composants membranaires en forme de saccules situés à l'intérieur du chloroplaste. Ces membranes portent la chlorophylle et d'autres pigments photorécepteurs associés en antennes collectrices de l'énergie lumineuse ainsi que des transporteurs d'électrons des deux photosystèmes mais aussi l'ATPsynthase permettant les réactions de photophosphorylation.

Topinambour : plante vivace de la famille des Asteraceae (*Helianthus tuberosus*), cultivée comme légume pour ses tubercules riches en inuline.

Transfection : introduction d'un ADN étranger (transfert de gène) dans une cellule d'eucaryote cultivée *in vitro*.

Tourteau : *sous-produit** solide obtenu après *extraction** de l'huile des graines d'*oléagineux** par procédé mécanique (ex. tourteau d'arachide, de soja, de colza, de palmiste, de coton, etc.). Contenant parfois jusqu'à plus de 40 % de protéines, c'est, en alimentation animale, un complément de choix des rations à base de *Céréales**. Parfaitement délipidé par élimination de la matière grasse à l'aide de solvants (ex. hexane), il sert à la fabrication de concentrats et d'*isolats protéiques**.

Translocation : déplacement ou migration d'un métabolite d'un site de l'organisme vers un autre.

Trypsine : *enzyme** digestive sécrétée par le pancréas et qui hydrolyse les liaisons peptidiques des protéines à partir de l'extrémité carboxyle de l'arginine et de la lysine. Certaines plantes contiennent un inhibiteur de la trypsine qui empêche l'enzyme de fonctionner normalement.

U

Ultrafiltration : technique particulière de filtration sur membrane à pores extrêmement fins (diamètre inférieur à 0,05 µm). Sous l'action de la pression, la solution contenant les molécules à séparer est placée dans le compartiment d'une presse limité par une membrane qui ne laisse passer que le solvant et les molécules de petite taille (ultra-filtrat) et qui retient les solutés de dimensions supérieures au seuil de rétention moléculaire de la membrane (rétentat). Cela se traduit donc par une concentration progressive et sélective de la solution de départ.

V

Valeur ajoutée : terme économique qui décrit le gain financier résultant de la transformation d'un produit brut ou semi-brut en un produit final de consommation courante ayant plus de valeur que le produit original.

Vesou : liquide obtenu par *extraction** (par écrasement) de la canne à sucre.

Viennoiserie : produits de boulangerie fabriqués avec une pâte fermentée pouvant contenir du sucre, du lait, des matières grasses et des œufs. Ex. brioches, croissants, pains au chocolat, pains au lait, aux raisins, etc.

Virulence : ensemble des mécanismes bactériens spécifiques qui permettent l'installation et le développement d'un processus infectieux chez un hôte. Ces mécanismes ne s'expriment généralement pas *in vitro* et sont souvent séquentiels en fonction du stade de l'infection.

Vitamine : molécule indispensable à faible dose au bon fonctionnement des organismes animaux et de l'homme. La plupart, ne pouvant être synthétisées par l'organisme, doivent être fournies par l'alimentation.

INDEX

Les numéros de page en gras indiquent la référence principale.

A

L

M

T

U

V

Liste des figures

Partie I – Substances d'origine végétale pages

Chapitre 1 – Glucides

CHAPITRE 2 – PROTIDES

CHAPITRE 3 – LIPIDES

PARTIE II – BIOCHIMIE DES SUBSTANCES ISSUES DES ALGUES

CHAPITRE 7 – POLYSACCHARIDES DES PAROIS DES ALGUES

CHAPITRE 8 – MÉTABOLITES DES MICROALGUES ET DES CYANOBACTÉRIES

PARTIE III – SUBSTANCES D'ORIGINE ANIMALE

CHAPITRE 9 – PRODUITS SANGUINS

CHAPITRE 10 – PRODUITS LAITIERS

CHAPITRE 11 – OVOPRODUITS

PARTIE IV – BIOCHIMIE DES SUBSTANCES D'ORIGINE MICROBIENNE

CHAPITRE 12 – PROTÉINES D'ORGANISMES UNICELLULAIRES (P.O.U.)

CHAPITRE 13 – ANTIBIOTIQUES

PARTIE V – ENZYMOLOGIE APPLIQUÉE

CHAPITRE 14 – ENZYMES EN INDUSTRIE ET EN MÉDECINE

LISTE DES TABLEAUX

PARTIE I – SUBSTANCES D'ORIGINE VÉGÉTALE

pages

CHAPITRE 1 – GLUCIDES

CHAPITRE 2 – PROTIDES

CHAPITRE 3 – LIPIDES

Partie V – Enzymologie appliquée

Chapitre 14 – Enzymes en industrie et en médecine

Partie VI – Cultures cellulaires

Chapitre 16 – Cellules végétales et cellules animales

Liste des encarts

Achevé d'imprimer sur les presses de l'Imprimerie BARNÉOUD
53960 BONCHAMP-LÈS-LAVAL
Dépôt légal : octobre 2009 - N° d'imprimeur : 909020
Imprimé en France